saur

Michael Dickreiter

Handbuch der Tonstudiotechnik

Band 2

Analoge Schallspeicherung, analoge Tonregieanlagen, Hörfunk-Betriebstechnik, digitale Tontechnik, Tonmeßtechnik

Herausgegeben von der Schule für Rundfunktechnik

5., völlig neubearbeitete und ergänzte Auflage

K·G·Saur
München·New York·London·Paris 1990

Herausgeber:
Schule für Rundfunktechnik
Aus- und Fortbildungsinstitut der
deutschen Rundfunk- und Fernseh-Anstalten
Wallensteinstr. 121, 8500 Nürnberg 80

CIP-Titelaufnahme der Deutschen Bibliothek

Handbuch der Tonstudiotechnik / hrsg. von d. Schule für
Rundfunktechnik. Michael Dickreiter. – München ; New York ;
London ; Paris : Saur
ISBN 3-598-10588-6
NE: Dickreiter, Michael [Bearb.]; Schule für Rundfunktechnik
‹Nürnberg›

Bd. 2. Analoge Schallspeicherung, analoge Tonregieanlagen,
Hörfunk-Betriebstechnik, digitale Tontechnik,
Tonmeßtechnik. – 5., völlig neubearb. u. erg. Aufl. – 1990
ISBN 3-598-10590-8

Gedruckt auf säurefreiem Papier

Druck: grafik + druck, München
Binden: Thomas-Buchbinderei GmbH, Augsburg
Printed in the Federal Republik of Germany

ISBN 3-598-10588-6 (Gesamt)
ISBN 3-598-10590-8 (Band 2)

Vorwort

Mit dem vorliegenden 2. Band der 5., völlig neubearbeiteten und ergänzten Ausgabe dieses Handbuchs wird die Darstellung der professionellen Tonstudiotechnik zum Abschluß gebracht. Während Band 1 vorwiegend Themen behandelt, die sich um die Aufnahmetechnik gruppieren, ist Band 2 weitgehend den Geräten und Anlagen der Tonstudiotechnik gewidmet: Analoge Schallaufzeichnung, Tonregieanlagen, Hörfunk-Betriebstechnik, Grundlagen der digitalen Tontechnik und der Meßtechnik sind die Themen, ergänzt durch ein englisch-deutsches Glossar. Gegenüber den bisherigen Auflagen wurde auf die Kapitel über Synchrontechnik, Schaltungstechnik und Fernsehtechnik verzichtet, dafür aber ein umfangreiches Kapitel über digitale Tontechnik hinzugefügt. Bei der Bearbeitung der 5. Auflage wurde neben der vollständigen Aktualisierung mehr Gewicht auf grundsätzliche Zusammenhänge und Fakten gelegt, firmenspezifische Lösungen treten demgegenüber in den Hintergrund. Beschrieben wird die professionelle Technik, die in den öffentlich-rechtlichen Rundfunkanstalten Deutschlands und in Sparten mit vergleichbar hohen Qualitätsansprüchen genutzt wird.

Die technische Entwicklung hat sich beschleunigt, einerseits durch die Einführung der Digitaltechnik, andererseits aber auch in der Analogtechnik durch die qualitativen Herausforderungen der Digitaltechnik. In welchem Umfang und wann digitale Techniken analoge Techniken ersetzen werden, ist derzeit schwer vorherzusagen. Sicher ist, daß analoge Techniken wegen ihres hohen Qualitätsstandards und ihrer Verbreitung noch lange konkurrenzfähig bleiben werden. Bei Fertigstellung dieses Buchs, mehr noch während der Planung und Erstellung des Manuskripts, spielen digitale Techniken erst im Bereich der Schallaufzeichnung, der Schallübertragung und der Effektgeräte sowie bei Steuerungsaufgaben eine Rolle. Dies spiegelt sich in Kapitel 10, das diesem Thema gewidmet ist, wider.

Meinen ganz herzlichen Dank möchte ich denen sagen, die an diesem Buch mitgearbeitet haben: Armin Vögeding (Agfa) für die Durchsicht der Abschnitte über magnetische Schallaufzeichnung in Kapitel 7, Jürgen Plogstedt (Barco-EMT) für die Durchsicht der Abschnitte über mechanische Schallaufzeichnung in Kapitel 7 und 11 und Christopher Vacano (Barco-EMT) für die Überarbeitung des englisch-deutschen Glossars. An Kapitel 9 haben als Autoren im Hause SRT mitgearbeitet: Cord Meinhard (9.2 Schaltraum), Leopold Kammerer (9.3 Sendekomplex und Schallaufnahme), Rudolf Antusch (9.6.4 Funkverbindungen bei Außenübertragungen), Werner Huder (9.7 Tonleitungsstern der Rundfunkanstalten), Rolf Nusser (Zusatzinformationen im Hörrundfunk) und Walter Frohneberg (9.10 Arbeitssicherheit). Ein ganz besonderer Dank gilt Manfred Dittmar (SRT), Autor von Kapitel 10 über die Grundlagen der digitalen Tontechnik, für seine Mitarbeit. Bei der Durchsicht der Manuskripte waren mit Korrekturen und ergänzenden Hinweisen behilflich meine

Kollegin Monika Gerber und meine Kollegen Rudolf Kalb, Cord Meinhard und Lothar Lechler. Schließlich bin ich dem Verlag K. G. Saur verbunden für die Geduld und die gute Zusammenarbeit.

Nürnberg, im Januar 1990

Michael Dickreiter

Inhalt

7. Analoge Schallspeicherung

Für die Schallspeicherung kommen eine ganze Reihe von Verfahren in Betracht. Das jeweils geeignete Verfahren richtet sich nach verschiedenen Gesichtspunkten. Beurteilungskriterien sind u.a.: Qualität, Betriebsablauf, Betriebssicherheit, Wirtschaftlichkeit. Während die digitalen Speicherverfahren heute vor allem für hochwertige, aufwendige Wort- und Musikproduktionen oder Mitschnitte verwendet werden, zunehmend aber auch als Kassettengeräte im aktuellen Bereich an Boden gewinnen, sind die analogen Verfahren bei aktuellen Beiträgen, bei Produktionen und Mitschnitten, deren Archivwert nicht höchsten Ansprüchen entspricht, geeignet. Die in den letzten Jahren entwickelten Kompanderverfahren gewährleisten auch hier eine hervorragende Tonqualität. Inwiefern sich die Nutzung der digitalen Aufzeichnungsverfahren in der Zukunft verschieben wird, ist derzeit nur schwer abzusehen.

Von den zur Verfügung stehenden analogen Verfahren wird im Tonstudiobereich in erster Linie das Magnettonverfahren eingesetzt, Speichermedien sind dabei Magnetbänder. Die Speicherung auf Magnetplatten hat im Bereich der Analogtechnik keine Bedeutung. Als direktes Aufzeichnungsmedium (Direktschnitt) ist die Schallplatte seit der Einführung der digitalen Schallspeicherung auf Magnetband heute unbedeutend. Ein weiteres Verfahren ist das Lichttonverfahren. Aus betriebstechnischen, nicht aus qualitativen Gründen, wird dieses Verfahren beim Tonfilm nach wie vor angewendet.

7.1 Magnetische Schallspeicherung

7.1.1 Grundlagen des Magnetismus

Magnetisches Feld

Ein vom Strom durchflossener elektrischer Leiter wird von einem magnetischen Feld umgeben, dessen Stärke proportional der Stromstärke I ist. Die magnetischen Feldlinien veranschaulichen die Eigenschaften des Feldes; sie sind im Gegensatz zu den elektrischen Feldlinien stets in sich geschlossen. Ihre Dichte ist ein Maß für die Stärke des Feldes. Beim geraden Einzelleiter ergeben sich bei einem den Leiter senkrecht schneidenden Feldlinienbild konzentrische Kreise um den Leiter (*Abb. 7/1*).

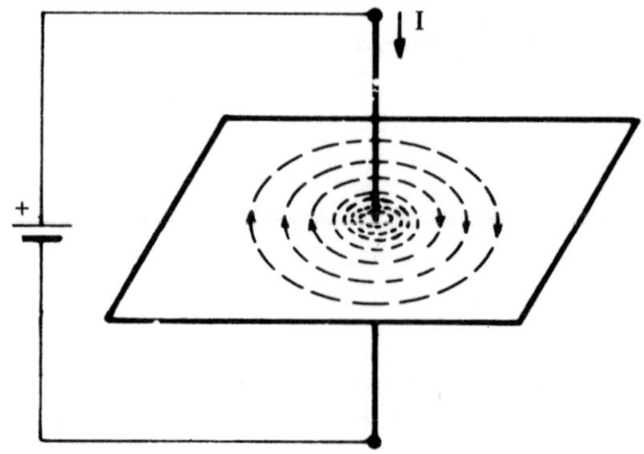

Abb. 7/1. Magnetische Feldlinien des stromdurchflossenen Einzelleiters.

Wickelt man den Leiter zu einer Spule auf, so gleicht das Feld außerhalb der Spule dem Feld eines Stabmagneten; im Inneren der Spule entsteht ein annähernd homogenes Feld, die Feldlinien verlaufen hier also weitgehend parallel und mit demselben Abstand *(Abb. 7/2)*.

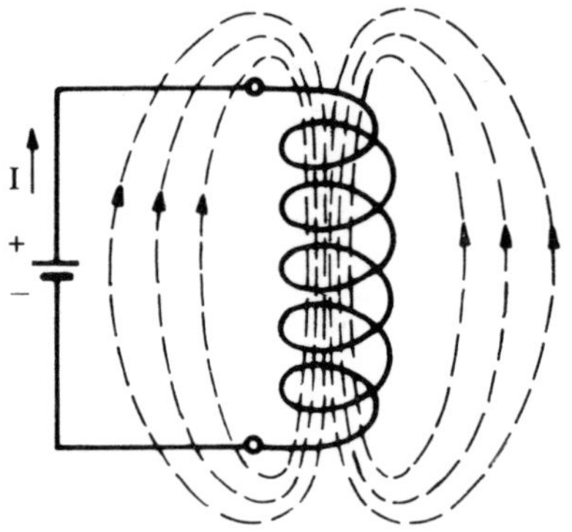

Zylinderspule

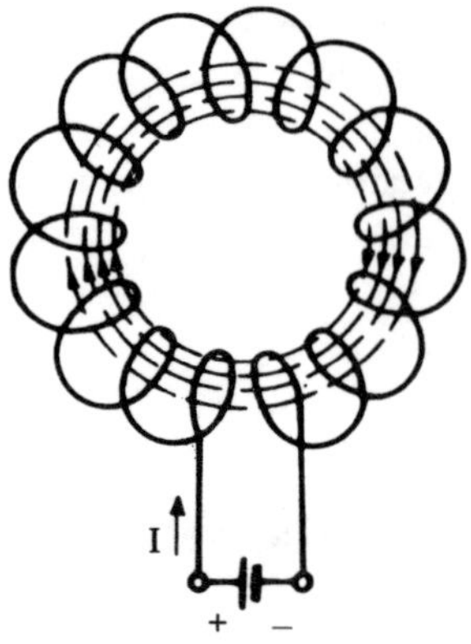

Ringspule

Abb. 7/2. Magnetische Feldlinien einer stromdurchflossenen Zylinderspule und einer stromdurchflossenen Ringspule.

Wird die Spule endlich zu einem geschlossenen Ring zusammengebogen *(Abb. 7/2)*, bleibt das Feld im Inneren des Rings nahezu homogen, das äußere Feld jedoch verschwindet, da die Feldlinien jetzt im Inneren der Spule geschlossene Kreise bilden können. Die Größe der magnetischen Feldstärke H im Inneren einer Spule ist proportional der Stromstärke I und der Windungszahl N der Spule, jedoch umgekehrt proportional zur Spulenlänge l. Die magnetische Feldstärke oder magnetische Erregung H wird in Ampere/Meter [A/m] gemessen (DIN 1325).

$$H = \frac{N \cdot I}{l}$$

H = magnetische Feldstärke oder magnetische Erregung [A/m]
N = Windungszahl [dimensionslos]
I = Stromstärke [A]
l = Länge der Spule [m]

Magnetische Induktion

Bringt man in das Innere einer stromdurchflossenen Spule einen Kern aus Eisen oder einem anderen „ferromagnetischen" Stoff, so ändert sich die Feldstärke H nicht, da sie bei gegebener Windungszahl und Spulenlänge nur von der Stromstärke abhängt. Die magnetische Flußdichte oder Induktion B hingegen erhöht dabei ihren Wert u.U. ganz erheblich. Sie ist der Feldstärke H proportional, wird aber auch von den magnetischen Eigenschaften des Materials bestimmt, das das Magnetfeld ausfüllt. Der Zusammenhang zwischen der Flußdichte B und der Feldstärke H ist

$$B = \mu_r \cdot \mu_o \cdot H \text{ oder } B = \mu \cdot H \quad \text{mit } \mu = \mu_r \cdot \mu_o$$

B = magnetische Flußdichte oder magnetische Induktion [T], [Vs/m²]
μ_r = relative Permeabilität oder Permeabilitätszahl [dimensionslos]
μ_o = magnetische Feldkonstante [Vs/Am]
μ = Permeabilität [Vs/Am]
H = magnetische Feldstärke [A/m]

Die magnetische Flußdichte B wird in Tesla (T) gemessen ($1T = 1\ Vs/m^2$), früher in Gauß (G) ($1T = 10^4\ G$). μ_r ist eine materialabhängige Zahl, μ_o hingegen ist eine physikalische Konstante, die sog. magnetische Feldkonstante ($\mu_o = 1{,}256 \cdot 10^{-6}$ Vs/Am). Der gesamte magnetische Fluß Φ im Inneren einer Spule ergibt sich als Produkt aus der Flußdichte B und dem Querschnitt A des Kerns.

$$\Phi = B \cdot A$$

Φ = magnetischer Fluß [Wb], [Vs]
B = magnetische Flußdichte [T], [Vs/m²]
A = Kernquerschnitt [m²]

Φ wird in Weber (Wb) oder Voltsekunden (Vs) angegeben, früher in Maxwell (M) ($1M = 10^{-8}$ Wb).

Die relative Permeabilität oder Permeabilitätszahl μ_r bezeichnet die magnetischen Eigenschaften eines Materials, sie kann auch als magnetische Leitfähigkeit aufgefaßt werden. Stoffe mit großer magnetischer Leitfähigkeit, wie z.B. Eisen, Nickel und Eisen-Nickel-Legierungen, heißen „ferromagnetische Stoffe", für sie ist $\mu_r \gg 1$.

Läßt man im ferromagnetischen Ringkern eines Tonkopfes einen schmalen Spalt, so entsteht darin eine sehr hohe Feldstärke. Denn die magnetische Leitfähigkeit der Luftstrecke (entsprechend dem Wert von μ_r) ist sehr klein gegenüber der Leitfähigkeit des ferromagnetischen Materials. So liegt über der Strecke des Luftspaltes ein sehr hoher „magnetischer Spannungsabfall". Wegen der geringen Leitfähigkeit im Spalt tritt sogar eine merkliche Anzahl von Feldlinien aus dem Spalt des Ringkerns heraus. *(Abb. 7/3)*.

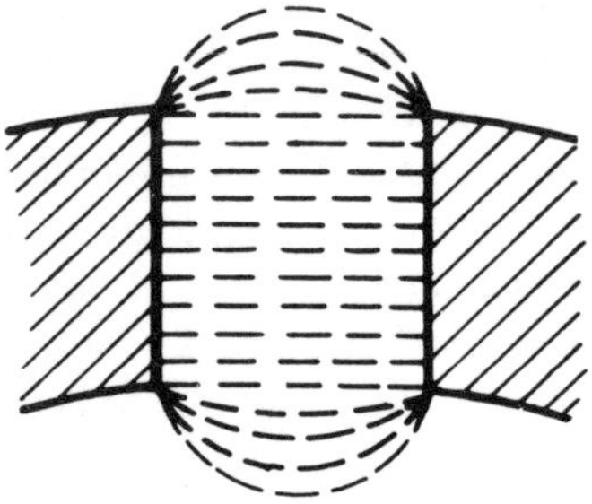

Abb. 7/3. Magnetische Feldlinien im Spalt eines Ringkerns.

Hysteresisschleife

Läßt man nun – von Null ausgehend – einen immer stärkeren Strom durch eine Spule mit einem entmagnetisierten ferromagnetischen und geschlossenen Ringkern fließen, so steigt nach der Gleichung $H = N \cdot I/l$ (siehe oben) die magnetische Feldstärke H proportional zur Stromstärke I. Die magnetische Flußdichte oder Induktion B wächst ebenfalls, aber keineswegs linear. Der Zusammenhang von H und B ist in *Abb. 7/4* als gestrichelte Kurve dargestellt. Sie wird auch „jungfräuliche Kurve" oder „Neukurve" genannt, da der Magnetisierungsvorgang bei unmagnetisiertem Material beginnt.
Bei hoher Feldstärke H ergibt sich eine Sättigung des Materials; dort wächst B nur noch in dem Maße, wie dies auch ohne Kern der Fall wäre. Verringert man die Stromstärke I wieder, so kehrt B nicht auf der Neukurve in den Nullpunkt zurück, sondern bewegt sich auf der als „Hysteresisschleife" bezeichneten Kurve. Auch bei abgeschaltetem Strom, also bei $H = 0$, bleibt eine magnetische Induktion B_r, die sog. Remanenz, im Kern zurück. Um sie zu beseitigen, muß ein Strom in entgegengesetzter Richtung durch die Spule fließen. Erst wenn dieser die Feldstärke H_c erzeugt, verschwindet die Induktion des Kerns. Diese „Gegen"-Feldstärke H_c, hervorgerufen durch einen Strom in entgegengesetzter Richtung, löscht die Induktion.

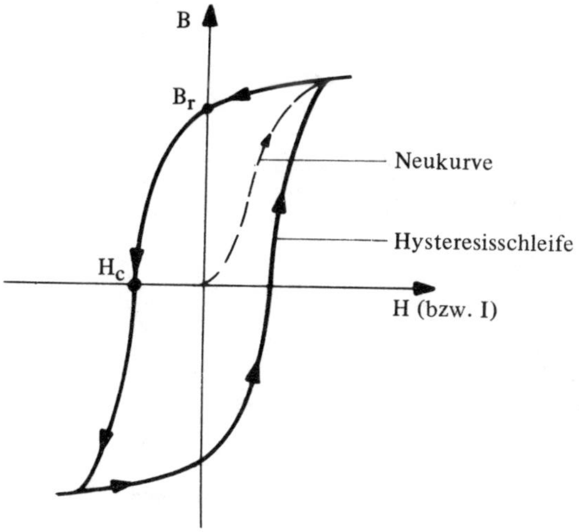

Abb. 7/4. Neukurve (- - - - -) und Hysteresisschleife (———).

Sie heißt Koerzitivfeldstärke oder Koerzitivkraft. Steigert man die Stromstärke weiter in diese Richtung, so erreicht man wieder eine Sättigung des Kerns.

Der nach weiterem Umpolen des Stroms zu beobachtende Verlauf entspricht der bereits geschilderten Kurve. Die so entstandene Schleife heißt – wie bereits erwähnt – Hysteresisschleife. Sie läßt erkennen, daß die magnetische Induktion B in einem ferromagnetischen Stoff nicht eindeutig durch die gerade einwirkende Feldstärke H bestimmt ist, sondern weitgehend von der magnetischen Vorgeschichte des Materials abhängt.

Die Form der Hysteresiskurve ist charakteristisch für die einzelnen Materialien. „Magnetisch harte" oder „hochkoerzitive" Stoffe haben breite, großflächige Schleifen mit hohen Werten für Remanenz B_r und Koerzitivfeldstärke H_c, „magnetisch weiche" Stoffe besitzen dagegen schmale Schleifen, also niedrige Werte der Koerzitivfeldstärke *(Abb. 7/5)*.

Magnetisch harte Materialien werden in Lautsprechern, in Tauchspulmikrofonen und zur Beschichtung von Magnetbändern verwendet, magnetisch weiche Stoffe dagegen in Drosseln, Übertragern, Magnetköpfen, Relais und Elektromagneten. Da die von der Hysteresisschleife umschlossene Fläche ein Maß ist für die zur Ummagnetisierung erforderliche Arbeit, wählt man überall dort, wo eine Wechselmagnetisierung auftritt (z.B. Übertrager und Magnetköpfe), Materialien mit möglichst schmaler Schleife und damit geringer Ummagnetisierungsarbeit; die Eisenverluste können so niedrig gehalten werden. Wo es aber darauf ankommt, eine Magnetisierung zeitlich lange zu erhalten und vor einer Entmagnetisierung zu schützen, wie

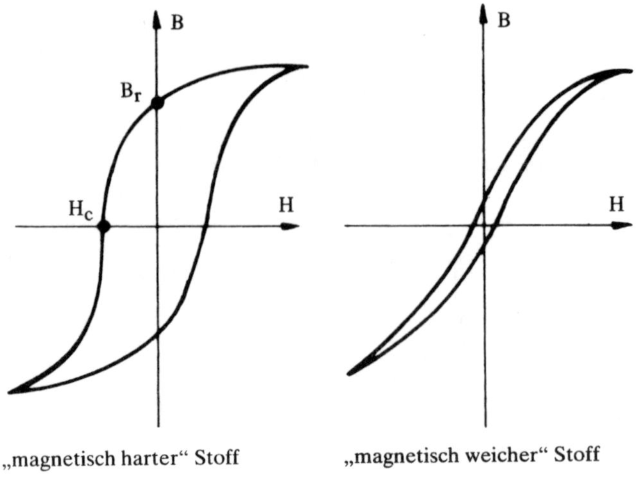

Abb. 7/5. Hysteresisschleife verschiedener Materialien.

beim Magnetband, sind magnetisch harte Materialien geeignet. Es handelt sich dabei also um Permanentmagnete.

Die Remanenz kann wieder gelöscht werden durch ein starkes magnetisches Wechselfeld, das langsam abklingt bzw. aus dem das magnetisierte Material langsam entfernt wird. Auf diese Weise wird die durchlaufene Hysteresisschleife immer kleiner und schnürt sich schließlich ganz um den Nullpunkt zusammen.

7.1.2 Magnettonverfahren

Das Magnettonverfahren ist das Verfahren, mit dem Schallsignale oder andere Signale auf magnetisierbare Materialien aufgezeichnet, gespeichert und wieder ausgelesen werden. [7.1 bis 7.4]

Das seit der Jahrhundertwende im Prinzip bekannte Magnettonverfahren wurde von C. Stille weiterentwickelt; 1923 begann die Fertigung von Stahltonmaschinen durch die Vox-Gesellschaft nach dem Stille-Verfahren. Die bald darauf auch im Rundfunk verwendeten Stahlbänder waren 0,8 mm dick und 3 mm breit; bei einer Bandgeschwindigkeit von 1,5 m/s hatte eine Bandspule bereits 30 min Spielzeit. Die Qualität der Stahltonaufzeichnung war der Aufzeichnung auf Wachsplatten unterlegen. Verbesserungen brachte die Einführung eines unmagnetischen, mit einer magnetisierbaren Schicht überzogenen Tonträgers (P. Pfleumer, 1928) und die Entwicklung ringförmiger Tonköpfe (E. Schüller, 1933). 1938 wurde das Magnettonverfahren in den deutschen Rundfunkanstalten eingeführt. Die Bandbreite betrug wie noch heute 1/4′, die Bandgeschwindigkeit 30′ entsprechend rund 76 cm/s. Aber erst die Entdeckung der hochfrequenten Vormagnetisierung durch v. Braunmühl und Weber 1941 machte das Verfahren auch für hochwertige Musikaufnahmen geeignet.

Der erreichte Entwicklungsstand des Magnettonverfahrens wurde international erst nach dem Kriege bekannt. 1952 fand in Hamburg eine UER-Fachtagung zur magnetischen Aufzeichnung statt, von der die Initiative zu einer internationalen Normung des Verfahrens durch CCIR ausging; damit war die Grundlage für einen internationalen Bandaustausch geschaffen. In den folgenden Jahren konnte das Verfahren dann in Zusammenarbeit der Entwicklungsstellen des Rundfunks und der Industrie noch erheblich verbessert werden. Damit stellt sich das Magnettonverfahren als eine der bedeutenden technischen Entwicklungen des deutschen Rundfunks dar.

Die Einführung des Magnettonverfahrens veränderte die Produktionsmethoden der Tonaufnahme grundlegend: Die Bänder konnten beliebig gelöscht und neu aufgezeichnet werden, sie konnten geschnitten und beliebig oft abgespielt werden, Produktionsmethoden, die mit der bis dahin üblichen Aufzeichnung auf Wachs- oder andere Platten nicht möglich waren.

Einführung

Bei der magnetischen Schallspeicherung (Begriffe in DIN 45 510) erfolgt die Aufzeichnung der Information dadurch, daß ein magnetisierbares Material (Tonträger) vor dem Spalt eines Sprechkopfes (Aufnahmekopf) vorbeigeführt wird, in dessen Wicklung ein dem aufzeichnenden Vorgang entsprechender Wechselstrom fließt. Das dadurch vor dessen Spalt erzeugte Wechselfeld verursacht im Tonträger eine bleibende Magnetisierung örtlich wechselnder Größe und Richtung. Wird ein so „besprochener Tonträger“ vor dem Spalt eines Hörkopfes (Wiedergabekopf) vorbeigeführt, so induziert das von dem bewegten Tonträger ausgehende magnetische Wechselfeld in der Hörkopfwicklung eine Spannung. Bevor das Band aber an den Sprech- und Hörkopf gelangt, wird vor der Aufnahme mit einem Löschkopf eine eventuell vorhandene Magnetisierung gelöscht *(Abb. 7/6)*.

Von den verschiedenen Tonträgern hat das Magnettonband in der Tonstudiotechnik die größte Bedeutung. Daneben spielt nur noch der Magnetfilm, ein Magnetband größerer Breite mit Filmperforation, das aus mechanischen Gründen einen stärkeren Träger besitzt, im Bereich der bildsynchronen Tonaufzeichnung eine nennenswerte Rolle.

Grundlage der heute universellen Verwendung des Magnetbandes im Tonstudio ist die allgemeingültige Festlegung der Merkmale des aufgezeichneten Signals, also des Wiedergabekanals einer Magnettonanlage. Die entsprechenden Normungen gewährleisten den uneingeschränkten Austausch bespielter Bänder. Sie sind in den verschiedenen DIN-Bezugsbändern, die mit Meßsignalen bespielt sind, und den Re-

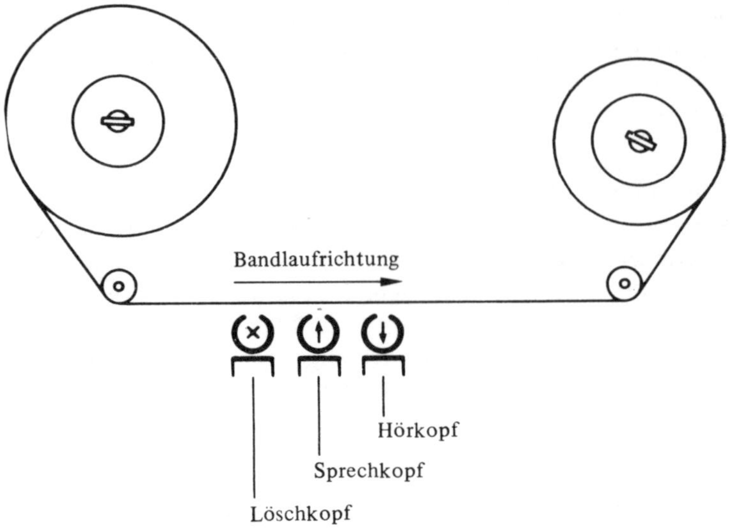

Abb. 7/6. Prinzip der Magnettonaufzeichnung.

ferenzleerbändern festgelegt. Mit der einseitigen Normung des Wiedergabekanals können im Rahmen der bestehenden Normung stets Verbesserungen an Tonbändern, aber auch unterschiedliche Bänder mit speziellen Eigenschaften nach entsprechenden Einmessungen verwendet werden. Wegen der Festlegungen des Wiedergabekanals haben Weiterentwicklungen keine Auswirkungen auf den Abspielbetrieb.

Magnettonbänder

Maße und Bandgeschwindigkeiten

Moderne Magnettonbänder nach DIN 45 512 bestehen aus einem in der Regel 6,30 mm breiten und etwa 8 bis 40 μm starken Träger aus Kunststoff, der mit einer 10 bis 15 μm (bei hochaussteuerbaren Bändern bis zu 25 μm) starken Schicht aus kleinsten Teilchen magnetisierbaren Materials (Eisenoxid, bei Kassettenbändern auch Chromdioxid, Reineisen bzw. Eisen-Chrom-Mischungen) beschichtet ist. Die Teilchen sind in ein Bindemittel („Lack“) eingebettet und nehmen 25–35% des Volumens der Beschichtung ein (Volumenfüllfaktor). Ihrer Gesamtdicke nach werden die Bänder in fünf Klassen eingeteilt (DIN 45 511).

Normalbänder	ca. 50 μm
Langspielbänder	ca. 35 μm
Doppelspielbänder	ca. 25 μm
Dreifachspielbänder	ca. 18 μm (veraltet, nicht mehr für 1/4′)

Die 6,30 mm (+ 0/–0,06 mm) breiten Bänder werden auch 1/4-Zoll-Bänder genannt, da das Nennmaß ursprünglich vom Zollmaß abgeleitet wurde (1/4″ = 6,35 mm). Daneben werden auch Bänder verwendet, deren Breite ein ganzzahliges Vielfaches von 1/4-Zoll beträgt, insbesondere sogenannte 1/2- und 1-Zoll-Bänder (12,70 mm und 25,40 mm).

Außer diesen, für die Technik mit offenen Spulen und Wickelkernen bestimmten Bändern sind auch 3,81 mm breite Bänder mit einer Gesamtstärke von 8 bis 18 μm in Kompaktkassetten in Verwendung. Im Bereich der bildsynchronen Tonaufzeichnung werden perforierte Magnetfilme mit Gesamtdicken von 8 bis 140 μm eingesetzt.

Neben der Aufzeichnung in Mono-Vollspur wird im Studiobetrieb vor allem in sog. Stereospur aufgezeichnet. Demgegenüber ist Zweispurbetrieb bei um etwa 1 dB geringerem Störabstand zwar auch für die Stereoaufzeichnung geeignet, erlaubt aber Monobetrieb mit gutem Übersprechabstand oder auch Time-code- oder Steuerspuraufzeichnungen in der größeren Trennspur *(Abb. 7/7)*.

Der Abstand der Aufzeichnungsspuren beträgt bei Zweispur 2,0 mm, bei Stereospur 0,75 mm. Wegen der Ähnlichkeit und Zusammengehörigkeit der Stereospuren stört hier das höhere Übersprechen nicht. Die Abmessungen der Spuren auf Bändern für Mehrspuraufnahmen zeigt *Tab. 7/1*. Bei Heimtongeräten erfolgt keine Unterscheidung zwischen Stereo- und Zweispurgeräten; der Spurabstand beträgt hier stets 2 mm. Bei der Vierspuraufzeichnung auf 6,3 mm breites Band liegt der Spurabstand ebenfalls bei 0,75 mm, die Spurbreite bei jedoch nur 1 mm; dadurch ist der Störabstand verglichen mit der 2,75 mm-Spur merklich geringer (ca. 4 dB).

Die Bandgeschwindigkeiten sind genormt (DIN 15 573), die bevorzugte Bandgeschwindigkeit im Tonstudio beträgt 38,1 cm/s entsprechend 15′/s. Diese Bandgeschwindigkeit war zunächst aus qualitativen Gründen notwendig – nachdem in der Anfangszeit der magnetischen Aufzeichnung eine Geschwindigkeit von 76,2 cm/s üblich war –, erwies sich aber auch für die Bearbeitung von Tonaufnahmen mittels Bandschnitt als besonders geeignet. Aus wirtschaftlichen Gründen kommt schließlich die Bandgeschwindigkeit 19.05 cm/s entsprechend 7,5′/s in Betracht, wenn keine oder nur geringe Bandbearbeitungen notwendig sind; in Verbindung mit einem leistungsfähigen Kompanderverfahren ist die Tonqualität durchaus befriedigend. Für schwierige Bearbeitungen kann gelegentlich auch die Geschwindigkeit 76,2 cm/s entsprechend 30′/s in Betracht kommen. Die Tonhöhenschwankungen liegen heute bei 0,04% für 38,1 cm/s und 0,06% für 19,05 cm/s (DIN 45 507).

Studiobänder werden im allgemeinen auf freitragenden Wickelkernen in einer Länge von 1000 m oder 730 m geliefert, Reportagebänder auf Dreizackspulen auf 250-m- oder ebenfalls 1000-m-Wickeln.

Träger

Der Träger bestimmt weitgehend die mechanischen Eigenschaften des Bandes (DIN 45 522). Als Trägermaterial wird wegen der geforderten hohen Festigkeit und

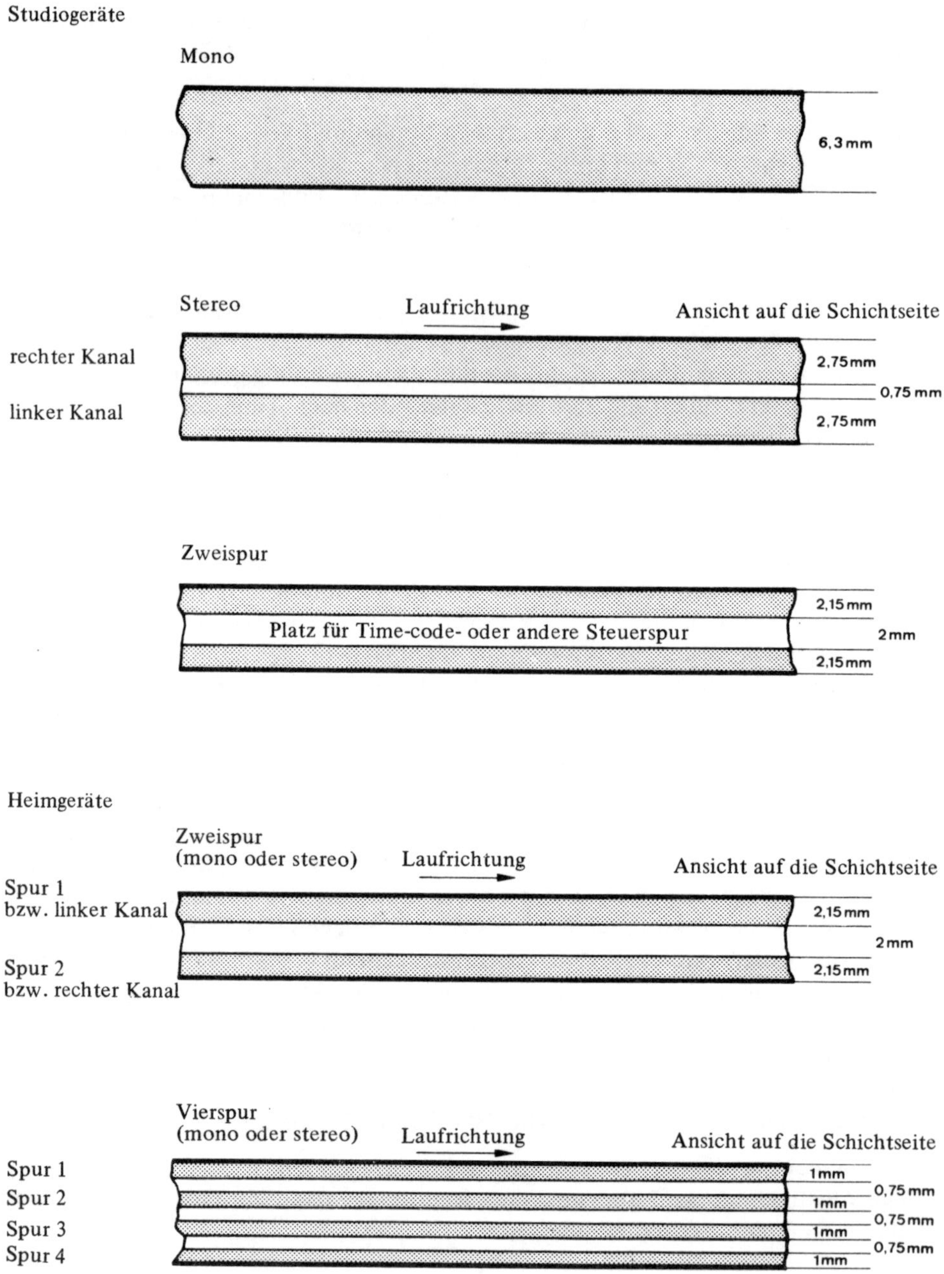

Abb. 7/7. Spurlagen und -abmessungen beim ¼-Zoll-Band (Blick auf die Schichtseite) nach DIN 45 511, Tl. 2.

Tab. 7/1. Mehrspurbänder, Breite der Spuren und Trennspuren nach DIN IEC 94, Tl. 6.

Breite des Bandes in mm	in Zoll	Zahl der Spuren	Breite der Spuren	Breite der Trennspuren
12,7	½	4	1,75 mm	1,55 mm
25,4	1	4	4,45 mm	2,20 mm
25,4	1	8	1,75 mm	1,55 mm
50,8	2	16	1,75 mm	1,475 mm
50,8	2	24	1,00 mm	1,13 mm
50,8	2	32	0,70 mm	0,88 mm

Schmiegsamkeit vor allem Polyester (PE) verwendet, früher auch Polyvinylchlorid (PVC).

Durch kräftiges Vorrecken in Quer- und Längsrichtung erreichen moderne Bänder so hohe Festigkeitswerte, daß Bandrisse und -dehnungen praktisch nicht mehr auftreten. Als Studioband wird im allgemeinen Normalband mit einer Schichtdicke von ca. 15–20 μm und einer Trägerdicke um 30 μm verwendet. Für Reportagegeräte eignet sich wegen der bei gleicher Spieldauer erforderlichen kleineren Wickel Langspielband mit einer Schichtdicke von ca. 10 μm und einer Trägerdicke von ca. 25 μm.

Beschichtung

Die magnetischen Teilchen der Schicht bestehen bei Studiobändern aus Eisenoxid (γ-Fe_2O_2, seltener auch Fe_3O_4). Die Teilchen werden auf eine Größe unter 1 μm gemahlen. Die relative Permeabilität μ_r der Schicht liegt bei etwa 1,5 bis 3. Zur Erhöhung der Aussteuerbarkeit werden die Bänder mit einer magnetischen Vorzugsrichtung hergestellt, indem das Band unmittelbar nach der Beschichtung in flüssigem Lackzustand einem kräftigen magnetischen Gleichfeld in Richtung der Nutzkomponente bei der späteren Aufzeichnung, also in Längsrichtung, ausgesetzt wird. Dadurch kann die Remanenz in Längsrichtung doppelt so groß wie in Querrichtung werden.

Bei kleineren Bandgeschwindigkeiten können Bänder mit dünnerer Beschichtung verwendet werden, da eine dicke Beschichtung nur für die Aufzeichnung großer Wellenlängen vorteilhaft und die aufgezeichnete Wellenlänge der Bandgeschwindigkeit proportional ist. Diese Zusammenhänge werden physikalisch mit der sog. wirksamen Schichtdicke bezeichnet. Gleichzeitig sucht man den Volumenfüllfaktor zu erhöhen und durch eine polierte Oberfläche und dünne, schmiegsame Träger den Kontakt des Bandes mit dem Kopf zu verbessern.

Bei kleinen Bandgeschwindigkeiten (4,76 und 9,5 cm/s) sind die Wellenlängen der auf dem Band aufgezeichneten Modulation sehr gering; schon bei 38 cm/s entspricht einer Frequenz von 15 kHz eine Wellenlänge von 25 μm, bei 4,76 cm/s beträgt die Wellenlänge gerade ca. 3 μm. Bestmöglicher Kopf-Bandkontakt ist deshalb Voraussetzung für eine gute Qualität der Bandaufzeichnung; sie wird durch hohe Elastizität des Trägers, also besonders dünne Träger, und durch besonders glatte Oberflächen erreicht. Durch die Verwendung von Chromdioxid (CrO_2) oder Reineisen (Fe) kann der Füllfaktor, also die Packungsdichte der Magnetschichten, erheblich gesteigert werden. Dies gilt insbesondere für das Reineisenband, dessen magnetische Partikel längs ausgerichtete Nadeln sind.

Aufzeichnungsvorgang

Fließt durch die Wicklung eines Sprechkopfes ein Wechselstrom, so entsteht zwischen den Polschuhen des Kerns im Arbeitsspalt ein entsprechendes magnetisches Wechselfeld. Wegen der hohen Permeabilität des Eisenkerns, die man sich als hohe magnetische Leitfähigkeit vorstellen kann, und der geringen Permeabilität des Luftspaltes (geringe magnetische Leitfähigkeit) verursacht der Spalt einen hohen magnetischen Widerstand, der ein kräftiges magnetisches Streufeld zur Folge hat. Begünstigt durch eine starke Verjüngung der Polschuhe am Spalt treten Feldlinien auch aus dem Spalt heraus und dringen in die Magnetschicht des vorbeigleitenden Bandes ein *(Abb. 7/8)* [7/4].

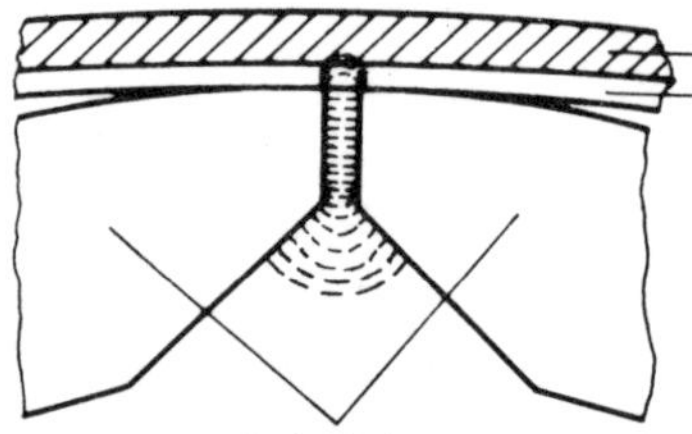

Abb. 7/8. Spaltfeld.

Die magnetischen Partikel des Bandes, das vor dem Spalt vorbeigeführt wird, behalten einen remanenten Fluß. So entsteht auf dem Band ein Abbild des Wechselfeldes vor dem Spalt. Die Wellenlänge λ einer auf das Band gebrachten Schwingung ist direkt abhängig von der Bandgeschwindigkeit v und umgekehrt abhängig von der Frequenz f des Wechselfeldes:

$$\lambda = \frac{v}{f}$$

λ = Wellenlänge [cm]
v = Bandgeschwindigkeit [cm/s]
f = Frequenz [Hz], [1/s]

Bei v = 38 cm/s beträgt die aufgesprochene Wellenlänge also zwischen etwa 1 cm bei 40 Hz und 25 μm bei 15 kHz. Das Band wird vor allem in Längsrichtung magnetisiert, es ergibt sich aber auch eine senkrecht zur Bandoberfläche stehende Komponente. Da für die nachfolgende Abtastung mit einem weiteren Ringkopf hauptsächlich die Längskomponente wirksam ist, wird bei der folgenden Betrachtung nur diese Komponente berücksichtigt. *Abb. 7/9* zeigt schematisch anhand eines Stabmagnetenmodells das auf Band aufgezeichnete Signal.

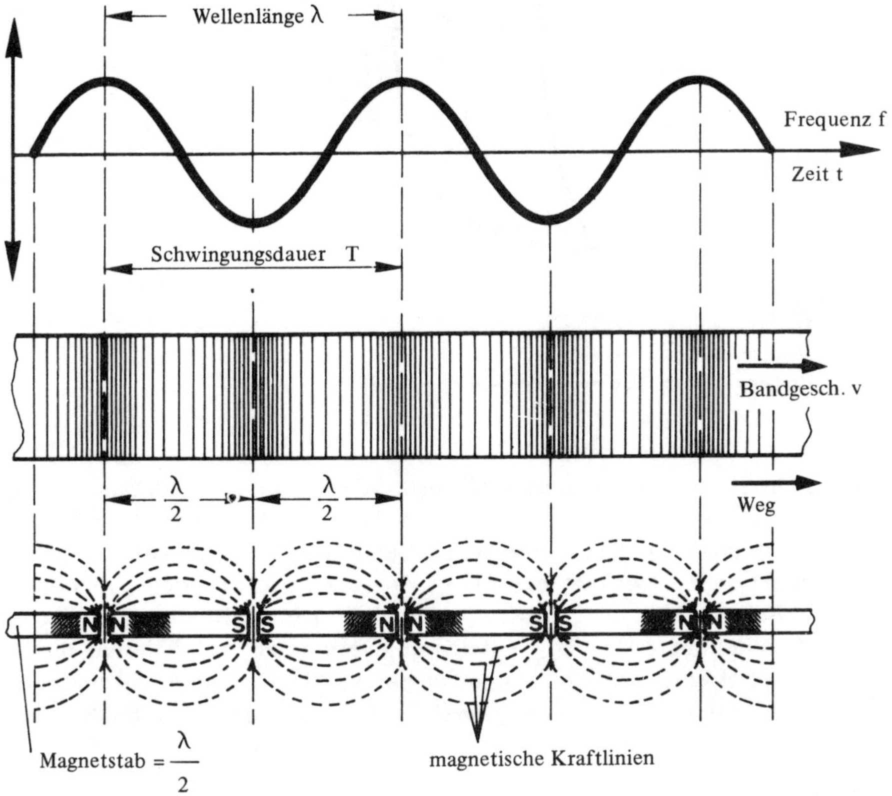

Abb. 7/9. Magnetisch aufgezeichnetes Signal.

Ausgangspunkt aller Überlegungen zum Aufnahmevorgang ist die Remanenzkurve des Magnettonbandes (*Abb. 7/10*, dick ausgezogen). Mit Annäherung eines Bandabschnitts an den Spalt, der zunächst nur ein stationäres Magnetfeld besitzen soll, folgt die magnetische Flußdichte oder Induktion B auf dem Band zunächst der Neukurve (*Abb. 7/10* gestrichelt), da die Feldstärke H mit sich verringerndem Abstand zunimmt.

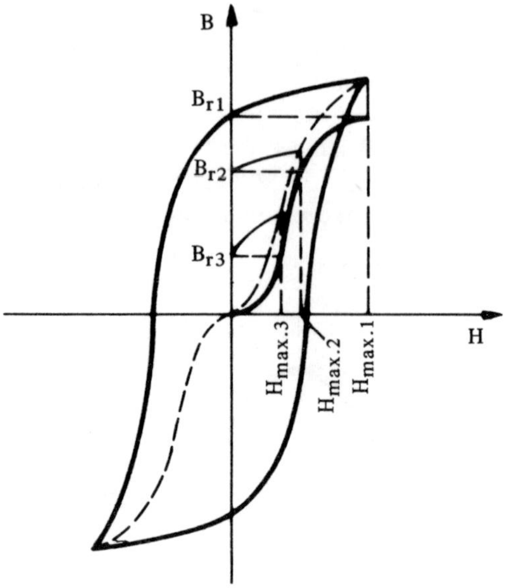

Abb. 7/10. Hysteresiskurve (——)
Neukurve (- - - - -)
Remanenzkurve (——) des Magnetbandes.

Nach Überschreiten des Maximums der Feldstärke H_{max1} kehrt die Flußdichte B auf die B-Achse, entsprechend H = 0, zurück. Für H = 0 ist der betreffende Bandabschnitt auch bereits am Spalt vorbei. Auf dem Band zurückgeblieben ist dabei die remanente Induktion B_{r1}. Verfolgt man diesen Vorgang für verschiedene, aber immer kleinere Feldstärken H_{max2}, H_{max3} usw., so ergeben sich die Remanenzen B_{r2}, B_{r3} usw. Werden alle Punkte H_{max}/B_{max} miteinander verbunden, so erhält man die Remanenzkurve (dick ausgezogen), die somit angibt, wie die Remanenz auf einem vorher entmagnetisierten Band von der jeweils höchsten einwirkenden Feldstärke H abhängt.

Da diese Kurve sowohl in der Umgebung des Nullpunktes als auch an ihren Enden stark gekrümmt ist, besteht eine ausgesprochene Nichtlinearität zwischen dem Aufsprechstrom und der remanenten Magnetisierung, die damit untragbare Verzerrungen erzeugt; die Direktaufzeichnung *(Abb. 7/11)* kommt also für die magnetische Tonaufzeichnung nicht in Betracht. Bei der magnetischen Bildaufzeichnung stören diese Verzerrungen allerdings nicht, da hier das Signal in Frequenzmodulation aufgezeichnet wird mit all den Vorteilen, die auch der frequenzmodulierte Rundfunk (UKW) bietet.

Es gibt grundsätzlich zwei Möglichkeiten, die Verzerrungen auf ein akzeptables Maß zu reduzieren: Man verlegt entweder den Arbeitspunkt in den geraden Teil der

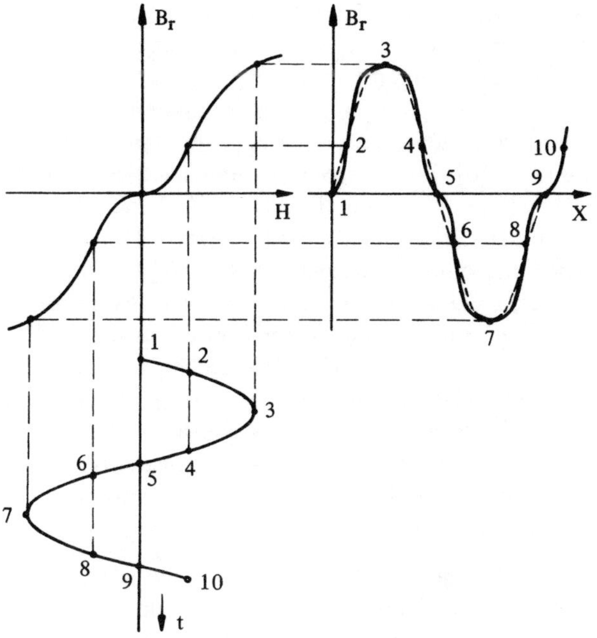

Abb. 7/11. Direktaufzeichnung ohne Vormagnetisierung.

Remanenzkurve (Gleichstromvormagnetisierung) bei entsprechend reduzierter Nutzamplitude oder man linearisiert die Remanenzkurve (HF-Vormagnetisierung). Das zweite Verfahren hat erst den heutigen hohen Stand der analogen Magnettontechnik ermöglicht (von Braunmühl, Weber, 1941). Bei der analogen Schallaufzeichnung wird heutzutage ausschließlich dieses Verfahren eingesetzt.

Schon der Erfinder des Magnettonverfahrens, Poulsen, wandte die Gleichstrommagnetisierung an, um den Arbeitspunkt in den linearen Bereich der Remanenzkurve zu verlegen. Dieses Verfahren hat jedoch nicht nur den Nachteil, daß der nutzbare Teil der Remanenzkurve auf etwa ein Drittel reduziert wird (Verzerrungen bei großen Amplituden bzw. geringe Dynamik), sondern daß das Band zudem in den Modulationspausen einen starken Gleichfluß erhält, der wegen der unvermeidbaren Inhomogenität der Magnetschicht ein starkes Bandrauschen verursacht. Aus diesen Gründen wird die Gleichstromvormagnetisierung nicht mehr angewandt.

Aufzeichnung mit HF-Vormagnetisierung

Die bei der Aufzeichnung mit HF-Vormagnetisierung ablaufenden Vorgänge sind sehr kompliziert und werden von einer Vielzahl von Faktoren mitbestimmt. Eine vollständige theoretische Beschreibung dieses Aufnahmeverfahrens ist schwierig.

Es gibt zwar verschiedene Modellvorstellungen über den Ablauf des Aufnahmevorgangs, keine wird aber allen Erscheinungen, die dabei auftreten, voll gerecht. Teils gehen diese Modellvorstellungen von der Hysteresiskurve eines Magnettonbandes aus [7.6], [7.7], [7.8], [7.,9], [7.10], [7.11], teils von den Vorgängen in den einzelnen Magnetpartikeln, deren statistische Überlagerung dann den gesamten Aufnahmevorgang beschreibt [7.10], [7.11]; trotz des unbefriedigenden Stands der theoretischen Kenntnisse beherrscht man in der Praxis die Technologie des Aufnahmevorgangs mit HF-Vormagnetisierung. Dem NF-Strom des Sprechkopfes wird ein sinusförmiger HF-Strom mit einer Frequenz von 80–150 kHz überlagert; diese HF wird also nicht moduliert, sondern der NF zuaddiert. Die Amplitude dieses HF-Stroms ist ca. zehnmal größer als die des NF-Stroms bei Bezugspegel. Die Wellenlänge der HF-Aufzeichnung ist dabei jedoch so gering, daß sie infolge von Selbstentmagnetisierung und Spaltdämpfungsverlusten (siehe unten) vom Hörkopf praktisch nicht mehr abgetastet werden kann. Neben den Modellvorstellungen von Preisach [7.12] und Westmijze [7.13] erlaubt die Remanenzkurventheorie nach Camras eine einigermaßen anschauliche Darstellung der Aufnahmevorgänge, wenn auch keine theoretische Erklärung; sie liegt den folgenden Ausführungen zugrunde.

Die Remanenzkurve hat drei verschiedene Bereiche *(vgl. Abb. 7.10)*: Im Bereich des Nullpunktes besteht zwischen der Remanenz B_r und der einwirkenden Feldstärke H ein nichtlinearer Zusammenhang an. Es folgen symmetrisch zum Nullpunkt zwei Bereiche linearer Abhängigkeit. Daran schließt sich an den beiden Enden der Kurve wieder ein Bereich mit nichtlinearem Zusammenhang. Bei der Gleichstromvormagnetisierung arbeitet man nur in einem der beiden linearen Bereiche. Bei der Wechselstromvormagnetisierung gelingt es, in beiden linearen Bereichen zu arbeiten, die beiden linearen Bereiche praktisch zu einer einzigen geraden Kennlinie zusammenzufügen. Die HF-Vormagnetisierung verschiebt die NF-Modulation bis jeweils in den linearen Kurvenbereich hinein. Aufgezeichnet wird damit eine hochfrequente Schwingung, deren beide Einhüllende im Rhythmus der Tonfrequenz wie in *Abb. 7/12* dargestellt schwanken. Die HF wird dabei verzerrt, die NF bleibt unverzerrt. Da bei der Wiedergabe aber wegen der geringen Wellenlänge der HF-Modulation von wenigen μm nicht genau der Verlauf der HF-Modulation abgetastet werden kann, findet eine Mittelwertbildung aus den beiden Umhüllenden statt *(Abb. 7/12)*:

$$B_{NF} = \frac{B_{r1}+B_{r2}}{2}$$

B_{NF} = remanente Induktion der Tonfrequenz [T]
$B_{r1,2}$ = Einhüllende der aus NF und HF zusammengesetzten Induktion [T].

Diese gemittelte, abgetastete Modulation B_{NF} liegt symmetrisch zum Nullpunkt und erscheint also gerade im Bereich größter Nichtlinearität der Remanenzkurve. D.h. aber praktisch, daß gerade in diesem Bereich durch die HF-Vormagnetisierung eine Linearisierung stattfindet. Man kann das dadurch darstellen, daß man entsprechend der Mittelwertbildung bei der Abtastung zwei hypothetische Remanenzkurven B_{r1}

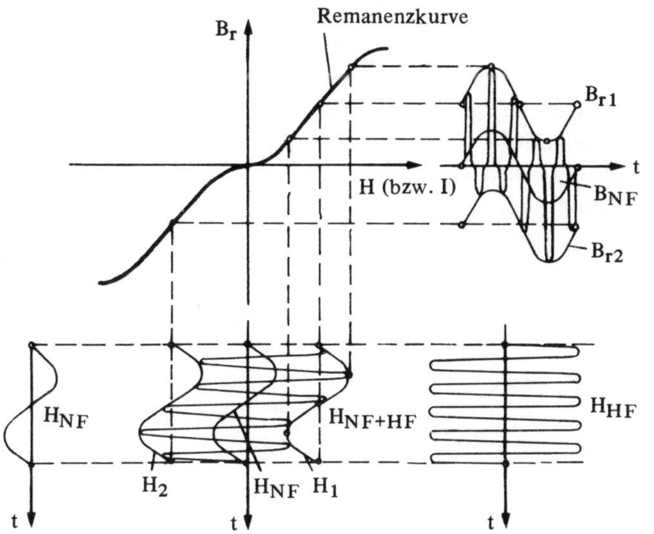

Abb. 7/12. Aufsprechvorgang mit HF-Vormagnetisierung.

und B_{r2} konstruiert und danach die gemittelte Kurve B_{NF}, Arbeitskennlinie genannt (*Abb. 7/13*, dick ausgezogen). Ein Nachteil der Darstellung nach der Remanenzkurventheorie ist, daß hierbei nicht das tatsächliche Amplitudenverhältnis von HF zu NF berücksichtigt wird.

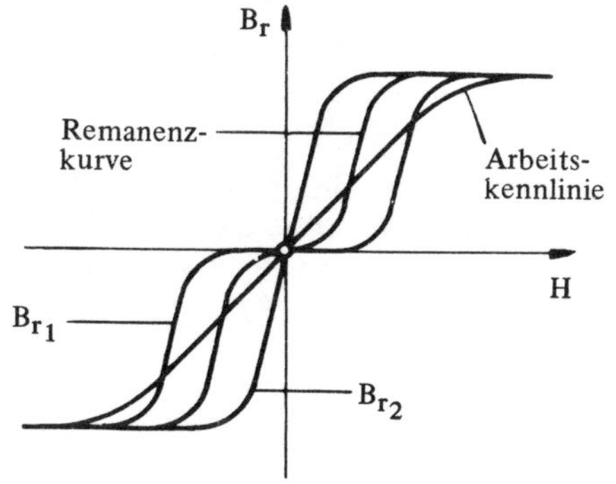

$$B_{NF} = \frac{B_{r_1} + B_{r_2}}{2}$$

Abb. 7/13. Darstellung der Arbeitskennlinie nach Camras [6.7].

Selbstentmagnetisierungsverluste

Im Band tritt schon unmittelbar nach der Aufzeichnung eine entmagnetisierende Wirkung dadurch auf, daß Abschnitte entgegengesetzter Magnetisierungsrichtungen dicht aufeinanderfolgen. Stellt man sich dies in einem vereinfachten Modell so vor, daß das Band aus einer Kette aneinandergereihter Permanentmagnete wechselnder Polarität besteht, so wird verständlich, daß die Verluste bei gegebener Banddicke mit kleiner werdender Wellenlänge der Aufzeichnung bzw. mit steigender Frequenz infolge Selbstentmagnetisierung ansteigen müssen. Man bezeichnet dies auch als Bandflußdämpfung. Hochkoerzitive Bänder, bei denen zur Löschung einer Magnetisierung starke Gegenfelder einwirken müssen, sind dieser entmagnetisierenden Wirkung weniger ausgesetzt. Moderne Bänder, besonders für kleine Bandgeschwindigkeiten, haben deshalb hohe Koerzitivfeldstärken.

Elektroakustische Eigenschaften von Bändern

Die Anforderungen an Magnettonbänder richten sich nach der Geräteklasse, für die ein Magnettonband bestimmt ist. Man unterscheidet die Geräteklassen hauptsächlich nach den Bandgeschwindigkeiten:

Studiogeräte 38 und 19s
Heimgeräte 19 h, 9,5 und 4,76
Kassettengeräte 4,76
HiFi-Kassettengeräte 4,76

Die elektroakustischen Eigenschaften des Bandes, die für die Qualität einer Tonaufnahme und -archivierung wesentlich sind, werden vor allem durch die Aussteuerbarkeit für hohe und tiefe Frequenzen, den Geräuschspannungsabstand und die Kopierdämpfung bestimmt. Die Qualität eines Bandes stellt einen Kompromiß zwischen diesen Größen dar. In der Regel geht eine Verbesserung einer dieser Größen zu Lasten einer oder der beiden anderen. Die Eigenschaften eines Bandes werden in einem Datenblatt erfaßt. Im einzelnen werden dabei die unten genannten Meßgrößen angegeben, und zwar einmal als Werte, die für den sog. ARD- Arbeitspunkt gelten, zum anderen als Diagramm in Abhängigkeit vom HF- Vormagnetisierungsstrom. Die Magnetbandgeräte müssen auf die jeweils verwendete Bandsorte eingemessen werden und zwar durch die jeweils optimale Einstellung des HF-Vormagnetisierungsstroms, des sog. Arbeitspunkts und des NF-Aufsprechstroms. Im Rahmen dieser Darstellungen werden allerdings keine detaillierten Einmeßanweisungen gegeben; siehe dazu Kapitel 11.

Einfluß des Vormagnetisierungsstroms

Die Qualität der magnetischen Aufzeichnung hängt wesentlich von der richtigen Bemessung des Vormagnetisierungsstroms ab. *Abb. 7/14* zeigt am Beispiel eines Studiobandes für 38 cm/s die Abhängigkeit der wichtigsten für das Band charakteristischen elektroakustischen Daten vom Vormagnetisierungsstrom. Bezugswert (OdB) der Abbildung ist der in den öffentlich-rechtlichen Rundfunkanstalten (ARD) für das Band empfohlene Wert. Die elektroakustischen Größen werden unten definiert.

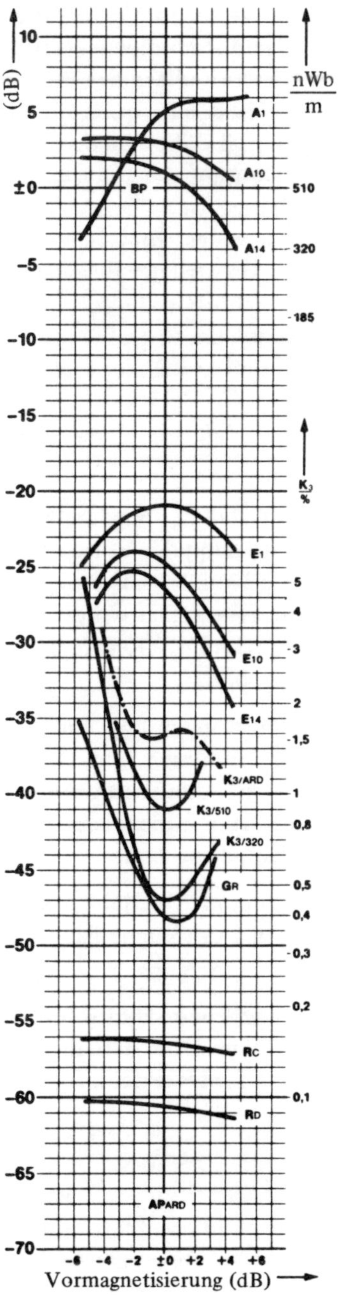

Meßbedingungen	
Bandgeschwindigkeit	38,1 cm/s
Spurbreite (Wiedergabekopf)	2,75 mm
Sprechkopf-Spaltbreite	18 μm
Wiedergabe-Entzerrung	35 μs
Bezugspegel (1 kHz)	510 nWb/m
ARD-Arbeitspunktdefinition	K_3-minimum
Arbeitspunkt	+1,0 dB

(bezogen auf ARD-Referenzleerband)

BP	Bezugspegel
AP_{ARD}	ARD-Arbeitspunkt
A_1	Aussteuerbarkeit bei 1 kHz, $k_3 = 3\%$
A_{10}	max. Aussteuerbarkeit bei 10 kHz
A_{14}	max. Aussteuerbarkeit bei 14 kHz
a_{d3}	Differenztondämpfung nach DIN 45 403
E_1	Empfindlichkeit bei 1 kHz
E_{10}	Empfindlichkeit bei 10 kHz
E_{14}	Empfindlichkeit bei 14 kHz
$k_{3/320}$	Klirrdämpfung bei 320 nWb/m
$k_{3/ARD}$	$K_{3/510}$ des ARD-Referenzleerbandes
$k_{3/510}$	Klirrdämpfung bei ARD-Bezugspegel 510 nWb/m
G_R	Gleichfeldrauschspannungsabstand, bewertet
R_C	Störspannungsabstand rel. zu BP, bewertet mit CCIR-Filter 468-I
R_D	wie vor, jedoch nach DIN 45 405 bewertet
A_1/R_C	Störspannungsabstand (Dynamik) rel. zur Aussteuerbarkeit 1 kHz (CCIR-Filter)
A_1/R_D	wie vor, jedoch nach DIN 45 405 bewertet
KO	Kopierdämpfung

Abb. 7/14. Abhängigkeit einiger elektroakustischer Bandeigenschaften von der Größe des Vormagnetisierungsstroms (Erläuterung der Größen im Text).

Die empfohlene Einstellung des Arbeitspunktes führt zu geringen Verzerrungen (große Dämpfung des kubischen Klirrfaktors) und niedrigem Rauschpegel (großer Modulationsrauschspannungsabstand) – bei manchen Bändern allerdings auf Kosten einer an sich möglichen besseren Aussteuerbarkeit bei hohen Frequenzen. Die richtige Einstellung des Arbeitspunkts hängt vom Bandtyp ab, aber auch von der Sprechkopfspaltbreite und vom Kopfkernmaterial. Eine Deutung der zunächst empirisch gefundenen, ziemlich verwickelten Zusammenhänge ist näherungsweise möglich [7.1], [7.10]. Auch die Frequenz des Vormagnetisierungsstroms beeinflußt die Qualität der Aufnahme. Für hochwertige Aufzeichnungen wird der Bereich von 80 bis 150 kHz bevorzugt, um auch bei hoher Aussteuerung hörbare Differenztöne zwischen HF und NF zu vermeiden. Je höher die Frequenz ist, um so größer muß jedoch wegen der frequenzabhängigen Verluste im Lösch- und Sprechkopf der HF-Energieaufwand sein.

Vormagnetisierungsstrombedarf und Arbeitspunkt

Der Vormagnetisierungsstrom wird zunächst so eingestellt, daß der maximale NF-Ausgangspegel erreicht wird. In der Studiogeräteklasse wird dann der Vormagnetisierungsstrom weiter erhöht, bis der Ausgangspegel um 2 dB abfällt. Die Aufzeichnungsfrequenz beträgt 10 kHz, ca. 20 dB unter Vollaussteuerung. Der Unterschied im Strombedarf für den Prüfling gegenüber dem Strom für das DIN-Referenzleerband wird als Vormagnetisierungsstrombedarf in dB angegeben.

Um vergleichbare Ergebnisse zu erhalten, werden Bandmessungen mit dem Vormagnetisierungsstrom des DIN-Referenzleerbandes vorgenommen. Im Betrieb sind die Studiomaschinen jedoch oft auf einen davon abweichenden Wert einzustellen. Der optimale Wert, der bei unterschiedlichen Bandsorten anders sein kann, liegt dort, wo Klirrfaktor und Gleichfeldrauschen möglichst gering sind.

Der Empfindlichkeitsabfall für den empfohlenen Arbeitspunkt ΔE_{10} gibt deshalb an, um wieviel dB der Ausgangspegel bei der Einstellung des Vormagnetisierungsstroms nach dem Maximum abfallen soll.

Manchmal wird auch ein „empfohlener Arbeitspunkt“ angegeben. Hierunter versteht man die Abweichung des Vormagnetisierungsstroms vom DIN-Arbeitspunkt beim DIN-Referenzleerband, also in der Studiogeräteklasse der Unterschied gegenüber dem „2-dB-Abfall“.

Bezugspegel

Nach DIN 45 513 ist der Bezugswert des Bandflusses bei Studiobändern mit den Bandgeschwindigkeiten 38 cm/s, 19 cm/s und 76 cm/s auf 320 nWb/m entsprechend 320 pW/mm festgelegt. Dieser Wert wurde als Kompromiß zwischen der Forderung nach einem möglichst großen Störabstand und möglichst geringen Verzerrungen gewählt. Bei Einführung der Stereofonie und der damit verbundenen Reduzierung der Spurbreite von 6,3 auf 2,75 mm wurde in den öffentlich-rechtlichen Rundfunkanstalten der Bezugswert um 4,05 dB auf 514 nWb/m hinaufgesetzt. Dies mußte geschehen, um die Lautstärke einer Stereoaufnahme derjenigen einer Monoaufnahme, die über dieselbe Wiedergabeanordnung gehört wird, anzugleichen (+ 3dB) und die Leerspur auf dem Band auszugleichen (+ 1,05 dB). Dies war möglich, weil inzwischen auch die Aussteuerbarkeit der Bänder verbessert werden konnte. Dieser erhöhte Bezugswert von 514 nWb/m wird ARD-Bezugswert genannt und ist die derzeitige Aussteuerungsgrenze entsprechend 6 dBu, 0 dB, 100% bzw. 1,55 V. Für Bandmessungen gilt aber weiterhin der Bezugswert 320 nWB/m.

Mit Einführung des Rauschverminderungssystems Telcom c4 wurde der Störspannungsabstand ganz erheblich vergrößert. Deshalb wurde in fast allen Rundfunkanstalten der Bezugswert für Aufnahmen mit Telcom wieder auf den genormten Bezugswert 320 nWb/m zurückgenommen. Die Herabsetzung des Pegels bei Telcomaufnahmen um 4 dB in dem Rauschunterdrückungssystem vorgenommen. Zu Lasten eines an sich größer möglichen Störabstands wird sowohl das Maß an Verzerrungen reduziert als auch der Abstand zwischen Höhen- und Tiefenaussteuerbarkeit.

Für Heimton- und Kassettenbänder gelten niedrigere Bezugswerte nach DIN 45 513: für die Bandgeschwindigkeiten 9,5 cm/s und für 4,76 cm/s 250 nWb/m.

Frequenzgang

In der Studiogeräteklasse wird der Frequenzgang von Magnetbändern als Unterschied des Ausgangspegels des Prüflings zum Ausgangspegel des DIN-Referenzbandes bei der Aufzeichnung von 14 kHz angegeben. Das verwendete Magnetbandgerät muß so eingemessen sein, daß der Frequenzgang bei der Aufzeichnung auf das Referenzband geradlinig ist. Der Aufzeichnungspegel soll etwa 20 dB unter Vollaussteuerung liegen.

Aussteuerbarkeit

Die Aussteuerbarkeit eines Bandes ist der maximal mögliche Wiedergabepegel bei der angegebenen Frequenz (1, 10 und 14 kHz) relativ zum jeweiligen Bezugspegel (514 oder 320 nWb/m). Das Verhalten des Bandes bezüglich Aussteuerbarkeit zeigt gerade entgegengesetztes Verhalten bei 1 kHz und bei hohen Frequenzen, wenn der Vormagnetisierungsstrom erhöht wird. Die Lage des Arbeitspunktes stellt auch diesbezüglich einen Kompromiß dar *(Abb. 7/14)*.

Bei 1 kHz wird die Aussteuerbarkeit angegeben als Unterschied zwischen dem Eingangspegel, der einen Klirrfaktor von 3% vom Band erzeugt, und dem Bezugspegel. Der gefundene Wert gibt den Bandfluß relativ zum Bezugsband, also relativ zu 320 nWb/m an und wird als Bandfluß bei Vollaussteuerung bezeichnet.

Da hohe Frequenzen (10 bis 14 kHz) wegen der geringeren wirksamen Schichtdicke wesentlich niedrigere Wiedergabepegel ergeben, ist die Aussteuerbarkeit bei den hohen Frequenzen (kleinen Wellenlängen) von besonderer Bedeutung. Dazu wird das zu prüfende Band mit dem DIN-Referenzband verglichen: In der Studiogeräteklasse wird bei einer Frequenz von 14 kHz die Eingangsspannung bei der Aufnahme jeweils so weit erhöht, bis die Ausgangsspannung des Wiedergabeverstärkers nicht mehr ansteigt. Der Pegelunterschied zwischen dem Prüfling und dem Leerteil des DIN-Referenzbandes wird dann als maximale Aussteuerbarkeit bei hohen Frequenzen bezeichnet. Diese Angabe dient nur Bandvergleichen. Praktisch nutzbar ist die Aussteuerbarkeit bei hohen Frequenzen nicht, weil längst die Sättigungsmagnetisierung erreicht ist mit all ihren hörbaren Verzerrungs- und Begrenzungserscheinungen. Auf das Magnetband kann im praktischen Aufnahmebetrieb bei hohen Frequenzen höchstens bis 4 dB unter dem Wert für maximale Aussteuerbarkeit aufgezeichnet werden.

Empfindlichkeit

Der Vormagnetisierungsstrom, der für das jeweilige Bezugsband nach DIN 45 513 notwendig ist, erzeugt bei einigen Bandsorten einen anderen Ausgangspegel als beim DIN-Referenzband. Der Unterschied dieses Ausgangspegels gegenüber dem des Referenzbandes wird als Empfindlichkeit bezeichnet. In der Studiogeräteklasse beträgt die Meßfrequenz 1 kHz bei einem Pegel von etwa 20 dB unter Vollaussteuerung; gemessen wird allerdings bei gleichem Strom auch bei den Frequenzen 10 und 14 kHz.

Nichtlineare Verzerrungen

Da die Remanenzkennlinie symmetrisch zum Nullpunkt ist, entstehen als Verzerrungsprodukte zunächst nur die ungeradzahligen Harmonischen, vor allem k_3. Wird jedoch durch eine Unsymmetrie des Vormagnetisierungsstroms (Gleichstromkomponente) der Arbeitspunkt verschoben, so treten zusätzlich geradzahlige Harmonische auf. Eine magnetische Remanenz der Köpfe führt ebenfalls zu geradzahligen Verzerrungskomponenten. k_3 liegt bei modernen Bändern auch bei einem Bezugspegel von 514 nWb/m unter 1%, bei einem Bezugspegel von 320 nWb/m unter 0,5%. Nichtlineare Verzerrungen werden auch als Klirrdämpfung a_k in dB angegeben (Differenz von Pegel des Gesamtsignals und des Anteils der Verzerrungen); demnach liegt a_{k_3} bei etwa 40 dB, a_{k_2} soll über 50 dB liegen.

Jungfräuliches Rauschen und Betriebsrauschen

Bei einem neuen oder gut entmagnetisierten Band sind die Magnetisierungsrichtungen der einzelnen Partikel statistisch verteilt. Die Magnetisierung kompensiert sich daher in kleinen Bereichen weitgehend; das am Hörkopf vorbeigleitende Band gibt nur ein relativ geringes Rauschen ab, das sog. jungfräuliche Rauschen. Durch Einwirkung der HF-Vormagnetisierung wird dieses Rauschen um ca. 4,5 dB erhöht und ergibt das sog. Betriebsrauschen [7.14], [7.15]. Jungfräuliches und Betriebsrauschen enthalten vor allem hohe Frequenzen. Die Störpegel können auf den Bezugspegel 320 nWb/m oder auf Vollaussteuerung, d.h. auf den Pegel bei 3% Klirrfaktor bezogen werden. Dazu wird ein Bewertungsfilter benutzt (DIN 45 405 bzw. CCIR 468-1 oder IEC 179, Kurve A, siehe *Abb. 7/15*).

Gleichfeldrauschen und Modulationsrauschen

Befindet sich auf dem Band ein magnetisches Gleichfeld, so entsteht aufgrund der unvermeidbaren Inhomogenität der Schicht im Hörkopf eine Rauschspannung. Im gleichen Sinne wirkt die Rauhigkeit der Bandoberfläche, die zu Schwankungen des Abstandes zwischen Kopf und Band und damit zu entsprechenden Schwankungen des magnetischen Gleichfeldes im Kopf führt. Das Gleichfeld würde im Prinzip nicht rauschen, wenn es völlig gleichmäßig wäre. Seine Schwankungen führen vor allem zu dem tieffrequenten „Poltern" gleichstrommagnetisierter Bänder. [7.15], [7.16]

Das Gleichfeldrauschen wird durch eine Unsymmetrie des Lösch- und Vormagnetisierungsstroms sowie eine Gleichfeldvormagnetisierung der Magnetköpfe und Bandführungsteile verursacht. Es ist also – im Gegensatz zum jungfräulichen und Betriebsrauschen – durchaus vermeidbar. Die Unterdrückung des Gleichfeldrauschens erfordert eine regelmäßige, sorgfältige Entmagnetisierung der Köpfe und Bandführungsteile sowie eine Symmetrierung des Vormagnetisierungsstroms.

Da auch die Nutzmodulation im Bereich jeweils einer halben Wellenlänge der aufgezeichneten Modulation eine Ausrichtung der Magnetisierung in nur einer Richtung hervorruft, ergibt sich in diesen kleinen Bereichen jeweils ein Gleichfeldrauschen, das sich der Modulation überlagert, das sog. Modulationsrauschen. Es ist der aufgezeichneten Amplitude etwa proportional. Glücklicherweise wird das Modulationsrauschen jedoch durch die Nutzaufzeichnung akustisch weitgehend verdeckt. Die Messung erfolgt nach DIN 45 519, Tl. 2 mit einem Geräusch- und Fremdspannungsmesser nach DIN 45 405 in Stellung „Fremdspannung" unter Vorschaltung eines Filters, das die Verdeckungswirkung des Gehörs berücksichtigt. Angegeben wird der Gleichfeldrauschspannungsabstand bezogen auf den Bezugspegel.

Störspannungsabstand

Der Stör- oder Geräuschspannungsabstand wird bei einem gelöschten und vormagnetisierten Band ohne NF gemessen, es handelt sich also um das Betriebsrauschen, das alle Rauschquellen bei der magnetischen Bandaufzeichnung zusammenfaßt. Angegeben wird der Pegelabstand zum Bezugspegel oder zur Aussteuerbarkeit bei 1 kHz (Klirrfaktor 3%). Die Messung wird bewertet; derzeit sind Messungen nach drei unterschiedlichen Bewertungskurven in den Datenblättern angegeben *(Abb. 7/15)*. Wegen der verschiedenen Möglichkeiten des Bezugswertes und der Bewertung muß beim Vergleich von Meßdaten sorgfältig auf die Meßbedingungen geachtet werden. Differenzen in den Meßergebnissen durch unterschiedliche Bewertungen bis etwa 10 dB sind möglich.

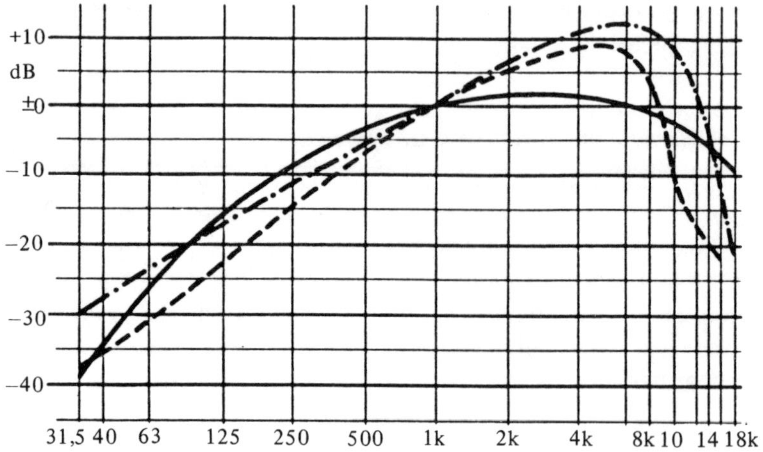

f(Hz)

—— IEC (179/A)
-.-.-.-.-. DIN 45405 (1983) bzw CCIR 468–4
------ DIN 45405 (1967) ungültig

Abb. 7/15. Bewertungskurven für Störspannungsmessungen.

Seit Beginn der achtziger Jahre wurden für Produktionen im Bereich der E-Musik und für Wortproduktionen, die nicht nur Aktualitätswert haben, Rauschverminderungssysteme eingeführt, die zu einer ganz erheblichen Qualitätssteigerung des Magnettonverfahrens geführt haben. Damit können Störabstände erreicht werden, die diejenigen bei Aufnahmen ohne solche Systeme bis um etwa 20 dB übersteigen (siehe dazu 7.1, 3).

Kopiereffekt und Echolöschung

Im Bandwickel ist jede Windung den von benachbarten Windungen ausgehenden Magnetfeldern ausgesetzt. Bei längerem Lagern entsteht dadurch ein magnetisches Abbild der Modulation der Nachbarwindungen, vor allem wenn äußere magnetische Felder, höhere Temperaturen oder mechanische Erschütterungen die Ummagnetisierungsprozesse begünstigen [7.17], [7.18]. Beim Abspielen des Bandes hört man dabei, besonders wenn ein sehr lautes Schallereignis (z. B. ein Schuß) in eine Pause fällt, im Abstand jeweils einer Umdrehungsdauer des abwickelnden Tellers vor und nach dem Originalereignis ein oder mehrere sog. Echos, die außerordentlich stören können *(Abb. 7/16)*. Aus Gründen der Geometrie des Bandwickels sind Vor- und Nachechos ungleich *(Abb. 7/17)*.

Psychologisch stören die Vorechos mehr als die Nachechos. Die deutsche Schichtlage des Bandes berücksichtigt dies *(Abb. 7/18)*, indem die Archive „Programmanfang außen“ lagern; die Vorechos sind so geringer als die Nachechos. Bei internationaler Schichtlage muß für gleiche Verhältnisse „Programmende außen“ gelagert werden.

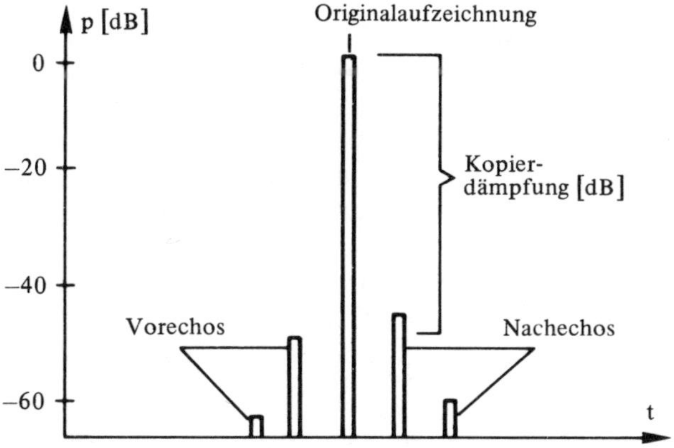

Abb. 7/16. Kopiereffekt bei deutscher Schichtlage des Bandes („Schichtaußen-Wicklung").

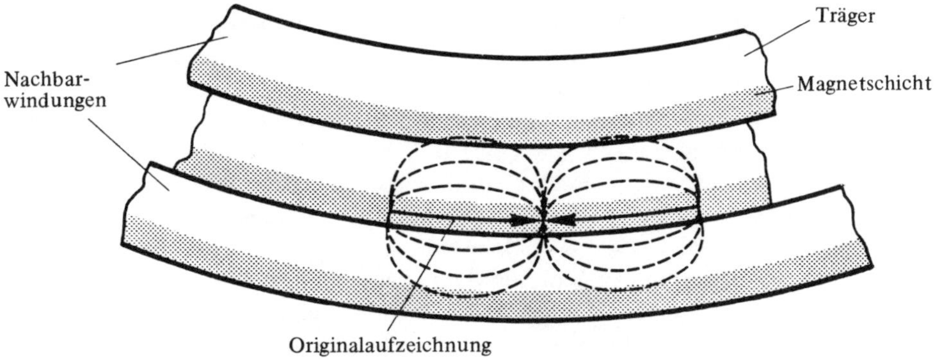

Abb. 7/17. Magnetfeld des bespielten Bandes bei deutscher Schichtlage.

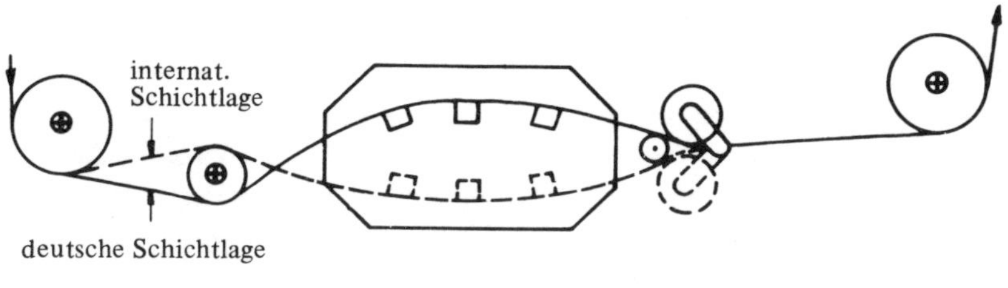

Abb. 7/18. Schichtlagen des Magnetbands.

Besonders kritisch sind bei 38 cm/s Bandgeschwindigkeit die mittleren Frequenzen, die im Bereich guter Hörbarkeit liegen und bei denen außerdem die Wellenlängen bei höheren Bandgeschwindigkeiten so groß sind, daß die Feldlinien aus dem Band heraustreten und sich über die benachbarten Windungen schließen. Ferner begünstigen geringe Trägerstärke, hohe Permeabilität der Schicht und großer Volumenfüllfaktor diesen Kopiereffekt, ebenso der Anteil „magnetisch weicher" Partikel. Der Kopiereffekt wird meßtechnisch durch die Kopierdämpfung erfaßt; sie ist definiert als der Pegelunterschied eines mit Bezugspegel aufgezeichneten 1 kHz-Signals zu dem größten auf die Nachbarwicklung kopierten Signal nach 24 Stunden Lagerung bei 20 °C (Messungen nach DIN 45 519 Tl. 1).

Die ungünstigsten geometrischen Bedingungen für Echos bestehen dann, wenn die Wellenlänge etwa 6 mal größer ist als die Banddicke. Bei einer Bandgeschwindigkeit von 38 cm/s und der üblichen Dicke eines Studiobandes von 50 μm ergibt sich ein Maximum um 1 kHz. Da hohe Temperaturen den Kopiereffekt erheblich beschleunigen, sollten Bänder stets vor Wärmeeinwirkung geschützt werden.

Obwohl es in den letzten Jahren gelungen ist, die Kopierdämpfung durch Verringerung des Anteils magnetisch extrem weicher Teilchen wesentlich zu verbessern, ist jedoch in bestimmten Fällen eine weitere Verringerung dieser Echos wünschenswert und auch möglich. Dazu wird das Band vor der Wiedergabe einem schwachen magnetischen Wechselfeld ausgesetzt, das so bemessen ist, daß es die instabilen, durch die schwachen Magnetfelder erzeugten Echos wirksam löscht, ohne die stabilere Nutzaufzeichnung merklich anzugreifen. Das erforderliche Löschfeld kann durch einen mit schwachem Wechselstrom gespeisten Kopf erzeugt werden oder auch dadurch, daß das Band an einem schwachen Permanentmagneten mit örtlich nach Richtung und Betrag wechselndem Feld vorbeigeführt wird. In einer besonders einfachen Ausführung kann dieser Magnet aus einem zweiten, mit einem Sinussignal stark ausgesteuerten Magnetband bestehen, das auf einer nierenförmigen Halterung aufgebracht ist. Bei einem Verlust an Nutzpegel von 1–2 dB lassen sich so zusätzlich Echodämpfungen von etwa 12 dB erreichen. Die Echolöschung ist eine Maßnahme, die nur in Ausnahmefällen angewandt wird.

Heimton- und Kassettengeräte

Die Meßbedingungen der Heimton- und Kassettengeräte zeigt *Tab. 7/2* im Vergleich zur Studiogeräteklasse.

Wiedergabevorgang

Wird ein besprochenes Band an einem Wiedergabekopf vorbeigeführt, so schließt sich ein Teil der aus der Bandoberfläche austretenden Feldlinien wegen der viel höheren magnetischen Leitfähigkeit des Kernmaterials über den Kopf. Der wechselnde magnetische Fluß induziert damit in der Wicklung des Hörkopfes eine Spannung, die der Änderung des magnetischen Flusses proportional ist (Induktionsgesetz). Φ_R ist der den Kopf durchsetzende Anteil des Flusses des Bandes *(Abb. 7/19)*.

Tab. 7/2. Meßbedingungen bei Heimton- und Kassettengeräten.

Meßbedingungen für die Messung von Magnetbändern		Studiogeräteklasse 38/19s	Heimgeräteklasse 19h/9,5/4,76	Kassettengeräteklasse 4,76	HiFi-Kassettengeräteklasse 4,76	
Arbeitspunkteinstellung	Frequenz Pegelabfall	10 2	6,3 3,5	6,3 2,5	6,3 3,5	kHz dB
Empfindlichkeit	Frequenz Bandfluß	1000 320	19/1000 333 19/320 250	333 250	333 250	Hz pWb/mm
Frequenzgang	Frequenz	14	10	8	10	kHz
Bandfluß bei Vollaussteuerung	Klirrfaktor	3	5 HiFi 3	5	3	%
Nichtlineare Verzerrungen	Meßfrequenz	1000	333	333	333	Hz
Aussteuerbarkeit bei kleinen Wellenlängen	Frequenz	14	10	8	10	kHz
Kopierdämpfung	Frequenz	1000	500	500	500	Hz

$$U = -\frac{d\Phi_R}{dt}$$

U = Spannung [V]
Φ_R = magnetischer Fluß [Wb]
t = Zeit [s]

Bei für alle Frequenzen konstantem sinusförmigen Wechselfluß auf dem Band ist die Ausgangsspannung am Hörkopf proportional der Frequenz f, d.h., sie steigt mit der Frequenz an. Wegen dieser Proportionalität sagt man, die Hörkopfspannung habe einen „Omegagang" ($\omega = 2\pi f$). Die abgetastete Frequenz ist der Bandgeschwindigkeit direkt, der aufgezeichneten Wellenlänge also umgekehrt proportional. Im Bereich niedriger und mittlerer Frequenzen erfolgt der Anstieg tatsächlich aber langsamer und bei hohen Frequenzen sinkt die Ausgangsspannung sogar ab.

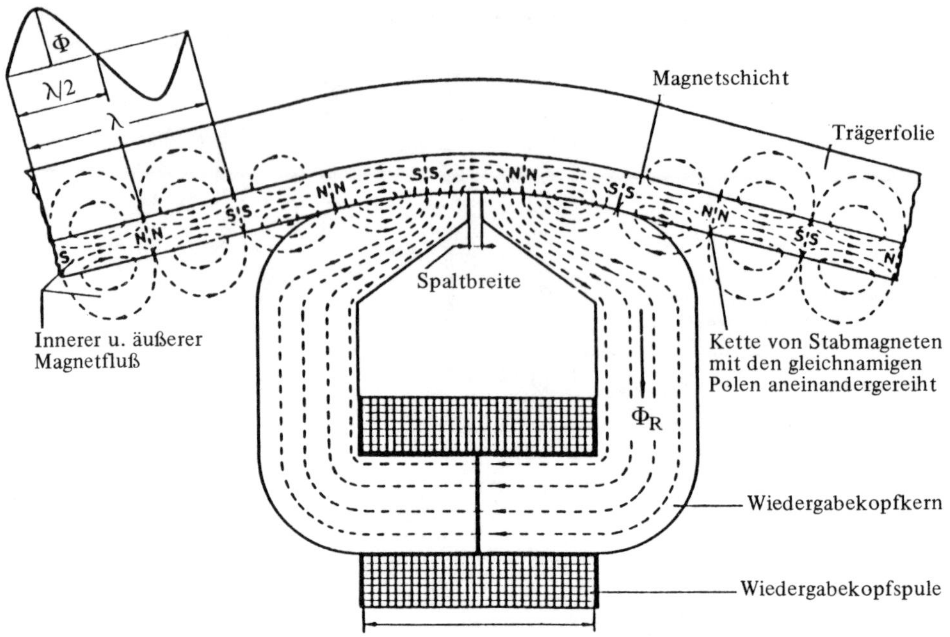

Abb. 7/19. Wiedergabevorgang.

Diese Erscheinung ist vor allem durch die Selbstentmagnetisierung des Bandes (s.o.) bedingt. Zusätzlich treten aber eine Reihe von Einflüssen bei der Wiedergabe hinzu, die den Frequenzgang beeinflussen: Abstands- und Spaltverluste werden im folgenden beschrieben.

Abstandsverluste

Bei der Abtastung ist am Hörkopfspalt immer ein kleiner Abstand der magnetischen Teilchen von der Oberfläche vorhanden, der durch die Oberflächenrauhigkeit, mitgerissene Luft und vor allem durch die Dicke der Schicht bedingt ist. Diese Tatsachen wirken sich bei kleineren Wellenlängen, d.h. bei hohen Frequenzen, in einer Verringerung der in den Hörkopf induzierten Spannung aus. Die Dämpfung durch Abstands- und Schichtdickenverluste wird auch Bandflußdämpfung genannt.

Spaltverluste

Nähert sich die Wellenlänge der Aufzeichnung der Größenordnung der effektiven Spaltbreite, so tritt eine sog. Spaltbreitendämpfung auf, da stets der Mittelwert des magnetischen Feldes über die gesamte Spaltbreite abgetastet wird. Die Spaltbreitendämpfung D_{sb} ist von der Spaltbreite d und der Wellenlänge λ abhängig:

$$D_{sb} = 20 \lg \frac{\sin \pi d/\lambda}{\pi \cdot d/\lambda}$$

D_{sb} = Spaltbreitendämpfung [dB]
d = Spaltbreite [μm]
λ = Wellenlänge [μm]

Bei den üblichen Magnettonanlagen sind die Spaltbreitenverluste wesentlich geringer als die Selbstentmagnetisierung und die Abstandsverluste, jedoch setzen sie der Abtastung hoher Frequenzen eine prinzipielle Grenze, da die induzierte Hörkopfspannung mit kleiner werdender Wellenlänge immer geringer wird und bei $\lambda = d$ ganz zu Null wird *(Abb. 7/20)*.

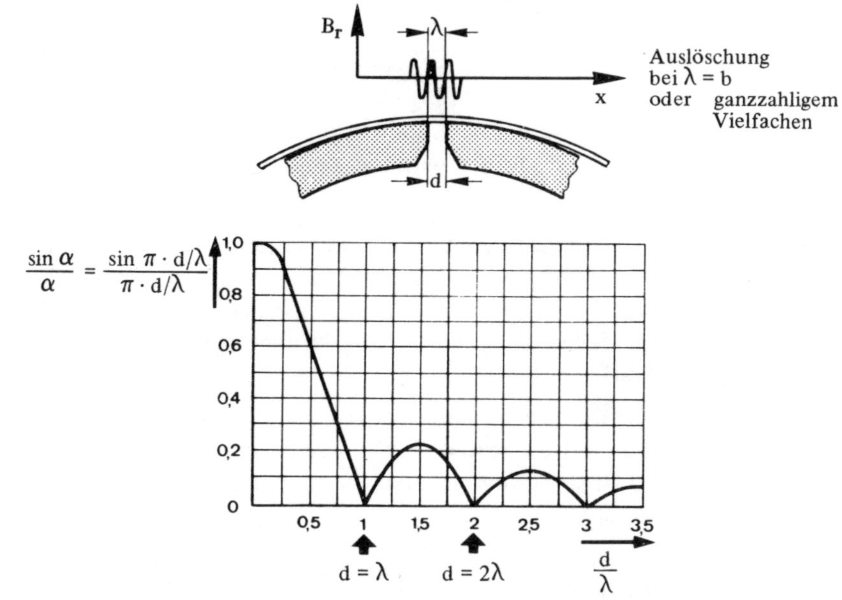

Abb. 7/20. Spaltfunktion (Verlauf des abgetasteten Bandflusses).

Stehen aufzeichnender und abtastender Spalt nicht völlig parallel, so ergeben sich ebenfalls Verluste bei kurzen Wellenlängen, die sog. Spaltwinkeldämpfung D_{sw}. Sie wirkt sich wie die Spaltbreitendämpfung aus und kann wie eine Verbreiterung des Hörkopfspaltes behandelt werden. In der obigen Formel erscheint dann ($b \cdot \mathrm{tg}\, \alpha + d$) anstelle von d ($b$ = Spurbreite, α = Winkel zwischen den Spaltrichtungen).

Entzerrung des Frequenzgangs

Aufgrund des Induktionsgesetzes steigt die Spannung, die in den Hörkopf induziert wird, bei konstantem Bandfluß linear mit der Frequenz an; sie besitzt wie gesagt einen Omega-Gang. Dieser Frequenzgang wird im Wiedergabeverstärker begradigt. Die Verluste bei hohen Frequenzen – Selbstentmagnetisierung des Bandes, Abstandsverluste, Spaltverluste – werden durch eine Anhebung sowohl durch den Aufsprechverstärker als auch durch den Wiedergabeverstärker ausgeglichen. Bei modernen Bändern ist die Anhebung im Aufsprechverstärker relativ gering verglichen mit der Anhebung im Wiedergabeverstärker. Eine ausschließliche Kompensation beim Aufsprechen würde zwar den Störspannungsabstand verbessern, gleichzeitig aber bei Modulation mit starken Anteilen hoher Frequenzen eine Übersteuerung und damit starke Verzerrungen erzeugen. Ein ausschließlicher Ausgleich bei der Wiedergabe dagegen würde zwar sehr geringe nichtlineare Verzerrungen ergeben, dafür jedoch das Rauschen im oberen Übertragungsbereich erheblich verstärken.

Der Verlauf des Bandflusses ist in DIN 45 513 genormt. Die Normung stellt sicher, daß bei der Wiedergabe alle Bandsorten, die nicht für besondere Betriebsfälle entwickelt wurden, austauschbar sind. Die Bandflußkurven sind für die einzelnen Bandgeschwindigkeiten optimiert, ferner wird zwischen Studio- und Heimtonanwendung unterschieden.

Ein wichtiges Kriterium bei der Festlegung des Bandflusses und der Entzerrungen ist die Pegel-Frequenzstatistik üblicher Tonsignale. Die Durchschnittsspektren und ihre zugehörigen Pegel zeigt *Abb. 7/21*. Daraus wird ersichtlich, daß die größten Pegel zwischen 200 und 2000 Hz liegen, darunter und darüber fällt der Pegel ab, bei 10 000 Hz z.B. um rund 8 dB.

Bei der Festlegung vor allem der Wiedergabeentzerrung und des Bandflußfrequenzgangs wurde diese Tatsache berücksichtigt. *Abb. 7/22* zeigt schematisch die Frequenzgänge vor und hinter dem Aufnahmeverstärker für Meßpegel und Musik sowie den dazugehörigen Bandfluß.

Die Normung des Bandflusses definiert Frequenzgangkurven für den Bandfluß, die Frequenzkurven entsprechen, wie sie von einfachen RC-Gliedern erzeugt werden. Für die Anhebung bei tiefen Frequenzen legt man dabei die Reihenschaltung, für die Absenkung bei den hohen Frequenzen die Parallelschaltung eines Widerstands mit einem Kondensator zugrunde. Durch das Produkt R·C, das als Zeitkonstante τ bezeichnet wird, kann der Frequenzgang definiert werden *(Abb. 7/23)*. Die Zeitkonstante wird im Tonfrequenzbereich in μs angegeben.

Reihenschaltung:

$$D_R = 20 \log \left(\frac{1}{2\pi f \cdot \tau} \cdot \sqrt{1 + (2\pi f \cdot \tau)^2} \right) [\mathrm{dB}]$$

$$\tau = R \cdot C \qquad f_o = \frac{1}{2\pi\tau}$$

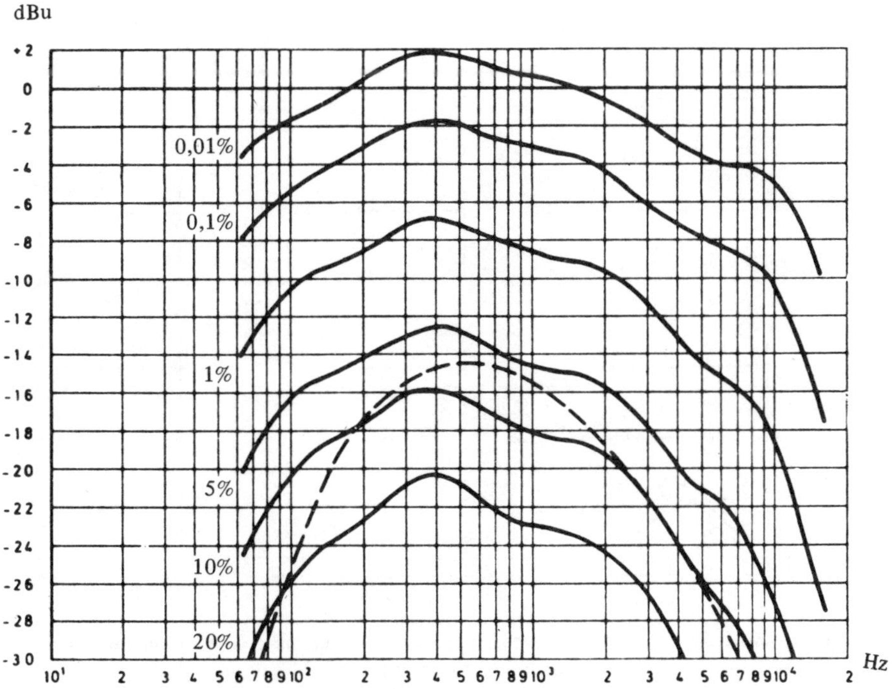

Abb. 7/21. Spektrale Amplitudenverteilung des Mittelwerts über 24 Stunden, Parameter: verschiedene Zeitprozente, gestrichelt: UER-Rauschen.

Parallelschaltung:

$$D_p = 20 \log \left(\frac{1}{\sqrt{1 + (2\pi f \cdot \tau)^2}} \right) [\mathrm{dB}]$$

$$\tau = R \cdot C \quad f_o = \frac{1}{2\pi\tau}$$

Tab. 7/3 nennt die Zeitkonstanten und Bezugsbandflußwerte nach DIN 45 513 für die verschiedenen Magnetbänder, Abb. 7/24 zeigt die wichtigsten Kurven.

Die nach DIN 45 513 genormte Bandflußkurve und die Bezugswerte folgen einer Empfehlung nach IEC. Neben dieser Normung gibt es international noch eine Normung der Bandflußkurven nach NAB. *Tab. 7/4* gibt für die wichtigsten Studiobänder die DIN- und NAB-Entzerrung im Vergleich an.

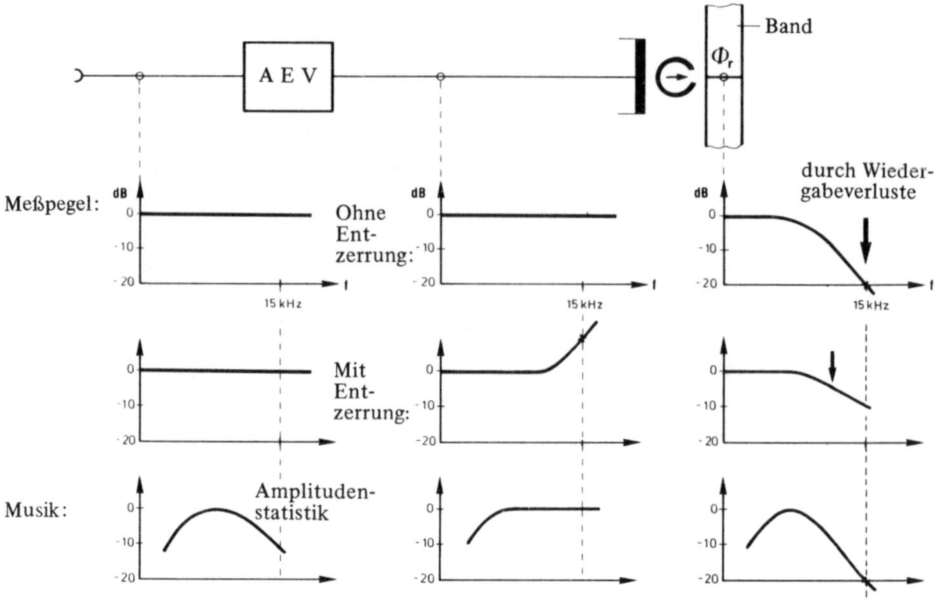

Abb. 7/22. Schematische Darstellung der Frequenzgänge vor und nach dem Aufnahme-Entzerrerverstärker (AEV) sowie des Bandflusses auf dem Magnetband mit Meßpegel und Musik.

Tab. 7/3. Bezugswerte und Zeitkonstanten für die verschiedenen Magnetbänder nach DIN 45 513. Bei Kassettenbändern sind zwei verschiedene Zeitkonstanten möglich: die Entzerrung 3180/70 μs für Chrombänder, 3180/120 μs für Eisenbänder.

Bandklasse	Bandfluß pro mm Spurbreite	Wiedergabe-Entzerrung Zeitkonstante τ für Magnetflußverlauf	
		Tiefen	Höhen
76	320 pWb	–	17,5 μs
38	320 pWb	–	35 μs
19 s	320 pWb	–	70 μs
19 h	320 pWb	3180 μs	50 μs
9,5	250 pWb	3180 μs	90 μs
4,76/6,3 mm	250 pWb	3180 μs	120 μs
Cr 4,76/3,8 mm	250 pWb	3180 μs	70 μs
Fe 4,76/3,8 mm	250 pWb	3180 μs	120 μs

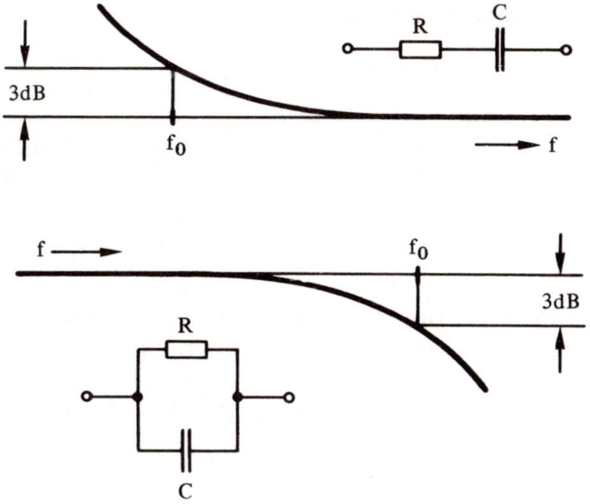

Abb. 7/23. Pegeldämpfung des Frequenzgangs bei RC-Gliedern.

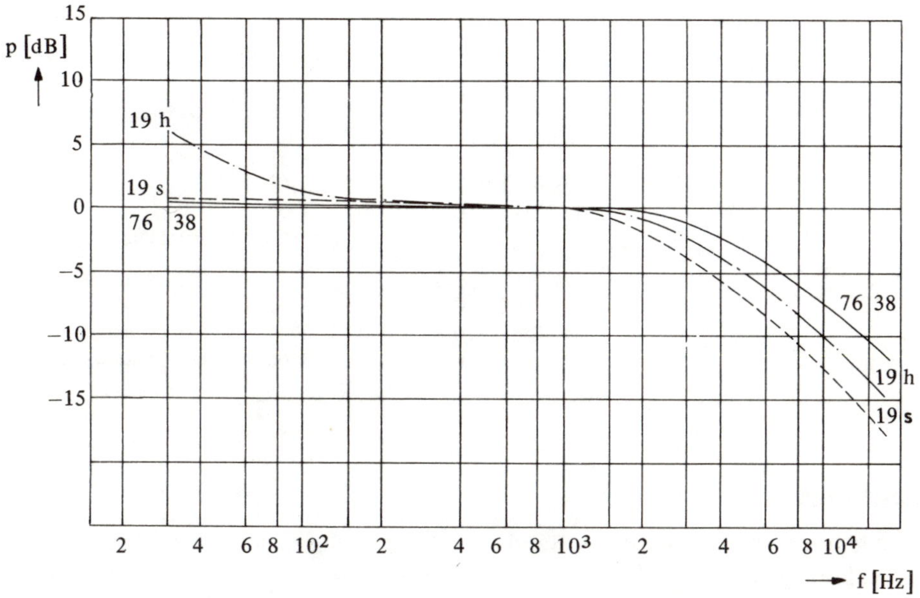

Abb. 7/24. Frequenzabhängigkeit des Bandflusses für die Bandgeschwindigkeiten 76 cm/s, 38 cm/s, 19 cm/s (s = Studiotechnik, h = Heimtontechnik) nach DIN 45 513.

Tab. 7/4. DIN- und NAB-Entzerrung für Studiobänder 6,3 mm.

Bandklasse	Entzerrung nach DIN	NAB
38	35 µs	3180 µs / 50 µs
19 s	70 µs	3180 µs / 50 µs
19 h	3180 µs / 50 µs	3180 µs / 50 µs

Mehrspurbänder mit einer Breite von ½′, 1′ und 2′ haben jeweils dieselbe Entzerrung nach DIN bzw. NAB wie ¼′-Bänder (6,3 mm). Während die Bandflußkurven nach DIN 45 513 für Bänder mit 38 cm/s und 6,3 mm Breite seit 1955 unverändert geblieben sind, also auch ältere Bänder bei der Wiedergabe zu neuen Bändern kompatibel sind, wurden die Kurven für die kleineren Bandgeschwindigkeiten verschiedentlich geändert *(Tab. 7/5)*.

Tab. 7/5. Entwicklung der Wiedergabeentzerrungen nach DIN 45 513 seit 1955.

Band-klasse	Zeitkonstante in µs	Normblatt	Jahr	Bemerkungen
4,75/3,81	1590 + 120	DIN 45 513, Blatt 5	1966	für Fe_2O_3-Bänder
	3180 + 120		1974	
	3180 + 70		1970	für CrO_2-Bänder
4,75/6,3	3180 + 2 x 70		1962	Vornorm
	1590 + 120	DIN 45 513, Blatt 5	1966	
	3180 + 120		1970	Normentwurf
9,53/6,3	200		1955	Vornorm
	3180 + 120	DIN 45 513, Blatt 4	1962	
	3180 + 90	DIN 45 513, Blatt 4	1968	
	1590 + 90		1968	abgelehnter Vorschlag
19,05/6,3	100	DIN 45 513, Blatt 3	1955	19 N (Normal)
	100	DIN 45 513, Blatt 3	1962	19 R (Rundfunk)
	3180 + 50	DIN 45 513, Blatt 3	1966	19 h (Heimgeräte)
	70	DIN 45 513, Blatt 3	1966	19 s (Studiogeräte)

Löschvorgang

Vor jeder Aufnahme wird das Band – auch ein völlig neues – zunächst durch den Löschkopf gelöscht. Dabei steuert ein kräftiges hochfrequentes Magnetfeld das Band bis in den Bereich der Sättigung durch. Entfernt sich nun das Band wieder vom Löschkopf, so wird dieses Feld schwächer. Dabei wird die durchlaufene Hysteresisschleife immer kleiner und schnürt sich schließlich ganz im Nullpunkt zusammen

(Abb. 7/25). Jedes Teilchen soll hierbei mindestens 20mal die Hysteresisschleife durchlaufen. Es hat sich in der Praxis als zweckmäßig erwiesen, eine Mehrfachlöschung mit Spalte verschiedener Breiten durchzuführen.

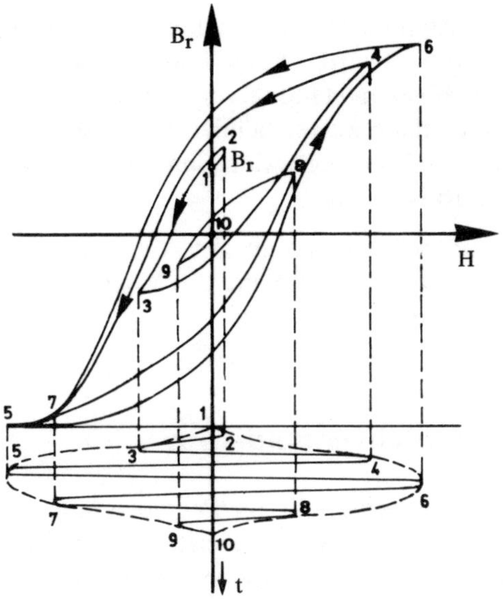

Abb. 7/25. Löschung mit HF-Wechselfeld. B_{r1} = Remanenz auf dem Band vor der Löschung, B_{r10} = Band gelöscht.

Ein Maß für die Löschwirkung ist die sog. Löschdämpfung. Sie ist definiert als der Pegelunterschied der Wiedergabepegel eines nach DIN 45 512 vollausgesteuerten Bandes vor und nach der Löschung. Zwischen Aufsprechen und Löschung liegt eine Lagerzeit von 24 Stunden.

$D_L = p_a - p_r$ D_L = Löschdämpfung [dB]
p_a = Ausgangspegel vor der Löschung [dB]
p_r = Restpegel nach der Löschung [dB]

Die Löschdämpfung soll bei selektiver Messung für 1 kHz ca. 80 dB betragen. Große Wellenlängen, d.h. tiefe Frequenzen, werden je nach Kopftyp merklich weniger gelöscht als ein 1-kHz-Ton.

Außer der Möglichkeit, ein bespieltes Magnetband mit dem Löschkopf eines Magnettongerätes zu löschen, was dann aufwendig ist, wenn die Löschung nicht unmittelbar mit der Neuaufzeichnung erfolgt, gibt es auch die Möglichkeit einer schnellen Löschung mit einem Bandlöschgerät (Degausser, bulk eraser). Im Bandlöschgerät wird wie beim Löschkopf ein abklingendes Magnetfeld erzeugt. Um eine einwandfreie Löschung des Bandes zu erhalten, muß das Magnetfeld gleichmäßig abklingen. Dies kann entweder durch eine elektrische Schaltung oder durch eine mechanische Bewegung erfolgen. Im ersten Fall wird ein elektrischer Schwingkreis angestoßen, dessen Schwingungen aufgrund der Verluste kontinuierlich abklingen. Das Magnetband muß hierbei nicht bewegt werden. Bei der zweiten Möglichkeit wird ein Magnetband aus einem konstanten Magnetfeld herausbewegt, wodurch ebenfalls ein Abklingen des Feldes erreicht wird. Dieser Transport kann manuell oder automatisch erfolgen. Bei der manuellen Handhabung muß das Band sehr gleichmäßig herausgezogen werden. Um einen ausreichenden Störabstand zu erhalten, sollte die Löschdämpfung bei beiden Funktionsprinzipien, wie beim Löschkopf eines Bandgerätes, mindestens 80 dB betragen.

Beim Umgang mit Bandlöschgeräten muß der Anwender sorgfältig vorgehen. Insbesondere dürfen keine Uhren in die Nähe des Magnetfeldes gelangen, da sie dadurch beschädigt werden können.

7.1.3 Systeme zur Rauschverminderung

Betrachtet man den Störpegelverlauf im Pegeldiagramm eines Tonkanals einschließlich der analogen magnetischen Aufzeichnung, so erweist sich die Aufzeichnungsanlage ohne Rauschverminderungssystem deutlich als schlechtestes Glied. Der Ruhegeräuschspannungsabstand – bezogen auf den Bezugspegel – beträgt nur rund 60 dB. Dieser Abstand wird nicht unerheblich geringer, wenn von einem Band Kopien gezogen werden, von denen ihrerseits wieder kopiert wird. Noch erheblicher ist die Problematik bei Mehrspuraufzeichnungen; bei der Abmischung einer 24-Spur-Aufnahme beispielsweise verringert sich der Störpegelabstand um rund 15 dB, weil die Rauschanteile aller Spuren zusammengeführt werden. *Abb. 7/26* zeigt, wie das Bandrauschen mit der Anzahl der Kopien bzw. abgemischten Spuren zunimmt.

Um den Anstieg des Rauschens und anderer Störungen bei Bandaufnahmen bzw. allgemein bei Übertragungen zu vermindern, wurden sog. Kompandersysteme entwickelt. Sie bestehen aus einem Kompressor, der die Dynamik des Signals vor der Aufzeichnung bzw. Übertragung komprimiert, damit der Abstand zum Rauschen größer bleibt als ohne Kompression. Bei der Wiedergabe bzw. nach dem Durchlaufen der Übertragungsstrecke stellt ein Expander wieder die ursprüngliche Dynamik des Signals her; dabei werden auch hinzugekommene Störpegel abgesenkt, die somit weniger wirksam werden. Das Wort „Kompander" wurde aus „Kompressor" und „Expander" zusammengezogen. Von verschiedenen Systemen, deren Entwicklung durch die Mehrspurtechnik, die Kassettentechnik und durch die digitale Tonaufzeichnung herausgefordert wurde, hat sich im Studiobereich vor allem das Kompandersystem Telcom c4 durchsetzen können. Dieses soll hier neben dem Dolby-A- und Dolby-SR-System beschrieben werden. Im HiFi-Sektor haben die

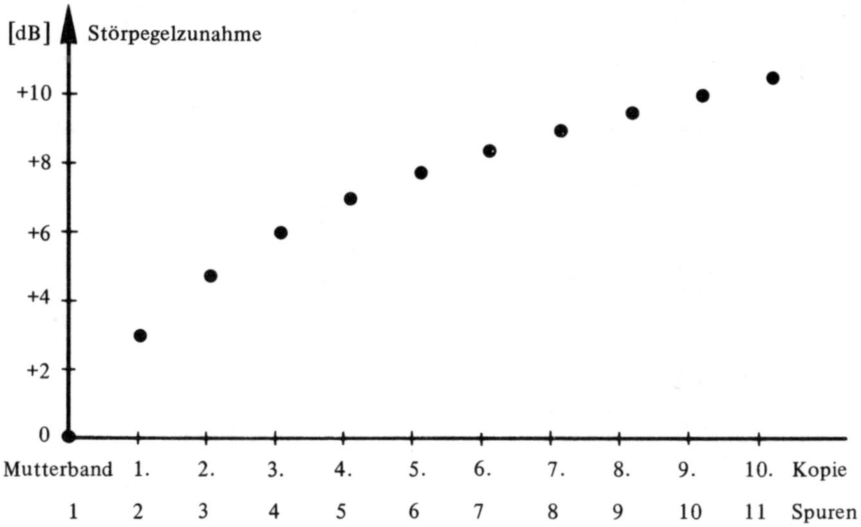

Abb. 7/26. Verringerung des Störpegels bei wiederholtem Kopieren und beim Abmischen mehrerer Spuren.

verschiedenen Dolbysysteme die größte Verbreitung, während beim öffentlich-rechtlichen Rundfunk das Telcom c4-System bevorzugt wird.

Komprimierte Bänder werden vorzugsweise 1:1 kopiert, also ohne dazwischengeschaltete Expander und Kompressoren, das gilt für alle Kompandersysteme. Die korrekte Einstellung der Maschinen ist auch hierbei erforderlich.

Telcom-Verfahren

Das Kompandersystem Telcom c4 [7.19] verbessert die Qualität einer analogen Tonaufzeichnung auf ein Magnetband in ganz erheblichem Maße. Der erreichbare Störpegelabstand liegt mit ca. 85 dB in der Größenordnung digitaler Aufzeichnungen. Das Verfahren arbeitet mit geraden Kennlinien bei logarithmischer Darstellung parallel in vier aneinandergereihten Frequenzbändern. Das Prinzip des Kompanders zeigt *Abb. 7/27.*

Die Verminderung des Bandrauschens – nur dieses kann vermindert werden, nicht aber das Rauschen des Mikrofons oder der Regieanlage – beruht darauf, daß kleine Pegel vor der Aufzeichnung angehoben und bei der Wiedergabe in demselben Maß wieder abgesenkt werden. Auf einer dB-linearen Skala ist die Pegelveränderung auf 1/3 des Pegels festgelegt, also z.B. ein Pegel von –60 dB wird auf –40 dB angehoben, ein Pegel von –30 dB auf –20 dB. Der Expander stellt die ursprünglichen Pegelverhältnisse wieder her, er expandiert also um den Faktor 1,5: –40 dB auf –60 dB und –20 dB auf –30 dB. Die Kennlinien der Regelverstärker sind also geradlinig. Dies bietet den großen Vorteil für den Betriebsablauf, daß ein Einpegeln des Kompan-

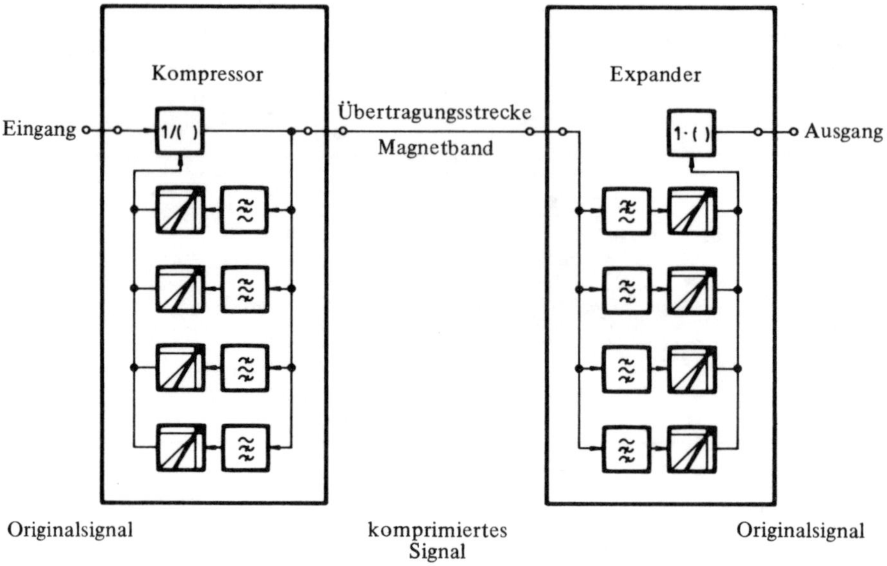

Abb. 7/27. Prinzipschaltbild des Kompandersystems Telcom c4.

ders, wie es eine geknickte Kennlinie erfordert, nicht notwendig ist. Bei geknickter Kennlinie würde sich bei einer Pegeländerung auf der Übertragungsstrecke bzw. auf dem Magnetband eine Dynamik- und Klangfarbenveränderung ergeben. Die Kennlinien von Kompressor und Expander zeigt *Abb. 7/28.*

Während das Ruherauschen eines Bandes bis ca. 25 dB vermindert wird, kann das Modulationsrauschen nicht reduziert werden. Verzerrungen durch die Bandaufzeichnung können ebenfalls nicht verringert werden, sie erhöhen sich sogar bei mittlerer Aussteuerung geringfügig, aber nicht hörbar, sofern mit demselben Bezugspegel wie ohne Kompandersystem aufgezeichnet wird. Bei den meisten Rundfunkanstalten wurde aus diesem Grund der Bandfluß für Aufzeichnungen mit Telcom-Kompander von 514 auf 320 nWb/m zurückgenommen, d.h. auf den genormten Bandfluß. Mit dieser Maßnahme sind die Verzerrungen bei den kritischen Pegeln bei Vollaussteuerung geringer als bei der Aufzeichnung mit 514 nWb/m. Auch bei mittleren Pegeln liegen die Verzerrungen nicht höher. Günstig wirkt sich das Telcom-Verfahren auch auf den Kopiereffekt aus: Vor- und Nachechos werden mit dem Expander abgesenkt, z.B. von –40 dB auf –60 dB. Auch die Übersprechdämpfung bei der Aufzeichnung wird in demselben Maße vergrößert. Bei Mehrfachkopien wirkt sich der hohe erreichbare Störpegelabstand außerordentlich günstig aus: noch nach der vierten Kopie kann der Störpegelabstand unter optimalen Bedingungen 78 dB erreichen.

Die hohen Werte für den erreichbaren Störpegelabstand von etwa 85 dB bedeuten keineswegs, daß eine Aufnahme solche guten Werte auch tatsächlich besitzt. Viel-

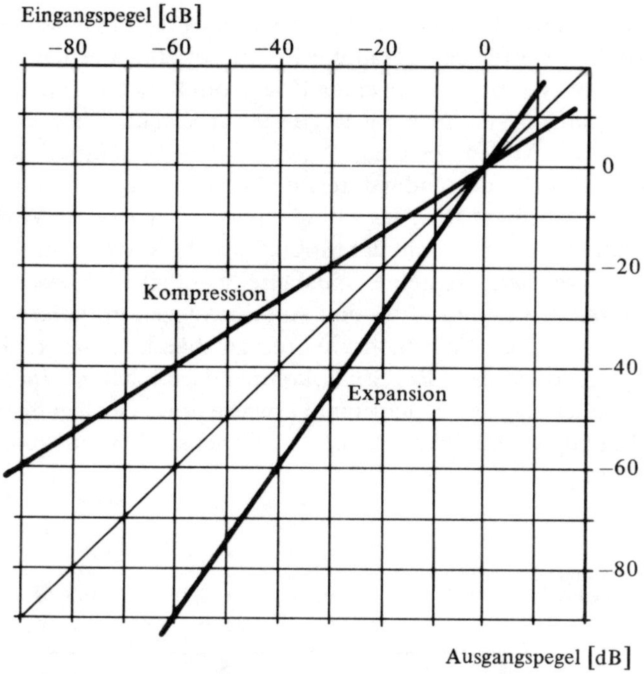

Abb. 7/28. Regelkennlinien des Kompandersystems Telcom c4.

mehr wirkt sich nun der geringere Störpegelabstand der Mikrofone auf den Geräuschpegel einer Aufnahme entscheidend aus. Im allgemeinen liegt der Mikrofonstörpegel deutlich bis erheblich über dem Störpegel der kompandierten Bandaufzeichnung. Herrscht z.B. an einem Mikrofon der Schalldruck 1 Pa bzw. der Schalldruckpegel 94 dB, so bietet ein Studiomikrofon einen Störpegelabstand nach DIN 45 590 von etwa 70 dB. Bei Verwendung mehrerer Mikrofone verringert sich dieser Abstand um jeweils 3 dB pro Verdoppelung der Anzahl der Mikrofone; bei 4 Mikrofonen also um 6 dB, bei 16 Mikrofonen um 12 dB bei gleichem Schallpegel und gleicher Verstärkung.

Bisher wurden nur die statischen Eigenschaften von Kompressor und Expander betrachtet. Genauso wichtig für die Unhörbarkeit der Regelvorgänge ist aber sein dynamisches Verhalten. Die zeitlichen Regeleigenschaften von Kompressor und Expander müssen ebenso komplementär zueinander sein, wie die statischen Kennlinien. Das Einschwingen der Regelverstärker muß nach einer Viertelperiode der höchsten zu übertragenden Frequenz, also z.B. nach 15 μs bei 15 kHz, abgeschlossen sein, das Ausschwingen soll – um keine hörbaren Verzerrungen bei tiefen Frequenzen entstehen zu lassen – nicht unter 5 s liegen. Die extrem kurze Einschwingzeit löst allerdings bei tiefen Frequenzen ein hörbares Einschwingen aus, die lange

Ausklingzeit hingegen ist für hohe Frequenzen zu lang. Kompandersysteme, die nur mit einem Regelsystem für den gesamten Frequenzbereich arbeiten, müssen zwischen diesen extremen Forderungen einen Kompromiß finden. Ein weiteres schwerwiegendes Problem von Systemen mit Regelverstärkern für den gesamten Übertragungsbereich ist das Atmen: In einer Pause wird bei einem solchen System das Bandrauschen praktisch vollständig unterdrückt; setzt nun ein Ton von z.B. 1 kHz mit Vollaussteuerung ein, so wird das Kompandersystem in seiner Wirkung neutral, d.h. das Bandrauschen „atmet" mit der Modulation. Das Atmen stört eigentlich nur in den Frequenzbereichen, die keine Signalanteile enthalten. Dieser unerwünschte Effekt kann vermieden und die Ein- und Ausschwingzeit optimiert werden, wenn man den Übertragungsbereich in mehrere Frequenzbänder aufteilt, die unabhängig voneinander geregelt werden. Bei Studiokompandern hat sich eine Aufteilung in vier Frequenzbänder als guter Kompromiß erwiesen, die Festlegung der Frequenzbänder beim Telcom-Verfahren zeigt *Abb. 7/29*, ebenso die Festlegung der Ein- und Ausschwingzeiten.

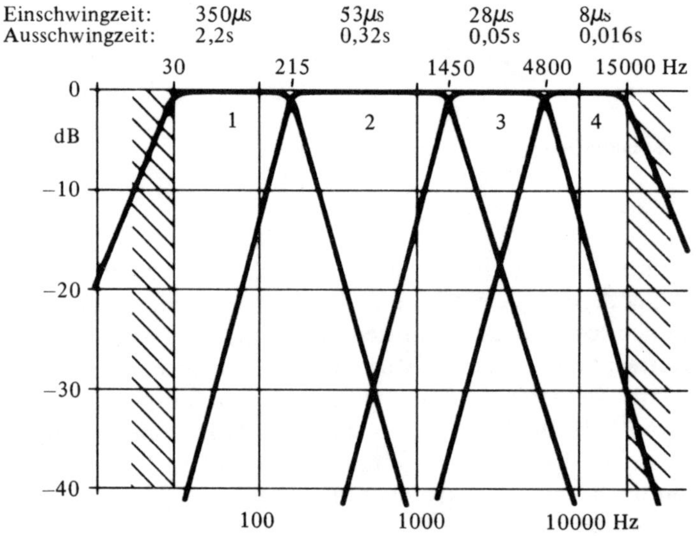

Abb. 7/29. Festlegung der Frequenzbänder beim Telcom-Verfahren sowie der zugehörigen Ein- und Ausschwingzeiten für 30 dB Pegelanhebung bzw. -absenkung.

Die Kennlinien des Telcom-Kompandersystems *(Abb. 7/28)* zeigen bei Pegeln über 0 dB, also über Bezugspegel, eine umgekehrte Wirkung: der Kompressor wird zum Expander und der Expander zum Kompressor. Für die Aufzeichnung bedeutet dies, daß die Aussteuerbarkeit um das Kompressionsverhältnis verbessert wird; eine

Übersteuerung von 6 dB wird tatsächlich nur mit 4 dB Übersteuerung aufgezeichnet. Bedenkt man, daß beim Rundfunk der Pegel bei Telcomaufzeichnungen um 4 dB niedriger liegt, so führt eine Übersteuerung von 6 dB zu demselben Bandfluß wie bei normaler Stereoaufzeichnung. Übersteuerungen von 6 dB entstehen andererseits, wenn ein Band mit Telcom bei einem Bezugspegel von 514 nWb/m aufgezeichnet wird, aber mit einem Expander, der auf Bezugspegel 320 nWb/m eingestellt ist, wiedergegeben wird.

Dolby-Verfahren

Der Dolby-Kompander für Studioanwendung (Dolby-Stretcher, Dolby A) [7.20] arbeitet wie der Telcom-Kompander in vier Frequenzbändern mit jeweils eigener Regelcharakteristik. Die Regelung ist aber im Gegensatz zum Telcom-System nur bei kleineren Pegeln wirksam, sie läßt hohe Pegel unbeeinflußt.

Die vier Regelbereiche des Dolby-A-Systems werden durch einen Tiefpaß mit 80 Hz Grenzfrequenz, einen Bandpaß mit den Grenzfrequenzen 80 und 3000 Hz sowie durch zwei Hochpässe mit Grenzfrequenzen von 3000 und 9000 Hz gebildet.

Nur Frequenzkomponenten unter –10 dB werden den Regelverstärkern zugeführt. Der maximale Hub ist bei Frequenzen bis 5 kHz 10 dB und steigt für höhere Frequenzen auf 15 dB an. Die Regelkennlinien sind also geknickt *(Abb. 7/30)*.

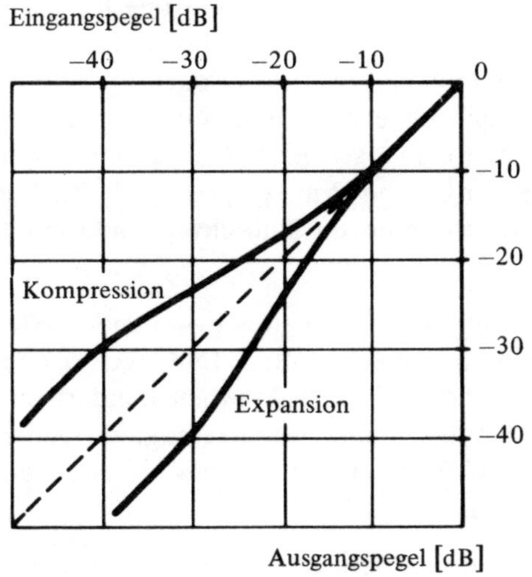

Abb. 7/30. Regelkennlinien des Dolby-Kompanders für Frequenzen unter 5 kHz.

Über Schwellwertbegrenzer werden dem Prozessor nur Pegel unterhalb des Kompressoreinsatzpunktes zugeführt. Auf diese Art wird – zunächst getrennt in vier verschiedenen Frequenzbereichen und danach zusammengefaßt – ein Korrektursignal gewonnen, das dem Original additiv zugefügt wird. In dieser Form des Signals findet die Speicherung oder Übertragung statt. Bei der Expansion wird derselbe Prozessor wie bei der Kompression benutzt, das Korrektursignal wird aber jetzt von dem komprimierten Signal subtrahiert; damit ist die Originalgestalt des Signals wieder hergestellt.

Da die Pegelkennlinie nicht gerade ist, entstehen Dynamik- und Frequenzgangverzerrungen, wenn die Kennlinien für Dolby-Kompression und Dolby-Expansion nicht zur Deckung kommen. Deshalb müssen die Pegel, die dem Gerät bei Kompression und Expansion angeboten werden, absolut gleich sein. Das erfordert ein genaues Einpegeln der Aufzeichnungsanlage bzw. die Vermeidung von Pegelverlusten auf der Übertragungsstrecke. Da umfangreichere Übertragungsstrecken diese Bedingung nur bei erheblichem Aufwand erfüllen können, beschränkt sich die Anwendung der Dolby-Systeme im Studio vor allem auf die Magnettonaufzeichnung. Für eine Pegelkontrolle und zugleich als Kennzeichnung für die Dolbysierung eines Bandes liefert das Gerät einen mit einer charakteristischen Kennung versehenen Pegelton.

Beim praktischen Einsatz ist zu beachten, daß sich die Verbesserungen nur auf den Störabstand beziehen, aber nichtlineare Verzerrungen und Frequenzgangfehler gerade bei wiederholtem Kopieren nicht nur erhalten bleiben, sondern u.U. vermehrt werden.

Neben der eben beschriebenen sog. A-Ausführung für die Studioproduktion existiert das Verfahren noch in einer B-Ausführung für den Heimtonbereich. Die B-Ausführung arbeitet nur mit einer einzigen Regelung der Frequenzen über 1000 Hz; tiefere Frequenzen bleiben ungeregelt. Die untere Grenzfrequenz des regelbaren Hochpaßfilters im Regelzweig verschiebt sich mit zunehmendem Gesamtpegel nach hohen Frequenzen (Sliding-Band-Prinzip) [7/21], [7/22]. Für den Heimtonsektor sind eine Reihe weiterer Systeme zur Rauschverminderung bei Kassettenbändern auf dem Markt.

Dolby SR ist ein aus Dolby A entwickeltes Kompandersystem für den Einsatz bei qualitativ hochwertigen Analogaufnahmen. Im Gegensatz zu Dolby A setzt Dolby SR Filter mit festen und verschiebbaren Frequenzbändern ein, in denen es dann auf die dort auftretenden Amplitudenänderungen reagiert. Dabei besitzt Dolby SR drei unterschiedliche Arbeitspunkte: High-Level mit –30 dB, Medium-Level mit –48 dB und Low-Level mit –62 dB.

Bei High- und Medium-Level unterscheidet das System nochmals zwischen zwei sich weit überlappenden Frequenzbereichen, deren obere bzw. untere Grenzfrequenz bei 800 Hz liegt. Der Low-Level-Bereich arbeitet nur bei Frequenzen über 800 Hz. Aus dieser Differenzierung ergeben sich quasi fünf Frequenzbänder.

Während der Aufnahme versieht der Kompressor die unteren und mittleren Pegel eines Programms mit der systembedingt größtmöglichen Verstärkung; verstärkt wird dabei allerdings nur der Frequenzbereich, in dem Komponenten vorhanden sind. Für die Wiedergabe erfolgt eine Pegelreduzierung des Signals komplementär zur Verstärkung bei der Aufnahme. Das bedeutet, daß das Nutzsignal wieder original hergestellt wird, das Störsignal jedoch um den gleichen Betrag wie die Verstärkung abgesenkt wird.

Für die Linearisierung des Frequenzganges im Sättigungsbereich und die Erhöhung der Übersteuerungsgrenze für hochpegelige Signale enthält Dolby SR zwei weitere Schaltungen, die Anti-Saturation und das Spectral-Skewing: Mit der Anti-Saturation-Schaltung wird die Aussteuerung bei hohen Pegeln unterhalb von 100 Hz und oberhalb von 5 kHz reduziert. Vom Prinzip her ist diese Schaltung ein Hoch-Tief-Entzerrer, der bei niedrigen Pegeln umgangen wird. Die Spectral-Skewing-Schaltung macht das Kompandersystem gegenüber Frequenzgang- und Pegelanomalien des Bandes unempfindlich; sie verbessert die Aufnahmeentzerrung und reduziert Regelfehler.

7.1.4 Schnittbearbeitung von Bändern

Die Eigenschaften der in den Rundfunkanstalten verwendeten Studiobänder stimmen für die Wiedergabe mit den Eigenschaften des DIN-Referenzbandes (DIN 45 513) überein, die Bänder können also auch bei der Schnittbearbeitung im Mischbetrieb verwendet werden. Das gilt nicht generell für die Einstellungen des Aufnahmeentzerrerverstärkers. Bandtypen, die nicht an die Kompatibilitätsforderung an Studiobänder gebunden sind (Masterbänder), können individuell, z.B. mit einem höheren Bezugspegel, eingemessen werden. Sie sind in diesem Fall auch wiedergabemäßig nicht mit den Studiobändern kompatibel. Grundsätzlich können aber nicht standardgemäße Bandtypen durch sorgfältige, spezielle Einmessung des Aufnahmeentzerrerverstärkers auch so benutzt werden, daß eine normgemäße Wiedergabe ermöglicht wird.

Bandschnitt

Die Möglichkeit der Schnittbearbeitung ist neben der Löschbarkeit und Wiederverwendbarkeit einer der größten Vorteile des Magnetbands im Betriebsablauf. Die verwendeten Bandscheren trennen das Band entweder als Kopfschere vor dem Hörkopf oder auf einer vom Kopfträger abgesetzten Klebeschiene. Werden Handscheren oder Messer benutzt, so müssen sie aus nicht magnetisierbarem Material bestehen, damit an der Schnittstelle keine Knacke durch örtliche Gleichfeldmagnetisierung zurückbleiben. Der Schnittwinkel der Bandscheren beträgt 45° *(Abb. 7/31)*.

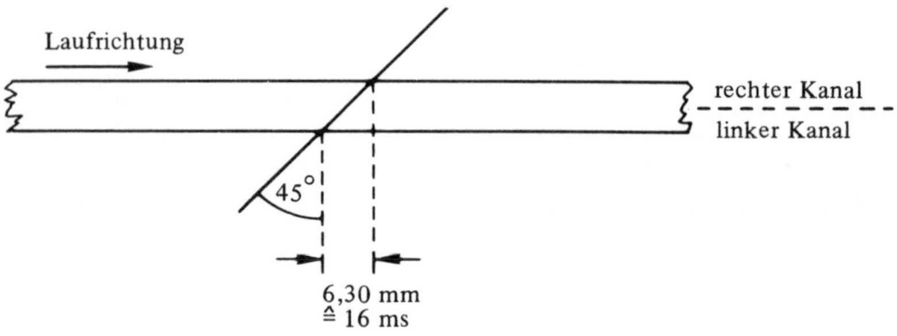

Abb. 7/31. Bandschnittwinkel, Blick auf die Schichtseite.

Damit bietet der Bandschnitt einen Überblendvorgang zwischen den Bandabschnitten mit einer Dauer von ca. 16 ms bei 38 cm/s. Dies entspricht der Dauer eines relativ kurzen, aber unauffälligen Einschwingvorganges eines Musikinstrumentes; im allgemeinen liegt das Einschwingen bei etwas längeren Werten. Bei der Bandgeschwindigkeit 19 cm/s dauert der Überblendvorgang ca. 32 ms.

Kennzeichnung von Bändern

Für die sichere Sendeabwicklung und den Austausch von Bändern müssen Bandgeschwindigkeit, Betriebsart (Mono oder Stereo, Kompander, Kunstkopfverfahren) sowie Anfang und Ende der Modulation auf dem Band selbst einheitlich gekennzeichnet sein. Dafür werden verschiedene Vorspann-, Zwischen- und Endbänder (Nachspannbänder) verwendet *(Tab. 7/6)*. Die Spezifikationen regelt das ARD-Pflichtenheft 3/9; für automatische Einschaltung des Telcom-Expanders ist die Transparenz definiert.

Die Kennbänder sollen mindestens 1,5 bis 2 m lang sein. Sie werden so angeklebt, daß der Farbaufdruck mit der Schichtseite des Bandes übereinstimmt. Der Wickelkern (Metallkern, Bobby) und der Archivkarton sollen die gleiche Farbkennzeichnung aufweisen.

Arbeitsverfahren beim Schnitt von Bändern

Die Wahl des geeigneten Verfahrens beim Bandschnitt hängt im wesentlichen davon ab, ob das jeweilige Tonband wiederbringlich ist oder nicht. Weiterhin ist entscheidend, ob die vorgenommenen Bandschnitte von Anfang an als endgültig zu betrachten sind oder nicht. Die detaillierte Beschreibung der Arbeitsvorgänge erfolgt

Tab. 7/6. Bandkennzeichnung durch Vorspannbänder.

Mono-Aufzeichnung:	Bandgeschwindigkeit	ohne Telcom	
	76,2 cm/s	weiß	
	38,1 cm/s	rot	
	19,05 cm/s	blau	
	9,5 cm/s	grau	
	Zwischen- und Endbänder sind gelb.		
Stereo-Aufzeichnung:	Bandgeschwindigkeit	ohne Telcom	mit Telcom
	38,1 cm/s	rot/weiß	rot/weiß/ schwarz/weiß
	19,05 cm/s	blau/weiß	blau/weiß/ schwarz/weiß
	9,5 cm/s	grau/weiß	
	Zwischen- und Endbänder sind gelb. Kunstkopfaufnahmen: Aufdruck KK.		

nur für den Schnitt von Sprachaufnahmen, sie gilt entsprechend auch für die danach beschriebenen Schnittverfahren.

Schnitt von Sprachaufnahmen

Herausschneiden von Versprechern und Wiederholungen:

Ausgangszustand: Auf ein Band wurden ein oder mehrere Sprecher aufgenommen, die nach Versprechern oder der Korrektur durch die Regie Teile des gesprochenen Textes wiederholen. Das Band ist vorgespult und liegt auf dem rechten Bandteller. Die Versprecher sind durch „Anheber" im Bandwickel gekennzeichnet. Ein „Anheber" ist ein Bandabschnitt, der nicht bündig mit dem Bandwickel liegt, sondern sichtbar herausragt; er wird durch Anheben des Bandes von Hand oder durch eine mechanische, fernsteuerbare Vorrichtung an der Maschine ausgeführt. Die Versprecher können im „Papierkorbbetrieb" oder im „Aufhebebetrieb" herausgeschnitten werden.

Beim Bearbeitungsablauf „Papierkorbbetrieb" wird der Korrekturabschnitt von vorn bearbeitet:
1. Das Band wird vom Bandanfang aus geschnitten: Band bis zum Anfang zurückspulen, dabei vorhandene Anheber links übernehmen – Wiedergabe oder schneller Vorlauf bis zum gewünschten Modulationsanfang – Schnittstelle in der Betriebsart EDIT durch Hin- und Herdrehen der Wickelteller von Hand einstellen, mit dem vor dem Hörkopf eingebauten Stempel oder einem Stift markieren und schneiden – Vorspannband ca. 1,5 Meter lang ankleben – Vorspannband einlegen – Schnittstelle abhören – Wiedergabe oder schneller Vorlauf bis zum ersten Anheber – Schnittstelle suchen, einstellen und markieren – schneiden – doppelt vorhandenen Text von Hand herausziehen oder in Stellung Wiedergabe in den Papierkorb laufen

lassen. Bei entsprechender Schnittstelle der Korrektur Band anhalten, Schnittstelle einstellen und markieren – schneiden – die Enden zusammenkleben – kurzes Rückspulen über die Schnittstelle – Abhören der Schnittstelle – Wiedergabe oder schneller Vorlauf bis zum nächsten Korrekturabschnitt (Anheber) usw.

2. Das Band wird vom Bandende aus geschnitten; dieses ist aus Gründen der Zeitersparnis das häufigere Verfahren: Band zurückspulen bis zum Ende der Modulation – Schnittstelle einstellen, markieren und schneiden – Endband ankleben – Schnittstelle abhören – Rücklauf bis Beginn des nächsten Korrekturabschnittes (Anheber) – weitere Bearbeitung entsprechend 1.

Beim Bearbeitungsablauf „Aufhebebetrieb" kann der Korrekturabschnitt von vorn oder von hinten bearbeitet werden:

1. Das Band wird vom Bandende aus geschnitten: Kurzes Rückspulen bis Ende Modulation – Schnittstelle bei Betriebsart EDIT nach Modulationsende einstellen, markieren und Bandrest abschneiden – Endband ankleben – Schnittstelle abhören – Band rückspulen bis zum nächsten Korrekturabschnitt (Anheber) – Schnittstelle suchen, markieren und schneiden – Band links abnehmen und Leerbobby auflegen – Rückspulen des doppelt oder mehrfach vorhandenen Textes – Schnittstelle suchen, markieren und schneiden – linkes Band abnehmen, Originalaufnahme auflegen – Band zusammenkleben – kurzes Rückspulen und Schnittkontrolle. Es ist auch möglich, so zu schneiden, daß der aufzuhebende Bandrest nach rechts auf einen Leerbobby gespult wird.

2. Entsprechend kann auch beim Aufhebebetrieb das Band vom Anfang her bearbeitet werden.

Falls der gemachte Schnitt hörbar ist, wird – wenn möglich – korrigiert, z.B. durch Einsetzen oder Herausschneiden einer kleinen Pause, von Atem oder ähnlichem. U.U. ist es besser, mit dem herausgeschnittenen Bandteil zunächst wieder den Urzustand herzustellen und eine günstigere Schnittstelle zu suchen.

Kürzen eines Beitrags:

Ausgangszustand: Band liegt zurückgespult im Karton.

Bearbeitungsablauf: Hier ist zu unterscheiden, ob der Inhalt der Sendung exakt aus einem Manuskript ersichtlich ist, oder ob es sich z.B. um ein Telefoninterview handelt, das nur sinngemäß dem Redakteur bekannt ist. Im ersten Fall werden die Kürzungen meist im Manuskript festgelegt und in der Regel im Papierkorbbetrieb herausgeschnitten. Auch hier ist selbstverständlich der Aufhebebetrieb möglich. Liegt kein Manuskript vor, werden die Schnittstellen beim Abhören festgelegt und meist im Papierkorbbetrieb der Anschlußschnitt gesucht und durchgeführt. Danach wird der Schnitt überprüft.

Verlängern eines Beitrags:

Ausgangszustand: Die Originalaufnahme und die zur Verlängerung vorgesehenen Beiträge befinden sich jeweils in der richtigen Reihenfolge zurückgespult auf getrennten Bändern. Ein Manuskript ist meist vorhanden.

Bearbeitungsablauf: Den laut Manuskript vorgesehenen ersten Programmbeitrag auflegen – Anfang mit Vorspannband fertigstellen – im schnellen Vorlauf und anschließend in Stellung Wiedergabe die Stelle suchen, an der die Zusatzaufnahme eingesetzt werden soll. Ist diese gefunden, Pause bestimmen und Schnitt. Neuen Modulationsanfang in der Originalaufnahme suchen und schneiden – linken Bandteller freimachen – Zusatzaufnahme auflegen, Modulationsanfang suchen, Schnittstelle einstellen, markieren, schneiden und ankleben – Schnittkontrolle. Vorspulen bis Ende der Zusatzaufnahme, Pause bestimmen und schneiden – Modulationsanfang der nächsten Zusatzaufnahme suchen und schneiden – linken Bandteller freimachen, Originalaufnahme auflegen und ankleben – Schnittkontrolle.

Schnitt von Musikaufnahmen

Prinzipiell wird bei Musikaufnahmen wie bei Sprachaufnahmen geschnitten. Das Wiedererkennen gleicher Schnittstellen und die Beurteilung der Hörbarkeit gemachter Schnitte erfordern Erfahrung, Gehörschulung und Kenntnisse über Musik.

Falls ein gemachter Schnitt hörbar ist, wird mit dem herausgeschnittenen Bandteil der Urzustand wieder hergestellt und durch den Vergleich von Originalaufnahme und Korrektur eine günstigere Schnittstelle gesucht. Für diesen Vergleich ist das Arbeiten auf zwei Maschinen vorteilhaft, oft unerläßlich.

Weiterhin kann eine Feinschnittkorrektur notwendig werden, z.B. das Anschneiden eines Akkords, bei dem ein Instrument etwas zu früh eingesetzt hat. Das herausgeschnittene Stück ist hierbei u.U. sehr kurz. In diesem Fall läßt man häufig den Einschwingvorgang des zu früh kommenden Tones noch stehen und schneidet erst danach das zu früh einsetzende Instrument heraus. Ohne dieses Verfahren wird der Schnitt oft zu hart. Schwierige Schnitte kann man oft durch einen längeren Schrägschnitt mit einer Handschere oder einem Messer bewältigen; dadurch entsteht eine Überblendung (Kreuzblende). Im Gegensatz zu Reglerblenden wischt diese aber von links nach rechts über die Stereobasis. Um diesen Effekt zu vermeiden, kann ein „Schwalbenschwanzschnitt" günstiger sein. Eine andere Sonderform des Bandschnittes ist der senkrechte Schnitt; er wird vor allem gewählt, wenn Knakke herauszuschneiden sind, da hierbei am wenigsten Band zu entfernen ist.

Allgemeine Schnittverfahren

Herausschneiden kurzer Störgeräusche

Ausgangszustand: Bei der Aufnahme oder beim Abhören eines geschnittenen Bandes wurden Störgeräusche (Knacke, Geräusche, doppeltes Atmen) festgestellt, die nachträglich entfernt werden sollen. Diese Stellen sind durch Anheber oder im Manuskript gekennzeichnet.

Bearbeitungsvorgang: Das Band bis zur fehlerhaften Stelle vor- bzw. zurückspulen – Anfang und Ende des kurzen Störgeräusches markieren und das markierte Stück herausschneiden – Band zusammenkleben – kurzes Rückspulen – Schnitt abhören. Um nicht zuviel von der Modulation zu verlieren, kann in einzelnen Fällen z.B. bei Knacken auch mit einer antimagnetischen Schere senkrecht geschnitten werden.

Schnitt von Beifall und andauernden Geräuschen

Ausgangszustand: Der Beifall o.ä. auf einer Aufnahme soll gekürzt werden.

Bearbeitungsablauf: Die beiden erforderlichen Schnittstellen müssen so gewählt werden, daß Pegel und Klangfarbe des Beifalls o.ä. möglichst gleich sind. Unter diesen Voraussetzungen kann das sonst übliche genaue Einstellen der Schnittstelle entfallen. Sind bei der gewünschten Schnittstelle Pegel- und Klangfarbe unterschiedlich, wird ein in Schnittnähe liegendes, herausragendes Geräusch gesucht und unmittelbar vor diesem geschnitten. Damit können besonders dynamische Unterschiede an der Schnittstelle etwas kaschiert werden. Bei zu lange dauerndem Beifall ist es oft günstiger, Anfang bzw. Ende durch Umkopieren und Blenden abzukürzen. So wird auch dem Hörer deutlich, daß der Beifall tatsächlich länger andauert.

Einkleben von Zwischenbändern (Gelbbändern)

Ausgangszustand: Auf einem Band mit mehreren hintereinanderfolgenden Beiträgen sollen diese durch Zwischenbänder getrennt werden.

Bearbeitungsablauf: Die unmodulierten Bandteile zwischen den Beiträgen werden herausgeschnitten. Die Schnittstellen werden nicht unmittelbar zusammengefügt, sondern durch das Hineinkleben von Gelbband optisch getrennt.

Diese Gelbbänder sind auch für den automatischen Sendebetrieb notwendig (optische Abtastung des Modulationsendes mittels einer Lichtschleuse).

Schnitt bei Hörspielproduktionen und Musikmontagen

Speziell beim Hörspiel, beim Feature und bei Musikmontagen wird der Schnitt nicht nur zum Austausch von korrigierten Teilen bzw. Kürzungen, sondern unter einem künstlerischen Aspekt verwendet. Es werden so Geräusche, Musikphasen etc. nach künstlerischen und rhythmischen Gesichtspunkten zusammengefügt. Da derartige Schnitte meist erst nach einer Montage auf ihre künstlerische Aussagekraft hin geprüft werden und oftmals nachträgliche Veränderungen stattfinden, soll hier im Detail nicht auf Beispiele eingegangen werden.

Schnitt von Mehrspuraufnahmen

Der Schnitt von Mehrspuraufnahmen auf ½′-, 1′- oder 2′-Band wird an sich genauso wie der Musikschnitt mit dem ¼′-Band ausgeführt. Der Schnitt erfolgt dabei mit verschiedenen Schnittwinkeln bzw. mit speziellen Schneidegeräten (Zick-Zack-Schnitt). Bedingt durch die Aufnahmeverfahren ist bei Mehrspurbändern im allgemeinen jedoch kein Bandschnitt erforderlich.

Schnittlose Fehlerkorrektur (Cue-Verfahren)

Dieses Verfahren wird nicht nachträglich, sondern unmittelbar bei einer Aufnahme angewendet.

Ausgangszustand: Versprecher bei einer Aufnahme.

Bearbeitungsvorgang: Nach einem Versprecher wird die Aufnahme unterbrochen. Das Band wird über den Anfang des fehlerhaften Satzes hinaus zurückgefahren. Dann spielt man dem Sprecher das Ende des letzten korrekten Satzes ein und schaltet am Satzende oder einer geeigneten Zäsur unmittelbar von Wiedergabe auf Aufnahme. In diesem Augenblick setzt der Sprecher die Aufnahme im natürlichen Rhythmus fort, der fehlerhafte Satz ist korrigiert. Dabei ist zeitliches „Vordenken" notwendig, das von dem Abstand Löschkopf-Wiedergabekopf und von der Bandgeschwindigkeit abhängig ist, weil Hinterband abgehört wird und der Lösch- und Aufnahmekopf zeitlich vorversetzt sind. Deswegen ist ein zeitlich unterschiedlich schnelles „Umsteigen" (Umschalten Wiedergabe/Aufnahme) notwendig.

Dieses Verfahren des „fliegenden Starts", das knackfreies Umschalten von Wiedergabe auf Aufnahme während des Laufes erfordert, findet außer bei aktuellen Wortaufnahmen auch für einzelne Spuren in der Mehrspurtechnik und in der Filmmischung Verwendung.

7.1.5 Studio-Magnettonanlagen

Eine Magnettonanlage ist aus folgenden Funktionsgruppen zusammengesetzt: Laufwerk, Laufwerksteuerung, Kopfträger und Verstärker (Wiedergabe-Entzerrerverstärker – WEV – und Aufsprech-Entzerrerverstärker – AEV – *(Abb. 7/32)* [7.23].

Das Laufwerk sorgt für den gleichmäßigen Bandlauf; im allgemeinen sind drei Motoren vorhanden: ein Tonmotor für den Bandantrieb und zwei Wickelmotoren. Die Bandantriebsgeschwindigkeit des Tonmotors ist auf die heute übliche Bandgeschwindigkeit von 38,1 cm/s (15′/s) und 19,05 cm/s (7,5′/s) umschaltbar. Das benutzte Tonband 6,30 (¼′), kann auf die meisten Laufwerktypen mit der Bandlänge von 1000 m Normalband aufgelegt werden. Die Magnettonbänder sind auf einen Metallkern mit 100 mm Durchmesser nach DIN 45 515, auch Bobby genannt, freitragend gewickelt. Eine relativ rauhe Rückseitenmattierung verhindert ein Zerfallen der Wickel. Die magnetische Schicht der Bänder befindet sich bei der „deutschen Schichtlage" außen, international bevorzugt innen („internationale Schichtlage") *(Abb. 7/18)*. Eine schnelle Umrüstung auf den Spulenbetrieb (Dreizack) ist meist möglich. Die Laufwerksteuerung ist mit Drucktasten für alle Funktionen am Gerät, im allgemeinen auch über eine Fernbedienung ausführbar.

Der Kopfträger vereint den Löschkopf, den Aufnahmekopf und den Wiedergabekopf. Die Magnettonköpfe können für Vollspur-, Halbspur-, Zweispur- oder Stereospuraufzeichnung ausgelegt sein. Sie sind aus Ferriten aufgebaut, die einen geringen Verschleiß aufweisen.

Die zu jedem Magnettonlaufwerk gehörenden Verstärker, nämlich Aufsprech-Entzerrerverstärker (AEV) und Wiedergabe-Entzerrerverstärker (WEV), sowie der Generator für den Löschkopf und die Vormagnetisierung sind in einem Magazin zusammengefaßt und im Rahmen eingebaut. NF-Ein- und Ausgänge sind in studioüblicher symmetrischer Leitungstechnik mit 6 dBu für 514 nWb/m (Stereo) oder 320 nWb/m (Mono) ausgeführt. Mit der Bandgeschwindigkeitsumschaltung ist die Umschaltung der Entzerrung gekoppelt. Die Magnettonköpfe bilden mit den dazugehörigen Verstärkern eine elektrische Funktionseinheit, die gemeinsam mit einem bespielten Bezugsband nach DIN 45 513 für den Wiedergabekanal und einem DIN-Referenzband für den Aufnahmekanal einzumessen sind.

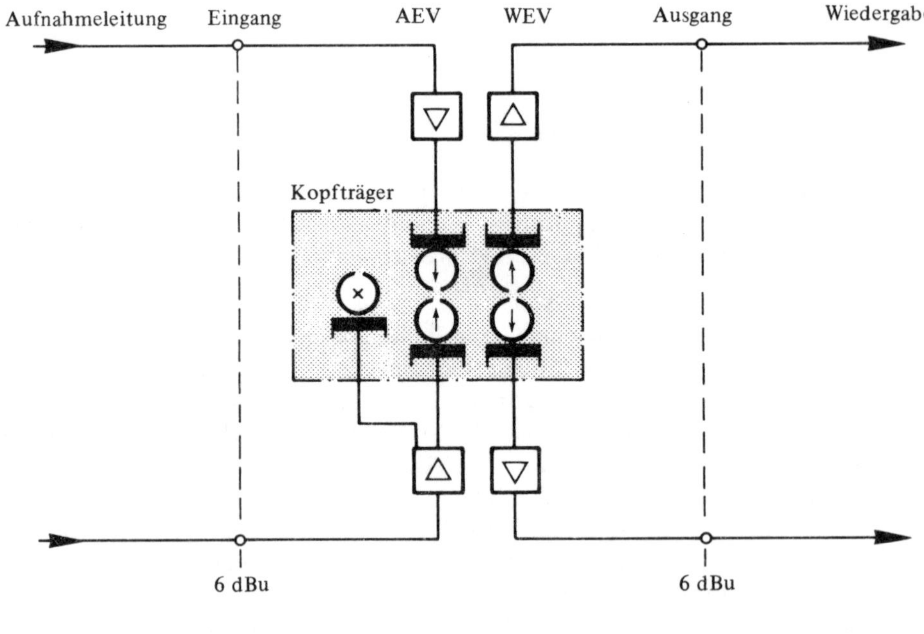

Abb. 7/32. Prinzipschaltung einer Stereo-Magnettonanlage.

Studio-Magnettonlaufwerke

Bandantrieb

Der Transport des Magnetbandes *(Abb. 7/33)* erfolgt durch eine mit konstanter Umdrehungszahl angetriebene zylindrische „Tonrolle“ (Capstan), gegen die das Band von einer mitlaufenden „Gummiandruckrolle“ gedrückt wird. Bei Laufwerken für größere Bandgeschwindigkeiten sitzt die Tonrolle meist unmittelbar auf der Achse des Tonmotors.

An die Stelle der früher besonders bei direktem Antrieb verwendeten Synchronmotoren sind heute elektronisch geregelte, kollektorlose Gleichstrommotoren getreten, bei denen in einem Regelkreis die Umdrehungszahl der Tonrolle dauernd magnetisch oder optisch abgetastet, mit einer Quarzfrequenz verglichen und zur elektronischen Steuerung des Tonmotors verwendet wird; dadurch können Tonhöhenschwankungen in engen Grenzen gehalten werden. [7.24]

Bei Studiomaschinen wird der Antrieb des aufwickelnden Tellers und das Bremsmoment des abwickelnden Tellers durch besondere Wickelmotoren erzeugt, deren Drehmoment mit steigender Umdrehungszahl sinkt (meistens Wirbelstromläufer). Damit wird unabhängig vom jeweiligen Durchmesser der Bandwickel vor und hinter der Tonrolle ein weitgehend konstanter Bandzug erreicht (80–140 p). Dies ist notwendig, weil infolge der Verformung der Gummiandruckrolle kein ganz genau definierter Antrieb möglich ist und eine Differenz des Bandzuges beiderseits der Tonrolle daher zu Abweichungen von der Sollgeschwindigkeit führen würde (Schlupf).

Die Wickelmotoren dienen außer zur Bandzugregelung zum schnellen Vor- und Rückspulen des Tonträgers bei weggeschwenkter Gummiandruckrolle (ca. 20-fache Geschwindigkeit). Das Band wird dabei von den Köpfen abgehoben; einerseits schont man dadurch die Köpfe, andererseits unterdrückt man die Wiedergabe der lästigen und für die Lautsprecher schädlichen hohen Frequenzen, die dadurch entstehen, daß der energiereiche Spektrumbereich zwischen 200 und 1000 Hz infolge der hohen Umspulgeschwindigkeit in den oberen Übertragungsbereich verschoben wird.

Bei Studiomaschinen ist die Umspulgeschwindigkeit regelbar, um ein schnelleres Auffinden bestimmter Bandstellen zu erleichtern. Die Bandabhebung ist beim Umspulen in der Betriebsart EDIT unwirksam.

Tonhöhenschwankungen

Grundsätzlich muß die Bandgeschwindigkeit bei Aufnahme und Wiedergabe identisch sein, damit die ursprüngliche Tonhöhe reproduziert werden kann. Das ist nur bei konstanter Vorschubgeschwindigkeit des Bandes realisierbar. Die Abweichung von der Sollgeschwindigkeit liegt bei Studiomaschinen deutlich unter 0,1%.

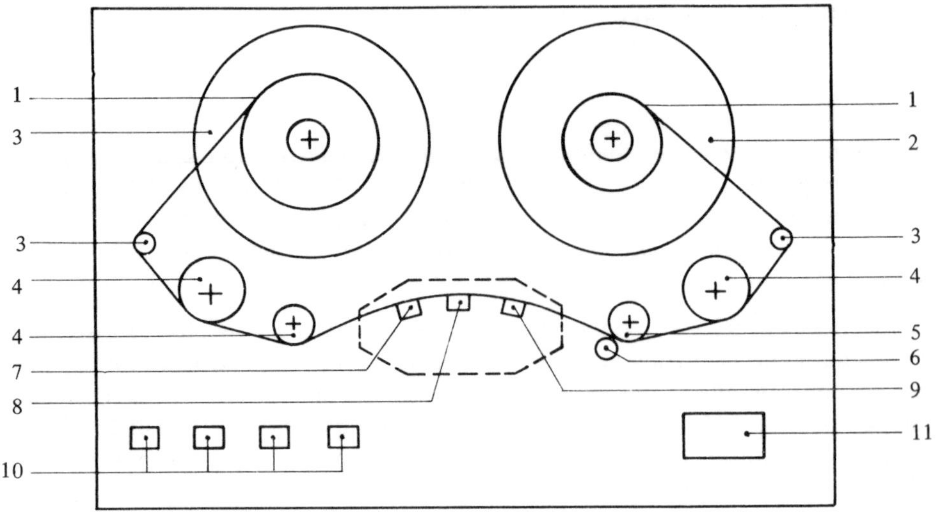

1 Band
2 Teller
3 Bandfühlhebel
4 Umlenkrolle
5 Gummiandruckrolle
7 Löschkopf
8 Sprechkopf
9 Hörkopf
10 Bedienfeld
11 Schneideeinrichtung

Abb. 7/33. Aufbau eines Magnettongerätes.

Trotz großer Präzision ist aber bei Magnettonlaufwerken keine völlig konstante Vorschubgeschwindigkeit des Bandes zu erreichen. Schwankt diese, so wird bei der Wiedergabe mit idealem, d.h. völlig konstantem Antrieb, eine so aufgezeichnete Frequenz eine entsprechende Frequenzmodulation aufweisen. In der Praxis treten aber sowohl bei der Wiedergabe als auch bei der Aufnahme Geschwindigkeitsschwankungen auf, wodurch sich eine Frequenzmodulation ergibt, die sich aus den Schwankungen bei Aufnahme und Wiedergabe zusammensetzt.

Sehr langsame Änderungen werden subjektiv als Jaulen oder Vibrato der Aufzeichnung empfunden. Zwischen etwa 10 und 20 Hz Schwankungsfrequenz kann das Ohr den Schwankungen nicht mehr ganz folgen; die Änderungen erscheinen härter, als Flattern oder Trillern. Noch höhere Modulationsfrequenzen bewirken eine Rauhigkeit des Tones. Tonhöhenschwankungen stören insbesondere bei Musik-Aufnahmen von Instrumenten mit starrer Tonhöhe (z.B. Orgel, Cembalo und Klavier). Nach DIN 45 507 gemessene Tonhöhenschwankungen von weniger als 0,05% sind auch bei kritischen Aufnahmen nicht wahrnehmbar.

Schlupf

Neben den kurzzeitigen Geschwindigkeitsschwankungen tritt auch eine geringe kontinuierliche Änderung der Geschwindigkeit zwischen Anfang und Ende des

Bandes auf. Diese ist, da sie beim Aufsprechen und bei der Wiedergabe in gleichem Maße auftritt, zunächst nicht wahrnehmbar. Sie kann jedoch stören, wenn bei der Bearbeitung des Bandes Stücke aus verschiedenen Teilen des Wickels aneinandergefügt werden, so daß bei der Wiedergabe eine sprunghafte Änderung der Tonhöhe erfolgt. Bei Studiogeräten bleibt der Schlupf unter 0,1%. Die zu fordernden niedrigen Werte von Tonhöhenschwankungen und Schlupf verlangen große mechanische Präzision.

Bremsen

Um eine Schlaufenbildung des Bandes beim Stoppen und Bremsen, insbesondere nach schnellem Vor- und Rücklauf, zu vermeiden, muß der abwickelnde Teller stets stärker gebremst werden als der aufwickelnde, wobei noch der unterschiedliche Durchmesser der Bandwickel und die verschiedenen Drehzahlen der Teller zu berücksichtigen sind. Eine zu hohe Belastung des Bandes, die zu Dehnungen oder zum Zerreißen führt, muß dabei vermieden werden. Man benutzt im allgemeinen mechanische Bremsen mit drehrichtungsabhängigem Bremsmoment und Bremsbelägen, bei denen der Unterschied zwischen Haft- und Gleitreibung möglichst gering ist, z.B. Graphit.

Bandführung

Zur Führung des Bandes an den Kopfspalten vorbei dienen Umlenkrollen und feststehende Führungsstücke aus verschleißfestem, unmagnetischem Material *(vgl. Abb. 7/18)*. Durch Reibung an feststehenden Bauelementen und an den Köpfen wird das Band zu Längsschwingungen mit einer Frequenz von einigen kHz angeregt, abhängig von den mechanischen Eigenschaften des Bandes und vom Abstand der den Köpfen benachbarten Umlenkrollen. Um die Längsschwingungen zu verringern und in den Bereich nicht mehr hörbarer Frequenzen zu verlagern, wird zwischen Sprech- und Hörkopf häufig eine mitlaufende Beruhigungsrolle angebracht.

Bei Studiogeräten sind die Köpfe nicht unmittelbar auf der Grundplatte montiert, sondern in einem gemeinsamen, abschraubbaren Kopfträger, um die bei Dauerbetrieb erforderliche Kontrolle und Wartung zu erleichtern. Wegen der Verwendung getrennter Hör- und Sprechköpfe und der Notwendigkeit, die Bänder auf beliebigen Maschinen aufnehmen und wiedergeben zu können, wird besonderer Wert auf gute Justierbarkeit der Kopfspalte gelegt.

Beide möglichen Schichtlagen des Magnetbandes sind in Gebrauch: Bei der „deutschen Schichtlage“ ist die Magnetschicht auf dem Wickel nach außen gekehrt, bei der „internationalen Schichtlage“ nach innen. Je nach dem angewendeten System ist die Bandführung verschieden *(Abb. 7/18)*. Die deutsche Schichtlage zeigt im allgemeinen bessere Ergebnisse bei der subjektiven Beurteilung des Kopiereffekts. Durch einfaches Drehen des Bandes zwischen Bandteller und Fühlhebel sind die beiden Bandführungssysteme kompatibel.

Spulen

Während bei tragbaren professionellen Geräten und bei Heimtongeräten ausschließlich Bandspulen mit Flanschen (DIN 45 514 und 45 517) benutzt werden, verwendet die Studiotechnik überwiegend flanschlose Wickelkerne (DIN 45 515), um Cutarbeiten zu erleichtern. Die dafür erforderliche Festigkeit der Wickel wird durch erhöhten Bandzug und eine rutscharme Mattierung der Bandrückseite erreicht.

Magnettonköpfe

Die für elektroakustische Zwecke heute verwendeten Magnetköpfe mit ringförmigem Kern (Ringköpfe nach Schüller, 1935) für Aufzeichnung und Wiedergabe bestehen aus einem Ringkern, der eine Wicklung trägt. Kern und Wicklung sind eingegossen. Früher war der Kern von Hör- und Sprechkopf aus fein lamelliertem Mu-Metall aufgebaut. Heute werden spezielle Legierungen, z.B. Alfenol oder Vacodur und spezielle Ferrite als Kernmaterial verwendet. Die Lebensdauer dieser Köpfe ist gegenüber den Mu-Metallköpfen erheblich länger, das gilt besonders für die Ferritköpfe. [7.25], [7.26], 7.27], [7.28]

Der Querschnitt des Kerns verjüngt sich am Spalt, der aus mechanischen und magnetischen Gründen eine Einlage aus einem harten, unmagnetisierbaren Material wie z.B. Glas enthält. Die Berührungsfläche zwischen Kopf und Band (Kopfspiegel) ist wegen des erforderlichen engen Kontakts geschliffen. Form und Ausdehnung des Spiegels beeinflussen den Frequenzgang bei großen Wellenlängen. Die Spulenwicklung ist gegenläufig auf die beiden Ringkernhälften gewickelt, so daß von außen einwirkende magnetische Störfelder kompensiert werden.

Sprechkopf

Das Kernmaterial von Sprechköpfen muß eine hohe Permeabilität und geringe Verluste aufweisen, damit das magnetische Feld sich linear zum Sprechstrom verhält und somit möglichst wenig nichtlineare Verzerrungen entstehen. Der Sprechkopf besitzt außer dem Arbeitsspalt, der das magnetische Feld für die Magnetisierung des Bandes erzeugt, einen zweiten, breiteren Spalt, den sog. Scherspalt *(Abb. 7/34)*.

Der Arbeitsspalt (18 μm Breite) in der Mitte des Spiegels erzeugt das Magnetfeld zur Magnetisierung des Bandes. Gegenüber dem Spalt des Hörkopfes ist er relativ breit, um so mit einem starken Magnetfeld eine Durchmagnetisierung des Bandes, d.h. eine Magnetisierung der gesamten magnetischen Schicht zu erreichen. Dies ermöglicht die optimale Ausnutzung der Dynamik des Magnetbandes.

Der Scherspalt befindet sich auf der Rückseite des Sprechkopfes. Da er relativ breit ist (etwa 500 μm), bestimmt er im wesentlichen die magnetischen Eigenschaften des Kopfes. So bleiben Änderungen der magnetischen Eigenschaften durch unterschiedlich engen Bandkontakt ohne Einfluß. Außerdem wird so vermieden, daß – nicht immer völlig unterdrückbare – stärkere Stromstöße und Gleichstromkomponenten eine wesentliche Remanenz zurücklassen.

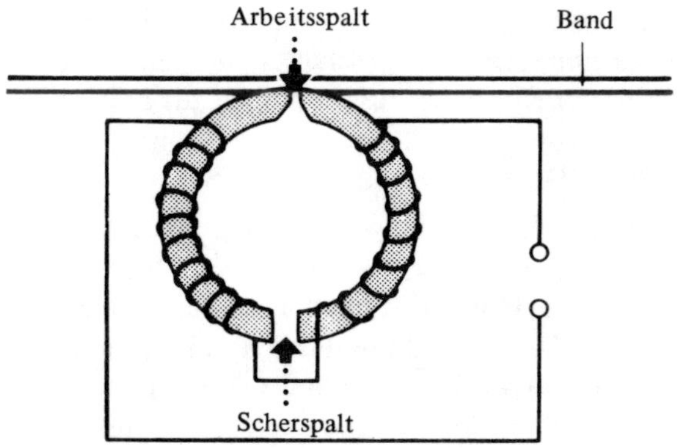

Abb. 7/34. Sprechkopf (schematische Darstellung).

Die Impedanz des Sprechkopfes ist nahezu rein induktiv, seine Impedanz steigt also innerhalb des Übertragungsbereichs linear mit der Frequenz an. Um einen frequenzunabhängigen Stromfluß zu erhalten, muß demnach der Innenwiderstand des Aufsprechverstärkers sehr hoch gegenüber demjenigen des Sprechkopfes sein.

Hörkopf

Der Hörkopf ist ähnlich wie der Sprechkopf konstruiert. Um einen höheren Wirkungsgrad zu erreichen, hat er jedoch keinen oder einen sehr schmalen Scherspalt. Der wegen der Abtastung hoher Frequenzen außerordentlich schmale Arbeitsspalt der Hörköpfe (3–8 μm) stellt erhebliche Anforderungen an die mechanische Präzision. Da das magnetische Material an den Kanten der Spalte gesättigt wird, ist die wirksame sog. „effektive Spaltbreite" etwa 1,2 mal größer als die geometrische. Auch die nicht völlig vermeidbare Abrundung der Kanten verursacht eine Verbreiterung der wirksamen Spaltbreite. Das vom Band ausgehende Magnetfeld wird teilweise über den Spalt des Hörkopfs kurzgeschlossen; mit geringerer Spalttiefe steigt deshalb die induzierte Spannung an, ein Effekt, der sich auch mit zunehmendem Abrieb des Kopfspiegels durch das Band einstellt. Um die Einflüsse des Kopfabriebs gering zu halten, gibt man dem Spalt durch Abschrägung der Kernenden eine Tiefe von etwa 1 mm. Wichtig ist eine gute Abschirmung des Kopfs gegen Fremdfelder. Der Innenwiderstand des Hörkopfs ist niederohmig, um kapazitätsbedingte Verluste in den Zuleitungen zum Wiedergabeverstärker klein zu halten.

Löschkopf

Der Wirkungsgrad des Löschkopfs muß bei einer Löschfrequenz von 80 bis 150 kHz hoch sein, damit eine hohe Löschdämpfung auch hochkoerzitiver Bänder erreicht wird. Löschkopfspalte sind sehr breit (100–400 μm), damit das Löschfeld die gesamte magnetische Bandschicht durchdringt. Zur Erhöhung der Löschwirkung werden im allgemeinen zwei oder mehr Spalte unterschiedlicher Breite (z.B. 150 und 300 μm) magnetisch hintereinandergeschaltet. Wegen des erforderlichen großen Wirkungsgrades wird der Kopfkern ausschließlich aus Ferrit hergestellt.

Mehrspur-Magnettonanlagen

Für die Produktion von Popmusik, aufwendigen Hörspielen und Features, aber auch für Aufnahmen von E-Musik, besonders von Opern, die über verschiedene Medien verbreitet werden (Hörfunk, Schallplatte, Fernsehen), ist die Trennung der Schallquellen auf dem Magnetband unerläßlich, um optimale Abmischungen herstellen zu können. Auf dem Markt befinden sich Mehrspurmaschinen mit 4, 8, 16, 24 und 32 Spuren, selten auch 12 Spuren. Die Breite der Tonspuren und der Trennspuren gibt *Tab. 7/1* an.

Die Besonderheit von Mehrspurgeräten ist die Möglichkeit, den Aufnahmekopf als Wiedergabekopf mit eingeschränkter Klangqualität zu benutzen und über einen sog. Taktverstärker ein Signal vom Band zu erhalten, zu dem synchron neue Signale aufgesprochen werden können. Über die Taktverstärker kann jede einzelne Spur, über den Taktmischverstärker auch eine provisorische Abmischung für Zuspielungen verwendet werden; bei der Mischung sind auch externe Signale, z.B. Hall zumischbar. Der Taktmischverstärker ist vielfach auch nicht an der Maschine, sondern als Abhörsimulator oder Einspielmischer mit der Möglichkeit, mehrere unterschiedliche Abmischungen durchzuführen, vorhanden.

Mehrspurgeräte besitzen vielfach – je nach Typ und Hersteller – die folgenden Zusatzeinrichtungen: Kontrollinstrumente zur Überwachung der einzelnen Kanäle, Fernbedienbarkeit des Laufwerks und der Verstärkerfunktionen, Veränderbarkeit der Bandgeschwindigkeit, Auswechselbarkeit des Kopfträgers und der Bandführungselemente zur Anpassung an verschiedene Bandformate und Spurzahlen und Kompandersysteme zur Rauschverminderung.

Durch eine zeitrichtige Verkoppelung von Magnetbandgeräten kann die Anzahl der Spuren auch über 32 hinaus beliebig erweitert werden. Dabei dient eine Maschine als Master, der über ein Synchron-Verkopplungssystem eine zweite Maschine, den Slave, steuert. Auch Maschinen mit geringerer Spurenzahl können so verkoppelt werden. *(Abb. 7/35)*.

Als Zeitbezug für die Synchronverkoppelung wird der international standardisierte SMPTE-Code in der von der EBU eingeführten Fassung benutzt. Bei Mehrspurmaschinen ist der Zeitcode auf einer der Tonspuren, bei ¼′-Maschinen auf einer besonderen Zeitcodespur aufgezeichnet.

Reportage-Magnettongeräte

Reportage-Magnettongeräte sind tragbare, handliche, netzunabhängige Koffergeräte, deren Aufnahme- und Wiedergabequalität den Anforderungen des deutschen Rundfunks entspricht. Sie werden vor allem bei kleineren Außenaufnahmen, aber

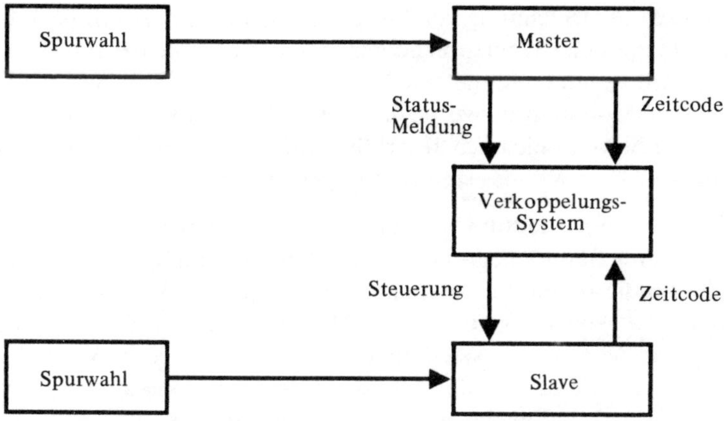

Abb. 7/35. Synchrone Verkopplung zweier Mehrspur-Magnetbandgeräte.

auch im Ü-Wagen benutzt. Sie arbeiten auch bei kleineren Erschütterungen einwandfrei, also z.B. im Auto oder in der Eisenbahn.

Für bildsynchrone Tonaufnahmen nach dem Pilottonverfahren oder nach dem Zeitcodeverfahren sind die Geräte auch mit entsprechenden Zusatzeinrichtungen lieferbar bzw. nachrüstbar.

Die Ausgänge sind symmetrisch und niederohmig. Überwiegend ist ein Leitungsausgang mit einem gehobenen Pegel von künftig 9 dBu für den Anschluß an eine Ü-Leitung der Bundespost vorhanden. So können die Geräte auch bei Bedarf als Mikrofon- und Leitungsverstärker eingesetzt werden. Die Aussteuerung und die Batteriespannung werden von einem Anzeigeinstrument angezeigt. Für die Aufnahme sind ein oder mehrere getrennt regelbare Mikrofoneingänge für dynamische und Kondensatormikrofone vorhanden. Die Versorgungsspannung für Kondensatormikrofone wird als Phantom- oder Tonaderspeisung von einigen Reportagegeräten zur Verfügung gestellt. Für den Bandtransport sind z.T. mehrere Bandgeschwindigkeiten, z.B. 38,1 cm/s, 19,05 cm/s und 9,5 cm/s, sowie die zugehörigen Entzerrungen einstellbar. Der Bandantriebsmotor wird fast nur noch mit einer elektronisch geregelten Drehzahlsteuerung betrieben. Diese Steuerung garantiert auch bei schwierigen Aufnahmebedingungen einen guten Gleichlauf.

Aufzeichnung von Mono- und Stereosignalen

Mono-Magnettonanlagen waren bis in die Mitte der siebziger Jahre elektrisch so eingestellt, daß, bezogen auf die Nutzspurbreite von 6,25 mm, ein remanenter Bandfluß von 2000 pWb vorhanden ist; dies entspricht einem Bandfluß von 320 pWb pro 1 mm Bandbreite. Danach wurden im Hörfunkbetrieb Monoaufnahmen mit demselben Bandfluß pro 1 mm Bandbreite wie Stereoaufnahmen aufgezeichnet; er liegt um ca. 4 dB höher bei 514 pWb/mm.

Die magnetische Aufzeichnung von Stereosignalen erfordert für die Trennung der beiden Kanäle mit einer Übersprechdämpfung von etwa 40 dB eine Trennspur von 0,75 mm. Damit steht pro Kanal eine Nutzspurbreite von 2,75 mm zur Verfügung. Gegenüber dem Monobetrieb wurde der Gesamtbandfluß für den Stereobetrieb bei Einführung der Stereofonie um 3 dB erhöht und beträgt damit bezogen auf die volle Nutzspurbreite 2820 pWb, das sind ca. 514 pWb pro mm Spurbreite.

Während der gesamte Bandfluß bei Stereoaufnahmen um genau 3 dB über dem Monobandfluß älterer Bänder liegt, ist der Bandfluß pro mm Spurbreite um 4,1 dB höher, weil das für die Trennspur verwendete Band unbespielt bleiben muß. Das führt dazu, daß bei der Abtastung von älteren Monobändern mit Stereokopf ein um ca. 4 dB niedrigerer Pegel an den Wiedergabeverstärker abgegeben wird, der natürlich ausgeglichen werden muß. Bei der Abtastung neuerer Monobänder mit Stereokopf gibt es hingegen keinen Pegelunterschied der einzelnen Kanäle gegenüber Stereoaufnahmen. Bei der Summierung L + R erreicht die Monoaufnahme allerdings wegen der identischen Signale einen um durchschnittlich 3 dB höheren Gesamtpegel. Die Pegelverhältnisse zeigt im einzelnen *Abb. 7/36.*

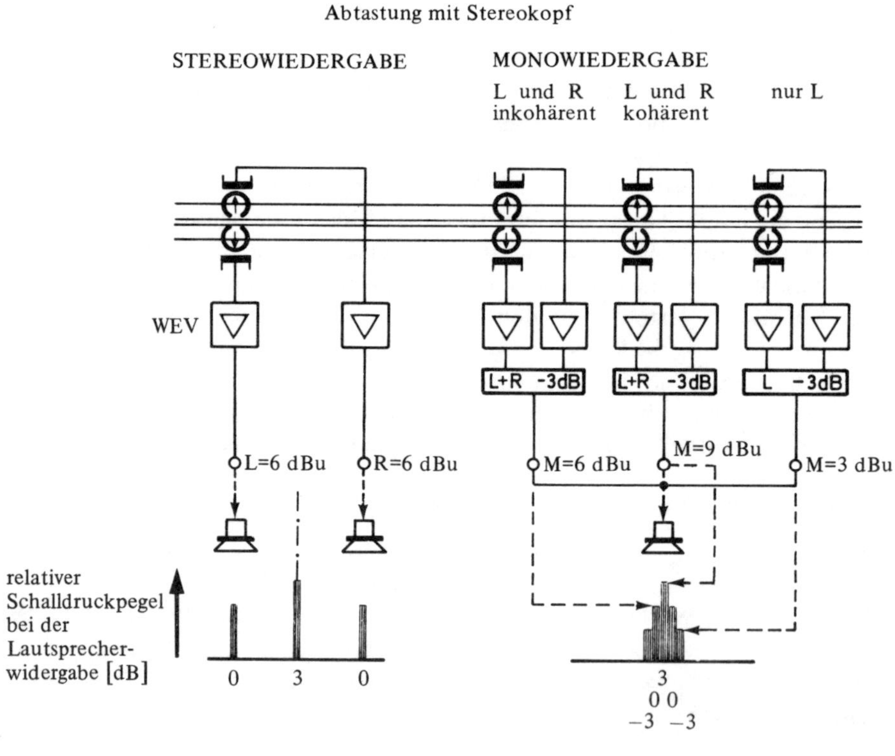

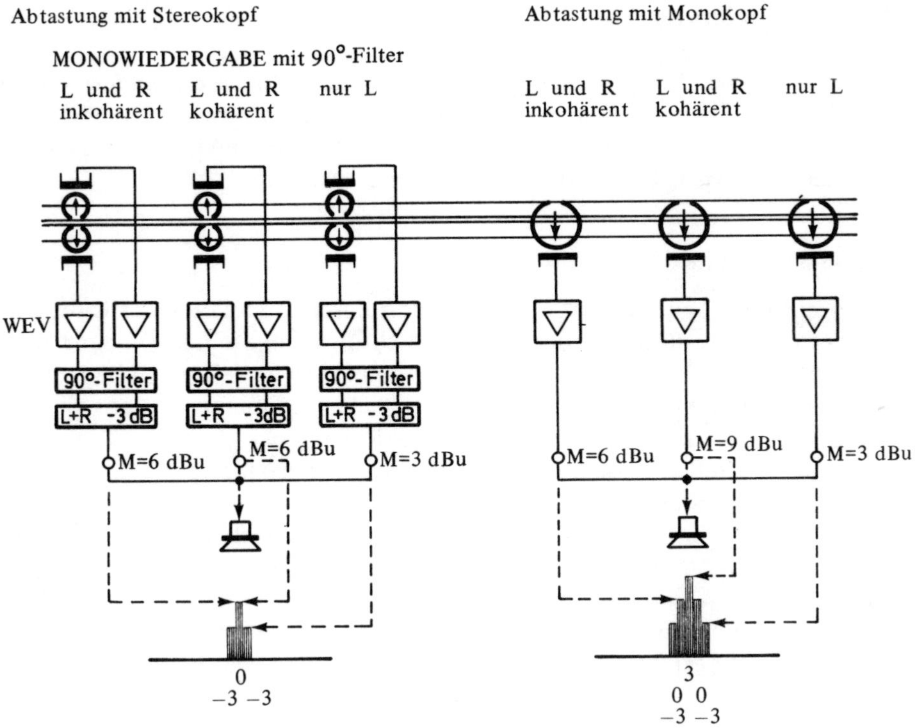

Abb. 7/36. Pegelverhältnisse bei der Abtastung von Magnetbändern mit Stereoaufzeichnung.

7.2 Mechanische Schallspeicherung

Eine mechanische Schallspeicherung ist auf Walzen, Platten oder Bändern möglich. Heute wird allerdings ausschließlich die Speicherung auf Schallplatten mit dem Nadeltonverfahren genutzt.

Beim Nadeltonverfahren wird der Schall mechanisch in Form einer modulierten Rille auf eine Platte aufgezeichnet und ebenfalls mechanisch wieder abgetastet. Da das Verfahren dem Prinzip nach keine Umsetzung in elektrische Größen verlangt, konnte es schon vor Erfindung der Verstärkerröhre als erstes Schallspeicherverfahren überhaupt verwendet werden. Heute erfolgt sowohl die Aufzeichnung als auch die Wiedergabe ausschließlich unter Zwischenschaltung einer elektrischen Signalverstärkung. [7.29], [7.30], [7.31], [7.32].

7.2.1 Aufzeichnung

Der Verlauf der Schallwelle wird durch eine modulierte Rille repräsentiert, die auf der Schallplatte als Spirale von außen nach innen durchlaufen wird. Die Rille wird durch einen Schneidestichel in eine mit Speziallack überzogene Metallplatte oder direkt in eine Kupferplatte (DMM-Verfahren) eingeschnitten.

Mono- und Stereoaufzeichnung

Die Aufzeichnung kann sowohl in Tiefenschrift durch Modulation der Rille senkrecht zur Plattenoberfläche als auch in Seitenschrift durch Modulation der Rille in seitlicher Richtung erfolgen. Für Monoaufzeichnungen wird seit vielen Jahrzehnten nur die Seitenschrift verwendet. Die Stereoaufzeichnung kommt ebenfalls mit einer einzigen Rille aus. Die nach innen weisende Rillenflanke dient der Linksinformation, die nach außen weisende Rillenflanke der Rechtsinformation. Die Flanken stehen senkrecht aufeinander und unter +45° bzw. −45° zur Plattenoberfläche *(Abb. 7/37)*. Der Winkel zwischen beiden Flanken betrug auch früher bei der Monotechnik schon etwa 90°, was die Einführung der Stereotechnik erleichterte. Die Phasenlage von rechtem und linkem Kanal zueinander wurde so gewählt, daß die Summe von linkem und rechtem Kanal, die dem Monosignal entspricht, als Seitenschrift erscheint *(Abb. 7/37)* [7.33]. Daher ist es möglich, Stereoaufzeichnungen mit einem

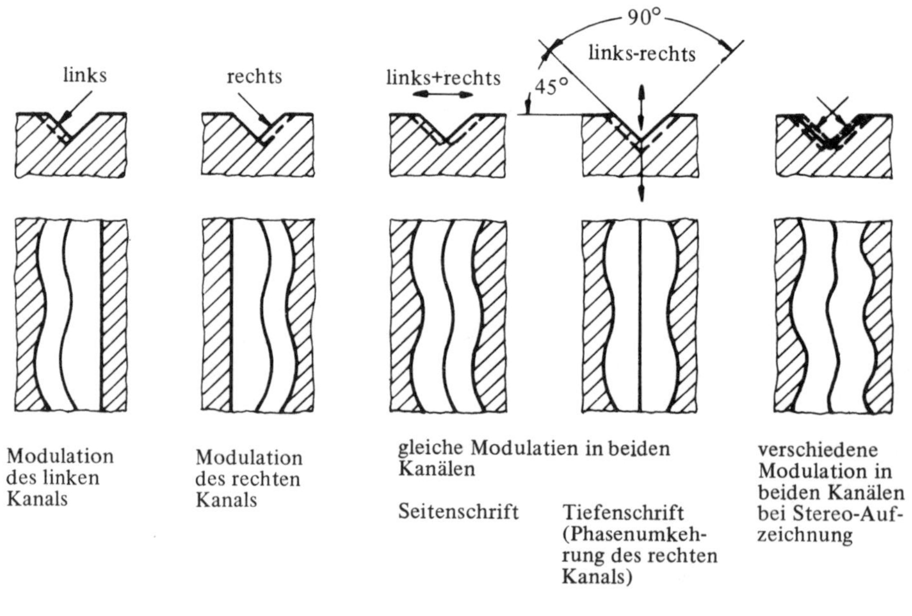

Abb. 7/37. Aufzeichnungsarten der Stereoschallplatte.

Monosystem und Monoaufzeichnungen mit einem Stereosystem abzutasten, wobei man jeweils natürlich nur ein Monosignal erhält. Es besteht somit Kompatibilität in beiden Richtungen.

Die alten, rein mechanisch wirkenden Wiedergabegeräte erforderten, da sie keinerlei Verstärkung besaßen, eine tiefe Rille mit großen Auslenkungen (Normalrille). Diese verlangen eine hohe Umdrehungsgeschwindigkeit (78 U/min). Mit Einführung elektro-mechanischer Abtastsysteme konnten kleinere Auslenkungen und damit geringere Umdrehungsgeschwindigkeiten (Mikrorillen mit 45 und 33 1/3 bzw. Picorille mit 16 2/3 U/min) verwendet werden. Für die Mikrorille, die für Mono und Stereo verschiedene Maße hat, gelten die Abmessungen nach *Abb. 7/38*. Auf ihrem Grund ist die Mikrorille etwas verrundet (4 µm). Ihre Breite beträgt ca. 55 µm für Mono, 40 µm für Stereo, die Stegbreite zwischen zwei Rillen muß wenigstens 10 µm betragen. Unmodulierte Rillen haben daher den Mindestabstand von 65–70 µm, maximal modulierte Rillen (Auslenkung bis 30 µm) erfordern einen Abstand von 130 µm. Die Stereorille würde bei gleichen Maßen wegen der zusätzlichen Tiefenmodulation mehr Raum benötigen. Um die gleiche Spielzeit beibehalten zu können, ist deshalb die Rillentiefe und -breite bei Stereoplatten bei sonst gleicher Geometrie reduziert worden. Beide Plattentypen, Mono- und Stereoplatten, werden für Umdrehungsgeschwindigkeiten von 45 U/min (Durchmesser 17 cm, Maxisingel 30 cm) und 33 1/3 U/min (Durchmesser 30 cm, früher auch 25 cm) hergestellt. Zur Kennzeichnung der verschiedenen Plattentypen werden genormte Symbole verwendet *(Abb. 7/39)*.

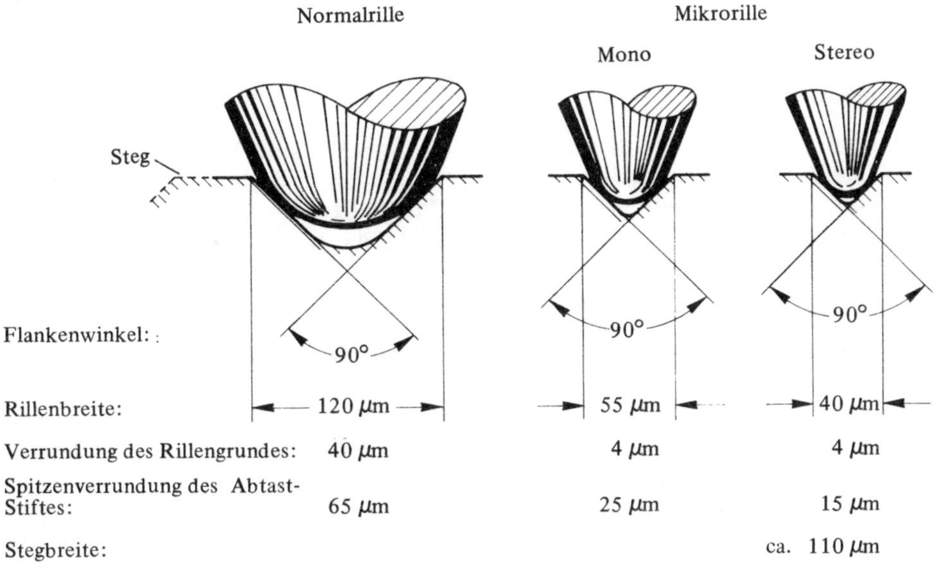

Abb. 7/38. Geometrie der Normal- und Mikrorille.

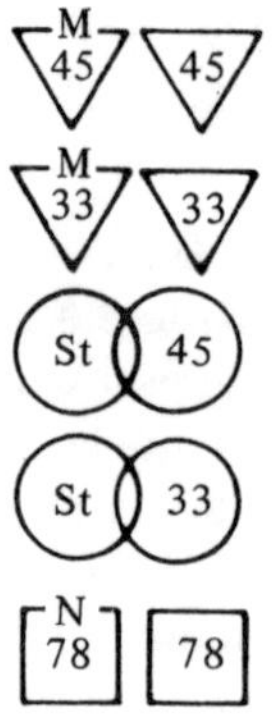

Abb. 7/39. Kennzeichnung der Schallplatten.

Eine weitere Erhöhung der Speicherdichte konnte dadurch erreicht werden, daß der Abstand benachbarter Rillen variabel gehalten und so gering gewählt wird, wie es die Auslenkung gerade zuläßt. Dazu wird beim Schneiden der Platte mit einem zusätzlichen Hörkopf am abspielenden Bandspieler vorher die zur Rillen-Vorschubsteuerung erforderliche Information abgenommen. Es gibt verschiedene dieser Füllschrift-Verfahren. Der Gewinn liegt für Musik bei einem Faktor von rund 1,7. Beim Direktmetallschneidverfahren (DMM) kann die Spieldauer nochmals um 10–15% erhöht werden, da der Rillenabstand bei diesem Verfahren noch geringer sein darf.

Lichtbandbreite

Ein Maß für die seitliche Auslenkung einer Rille bei gegebener Umdrehungsgeschwindigkeit und Frequenz ist die Bewegungsgeschwindigkeit der abtastenden Nadel; sie wird als Schnelle bezeichnet. Die Frequenzgänge der Platten-Kennlinien sind auf die Spitzenschnelle bezogen. Eine einfache Beurteilung der Schnelle und damit der Dynamik einer Aufzeichnung ergibt die Messung der sog. Lichtbandbreite *(Abb. 7/40)*.

Blickt man senkrecht auf eine Schallplatte, die von einer flach aus entgegengesetzter Richtung einfallenden Lichtquelle beleuchtet wird, so erkennt man auf gegenüberliegenden Seiten der Aufzeichnung hellglänzende Streifen wechselnder Breite (Lichtbänder). Sie sind um so breiter, je stärker die Rille moduliert ist. Die Ursache für diese wechselnde Lichtbandbreite liegt in der Rillengeometrie: Sind die Rillenwände unmoduliert, also eben, so reflektiert nur ein einziger Punkt einer jeden Rille das Licht in Richtung des Beobachters. Sind sie dagegen wellenförmig moduliert, so ist auch eine Reflexion von benachbarten Punkten jeweils im Abstand etwa einer halben Wellenlänge in dieser Richtung möglich.

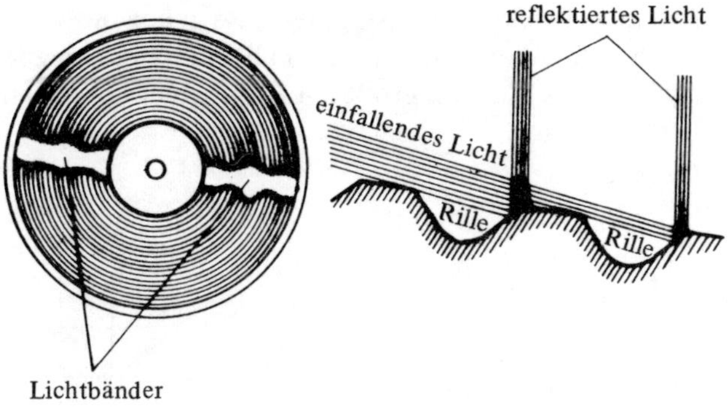

Abb. 7/40. Lichtbandbreite.

Bei der Betrachtung der Lichtbandbreite der Seitenschrift (Mono) ist es in weiten Grenzen gleichgültig, unter welchem Winkel das Licht einfällt bzw. man das Lichtband betrachtet. Bei reiner Tiefenschriftaufzeichnung ändert sich die Lichtbandbreite mit dem Betrachtungswinkel. Somit ist auch bei der Stereoaufzeichnung, die aus Seiten- und Tiefenschrift zusammengesetzt ist, die Lichtbandbreite vom Betrachtungswinkel abhängig.

Für die Praxis ist wichtig, daß man aus der Lichtbandbreite den ungefähren Verlauf der Dynamik abschätzen kann und damit bei Musikaufnahmen eine Hilfe beim Aufsuchen bestimmter Stellen zur Verfügung hat. [7.34], [7.35]

Schneidkennlinien

Um einen möglichst ebenen Frequenzgang zu erhalten, war man bei der rein mechanischen Abtastung bemüht, mit konstanter Schnelle zu schneiden. Da dies bei tiefen Frequenzen jedoch zu große Amplituden ergab, schnitt man unterhalb 300 oder 500 Hz mit konstanter Amplitude. Mit dem Übergang zu elektro-mechanischen Wandlern wurde es möglich, den Frequenzgang der Schneidkennlinie optimal den Abtastbedingungen und der statistischen Amplitudenverteilung von Musik und Sprache anzupassen und danach elektrisch zu entzerren. Die Schneidkennlinie ist für alle heute in Deutschland produzierten Schallplatten identisch, für die Schallplatte N 78 hatte die Kennlinie bei 15 kHz etwa 4 dB weniger Höhenanhebung (DIN 45 533).

Die Aufzeichnung erfolgt nach der IEC-Empfehlung 98 bzw. DIN IEC 98 oder DIN 45 546 und 45 547 im Prinzip mit konstanter Auslenkung. Das entspricht einer mit der Frequenz zunehmenden Schnelle *(Abb. 7/41)*. Die Schneidkennlinie hat zwei Abschnitte: einen zwischen 50 und 500 Hz und einen zwischen 2120 und 15 000 Hz, in denen die Auslenkung etwa konstant ist. Allerdings gehen diese beiden Abschnitte kontinuierlich ineinander über. Zudem wird im tiefsten Frequenzbereich die Auslenkung etwas angehoben, um einen größeren Rumpelgeräuschspannungsabstand zu bekommen.

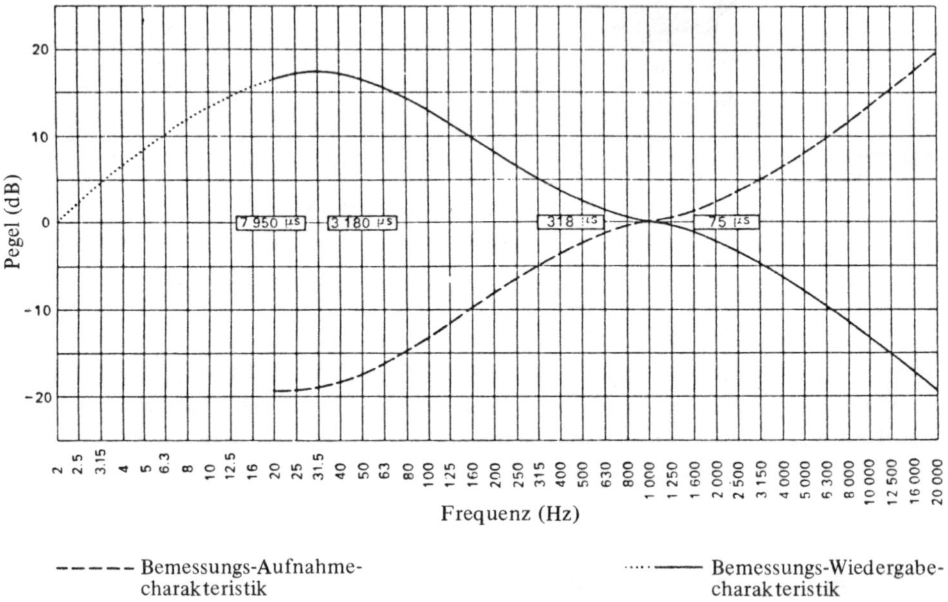

Abb. 7/41. Entzerrungskennlinien für Aufnahme und Wiedergabe für die Mikrorille (Mono und Stereo) nach DIN IEC 98 bzw. DIN 45 546 und 45 547 (Bemessungscharakteristiken).

Der genaue Verlauf der Schneidkennlinie wird durch die Übergangsfrequenzen (50/500/2120 Hz) oder durch Zeitkonstanten angegeben. Die Angabe mit Zeitkonstanten (3 180/318/75 µs) legt den Verlauf eines Frequenzganges, wie er durch die Reihenschaltung von Kondensator und Widerstand erzeugt wird, zugrunde, wobei das Produkt aus Kapazität und Widerstand in µs angegeben wird *(siehe 7.1.2, Entzerrung des Frequenzganges)*.

Ausländische Platten haben oft andere Schneidkurven, auf die die Schneidkurvenentzerrer umgeschaltet werden können (NAB, RIAA: 3180/318/50 µs, BBC: 3180/318/25 µs, FLAT: 3180/318/0 µs). Die verschiedenen Schneidkurven sind nur oberhalb 1 kHz unterschiedlich.

Bei tiefen Frequenzen ist die maximale Auslenkung durch den Rillenabstand, die minimale Auslenkung durch den erforderlichen Rumpelgeräuschspannungsabstand gegeben. Für hohe Frequenzen wird die kleinste Auslenkung durch den Geräuschspannungsabstand und die größte Auslenkung durch den Krümmungsradius der Nadel an der Auflagefläche bestimmt. Zusätzlich ist dabei zu berücksichtigen, daß Abtastgeschwindigkeit und Rillenradius der äußeren und inneren Rillen stark differieren. So beträgt die Wellenlänge auf der äußersten Rille für 15 kHz noch etwa 35 μm, auf der innersten nur etwa 15 μm. Die Spitzenschnelle bei Vollaussteuerung (0 dB) darf bei Stereoplatten (M 33 und M 45) 8 cm/s, bei Monoplatten 10 cm/s (M 33) bzw. 12 cm/s (M 45) nicht überschreiten.

Bei der Wiedergabe entzerrt der Entzerrerverstärker den Frequenzgang des aufgezeichneten Signals mit einer spiegelbildlich zur Schneidkennlinie verlaufenden Entzerrung. Seit einigen Jahren ist nach IEC 98 für die Wiedergabe eine vierte, zusätzliche Zeitkonstante von 7950 μs vorgeschrieben. Dadurch werden die tiefen Frequenzen bei 20 Hz um 3 dB und darunter mit 6 dB/Oktave zunehmend gegenüber der Aufnahme bedämpft. Dies entspricht einer betriebsgerechten Wiedergabeentzerrung, wie sie in Studiogeräten schon vorher üblich war. Sie unterdrückt wirksam diejenigen Rumpelschwingungen, die sonst den Tonarm zu Eigenschwingungen anregen würden.

7.2.2 Plattenherstellung

Bei der Plattenherstellung sind heute zwei Verfahren üblich: das Lackplatten-Schneidverfahren und das DMM-Schneidverfahren (Direct Metal Mastering). Das Lackschneidverfahren ist das traditionelle Verfahren. Das DMM-Verfahren ist einerseits bei der Plattenherstellung kostengünstiger, bietet vor allem aber bessere Tonqualität, es setzt sich deshalb zunehmend durch.

Lackplatten-Schneidverfahren

Bei diesem Verfahren schneidet ein vorgeheizter Schneidstichel die Rille in eine Lackplatte aus Nitrozelluloselacken. Stichelform und -temperatur beeinflussen entscheidend die Güte der Rillenoberfläche und damit auch der Platten. Die Rückfederung der Lackschicht nach dem Schneiden beeinträchtigt die Tonqualität. Die geschnittene Lackplatte ist zu weich, um ein mehrfaches Abspielen oder gar einen Vervielfältigungsprozeß zu gewährleisten. Sie wird daher mit einer meist aufgespritzten Silbernitratlösung und einem Katalysator versilbert, dadurch leitend gemacht und dann galvanisch verkupfert (Schichtdicke etwa 0,5 mm). Diese Kupferplatte wird von der Lackplatte abgehoben. Von dem so gewonnenen „Vater“, bei dem die geschnittenen Rillen nun als Erhöhung erscheinen, wird dann ebenfalls nach einer Versilberung galvanisch die „Mutter“ aus Kupfer hergestellt und von dieser schließlich der „Sohn“. Diese Preßmatrize für die eigentliche Plattenherstellung wird durch Verchromen mechanisch widerstandsfähig gemacht.

Als Plattenmaterial wird heute vor allem Polyvinylchlorid (PVC) oder Polystyrol (PS) benutzt. Die vorgewärmte Masse kommt in eine geheizte Preßform, in deren obere und untere Hälfte je eine Matrize eingesetzt wird. Während des Kühlvorganges nach der Pressung bleibt die Platte mehrere Sekunden in der Preßform bis sie verfestigt ist. Nach Erkalten wird der Rand abgeschnitten. Insbesondere bei hohen Stückzahlen werden Platten vielfach auch gespritzt.

DMM-Schneidverfahren

Die komplizierten Prozesse der Herstellung einer Mutter-Preßmatrize und die dabei resultierenden Beeinträchtigungen der Tonqualität beim Lackschneidverfahren werden beim DMM-Verfahren (Direct Metal Mastering), das von TELDEC entwickelt wurde und in Lizenz von verschiedenen Herstellern verwendet wird, umgangen; die Rille wird hierbei direkt in eine Kupferplatte geschnitten, die unmittelbar als Mutter für die Preßmatrize zur Verfügung steht.

Die Metallplatte, in die die Schallrille direkt eingeschnitten wird, besteht aus einer etwa 0,8 mm dicken Stahlplatte, auf die eine etwa 0,1 mm dicke amorphe Kupferschicht aufgalvanisiert wird. Der Schneidstichel aus Diamant schneidet einen nicht abreißenden Kupferspan aus der Platte. Durch das Zusammenwirken von Diamantstichel und Kupferschicht entsteht eine Ultraschallschwingung von etwa 80 kHz, mit der die Rillenoberfläche moduliert ist und an der eine DMM-Aufzeichnung unter dem Mikroskop zweifelsfrei erkannt werden kann. Diese Modulation trägt auch entscheidend zur Verbesserung des Rauschverhaltens der Plattenoberfläche bei.

Das Verfahren selbst kann von allen Plattenherstellern, die die Lizenz erworben haben, benutzt werden. Das Gütesigel DMM ist jedoch an die Erfüllung hoher Qualitätsforderungen bezüglich Aufnahme (digitale Aufzeichnung oder Kompanderverfahren) und Pressung gebunden, so daß das DMM-Siegel hohe technische Qualität gewährleistet.

Das Störgeräusch der DMM-Platte beinhaltet weniger impulsartige Anteile, also weniger Knistern und Knacken. Bei der Lackplatte entstehen diese Störungen durch Inhomogenitäten der Lackversilberung. Bei sorgfältiger Pressung auf gutes Material können diese Qualitätsverbesserungen an die Platte weitergegeben werden. Auch das Rumpelgeräusch konnte mit der Konstruktion neuer Schneidemaschinen erheblich verringert werden. Schließlich ist die Kapazität einer Platte in der DMM-Schneidetechnik um 10 bis 15% größer, da die Stege zwischen benachbarten Rillen schmäler sein können. Zudem ist die Kupferschicht stabiler als die Lackschicht, die Stege werden beim Schnitt nicht weggedrückt.

Die herkömmliche Schallplatte wird mindestens vorerst neben der Compact Disc Bestand haben; gerade bei kleineren Auflagen wirkt sich neben der besseren Qualität auch die wirtschaftlichere Herstellung mit DMM günstiger aus. [7.36]

7.2.3 Wiedergabe

Bei der Schallplattenwiedergabe gleitet die Nadel des Abtastsystems in der Rille. Dabei wird sie im Rhythmus der aufgezeichneten Schallwelle ausgelenkt. Das Abtastsystem (Tondose) wandelt die Schwingungen in elektrische Signale um. Sie werden verstärkt und entzerrt. [7.37]

Abtastsysteme

Für die Umsetzung der Nadelbewegung in elektrische Spannung werden vor allem zwei Prinzipien verwendet: das elektromagnetische Prinzip und das elektrodynamische Prinzip. Anordnungen, bei denen die Magnetostriktion, die Abhängigkeit der Halbleiterdaten von mechanischen Spannungen, fotoelektronische Effekte oder Kondensatoren benutzt werden, sind nicht gebräuchlich. Früher war das piezoelektrische Prinzip bei einfachen Plattenspielern weit verbreitet.

Magnetische und dynamische Abtaster ergeben eine Ausgangsspannung, die der Schnelle proportional ist. Der Spannungsverlauf entspricht also der Schneidkennlinie *(Abb. 7/41)*. Die erforderliche Frequenzgangentzerrung ist daher ein genaues Spiegelbild der Schneidkennlinie. Die Ausgangsimpedanz der Abtastsysteme ist niederohmig, die Ausgangsspannung bei 1 kHz und maximaler Aussteuerung liegt in der Größenordnung von einigen mV; magnetische Systeme geben eine etwa 10 mal höhere Spannung bzw. einen um 20 dB erhöhten Pegel ab. [7.38], [7.39]

Mechanischer Aufbau und Wirkungsweise

Bei magnetischen Systemen wird eine kleine, feststehende Induktionsspule vom magnetischen Fluß eines Permanentmagneten durchsetzt. Ein im Magnetfeld angebrachter, von der Abtastnadel bewegter kleiner Anker verändert den magnetischen Fluß des Feldes und erzeugt somit eine Induktionsspannung in der Spule. Es gibt zahlreiche verschiedene technische Ausführungen. In *Abb. 7/42* ist ein magnetisches Monoabtastsystem dargestellt.

Bei dynamischen Systemen bewegt sich unter Führung der Abtastnadel eine kleine Induktionsspule im Feld eines Permanentmagneten. Auch hier induziert die Flußänderung eine Spannung in der Spule *(Abb. 7/43)*. Dynamische Systeme arbeiten besonders verzerrungsarm. Sie werden im allgemeinen im Tonstudiobereich verwendet.

Piezoelektrische Systeme enthalten ein piezoelektrisches Doppel-Plättchen, das – mit leitenden Belägen versehen – unter dem Einfluß der Auslenkkraft verbogen wird. Zwischen den Belägen entsteht dann eine der Verformung proportionale Spannung.

Bei Stereoabtastern wirkt die Bewegung der Nadel auf zwei elektro-mechanische Wandler ein, die so angeordnet sind, daß sie jeweils nur auf die Modulation einer Rillenflanke ansprechen. Sie stehen also senkrecht zueinander und sind jeweils um

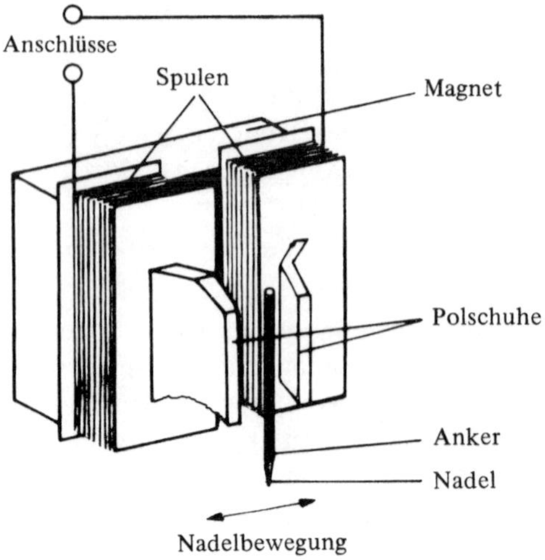

Abb. 7/42. Magnetischer Abtaster.

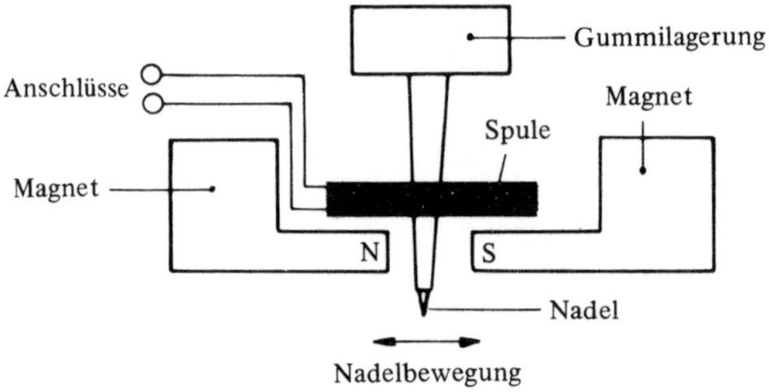

Abb. 7/43. Dynamischer Abtaster.

45° zur Plattenoberfläche geneigt. Gute Übersprechwerte (Messung DIN 45 543) erfordern eine sorgsame Justierung des Tonabnehmers. Ist die Übersprechdämpfung unsymmetrisch, spricht also z.B. der linke Kanal stärker in den rechten über als umgekehrt, so sind die beiden Wandler nicht senkrecht zueinander ausgerichtet und außerdem ist der Abtaster als Ganzes schlecht justiert.

Abtastnadeln und Auflagekraft

Die Forderung nach einer optimalen Rillenabtastung auch hoher Frequenzen bei den Innenrillen, die Forderung nach geringer Rillenabnutzung und schließlich die Forderung nach Betriebssicherheit bestimmen die Form der Abtastnadel und ihre Auflagekraft.

Der auf die Plattenoberfläche ausgeübte Druck darf 40 kp/mm² nicht überschreiten, da sonst die Verformung des Plattenmaterials zu groß wird. Andererseits fordert die Betriebssicherheit im Plattenabspielbetrieb der Rundfunkanstalten eine Auflagekraft von 2,5 bis 3 p; diese Werte liegen also deutlich höher als in der HiFi-Technik, wo maximal 1 p üblich ist. Im Produktionsbetrieb können die Werte ebenfalls geringer sein. Daraus wieder läßt sich der Verrundungsradius einer sphärisch geschliffenen Nadel ermitteln. Er beträgt für die Mikrorille und Stereoaufzeichnung 15 μm. Hält man einer so geschliffenen Nadel die geometrischen Verhältnisse der Innenrille einer Platte entgegen, so wird ersichtlich, daß man mit 15 μm bereits an einer kritischen Grenze angelangt ist: die Wellenlänge der Schallaufzeichnung bei 15 kHz beträgt bei den Innenrillen ca. 14 μm. Dabei spielt die Auslenkung der Rille eine entscheidende Rolle: Die Spitzenschnelle beträgt aufgrund der Schneidkennlinie *(Abb. 7/41)* bei 15 kHz rund 70 cm/s; das entspricht einer Anhebung von 17 dB bezogen auf die genormte Spitzenschnelle bei 1 kHz von 10 cm/s. Der Schneidstichel kann schon wegen seiner Geometrie eine Spitzenschnelle von maximal etwa 18 cm/s bei 15 kHz als Innenrillen schneiden.

Aufgrund der Amplitudenstatistik *(Abb. 7/21)* dürfte diese Aussteuerbarkeit der Höhen auf rund –12 dB im allgemeinen ausreichen. Soll nun aber diese Grenze bei der Wiedergabe voll ausgenutzt werden, so ist eine Nadelverrundung von 15 μm viel zu groß, rund 3,5 μm wären notwendig.

Eine Nadel mit 3,5 μm Verrundung ist aus zwei Gründen nicht möglich: die Nadel würde erstens nur noch den Rillengrund abtasten und hohe Störgeräusche übertragen, zweitens müßte die Auflagekraft etwa auf 10% reduziert werden, was eine zuverlässige Nadelführung in der Rille nicht mehr zuließe. Abhilfe schafft hier die biradial geschliffene Nadel; sie hat quer zur Rille den erforderlichen Radius von ca. 15 μm, in Längsrichtung einen Radius von ca. 6 μm *(Abb. 7/44)*. Nachteilig an biradialen Nadeln ist die geringe Auflagefläche, die zu einer für den Abspielbetrieb der Rundfunkanstalten zu geringen Auflagekraft führt.

Für die Technik der Anfang der 70er Jahre entwickelten Quadroschallplatte wurde jedoch ein Spezialschliff entwickelt, der bei einem ähnlich günstigen Nadelprofil eine erheblich größere Auflagefläche bietet. Es handelt sich dabei um den Shibataschliff, der unter verschiedenen Bezeichnungen bei hochwertigen Nadeln heute Stand der Technik ist; die seitliche Verrundung beträgt 6 μm, die Verrundung quer zur Rille entspricht einem Radius von ca. 15 μm. *Abb. 7/44* zeigt die wesentlichen Merkmale dieses Schliffs im Vergleich zu herkömmlichen Schliffen. Eine andere Optimierung des Diamantschliffs hat van den Hul entwickelt; dieser Schliff geht vom Biradialschliff aus, hat aber einen variablen Verrundungsradius, um eine größere Rillenauflagefläche zu erreichen. Diese Nadeln sind unter verschiedenen Handelsnamen, z.B. Super-Fineline (SFL), vor allem in der Studiotechnik in Gebrauch [7.40]. Die Vergrößerung der Auflagefläche z.B. des Super-Finelineschliffs gegenüber dem Rundschliff zeigt ebenfalls *Abb. 7/44*.

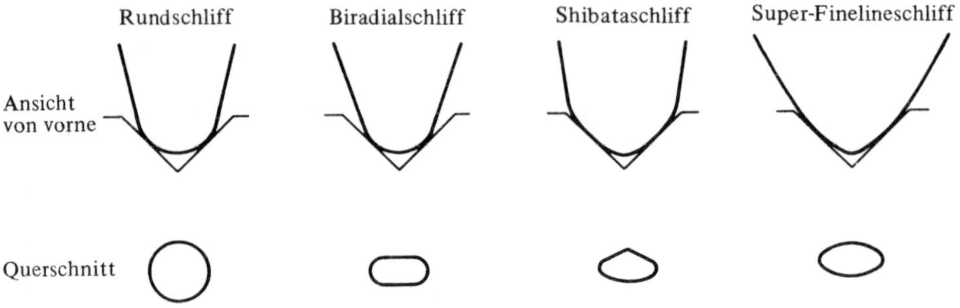

Abb. 7/44. Nadelschlifformen.

Die Nadeln für Monoaufzeichnungen auf Mikrorillen haben einen Radius von 25 μm. Für die Normalrillen mit 78 U/min werden Nadeln mit 65 μm Radius verwendet. Für Platten vor etwa 1920 haben sich Nadeln mit 90 bis 120 μm bewährt.

Als Nadelmaterial hat sich inzwischen dank verbesserter Schleiftechniken im Tonstudiobereich Diamant durchgesetzt, daneben wird noch Saphir verwendet, der aber spröder ist und deshalb leichter absplittert. Gesplitterte Nadeln schaden der Plattenoberfläche und sind mit dem Gehör leicht zu erkennen; sie ergeben bei den Innenrillen deutlich hörbare Verzerrungen.

Tonarm

Beim Schneiden der Platte wird die Schneiddose mit einer Spindel genau radial, d.h. auf einer Geraden in Richtung auf den Plattenmittelpunkt geführt. Grundsätzlich wäre die gleiche Bewegung bei der Abtastung erforderlich. Tangentialtonarme – wie sie im gehobenen HiFi-Sektor verwendet werden – erfüllen diese Forderung. Üblich ist aber in der Tonstudiotechnik aus Gründen des Betriebsablaufs der schwenkbare Tonarm. Bei optimaler Wahl des vertikalen Drehpunktes des Tonarms und bei einer entsprechenden Verwinkelung des Abtastsystems gegen den Tonarm (β in *Abb. 7/45*) läßt sich dennoch erreichen, daß sich der von der Nadel beschriebene Kreisbogen dem Radius weitgehend nähert. Die maximalen Fehler betragen etwa $\pm$ 2°.

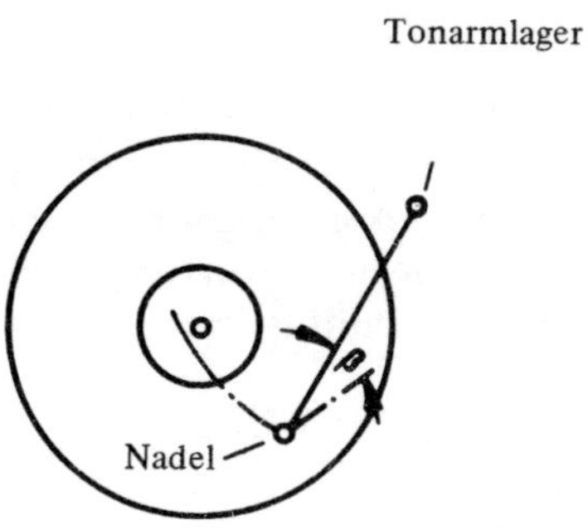

Abb. 7/45. Geometrie des Tonarms.

Zur Schonung von Platte und Nadel dürfen vertikales und horizontales Tonarmlager bei geringstem Lagerspiel nur eine minimale Reibung aufweisen. Das Trägheitsmoment des Arms muß zwei Bedingungen genügen: Es muß zum einen so groß sein, daß es auch bei der Abtastung der tiefsten Frequenzen eine hinreichende Gegenkraft für die auf die Nadel einwirkenden Kräfte bietet, zum anderen soll es jedoch so niedrig sein, daß durch verzogene oder exzentrische Platten erzwungenen Tonarmbewegungen kein nennenswerter Widerstand entgegengesetzt wird. Dies hätte einen vorzeitigen Verschleiß von Platte und Nadel zur Folge.

Der Tonarm ist statisch ausbalanciert, d.h., sein Schwerpunkt liegt genau im Drehpunkt; das gilt für alle Drehachsen. Dadurch treten bei Abweichungen von der horizontalen Lage keine zusätzlichen Kräfte auf. Die Auflagekraft erzeugt eine Feder mit einstellbarer Kraftwirkung, nicht die Schwerkraft.

Die sog. Skatingkraft, die den Tonarm aufgrund der Reibung zwischen Platte und Nadel zum Plattenmittelpunkt hinzieht, wird ebenfalls weitgehend von der Tonarmgeometrie bestimmt. Sie wird durch eine entsprechende Gegenkraft (Antiskatingkraft) – diese wird wie die Auflagekraft von einer Feder erzeugt – kompensiert [7.45]. Neuere Studioplattenspieler verfügen über einen motorgetriebenen Tonarmlift, der innerhalb max. 200 ms die Nadel aufsetzt.

Geometrische Abtastverzerrungen

Durch die Geometrie von Rille, Nadel, Abtastsystem und Tonarm bedingt, treten bei der Abtastung mehrere Arten von Verzerrungen auf. Sie werden mit den Meßschallplatten DIN 45 542 und DIN 45 549 gemessen.

Spurverzerrungen bei Tiefenschrift

Wie aus *Abb. 7/46* ersichtlich, folgt die Nadelspitze bei der Abtastung einer in der Tiefe modulierten Rille nicht exakt der Kurvenform. Dies ergibt geradzahlige und ungeradzahlige Verzerrungsprodukte. Je geringer der entsprechende Radius der Nadel ist, desto geringer sind auch die Verzerrungen. Nadeln mit biradialem Schliff, mit Shibata- oder Super-Finelineschliff reduzieren also diese Verzerrungen.

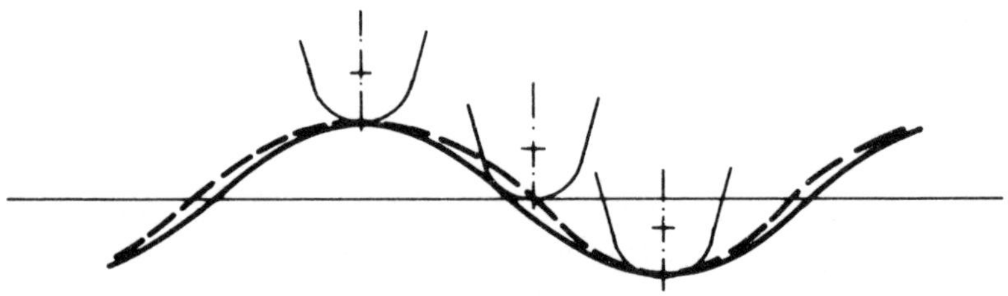

--- wirksame Rillenform
—— geschnittene Rillenform

Abb. 7/46. Spurverzerrungen bei Tiefenschrift.

Die Spurverzerrungen können bereits beim Plattenschnitt kompensiert werden; „Royal Sound Stereo“ und „Dynagroove“ sind entsprechende Verfahren. Die Kompensation wird in der Regel für sphärisch geschliffene Nadeln vorgenommen. Biradiale Nadeln können diese Klangverbeserung nicht übertragen. Nadeln mit Shibataschliff sind jedoch verwendbar.

Klemmverzerrungen bei Seitenschrift

Der vorgeschriebene Winkel von 90° zwischen den Rillenflanken wird nur beim Schneiden einer unmodulierten Rille erzielt. Bei der Modulation führt der Stichel eine seitliche Bewegung aus. Damit wird die Rille bei gleichbleibender Tiefe schmaler, die „Böschung“ demnach steiler *(Abb. 7/47)*. Der Böschungswinkel schwankt also dauernd.

Eine Abtastnadel mit kugelförmiger Spitze führt infolgedessen nicht nur die erwünschte seitliche Bewegung aus, sondern auch eine unerwünschte vertikale Bewegung. Bei einem Stereoabtaster erscheinen die Verzerrungen des Summenkanals (L + R) im Differenzkanal (L – R). Auch dieser Fehler wird durch biradiale und Shibatanadeln erheblich verbessert.

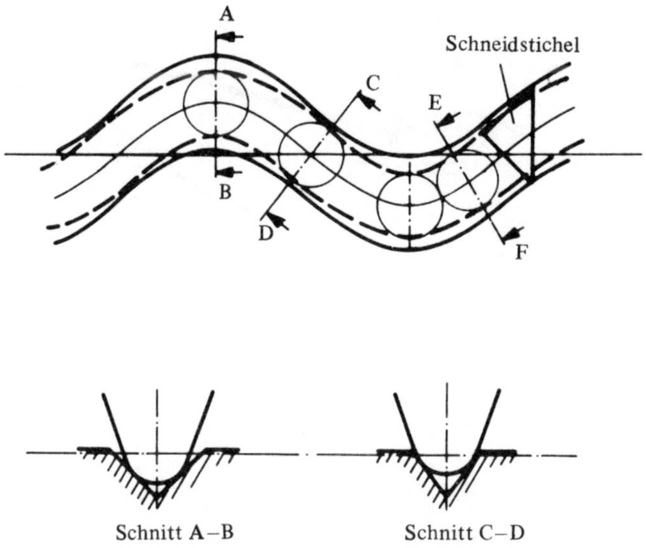

Abb. 7/47. Klemm- und Spurverzerrungen bei Seitenschrift.

Spurverzerrungen bei Seitenschrift

In *Abb. 7/47* sind gestrichelt die Berührungslinien der „Abtastkugel" eingezeichnet. Sie liegen nur in den ersten beiden der eingezeichneten Positionen A/B und C/D symmetrisch zur Sohle der Rille. In den Zwischenpositionen, z.B. Position E/F, ergeben sich Abweichungen dadurch, daß das Profil der Rille im Schnitt E/F unsymmetrisch ist: Der obere Berührungspunkt E liegt nämlich an einer Stelle größerer Rillenbreite als der untere Berührungspunkt F. Es entstehen dadurch nichtlineare Verzerrungen. Durch biradial geschliffene, Super-Fineline- oder Shibataschliff-Nadeln kann man diese Verzerrungen ebenfalls reduzieren.

Verzerrungen durch den vertikalen Spurfehlerwinkel

Bei der Aufzeichnung in Tiefenschrift bewegt sich der Schneidstichel auf einer Geraden. Die Abtastnadel ist jedoch an einem kleinen Hebel angebracht und bewegt sich somit auf einem Kreisbogen, dessen Mittelpunkt nicht in der Plattenebene liegt, sondern sich darüber befindet *(Abb. 7/48)*.

Auch daraus ergeben sich nichtlineare Verzerrungen bei der Abtastung der Tiefenkomponente. Sie werden jedoch weitgehend durch eine entsprechende Neigung des Schneidstichels um 20° reduziert. [7.41]

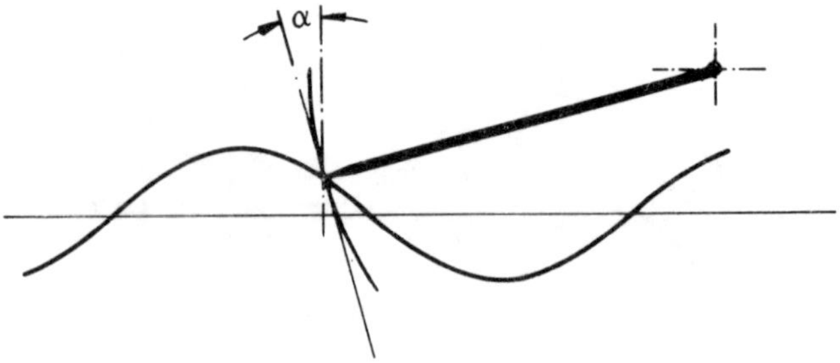

Abb. 7/48. Vertikaler Spurfehlerwinkel.

Der vertikale Spurfehlerwinkel führt nicht nur zu nichtlinearen Amplitudenverzerrungen, sondern auch zu Frequenzänderungen der in Tiefenschrift aufgezeichneten Signale. Sind z.B. auf einer Platte gleichzeitig eine tiefe Frequenz großer Amplitude und eine hohe Frequenz kleiner Amplitude aufgezeichnet, so wird die hohe Frequenz im Takt der niederen frequenzmoduliert. Der Name „Frequenz-Intermodulation" rührt daher, daß bei der Messung dieselbe Frequenzkombination wie bei der Messung der normalen (Amplituden-) Intermodulation verwendet wird. Dies darf nicht darüber hinwegtäuschen, daß es sich physikalisch und in der gehörmäßigen Auswirkung um völlig verschiedene Erscheinungen handelt. Die erwähnte Kompensation des vertikalen Spurfehlerwinkels bewirkt auch eine Verringerung der Frequenzintermodulation.

Laufwerk

Ältere Studioplattenspieler werden von einem Synchronmotor angetrieben, der über ein Reibrad oder einen Riemen am Innenrand des Plattentellers angreift. Um einen guten Gleichlauf zu erreichen, besitzen die Teller eine große Masse. Problematisch ist bei einer solchen Konstruktion der Anlaufvorgang und die Hochlaufzeit. Solche Plattenspieler sind deshalb mit einem leichten Hilfsplattenteller ausgerüstet, der während des Abspielbetriebes über eine Rutschkupplung mit dem schweren Teller verbunden ist, beim Start aber einfach in den drehenden Teller eingekuppelt wird. [7.42], [7.43]

Neuere Studioplattenspieler haben demgegenüber einen sehr leichten Plattenteller und können deshalb auf einen Hilfsteller verzichten. Die Eigenschaften der schweren Masse, die durch ihre Trägheit für den notwendigen Gleichlauf sorgt, wird durch eine sehr fein regulierende Elektronik ersetzt. Der Plattenteller sitzt unmittelbar auf der Motorachse. Die Antriebseinheit zeigt *Abb. 7/49*. Kernstück des Antriebs ist ein Elektronikmotor. Es handelt sich dabei um einen Gleichstrommotor ohne mechanische Verschleißteile, wie er z.B. auch in Magnetbandgeräten verwendet wird. [7.24]

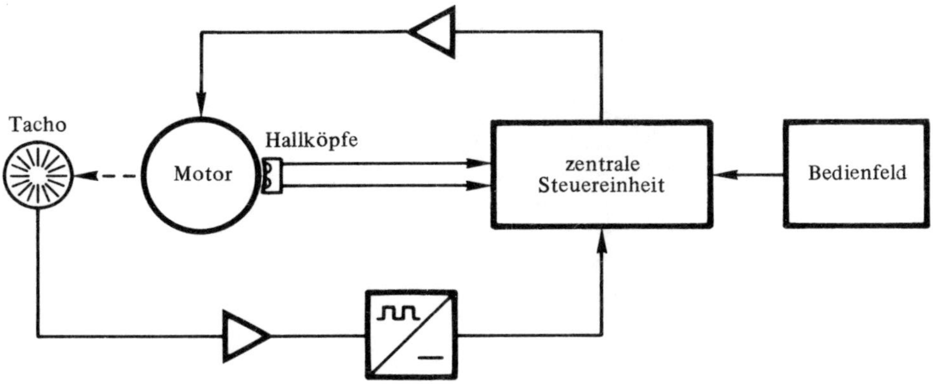

Abb. 7/49. Prinzipschaltbild des Plattentellerantriebs.

Der Motor ist sehr langlebig und zuverlässig, er hat geringste Geräusche und Rumpelstörungen und gestattet auf einfachste Weise eine hochwirksame Drehzahlregelung. Beim Elektronikmotor dreht sich ein Permanentmagnet in einer feststehenden Wicklung, also genau umgekehrt wie beim traditionellen Gleichstrommotor. Bei dieser Konstruktion gibt es keine bewegten stromführenden Teile. Die Aufgabe des Kommutators, den Strom in Abhängigkeit von der Lage von Wicklung und Magnet zueinander zu wenden, übernimmt eine Elektronik. Die Lage des Magneten wird laufend durch Hallköpfe abgetastet und der Steuerelektronik gemeldet. Die Steuerelektronik erhält weiter über einen Frequenz/Spannungswandler eine Gleichspannung, die der tatsächlichen Drehzahl des Plattentellers proportional ist. Die Drehzahl tastet laufend ein Tachosystem ab; es besteht z.B. aus einer LED, die eine Tachoscheibe beleuchtet. Diese läßt periodisch Licht auf einen Fototransistor passieren *(Abb. 7/50)*. Aus einem Quarz wird die Solldrehzahl abgeleitet, indem ebenfalls über einen Frequenz/Spannungswandler eine Bezugsspannung gebildet wird, mit der die Spannung aus dem Tachosystem verglichen wird. Aus der Differenz der Gleichspannungen wird eine Steuerspannung für den Motor gewonnen. [7.44]

Verstärker

Der Verstärker eines Plattenspielers verstärkt und entzerrt die von der Tondose abgegebene Spannung. Da dynamische Tonabnehmer einen Nominalpegel von ca. 1 mV, magnetische Tonabnehmer einen Nominalpegel von ca. 10 mV abgeben – das entspricht einer Pegeldifferenz von 20 dB – muß zunächst eine entsprechende Umschaltung vorhanden sein. Der Frequenzgang der Schneidkennlinie *(Abb. 7/41)* muß durch eine Entzerrerkennlinie mit an der O-dB-Achse gespiegeltem Frequenzverlauf entzerrt werden. Weiterhin wird das Signal über einen Bandpaß geführt, der

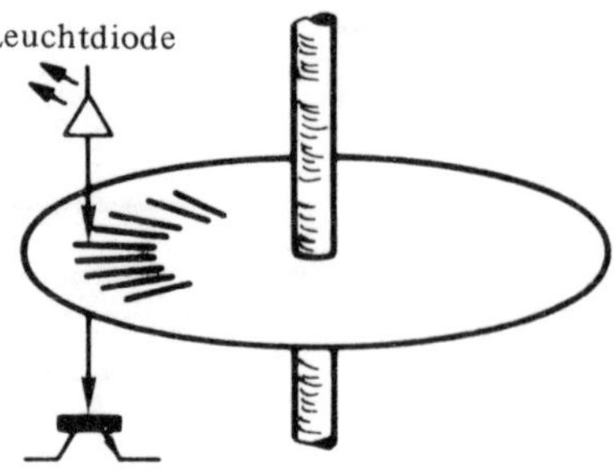

Abb. 7/50. Tachosystem.

Frequenzkomponenten unter 20 Hz und über 25 kHz zurückhält. Da bei Singleplatten ein Trend zu höherer Aussteuerung besteht, muß der Verstärker übersteuerungsfest sein.

Eine Stummschaltung sorgt dafür, daß während der Hochlaufzeit, aber auch bei unsachgemäßem Berühren des Plattentellers während des Betriebs und beim Stoppen kein Tonsignal abgegeben wird. Die Stummschaltung wird durch eine Gleichspannung ausgelöst, die aus der Motorsteuerung abgeleitet wird und bei Abweichungen von der Solldrehzahl wirksam ist.

Normen

Magnetische Schallspeicherung

DIN	Ausgabe	
1301	12.85	Tl. 1 Entwurf Einheiten; Einheitennamen, Einheitenzeichen
1325	1.72	Magnetisches Feld; Begriffe
41 298	8.71	Weichmagnetische Ferritkerne für Magnetköpfe (Magnetkopfkerne)
45 405	11.83	Störspannungsmessung in der Tontechnik
45 500	4.75	Tl. 4 Heimstudio-Technik (HiFi); Mindestanforderungen an Magnetbandgeräte für Schallaufzeichnungen in Spulen- und Kassettentechnik
	9.75	Tl. 9 –; Mindestanforderungen an Magnetbänder 4 und 6 für Schallaufzeichnung

45 507	10.66	Meßgerät für Frequenzschwankungen bei Schallspeichergeräten
45 510	3.85	Magnettontechnik; Begriffe
45 511	3.78	Tl. 1 Magnetbandgeräte; Studiogeräte für Schallaufzeichnungen auf Magnetband 6; mechanische und elektrische Anforderungen
	5.71	Tl. 2 Magnetbandgeräte für 3- oder 4-Spur-Schallaufzeichnungen auf Magnetband 12, mechanische und elektrische Anforderungen
	5.71	Tl. 3 Magnetbandgeräte für 4-Spur-Schallaufzeichnungen auf Magnetband 25, mechanische und elektrische Anforderungen
	1.81	Tl. 4 Magnetbandgeräte; Kassettengeräte für Schallaufzeichnungen auf Magnetband 4, mechanische und elektrische Anforderungen (Entwurf)
	5.76	Tl. 5 –; Heimgeräte für Schallaufzeichnungen auf Magnetband 6, mechanische und elektrische Anforderungen
45 512	1.85	Tl. 1 Magnetbänder für Schallaufzeichnung; Maße und allgemeine Eigenschaften
	2.78	Tl. 2 –; elektroakustische Eigenschaften
45 513	1.85	Tl. 1 Magnetbandgeräte für Schallaufzeichnungen; DIN-Bezugsband 76 für Magnetband 6
	7.82	Tl. 2 Magnetbandgeräte für Schallaufzeichnung; DIN-Bezugsband 38 für Magnetband 6
	7.82	Tl. 3 Magnetbandgeräte; DIN-Bezugsband 19h
	7.82	Tl. 4 Magnetbandgeräte für Schallaufzeichnung; DIN-Bezugsband 9,5 für Magnetband 6
	7.82	Tl. 5 –; DIN-Bezugsband 4,75 für Magnetband 6
		Tl. 6 –; DIN-Bezugsband 4,75 für Magnetband 4 mit Zeitkonstante 3180 μs/120 μs
		Tl. 7 –; DIN-Bezugsband 4,75 für Magnetband 4 mit Zeitkonstante 3180 μs/70 μs
45 514	1.75	–; Spulen für Magnetband 6
45 515	5.80	–; Wickelkern für Magnetband 6
45 516	6.76	Magnetbandkassette für Schallaufzeichnung auf Magnetband 4; Maße und Eigenschaften
45 517	5.80	Tl. 1–; Spule mit NAB-Aufnahme für Magnetband 6 und Mitnehmerscheibe, Spule
	10.63	Tl. 2 –; Mitnehmerscheibe, Griff
45 519	2.76	Tl. 1 Magnetbänder für Schallaufzeichnung; Bestimmung der Kopierdämpfung
	1.75	Tl. 2 –; Bestimmung von Bandflußschwankungen

	5.76	Tl. 3 –; Bestimmung der Löschbarkeit
45 520	1.73	Magnetbandgeräte für Schallzeichnung; Verfahren zum Messen von Absolutwert und Frequenzgang des remanenten magnetischen Bandflusses auf Magnetbändern
45 521	4.82	–; Messung der Übersprechdämpfung bei Mehrspurgeräten
45 522	8.68	Tl. 3 Meßverfahren für Magnetbänder für Schallaufzeichnung; Bestimmung der Nennbelastbarkeit
	12.79	Tl. 4 –; Bestimmung der Säbelförmigkeit
45 524	5.71	Bestimmung der Bandgeschwindigkeit bei Magnetbandgeräten
45 526	1.85	Magnetbandgeräte für Schallaufzeichnungen; Eigenschaften und Meßverfahren für Magnetbandgeräte mit Kompandersystemen

Mechanische Schallspeicherung

DIN	Ausgabe	
45 500	5.75	Tl. 3 Heimstudio-Technik (HiFi); Mindestanforderungen an Schallplatten-Abspielgeräte (neuer Entwurf 4.79)
45 533	4.59	(zurückgezogen 1970) Schallplatte N 78
45 538	2.69	Begriffe für Schallplatten-Abspielgeräte
45 539	7.81	Schallplatten-Abspielgeräte; Regeln für Messungen, Tonfrequenz-Anschlüsse, Maße austauschbarer Abtastsysteme, Anforderungen an Wiedergabeverstärker
45 542	2.69	Verzerrungs-Meß-Schallplatte St 33 und St 45
45 543	7.84	Meßschallplatte zur Messung des Frequenzganges und der Kanaltrennung
45 544	3.71	Rumpel-Meß-Schallplatte St 33 und M 33
45 545	2.66	Gleichlauf-Meß-Schallplatten für 33 1/3 und 45 U/min
45 546	6.81	Schallplatte St 45 (Stereo-Schallplatte für 45 U/min)
45 547	6.81	Schallplatten St 33 (Stereo-Schallplatten für 33 1/3 U/min)
45 549	12.80	Abtastfähigkeits-Meßschallplatte
DIN IEC 98	89	Analoge Schallplatten und -Abspielgeräte

Pflichtenhefte und Richtlinien

Technische Pflichtenhefte der öffentlich-rechtlichen Rundfunkanstalten der Bundesrepublik Deutschland (hg. vom Institut für Rundfunktechnik, München):

¾ Studio-Magnetbänder
3/9 Vorspann-, Zwischen- und Endbänder für Schaltzwecke im Studio
Grundsätzliche Anforderungen an Magnettonanlagen und Richtlinien zu deren Einstellung

Literatur

7.1 Technik der Magnetspeicher, hg. von F. Winckel, Berlin, Göttingen und Heidelberg, 2. Auflage 1977, Springer
7.2 E. Christian: Magnettontechnik, München 1969, Franzis
7.3 Chr. Scholz: Handbuch der Magnetbandspeichertechnik, München 1980, Hanser
7.4 J. Greiner: „Feldstärke und Spaltverteilungsfunktion beim Sprechkopf mit und ohne Band", in: Nachrichtentechnik 1956, S. 63 ff.
7.5 E. Vogl: „Tonträger im Rundfunkstudio. Ein Weg durch das 20. Jahrhundert", in: Radio Mentor 1976, S. 130 ff.
7.6 W. K. Westmijze: „Studies on Magnetic Recording", in: Philips Research Reports 1953, S. 148 ff., 161 ff., 245 ff. und 343 ff.
7.7 M. Camras: „Graphical Analysis of Linear Magnetic Recordings using High Frequency Excitation", in: Proceedings IRE 1949, S. 569 ff.
7.8 J. Greiner: „Der Aufzeichnungsvorgang beim Magnettonverfahren mit Wechselstromvormagnetisierung", Wissenschaftliche Berichte Folge III, Elektrotechnik, H. 6, Berlin 1953
7.9 O. Schmidtbauer: „Beitrag zur Analyse des Aufsprechvorgangs beim HF-Magnetophon", in: Funk und Ton 1954, S. 341 ff.
7.10 G. Schwandtke: „Untersuchung über den Aufsprechvorgang beim Magnettonverfahren", in: Frequenz 1958, S. 355 ff.
7.11 H. Gillmann: Ein Beitrag zur Magnetband-Aufzeichnung breitbandiger Signale mit Hochfrequenzvormagnetisierung, Diss. TH Hannover 1962
7.12 G. Schwandtke. „Das Preisach-Modell in der Theorie der Magnetton-Aufzeichnung", in: Technik der Magnettonspeicher, hg. von F. Winckel, Berlin, Göttingen, Heidelberg, 2. Auflage 1977, Springer
7.13 W. K. Westmijze: „Der Aufnahme- und Wiedergabevorgang beim Magnettongerät", in: Philips Technische Rundschau 1953, S. 298 ff.
7.14 F. Hammon: „Das Rauschen bei der magnetischen Schallaufzeichnung", in: Radio Mentor 1961, S. 864 ff.
7.15 G. Mühlstädt: „Über das Rauschen von Magnettonbändern", in: Funkschau 1971, S. 9 ff.
7.16 F. Hammon: „Über das Rauschen bei der magnetischen Schallaufzeichnung", in: Kino-Technik 1964, S. 221 ff.
7.17 W. Abeck: „Kopiereffekt schichtförmiger Magnetspeicher", in: Kino-Technik 1964, S. 215 ff.
7.18 N. Bertram, M. Stafford, D. Mills: „Der Kopiereffekt", in: Studio 1978, H. 11, S. 26 ff. und 1979, H. 1, S. 14 ff.
7.19 E. Schröder und J. Wehrmuth: „Ein neues Kompandersystem – Grundlagen und Einsatzmöglichkeiten", in: Fernseh- und Kino-Technik 1976, S. 427 ff.
7.20 R. M. Dolby: „Ein Audio-Geräuschunterdrückungssystem", in: Studio 1979, H. 5, S. 29 ff.

7.21 R. Berkovitz und K. Gundry: „Das Dolby B-System – Grundbegriffe und Anwendungsbereiche", in: Funk-Technik 1973, H. 2, S. 55 ff.

7.22 E. Stetter und K. Gundry: „Qualität und Kompatibilität bei Kompandersystemen", in: Bericht über die 12. Tonmeistertagung München 1981, S. 295 ff.

7.23 „Bandmaschinen", in: Studio 1979, H. 11, S. 30 ff und H. 12, S. 23 ff.

7.24 W. Engel: „Elektronikmotoren – permanent erregte Gleichstrommotoren ohne Kollektor", in: VDE-Fachberichte 1968, H. 25, S. 147 ff.

7.25 E. Christian: „Langlebensdauer-Tonköpfe mit 10facher Verschleißfestigkeit", in: Radio Mentor 1973, S. 545 ff.

7.26 E. Christian: „Eigenschaften und Technologie von Long-Life-Tonköpfen", in: Funkschau 1974, S. 259 ff.

7.27 E. Christian: „Untersuchungen über den Tonband- und Tonkopfverschleiß", in: Funkschau 1976, S. 749 ff.

7.28 W. Scott: „Magnetic Tape Heads: Ferrite vs Metal", Firmenschrift Saki Magnetics

7.29 F. Bergtold: Moderne Schallplattentechnik, 2. Auflage, München 1967, Franzis

7.30 W. Bruch: „Von der Tonwalze zur Bildplatte", in: Funkschau 1977, S. 1114 ff. bis 1979, S. 560 ff., in 39 Fortsetzungen, auch als Sonderdruck, Franzis

7.31 F. A. Loescher: „Schallplattenwiedergabe hoher Qualität und ihre Probleme", Funkschau 1974, H. 4, S. 106 ff. und H. 5, S. 151 ff.

7.32 K. Breh: „Die technische Qualität der Schallplatte", in: HiFi Stereophonie 1978, S. 1660 ff.

7.33 G. Lützgendorf und G. Kiess: „Schneidtechnik bei Stereo-Schallplatten", in: Radio Mentor 1958, S. 683 ff.

7.34 H. Redlich und H.-J. Klemp: „Messung der Lichtbandbreite auf Stereo-Schallplatten", in: Radio Mentor 1958, S. 679 ff.

7.35 G. Stephani: „Einige Grundphänomene der Lichtbandbreite", in: Frequenz 1965, S. 362 ff.

7.36 „Direct Metal Mastering", in: Studio 1983, H. 62, S. 15 ff.

7.37 U. Schmidt: „Die Vorgänge bei der Abtastung von Schallplatten", in: Funktechnik 1964, S. 848 ff.

7.38 W. Hardt: „Abtastsysteme zur Schallplattenwiedergabe", in: Funkschau 1973, S. 215 ff. und 267 ff.

7.39 W. Loos: Tonabnehmer für die Schallplattenwiedergabe, München 1983, Franzis

7.40 „Tonabnehmer TSD 15 mit Super-Fineline-Diamant", in: EMT-Kurier 42 (1985) S. 3 ff.

7.41 „Höhenschlag und Abtastfähigkeit bei Schallplatten", in: Funkschau 1973, S. 33 ff.

7.42 H.-J. Frauendorf und G. Freiter: „Antriebssysteme für Plattenabspielgeräte", in: Funkschau 1970, S. 33 ff.

7.43 L. Klapproth: „Vergleich von Plattenspielerantrieben", in: Funkschau 1975, S. 350 ff.

7.44 „Die neue Schallplatten-Wiedergabe-Maschine für professionellen Studiobetrieb", in: EMT-Kurier 28 (1976), S. 3 ff.

7.45 H. G. Pfeiffer: „Das Phänomen der Skatingkraft", in: Funkschau 1970, S. 323 ff.

8. Analoge Tonregieanlagen

Die Aufgabe einer Tonregieanlage, auch Mischpult oder Regietisch genannt, besteht darin, die von den einzelnen Tonquellen (Mikrofone, Magnetbandgeräte, Plattenspieler, Hallgeräte, Verzögerungsgeräte, Übertragungsleitungen usw.) kommenden Tonfrequenzspannungen (Modulationen) rückwirkungsfrei zu einer Gesamtmodulation zusammenzuführen und entsprechend den klanglichen Forderungen zu mischen. Dabei können die Modulationen auf vielerlei Weise in ihrem Pegel, in ihrer Klangfarbe, in ihrer Richtungszuordnung sowie in ihrer Räumlichkeitsillusion beeinflußt und mit Klangeffekten unterschiedlichster Art versehen werden. Damit die gestalterischen Forderungen erfüllt werden können, sind für Produktionen zum Teil sehr umfangreiche Tonregieanlagen notwendig. [8.1]

Die Qualitätsbeurteilung von Tonregieanlagen wird nicht nur von den elektrischen Eigenschaften der einzelnen Geräte bestimmt, entscheidend ist das Betriebsverhalten der ganzen Übertragungskette in der Tonregieanlage [8.2]. Wichtig ist ferner die Ergonomie einer Anlage, d.h. ihre Bedienbarkeit. Insbesondere gehört dazu die Anordnung (Übersichtlichkeit, Logik, Zugänglichkeit) und manuelle Bedienfreundlichkeit der Elemente der Anlage und Kontrollanzeigen (Anordnung, Lesbarkeit, Umfang) [8.3]. Die Bedingungen und Qualitätsforderungen, die von den öffentlich-rechtlichen Rundfunkanstalten an eine Tonregieanlage gestellt werden müssen, sind in den Technischen Pflichtenheften 3/1 und 3/5 der öffentlich-rechtlichen Rundfunkanstalten niedergelegt. Auskunft geben auch die Herstellerunterlagen. Typenprüfungen einzelner Geräte werden vom Institut für Rundfunktechnik herausgegeben („Technische Berichte"). Ein weiteres Kriterium ist der Aufwand für die Instandhaltung. [8.4]

Der funktionelle Aufbau einer Tonregieanlage und der Umfang ihrer elektrischen Einrichtungen werden vom Verwendungszweck bestimmt: Die Konzeption einer Tonregieanlage für die Produktion von Musikaufnahmen z.B. unterscheidet sich in der Anlagentechnik von derjenigen für Hörspielproduktionen; eine speziell nur für die Sendung entworfene Tonregieanlage (Senderegie mit Tonträgereinrichtung) ist nur für diesen speziellen Verwendungszweck optimal ausgelegt. Jede dieser Tonregieanlagen ist demnach auf ihre spezielle Aufgabe hin zugeschnitten und kann nicht ohne Einschränkung für andere Aufgaben verwendet werden. Darüberhinaus gibt es auch in der Schaltungstechnik mehr oder weniger universell ausgeführte Tonregieanlagen.

Eine größere Tonregieanlage enthält die folgenden Funktionsgruppen:
- Verstärkerkette, auch Regiekette genannt: Es handelt sich dabei um den Modulationsweg vom Eingang bis zum Ausgang der Tonregieanlagen. Er beinhaltet Verstärker, Pegelsteller, Regelverstärker, Entzerrer, Stereo-Richtungsmischer und Panoramasteller, Auskopplungen (Submaster) für Hallauskopplung, Be-

schallung, Einspielung bei Playbackproduktionen u.a., Ein- und Ausgangsverteiler.
- Überwachungseinrichtungen zum Abhören, Aussteuern und Messen.
- Vorhöreinrichtungen zur Vorinformation bei der Übernahme einer Modulation.
- Kommandowege für die Verständigung zwischen Regieräumen, Studios, Tonträgerräumen usw.
- Pausenzeichen und Kennung: Aufschalten einer Pausenzeichenmodulation oder Kennung, z.B. über Sendeschalter (bei Regieanlagen für den Sendebetrieb).
- Fernsteuerung von Magnetbandlaufwerken, Plattenspielern, CD-Spielern, DAT-Recordern u.a.
- Signalisierung: Schaltung und Steuerung von Lichtsignaleinrichtungen im Studio sowie vor Studio- und Regietüren.
- Stromversorgung: Sie ist notwendig für die Zuführung der Versorgungsspannung von 24 V sowie der Netzspannung bei Netzbetrieb. Zusätzlich ermöglicht sie die Umschaltung auf Notstrombetrieb.

In der Zusammenschaltung der Einzelgeräte innerhalb der Tonregieanlage können die Ein- und Ausgänge fest verdrahtet oder variabel schaltbar sein. Zum Schalten dienen Kreuzschienenverteiler, Klinken, Drucktastenverteiler, Wahlschalter und computergesteuerte Schaltanlagen.

Einen Überblick über das gesamte Schema einer Tonregieanlage vermittelt ein Blockschaltbild in einpoliger Darstellung mit den Gerätesymbolen (siehe Anhang). Ein Pegeldiagramm gibt gegebenenfalls Auskunft über den Pegelverlauf innerhalb der Verstärkerkette.

Es gibt Tonregieanlagen für den ortsfesten Einbau in Studios bzw. für den Einbau in Übertragungswagen und transportable oder tragbare Tonregieanlagen (Kleinmischpulte).

Der derzeitige Bau von Regieanlagen ist durch ein Nebeneinander unterschiedlicher Philosophien gekennzeichnet. Diese Situation wird sich auch in den kommenden Jahren nicht grundsätzlich ändern; einerseits sind Regieanlagen keine kurzlebigen Investitionsgüter, andererseits ist bei allen Konzepten ein hoher Qualitätsstandard erreicht. Damit spielt die Preisentwicklung ebenfalls eine wichtige Rolle. Die folgenden Tonregiephilosophien existieren nebeneinander:

Tonregieanlagen in Modultechnik:

Diese Technik ist eine Bausteintechnik, die Systembausteine mit einheitlichen Ein- und Ausgangskennwerten verwendet. Bei dieser Technik wurden zunächst passive Module als Stellglieder und nachfolgend aktive Module als Aufholverstärker eingesetzt; die Weiterentwicklung dieses Konzepts brachte einen Übergang zu aktiven Modulen, um damit größere Störungsfreiheit durch eine günstigere Pegelführung zu realisieren. Vorteilhaft bei dieser Anlagentechnik ist die Möglichkeit, Regiekonzepte gemäß den jeweils besonderen Aufgaben einer Regieanlage planen und aufbauen zu können, die jeweils geeignetsten Module – auch von verschiedenen Herstellern – kombinieren zu können, ferner die Möglichkeit, defekte Module schnell austauschen oder umgehen zu können. Vorteilhaft ist darüber hinaus die Möglichkeit, an einheitlichen Schnittstellen zwischen den Modulen Modulationen entnehmen bzw. eingeben zu können. Dies macht eine Anlage flexibel; bestimmte Baugruppen können somit für unterschiedliche Funktionen eingesetzt werden.

Nachteilig an dieser Konzeption ist der erhöhte Aufwand zur Herstellung der einheitlichen Schnittstellen (Symmetrierung, Herstellung von einheitlichen Kennwerten und Normpegel), der die Kosten, den Platzbedarf und das Gewicht erhöht.

Die Modulbauweise hat sich vorwiegend in den Studios der öffentlich-rechtlichen Rundfunkanstalten etablieren können, wo daneben aber auch die nachfolgend genannten Konzepte zu finden sind. Die Modulanlagen werden in diesem Kapitel noch genauer beschrieben. [8.5 bis 8.7]

Tonregieanlagen in Stangen- oder Streifentechnik:

Bei dieser Anlagentechnik sind die einzelnen Funktionsgruppen zu größeren elektrischen Einheiten zusammengefaßt; sie umfassen z.B. einen kompletten Eingangs- oder Summenkanal, der sich auf der Bedienoberfläche als Stange oder Streifen darstellt. Die Anzahl der für Modulationseingabe und -entnahme zugänglichen Schnittstellen ist u.U. wesentlich geringer, wodurch u.a. eine vollständigere Ausstattung dieser Funktionseinheiten erforderlich wird. Diese Anlagentechnik kann wirtschaftlicher und kompakter hergestellt werden, ist aber an eine gewisse Standardisierung gebunden. Qualitativ gibt es keine grundsätzlichen Einschränkungen. Bei Defekten müssen größere Einheiten gewechselt werden, was aber beim Stand der heutigen Technik kein Problem ist. Diese Technik ist bei Kleinmischpulten und bei Mischpulten für Ü-Wagen durch Platz- und Gewichtsersparnis von Vorteil. Der Handel bietet auf diesem Gebiet ein breites Spektrum, sowohl im Hinblick auf Größe und Ausstattung als auch in qualitativer Hinsicht.

Automatisierte Tonregieanlagen:

Im Bereich der Mehrspurproduktion, der Film- und Fernsehtonmischung u.a., werden an die Bedienbarkeit eines Regietisches höchste Anforderungen gestellt, insbesondere im Hinblick auf wechselnde Manipulationen am Klangbild. Um diese komplexe Aufgabe besser beherrschen und in wiederholten Abläufen optimieren zu können, wurden unterschiedlich komfortable Automatisierungen geschaffen. Diese können Pulte in Modul- oder Streifentechnik steuern. Die Automatisierung kann sehr unterschiedlichen Umfang haben, von der statischen Abspeicherung einer kompletten Regietischeinstellung und der Herstellung eines Zustandes z.B. zu Beginn einer Produktion über die dynamische Abspeicherung von Pegelverhältnissen bis zur kompletten dynamischen Erfassung aller Regievorgänge. „Dynamisch“ bedeutet, daß Änderungen der Einstellungen zeitrichtig automatisiert werden. Am weitesten ist die Entwicklung bei analoger Signalverarbeitung vorangetrieben, wenn ein Regiepult mit denselben Möglichkeiten der Automatisierung bzw. der freien Funktionsdefinition der Baugruppen ausgestattet ist wie ein Mischpult mit digitaler Signalverarbeitung. Solche Konzepte werden mit digitaler Funktionssteuerung bei analoger Signalverarbeitung realisiert.

Tonregieanlagen in Digitaltechnik:

Die zunehmende Verwendung digitaler Aufzeichnungsgeräte und Klanggestaltungsmittel sowie die Preisrücknahmen in der digitalen Datenverarbeitungstechnik haben zur Entwicklung von Tonregieanlagen mit digitaler Signalverarbeitung geführt. Dabei kann eine mit herkömmlichen Regieeinrichtungen vergleichbare Bedienoberfläche gewahrt sein, es können aber auch völlig neue Ergonomien entwikkelt werden. Solche Regieanlagen bieten grundsätzlich eine hohe Flexibilität bzw. Definierbarkeit der Funktionseinheiten verbunden mit einer kompletten Automation der Abläufe. Derzeit haben vor allem sog. Workstations Eingang in die Nachvertonung von Videoproduktionen gefunden *(siehe 10.4)*.

8.1 Historische Entwicklung

Das derzeitige Nebeneinander unterschiedlicher Regietischkonzeptionen kann unter rein technischen Gesichtspunkten, aber auch im Rahmen der historischen Entwicklung betrachtet und verstanden werden. [8.8]

Nach einzelnen Versuchssendungen vor und während des Ersten Weltkrieges wurde in den zwanziger Jahren der öffentliche Rundfunk aufgebaut. Zunächst hatten die umfangreichen Verstärker ihren Platz im Regieraum, wurden dann aber in einem separaten Verstärkerraum untergebracht und überwacht, ebenso wie die Tonaufzeichnungs- und -abspielgeräte. Erst ab 1952 wurde die zuletzt verwendete Technik mit abgesetzten Verstärkern (V 41-Technik) durch eine in den Regietisch integrierte Kassettentechnik ersetzt.

Bei dieser sog. V 72-Technik diente der Einheitsverstärker V 72 mit einer festen Verstärkung von 34 dB und eigenem Netzteil als Mikrofon-, Zwischen-, Haupt- und Trennverstärker; die Pegelsteller und Filter waren passive Geräte mit einer entsprechenden Einschaltdämpfung. Dieses Anlagenkonzept wurde nun stetig verbessert, wobei vor allem eine optimalere Pegelführung realisiert werden konnte; optimal bedeutet in diesem Zusammenhang, daß der Pegel an keinem Punkt der Regieanlage sich weit vom Bezugspegel entfernt.

Bei der Weiterentwicklung der V 72-Technik wurde zunächst ein Mikrofonverstärker mit höherer Verstärkung eingeführt, um auch dynamische Mikrofone anschließen zu können; der V 77 verstärkte um 60 dB, der V 76 um bis zu 76 dB. Der nächste Schritt war die Verbesserung der Pegelführung bei der Gruppen- und Summenbildung; der V 530 faßte die Knotenbildung von 6 Kanälen in einem Verstärker zusammen, der V 75 konnte 20 Kanäle zusammenführen. Die einzelnen Einheiten waren durch Einfach- oder Doppeltrennklinken verbunden, die eine Signaleinspeisung oder -entnahme ermöglichten; an allen Klinken liegt derselbe Pegel (+ 6 dBu).

Mit Einführung der Stereotechnik Anfang der sechziger Jahre wurden die Tonregieanlagenkonzepte auf die Stereotechnik erweitert; Richtungsmischer für Stereokanäle und Panoramapotentiometer für Monokanäle bilden die richtungsbestimmenden Funktionseinheiten. Eine Sonderentwicklung der ersten Jahre der Stereotechnik stellen sog. MS-Regieanlagen für reine Intensitätsaufnahmetechnik dar. Bei ihnen wurde das Stereosignal nicht als LR-Signal geführt, sondern als MS-Signal. Laufzeitstereofonie oder gemischte Aufnahmeverfahren waren damit nicht möglich, außerdem waren die Anforderungen an Pegel- und Phasengenauigkeit sowie an das Überprechen sehr hoch, so daß diese Technik bald wieder aufgegeben wurde.

Die Röhrenverstärker wurden in den sechziger Jahren durch transistorisierte Verstärker mit einer gemeinsamen 24 V-Stromversorgung abgelöst, die zunächst ebenfalls als Kassettengeräte gebaut wurden; die Regietischkonzepte wurden beibehalten. In einem weiteren Schritt wurden die Kassetten durch Steckkarten im sog. Europaformat (100 x 160 mm) mit einem gemeinsamen Netzteil und 24 V-Stromversorgung ersetzt.

8.2 Aufbau einer Tonregieanlage

Der Aufbau einer Tonregieanlage ergibt sich aus ihren Aufgaben, Signale in ihrem Pegel und in ihrer Klanggestalt zu bearbeiten und zu mischen. Ein Signal, das an einen Eingang der Tonregieanlage gelegt wird, durchläuft dabei einen bestimmten Weg, die sog. Verstärkerkette. Sie kann wie bei der Modultechnik aus Einzelgeräten aufgebaut sein, die Funktionsgruppen bilden, oder aus kompletten Funktionsgruppen wie bei der Streifentechnik.

Abb. 8/1 zeigt den grundsätzlichen Aufbau einer solchen Verstärkerkette am Beispiel eines Mono- und eines Stereoweges. Nicht dargestellt sind Einschleif- oder Insertpunkte (Klinken), Einrichtungen für Hall, Einspielung, Kommando, Kontrollinstrumente, besondere Einrichtungen für Senderegiepulte u.a. (s. S. 86/87)

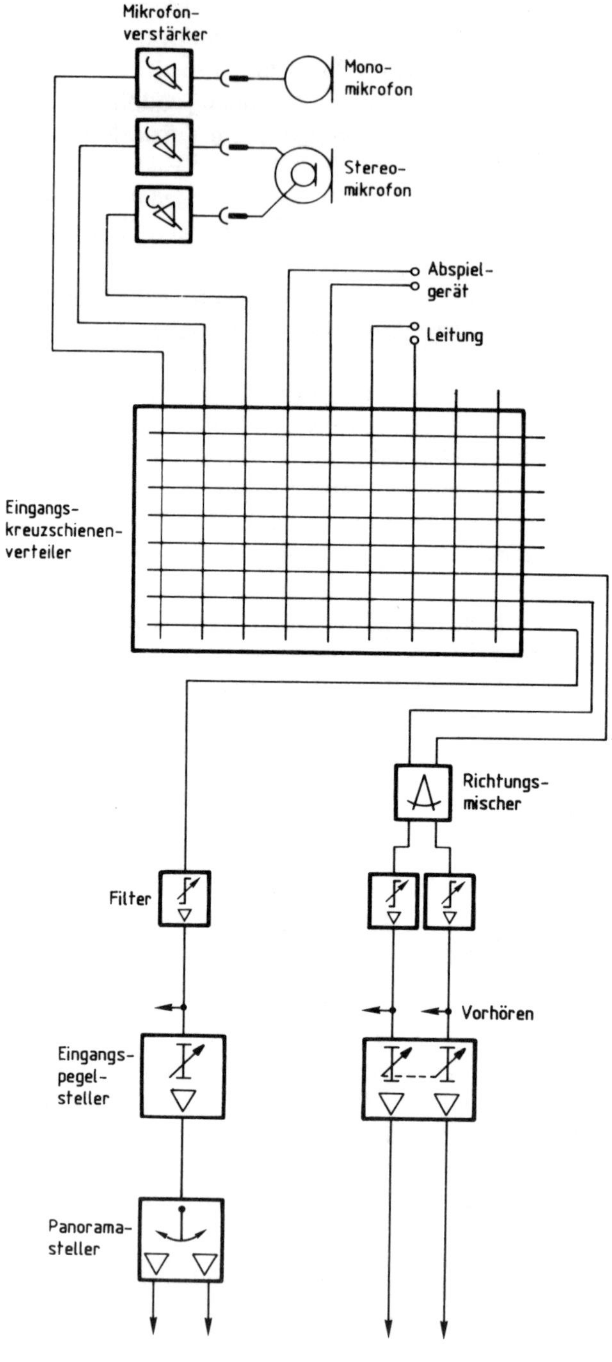

Tonsignalquellen:
Die Signalquellen werden mit einheitlichem Pegel, mit dem sog. Studiopegel 0 dB, an den Eingangsverteiler geführt. Dafür müssen die sehr niedrigen Mikrofonpegel zunächst in Mikrofonverstärkern angehoben werden. Magnetbandgeräte, Plattenabspielgeräte mit eigenem Verstärker und Leitungen liefern Signale mit 0 dB.

Eingangsverteiler:
Der Eingangsverteiler erlaubt die Aufschaltung jeder Signalquelle auf jeden Kanal der Regieanlage. Er kann als Kreuzschienenverteiler mit mechanischen oder elektronischen Koppelpunkten oder als Schnurverteiler mit Klinken aufgebaut sein.

Richtungsmischer im Stereokanal:
Für die Basis- und Richtungsregelung von Stereosignalen sowie bei Verwendung des MS-Aufnahmeverfahrens für die Umsetzung von MS- in LR-Signale ist der Richtungsmischer vorgesehen.

Filter:
Mit Filtern kann bei Bedarf die Klangfarbe verändert werden.

Eingangspegelsteller:
Mit den Eingangspegelstellern können die Pegel der einzelnen Eingangssignale eingestellt werden.

Panoramasteller im Monokanal:
Mit dem Panoramasteller werden Monosignale dem linken und rechten Stereokanal mit gleichem oder unterschiedlichem Pegel zugeordnet. Daraus ergibt sich die Richtungseinordnung des Monosignals.

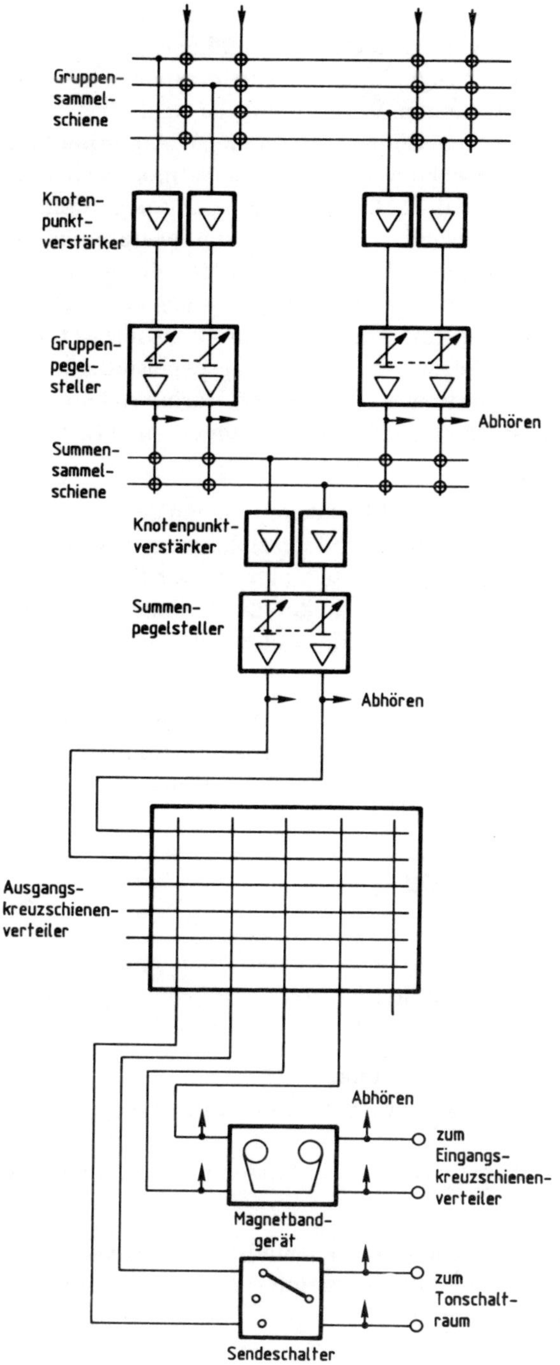

Gruppensammelschiene:
Hier werden die einzelnen Kanäle auf die gewünschten Gruppen aufgeschaltet und gemischt.

Knotenpunktverstärker:
Dieser Verstärker gleicht den Pegelverlust, der bei der Zusammenführung der Signale über Entkopplungswiderstände auf die Gruppensammelschiene entsteht, wieder aus.

Gruppenpegelsteller:
Mit dem Gruppenpegelsteller werden die Pegel des Gruppensignals eingestellt.

Summensammelschiene:
Hier können die einzelnen Gruppenkanäle auf die Summe aufgeschaltet und gemischt werden.

Knotenpunktverstärker:
Dieser Verstärker gleicht den Pegelverlust, der bei der Zusammenführung der Signale entsteht, wieder aus.

Summenpegelsteller:
Mit dem Summenpegelsteller wird der Pegel der Summe eingestellt.

Ausgangsverteiler:
Im Ausgangsverteiler kann das Summensignal auf das aufnehmende Magnetbandgerät, auf den Sendeschalter oder auf Leitungen gelegt werden. Er kann wieder als Kreuzschienenverteiler oder Schnurverteiler – wie der Eingangsverteiler – realisiert sein.

Weiterleitung des Signals:
Das Tonsignal wird entweder auf einer Magnetbandmaschine aufgezeichnet, gesendet oder über Leitung übertragen.

Abb. 8/1. Prinzip der Verstärkerkette einer Tonregieanlage.

Zur Überwachung des Tonsignals sind akustische und optische Kontrollen vorgesehen. Für die akustische Überwachung gibt es eine Abhör- und eine Vorhörkontrolle; bei der Abhörkontrolle wird das Tonsignal über die Regielautsprecher, also in bestmöglicher Tonqualität, abgehört, bei der Vorhörkontrolle wird über einen kleinen Lautsprecher nur kontrolliert, ob ein Signal vorhanden ist. Abhörpunkte, die im allgemeinen über Drucktasten angewählt werden können, befinden sich nach den Gruppen- und Summenpegelstellern, teils auch nach den Eingangspegelstellern – hier oft mit der Funktionstaste „solo" anwählbar. Zusätzlich sind weitere Punkte anwählbar, wie z.B. die Ein- und Ausgänge der Magnetbandgeräte, die Ausgänge der Plattenabspielgeräte usw. Mit der Abhörkontrolle gekoppelt sind meist optische Kontrollen, nämlich die Aussteuerungskontrolle, der Korrelationsgradmesser und das Stereosichtgerät. Die Vorhörpunkte liegen vor den Eingangspegelstellern. Bei Anlagen in Streifenbauweise sind die Funktionen von Ab- und Vorhören häufig in der Kontroll- oder Monitoreinheit zusammengefaßt. Die Instrumenteneinheit enthält die optischen Kontrollinstrumente.

Eine wichtige Erweiterung der Regiekette ist die Möglichkeit, neben der Gruppen- und Summenbildung im Signalweg weitere Gruppen bilden zu können, z.B. für die Verhallung, für Einspielungen u.a. Die Signale für diese Untergruppen (Submaster) können wahlweise vor oder nach dem Eingangspegelsteller abgenommen und über Potentiometer geregelt, danach gemischt und nochmals mit einem Summenpegelsteller im Pegel eingestellt werden.

Bei Anlagen für Mehrspurproduktionen wird nach „In-line-Pulten" und „Split-Pulten" unterschieden: Bei „In-line-Pulten" erfolgt die Tonbearbeitung für die Abhörmischung im Aufnahmekanal, bei Split-Pulten in einem anderen Kanal.

8.3 Leitungsführung und Anpassung

Für Leitungsverbindungen zwischen tontechnischen Geräten oder innerhalb von Anlagen gibt es drei verschiedene Möglichkeiten; sie hängen vom schaltungstechnischen Aufbau der Ein- und Ausgänge und von der Art der Leitung ab:

- die symmetrische und erdfreie Leitungsverbindung,
- die symmetrische, aber nicht erdfreie Leitungsverbindung, auch erdsymmetrische Leitungsverbindung genannt,
- die unsymmetrische oder asymmetrische Leitungsverbindung; sie ist ebenfalls nicht erdfrei.

Die Leitungsführung zwischen tontechnischen Geräten und innerhalb von Tonregieanlagen zwischen einzelnen Modulen muß so konzipiert sein, daß Störungen durch externe magnetische, elektrische und elektromagnetische Störfelder möglichst gering bleiben. Dazu werden die Leitungen im allgemeinen erdfrei, symmetrisch und geschirmt geführt; innerhalb von Anlagen kann bei sorgfältiger Planung und Ausführung auch eine unsymmetrische Verbindung qualitativ die Anforderungen an Studiogeräte erfüllen. Übersprechen von bzw. auf andere Tonleitungen wird durch geschickte Leitungsverlegung so gering wie möglich gehalten (Pflichtenheft der öffentlich-rechtl. Rundfunkanstalten 3/3). [8.9]

8.3.1 Symmetrie und Unsymmetrie

Ein- und Ausgänge von Geräten der professionellen Tonstudiotechnik sind im allgemeinen symmetrisch gegen O-V-Potential (Erdpotential). Das wird durch im NF-Bereich breitbandige, hochwertige Übertrager am Ein- und Ausgang erreicht. Ein- und Ausgänge sind also erdfrei; das O-Volt-Potential hat keine Gleichstromverbindung (galvanische Verbindung) zur Erde.

Im nicht professionellen Bereich wird im allgemeinen eine unsymmetrische oder asymmetrische Schaltungstechnik von Ein- und Ausgängen und der Leitungsführung verwendet. Auch innerhalb professioneller Geräte, teilweise auch innerhalb von Tonregieanlagen zwischen den einzelnen Bausteinen, sind die Schaltungen bzw. Leitungsverbindungen unsymmetrisch aufgebaut, da dies wirtschaftlicher, platzsparender und qualitativ problemlos ist. *Abb. 8/2* zeigt die Spannungsverhältnisse bei symmetrischer und unsymmetrischer Spannungsführung.

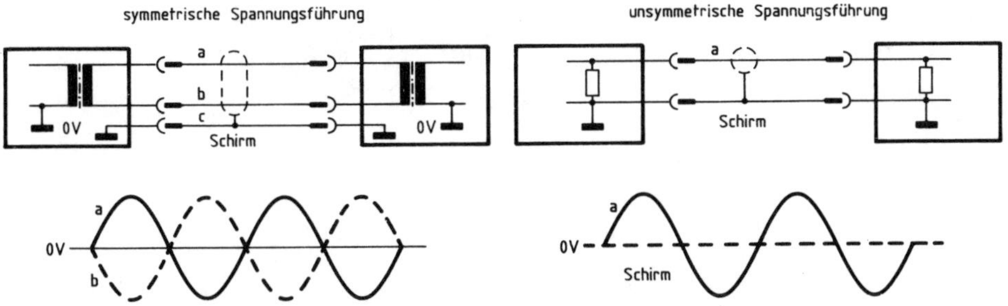

Abb. 8/2. Symmetrische und unsymmetrische Spannungsführung.

Bei der symmetrischen Spannungsführung haben die beiden Adern a und b stets ein gleich großes, aber entgegengesetztes Potential gegen 0 Volt; bei der unsymmetrischen Spannungsführung hat nur eine Ader ein wechselndes Potential, die andere Ader liegt stets auf 0-Volt-Potential. Man spricht hier deshalb von einem heißen, nämlich spannungsführenden, und kalten Anschluß. Die beiden 0-Volt-Anschlüsse müßten bei symmetrischer Spannungsführung eigentlich nicht miteinander verbunden sein; dies geschieht aber meist trotzdem, um exakte Potentialgleichheit der Anschlüsse zu erzwingen.

Zweck der symmetrischen Leitungsführung ist die Vermeidung von kapazitiven und induktiven Einstreuungen in Leitungen. Geht man davon aus, daß die beiden Adern einer symmetrischen Leitung demselben Störfeld ausgesetzt sind – durch den geringen Abstand und die Verdrillung trifft dies praktisch zu –, so werden in beide Adern gleichgerichtete Störspannungen eingestreut. Die Potentialdifferenz, also die Nutzspannung, wird dadurch aber nicht beeinflußt; Einstreuungen führen demnach im allgemeinen nicht zu Störungen. Bei unsymmetrischen Leitungsverbindungen kann die in die 0-Volt-Anschlüsse eingestreute Störspannung nicht wirksam werden, so daß sie sich voll der Nutzspannung im heißen Anschluß überlagert. Gerade bei längeren Leitungsverbindungen bietet also die symmetrische Leitungsführung größere Sicherheit vor Störungen.

Symmetrische und erdfreie Ein- und Ausgänge haben zum 0-Volt-Potential bzw. Erde keine Leitungsverbindung, sie sind „galvanisch getrennt“. Daneben gibt es zunehmend auch symmetrische, aber nicht erdfreie Anschlüsse, sog. erdsymmetrische Anschlüsse; bei Übertragern ist dabei die Mittelanzapfung geerdet (Zwangserdung). Meist handelt es sich aber um übertragerlose Ein- bzw. Ausgänge *(Abb. 8/3)*; hierbei besteht keine galvanische Trennung zwischen den Tonadern und 0-Volt bzw. Erde.

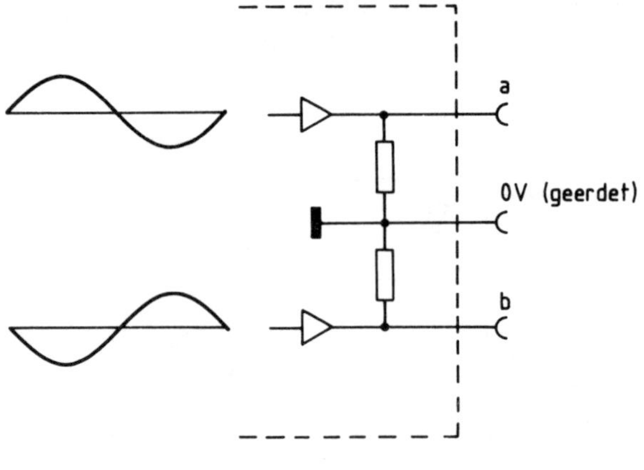

Abb. 8/3. Symmetrischer, nicht erdfreier Geräteausgang.

8.3.2 Schirmung

Eine zusätzliche Maßnahme gegen kapazitive Einstreuungen stellt die Schirmung der Tonfrequenzleitungen dar. Die beiden Adern werden dabei mit einem Aluminium- oder Kupferdrahtgeflecht umgeben, das wie ein Faradayscher Käfig Einstreuungen durch elektrische Felder fernhält. Der Schirm wird mit Erde verbunden. Bei unsymmetrischer Leitungsführung genügt eine Schirmung der spannungsführenden Ader; der Schirm schützt die Ader vor Einstreuungen und verbindet zugleich die Erdpotentialanschlüsse der Geräte *(Abb. 8/4)*.

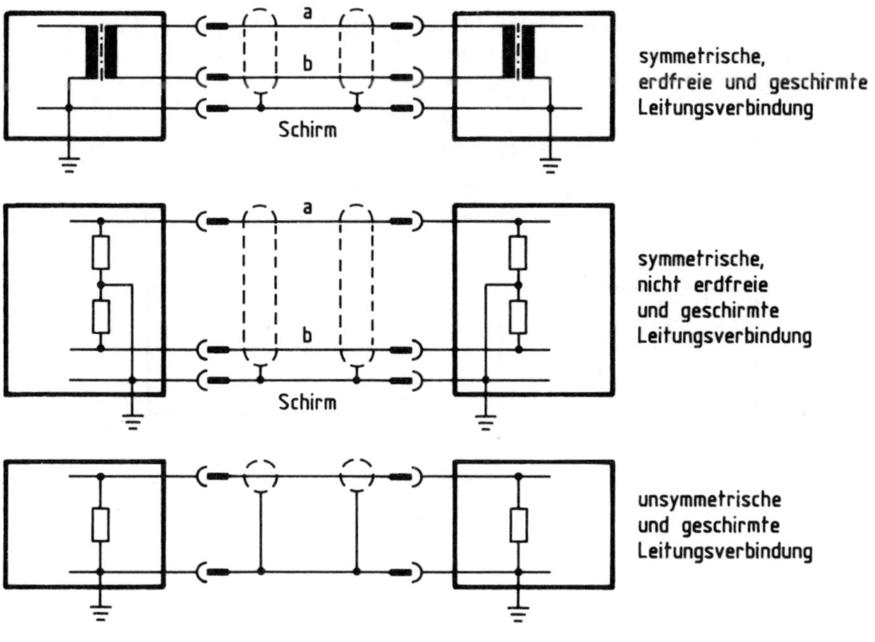

Abb. 8/4. Geschirmte Leitungsverbindungen.

8.3.3 Kabellänge und Kabelführung

In der Tonstudiotechnik müssen für die Zusammenschaltung von Geräten symmetrische Tonfrequenzleitungen benutzt werden. Die Betriebsabwicklung verlangt außerdem, daß die Leitungen (Modulationswege) in beliebiger Kombination unabhängig voneinander betrieben werden können.

Die Verdrahtung von Regieanlagen und das Verlegen von Tonfrequenzleitungen soll vor allem nach den Gesichtspunkten des geringsten Übersprechens, d.h. der größten Übersprechdämpfung ausgeführt werden. Zweckmäßig werden hoch- und niederpegelige Leitungen voneinander getrennt geführt, um das Übersprechen – eine ungewollte Verkopplung zweier oder mehrerer voneinander unabhängiger Modulationsleitungen – möglichst klein zu halten. Steuer-, Signal-, Melde- und Netzleitungen sollen von den modulationsführenden Leitungen entfernt verlegt werden.

Jede Tonfrequenzleitung hat, bedingt durch ihren Aufbau, eine unvermeidbare Eigenkapazität *(Abb. 8/5)*, die bei einer zu langen Leitung lineare Verzerrungen bewirkt; sie führt zur Dämpfung hoher Frequenzen. Das Ersatzschaltbild einer solchen Leitung zeigt einen RC-Tiefpaß mit einer Flankensteilheit von 6 dB/Oktave (siehe Band 1, 6.1). Da der Eingangswiderstand R_E groß gegen den Ausgangswiderstand R_A ist, kann R_E in der Betrachtung vernachlässigt werden. Für die Grenzfrequenz f_0, bei der ein Höhenabfall von 3 dB besteht, gilt demnach näherungsweise die Formel:

$$f_O = \frac{1}{2\pi R_A C}$$

f_O = Grenzfrequenz [Hz]
R_A = Ausgangswiderstand [Ω]
C = Gesamtkapazität der Leistung [F]

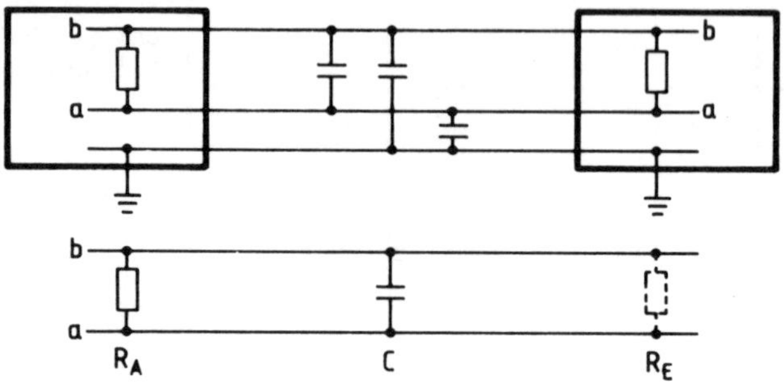

Abb. 8/5. Leitungskapazitäten und Ersatzschaltbild.

Die Kapazität der Leitung C hängt von ihrer Länge ab; wenn C_{spez} die Kapazität pro Kabelmeter ist, ist die Gesamtkapazität $C = l \cdot C_{spez}$. Setzt man für die Grenzfrequenz 15000 Hz ein, so gilt für die maximal zulässige Kabellänge für 3 dB Höhenfall bei 15000 Hz:

$$l = \frac{1}{2\pi \cdot 15000} \cdot \frac{1}{R_A \cdot C_{spez}}$$

Bei gegebener Leitungskapazität ist die maximal zulässige Leitungslänge um so größer, je kleiner der Ausgangswiderstand ist, an den die Leitung ausgeschaltet wird. Eine Tonfrequenzleitung mit einer Kapazität von 100 pF/m, z.B. als Mikrofonleitung geschaltet, muß unter einer Länge von 500 m bleiben. Diese Länge ist bedingt durch den Ausgangswiderstand des Mikrofons (R = 200 Ω), die Kabelkapazität (C_{spez} = 100 pF/m) und die Grenzfrequenz (f_0 = 15000 Hz). Der bei dieser Leitungslänge entstehende Höhenabfall bei 15000 Hz von 3 dB ist im Tonstudiobereich allerdings nicht mehr zulässig. Verstärker, die einen Innenwiderstand ≤ 40 Ω aufweisen, können ohne eine Beeinflussung des Frequenzganges mit wesentlich längeren Leitungen verbunden werden.

In der professionellen Tonstudiotechnik sollen für einpaarige Modulationskabel, die für die Übertragung von Tonfrequenzsignalen, eingeschlossen Mikrofonsignale, benutzt werden, folgende Werte nicht überschritten werden (Techn. Pflichtenheft 3/3): Gleichstromwiderstand 180 Ω/km (bei beweglicher Verlegung 280 Ω/km), Betriebskapazität 60 nF/km (bei beweglicher Verlegung 100 nF/km), Spannungsfestigkeit mindestens 500 V.

Die Kabel werden einerseits nach der Verlegungsart – feste oder bewegliche Verlegung, andererseits nach einpaarigen und mehrpaarigen Kabeln unterschieden. Ein einpaariges Kabel besteht aus zwei isolierten Leitern, die miteinander verseilt sind; als Leitermaterial wird für feste Verlegung verzinntes Kupfer, für bewegliche Verlegung Kupferlitze verwendet. Die Aderisolierungen haben unterschiedliche Farben, die Ader a ist heller als die Ader b. Die isolierten Adern werden mit einem Schirm umgeben, der bei flexiblen Kabeln aus Kupfergespinst besteht, bei Kabeln zur festen Verlegung aus Metallfolie mit einem Kupferbeidraht. Der Kabelschirm wird von einem Kabelmantel umgeben, der ausreichenden mechanischen Widerstand bieten muß.

8.3.4 Zusammenschaltung unterschiedlicher Ein- und Ausgangsschaltungen

Bei der Zusammenschaltung der unterschiedlichen Ein- und Ausgangsschaltungen gibt es eine Reihe möglicher Kombinationen, die teils die Qualität einschränken oder zu indiskutablen Qualitätsminderungen führen; *Tab. 8/1* faßt die möglichen

Tab. 8/1. Tonqualität bei der Kombination gleicher und verschiedener Ein- und Ausgangsschaltungen.

zweiadrige, geschirmte Leitungsverbindung zwischen		Qualität der Leitungsverbindung
Geräteausgang	Geräteeingang	
symmetrisch, erdfrei	symmetrisch, erdfrei	die bestmögliche Kombination, bei kleinem Ausgangswiderstand auch bei großen Leitungslängen ohne lineare Verzerrungen und vor Einstreuungen geschützt
symmetrisch, nicht erdfrei symmetrisch, erdfrei symmetrisch, nicht erdfrei	symmetrisch, nicht erdfrei symmetrisch, nicht erdfrei symmetrisch, erdfrei	die gesamte Verbindung ist nicht erdfrei und damit störanfällig gegen Einstreuungen
unsymmetrisch symmetrisch, erdfrei unsymmetrisch unsymmetrisch	unsymmetrisch unsymmetrisch symmetrisch, erdfrei symmetrisch, nicht erdfrei	die gesamte Verbindung ist unsymmetrisch und damit störanfällig gegen Einstreuungen
symmetrisch, nicht erdfrei	unsymmetrisch	je nach internem schaltungstechnischem Aufbau zulässig oder unzulässig

Kombinationen und ihre qualitativen Auswirkungen bei Verwendung einer zweiadrigen, geschirmten Leitung zusammen.

Für die Kombination eines nicht erdfreien, symmetrischen Anschlusses mit einem unsymmetrischen Anschluß können die Folgen je nach interner Schaltung unterschiedlich sein. *Abb. 8/6* zeigt, daß bei dieser Zusammenschaltung ein Kurzschluß zwischen Ader a und 0 Volt entsteht. Solche Zusammenschaltungen können bei der Anschaltung von nichtprofessionellen Geräten an Studiogeräte entstehen; aus diesem Grunde und wegen der notwendigen Pegelanpassung sind für diesen Fall spezielle Anpaßverstärker vorgesehen.

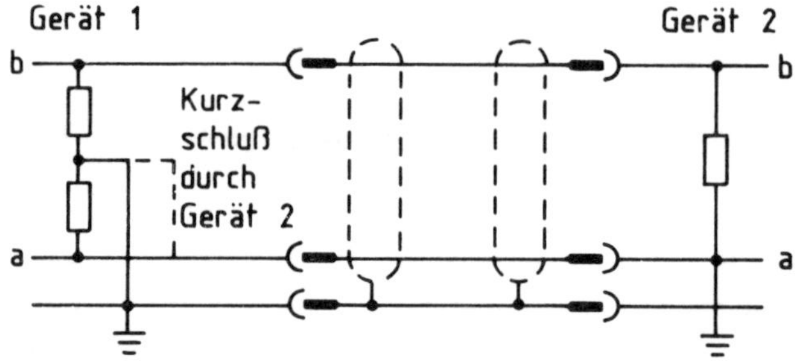

Abb. 8/6. Zusammenschaltung eines nicht erdfreien, symmetrischen Ausganges mit einem unsymmetrischen Eingang.

8.3.5 Erdung

Bei der Zusammenschaltung von Einzelgeräten zu einer Anlage ist für eine gute Schirmung, Entstörung und Erdung zu sorgen. Vor allem muß das gewählte Erdungssystem konsequent eingehalten werden, um Brummeinstreuungen und andere Störungen durch Erdschleifen gering zu halten.

Erdleitungen sollen möglichst kurz sein und einen großen Querschnitt haben, um das zu erdende Gerät potentialfrei zu machen. Im allgemeinen wird eine störungsfreie Erdung von Studiogeräten durch das in *Abb. 8/7* gezeigte sternförmige Erdungssystem realisiert.

Das Prinzip der sternförmigen Erdung wird innerhalb von Geräten, in der Zusammenschaltung von Geräten, innerhalb einer Regieanlage sowie in der Zusammenschaltung von Regie-, Tonträger- und Studioräumen konsequent befolgt.

Das Nullvoltpotential der Verstärker eines Einschubträgers ist elektrisch vom Erdpotential getrennt und wird über eine Nullvoltbrücke an den zentralen Erdbezugspunkt geführt *(Abb. 8/8)*. Diese Erdung hat den Vorteil, daß bei sorgfältiger Verdrahtung keine brummeinstreuenden Erdschleifen entstehen können. Eventuell

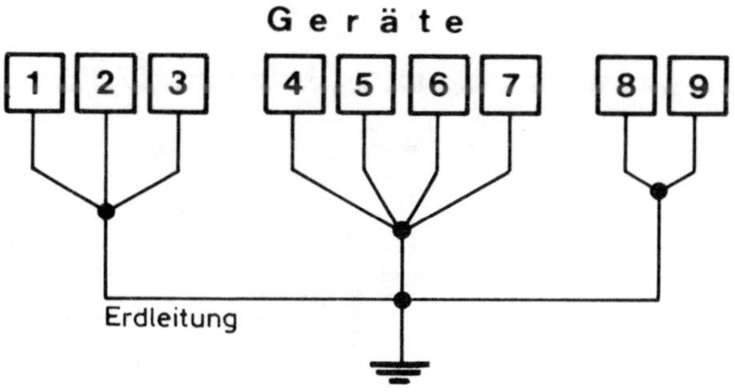

Abb. 8/7. Prinzip der „sternförmigen Erdung" von Geräten.

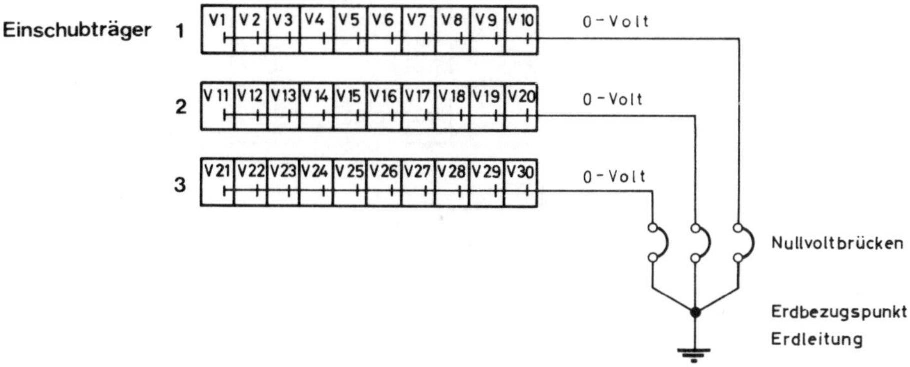

Abb. 8/8. Erdung des Nullvoltpotentials der Verstärker.

auftretende Erschleifen sind über die Nullvoltbrücken schnell lokalisiert und beseitigt.

Ein anderes benutztes Erdungssystem ist das Prinzip der „vermaschten Erdung" oder Flächenerde *(Abb. 8/9)*. Hier werden die Enden der Schirme und das Nullvoltpotential der Verstärker, das dem negativen Pol des 24-V-Potentials des Netzgerätes gleichgestellt wird, mit dem Gehäuse oder Gestell verbunden, also geerdet. Der dadurch erreichte große Querschnitt des Erdleiters setzt auftretenden Erdströmen einen nur kleinen Widerstand entgegen. Damit wird weitgehend verhindert, daß sich Spannungsabfälle als Störspannungen bemerkbar machen.

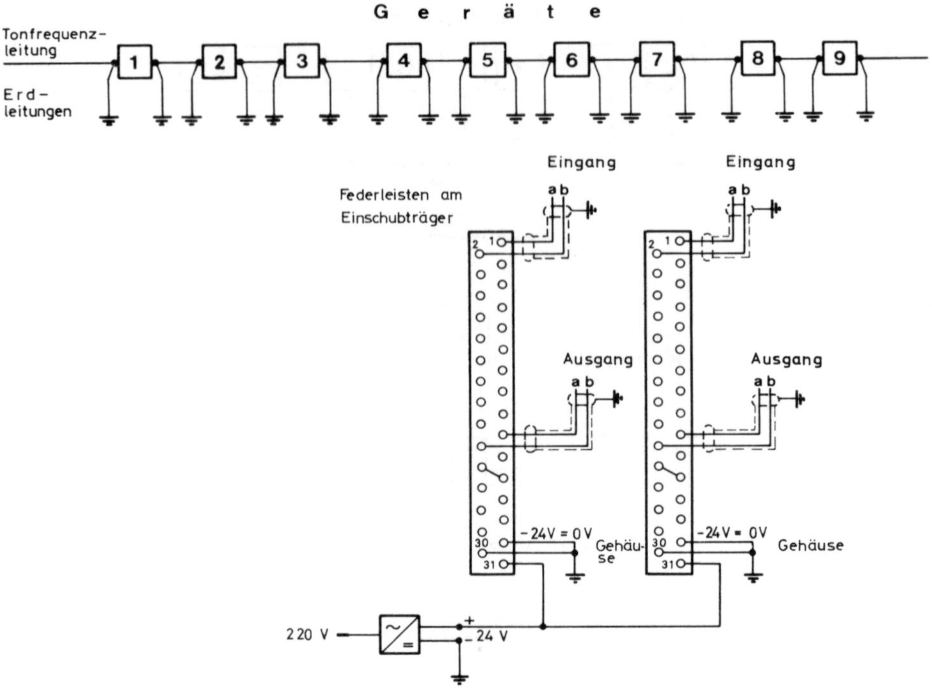

Abb. 8/9. Vermaschte Erdung.

8.3.6 Anpassung

Bei der Zusammenschaltung von Geräten der Tonstudiotechnik hat das Verhältnis von Ausgangswiderstand eines Gerätes zum Eingangswiderstand des angeschlossenen Gerätes bzw. zum Gesamtwiderstand mehrerer parallel angeschlossener Geräte Einfluß auf Verstärkung, lineare und nichtlineare Verzerrungen; aus diesem Grunde sind definierte Bedingungen für die Zusammenschaltung notwendig. Diese Bedingungen werden mit Anpassung bezeichnet. Bei den Ein- und Ausgangswiderständen handelt es sich im allgemeinen um Impedanzen, also um Scheinwiderstände; sie werden für die Frequenz 1 kHz angegeben und sind mehr oder weniger frequenzabhängig.

Die Zusammenschaltung von zwei Geräten stellt einen Spannungsteiler dar *(Abb. 8/10)*. Für das Spannungsverhältnis von Leerlaufspannung U_0 zu Eingangsspannung U_E gilt:

$$\frac{U_O}{U_E} = \frac{R_A + R_E}{R_E}$$

U_O = Leerlaufspannung [V]
U_E = Eingangsspannung [V]
R_A = Ausgangs- oder Quellwiderstand (-impedanz) [Ω]
R_E = Eingangswiderstand (-impedanz [Ω]

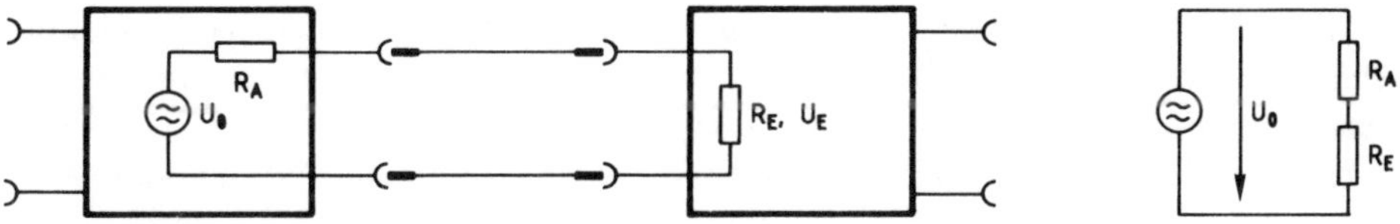

Abb. 8/10. Zusammenschaltung von Geräten und Ersatzschaltbild.

Das Größenverhältnis von R_A zu R_E definiert die Bedingungen der Anpassung:

Bei Leistungsanpassung ist $R_A = R_E$ und damit $U_E = 1/2\ U_0$, es wird jedoch ein Maximum an Leistung übertragen, nämlich gerade 50%. Diese Anpassungsart wird in der Fernmeldetechnik verwendet, ist aber in der Tonstudiotechnik unzweckmäßig, weil durch den großen zu übertragenden Frequenzbereich und wechselnde Lasten – unterschiedliche Leitungslängen oder Parallelschaltung von mehreren Geräten – die Anpassungsbedingungen nicht mehr einzuhalten sind; um Frequenzgänge zu vermeiden, müßten die Scheinwiderstände völlig frequenzunabhängig sein. Die Leistungsanpassung wird in der Tonstudiotechnik deshalb nicht genutzt.

Bei der Stromanpassung ist $R_E << R_A$. Der Strom wird bei der Zusammenschaltung praktisch wie bei einem Kurzschlußbetrieb übernommen; diese Anpassungsart wird bei der Zusammenführung von Tonfrequenzsignalen, also bei der Mischung angewendet, weil hier die Parallelschaltung einer großen Anzahl von Quellen möglich ist, ohne daß sich die Signale gegenseitig beeinflussen. Diese Anpassung wird als Nullohm-Knotenpunktschaltung bezeichnet. Die Ausgangsimpedanz R_A setzt sich in diesem Fall aus der Zusammenschaltung der Geräteausgänge und der Entkopplungswiderstände zusammen.

In der Tonstudiotechnik wird bei der Zusammenschaltung generell die Spannungsanpassung angewendet, auch Überanpassung genannt; diese Technik wird ebenso in der Starkstromtechnik verwendet, um den Stromverbrauchern konstante Spannung anbieten zu können. Dabei ist $R_A << R_E$. Die Spannung wird praktisch in voller Höhe weitergegeben. In der Praxis genügt es, wenn $R_E > 10\ R_A$ ist. Vorteilhaft an der Spannungsanpassung ist, daß R_E und R_A keine genau definierten Werte haben müssen, sondern daß nur ein Mindest- bzw. Höchstwert zu definieren ist. Damit spielen Frequenzabhängigkeiten der Widerstände bei der Spannungsanpassung ebenfalls keine Rolle. Die parallele Zusammenschaltung von mehreren Eingängen ist solange möglich, wie der Gesamtwiderstand nicht kleiner als der vorgeschriebene Mindestwert wird. Auch bei Spannungsanpassung können Tonsignale gemischt werden, also Knotenpunkte gebildet werden (siehe 8.8.1).

Der Ausgangswiderstand, auch Quellwiderstand, Quellimpedanz oder Innenwiderstand genannt, liegt bei den Geräten der Tonstudiotechnik bei maximal 40 Ω, für Studiomikrofone bei maximal 200 Ω. Er sollte für größtmögliche Störsicherheit grundsätzlich aber möglichst niedrig sein. Bei dynamischen Mikrofonen ergibt sich durch die für eine ausreichende Ausgangsspannung notwendige Dimensionierung der Ausgangsübertrager ein relativ hoher Widerstand von vielfach 200 Ω. Halbleiterschaltungen, die nur in Verbindung mit Kondensatormikrofonen angewendet werden, sind diesbezüglich wirkungsvoller; hier können sehr niedrige Quellwiderstände realisiert werden. Die höchste zulässige Quellimpedanz ist die Nennimpedanz.

Die Belastbarkeit der Ausgänge, auch Abschlußimpedanz oder Nennabschlußimpedanz genannt, ist derjenige Widerstandswert, mit dem ein Ausgang höchstens belastet werden darf; er liegt bei Geräten mit einem Quellwiderstand unter 40 Ω bei 300 Ω; bei Mikrofonen mit höherem Quellwiderstand ist die Nennabschlußimpedanz entsprechend höher, bei dem häufig realisierten Quellwiderstand von 200 Ω im allgemeinen 1000 Ω. Die Nennabschlußimpedanz ist der für den Betrieb gerade noch zulässige, aber ungünstigste Belastungswiderstand.

Die Eingangsimpedanz eines Gerätes soll bei Spannungsanpassung mindestens zehnmal höher sein als die Ausgangsimpedanz. Das Pflichtenheft für die öffentlich-rechtlichen Rundfunkanstalten fordert einen Wert von mindestens 600 Ω, der von den Geräten im allgemeinen jedoch in unterschiedlichem Maß weit übertroffen wird. In der Praxis können deshalb im allgemeinen bedenkenlos zwei Geräte als Belastung parallel geschaltet werden; bei mehr als zwei Geräten muß die Zulässigkeit im einzelnen geprüft werden.

8.4 Leitungsverbindungen

Für die Zusammenschaltung von fest verlegten Tonleitungen (Modulationsleitungen) innerhalb von Tonregieanlagen werden folgende Kontakt-Verbindungselemente verwendet:
- Klinken als Anschaltklinken, Trennklinken oder Doppeltrennklinken,
- Kreuzschienenverteiler als Steckfeld,
- Drucktastenverteiler mit mechanischen, Relais- oder elektronischen Schaltern.

Für Tonleitungsverbindungen zwischen Tonregieanlagen und externen Einzelgeräten oder zwischen den Geräten und Anlagen der Tonstudiotechnik werden bewegliche oder fest verlegte Kabel mit Steckverbindungen benutzt.

8.4.1 Klinken

Klinken stellen Steckerbuchsen dar und erlauben – je nach Ausführung der Klinke und nach Beschaltung des Klinkensteckers – Tonsignale zu entnehmen, aufzuschalten oder beides zugleich. Ein einheitliches System von Klinken in einer tontechnischen Anlage bietet deshalb vielfältige Möglichkeiten der Zusammenschaltung der elektroakustischen Einheiten; sie erhöhen die Flexibilität einer Anlage *(Abb. 8/11)*.

Bei Klinken wird zwischen Anschaltklinken und Trennklinken unterschieden: Anschaltklinken heißen zunächst die Klinken, auf die entweder ein Eingang oder ein Ausgang eines Gerätes oder einer Modulationsleitung gelegt ist; in dieser Form sind sie also Eingänge oder Ausgänge. Anschaltklinken gibt es aber auch in Modulationswegen. Sie werden in diesem Fall als Kontaktklinken bezeichnet; Kontaktklinken unterbrechen nicht die Modulationsleitung, in der sie liegen. Sie ermöglichen nur die Entnahme eines Tonsignals, nicht aber die Eingabe. Bei der in der Tonstudiotechnik üblichen Spannungsanpassung würde die Signaleingabe zur Parallelschaltung von Signalquellen führen, die Bedingungen der Anpassung wären dabei nicht mehr erfüllt.

Eine besonders nützliche Verwendung der Anschaltklinke ist die Doppelanschaltklinke mit Brückenstecker. Hierbei werden in definiertem Abstand, z.B. 14 mm, zwei Anschaltklinken hintereinander angeordnet; mit einem Brückenstecker können sie verbunden werden. Bei gezogenem Stecker kann ein Signal entnommen wer-

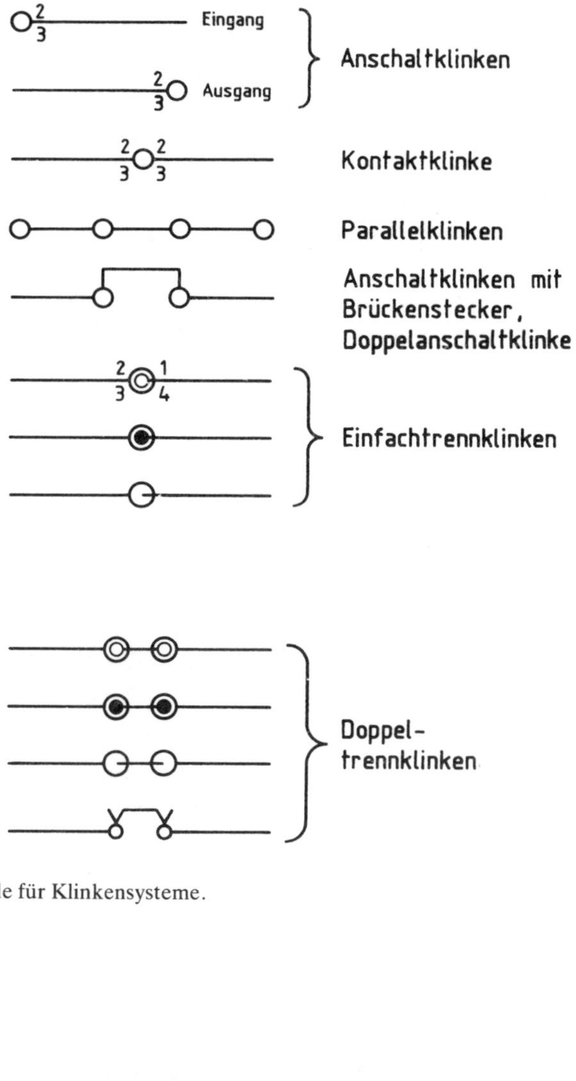

Abb. 8/11. Symbole für Klinkensysteme.

den, ein anderes wieder eingegeben werden; hierzu wird eine einheitliche Steckverbindung verwendet, bei der Ein- und Ausgang an denselben Kontakten liegen. Brückenstecker mit Kontaktklinken erlauben nur die Entnahme eines Signals, weil hierbei Eingänge parallelgeschaltet werden. Die Eingabe eines Signals ist nicht zulässig, da dies zu einer Parallelschaltung von Quellen (Ausgangsparallelschaltung) führen würde.

Trennklinken liegen grundsätzlich in Modulationswegen. Sie unterscheiden sich von den Kontaktklinken dadurch, daß beim Einstecken eines Klinkensteckers die bestehende Leitungsverbindung aufgetrennt wird. In Trennklinken können Signale eingegeben oder aus ihnen entnommen werden, auch beides gleichzeitig. Die Trennklinke ist deshalb vielseitiger als die Kontaktklinke. Da die Ausgänge auf anderen Kontakten liegen als die Eingänge, werden unterschiedliche Belegungen für Eingabe bzw. Entnahme benötigt. Anders als bei der doppelten Anschaltklinke kann ein Gerät aber mit nur einer vieradrigen Klinkenschnur eingeschleift werden. Vielseitiger als die beschriebene Einfachtrennklinke ist die sog. Doppeltrennklinke, bei der Eingang und Ausgang auf zwei Klinken aufgeteilt sind.

Abb. 8/12 veranschaulicht anhand eines Beispiels den mechanischen Aufbau einer Trennklinke. Sie besteht aus der Klinkenbuchse und dem Klinkenstecker mit der Klinkenschnur. In der Trennklinkenbuchse befindet sich ein Kontaktschlitten, der beim Einstecken des Klinkensteckers zurückgedrückt wird; dadurch wird die sonst durchverbundene Leitung aufgetrennt. Bei der Kontaktklinke fehlt dieser Kontaktschlitten, die Verbindung bleibt auch bei eingestecktem Stecker bestehen. In dieser Ausführung werden durch den Klinkenstecker nur die Tonadern, nicht aber der Schirm durchverbunden. Durch unterschiedliche Beschaltung – gekennzeichnet durch unterschiedliche Farben oder Symbole (ISO R 369) – wird die Schaltfunktion eines Klinkensteckers angezeigt.

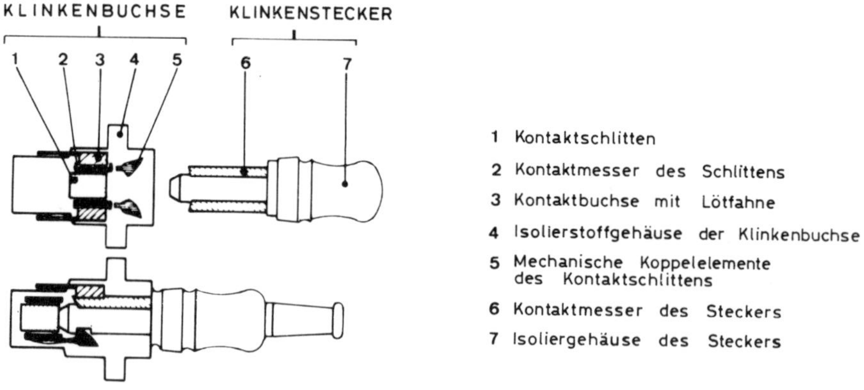

Abb. 8/12. Mechanischer Aufbau einer Trennklinke.

Abb. 8/13 zeigt anhand eines Beispiels die mechanische Ausführung einer Anschalt- bzw. Doppeltrennklinke. Dieses Klinkensystem verbindet mit konzentrischen Kontaktbahnen Adern und Schirm. In der sechspoligen Ausführung werden Stereoleitungen bei einer Übersprechdämpfung bis 125 dB verbunden. Die Klinkenstecker verriegeln sich selbständig. Für Doppeltrennklinken steht ein einsteckbares Kupplungsstück mit oder ohne Buchse zur Verfügung. *Abb. 8/13* zeigt schematisch den Aufbau dieses Klinkensystems.

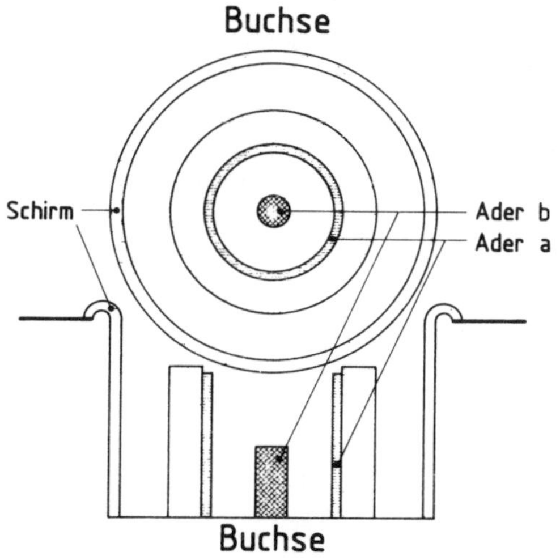

Abb. 8/13. Aufbau eines koaxialen Klinkensystems (Mono).

Insbesondere die Doppeltrennklinke und die Doppelanschaltklinke mit Brückenstecker machen die Signalführung in einer Tonregieanlage viel variabler. In modular aufgebauten Tonregieanlagen sind sie an den Punkten der Tonregieanlage vorhanden, die für die Eingabe und Entnahme von Signalen, für das Einschleifen von Fremdgeräten oder für die Überbrückung von Teilen der Anlage geeignet sind. Die Zusammenschaltung der Verstärkerkette über Klinken – hier Anschaltklinken mit Brückenstecker – zeigt *Abb. 8/14.*

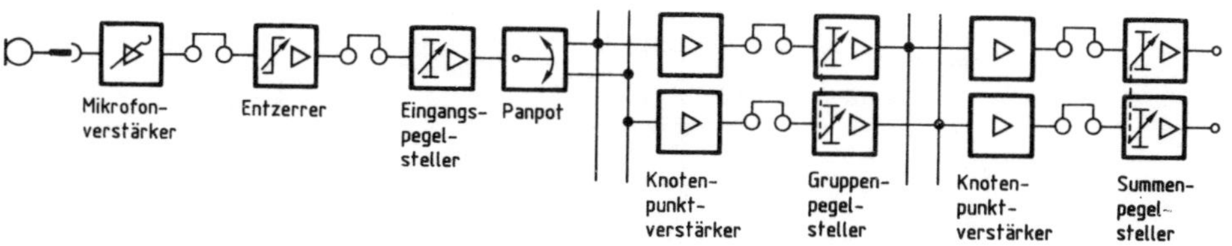

Abb. 8/14. Anordnung von Klinken in der Regiekette (hier: Anschaltklinken mit Brückensteckern).

8.4.2 Kreuzschienenverteiler

Eine vielfach im Tonstudio zu lösende Aufgabe besteht darin, Quellen mit Verbrauchern, also ankommende Leitungen mit abgehenden Leitungen zu verbinden; dabei soll jede beliebige Quelle mit jedem beliebigen Verbraucher verbunden werden können. Bei Tonregieanlagen müssen ankommende Mikrofonleitungen und Hochpegelleitungen von Magnetbandgeräten, von anderen Räumen, von Hallerzeugern usw. den Eingängen der Regieanlage zugeordnet werden; diese Aufgabe erfüllt der Eingangsverteiler. Der Ausgangsverteiler stellt die gewünschten Verbindungen zwischen Regieausgängen und Aufnahme- und Sendeleitungen her. Damit benötigt eine Schalteinrichtung, die m Eingangsleitungen mit n Ausgangsleitungen zu verbinden hat, $m \cdot n$ Schaltpunkte. Man kann sie rechteckförmig anordnen, indem man die Eingänge auf die waagrechten Zeilen und die Ausgänge auf die senkrechten Spalten – oder umgekehrt – legt. Eine Verbindung von Spalte und Zeile in einem Kreuzungspunkt stellt dann die gewünschte Verbindung her. Aufgrund dieser Anordnung von gekreuzten Spalten und Zeilen erhält die Anordnung die Bezeichnung Kreuzschienen-Schaltelement. Mit dem Übergang von rein mechanisch zu schaltenden Kreuzschienenverteilern zu elektronisch arbeitenden Verteilern haben sich die Begriffe Koppelpunkt und Koppelfeld zunehmend eingeführt. *Abb. 8/15* zeigt verschiedene Symbole für Kreuzschienenverteiler.

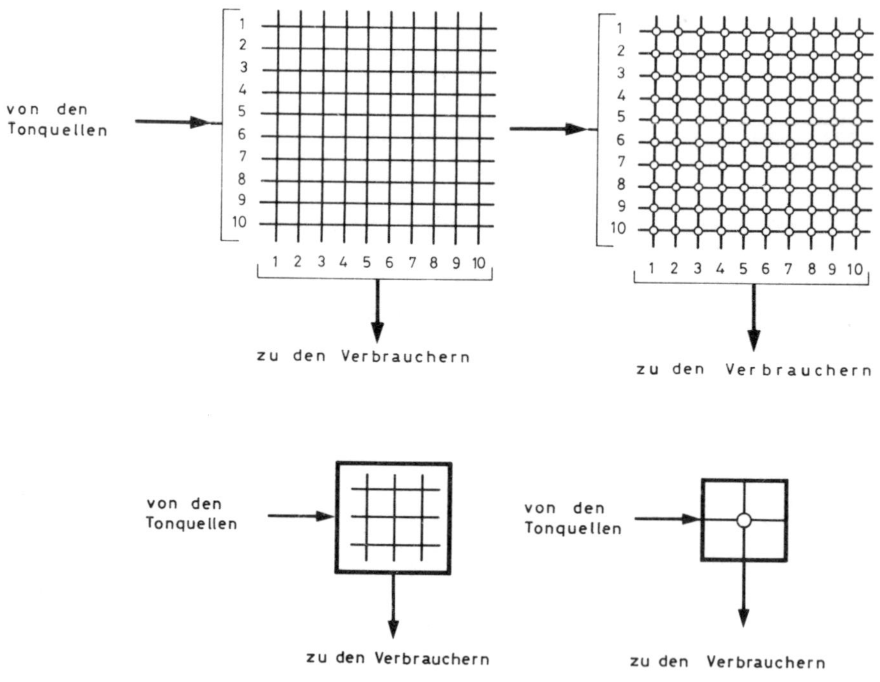

Abb. 8/15. Schaltsymbole für Kreuzschienenverteiler oder Koppelfelder.

Um die Leitungsverbindungen herzustellen, gibt es mehrere Möglichkeiten: Beim rein mechanischen Kreuzschienenverteiler wird die Verbindung durch Stecker, die die Spalte und Zeile am Kreuzungspunkt verbinden, hergestellt; solche Verteiler befinden sich am Ein- und Ausgang von Regieanlagen und an anderer Stelle, wenn die Zahl der Verbindungen nicht zu groß und die Verbindungen nicht zu häufig zu ändern sind. Mechanische Verteiler sind preiswert und zuverlässig, aber für komplexe Schaltverbindungen – wie sie z.B. in Schalträumen von Funkhäusern gegeben sind – weniger geeignet. Weiter unten sind einige Beispiele für solche Schaltfelder angeführt.

Für umfangreichere Schaltaufgaben werden programmierbare, also fernsteuerbare Koppelpunkte benötigt. Koppelpunkte können hier von Hand, vor allem aber rechnerunterstützt programmiert werden. Als Schaltelemente kommen elektromechanische Schalter (Relais-Schalter) [8.10] und elektronische Schalter [8.11, 8.12] in Betracht (siehe 9.2). Während bei mechanischen Kreuzschienenfeldern eine rechteckige Anordnung der Schaltelemente gewahrt wird, kann bei ferngesteuerten Anlagen auf andere Lösungen zurückgegriffen werden; durch eine mehrstufige Anordnung der Schaltelemente können so in erheblichem Umfang Koppelpunkte eingespart werden [8.13, 8.16].

Ob beim einstufigen Verteiler die horizontalen oder vertikalen Schienen als Eingänge geschaltet sind, ist technisch ohne Bedeutung; meist sind jedoch die horizontalen Zeilen mit den Eingängen, die vertikalen Spalten mit den Ausgängen verbunden. Bei Tonregieanlagen wird vielfach eine U-förmige Anordnung gewählt: vertikale Eingangsleitungen mit horizontaler Weiterführung in die Tonregie und horizontale Ausgänge aus der Tonregie auf vertikale Ausgänge.

Der Kreuzschienenverteiler bietet die Möglichkeit, auf einen Eingang parallel mehrere Ausgänge aufzuschalten. Jede zusätzliche Aufschaltung darf das Eingangssignal weder im Pegel, im Klirrfaktor, noch im Frequenzgang verändern. Bei kleineren Verteileranlagen ist dies aufgrund der Spannungsanpassung gewährleistet. Bei größeren Anlagen hingegen wird jede abgehende Leitung mit einem Trennverstärker versehen, der die notwendige rückwirkungsfreie Auskopplung erlaubt.

Kreuzschienenelemente oder sog. Koppelpunkte gibt es in unterschiedlichen technischen Ausführungen: mechanische Koppelpunkte mit Kreuzschienensteckern oder Schaltern, elektromechanische Koppelpunkte und elektronische Koppelpunkte. Es sind Verteiler für Modulation mit zwei- oder dreipoliger Durchschaltung für Monosignale bzw. mit vier- oder sechspoliger Durchschaltung für Stereosignale in Gebrauch; bei drei- bzw. sechspoligen Verbindungen wird der Schirm mitverbunden. Weiter sind auch Verteiler für Signalisationen in Gebrauch. Mit Signalverteilern (24 V Gleichspannung) können z.B. Rotlicht oder Regler-Maschinen-Fernstarts geschaltet werden. Selbstverständlich sind unterschiedliche Konzepte von verschiedenen Herstellern auf dem Markt, die angeführten Anlagen sind nur Beispiele. (Pflichtenheft der öffentlich-rechtlichen Rundfunkanstalten 3/2).

Als Beispiel für den mechanischen Aufbau eines Koppelpunktes zeigt *Abb. 8/16* ein System für einpolige Signalverteilung sowie je ein System für zwei- und dreipolige Durchschaltung in mehreren Ebenen oder parallel in zwei Ebenen. Der Kurzschlußstecker stellt eine direkte Verbindung zwischen den beiden Schaltebenen her, der Diodenstecker verhindert bei Signalverteilern Rückströme. Für mehrpolige Koppelpunkte, wie sie für Tonleitungen benötigt werden, können zwei bzw. drei nebeneinanderliegende Steckpunkte benutzt werden oder vier bis sechs übereinanderliegende Ebenen. Die erforderliche Übersprechdämpfung bestimmt die Art der Schirmung. Verbesserte Übersprechdämpfung und geringeren Platzbedarf bietet die Lösung mit vier bzw. sechs übereinanderliegenden Ebenen mit Ebenenschirmung.

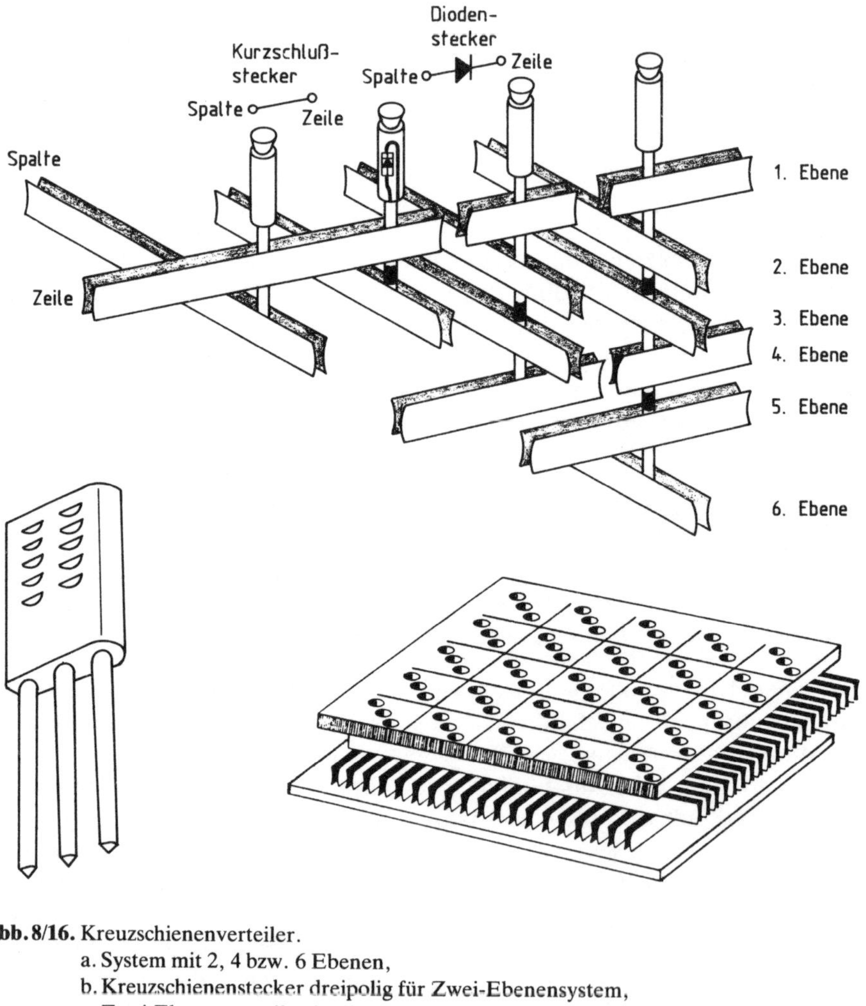

Abb. 8/16. Kreuzschienenverteiler.
a. System mit 2, 4 bzw. 6 Ebenen,
b. Kreuzschienenstecker dreipolig für Zwei-Ebenensystem,
c. Zwei-Ebenenverteiler für dreipolige Verbindungen.

Abb. 8/17 zeigt ein anderes Kreuzschienenverteilersystem. Hier wird die Verbindung zwischen Zeilen und Spalten nicht mit jeweils derselben Kontaktbahn hergestellt, sondern durch getrennte Bahnen. Damit benötigt eine geschirmte Leitungsverbindung bereits 6 Kontaktbahnen; jeweils zwei weitere Bahnen erfordern z.B. eine Signalisation und einen Reglerfernstart sowie 0 V. Zwei weitere Kontakte versorgen die Signallampe im Kreuzschienenstecker.

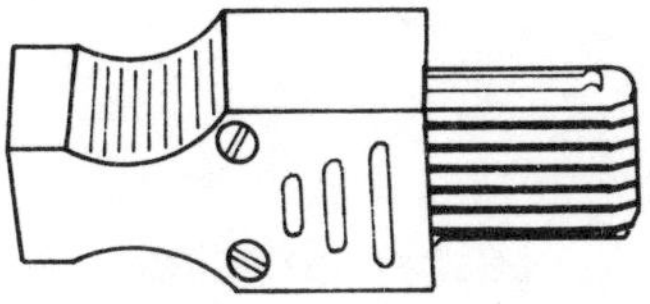

Abb. 8/17. 12-poliger Kreuzschienenstecker mit zusätzlich zwei Signalkontakten.

Bei kleineren Verteilern, wie sie z.B. die Aufschaltung von Eingangskanälen auf Gruppen oder die Aufschaltung von Gruppen auf Summen darstellen, sind Drucktastenverteiler in der Praxis schneller zu bedienen. Eine Signallampe in der Drucktaste zeigt den Schaltzustand an. Solche Drucktastenschalter können mechanische Schalter, Relais oder elektronische Schalter sein.

8.4.3 Steckverbindungen

Bei einer positiven Halbwelle des Schalldrucks (Überdruck) vor einem Mikrofon soll an den mit „+" bezeichneten Kontakten dieses Übertragungskanals ebenfalls eine positive Halbwelle der Spannung auftreten. Auch vor einem Lautsprecher, der an diesen Kanal angeschlossen ist, soll dabei eine positive Druckhalbwelle entstehen; Mikrofon und Lautsprecher sind also in Phase zueinander.

„+" wird mit der Ader a verbunden, die Aderfarbe ist hell (weiß oder hellgrau), „−" wird mit der Ader b verbunden, die Aderfarbe ist dunkel. Der Schirm liegt an Anschluß c. Bei Stereoübertragungen ist Kanal I im allgemeinen mit der Kennfarbe gelb der vom Hörer aus gesehen linke Kanal, Kanal II mit der Kennfarbe rot ist der vom Hörer aus gesehen rechte Kanal. In der MS-Aufnahmetechnik ist Kanal I der Summenkanal (M = L+R), Kanal II der Kanal für das Differenzsignal (S = L − R). Allgemein soll bei Kontakten die niedrigere Kennzahl bei Kanal I mit „+", die höhere mit „−" verbunden sein. Die Kennfarben regelt das Pflichtenheft der öffentlich-rechtlichen Rundfunkanstalten 3/3 auch für mehrpaarige Kabel.

Von den zahlreichen Systemen für Steckverbindungen hat sich in den letzten Jahren vor allem das XLR-System im professionellen Bereich durchsetzen können; das von verschiedenen Firmen hergestellte System ist robust und leicht zu handhaben. Bisweilen wird das System auch nach einem der Hersteller, Cannon, benannt. Die

Steckverbindung ist durch eine einrastende Nase gesichert *(Abb. 8.18)*. Die unter dem Herstellernamen bekannten Steckersysteme von Tuchel haben eine Sicherung der Verbindung durch Schraubverbindung *(Abb. 8/18)*.

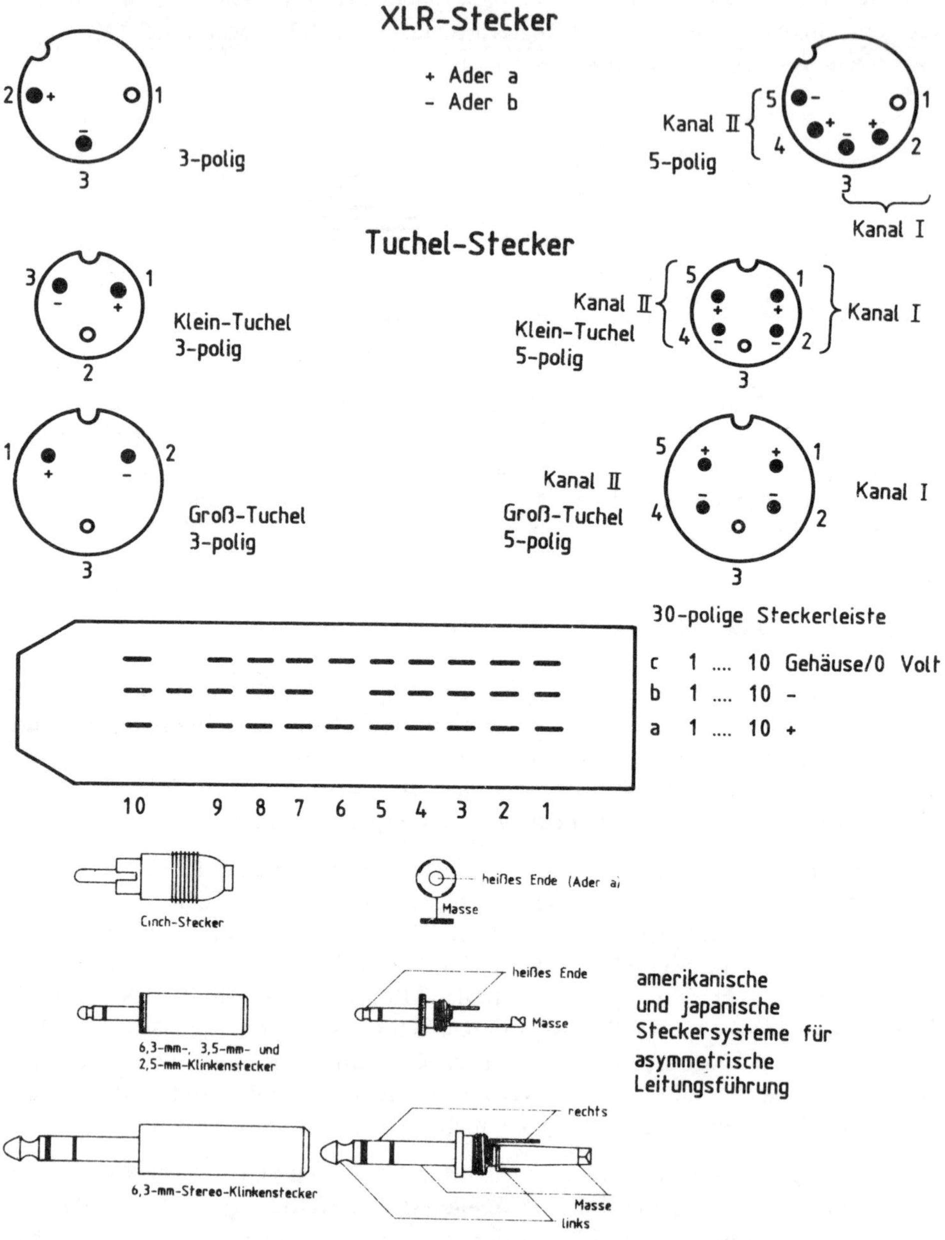

Abb. 8/18. Stecker und ihre Belegung, Steckerteile auf die Lötfahnen gesehen.

Neben den gebräuchlichen dreipoligen Mono- und fünfpoligen Stereoverbindungen sind auch Rundstecksysteme mit bis zu 12 Adern für besondere Anwendungen anzutreffen; die zusätzlichen Adern dienen der Spannungsversorgung, Steuerung oder Signalisation. Anschlußleisten sind für die Verbindung von mehr als zwei Kanälen vorgesehen; die 30-polige Anschlußleiste z.B. kann max. 10 Kanäle übertragen.

Abb. 8/18 zeigt weiterhin zwei Steckersysteme für asymmetrische Leitungsführung, wie sie bei der semiprofessionellen Technik amerikanischer und japanischer Hersteller begegnet, mit koaxialer Kontaktanordnung (Cinch und Klinke).

Um den ordnungsgemäßigen Zustand von Kabeln und Steckverbindern zu überprüfen, stehen verschiedenartige Kabeltester zur Verfügung. Mit ihrer Hilfe können Unterbrechungen, Fehlbelegungen und Kurzschlüsse festgestellt werden. Fehler treten weniger im Kabel selbst als in den Steckverbindungen u.a. durch defekte Lötstellen auf.

8.4.4 Schalter

Schalter als Ein-/Ausschalter oder Umschalter stehen in verschiedenen Ausführungen zur Verfügung: der einfache mechanische Schalter als Dreh-, Kipp- oder Tastenschalter verlangt, daß die zu schaltenden Leitungen zum Schalter geführt werden, was den konstruktiven Aufbau und die Wartungs- und Reparaturfreundlichkeit einschränkt. Als fernbedienbare Schalter stehen elektromechanische Schalter (Relais) [8.10] und elektronische Schalter (FET-Schalter) [8.11, 8.12] zur Verfügung.

Die in der Tonstudiotechnik verwendeten Relais-Schalter sind Schaltelemente, bei denen eine Strom- oder Spannungsänderung zur Änderung eines Schaltzustandes führt. Notwendig ist also ein Steuerkreis; über diesen wird im allgemeinen ein kleiner Elektromagnet erregt, der seinerseits die mechanische Verbindung schließt oder trennt. Vorzüge des Relais sind die galvanische Trennung der Schaltkontakte bei sehr hoher Isolation, die leichte Anpassung an unterschiedliche Bedingungen der Steuerquelle, die Funktionssicherheit in einem weiten Toleranzbereich der Erregungsstärke, die Zuverlässigkeit und Wirtschaftlichkeit. Diese Eigenschaften haben dem Relais trotz der Entwicklung elektronischer Schalter breite Anwendungsbereiche gesichert. Es gibt eine Fülle von Ausführungen der Relais für die verschiedensten Anforderungen: Das monostabile Relais fällt nach Abschalten des Erregerstroms in die Ruhestellung zurück, das bistabile Relais verbleibt dabei in der letzten Schalterstellung. Das neutrale Relais wird unabhängig von der Stromrichtung geschaltet, das gepolte Relais schaltet in Abhängigkeit von der Stromrichtung. Ein Relais kann nur staubgeschützt, aber auch hermetisch dicht abgeschlossen sein. Zur Steuerung kann Gleich- oder Wechselstrom mit unterschiedlicher Spannung, eine Dauererregung oder eine Impulserregung verwendet werden.

Als Beispiel für ein Relais sei hier das Reed-Relais (Reed = Blattfeder) erläutert: In einem Glasrohr mit Schutzgasfüllung sind zwei Kontaktzungen eingeschmolzen, die frei in das Rohr hineinragen und einen Spalt bilden. Um das Glasrohr liegt eine Wicklung; wird sie vom Steuerstrom durchflossen, preßt das Magnetfeld der Spule die aus ferromagnetischem Material bestehenden Kontaktzungen aufeinander, der Kontakt ist geschlossen. Wird die Erregerspannung abgeschaltet, drückt die Federkraft der Kontaktzungen diese wieder auseinander; es handelt sich hier also um ein monostabiles, neutrales Relais.

Während sich mechanische Schalter und Relaiskontakte im eingeschalteten Zustand wie Leiterbahnen verhalten, entsprechen elektronische Schalter, die mit Feldeffekttransistoren realisiert und deshalb als FET-Schalter bezeichnet werden, Verstärkern mit den in der Tonstudiotechnik üblichen elektrischen Eigenschaften; sie haben also die für Spannungsanpassung üblichen Impedanzen, sie produzieren Störpegel und Verzerrungen. Mit dem FET-Schalter steht heute aber ein kleiner, zuverlässiger, kostengünstiger und qualitativ noch akzeptabler fernsteuerbarer Schalter zur Verfügung, der im großen Stil verwendet wird. Sein Vorteil ist vor allem die sehr geringe benötigte Steuerenergie im Vergleich zum Relais.

8.5 Mikrofonverstärker

Aufgabe des Mikrofonverstärkers ist es, den vom Mikrofon gelieferten, im allgemeinen sehr niedrigen Pegel auf den Studiopegel +6 dBu bzw. 0 dB anzuheben. Die hohe Verstärkung verbunden mit einer großen Dynamik stellt besonders hohe Anforderungen an den Störpegel, die Verzerrungsfreiheit und an die Übersteuerungsfestigkeit des Verstärkers. Außer ihrer Hauptfunktion, das Mikrofonsignal nach Bedarf zu verstärken, bieten Mikrofonverstärker die Möglichkeit, tiefe Frequenzen abzuschwächen (Trittschallfilter) und meist die Möglichkeit zum Phasenwechsel (Polwender).

Ein Blockschaltbild eines Mikrofonverstärkers zeigt *Abb. 8/19*, die Ansichten einiger Typen *Abb. 8/20*.

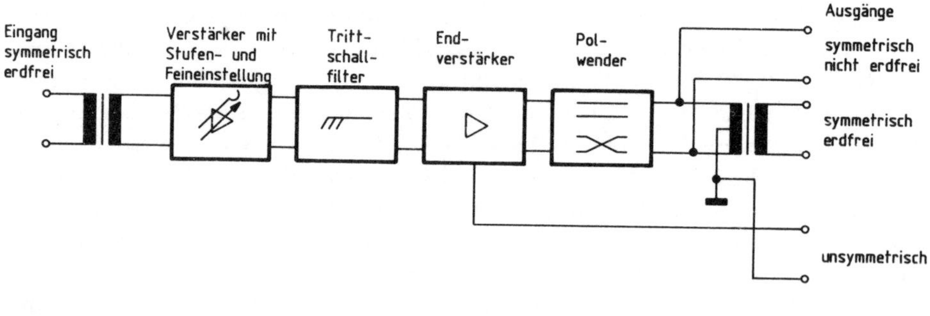

Abb. 8/19. Blockschaltbild eines Mikrofonverstärkers.

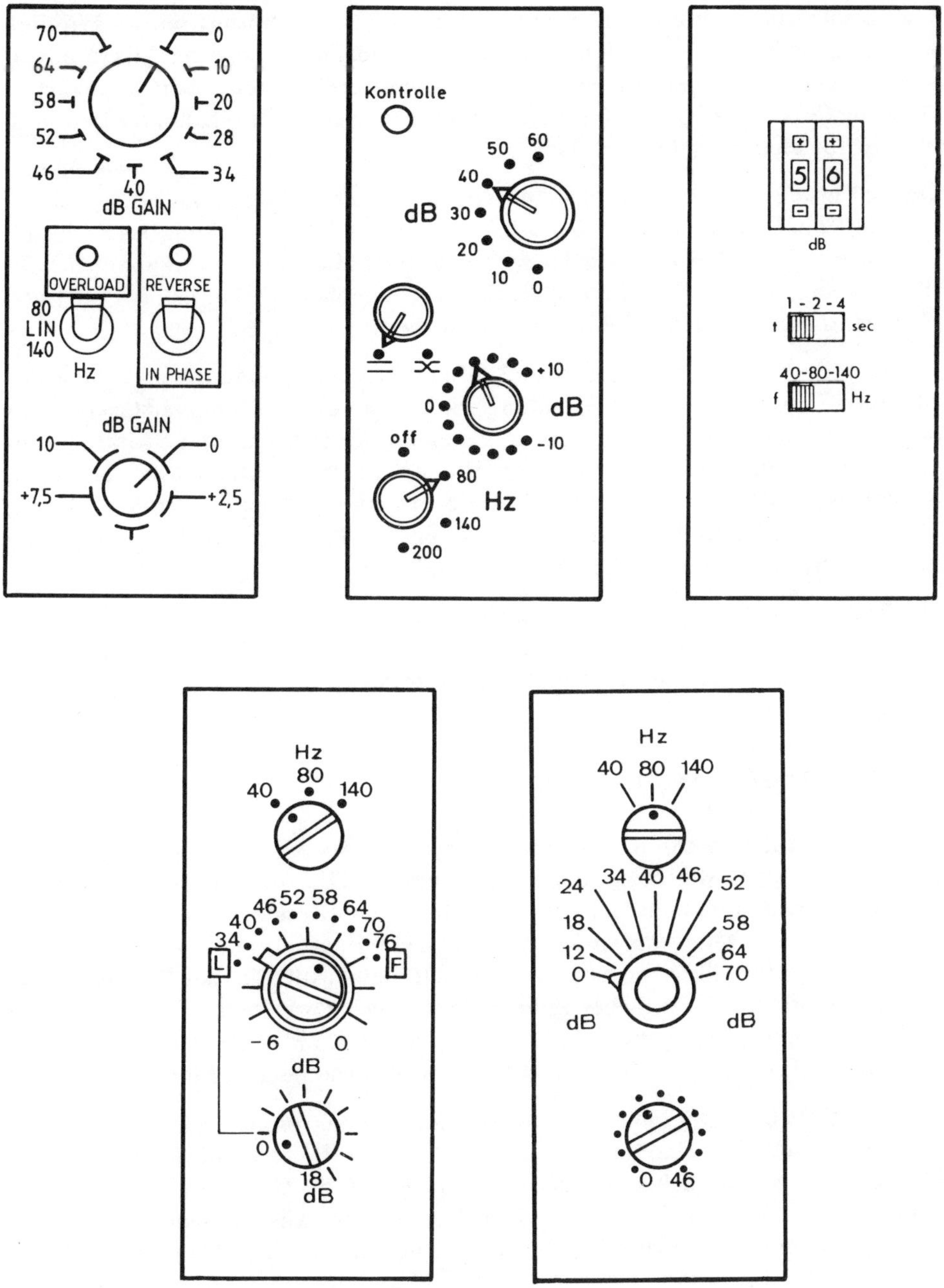

Abb. 8/20. Verschiedene Ausführungen von Mikrofonverstärkern.

Für zusätzliche Anwendungen wie Vormischung (Abhörmischung, Einspielmischung für Playbackaufnahmen) oder Saalbeschallung haben die Mikrofonverstärker einen unsymmetrischen oder/und einen erdsymmetrischen zusätzlichen Ausgang (Solistenausgang). Teilweise ist ein zusätzlicher, oft schaltbarer Leitungseingang für Studiopegel vorhanden.

Da die Einstellung der Mikrofonverstärker zur Arbeit am Regietisch gehört und gerade die Verstärkungseinstellung in Abstimmung mit der Verstärkung des Pegelstellers eingestellt werden muß, wurden fernsteuerbare Mikrofonverstärker entwickelt, die entweder zusätzlich oder ausschließlich vom zugehörigen Pegelsteller oder von einer zentralen Fernsteuereinheit bedient werden.

Für den Betrieb der Kondensatormikrofone ist eine Spannungsversorgung der Mikrofone notwendig. Diese Spannung wird nicht vom Mikrofonverstärker, sondern von besonderen Netzgeräten zur Verfügung gestellt und in die Mikrofonanschlußbuchse eingespeist. Die Gleichspannung wird auf den Modulationsleitungen, auf denen der Mikrofonpegel zum Mikrofonverstärker gelangt, übertragen. Für die Spannungsversorgung hat sich das Verfahren der Phantomspeisung weitgehend durchgesetzt (siehe Band 1, 4.2.2).

Der Polwender, den manche Mikrofonverstärker haben, kann bei falsch gelöteten Mikrofonkabeln hilfreich sein; eine gezielte Verpolung des Mikrofonsignals kann jedoch nur in ganz seltenen Einzelfällen nützlich sein.

8.5.1 Verstärkungseinstellung

Hauptaufgabe des Mikrofonverstärkers ist die Verstärkung der sehr geringen Ausgangsspannung des Mikrofons auf den Studiopegel. Die Ausgangsspannung hängt im wesentlichen ab vom Wandlertyp des Mikrofons (Kondensator- oder dynamisches Mikrofon), Mikrofontyp (Feld-Übertragungsfaktor), vom Schalldruck der Schallquelle, vom Mikrofonabstand und der Raumakustik. Da der Feld-Betriebsübertragungsfaktor dynamischer Mikrofone bei etwa 2 mV/Pa liegt, derjenige von Kondensatormikrofonen etwa 10 mal höher, liefern Kondensatormikrofone einen um etwa 20 dB höheren Ausgangspegel gegenüber dynamischen Mikrofonen.

Für die Praxis bedeutet dies, daß von Kondensatormikrofonen bei lauten Schallquellen wie Orchester eine Verstärkung von 20 bis 30 dB notwendig ist, bei leiseren Schallquellen, wie Sprache, eine Verstärkung von 30 bis 40 dB. Bei dynamischen Mikrofonen liegt dieser Wert um rund 20 dB höher. Die Mikrofonverstärker erlauben jede Verstärkung von 0 dB für hochpegelige Quellen wie z.B. Leitungen bis 70 oder 80 dB für Mikrofone. Die Abweichung vom ausgegebenen Wert darf höchstens 0,5 dB betragen.

Bei den meisten Mikrofonverstärkern kann die Verstärkung in Stufen von 6 oder 10 dB eingestellt werden, dazu kommt eine Feineinstellung bis + 10 dB oder ± 10 dB.

Während des Betriebes kann hier also nur in bescheidenem Umfang nachgeregelt werden. Günstiger erweist sich in dieser Beziehung die kontinuierliche Verstärkereinstellung in 1 dB Stufen, die einige Mikrofonverstärker mittels spannungsgesteuerter Verstärkung bieten. Dieses Prinzip macht auch die Fernsteuerung der Verstärkung möglich. Bei einem der in *Abb. 8/20* dargestellten spannungsgesteuerten Verstärker kann die Zeit gewählt werden, innerhalb der sich die Verstärkung auf den gewählten Wert einstellt.

Die Betriebseinstellung des Mikrofonverstärkers wird am besten während einer Probeaufnahme ermittelt. Während die Pegelsteller der Verstärkerkette in ihrer vorgesehenen Betriebsstellung stehen, wird die Verstärkung des Mikrofonverstärkers so eingestellt, daß das Signal die gewünschte Aussteuerung hat.

8.5.2 Frequenzgang

Der lineare Übertragungsbereich des Mikrofonverstärkers liegt zwischen 40 Hz und 15000 Hz, Signalanteile unterhalb dieses Bereiches, die vielfach durch Körperschall übertragen werden, werden stark bedämpft. Für Signalanteile über 15000 Hz ist die Dämpfung größer, weil eingestreute Hochfrequenzkomponenten wirksam unterdrückt werden sollen.

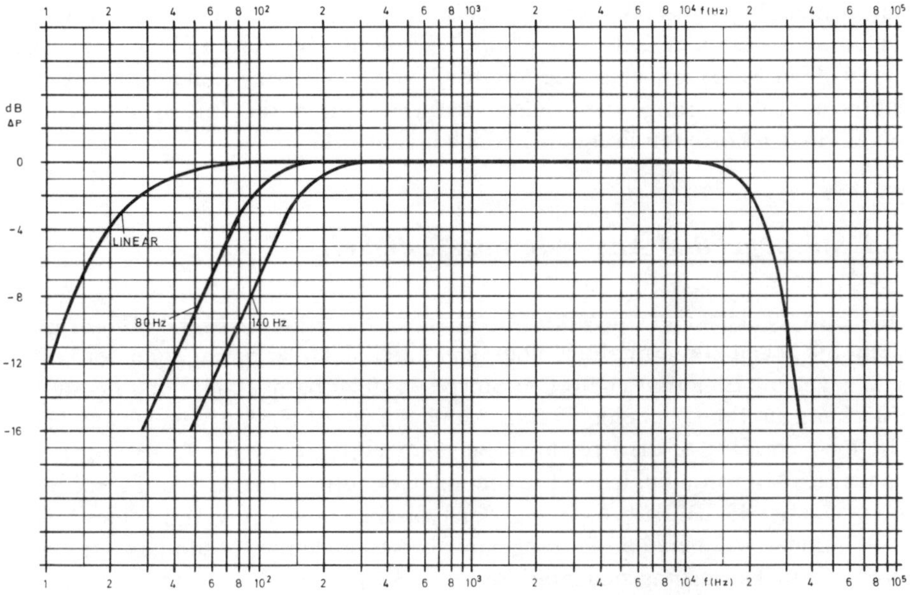

Abb. 8/21. Typische Frequenzgänge von Mikrofonverstärkern.

Darüber hinaus verfügen Mikrofonverstärker über ein schaltbares Trittschallfilter, das meist bei einer Grenzfrequenz von 80 und 140 Hz einsetzt *(Abb. 8/21)*. Die Dämpfung beträgt etwa 12 dB/Oktave. Bei Sprachaufnahmen bleibt die Filtereinstellung 80 Hz praktisch unhörbar, bei 140 Hz ist die Klangänderung noch relativ gering. Bei Musikaufnahmen können Trittschallfilter jedoch nicht unbedenklich eingesetzt werden. Die Einstellung 140 Hz ist vor allem bei geräuschhafter Umgebung und bei Fernsehtonaufnahmen angezeigt, wenn durch rollende Kamerafüße tieffrequenter Schall erzeugt wird.

Neben Trittschall als Körper- oder Luftschall gehört auch Wind und Poppschall zu den Störfaktoren, die bei tiefen Frequenzen, auch im Infraschallbereich, die größten Amplituden besitzen. Das Spektrum reicht in etwa gleicher Stärke vom Infraschallbereich bis etwa 500 Hz und nimmt dann bis rund 1000 Hz kontinuierlich ab. Die auftretenden Pegel hängen einerseits natürlich von der Windstärke, andererseits vom Wandlertyp ab. Druckempfänger mit ihrer hoch abgestimmten Membran sind wesentlich unempfindlicher als Druckgradientenempfänger mit ihrer tief abgestimmten Membran; der Pegelunterschied bei gleichen Bedingungen liegt bei rund 15 dB. Einen wirksamen Schutz dagegen stellen die handelsüblichen Wind- und Poppschutzkörbe dar. In Verbindung mit dem Trittschallfilter, das hier weitere Verbesserungen bringt, kann störender Wind- und Poppeinfluß im allgemeinen weitgehend unterdrückt werden.

Große Pegel im tieffrequenten Bereich können dazu führen, daß die Eingangsübertrager bis in die Sättigung ausgesteuert werden und somit den Signalfluß kurzzeitig unterbrechen. Die an sich wegen ihrer tiefen Frequenzen unhörbare Ursache führt zu einem sehr störenden „Zustopfen" des Mikrofons. Ein weiteres Problem besteht darin, daß der Mikrofonverstärker unterhalb von 40 Hz einen erheblichen Anstieg nichtlinearer Verzerrungen aufweisen kann, wodurch die Infraschallstörungen ebenfalls in den hörbaren Frequenzbereich hineinwirken.

8.5.3 Störpegel und Aussteuerungsfestigkeit

An den Störpegelabstand von Mikrofonverstärkern werden höchste Anforderungen gestellt. Sie liegen nur geringfügig über dem durch das Wärmerauschen der Widerstände gegebene Eigenrauschen. Der Störpegel steigt parallel mit der eingestellten Verstärkung an. So ist bei einer Verstärkung von 28 dB ein Störpegelabstand nach CCIR 468-1 von etwa 85 dB erreichbar, bei einer Verstärkung von 70 dB – wie sie ein dynamisches Mikrofon bei leisen Schallquellen benötigt – beträgt der Störpegelabstand noch etwa 45 dB. *Abb. 8/22* zeigt den typischen Störpegelverlauf eines Mikrofonverstärkers. Wie bei allen Störpegelangaben ist auch hier besonders auf die zugrunde gelegte Bewertung zu achten (siehe 11.3 und Band I, 4.2.1). Der Störpegel liegt mit diesen Werten erheblich unterhalb des Störpegels des Mikrofons und unterhalb des Raumgeräusches eines Aufnahmestudios.

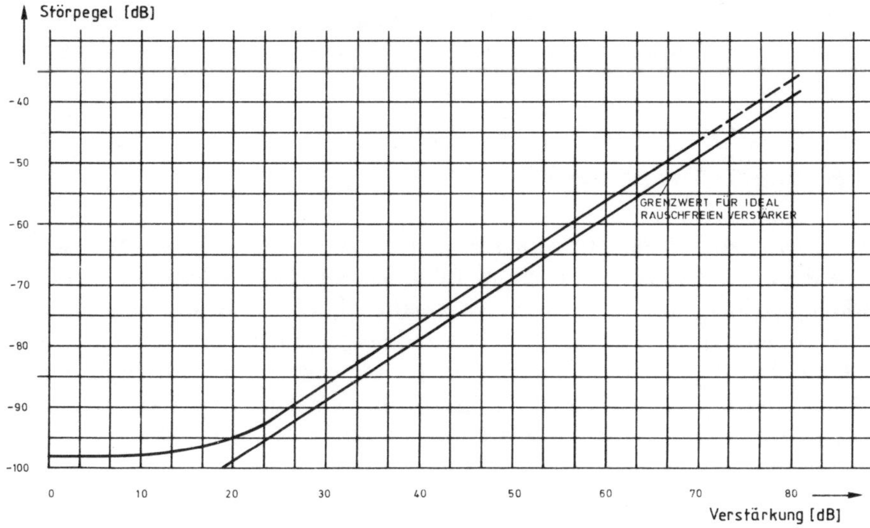

Abb. 8/22. Typischer Verlauf des Störpegels (CCIR 468-1).

Die notwendige Aussteuerungsreserve beträgt mindestens 16 dB am Ein- und Ausgang, das entspricht einem Pegel von +22 dBu. Einige Mikrofonverstärker zeigen mit einer Leuchtdiode an, wenn ein Pegel von +6 dBu am Ausgang des Mikrofonverstärkers erreicht wird.

8.5.4 Mikrofon-Trennverteiler

Üblicherweise liegt das Mikrofongehäuse über den Kabelschirm mit seinem Potential an der geerdeten Regieeinrichtung. Leider kommt es in der Praxis immer wieder vor, daß elektrische Musikinstrumente und deren Verstärker, die von den Musikern gestellt werden, aufgrund von Defekten an ihrem Gehäuse Netzspannung führen. Bei gleichzeitiger Berührung von Mikrofon und Gerät wird dann ein geschlossener Stromkreis gebildet, und es kommt zu einem lebensbedrohenden Stromunfall.

Der Trennverteiler ist mit Übertragern mit erhöhter Spannungsfestigkeit (2,5 kV) ausgestattet. Die Erdung des Mikrofonkabelschirms erfolgt kapazitiv über einen ebenfalls bis 2,5 kV für 50 Hz spannungsfesten Kondensator, der so bemessen ist, daß der zulässige Wert des Arbeitsstroms nicht überschritten wird.

Die Phantomspeisung wird potentialfrei für jeden Mikrofoneingang einzeln erzeugt. Damit sind alle Eingänge des Verteilers spannungsfest sowohl gegen Gehäuse, Betriebserde und Netzeingang als auch untereinander. Jedem Eingang sind mehrere Ausgänge zugeordnet, die an jeweils eigenen Verstärkern liegen, wodurch eine sehr hohe Rücksprechdämpfung erreicht wird. Die 0-Volt-Verbindung an den

Ausgängen kann aufgetrennt werden, falls Brummschleifen entstehen. Die 0-Volt-Verbindung zum nachfolgenden Gerät besteht dann nur noch über einen Kondensator.

8.5.5 Kommandoverstärker

Ein Mikrofonverstärker mit speziellen Aufgaben ist der Kommandoverstärker. Er hat die Aufgabe, den Pegel eines Kommandomikrofons auf Studiopegel +6 dBu zu verstärken. Ein integrierter Begrenzer sorgt dafür, daß der Ausgangspegel auch bei stark wechselnden Besprechungsabständen und Sprechlautstärken weitgehend konstant bleibt. Der Kommandoverstärker bietet entweder einen Anschluß für ein Kommandomikrofon oder enthält bereits ein solches. Die Verstärkung kann am Gerät eingestellt werden, z.B. in 6-dB-Stufen zwischen 34 und 64 dB.

8.6 Anschluß elektrischer Musikanlagen

Beim Anschluß elektrischer Musikanlagen an Tonregieanlagen, z.B. Gitarrenverstärker, Gesangsanlagen, Synthesizer oder Keyboards, gibt es Probleme, die beim Zusammenschalten von Geräten der Tonstudiotechnik normalerweise nicht auftreten: Sicherheit, Anschlußtechnik und Brummstörungen. Für allgemeine Fragen der Arbeitssicherheit wird auf Kapitel 9.10 verwiesen, spezielle Fragen, die mit dem Anschluß von elektrischen Musikanlagen auftreten, die Anschlußtechnik und Probleme der Vermeidung von Brummstörungen, werden im folgenden besprochen.

Elektrische Musikanlagen sind in der Regel mit unsymmetrischen, also mit nicht erdfreien Ein- und Ausgängen ausgestattet. Die Pegel an den Übergabepunkten entsprechen nicht der Studionorm. Bei netzbetriebenen Geräten ist nicht sichergestellt, ob der elektrische Aufbau den gültigen Vorschriften entspricht. Auch Prüfzeichen an den Geräten (z.B. VDE, GS, TÜV) schließen nicht aus, daß durch einen Fehler oder durch unsachgemäße Reparatur bzw. Änderung ein gefährliches elektrisches Potential an berührbaren Teilen der Anlage auftreten kann. Vor allem bei unbekannten Fremdanlagen kann der ordnungsgemäße Zustand nicht als gegeben angenommen werden, so daß der Anschluß elektrischer Musikanlagen besondere Aufmerksamkeit erfordert.

Oberster Grundsatz beim Anschluß solcher Anlagen ist, daß Publikum, Mitwirkende und Betriebspersonal vor einem elektrischen Stromunfall zu schützen sind. Weiterhin müssen Brummstörungen, die bei der Zusammenschaltung entstehen, zuverlässig verhindert bzw. beseitigt werden.

8.6.1 Sicherheit und Anschlußtechnik

Elektrische Stromunfälle auf Bühnen oder im Studio sind immer die Folge von fehlerhaften Geräten, Installationen oder unzulässigen Arbeitsgewohnheiten. Entspricht die elektrische Hausinstallation den einschlägigen Vorschriften, sind alle angeschlossenen Geräte einwandfrei in Ordnung und werden vorschriftsgemäß zusammengeschaltet, so geht von der Anlage keine Gefahr aus. Da der ordnungsgemäße Zustand aller Anlagenteile vielfach nicht sichergestellt ist, muß der Verantwortliche besondere Vorkehrungen treffen.

In *Abb. 8/23* ist eine typische Situation gezeigt, die für den Musiker und andere Mitwirkende Lebensgefahr bedeuten kann: Der dargestellte Musiker bringt seinen Gitarrenverstärker mit auf die Bühne und benutzt außerdem ein Gesangsmikrofon, das an eine getrennte Gesangsanlage angeschlossen ist. Der Gitarrenverstärker ist z.B. ein Importgerät ohne Schutzmaßnahme gegen zu hohe Berührungsspannung; es kann sich aber auch um ein inländisches Gerät handeln, bei dem durch eine unsachgemäße Reparatur oder Änderung die vorgesehene Schutzmaßnahme gegen Stromunfälle wirkungslos geworden ist. Auf dem Gehäuse des Gitarrenverstärkers liegt nun u.U. das volle Netzpotential von 220 V gegen Erde. Über den unsymmetrischen Klinkenanschluß der Gitarre gelangt dieses Potential auf den Leitungsschirm und damit auf den Tonabnehmer und das Griffbrett der Gitarre, aber auch auf die Stahlsaiten. Berührt der Musiker nun gleichzeitig eine geerdete Masse oder sind Metallteile des Bühnenbodens an Erdpotential gelegt, kann es zu gefährlichen, oft tödlich endenden Stromunfällen kommen.

Bedauerlicherweise ist der genannte Fall nicht konstruiert. Daß es in solchen Situationen nicht immer zu Unfällen kommt, liegt daran, daß das benutzte Mikrofon nicht immer geerdet ist und der Bühnenboden oder das Holzpodest keine Verbin-

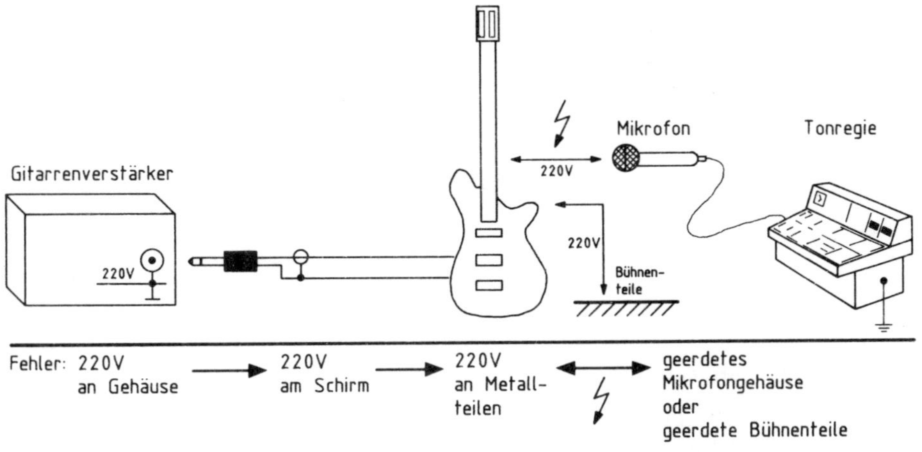

Abb. 8/23. Lebensgefährliche Situation bei einer fehlerhaften Musikanlage.

dung zur Erde besitzt; dies kann sich aber leicht ändern, wenn z.B. über ein geerdetes Scheinwerferstativ metallische Bühnenteile auf Erdpotential gelegt werden.

Um in dem skizzierten Beispiel und ähnlichen Situationen eine Gefahr auszuschließen, muß ein geschlossener Stromkreis von 220 V auf Erdpotential unterbrochen werden. Dies ist durch die Schutztrennung mit einem Netz-Trenntransformator, in dem Beispiel also zwischen Gitarrenverstärker und seinem Netzanschluß, zu erreichen. Zusätzliche Sicherheit bieten Modulationstrennübertrager, sog. DI-Boxen, die zwischen Mikrofon und Tonregie die Verbindung zum Erdpotential unterbrechen; sie bieten zusätzlich die Anpassung der Leitungsführung sowie des Pegels und Verzweigungsmöglichkeiten.

Schutztrennung

Unter den Schutzmaßnahmen gegen Stromunfälle, die in den Vorschriften DIN 57100/VDE 0100 und DIN 57105/VDE 0105 (siehe 9.10) zusammengefaßt sind, ist die Schutztrennung diejenige Schutzmaßnahme, die im Zweifelsfall Vorrang hat. Die Schutztrennung trennt den Stromkreis eines Verbrauchers durch einen Netz-Trenntransformator vom speisenden Netz. Der Transformator ist primärseitig geerdet, sekundärseitig liefert er ein erdfreies Netz *(Abb. 8/24)*. An einem Trenntransformator darf stets nur ein einziges Gerät angeschlossen werden; pro Gerät mit Netzanschluß wird also jeweils ein Trenntransformator benötigt. Die maximale Stromaufnahme darf 16 A nicht überschreiten. Die Steckdose am Trenntransformator für den Verbraucher hat keinen Schutzkontakt. Selbstverständlich muß die Zuleitung zum Verbraucher in vorschriftsmäßigem Zustand sein. Der Sekundärstromkreis darf unter keinen Umständen geerdet werden.

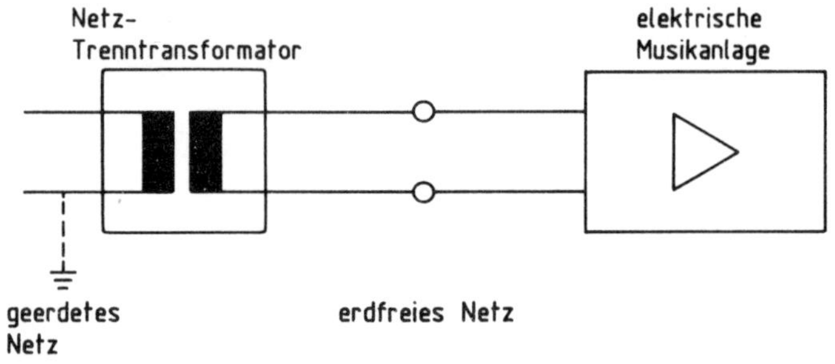

Abb. 8/24. Schutztrennung durch einen Trenntransformator.

Modulationstrennübertrager

Der Einsatz eines Modulationstrennübertragers, meist Direct-Injection-Box oder kurz DI-Box genannt, stellt unter dem Gesichtspunkt der Arbeitssicherheit keine Alternative zum Netz-Trenntransformator dar, sondern bietet neben einer gewissen zusätzlichen Sicherheit vor allem Problemlösungen für die Anpassung der Leitungsführung und der Pegelverhältnisse zwischen Studiotechnik und Musikelektronik.

Kernstück der DI-Box ist ein schutzisolierter Übertrager, der mindestens bis zu einer Spannung von 1,5 kV spannungsfest ist; die Abschirmung ist durch einen Kondensator unterbrochen und kann meist durch einen Schalter aufgetrennt werden (GROUND/LIFT). Bei unsymmetrischen Geräten dient der Übertrager zugleich als Symmetrierübertrager. Durch Abschwächer oder unterschiedliche Eingänge für die unterschiedlich großen Pegel ist eine optimale Anpassung an den Pegel der Quelle gewährleistet. In ihrer einfachsten Ausführung stellt die DI-Box einen Übertrager dar. Um aber auch hohe Quellimpedanzen verarbeiten zu können, stehen Geräte mit integriertem Verstärker und Impedanzwandler zur Verfügung. Die Spannungsversorgung kann durch eine Batterie oder – wie in *Abb. 8/25* dargestellt – durch die Phantomspeisung der Regieanlage erfolgen. Meist steht neben dem Ausgang für den Anschluß an einen Mikrofonverstärker ein Ausgang für Instrumentenverstärker zur Verfügung.

Einige Anwendungen der DI-Box sind:

1. Eine E-Gitarre soll direkt, also an ihrem elektrischen Ausgang, abgenommen werden. Das Instrument wird an den Eingang der DI-Box angeschaltet, der Ausgang der DI-Box wird mit einem Mikrofoneingang der Regieeinrichtung verbunden. Mit der DI-Box wird in diesem Fall das Signal symmetriert und in Pegel und Impedanz an den Studio-Mikrofonverstärker angepaßt. Wird der Schalter GROUND/LIFT auf LIFT gestellt, ist die Gitarre von der Regiepulterde galvanisch getrennt; dadurch besteht eine zusätzliche Sicherheit.

2. Das Instrument soll sowohl direkt abgenommen werden als auch über den Instrumentenverstärker auf der Bühne verstärkt werden. In diesem Fall übernimmt die DI-Box zusätzlich zu ihrer Funktion als Anpaßgerät wie in Fall 1 die Funktion der Leitungsaufsplittung. Der Verstärker wird vom unsymmetrischen Ausgang aus versorgt.

3. Das Signal soll vom Instrumentenverstärker abgenommen werden, um die Effekte des Verstärkers nutzen zu können. In diesem Fall wird der Leitungseingang (LINE) der DI-Box verwendet, sofern ein solcher vorhanden ist; anderenfalls wird der Dämpfungsschalter entsprechend eingestellt. LINE-Ausgänge haben meist einen Pegel von 0,775 V.

4. Das Signal soll vom Verstärker abgenommen werden; dieser hat aber nur einen Leistungsausgang, gleichzeitig muß das Signal noch verstärkt werden. Die DI-Box erhält das Signal über den Verstärkereingang (AMPLIFIER), der auch große Pegel verarbeiten kann. Für den Lautsprecher kann das Signal des Leistungsverstärkers am unsymmetrischen Ausgang der DI-Box abgenommen werden.

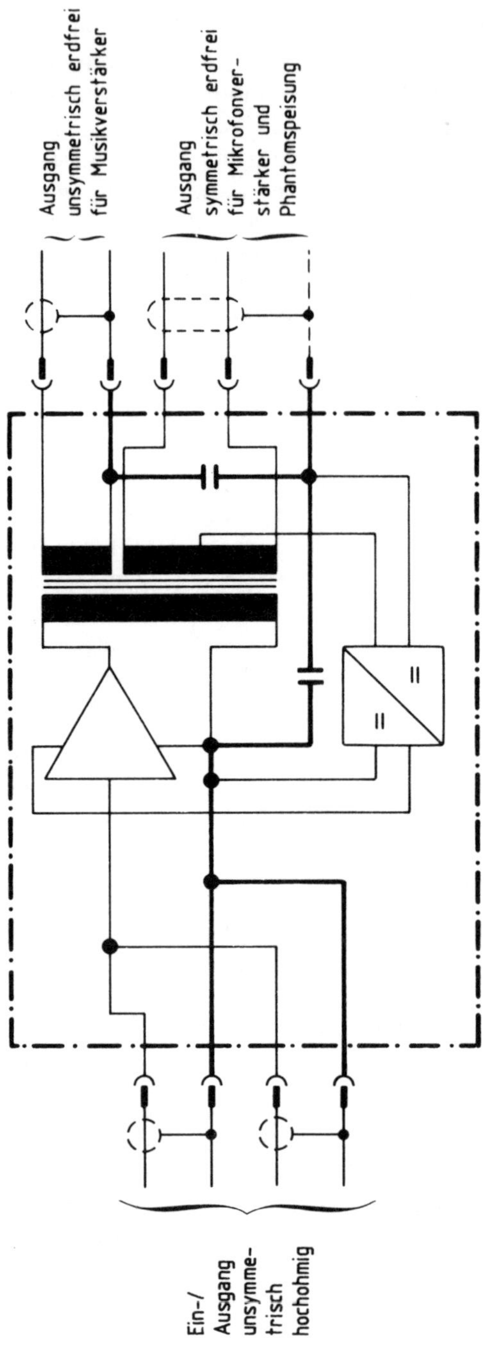

Abb. 8/25. Schaltungsbeispiel einer DI-Box mit 48-V-Spannungsversorgung aus der Phantomspeisung.

8.6.2 Brummstörungen

Durch die bei Musikanlagen u.ä. verwendete unsymmetrische Anschlußtechnik (siehe 8.3.1) besteht die Gefahr, daß Brummstörungen auftreten. Diese werden kapazitiv oder induktiv in Leitungen und Geräte eingestreut. Sie wirken nur auf die spannungsführende Ader und überlagern sich daher dem Tonsignal. Da die Spannungen bei Verwendung dieser Anlagen im Millivoltbereich liegen, sind auch Einstreuungen, die bei der im professionellen Bereich verwendeten höheren Spannung völlig unkritisch wären, bereits erhebliche Störfaktoren. So ist eine Brummspannung bei einer Signalspannung von 1mV schon mit 10 μV zu hoch. Störquellen sind vor allem nahe bei den Geräten und Tonleitungen verlaufende Netzleitungen, Lichtstellanlagen u.ä.

Brummstörungen bei Verwendung eines Netz-Trenntransformators

Bei Verwendung eines Trenntransformators (siehe 8.6.1) ist das Potential der Gerätemasse nicht mehr auf Erdpotential gelegt, weil der Schutzleiter beim Trenntransformator unterbrochen ist; der Verstärker wird aus einem erdfreien Netz gespeist, er „liegt hoch". Wenn Brummstörungen durch „hochliegende Verstärker" entstehen, hat das zur Folge, daß sich die Intensität dieser Störungen ändert, wenn die Leitungsführung verändert wird oder wenn das Verstärkergehäuse, die Leitung oder der Gitarrenabnehmer durch Berührung „geerdet" werden.

Als Maßnahme gegen diese Brummstörungen kann zunächst geprüft werden, ob nicht die Ursache, also die Bedingungen für das Zustandekommen von Einstreuungen, geändert werden kann; Abhilfe kann hier also eine Leitungsverlegung weitab von stromführenden Netzen und Geräten oder eine Plazierung der Musikanlagen an anderer Stelle bringen. Sind diese Maßnahmen nicht oder nicht ausreichend wirksam, so schafft die Erdung der Musikanlage Abhilfe. Für die Erdung wird keine Erde, die den Anforderungen einer Schutzerde genügt, benötigt; ausreichend ist eine Funktionserde, also jede Erdverbindung, die das Verstärkergehäuse auf Erdpotential legt, z.B. eine Fernmeldebetriebserde, aber auch eine Wasserleitung, ein metallischer geerdeter Gebäudeteil, natürlich auch eine Schutzerde, wie sie z.B. an geerdeten Geräten zur Verfügung steht. Diese Erdung kann entweder direkt oder indirekt über einen Kondensator mit 4,7 nF erfolgen *(Abb. 8/26)*. Durch diese Maßnahme wird die Schutzfunktion des Trenntransformators vor Stromunfällen nicht beeinträchtigt.

Brummstörungen durch Massenschleifen

Bei der Zusammenschaltung von Geräten mit unsymmetrischen Ein- und Ausgängen werden über die Leitungsschirme die geräteinternen Massen miteinander verbunden. Geräte der Schutzklasse I (siehe 9.10) sind zusätzlich über den Schutzleiter und die gemeinsame Schutzerde miteinander verbunden. Dadurch entsteht eine Massenschleife zwischen den Geräten *(Abb. 8/27)*.

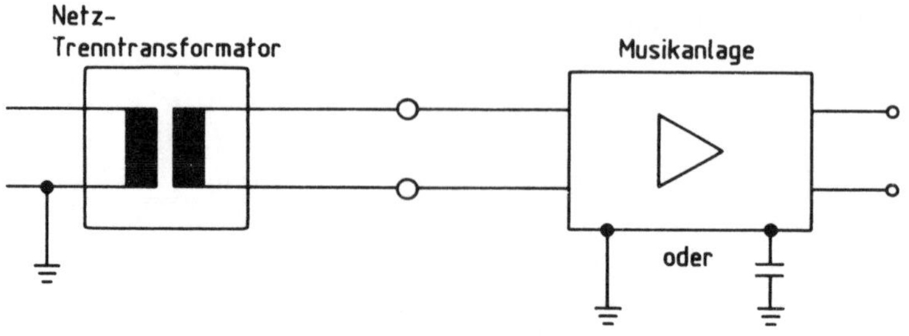

Abb. 8/26. Abhilfe bei Brummstörungen durch Verwendung eines Netz-Trenntransformators.

Schneidet ein magnetisches Wechselfeld eine solche Massenschleife, so induziert es einen Stromfluß in der Schleife. Über den Leitungswiderstand des Schirms entsteht eine Wechselspannung zwischen den beiden Gerätemassen und verursacht eine Störspannung. Da das Magnetfeld im allgemeinen vom Netz stammen wird, entsteht gewöhnlich ein 50-Hz-Brumm, denkbar sind aber auch andersartige Störungen.

Als Abhilfe gilt zunächst wieder die Beseitigung der Ursache, d.h. die Abschirmung der störenden Netzleitung, 100-V-Leitung oder Lichtsteuerleitung, weiterhin sollten unsymmetrische Leitungen möglichst weitab von Störquellen verlegt werden; zudem sind die Leitungsverbindungen möglichst kurz zu halten. Sind diese Maßnahmen nicht ausreichend oder nicht durchführbar, so muß die Massenschleife durch Verwendung eines Netz-Trenntransformators aufgetrennt werden; besteht die Massenverbindung nur über die Tonleitung, so kann auch eine DI-Box die Massenschleife unterbrechen, wenn sie den Schirm nicht weiterschaltet (Schalter in Stellung LIFT).

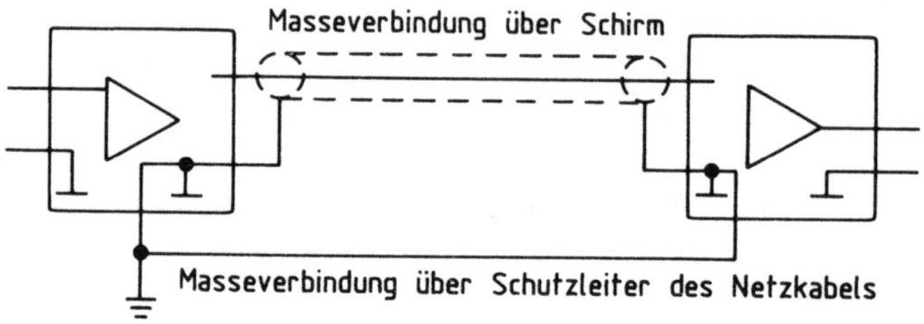

Abb. 8/27. Massenschleife zwischen zwei Geräten.

Brummstörungen durch Mehrfacherdung

Zwischen zwei Erden können Potentialunterschiede auftreten, die auch bei symmetrischer Leitungsführung Ausgleichsströme zwischen den Masseverbindungen der Geräte verursachen können. So könnte z.B. Gerät I über die Funktionserde geerdet sein, während Gerät II aus einem Stromkreis versorgt wird, bei dem durch gleichzeitigen Betrieb von weiteren Verbrauchern Fehlerströme entstehen, die statt über den Schutzleiter von Gerät II über die niederohmigere Funktionserde von Gerät I gegen Erde abfließen *(Abb. 8/28)*. Solche Fehlerströme können ihre Ursache in Leitungsinduktivitäten und -kapazitäten, Entstörkondensatoren und Isolationswiderständen haben.

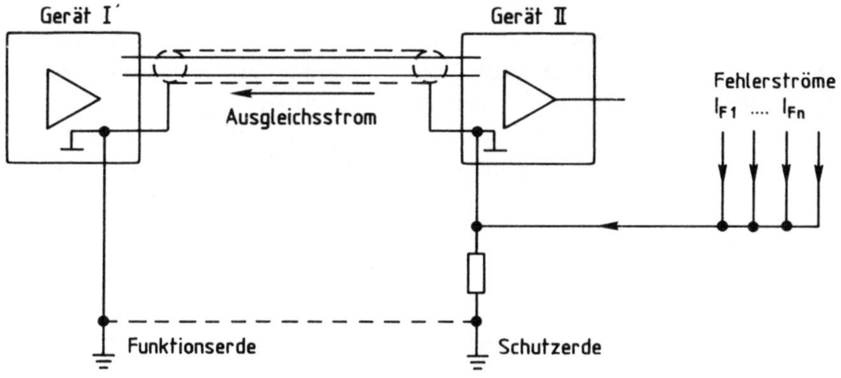

Abb. 8/28. Potentialdifferenzen der Massen bei Mehrfacherdung.

Sind Gerät I und II über eine unsymmetrische Tonleitung oder über eine symmetrische Tonleitung, deren Schirm beidseitig aufgelegt ist, verbunden, so ist Gerät II zusätzlich zur Schutzerdung auch über die interne Masse-Schutzleiterverbindung und den Schirm über Gerät I zur Erde leitend verbunden. Je nach schaltungstechnischem Aufbau des Gerätes erzeugt dieser Ausgleichsstrom Störungen, im allgemeinen einen Brumm. Sie können dann wirksam werden, wenn zwischen dem Anschlußpunkt des Schirms und dem Anschlußpunkt des Schutzleiters am Gehäuse ein Widerstand, d.h. ein Spannungsabfall besteht. Diese Störspannung wird dem Nutzsignal hinzuaddiert.

Als Abhilfe muß die Mehrfacherdung beseitigt werden. Bei symmetrischen Leitungen wird der Schirm nur einseitig – vorzugsweise an der Eingangsseite – angeschlossen, also am Ausgang aufgetrennt. Bei unsymmetrischen Leitungen wird die Masseverbindung über eine DI-Box unterbrochen (Schalter in Stellung LIFT). Abhilfe verschafft auch ein erdfreier Netzanschluß über einen Netz-Trenntransformator. Schließlich können auch alle Erden – Schutz- und Funktionserden – sternförmig mit möglichst großen Leitungsquerschnitten zusammengeführt und an nur einem Punkt mit der Hauserde verbunden werden.

8.7 Pegelsteller

Ein Pegelsteller oder Regler – eine strenggenommen falsche, aber dennoch viel benutzte Bezeichnung – ist ein stufenlos mit einem Flachbahnsteller einstellbares Dämpfungsglied mit integriertem Aufholverstärker. Er dient dazu, den Pegel eines Tonsignals auf den gewünschten Betriebswert zu bringen und gegebenenfalls während einer Aufnahme oder Sendung verändern zu können.

Pegelsteller werden in einer Tonregieanlage dort verwendet, wo Veränderungen des Betriebspegels notwendig werden, also im Mikrofon- bzw. Eingangskanal, im Gruppen- und Summenkanal. Sie werden z.B. auch als Pegelsteller für Einspielungen und Beschallungen benutzt. Die Gestaltung des Stellgliedes als Flachbahnsteller gewährleistet eine besonders ergonomische Arbeitsweise, wie sie von den sonst ge-

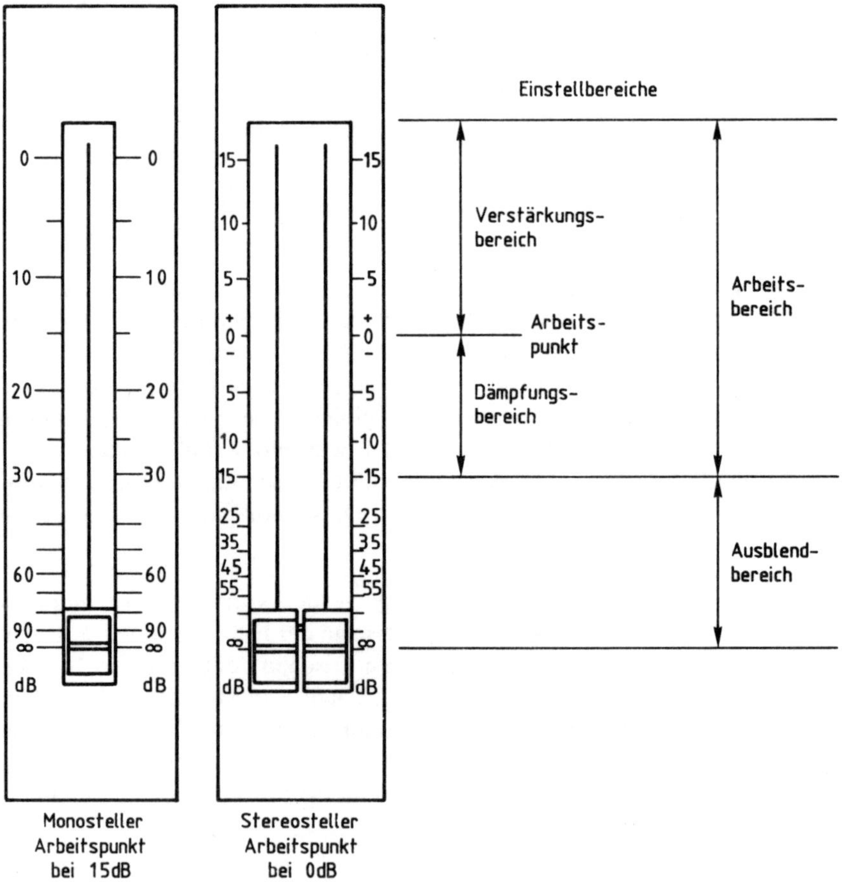

Abb. 8/29. Einstellbereiche eines Pegelstellers.

bräuchlichen Drehstellgliedern nicht geboten wird. Pegelsteller gibt es in Mono- und Stereoausführung. Die Stereoausführung vereint zwei Einzelpegelsteller, deren Stellglieder mechanisch getrennt werden können.

Der Einstellbereich des Pegelstellers ist in zwei Bereiche eingeteilt, die durch den Arbeitspunkt getrennt werden. In dieser Stellung, der sog. Betriebsstellung, wird der Pegel unverändert weitergegeben, darüber liegt ein Einstellbereich mit Verstärkung, darunter ein Bereich mit Dämpfung. Im sog. Arbeitsbereich ist der Pegel durch größere Einstellwege exakt einstellbar, im Ausblendbereich entsprechen zunehmend kürzere Einstellwege konstanten Werten der Dämpfungszunahme. Innerhalb des Arbeitsbereiches können die Regelwege entweder linear oder zu höheren Pegelwerten hin gespreizt sein. *Abb. 8/29* zeigt die Einstellbereiche.

Bei vielen Pegelstellern ist die Betriebsstellung nicht besonders gekennzeichnet, weil sie bisher nicht einheitlich gewählt wurde und auch individuell einstellbar ist. Im allgemeinen wird der Einstellwert 15 dB als Betriebsstellung gewählt, die meisten Pegelsteller gestatten aber eine Einstellung im Bereich zwischen 10 und 20 dB. Daraus erklärt sich auch die vom Betrieb aus gesehen unsinnige Bezeichnung der Pegelsteller mit Dämpfungswerten bezogen auf die höchste Endstellung. Angestrebt wird in Zukunft, die Betriebsstellung mit 0 dB, den Verstärkungsbereich mit positiven, den Dämpfungsbereich mit negativen dB-Werten zu bezeichnen.

Die Endstellung im Dämpfungsbereich ist mit einem Reglerendkontakt ausgestattet, der Schaltvorgänge auslösen kann, sobald der Pegelsteller auf die Endposition gebracht wird; Maschinenstart, Rotlicht u.a. können so automatisch ausgelöst werden.

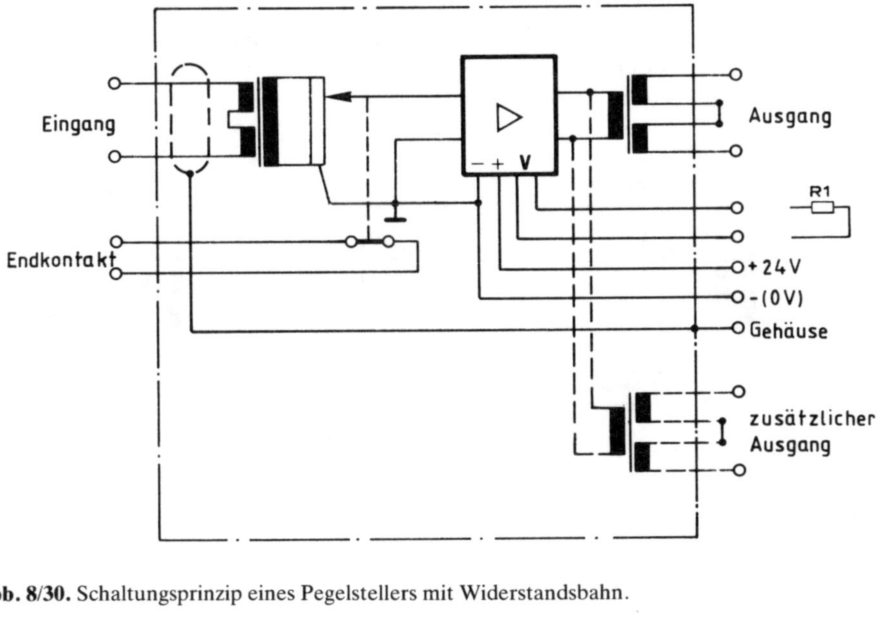

Abb. 8/30. Schaltungsprinzip eines Pegelstellers mit Widerstandsbahn.

Die Schaltung eines Pegelstellers zeigt *Abb. 8/30*. Die Sekundärseite des Eingangsübertragers ist an eine Widerstandsbahn aus einer Kohleschicht oder einem leitenden Kunststoff gelegt; dadurch wird eine Ganggenauigkeit von typisch 0,5 dB erreicht. Darauf folgt der Aufholverstärker mit von außen einstellbarer Gegenkopplung zur Einstellung der Betriebsstellung. Je nach Schaltung des Ausgangsübertragers können unterschiedliche Spannungen an den Ausgang geliefert werden; ein wahlweise zuschaltbarer zweiter Ausgangsübertrager stellt einen Zusatzausgang zur Verfügung.

8.7.1 VCA- und Servomotorpegelsteller

Neben der weit verbreiteten Ausführung des Pegelstellers als regelbares Dämpfungsglied mit Aufholverstärker gibt es auch Pegelsteller mit einem spannungsgesteuerten Verstärker, einem sog. VCA (voltage controlled amplifier). Das Tonsignal wird selbst nicht mehr über das Stellglied geführt, sondern einem Verstärker zugeleitet, dessen Verstärkungsmaß über eine extern veränderbare Gleichspannung gesteuert wird; im Stellglied wird hier also eine Gleichspannung verändert, die ihrerseits die Verstärkung steuert.

Für die Konzeption von Regieanlagen ist interessant, daß Steuerung und Signalführung räumlich getrennt erfolgen können. Auch für die Automatisierung von Abmischungen oder einfachen Blendvorgängen ist diese Technik eine Grundlage. Ein weiterer Vorteil ist der Zugriff zu einem Pegelsteller von verschiedenen Bedienplätzen aus; so kann z.B. die Abhörlautstärke vom Platz des Toningenieurs und des Tonmeisters aus eingestellt werden. *Abb. 8/31* zeigt das Prinzip des Schaltungsaufbaus; bei diesem Gerät kann die Steuerspannung wahlweise über ein oder mehrere externe Tastenpaare oder ein externes Potentiometer erzeugt werden. Die Einstellung bleibt auch nach dem Ausschalten gespeichert.

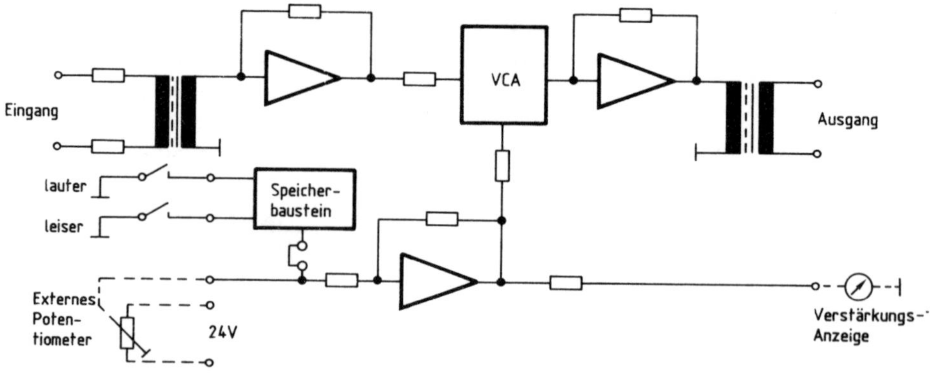

Abb. 8/31. Schaltungsprinzip eines VCA-Pegelstellers.

Ein Pegelstellertyp, der aus der Praxis gesehen Vorteile des mechanischen und des elektronischen Pegelstellers vereint, ist der servomotorgetriebene Pegelsteller. Hierbei handelt es sich um einen herkömmlichen Flachbahnpegelsteller, dessen Stellglied sowohl von Hand als auch mit einem Motor bewegt werden kann. Über die Motorsteuerung ist dieser Pegelsteller wie ein VCA-Pegelsteller voll programmierbar und kann für automatische Abmischungen verwendet werden. Die jeweilige Einstellung kann wie beim herkömmlichen Pegelsteller abgelesen werden. Ein Eingreifen in automatisch ablaufende Einstellungen von Hand ist jederzeit möglich; solche Korrekturen können in die Programmierung der Steuerung übernommen werden.

8.7.2 Überblendregler

Bei der Sendung oder Vorproduktion muß vielfach von einer Tonquelle auf eine andere überblendet werden. Im allgemeinen wird dabei mit zwei Pegelstellern gearbeitet, um die zeitliche und pegelmäßige Gestaltung der Blende frei bestimmen zu können. Der Überblendregler übernimmt das Überblenden von einer Quelle auf eine andere so, daß die Lautstärke während des Blendvorgangs etwa gleich bleibt. Realisiert wird diese Funktion durch zwei gegenläufig angeordnete Pegelsteller mit einem gemeinsamen Flachbahnsteller. Bei gleichen Quellenpegeln sind die Quellen jeweils um 3 dB gedämpft. Den Überblendregler gibt es in Mono- und Stereoausführung. *Abb. 8/32* zeigt die Regelcharakteristik.

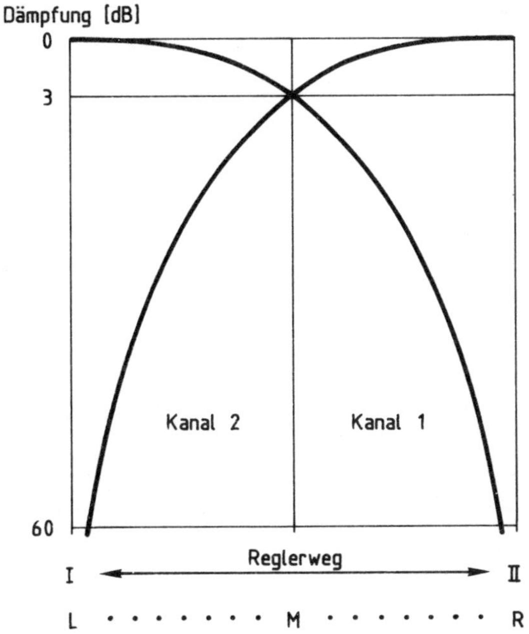

Abb. 8/32. Regelcharakteristik des Überblendreglers.

8.7.3 Elektronische Blender

Blendvorgänge wie Einblenden, Ausblenden, Überblenden und Mischblenden werden heute in bestimmten Fällen von automatisierten Pegelstellern, sog. elektronischen Blendern, ausgeführt. Die Hauptanwendung dieser Bausteine ist zunächst da zu finden, wo vorprogrammierbare Pegeleinstellungen möglich sind, also in der automatisierten Sendeabwicklung, aber auch bei Abmischungen von Mehrspuraufnahmen. Alle Blendvorgänge werden durch bestimmte Steuerimpulse veranlaßt. Elektronische Blender bieten gegenüber dem mechanischen Überblendregler wesentlich erweiterte Blendmöglichkeiten.

In automatisierten Sendestudios (Senderegien), in Studios für Verkehrsservicesendungen und bei Schallplatten-Discjockey-Sendungen werden in den Eingangs- und Gruppenkanälen teilweise elektronische Blender eingesetzt. Solche Blender bestehen z.B. aus folgenden Funktionsblöcken:

- Dämpfungsglied, bestehend aus einem regelbaren Verstärker,
- Zeitkonstantenglieder zur Erzeugung der gleitenden Steuerspannung für das regelbare Dämpfungsglied,

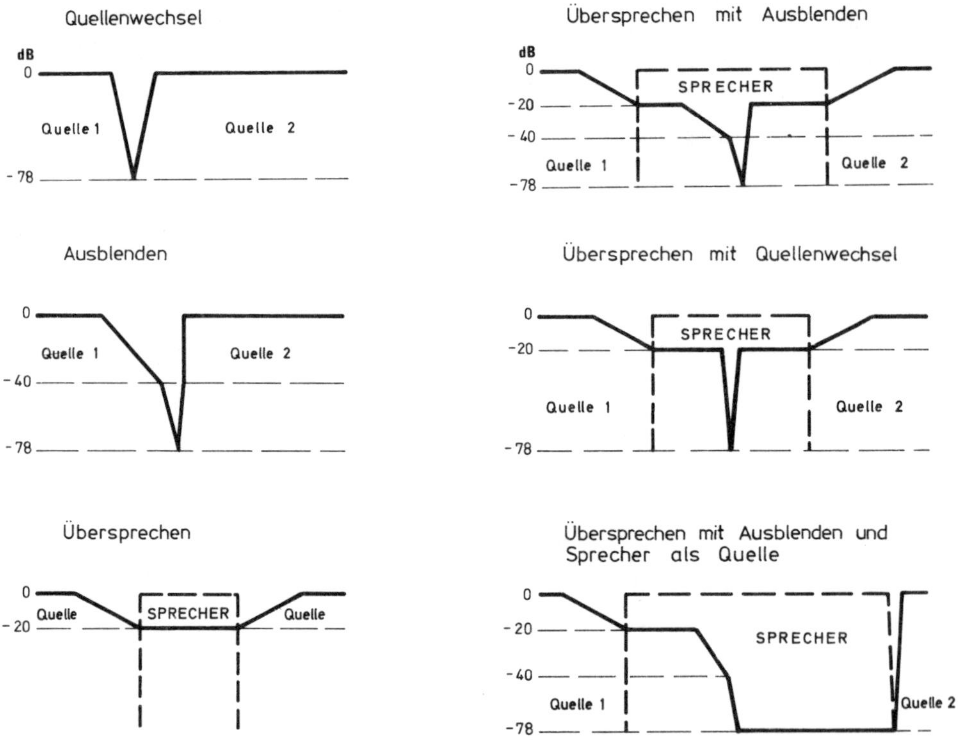

Abb. 8/33. Einige Blendmöglichkeiten bei elektronischen Blendern.

- Schalterstufe zur Umformung der ankommenden Ein- bzw. Ausblendimpulse in Dauersignale,
- Stromversorgung.

Die NF-Eingänge sind symmetrisch und hochohmig für den Nenneingangspegel +6 dBu ausgelegt. Der Nennausgangspegel +6 dBu wird von einem Ausgangsübertrager symmetrisch und niederohmig geliefert. Die Aus- und Einblendzeiten sind veränderbar. *Abb. 8/33* zeigt einige Blendmöglichkeiten von elektronischen Blendern. Neben der automatischen Aus- und Einblendung ist auch eine Handeinstellung möglich.

8.8 Knotenpunkte

Neben der Verstärkung und Pegeleinstellung von Tonsignalen ist die Mischung verschiedener Signalquellen eine der wesentlichen Aufgaben einer Tonregieanlage. Tonsignale mischen heißt, diese in einem Knotenpunkt oder einer Sammelschiene zusammenzuführen und dabei zu addieren oder „zu mischen". Knotenpunkte oder Sammelschienen gibt es somit bei der Gruppenbildung der Eingangskanäle und bei der Summenbildung der Gruppenkanäle, aber auch bei der Monobildung eines Stereosignals oder der Summierung von Vorhörsignalen. Die Gesamtheit der Pegelsteller, die in einer Mischung zusammengefaßt werden können, heißt Reglerwanne. Wichtig bei der Mischung ist, daß die Veränderung des Pegels eines der zu mischenden Signale oder die Zu- und Abschaltung eines Signals keinerlei Auswirkungen auf Pegel und Frequenzgang der übrigen Mischung ausübt.

Für die Knotenpunktbildung gibt es zwei Möglichkeiten: Die erste beruht auf der Spannungsanpassung der Knotenpunktbildung an den Knotenpunktverstärker; sie wurde in älteren Anlagen allgemein realisiert. Die heute übliche Knotenpunkttechnik beruht auf der Stromanpassung der Knotenpunktbildung an den Knotenpunktverstärker und wird auch mit Null-Ohm-Knotenpunkttechnik bezeichnet, weil der Knotenpunktverstärker einen Eingangswiderstand von nahezu 0 Ohm besitzt. Bei beiden Techniken müssen die einzelnen Pegelstellerausgänge durch Entkopplungswiderstände abgeschlossen werden; sie sorgen einerseits für eine konstante Belastung der Pegelsteller, wie sie die Spannungsanpassung fordert, andererseits für eine gegenseitige Entkopplung der Pegelstellerausgänge. [8.17]

8.8.1 Knotenpunkte mit Spannungsanpassung

Diese Art der Knotenpunktbildung geht von einem Knotenpunktverstärker aus, der für Spannungsanpassung konzipiert ist, also niedrige Quellimpedanz und hohe Eingangsimpedanz besitzt. Während bei dieser Technik die Eingänge von Geräten parallel geschaltet werden dürfen, sofern der Gesamtwiderstand der Parallelschaltung nicht die Nenneingangsimpedanz unterschreitet, dürfen hingegen Ausgänge nicht parallel geschaltet werden. Bei der Parallelschaltung von Ausgängen belasten sich die Ausgänge nämlich gegenseitig niederohmig, was zu Pegelverlusten führen kann. Zu diesem Problem kommt die Abhängigkeit der Ausgangsimpedanz der früher verwendeten passiven Pegelsteller von dem eingestellten Dämpfungswert. Die Knotenpunktbildung konnte unter diesen Umständen nur so gelöst werden, daß der einzelne Pegelsteller auf eine hohe Impedanz arbeitet, die Parallelschaltung aller Ausgänge aber niederohmig genug ist, um den Erfordernissen der Spannungsanpassung an den nachfolgenden Knotenpunktverstärker zu genügen.

Zu diesem Zweck werden jedem Pegelsteller symmetrisch in beiden Adern Entkopplungswiderstände nachgeschaltet, groß genug, um eine ausreichend hohe Belastung des Pegelstellerausgangs zu gewährleisten. Um die Widerstandverhältnisse im Knotenpunkt konstant zu halten, muß ein Ersatzwiderstand eingeschaltet werden, sobald ein Pegelsteller vom Knotenpunkt getrennt wird. Der Gesamtwiderstand dieser Parallelschaltung muß so niederohmig sein, daß die Bedingungen der Spannungsanpassung an den nachfolgenden Verstärker gelten.

Nach Einführung der Kassettentechnik Anfang der fünfziger Jahre wurde im Laufe der Jahre eine Reihe von Knotenpunktverstärkern entwickelt, die die Knotenpunktbildung zwar auch nach dem beschriebenen Prinzip, aber verstärkerintern vornahmen. Die Eingänge wurden zunächst verstärkt, so daß die Pegelsteller direkt ohne Entkopplungswiderstände an den Knotenpunktverstärker angeschlossen waren. Durch die Kombination von externen Knotenpunkten mit Entkopplungswiderständen und Verstärkern mit interner Knotenpunktbildung konnten die Signale von bis zu 20 Pegelstellern gemischt werden.

8.8.2 Knotenpunkte mit Stromanpassung

Die heute allgemein verwendete Technik der Knotenpunktbildung ist die sog. 0-Ohm-Knotenpunkttechnik; der Knotenpunktverstärker hat hier einen Eingangswiderstand gegen 0 Ω, eine Technik, die erst mit Einführung der Transistortechnik realisierbar wurde. Vorteil dieser Knotenpunktbildung mit Stromanpassung gegenüber der älteren Knotenpunktbildung mit Spannungsanpassung ist u.a. die Möglichkeit, eine große Zahl von Eingangskanälen – ausreichend für alle praktischen Anforderungen – mischen zu können *(Abb. 8/34)*. Während bei der Spannungsanpassung die Spannung unverändert von einem Gerät an das nachfolgende übergeben wird, geschieht dies bei Stromanpassung für den Strom.

Abb. 8/35 zeigt das Ersatzschaltbild dieser Knotenpunktbildung. Da die Pegelsteller für Spannungsanpassung mit einem niedrigen Ausgangswiderstand konzipiert sind, müssen sie hochohmig belastet werden; diese Aufgabe erfüllen u.a. die Entkopplungswiderstände R_E, die als Längswiderstände symmetrisch auf die beiden Ton-

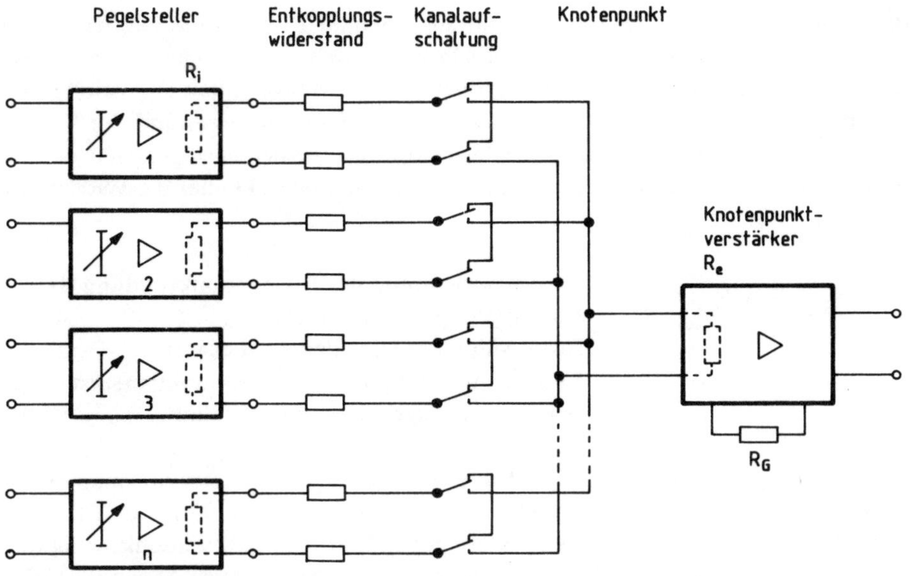

Abb. 8/34. Knotenpunktbildung mit Stromanpassung.

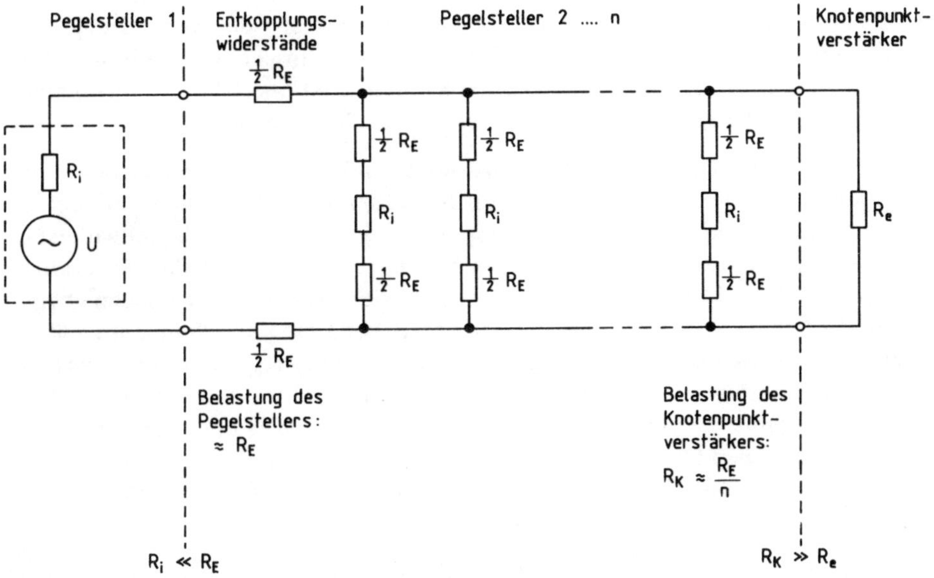

Abb. 8/35. Ersatzschaltbild der Knotenpunktbildung bei gleichen Pegelstellern.

adern aufgeteilt werden. R_E, bestehend aus zweimal 1/2 R_E, muß mindestens den Sollabschlußwiderstand des Pegelstellers besitzen, ist aber aus anderen Gründen bei der Knotenpunktbildung wesentlich größer. Die so entkoppelten Pegelsteller werden nun im Knotenpunkt parallel geschaltet; der Gesamtwiderstand der Knotenpunktbildung R_K wird durch die Parallelschaltung natürlich geringer, und zwar um so geringer, je mehr Kanäle parallel geschaltet sind und je kleiner die Widerstände R_E und R_i sind:

$$R_K = \frac{R_E + R_i + R_e}{n}$$

R_K = Gesamtwiderstand der Knotenpunktbildung [Ω]
R_E = Entkopplungswiderstand [Ω]
R_i = Innenwiderstand der Pegelsteller [Ω]
R_e = Eingangswiderstand des Knotenpunktverstärkers [Ω]
n = Anzahl der eingesetzten Pegelsteller

Diese Knotenpunktbildung wird nun über die Bedingungen einer Stromanpassung an den nachfolgenden Knotenpunktverstärker angeschaltet. D.h., daß der Eingangswiderstand dieses Verstärkers klein gegenüber dem Knotenpunktwiderstand R_K sein muß. Verstärker, die als Knotenpunktverstärker, auch Mischverstärker, Sammelschienenverstärker oder 0-Ohm-Verstärker eingesetzt sind, haben deshalb einen Eingangswiderstand von unter 5 Ω. Alle R_E dürfen voneinander um höchstens 1% abweichen.

Solange der Eingangswiderstand des Knotenpunktverstärkers R_e klein gegenüber dem Widerstand des Knotenpunkts R_K ist, bleiben Veränderungen des Widerstandes R_K ohne Einfluß auf den Pegel des Gesamtsignals. Auf- oder Abschaltungen von Kanälen sind also unproblematisch und können ohne Einschalten von Ersatzwiderständen – wie beim spannungsangepaßten Knotenpunkt unerläßlich – auskommen. Auch während des Betriebs ist das Zu- und Abschalten möglich.

Die Dimensionierung der Entkopplungswiderstände R_E muß einerseits die Spannungsanpassung der Pegelsteller an den Knotenpunkt sicherstellen, andererseits darf der Gesamtwiderstand der Knotenpunktbildung R_K den Sollquellwiderstand des Knotenpunktverstärkers nicht unterschreiten; er liegt je nach Verstärkertyp bei etwa 80 bis 100 Ω. In der Praxis werden für R_E Widerstandswerte zwischen etwa 2 x 1,2 bis 2 x 6,8 kΩ verwendet, um bei der Parallelschaltung der Kanüle im Knotenpunkt noch einen ausreichend hohen Gesamtwiderstand R_K von mindestens 80 bis 100 Ω zu gewährleisten. Die Spannung eines Pegelstellers wird im Knotenpunkt erheblich bedämpft; sie wird im Verhältnis R_e/R_E verkleinert. In der Praxis ergeben sich im allgemeinen Dämpfungen in der Größenordnung um den Faktor 1000 bzw. Dämpfungsmaße um 60 dB. Diesen Pegelverlust muß der Knotenpunktverstärker wieder durch eine entsprechende Verstärkung aufholen.

Da in einer Knotenpunktschaltung das Verhältnis von R_E zu R_e die Dämpfung bestimmt, können durch unterschiedlich große Entkopplungswiderstände R_E auch unterschiedlich große Pegel in den Knotenpunkt geführt werden.

Knotenpunktverstärker

Als Knotenpunktverstärker, Mischverstärker oder Sammelschienenverstärker werden in der 0-Ohm-Knotenpunkttechnik nicht spezielle Verstärker verwendet, sondern Universal- oder Mehrzweckverstärker, die auch zu anderen Aufgaben – z.B. als Trennverstärker, Leitungsverstärker, Abzweigverstärker, Pegelverstärker oder als Additionsstufe – eingesetzt werden. Durch ihre äußere Beschaltung werden diese Verstärker erst zu Spezialverstärkern. Die speziellen Daten eines Mehrzweckverstärkers sind also nicht geräte- sondern platzgebunden, weil die besondere Beschaltung in der Anlage an der äußeren Steckerleiste untergebracht ist. Die wichtigsten Eigenschaften von Mehrzweckverstärkern sind: erdfreier, symmetrischer Eingang, ein oder mehr erdfreie, symmetrische Ausgänge, Eingangswiderstand kleiner 5 Ω, Ausgangswiderstand ca. 40 Ω. Der Verstärker wird durch einen Gegenkopplungswiderstand R_G beschaltet, der zusammen mit dem Vorschaltwiderstand R_E die Verstärkung bestimmt. Mit diesen Eigenschaften eignet sich ein solcher Verstärker für die Stromanpassung an den Knotenpunkt.

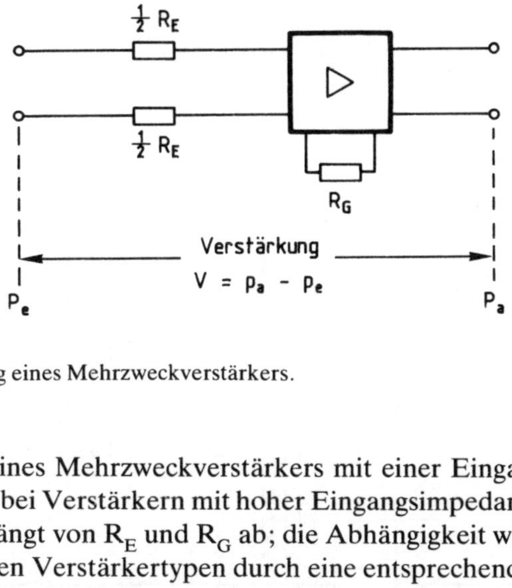

Abb. 8/36. Verstärkung eines Mehrzweckverstärkers.

Die Verstärkung eines Mehrzweckverstärkers mit einer Eingangsimpedanz nahe 0 Ω wird anders als bei Verstärkern mit hoher Eingangsimpedanz als $p_a - p_e$ *(Abb. 8/36)* definiert. Sie hängt von R_E und R_G ab; die Abhängigkeit wird von den Herstellern für die einzelnen Verstärkertypen durch eine entsprechende Formel oder Kurve angegeben. Die Verstärkung kann zusätzlich noch an einem Trimmpotentiometer um ±1,5 dB fein abgeglichen werden. *Abb. 8/37* zeigt an einem Beispiel die Ermittlung der Verstärkerdaten.

Anders als Studioverstärker für Spannungsanpassung, also mit hohem Eingangswiderstand, dürfen die Eingänge von Mehrzweckverstärkern mit niedrigem Eingangswiderstand nicht direkt parallel geschaltet werden, eine Parallelschaltung muß hier gegebenenfalls vor dem Vorschaltwiderstand R_E erfolgen.

Bei Mehrzweckverstärkern mit mehreren Ausgängen können durch entsprechende Reihenschaltungen der Wicklungen unterschiedliche Ausgangspegel abgenommen

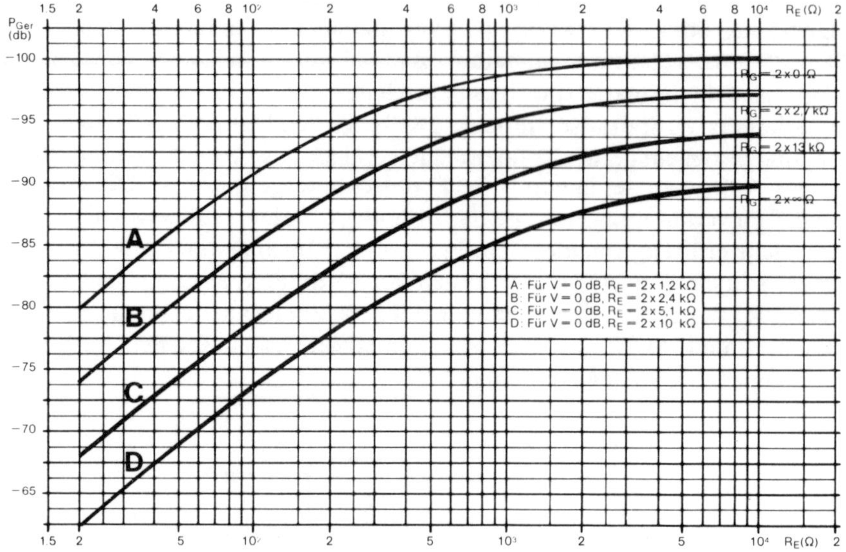

Geräuschspannung am Ausgang (dB_{qps}) (typische Werte, gemessen nach DIN 45405, Ausgabe 11.83

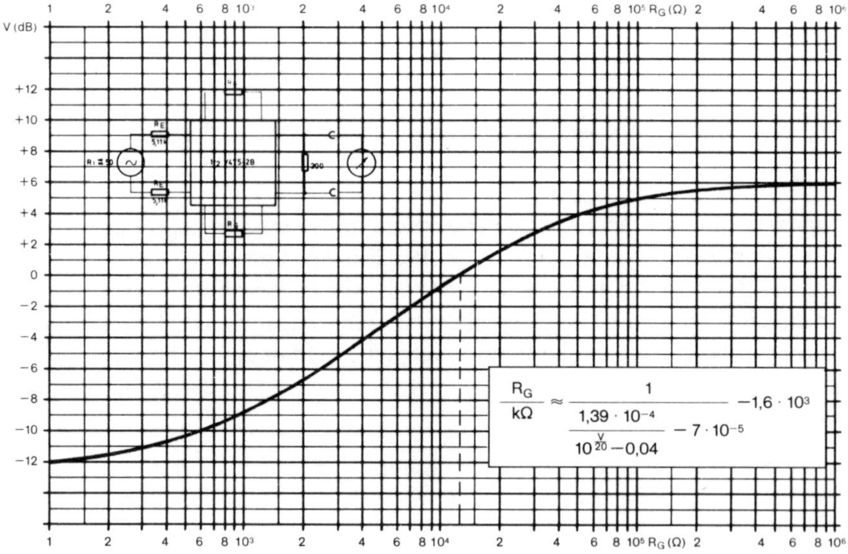

Verstärkung in Abhängigkeit von R_G

Abb. 8/37. Mehrzweckverstärker V 475-2B, technische Daten.

werden. Durch die individuell mögliche Dimensionierung von R_E können auch Quellen mit unterschiedlichen Pegeln gemischt werden.

Arbeitet ein Mehrzweckverstärker als Knotenpunktverstärker, so erhält er im allgemeinen von den einzelnen Pegelstellern Studiopegel (+6 dBu), die er auch wieder abgibt. Seine Verstärkung ist also definitionsgemäß $p_a - p_e = 0$ dB. Werden die Signale mehrerer Pegelsteller gemischt, so müssen die zu mischenden Signale natürlich im Pegel entsprechend geringer sein, damit der Gesamtpegel nicht übersteuert wird.

Für die Dimensionierung dieser Widerstände ist nun weiterhin die Tatsache von Bedeutung, daß der Geräuschpegel des Verstärkers um so geringer ist, je kleiner der Gegenkopplungswiderstand R_G ist. Daraus ergibt sich als Forderung an den Widerstand R_E, daß dieser ebenfalls so klein wie möglich gewählt wird; der Gesamtwiderstand der Knotenpunktbildung R_K darf dabei allerdings den vorgeschriebenen Mindestwert von ca. 100 Ω nicht unterschreiten.

Die Mehrzweck- bzw. Knotenpunktverstärker der einzelnen Hersteller unterscheiden sich außer in ihrem internen schaltungstechnischen Aufbau – z.B. symmetrischer oder unsymmetrischer Schaltungsaufbau – durch die Zahl der Ausgänge – ein oder zwei –, durch die Dimensionierung von R_E und R_G und den Zusammenhang der Verstärkung und des Störpegels mit diesen Widerständen, weiterhin durch den erforderlichen Mindestwert von R_E. Die Verstärker können auch als Doppelverstärker zweikanalig aufgebaut sein.

8.9 Hilfssummen

Neben der Mischung der einzelnen Signalquellen in einer Tonregieanlage zu einem Gesamtklangbild, das aufgezeichnet oder übertragen wird, sind davon abweichende Mischungen für die unterschiedlichsten Aufgaben notwendig. Diese parallel mit der Hauptmischung erstellten Hilfsmischungen können z.B. für die künstliche Verhallung, für die Einspielung in eine Beschallungsanlage für Publikum und Bühne, Playback-Aufnahmen und schließlich für die Erzeugung spezieller Klangeffekte verwendet werden. Die Einzelsignale für die Hilfsmischungen werden vor oder hinter dem Eingangspegelsteller abgezweigt und auf eine Hilfssammelschiene geführt. Beim Abzweig des Hilfswegs kann der Pegel für das Mischverhältnis eingestellt werden, hinter dem Sammelschienenverstärker ist eine Einstellmöglichkeit für den Pegel des Hilfssummensignals vorhanden.

Wegen der unterschiedlichen Aufgaben, die eine Hilfssumme übernehmen kann, sind den Hilfswegen bzw. der Hilfssumme auch unterschiedliche Bezeichnungen zugeordnet. Für Hilfswege, die zu einem universellen Gebrauch zur Verfügung stehen, sind universelle Bezeichnungen üblich; für Hilfswege, die mehr oder weniger nur ganz bestimmte Aufgaben erfüllen wie z.B. die Mischung eines Signals für die

Ansteuerung eines Hallgerätes, können funktionsgerechte Bezeichnungen gewählt werden. Universelle Bezeichnungen für Hilfswege sind Ausspielen, Ausspielweg, Auxiliary oder Auxiliary Channel; funktionsbezogene Bezeichnungen sind Hallweg oder Reverb Channel, Effektweg, Solistenweg, Einspielweg oder Foldback Channel sowie Playback.

Da in den Hilfswegen im allgemeinen bestimmte Einstellungen während einer Aufnahme oder Produktion beibehalten werden, kann die Einstellung der Pegel in den einzelnen Hilfswegen und in der Summe vereinfacht werden; Drehpotentiometer stellen hier eine platzsparende Alternative dar. Für die Einstellung der Hilfssumme ist vielfach ein Flachbahnpegelsteller vorhanden, weil hiermit z.B. Blenden besser ausführbar sind. Die Anforderungen an die elektrischen Eigenschaften können in einigen Punkten gegenüber denen der Hauptwege zurückgenommen werden.

Die Anzahl der benötigten Hilfssummen hängt von den Aufgaben einer Tonregieanlage ab: Eine Mono-Hilfssumme reicht für eine einfache künstliche Verhallung aus, eine zweite Mono-Hilfssumme steht dann für eine Einspielung zur Verfügung. Im allgemeinen sind jedoch vier Mono-Hilfssummen vorgesehen. Während für bestimmte Effekte oder einfachere Aufgaben bei der Verhallung und Beschallung eine Hilfssumme in Mono zweckmäßig oder zumindest ausreichend ist, stellt sich für manche Aufgaben die Forderung nach einer stereofonen Hilfssumme; dazu gehören komfortablere Publikumsbeschallungen, Einspielungen für Kopfhörerwiedergabe für Musiker, komplexe Verhallungen, Soundeffekte u.a. Deshalb verfügen größere Tonregieanlagen zusätzlich zu z.B. drei Mono-Hilfssummen über eine Stereo-Hilfssumme. Grundsätzlich können auch zwei Mono-Hilfssummen zu einer Stereosumme zusammengefaßt werden, indem eine Summe als linker, die andere als rechter Kanal verwendet wird; durch entsprechende Einstellungen der Potentiometer kann sogar die Position einer Schallquelle auf der Basis festgelegt werden. Allerdings ist dieses Verfahren etwas mühsam. Ein Panpot in einem Stereo-Hilfsweg löst diese Aufgabe weit besser.

Besonders wenn nur wenige Hilfswege zur Verfügung stehen, kann eine freie Zuordnung der Hilfswege zu den Hilfswegsammelschienen – wie bei den Hauptwegen – nütztlich sein.

Das Tonsignal für Hilfswege kann vor oder hinter dem Eingangspegelsteller abgezweigt werden. Entweder ist hierfür ein Umschalter mit den Schalterstellungen „vor/hinter Regler“ oder ein Schalter mit einer zusätzlichen Stellung „aus“ vorgesehen. Die Schaltung der Hilfswege, ihrer Auskopplung und Summenbildung zeigt *Abb. 8/38.* Dargestellt sind Auskopplungen jeweils aus einem Mono- und Stereokanal auf drei Mono- und einen Stereo-Hilfsweg. Nicht dargestellt sind die Entkopplungswiderstände.

Der Wahlschalter „vor/hinter Regler“ bietet in der Stellung „hinter Regler“ die Möglichkeit, daß Änderungen der Hauptmischung auch in die Mischung der Hilfswege eingehen, also z.B. sich auch auf die Zusammensetzung des Nachhalls oder einer Beschallung auswirken. In der Stellung „vor Regler“ bleiben diese Änderungen ohne Einfluß; auch bei geschlossenem Pegelsteller erhalten die Hilfswege ein Signal. Das muß bei einer Verhallung z.B. dann vermieden werden, wenn ein

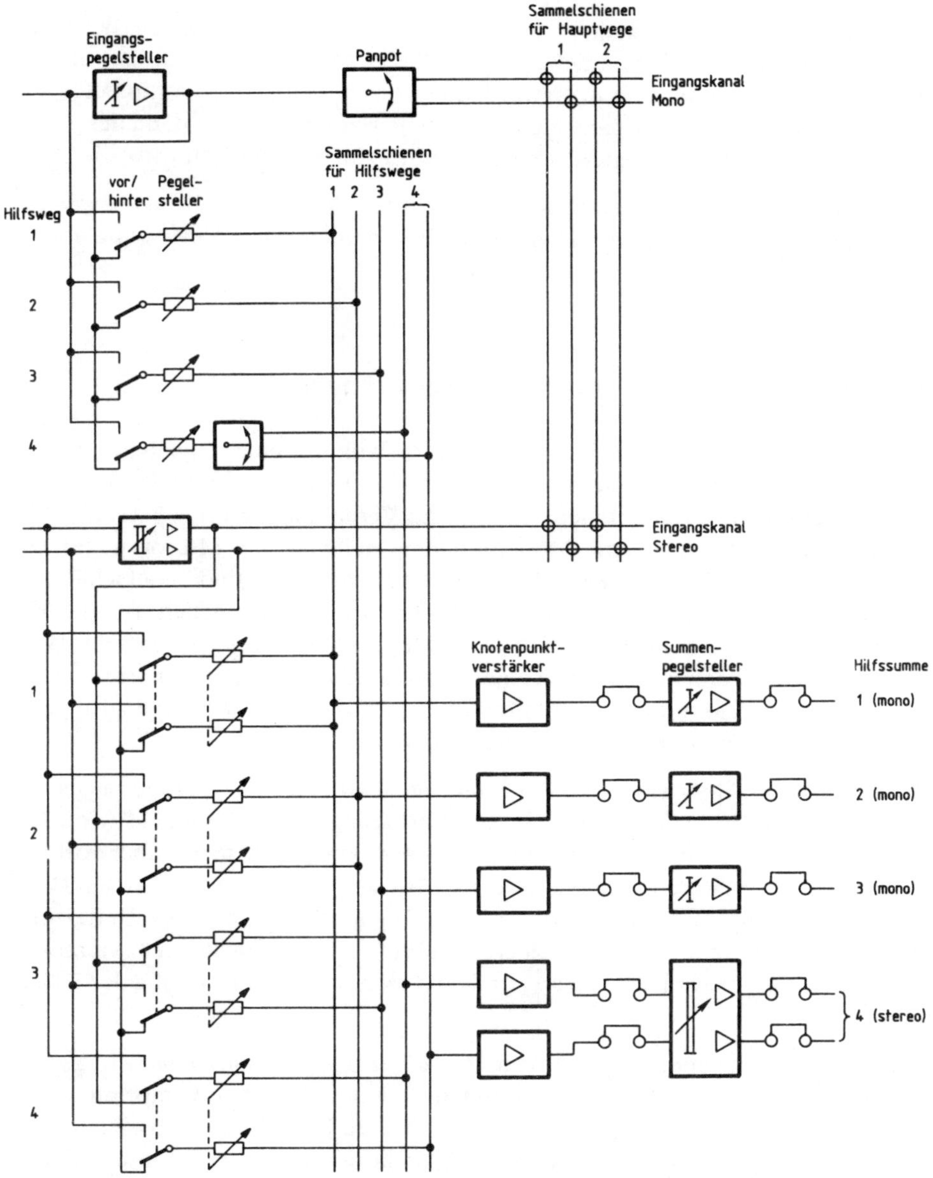

Abb. 8/38. Schaltungsmöglichkeiten für Hilfswege.

Mikrofonkanal zeitweise geschlossen ist, weil das Signal nicht eingemischt werden soll. Andererseits kann die Auskopplung vor Regler z.B. bei einer Bühnenbeschallung dann notwendig sein, wenn die Musiker vor ihrem Einsatz das Playback hören müssen. Gelegentlich sind die Abgriffe für einen Hilfsweg auch fest verdrahtet und müssen bei Bedarf umgelötet werden.

Signale für die Hilfswege werden nur aus den Eingangskanälen, nicht aus den Gruppen- oder Summenkanälen ausgekoppelt. Soll eine Mischung unverändert in einen Hilfsweg übernommen werden, so werden hierfür die Ausspielpotentiometer aller verwendeten Kanäle voll aufgedreht; an der Hilfswegsumme steht dann der gleiche Pegel an wie am Gruppenregler, wenn „hinter Regler“ abgegriffen wird.

Im folgenden werden zwei wichtige Anwendungen der Hilfskanäle etwas genauer betrachtet: die Gewinnung der Hallsignale für eine künstliche Verhallung und die Einspielung.

8.9.1 Schaltungen für künstliche Verhallungen

Eine typische Funktion von Hilfswegen ist die Gewinnung eines Signals zur Ansteuerung von Hallgeräten. Bei Monoaufnahmen mit einem Mikrofon oder Stereoaufnahmen mit zwei Mikrofonen bedarf es für die Verhallung im Prinzip keiner Hilfswege; werden jedoch für eine Monoaufnahme mehr als ein Mikrofon, für eine Stereoaufnahme mehr als zwei Mikrofone verwendet, so sind unterschiedliche Mischungen der Mikrofonsignale für Direkt- und Hallsignal möglich. Bei der Verhallung wird im allgemeinen auch von dieser Möglichkeit Gebrauch gemacht. Wenn z.B. einzelne Instrumentengruppen einer Musikproduktion weiter entfernt erscheinen sollen, kann das mit einem höheren Hallanteil dieser Instrumentengruppe bei gleichzeitig geringerem Direktanteil simuliert werden.

Moderne Hallgeräte verarbeiten ein Monosignal zu einem stereofonen Nachhall; dennoch steht oft ein Stereoeingang zur Verfügung, das Monosignal wird dann intern durch Summenbildung hergestellt. Moderne Hallgeräte bieten aber auch eine Verarbeitung von Stereosignalen, indem sie bei der Gewinnung von ersten Reflexionen eine spiegelbildliche Zuordnung von Direktschall und ersten Reflexionen vornehmen. *Abb. 8/39* zeigt ein Blockschaltbild für eine solche echte stereofone Verarbeitung einer Hallansteuerung und eine monofone Verarbeitung der Hallansteuerung.

Eine eventuell notwendige oder erwünschte Filterung des Hallsignals wird gegebenenfalls nach der Verhallung vorgenommen. Soll das Hallsignal komprimiert werden, um auch bei kleineren Pegeln eine gut hörbare Raumillusion zu erzeugen, so geschieht dies am besten im Hallsummenkanal; die entsprechenden Einschleifpunkte, z.B. Doppeltrennklinken oder Anschaltklinken mit Brückenstecker, sind im Hallsummenkanal vorgesehen. Sofern im Hallgerät keine Möglichkeit der Hallver-

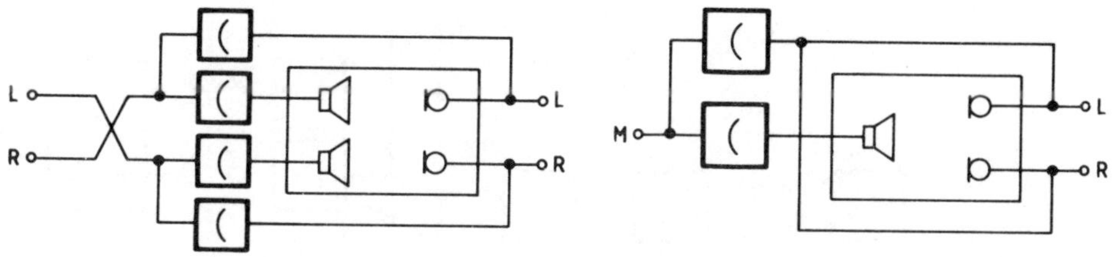

Abb. 8/39. Stereofone und monofone Verarbeitung des Signals der Hallansteuerung (Prinzip).

zögerung vorhanden ist, kann im Hallsummenkanal ein einkanaliges oder in der Hallrückführung ein zweikanaliges Verzögerungsgerät eingeschleift werden.

Die Mischung der Hallsignale richtet sich nach dem Klanginhalt und kann einerseits identisch mit der Hauptmischung sein, sich andererseits auch grundsätzlich davon unterscheiden; in der Popmusik z.B. ist sie auch Musikstilen und Soundtrends unterworfen. Im Bereich der E-Musik dürfte der geeignete Ausgangspunkt für eine Hallmischung die Hauptmischung sein; sie ergibt sich, wenn die Hallwege hinter Regler abgezweigt und voll aufgedreht werden. Auf der Basis dieser Mischung können dann Modifikationen vorgenommen werden: Um die Tiefenstaffelung des Klangbildes zu unterstützen, erhalten nähere Klangquellen weniger Hall, ebenso im Originalklang leise Instrumente; die Hallmischung wird also in diesem Fall an der Akustik des Aufnahmeraums oder eines in der Hallillusion hergestellten denkbaren natürlichen Raums orientiert. Im Bereich Popmusik existiert der natürliche Raum als Vorbild oder Orientierung zumindest in geringerem Maße oder wird ersetzt durch eine fiktive Raumakustik, die durchaus auch kein denkbares „natürliches“ Vorbild haben muß. Auch der Klang der Aufnahme ist ja nur fiktiv gemessen an einer realen Aufführung ohne Soundbearbeitung seitens der Aufnahmetechnik. Für diesen Bereich können also kaum allgemein geltende Empfehlungen für eine Hallmischung gegeben werden; sie richtet sich nach den Klangvorstellungen des Produktionsteams und der Musiker.

Die Hallmischung kann im allgemeinen unterschiedlichen Hallerzeugern zugeführt werden; die Weiterschaltung kann z.B. im Ausgangskreuzschienenverteiler, durch einen Schnurverteiler u.a. geschehen. Bei den Hallgeräten kann es sich um elektronische Hallgeräte, die im Regieraum oder zentral untergebracht sind, oder um elektro-mechanische Geräte, die nicht notwendig, aber bevorzugt räumlich getrennt aufgestellt sind, und schließlich um Hallräume handeln, die meist in einem abgelegenen Gebäudeteil untergebracht sind. Alle Hallgeräte bzw. Hallräume sind fernsteuerbar und können somit von verschiedenen Studios genutzt werden (siehe Band 1, 6.4.1).

Das Ausgangssignal eines Hallgerätes ist ein inkohärentes Stereosignal, was den reinen Hallanteil betrifft; ausgeprägte erste Reflexionen, wie sie mit elektronischen Hallgeräten im allgemeinen erzeugt werden können, stellen kohärente Signale dar.

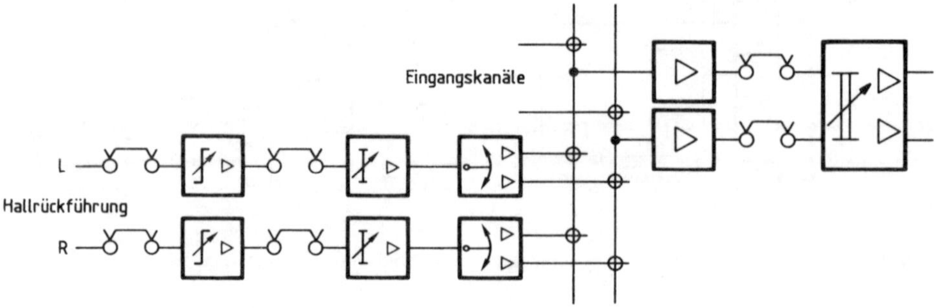

Abb. 8/40. Hallrückführung.

Für die Einmischung des Hallsignals werden zwei Regiewege gebraucht, die wie Eingangskanäle aufgebaut sind, aber keine Mikrofonverstärker und Ausspielwege enthalten *(Abb. 8/40)*.

Vor allem elektronische Hallgeräte, die im Bereich der professionellen Technik ausschließlich digital arbeiten, bieten neben der einfachen Verhallung eine Reihe weiterer Effekte (siehe Band 1, 6.4). Diesen Effekten können durch die Hallrückführung noch einige hinzugefügt werden. So kann etwa eine Einzelschallquelle mit einem nur dieser Schallquelle zugeordneten Hallgerät verhallt werden, deren Hall dann mit Panpot nur hinter diese Schallquelle gelegt wird oder z.B. im Ausklingen über die Basis wegzieht, sozusagen eine „wegfliegende Hallfahne". Ein weiterer Effekt ist der „Flankenhall"; er wird nur links und rechts auf der Basis abgebildet als zwei „Halltunnel", in der Mitte gibt es keinen Hall. In einem solchen Hall dürfen keine kohärenten Signale enthalten sein, d.h. die beiden „Halltunnel" müssen von unterschiedlichen Hallgeräten stammen und nur links bzw. rechts eingeordnet sein. Als weiteren Effekt der Hallrückführung ist der sog. „S-Hall" zu nennen; es handelt sich um Monohall, der phasenvertauscht dem linken bzw. rechten Kanal zugemischt wird; er hat also die Merkmale eines S-Signals in der MS-Stereofonie. S-Hall ist vollkommen unkompatibel, er löscht sich bei der Monobildung aus. Anteile von S-Hall können aber als Klangeffekt beigemischt werden, wodurch die Kompatibilität nur eingeschränkt ist.

Eine künstlich verhallte Aufnahme soll kompatibel sein; d.h. bezogen auf den Hall, auch bei der Bildung eines Monosignals darf sich das Verhältnis von Direktschall zu Nachhall nicht nachteilig ändern. Die Erfahrung zeigt aber, daß der Hallanteil bei der Monobildung zurückgeht. Dies ist mit der unterschiedlichen Korrelation der Stereosignale von Direktschall und Nachhall erklärbar: Der Korrelationsgrad des Stereodirektsignals liegt in der Regel über 0, derjenige des stereofonen Hallsignals um 0. Bei der Monobildung, also der Summenbildung von L und R, bewirken die im Direktsignal mit einem höheren Korrelationsgrad auch in stärkerem Maße enthaltenen gleichphasigen Signalanteile eine Verstärkung des Direktsignals gegenüber dem Hallsignal und damit ein Zurücktreten des Nachhalls.

8.9.2 Schaltungen für Einspielwege

Bei der Produktion, Übertragung oder Sendung muß in bestimmten Fällen das Signal auch in das Studio zurückgeschaltet werden. Diesen Vorgang bezeichnet man als Einspielung. Ein typisches Beispiel für eine Einspielung ist eine Musikproduktion mit dem Playbackverfahren. Bereits aufgenommene Klanggruppen müssen als Taktsignal ins Studio gespielt werden, damit die Studiomusiker ihren Beitrag synchron dazu auf Band spielen können (siehe Band 1, 5.5.9). Ein anderes Beispiel ist das Sprecherstudio, dem ein laufendes Programm eingespielt werden muß, damit der Sprecher z.B. seine Ansage passend über eine Musik legen oder die deutsche Ansage über die Ansage einer Auslandsübertragung sprechen kann. Im Fall der Playback-Aufnahme wird das Einspielen in der Tonregie veranlaßt, im Falle des Sprechers oft vom Sprecherstudio aus. Weiter unterscheidet man bei der Einspielung zwischen der eigentonfreien Einspielung und der Einspielung mit Eigenton. So ist es für den Sprecher verwirrend, seine eigene Stimme über Kopfhörer mitzuhören, während es für einen Studiomusiker, der ein Taktsignal über Kopfhörer bekommt, meist unerläßlich ist, auch sich selbst in diesem Signal zu hören, um z.B. die Intonation besser beherrschen zu können. Hört der Musiker aber das Playback über Lautsprecher (Bühnenbeschallung, Monitoring), so kann der Eigenton im Lautsprechersignal zu Rückkopplung führen, so daß hier die eigentonfreie Einspielung angezeigt ist. Die Wiedergabe des Einspielweges kann über Lautsprecher oder Kopfhörer erfolgen. Der Einspielweg wird auch dazu benutzt, Kommandos in ein Studio zu geben.

Der Einspielweg ist ein Hilfsweg, er ist also im Prinzip wie ein Hallweg aufgebaut; in kleineren Anlagen müssen Hilfswege deshalb u.U. wahlweise zum Verhallen oder Einspielen benutzt werden können.

Um in den Proben Regieanweisungen über die Einspielwege ins Studio geben zu können, sind in der Schaltung an passender Stelle entsprechende Umschalter vor-

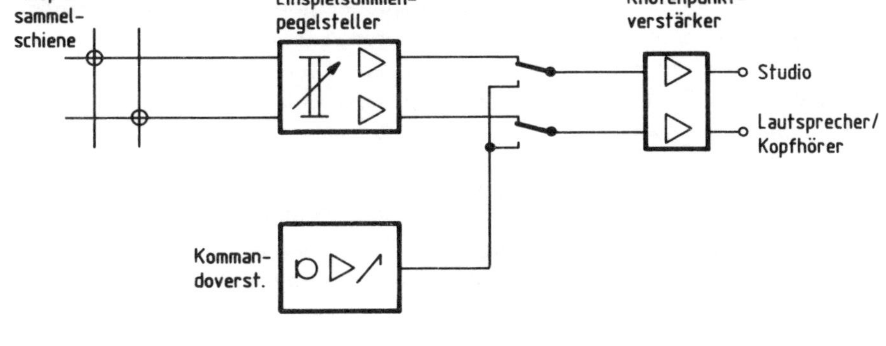

Abb. 8/41. Einkopplung von Kommandos in den Einspielweg (Playbackweg); die Entkopplungswiderstände sind weggelassen.

handen; über Kommandotasten können Kommandos in die Einspielwege eingegeben werden. Außerdem ist es möglich, die Kommandoanlage an die Mischpultausgänge anzuschalten und so bei Aufnahmen zu den einzelnen Takes für die späteren Bearbeitungsvorgänge Korrektur- und Schnittanweisungen direkt auf Band aufzusprechen.

Das Kommandomikrofon und der Kommandobegrenzerverstärker (Mikrofonverstärker mit integriertem Begrenzer) bilden eine Funktionseinheit. Der Kommandobegrenzerverstärker sorgt für einen konstanten Kommandopegel. *Abb. 8/41* zeigt eine Möglichkeit der Kommandoeinkopplung in den Einspielweg (siehe auch 9.4). Wird ein Kommando auf den Einspielweg gegeben, so wird der Einspielweg bedämpft – oder ganz unterbrochen – wie in *Abb. 8/41* gezeigt. Gleichzeitig wird auch der Abhörweg in der Tonregie bedämpft, damit Rückkopplungen vermieden und die Verständlichkeit der Kommandos gewährleistet ist.

8.10 Spezial- und Universalverstärker

Für die wesentlichen Aufgaben einer Tonregieanlage, nämlich für die Verstärkung und Mischung, werden Spannungsverstärker benötigt; Spannungsverstärker sind z.B. Mikrofonverstärker, Kommandoverstärker, Aufholverstärker, Leitungsverstärker u.a., siehe *Tab. 8/2*. Daneben gibt es Spannungsverstärker in einer Tonregieanlage für bestimmte zusätzliche Aufgaben. Diese Aufgaben können neben der reinen Spannungsverstärkung z.B. die Anpassung an die Bedingungen an Sammelschienen (Knotenpunktverstärker), die Frequenzgangkorrektur (Entzerrerverstärker, Aufsprech- und Wiedergabeentzerrerverstärker), die rückwirkungsfreie Modulationsverteilung (Trennverstärker) u.a. sein. Verstärker, die durch unterschiedliche äußere Beschaltung unterschiedliche Aufgaben erfüllen können, sind Universal- oder Mehrzweckverstärker. Andere Aufgaben haben Anpaßverstärker: Sie passen auch Impedanzverhältnisse und Leitungsführungen, die nicht den Verhältnissen der professionellen Studiotechnik entsprechen, an diese Verhältnisse an, sie schaffen geeignete Schnittstellen. Hierzu gehören Anpaß- und Leitungsverstärker, eigentlich auch Knotenpunktverstärker sowie Aufsprech- und Wiedergabeverstärker. Schließlich stellen Leistungsverstärker ausreichende Leistung für Lautsprecher zur Verfügung.

Die Schnittstellenbedingungen zwischen Geräten der Tonstudiotechnik sind in dem Pflichtenheft 3/5 für die öffentlich-rechtlichen Rundfunkanstalten definiert. Im einzelnen werden die Begriffe und Bedingungen für Studioverstärker in Kapitel 11 erläutert; die Fragen der Anpassung und Leitungsführung sind in Kapitel 8.3 dargestellt.

In *Tab. 8/2* sind die verschiedenen Typen von Studioverstärkern zusammenfassend aufgelistet. Die Besonderheiten, die sie von den einheitlichen Bedingungen für die

Schnittstellen unterscheiden, sind aufgeführt. Diese Bedingungen sind im wesentlichen: Ausgangsimpedanz ≤ 40 Ω, Eingangsimpedanz ≥ 600 Ω, Studiopegel +6 dBu am Ausgang. Der jeweilige Eingangspegel ergibt sich aus der Angabe über die Verstärkung.

8.10.1 Spannungsverstärker

Spannungsverstärker sind sowohl an ihre Quelle als auch an ihre Belastung spannungsangepaßt, d.h., sie haben eine hohe Eingangsimpedanz und eine niedrige Ausgangsimpedanz; die Spannung wird vom Ausgang eines Gerätes praktisch ohne Verlust auf den nachfolgenden Eingang übergeben. Die Eingangsimpedanz muß hierzu mindestens etwa 10mal größer sein als die Ausgangsimpedanz; in der Praxis liegt dieser Faktor um 100 oder noch höher. Die für eine Tonregieanlage wesentlichen Verstärker wurden bereits in eigenen Kapiteln besprochen: Mikrofonverstärker (8.5), Pegelsteller (8.7), Knotenpunktverstärker (8.8), Entzerrerverstärker (Band 1, 6.1), Aufsprech- und Wiedergabeverstärker (7.1 bzw. 7.2) und Regelverstärker (Band 1, 6.4). Weitere Verstärker sind in diesem Kapitel berücksichtigt.

Aufholverstärker

Aufholverstärker, auch Pegel- oder Ausgleichsverstärker genannt, verstärken einen Pegel auf Studiopegel + 6 dBu. Ihre Verstärkung kann den jeweiligen Anforderungen entsprechend eingestellt werden. Pegelverluste können z.B. nach passiven Geräten mit Einschaltdämpfung oder bei ankommenden Leitungen, die nicht Studiopegel führen, auftreten. Aufgrund seiner hohen Eingangsimpedanz eignet sich der Pegelverstärker auch zur rückwirkungsfreien Abzweigung eines Signals und als Trennverstärker.

Leitungsverstärker

Leitungsverstärker bilden in einem Funkhaus den Übergang von ankommenden Leitungen der Bundespost zur Tontechnik des Funkhauses. Diese sog. Ortsempfangsleitungen (OEL) müssen mit 600 Ω abgeschlossen werden, da die Bundespost mit Leistungsanpassung arbeitet. Außerdem ist der Pegel an der sog. Postübergabestelle derzeit mit 280 mV ≙ – 11 dBu um 17 dB zu niedrig. Der Leitungsverstärker verfügt deshalb über eine Grundverstärkung von 17 dB mit einer zusätzlichen Verstärkungseinstellung von z.B. – 6 bis + 12 dB, um Abweichungen vom Sollpegel ausgleichen zu können. Künftig soll der Übergabepegel auf + 9 dBu angehoben werden, damit muß der Leitungsverstärker eine Grunddämpfung von 3 dB haben.

Trennverstärker

Aufgabe der Trennverstärker, Abzweigverstärker oder Verteilerverstärker ist die rückwirkungsfreie Signalverteilung. Eine Signalverteilung parallel an verschiedene

Tab. 8/2. Studioverstärker, Übersicht.

	Bezeichnungen	Aufgaben	Verstärkung	Besonderheiten
Spannungs- verstärker	Mikrofon- verstärker, Eingangsver- stärker	Verstärkung des Mikrofon- signals auf + 6 dBu	0 bis ca. 80 dB einstellbar	am Eingang Quell- impedanzen bis 200Ω, einstellbare Tiefensperre, Phasentausch möglich
	Kommando- verstärker	Verstärkung des Mikrofon- signals auf +6 dBu	ca. 30 bis 60 dB einstellbar	Mikrofonverstärker mit integriertem Begrenzer
	Aufhol- verstärker, Pegel- verstärker, Ausgleichs- verstärker	Ausgleich von Pegelverlusten z.B. bei ankommenden Leitungen und bei Geräten mit Einschalt- dämpfung	0 bis ca. 50 dB einstellbar	u.U. auch als Eingangs- oder Trennverstärker einsetzbar
	Pegelsteller	Einstellung des Betriebspegels	0 dB in Betriebs- stellung, Verstär- kung bis 15 dB, Dämpfung bis ∞ dB	nach seiner Funktion in der Tonregieanlage vor allem einstellba- res Dämpfungsglied
	Leitungsverstärker	Verstärkung und Anpassung des von der Post ge- lieferten Signals zur Übernahme in eine Tonregie- anlage	17 dB, künftig -3 dB bei einem Übergabepegel von +9 dBu	Leistungsanpassung des Eingangs an 600 Ω
	Knotenpunkt- verstärker, Mischverstärker, Sammelschienen- verstärker	Verstärkung des Knotenpunkt- signals	abhängig von den Widerstands- verhältnissen im Knotenpunkt	Eingangsimpedanz für Stromanpassung ≦ 5 Ω
	Trennverstärker, Abzweigverstär- ker, Verteil - verstärker	rückwirkungsfreie Verteilung des Signals	0 dB, auch mit einstellbarer Verstärkung	mindestens zwei rückwirkungsfreie Ausgänge
	Entzerrer- verstärker, Filter	Beeinflussung des Frequenzgangs	0 dB ± einge- stellte Anhe- bung/Absenkung	Klanggestaltungs- mittel

	Aufsprech- und Wiedergabe-verstärker	Anpassung von Pegel, Frequenzgang und Impedanz bei Magnettongeräten, Nadeltongeräten u.a.	je nach Gerät	bildet mit dem Wandlersystem zusammen eine Geräteeinheit
	Regelverstärker	automatische dynamische Regelung der Verstärkung in Abhängigkeit vom Signalpegel	abhängig vom Signalpegel und von den Einstellungen am Gerät	Gerät zur Dynamik- und Klanggestaltung
Universal-verstärker	Universalverstärker, Mehrzweckverstärker	kann je nach äußerer Beschaltung die Aufgaben der meisten Verstärkertypen übernehmen	entsprechend der Aufgabe	der Verstärker erhält seine speziellen Eigenschaften (Impedanzen, Verstärkung, Störpegelabstand) durch die äußere Beschaltung
Anpaß-verstärker	Anpaßverstärker, HiFi-Anpaßmodul	Anschaltung von HiFi-Geräten und Musikelektronik an Tonregieanlagen	bis etwa 26 dB	Anpassung an unsymmetrische Leitungsführung, höhere Impedanzen und geringere Pegel
	Knotenpunkt-verstärker			s.o.
	Leitungs-verstärker			s.o.
	Aufsprech- und Wiedergabe-verstärker			s.o.
Leistungs-verstärker	Leistungs-verstärker, Vorhörverstärker, Abhörverstärker	Leistungs-versorgung kleiner Lautsprecher	einstellbar oder fest	Ausgangsimpedanz klein für Leistungsanpassung an Lautsprecher und Kopfhörerketten

Verbraucher findet in einem Regieraum bzw. allgemein in den technischen Räumen eines Funkhauses an verschiedenen Stellen statt, z.B. wenn ein Signal gleichzeitig abgehört und aufgezeichnet oder übertragen wird. Rückwirkungsfreie Signalverteilung bedeutet, daß bei der Verteilung eines Signals auf mehrere Verbraucher sich keinerlei Rückwirkungen ergeben, wenn die Anzahl der Verbraucher sich ändert.

Kurzschluß oder Störgeräusche bei einem Verbraucher sollen sich weder auf die angeschlossenen Verbraucher noch auf den Eingang des Trennverstärkers auswirken.

Als Anforderungen an einen Trennverstärker ergeben sich daraus eine hohe Eingangsimpedanz – sie ist > 10 kΩ – und hohe Rückwärtsdämpfung vom Ausgang auf den Eingang und zwischen den Ausgängen. Trennverstärker oder Abzweigverstärker verfügen im allgemeinen über mindestens zwei Ausgänge mit Studiopegel + 6 dBu oder über einen Ausgang mit + 6 dBu und einem Leitungsausgang mit + 9 dBu. Verteilerverstärker haben mehr Ausgänge, z.B. 4 oder 6.

Da Trennverstärker die Rückwirkung von Störungen verhindern, erhöhen sie die Betriebssicherheit von Anlagen und Anlagenverbünden erheblich. Deshalb sind abgehende Leitungen damit gesichert. Die hohe Eingangsimpedanz erlaubt die Parallelschaltung einer größeren Zahl von Trennverstärkern.

Typische Einsatzorte für Trennverstärker sind z.B. die Ausgänge von Regieanlagen, die auf mehrere abgehende Leitungen rückwirkungsfrei verteilt werden müssen: auf den Abhörweg, auf Aufzeichnungsgeräte und abgehende Leitungen. Weitere Beispiele sind die Abgabe des Pegels an die Ortssendeleitung der Post im Schaltraum (OSL), die einen Betriebspegel von + 9 dBu besitzt, sowie die Abgabe des Pegels von einem Ü-Wagen aus an die Post mit einem Pegel von + 15 dBu; in beiden Fällen muß der Trennverstärker das Signal auch verstärken, nämlich um 3 bzw. 9 dB.

Trennverstärker „richten" Leitungsverbindungen, sie sind dann nur in einer Richtung verwendbar. *Abb. 8/42* stellt gerichtete und ungerichtete Querverbindungen zwischen verschiedenen Räumen eines Studiokomplexes dar.

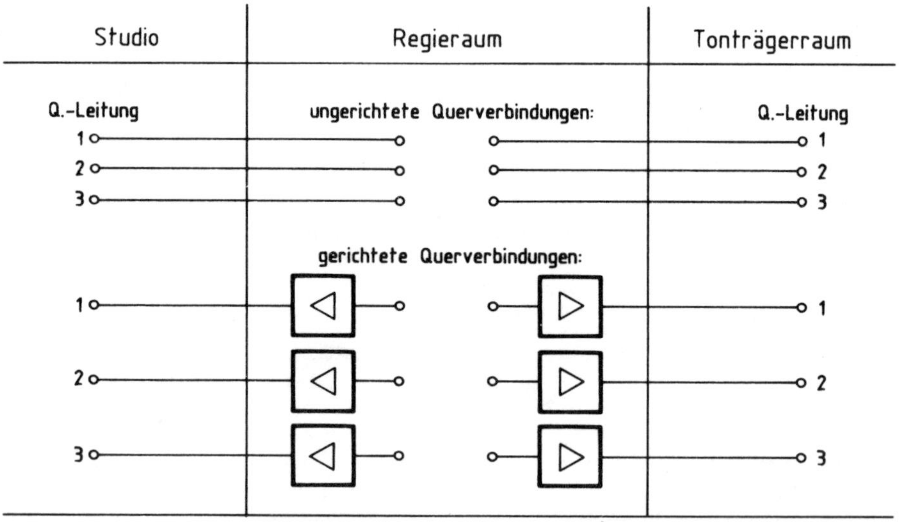

Abb. 8/42. Gerichtete und ungerichtete Querverbindungen zwischen den verschiedenen Räumen eines Studiokomplexes.

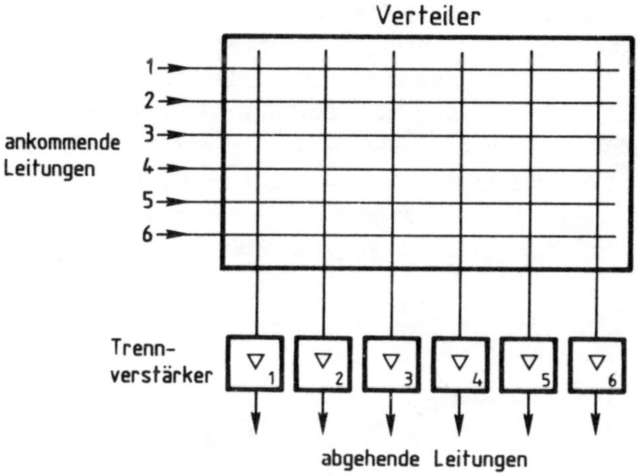

Abb. 8/43. Signalverteilung über einen Verteiler.

Eine wichtige Anwendung ist auch der Verteilerblock *(Abb. 8/43)*. Um auf den horizontalen Verteilerschienen ohne Rücksicht auf ihre Anzahl Verbraucher zusammenschalten zu können, sind unmittelbar am Verteilerausgang Trennverstärker geschaltet. Die Trennverstärker verstärken in dieser Schaltung nicht. Fehlschaltungen hinter den Trennverstärkern wirken zwar über die Leitung zurück auf den Ausgang des Trennverstärkers, belasten aber nicht den Verteilerblock und dessen Eingänge.

Auch der Mikrofontrennverteiler ist ein Trennverstärker (siehe 8.5.4).

8.10.2 Universalverstärker

Vom Gesichtspunkt der Gerätefertigung, Instandhaltung von Anlagen und der schnellen Beseitigung auftretender Fehler ist eine große Typenvielfalt von Verstärkern nachteilig. Ein einheitlicher Universalverstärker, der alle oder zumindest viele Aufgaben lösen kann, wäre hier sicher vorteilhafter. Dieser Gedanke führte zu der Entwicklung von Universal- oder Mehrzweckverstärkern. Diese Verstärker erhalten ihre jeweiligen, der Aufgabe angepaßten Eigenschaften durch ihre äußere Beschaltung mit Vorwiderständen und Gegenkopplungswiderständen und durch eine unterschiedliche Zusammenschaltung ihrer Ausgangsübertrager. Die Verstärker selbst sind also untereinander oder durch Ersatzgeräte austauschbar, ihre besondere Funktion erhalten sie erst an ihrem vorgeschriebenen Platz in einer Anlage. Die äußere Beschaltung ist an die Anlage, nicht an den Verstärker gebunden. Universalverstärker können als Aufholverstärker, Leitungsverstärker, Knotenpunktverstärker, Trennverstärker, Verteilerverstärker u.a. verwendet werden. Tatsächlich konnten sich diese Verstärker nicht in ihren vielfältigen Verwendungsmöglichkeiten durchsetzen.

Universalverstärker haben einen symmetrischen, erdfreien, sehr niederohmigen Eingang. Mit einem solchen Eingang ist der Verstärker für Stromanpassung ausgelegt und eignet sich als Knotenpunktverstärker. Die für einen Spannungsverstärker erforderliche hohe Eingangsimpedanz wird durch Vorwiderstände hergestellt. Die Verstärkung wird nicht wie bei anderen Studioverstärkern als Differenz von Ausgangs- und Eingangspegeln definiert, sondern als Differenz vom Ausgangspegel zum Eingangspegel vor dem Vorwiderstand. Am Beispiel des V 672 sind im folgenden einige Anwendungen beschrieben *(Abb. 8/44)*.

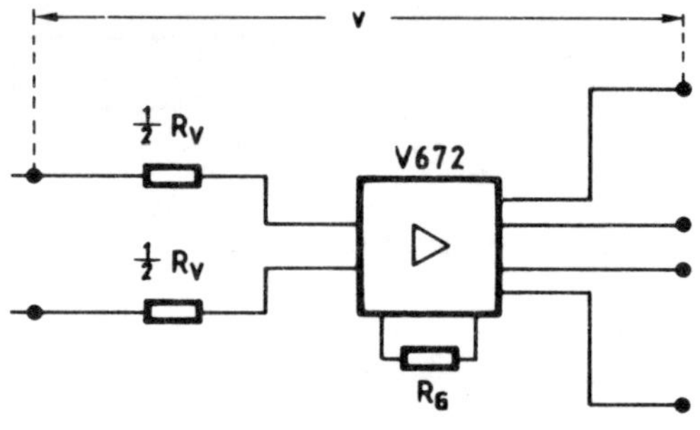

Abb. 8/44. Mehrzweckverstärker.

Der Eingang des V 672 ist mit einer Impedanz von < 5 Ω sehr niederohmig. Höhere Eingangsimpedanzen werden durch außen vorgeschaltete Widerstände realisiert. Seine Verstärkung ist von negativen Werten über 0 bis max. 43 dB durch die äußere Beschaltung mit einem Vorwiderstand R_v (bisher mit R_E bezeichnet) und einem Gegenkopplungswiderstand R_G einstellbar. Zusätzlich ist ein Feinabgleich von ± 1,5 dB vorhanden.

Der Zusammenhang zwischen Verstärkungsfaktor v, Vorwiderstand R_v und Gegenkopplungswiderstand R_G ist gegeben durch die Beziehung:

$$v \approx \frac{R_G[k\Omega]+8{,}2}{R_V[k\Omega]} \cdot 1{,}2$$

Alle für v bzw. R_v gewünschten Werte können nach dieser Formel errechnet werden. Die Summe der Vorwiderstände darf einen Minimalwert von 80 Ω nicht unterschreiten. Eine eingangsseitige Parallelschaltung mehrerer V 672 darf nur vor den Widerständen R_v erfolgen.

Der Verstärker V 672 besitzt zwei Ausgangsübertrager mit gleichen elektrischen Daten. Jeder Übertrager hat zwei getrennte Sekundärwicklungen, deren Anschlüsse an die Steckerleiste geführt sind und einzeln oder zusammengeschaltet verwendet werden können. Somit stehen maximal 4 symmetrische, erdfreie Ausgänge zur Verfügung. Außerdem ist noch ein unsymmetrischer Ausgang vorhanden. Durch unterschiedliche Zusammenschaltungen der symmetrischen Ausgänge und zusätzlich durch primärseitige Umschaltung des Ausgangsübertragers 2 sind die Ausgangsdaten des Verstärkers (Pegel, Ausgangsimpedanz, Nennabschluß) variierbar.

Pegelverstärker

Dieser Verstärker hat die Aufgabe, einen Pegelverlust auszugleichen und den Pegel wieder auf einen Nennwert anzuheben. Die erforderliche Verstärkung ergibt sich dabei aus der Differenz zwischen vorhandenem Pegel und Nennpegel. Kriterien für die Dimensionierung von R_v und R_G sind der Mindestabschluß der speisenden Quelle und optimaler Störpegelabstand. Dabei gilt allgemein, daß der Störpegel bei einer vorgegebenen Verstärkung v mit abnehmenden Werten von R_G kleiner, der Störabstand also besser wird. Die untere Dimensionierungsgrenze für R_G ist durch den geforderten Abschluß der speisenden Quelle gegeben, da mit abnehmendem R_G bei konstantem v auch R_v geringer wird.

Bei Einsatz des Verstärkers V 672 als Pegelverstärker wird meist nur ein Ausgang benötigt. Durch Zusammenschaltung der Wicklungen beider Ausgangsübertrager kann entweder der maximale Ausgangspegel erhöht oder der Ausgangsscheinwiderstand verringert werden *(Abb. 8/45)*.

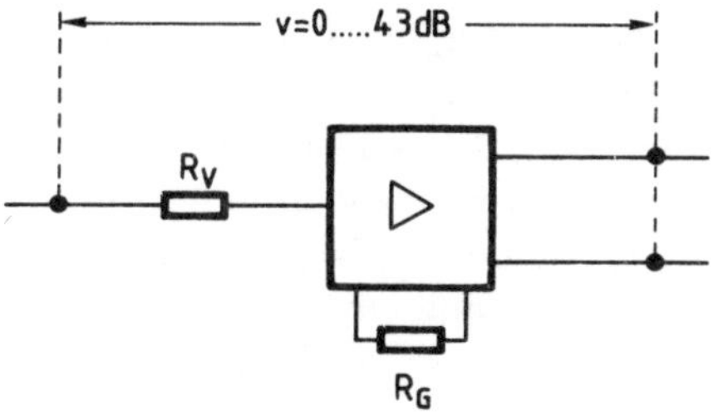

Abb. 8/45. V 672 als Pegelverstärker.

Knotenpunktverstärker

Zur Aufhebung der Knotenpunktdämpfung von Sammelschienen ist der V 672 wegen seines niedrigen Eingangswiderstandes besonders geeignet *(Abb. 8/46)*. Da die Verstärkung v für jeden angeschlossenen Eingang mit dem zugehörigen Entkopplungswiderstand R_v individuell und unabhängig von den anderen Eingängen einstellbar ist, können an einer Sammelschiene auch Quellen mit ungleichen Pegeln zusammengefaßt werden (siehe 8.7).

Zu beachten ist, daß der Gesamtwiderstand aller R_v einen Minimalwert von 80 Ω nicht unterschreiten soll, d.h., daß z.B. bei gleich großen Vorwiderständen von R_v = 13,6 kΩ max. 170 Eingänge an einer Sammelschiene zusammengefaßt werden können.

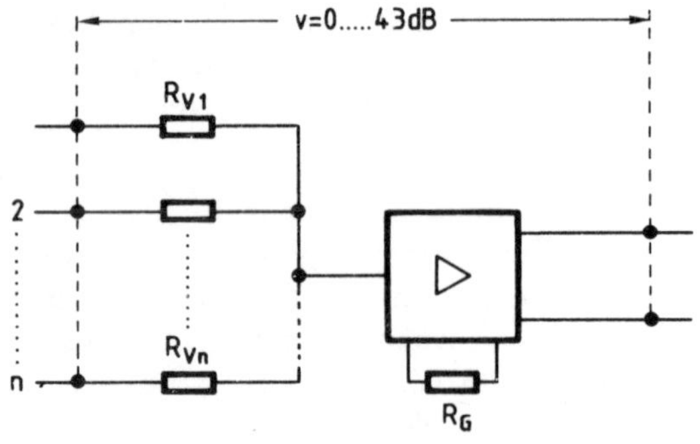

Abb. 8/46. V 672 als Knotenpunktverstärker.

Kriterien für die Dimensionierung von R_v und R_G sind die Mindestabschlüsse der speisenden Quellen, die je Eingang erforderliche Verstärkung, die Rücksprechdämpfung zwischen den angeschlossenen Quellen und der Störabstand. Für die Beziehungen zwischen Störabstand, R_v und R_G sowie für die Ausgangsdaten gelten die Ausführungen, die für den V 672 als Pegelverstärker gemacht wurden.

Trennverstärker

Beim V 672 steht in seiner Beschaltung als Trennverstärker *(Abb. 8/47)* ein Verstärkungsbereich von 0 bis 24 dB zur Verfügung. Die Rücksprechdämpfung zwischen den beiden Ausgängen beträgt 26 dB und kann durch eine Serienschaltung mit Widerständen von 2 x 100 Ω je Ausgang auf 46 dB oder von 2 x 20 Ω je Ausgang auf 36 dB erhöht werden. Verwendet man die insgesamt 4 Wicklungen der zwei Ausgangsübertrager einzeln, d.h. ohne Zusammenschaltung, so läßt sich der Verstärker als Verteilerverstärker mit 4 galvanisch getrennten Ausgängen einsetzen. Diese Verwendung ist wenig verbreitet.

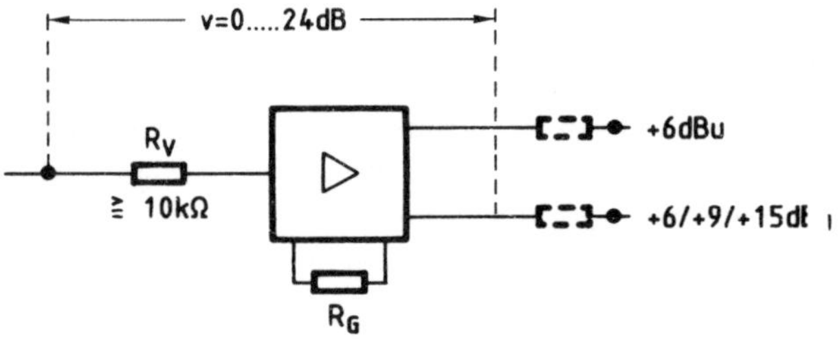

Abb. 8/47. V 672 als Trennverstärker.

8.10.3 Anpaßverstärker

Aufgabe von Anpaßverstärkern oder -modulen ist die Anpassung von Geräten der HiFi-Technik und Musikelektronik an Tonregieanlagen. HiFi-Anpaßverstärker oder HiFi-Anpaßmodule sind im allgemeinen Bestandteile von Tonregieanlagen, während die sog. Direct Injection-Box oder DI-Box als passives oder aktives Anpaßmodul in eine Kabelverbindung eingefügt wird und speziell für den Anschluß von Geräten der Musikelektronik gedacht ist (siehe 8.6). HiFi-Geräte (Cassettenrecorder, Plattenspieler, Videorecorder, CD-Spieler, Empfänger) und Geräte der Musikelektronik (Instrumentenverstärker, Effektgeräte, Gesangsanlagen u.a.) haben unsymmetrische, niederpegelige und hochohmige Ausgänge und dürfen deshalb nicht direkt mit den Geräten der professionellen Tonstudiotechnik zusammengeschaltet werden. Die notwendige Anpassung übernimmt der Anpaßverstärker. Da die genannten Geräte im allgemeinen auch mit anderen Steckverbindungen arbeiten (DIN, Klinke oder Cinch), lösen Anpaßverstärker zugleich dieses Problem.

Der im HiFi-Bereich verwendete Pegel ist meist geringer als im Studiobereich, er hängt von der verwendeten Norm bzw. den Geräten ab. Anpaßmodule verstärken das Signal auf Studiopegel + 6 dBu und haben deshalb eine Verstärkung bis 26 dB; DI-Boxen benötigen keine Verstärkung, da sie auf die Mikrofoneingänge der Regieanlage geschaltet werden, die Verstärkung auf Studiopegel wird vom Mikrofonverstärker aufgebracht. Die Symmetrie der Leitungsführung stellen Ausgangsübertrager her. Die Eingänge des Anpaßmoduls sind den hohen Quellimpedanzen der HiFi-Geräte so angepaßt, daß Spannungsanpassung herrscht; dafür ist die Eingangsimpedanz sehr hochohmig. An Cinch-Ausgangsbuchsen liegen 775 mV entsprechend 0 dBu an 47 kΩ; Cinch-Eingangsbuchsen an Anpaßverstärkern schließen

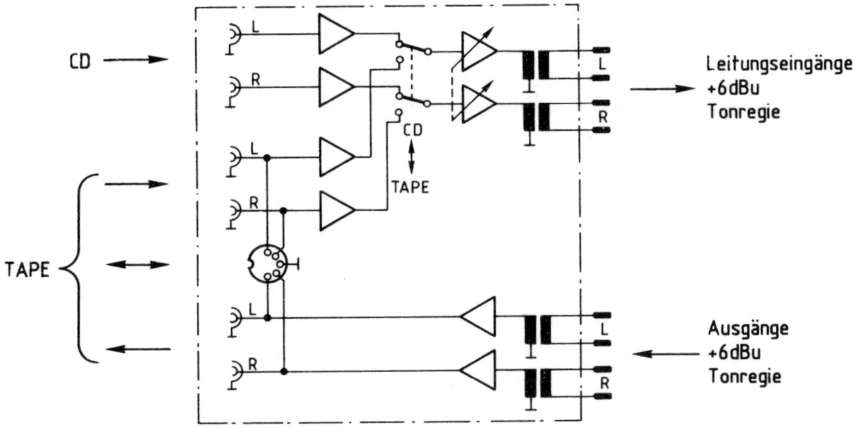

Abb. 8/48. Aufbau eines Anpaßverstärkers.

diese Impedanz durch Spannungsanpassung ab und haben also eine Eingangsimpedanz von mehr als 250 kΩ. DIN-Buchsen werden bei Stromanpassung benutzt, d.h. die Ausgangsimpedanz ist sehr hochohmig; die Höhe des Stroms hängt nicht von der Eingangsimpedanz ab, während die übernommene Spannung mit der Eingangsimpedanz ansteigt; sie beträgt etwa 1 mV pro kΩ.

Anpaßmodule bieten teilweise die Möglichkeit, einen Höhenabfall des Frequenzganges, der durch längere Verbindungsleitungen bei hochohmiger Anschlußtechnik entstehen kann, auszugleichen. Weiterhin sind u.U. zwei Eingänge vorhanden, zwischen denen umgeschaltet werden kann, z.B. zwischen Cassettenrecorder (TAPE) und CD-Spieler oder Plattenspieler (PU, PICK UP). Schließlich können die Geräte außer dem Übergang HiFi-Technik/Studiotechnik auch den Übergang Studiotechnik/HiFi-Technik bieten. *Abb. 8/48* zeigt an einem Beispiel den Aufbau eines Anpaßverstärkers.

8.10.4 Leistungsverstärker

Für die Versorgung kleiner Lautsprecher für untergeordnete Aufgaben wie Vorhören, Mithören oder Abhören ohne eine besondere akustische Qualitätskontrolle, für Kommandos und für die Versorgung von Kopfhöreranlagen mit mehreren parallel betriebenen Kopfhörern sind Spannungsverstärker ungeeignet, da die abgegebene Leistung zu gering und die Ausgangsimpedanz dieser Verstärker erheblich zu hoch ist. Hierfür stehen Leistungsverstärker mit geringer Ausgangsimpedanz zur Verfügung. Sie werden auch als Vorhörverstärker bezeichnet. Die Ausgangsleistung kann teilweise am Gerät eingestellt werden, maximal beträgt sie meist 4 bis 8 W oder 2 W für Kopfhöreranlagen. Der Eingang ist symmetrisch und erdfrei für + 6 dBu, der Ausgang ist entweder unsymmetrisch und übertragerlos für feste Verbindung mit einem Lautsprecher oder symmetrisch und erdfrei für Steckverbindungen.

8.11 Akustische und optische Signalüberwachung

Während einer Produktion oder Übertragung wird das Tonsignal akustisch und optisch hinsichtlich seiner Qualität überwacht. Für die akustische Überwachung stehen Regielautsprecher zur Verfügung (siehe Band 1, 4.3), u.U. auch Kopfhörer (siehe Band 1, 4.4); ihre technische Qualität genügt den höchsten Anforderungen, die nach dem Stand der technischen Entwicklung gestellt werden können. Die Regielautsprecher werden von der sog. Abhöreinheit angesteuert, mit der neben der Abhörlautstärke noch einige weitere Abhörkonfigurationen wie Seiten- und Phasentausch gewählt werden können. Abgehört wird nicht nur der Regieausgang; vielmehr können in einer Tonregieanlage verschiedene Abhörpunkte angewählt werden.

Parallel zur Abhörkontrolle ist eine umfangreiche optische Kontrolle mit geeigneten Meßinstrumenten vorhanden. Sie wird mit dem Abhörlautsprecher auf die verschiedenen Abhörpunkte geschaltet. Die optische Kontrolle mit Meßinstrumenten umfaßt die Aussteuerungskontrolle mit dem Aussteuerungsmesser nach Pflichtenheft der öffentlich-rechtlichen Rundfunkanstalten 3/6 (siehe Band 1, 5.2) und die Kontrolle der Stereoparameter Kompatibilität und Korrelation mit dem Korrelationsgradmesser sowie die Kontrolle mit dem Stereosichtgerät (siehe Band 1, 5.5.3).

Im Gegensatz zur Abhörkontrolle ist die optische Kontrolle gleichzeitig an verschiedenen Punkten möglich, einerseits durch eine feste Zuordnung von Meßpunkten, andererseits durch die Anwahl von Meßpunkten. Die Hauptanzeige ist aber stets an die Abhörkontrolle gekoppelt.

Die Funktion Vorhören erlaubt eine Kontrolle darüber, ob ein Signal überhaupt vorhanden ist oder nicht. Vorgehört werden Signalquellen, bevor sie in die Regieanlage übernommen werden.

8.11.1 *Einrichtungen und Kontrollpunkte für Abhören*

Die Abhör- und Meßeinrichtung umfaßt die Regielautsprecher – angesteuert über die Abhöreinheit – und als Meßinstrumente den Aussteuerungsmesser, den Korrelationsgradmesser sowie das Stereosichtgerät; die genannten Anzeigen können auch in einem Instrument zusammengefaßt sein. Diese Einrichtungen sind parallel geschaltet und über Trennverstärker ausgekoppelt, um Pegeländerungen beim Aufschalten auf die Abhör- und Meßpunkte zu vermeiden *(Abb. 8/49)*.

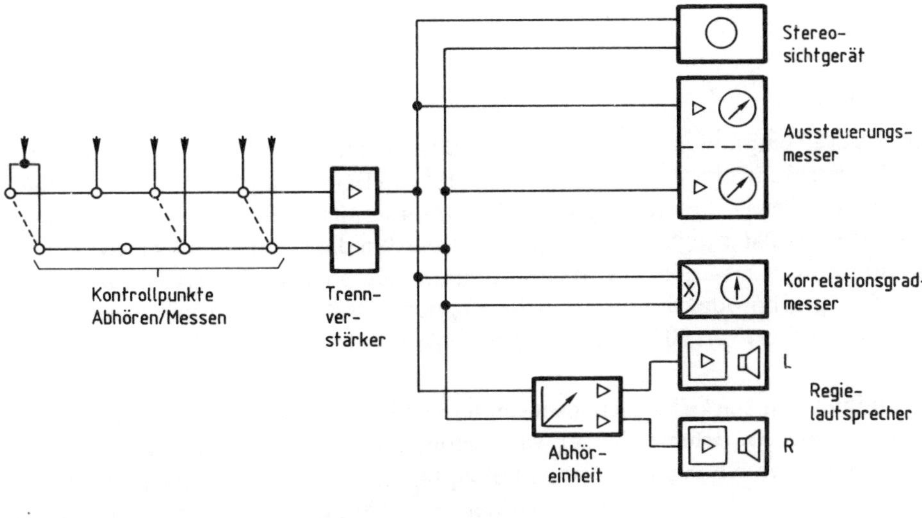

Abb. 8/49. Kontrolleinrichtung Abhören und Messen.

Die Abhörpunkte sind in einer Regieanlage so gewählt, daß eine Kontrolle des Tonsignals an allen betrieblich notwendigen Punkten möglich ist. Die Kontrollpunkte haben Studiopegel. Sie müssen gegeneinander mechanisch oder elektrisch verriegelt sein. Die Abhörpunkte befinden sich hinter den Eingangs-, Gruppen und Summenpegelstellern, weitere Abhörpunkte liegen hinter den Hilfswegsummen, z.B. für Hall und Einspielen, hinter den Tonsignalquellen wie Magnetbandmaschinen und Plattenspieler, in den Sendewegen u.a.; die Zahl der Abhörpunkte kann dadurch nochmals erheblich erweitert werden, daß alle Kontrollpunkte für das Vorhören (siehe unten) auf Abhören/Messen übernommen werden können.

Im allgemeinen ist die Anwahl der Abhörpunkte in einem Tastenfeld zusammengefaßt mit Ausnahme der Abhörpunkte hinter den Eingangspegelstellern. Diese befinden sich auch mechanisch dem Eingangskanal zugeordnet, z.B. mit der Funktionsbezeichnung „Solo“. Ebenfalls beim Eingangskanal angeordnet ist gegebenenfalls der Schalter „Mute“, mit dem ein Kanal stillgeschaltet werden kann. Bei Mute handelt es sich allerdings nicht um eine Abhörfunktion, sondern um eine echte Abschaltung des Kanals, die auch bei Aufnahme oder Übertragung wirksam ist.

Abhöreinheit

Mit der Abhöreinheit wird die Abhörlautstärke eingestellt; sie bietet aber auch die Einstellung einiger weiterer für die akustische Überwachung und Qualitätskontrolle wichtiger Abhörfigurationen *(Abb. 8/50)*.

Abb. 8/51 zeigt das Aussehen einiger Abhöreinheiten, *Abb. 8/52* beispielhaft einen Schaltungsaufbau.

Lautstärke

Eine generell empfehlenswerte Abhörlautstärke kann es nicht geben, da eine optimale Lautstärke in einem sehr komplexen Feld von Bedingungen, Forderungen und Phänomenen der Wahrnehmung steht. Als Orientierung muß zunächst die zu erwartende Abhörlautstärke des Hörers gelten, weiterhin die Originallautstärke am Ort des Mikrofons. Das ergibt für Musikproduktionen einen Richtwert von 80 bis 92 phon, für Sprachproduktionen von 70 bis 80 phon. Für die Sendung und Vorproduktion wird ein Wert von 60 bis 75 phon empfohlen (siehe Band 1, 5.2).

Bei erhöhter Lautstärke können insbesondere Störgeräusche mit einem tieffrequenten Spektrum, z.B. Brumm, besser wahrgenommen werden, weil das Gehör in diesem Frequenzbereich bemerkenswert unempfindlich ist (Band 1, 3.3.2). Hingegen nimmt die Klarheit, die Durchhörbarkeit einer Aufnahme, mit der Lautstärke ab, weil der Verdeckungseffekt mit der Abhörlautstärke zunimmt (Band 1, 3.3.2);

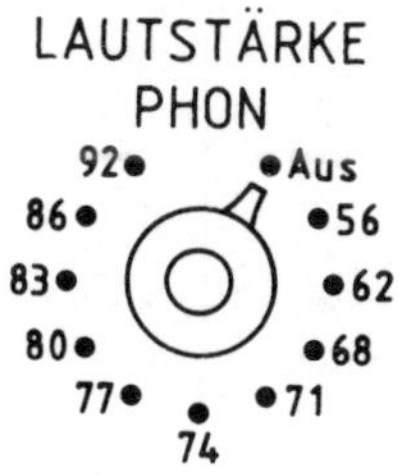

Gehörrichtige Einstellung der Abhörlautstärke in phon zwischen etwa 62 und 92 phon, zusätzlich Aus-Stellung

Einstellung der Balance für eine seitliche Verschiebung des Klangbildes

Seitenwechsel
Phasenwechsel 180° im linken Kanal

Reduktion der Lautstärke um einen einstellbaren oder festen Wert, einstellbar mit dem Einsteller „Kdo. DÄMPF.“

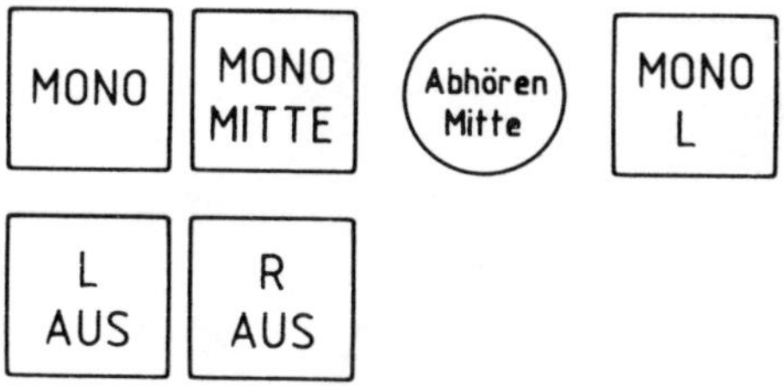

Abhören Mono, entweder mit beiden Lautsprechern (Mitte) oder mit einem Lautsprecher (L, R); linker bzw. rechter Kanal ausschaltbar

Einstellung der Dämpfung der Abhörlautstärke bei Kommando-Abgabe und bei Betätigung der LEISE-Taste

Abb. 8/50. Abhöreinheit, einstellbare Abhörkonfigurationen.

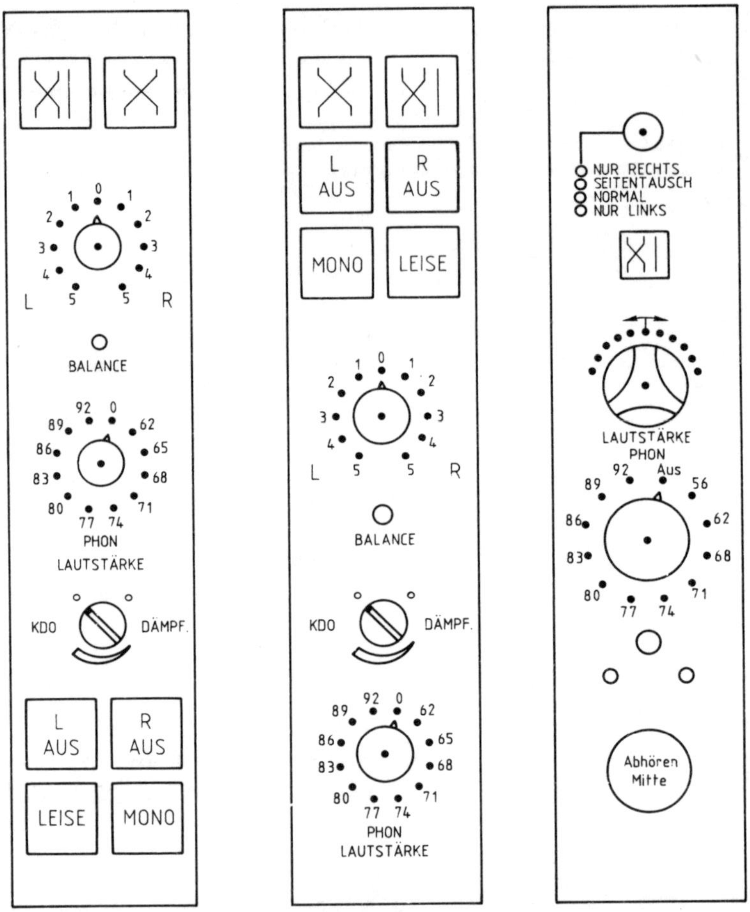

Abb. 8/51. Abhöreinheit, verschiedene Ausführungen.

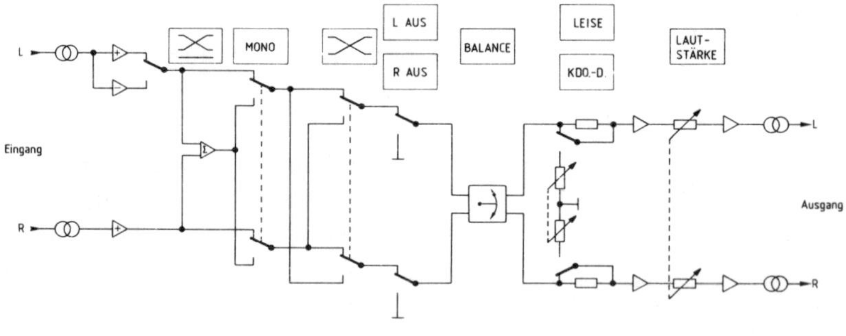

Abb. 8/52. Abhöreinheit, Schaltungsaufbau.

Abb. 8/53 macht deutlich, daß der verdeckte Teil der Hörfläche mit zunehmendem Pegel nicht nur mit diesem wächst, sondern durch eine Abflachung der Kurven überproportional zunimmt. Auch die Eigenverzerrungen des Gehörs erhöhen sich hierbei und machen eine Beurteilung der Verzerrungen einer Aufnahme schwieriger oder unmöglich.

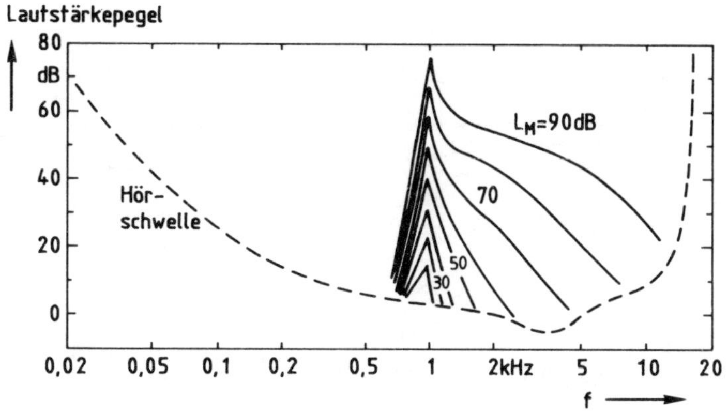

Abb. 8/53. Mithörschwellen für Schmalbandrauschen von 160 Hz Bandbreite bei unterschiedlichen Pegeln L_M des verdeckenden Rauschens.

Die höchste einstellbare Lautstärke von 92 phon birgt noch nicht die Gefahr einer Lärmschädigung des Gehörs, wenn Abhörsitzungen mit angemessenen Pausen unterbrochen werden. Für ununterbrochenes Abhören sind nur 85 phon zulässig.

Die Einstellung der Abhörlautstärke ist „gehörrichtig", d.h., der Frequenzgang wird in Abhängigkeit von der Abhörlautstärke korrigiert. Nur bei einem Wert, der bei 80 oder 86 phon liegt, wird das Tonsignal im Frequenzgang linear übertragen; dieser Wert ist auf der Skala besonders gekennzeichnet. Die Notwendigkeit für gehörrichtige Lautstärkeeinstellungen ergibt sich aus dem Verlauf der Kurven für gleiche Lautstärkepegel (Band 1, 3.3.1): Demnach ist die Wahrnehmung der Klangfarbe in erheblichem Maße von der jeweiligen Lautstärke abhängig; bei geringer Lautstärke ist das Gehör für tiefe Frequenzen ziemlich unempfindlich; würde der Pegel in diesem Frequenzbereich bei der Wiedergabe nicht angehoben, würde das Klangbild flach wirken. Die gehörrichtige Einstellung der Lautstärke sorgt dafür, daß die Klangfarbe bei allen Abhörlautstärken gleich bleibt. Selbstverständlich müssen auch andere Abhöreinrichtungen, etwa im HiFi-Bereich, über eine solche Lautstärkeeinstellung verfügen. Die Korrekturen folgen den Kurven gleicher Lautstärkepegel bei zweiohrigem Hören von Sinustönen im freien Schallfeld (DIN 45 630). Deshalb ist als Einheit auch die sonst bei der Lautstärkemessung inzwischen wenig verwendete Einheit phon richtig.

Für Messungen am Lautsprecher ist es wichtig, die Einstellung ohne Frequenzgangkorrektur zu kennen. *Abb. 8/54* zeigt an einem Beispiel die Kurven der gehörrichtigen Lautstärkeeinstellung zusammen mit den zugehörigen Kurven gleicher Lautstärkepegel.

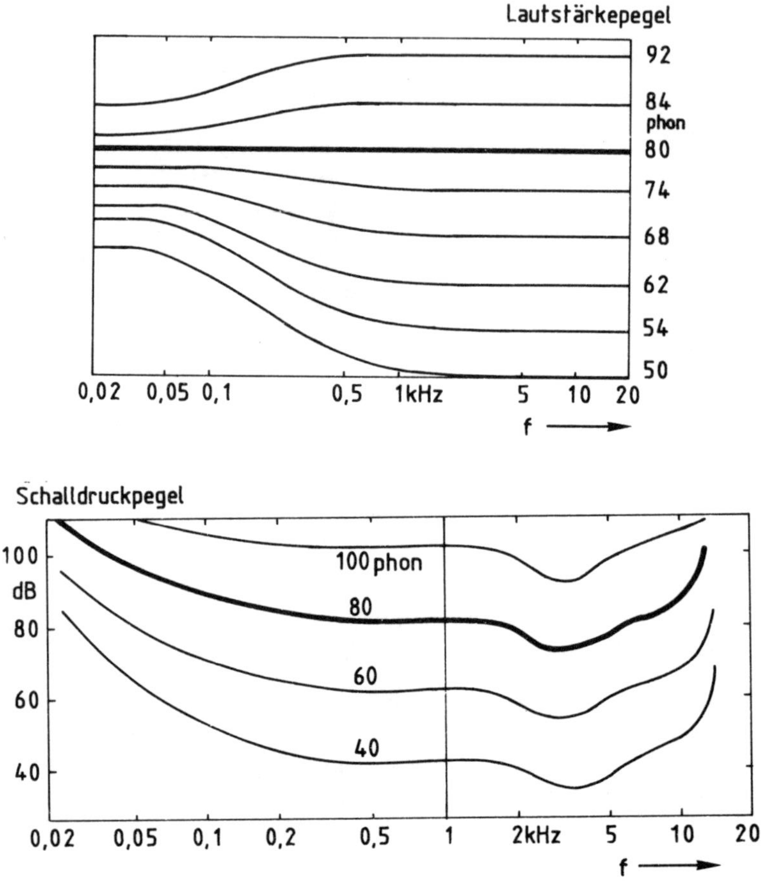

Abb. 8/54. Gehörrichtige Lautstärkeeinstellung und zugehörige Kurven gleicher Lautstärkepegel.

Balance

Mit dem Balancesteller kann das Klangbild probeweise um meist 6 dB in 1- oder 1,5-dB-Stufen nach links oder rechts verschoben werden. Damit sind genaue Aussagen über eine notwendige Pegelkorrektur z.B. für die Sendung oder Überspielung zu machen. Bei eingeschaltetem Balancesteller leuchtet eine Lampe.

Seitenwechsel

Mit dieser Funktion kann einerseits bei einem nur einkanalig auftretenden Fehler schnell kontrolliert werden, ob er im Übertragungsweg entstanden ist oder nur im Lautsprecher selbst auftritt. Bei Seitentausch wandert ein Lautsprecherfehler nicht mit. Andererseits kann mit dieser Funktion probeweise ein Seitentausch vorgenommen werden, falls dies von der Regie gewünscht wird. Da bei Seitentausch eine Mittenschallquelle ihren Hörort nicht verändert, kann in einem komplexen Klangbild schnell bestimmt werden, welche Schallquellen Mittenschallquellen sind.

Mono

Die Abhörfunktion Mono erlaubt eine gehörmäßige Kontrolle über die Kompatibilität einer Stereoaufnahme; es kann also im Einzelfall darüber geurteilt werden, ob eine Stereoaufnahme auch in ihrer Monofassung außer den systembedingten Einschränkungen ein vollwertiges Klangbild bietet. Die meisten Abhöreinheiten bieten die Möglichkeit, das Monoklangbild entweder auf den linken oder rechten Lautsprecher oder auf beide gleichzeitig aufzuschalten. Die Monofunktion wird auch für die Prüfung der Phasenlage der beiden Stereokanäle benötigt (siehe unten, Phasenwechsel).

Phasenwechsel

Mit der Funktion Phasenwechsel können eventuelle Verpolungen überprüft werden. Verpolungen zwischen den Kanälen eines Stereosignals wirken sich bei Monowiedergabe katastrophal aus, weil Mittensignale ausgelöscht werden, bei der Sendung werden Nachrichten und Ansagen, bei Musiksendungen Mittenschallquellen – etwa Sänger – ganz oder teilweise ausgelöscht. So können Verpolungen durch die Funktion Mono festgestellt werden. Wird stereofon abgehört, so kann es keine Auslöschungen geben; Verpolungen verursachen hierbei ein auf das Gehör „drückendes“ Gefühl, die Schallquelle ist nicht lokalisierbar, sie scheint sich an einem nicht näher bestimmbaren Ort außerhalb der Lautsprecherbasis zu befinden; man spricht hier deshalb auch von Überbasis oder Delokalisierung. Dieser Effekt wird um so undeutlicher, je weiter die Phantomschallquelle aus der Mitte entfernt ist, Seitenschallquellen bleiben bei Phasentausch unverändert. Gerade wenn deutlich hörbare Mittenschallquellen fehlen, wie vielfach bei E-Musik, so kann die Funktion Phasenwechsel der Abhöreinheit hilfreich sein, um Verpolungen zweifelsfrei festzustellen. *Tab. 8/3* zeigt die Auswirkungen verpolter Kanäle einer Stereoaufnahme.

Leise, Kommando-Dämpfung

Die Leise-Taste schaltet die Abhörlautstärke um einen festen Wert von z.B. 10 dB oder einstellbar mit dem Einsteller „Kommando-Dämpfung“ bis 20 oder 30 dB zurück. Bei Telefonaten, Diskussionen u.a. bleibt so der Kontakt zum Studio bestehen, bei der Fortsetzung der Aufnahmesitzung wird die bisherige Abhörlautstärke wiederhergestellt. Da die Rückkopplungsgefahr bei der Kommandoabgabe von der

Tab. 8/3. Auswirkungen von Verpolungen auf das Klangbild.

Wiedergabe	Stereoaufnahme	Monoaufnahme oder Mittenschallquelle	Seitenschallquelle bei Stereoaufnahmen
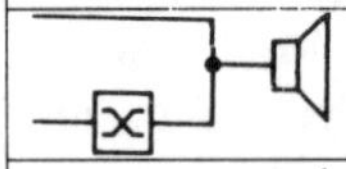	Mittenschallquellen ausgelöscht	ausgelöscht	unverändert
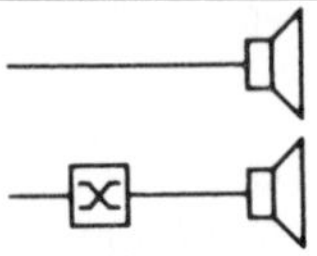	Mittenschallquellen delokalisiert, „drücken“ auf das Gehör	delokalisiert, „drücken“ auf das Gehör, keine Auslöschung	unverändert

Regie zum Studio entsprechend den jeweiligen Bedingungen sehr unterschiedlich sein kann, kann die Dämpfung der Abhörlautstärke mit dem Einsteller „Kommando-Dämpfung“ den jeweiligen Erfordernissen angepaßt werden.

8.11.2 Einrichtungen und Kontrollpunkte für Vorhören

Das Vorhören von Signalen ist für eine rasche Kontrolle über das Vorhandensein eines Signals an bestimmten Kontrollpunkten vorgesehen. Der Vorhörlautsprecher ist deshalb ein einfaches kleines Lautsprechersystem, das mit einem Leistungsverstärker in einer Einheit integriert ist. Kontrollpunkte sind in erster Linie die Eingänge der Eingangspegelsteller, u.U. auch die Eingänge der Gruppen- und Summenpegelsteller und andere Kontrollpunkte für Fremdsignale *(Abb. 8/55)*. Die Anwahl der Kontrollpunkte ist den einzelnen Kanälen zugeordnet.

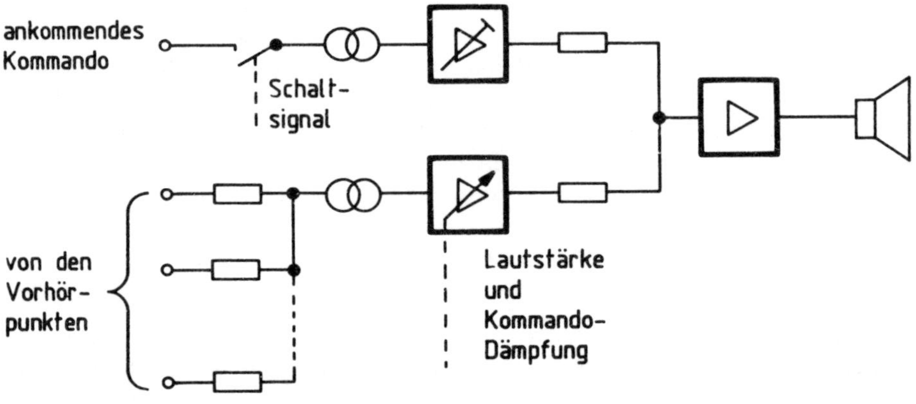

Abb. 8/55. Kontrolleinrichtung Vorhörlautsprecher.

Die Vorhöreinrichtung selbst kann unterschiedlich aufgebaut sein: in Mono, in Stereo mit zwei Lautsprechern oder in Stereo mit Monobildung für einen Lautsprecher; die Funktion Vorhören kann auch wie Abhören mit einer optischen Kontrolle verbunden sein, im allgemeinen ist dann nur ein Aussteuerungsmesser vorhanden. Auch für die Anwahl der Kontrollpunkte gibt es verschiedene Möglichkeiten: Durch gegenseitige Verriegelung kann jeweils nur ein Kontrollpunkt angewählt werden oder ohne gegenseitige Verriegelung werden die Signale der angewählten Kontrollpunkte in einer Knotenpunktschaltung addiert; bei addierendem Betrieb ist zu beachten, daß es zu Übersteuerungen kommen kann, ohne daß ein Einzelsignal übersteuert ist; eine Pegelanzeige ist dann wertlos.

Im allgemeinen dient der Vorhörlautsprecher auch zur Wiedergabe ankommender Kommandos. Dafür muß er stets wiedergabebereit sein, auch wenn die Lautstärke, die an der Vorhöreinheit eingestellt werden kann, zurückgenommen ist. Zudem benötigt der Kommandolautsprecher eine einstellbare Kommando-Dämpfung, wenn ein Kommando abgegeben wird, während von derselben Stelle ein Kommando zurückkommt.

Abb. 8/56 zeigt eine mögliche Anordnung von Kontrollpunkten für Abhören/Aussteuern und Vorhören.

8.11.3 Mithöreinrichtung

Die Mithöreinrichtung bzw. der Mithörweg ist ähnlich wie der Einspielweg aufgebaut. Diese Schaltungen werden überwiegend in den Tonregieanlagen der Senderegien angewandt. Die von Band, Platte oder als Fremdprogramm ankommende Sendung soll, solange keine Ansage aus dem Sprecherstudio erfolgt, auch im Sprecherstudio mitgehört werden können. Die Lautsprecherwiedergabe wird bei einer Ansage (geöffneter Studio-Mikrofonregler) oder bei eingeschaltetem Rotlicht über den Regler-Endkontakt selbsttätig abgeschaltet, um Rückkopplungen zu verhindern.

Für den Sprecher, der durch die Sendung führt, ist bei bestimmten Sendungen, z.B. Sendungen mit Konferenzschaltung, die Möglichkeit gegeben, auch bei geöffnetem Mikrofonregler über Kopfhörer mitzuhören. Der Mithörweg ist umschaltbar für Kommandoansagen. Der Kommandoweg über den Mithörlautsprecher ist natürlich auch dann blockiert, wenn der Studiomikrofonkanal auf Sendung ist (geöffneter Mikrofonregler).

8.11.4 Pegeltongenerator

Der Pegeltongenerator kann zum Einpegeln eines Übertragungswegs und zur Kontrolle des Frequenzgangs von Regieanlagen und anderen studiotechnischen Einrich-

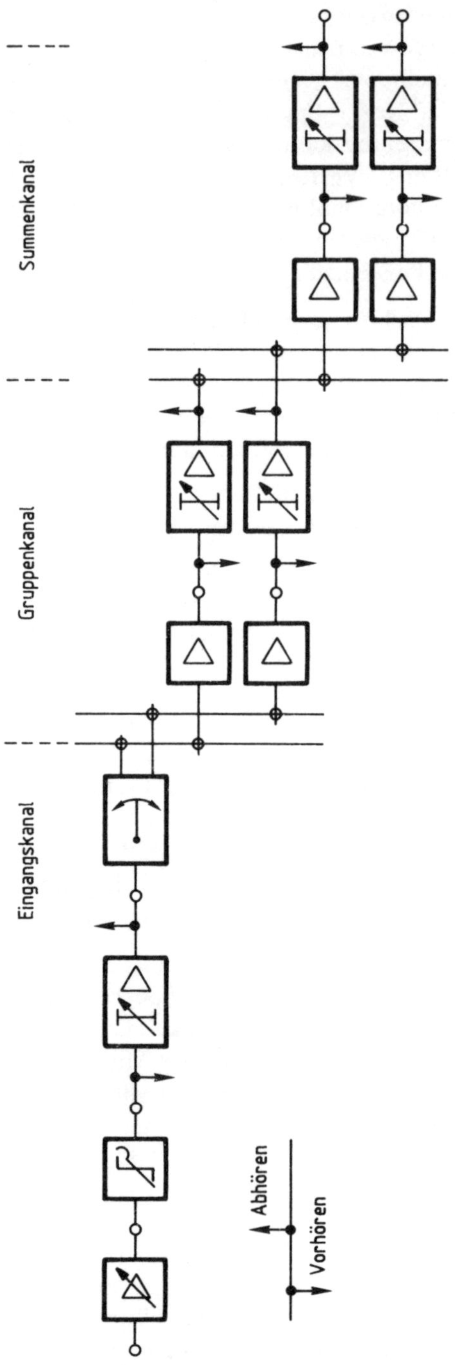

Abb. 8/56. Kontrollpunkte für Abhören/Aussteuern und Vorhören in einer Regieanlage.

tungen verwendet werden. Der Generator hat mehrere anwählbare Frequenzen, nach Pflichtenheft 3/5 40 Hz, 1, 6,3, 11,5 und 15 kHz. Außerdem verfügt ein Generator über mehrere erdfreie, symmetrische Ausgänge. Der Pegel ist sowohl kontinuierlich als auch fest auf Studiopegel + 6 dBu einstellbar. Neben dem Sinuston steht eventuell auch Weißes und Rosa Rauschen zur Verfügung.

Der Pegelton kann über Verteiler, Klinken und Klinkenschnüre an alle Einschleifpunkte einer Anlage gelegt werden. Außerdem kann er an bestimmten Wahlschaltern zur Verfügung stehen, z.B. am Eingangswahlschalter der Kanäle.

8.12 Tonregieanlagen in Streifentechnik

Tonregieanlagen, die nach dem System der Streifentechnik aufgebaut sind, integrieren jeweils mehrere der beschriebenen Module zu einer mechanischen und elektrischen Einheit, einem Streifen oder einer Stange, daher auch die Bezeichnungen Streifen- oder Stangentechnik. Um flexibel auf bestimmte Anforderungen eingehen zu können, sind die einzelnen Einheiten mit verhältnismäßig umfangreichen Funktionen ausgestattet. Die für die beschriebene Modultechnik kennzeichnende große Zahl von Schnittstellen, die als Ein- und Ausgänge zugänglich sind, kann die Streifentechnik nicht bieten, so daß ihre betriebliche Flexibilität u.U. geringer ist.

Der Vorteil der Streifentechnik liegt zunächst einmal in ihrer wirtschaftlicheren Herstellbarkeit. Die Herstellung einheitlicher Ein- und Ausgangsbedingungen bei symmetrischer, erdfreier Leitungsführung zwischen den Modulen ist bei der Streifentechnik nur am Ein- und Ausgang der Streifen notwendig. Dadurch kann die elektrische Schaltungstechnik vereinfacht werden, vor allem Übertrager können eingespart werden. Weiterhin kann die Streifentechnik kompakter aufgebaut, also leichter und platzsparender sein, was besonders für transportable Anlagen oder für Anlagen in Übertragungswagen vorteilhaft ist.

Während die Modultechnik nur in bester Qualität auf dem Markt angeboten wird, zeigt das Angebot in Streifentechnik ein breites Qualitäts- und demnach auch Preisspektrum für die unterschiedlichsten Erfordernisse. Die Modultechnik ist vorwiegend im Bereich der öffentlich-rechtlichen Rundfunkanstalten anzutreffen, die Streifentechnik, die sich auch hier zunehmend einführt, hat ihren Schwerpunkt bisher eher im privatwirtschaftlichen Rundfunk- und Tonträgermarkt. Mittlerweile kann die Streifentechnik durch die Trennung der Steuerung und Signalführung in vielen Punkten die konventionelle Modultechnik an Flexibilität erreichen oder überbieten (siehe 8.13).

8.12.1 Streifeneinheiten

Im allgemeinen werden die einzelnen Tonregiefunktionen mechanisch und elektrisch zu den folgenden Streifeneinheiten zusammengefaßt: Eingangseinheit, Gruppeneinheit, Summeneinheit, Hilfssummeneinheit, Ausspieleinheit, Monitor- oder Überwachungseinheit und Kommandoeinheit; dazu können weitere Funktionseinheiten kommen, die hier nicht besonders aufgeführt werden, z.B. Generator, Regelverstärker, Signalisation, sofern diese Funktionen nicht in die oben genannten Einheiten integriert sind.

Die Impedanzbedingungen und Leitungsführungen an den Eingängen für externe Signalquellen wie Mikrofone, Leitungen, Bandmaschinen etc. entsprechen weitgehend den Bedingungen, die bei der Modultechnik herrschen: Mikrofoneingänge und Leitungseingänge sowie die Eingänge für die Bandmaschinen sind symmetrisch, u.U. auch erdfrei. Die Ausgänge sind im allgemeinen symmetrisch und erdfrei mit Ausnahme des Kopfhörerausgangs.

Die Bedingungen an Klinken und Verteilern entsprechen zumindest bei einfacheren Anlagen nicht den Verhältnissen bei Anlagen in Modultechnik; im einfachsten Fall sind sie unsymmetrisch bei einem gerätespezifischen Pegel. In diesem Fall können aber gegebenenfalls durch Anpaßverstärker symmetrisch-erdfreie Übergänge mit Studiopegel geschaffen werden. Einen störungsfreieren Betrieb gewährleisten symmetrische Einschleifpunkte mit Studiopegel, wie sie zunehmend üblich sind. Als Insertpunkte kommen vor allem die Pegelstellereingänge (PF-Insert) der Eingangs-, Gruppen- und Summeneinheiten in Betracht.

Die Streifenbreite liegt im allgemeinen bei 30 oder 40 mm. Die Streifen werden in mechanisch standardisierte Pultrahmen eingesetzt. Dabei wird vielfach eine dreigeteilte Bedien- und Anzeigenoberfläche des Pults gewählt *(Abb. 8/57)*: In einem waagerechten Feld direkt vor dem Bedienenden sind vor allem die Pegelsteller untergebracht (A), im anschließenden, leicht ansteigenden Feld in erster Linie die Einstellungen der Eingangseinheiten und Hilfssummen sowie die Monitoreinheiten (B), in dem anschließenden senkrechten Feld (C) befinden sich vor allem die Anzeigeinstrumente. Bei einer Zweiteilung des Bedienfeldes sind Feld A und B in einer Ebene untergebracht.

Im folgenden werden typische Einheiten beispielhaft mit ihren üblichen Funktionen beschrieben. Zugrundegelegt werden Regieanlagen, die in ihren Funktionen und in ihrer Qualität mit Anlagen in Modultechnik vergleichbar sind. Technische Voraussetzung der beschriebenen Einheiten ist noch die mechanische Zuordnung von Signalführung und -bearbeitung mit den zugehörigen Stellgliedern.

Ausgewählt wurden verschiedene Anlagen eines Herstellers (Studer), die mit ihren unterschiedlichen Ausstattungen einen Eindruck der Gestaltungsmöglichkeiten der einzelnen Streifeneinheiten geben. Nebeneinrichtungen wie etwa Signalisation, Stromversorgung, Tongenerator u.a. werden hier nicht besprochen.

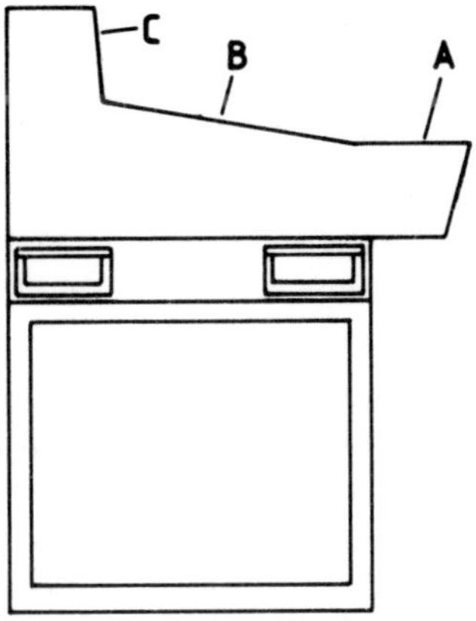

Abb. 8/57. Beispiel für die Unterteilung der Bedienfläche einer Tonregieanlage; A Pegelsteller, B Einstellungen an den Eingangseinheiten und Hilfswegen u.a., C Anzeigeinstrumente.

Eingangseinheiten

Eingangseinheiten fassen die Signalverarbeitungsfunktionen zusammen, die vom Signaleingang bis zur Mischung vorzunehmen sind, also vor allem die Anwahl der Signalquelle, ihre Vorverstärkung, Filterung, Richtungseinstellung, die Aufschaltung der Spannungsversorgung für die Mikrofone, die Abzweigung von Signalen für die Hilfswege und die Pegelsteller für die Verstärkereinstellung; weiter gehören zur Eingangseinheit einige Funktionen für die Signalkontrolle: Vorhören vor Pegelsteller, Abhören des jeweiligen Eingangskanals (Solo) und Stummschalten des jeweiligen Eingangskanals (Mute). Schließlich enthält der Eingangskanal im allgemeinen noch die Anwahl eines Direktausgangs für eine Mehrspuraufzeichnung sowie die Anwahl der Gruppe oder Summe. Diese Grundfunktionen können unterschiedlich ausgelegt sein, von wenigen, nur gerade die notwendigsten Funktionen umfassenden, bis hin zu hoch komfortablen, komplexen Einstellmöglichkeiten, gerade im Bereich der Filter. Die genannten Funktionen können durch weitere ergänzt sein, hier sind insbesondere Begrenzer, Kompressoren und Expander zu nennen.

Im allgemeinen stehen Eingangseinheiten in Mono- und Stereoausführung zur Verfügung. Zwar können alle Funktionen eines Stereoeingangskanals auch mit zwei Monokanälen ausgeführt werden, wenn man auf die MS-Mikrofontechnik verzichtet; allerdings bieten die für den linken und rechten Kanal gekoppelten Funktionen z.B. bei der Einstellung von Verstärkung, Filterung und Dosierung von Hilfswegen große betriebliche Vorteile. Eine weitere Variante der Eingangseinheit ist die Hochpegeleinheit in Mono oder Stereo. Sie kann auf die Einstellungen für Mikrofoneingänge verzichten. Regieanlagen, die z.B. nur für Abmischungen von Mehrkanalaufnahmen genutzt werden, kommen mit Mono-Hochpegeleinheiten aus. Für Sendepulte werden neben Eingangskanälen für Mikrofone eine Reihe von Hochpegel-Eingangskanälen benötigt, bei denen auf Mikrofoneingänge völlig verzichtet werden kann; diese müssen allerdings in Stereo ausgeführt sein. Da in diesem Fall keine Filtermöglichkeit erforderlich ist, werden Stereo-Hochpegeleinheiten auch ohne Filterteil angeboten.

Im einzelnen sind den Eingangseinheiten in *Abb. 8/58* die folgenden Funktionen zugeordnet; die Nummern entsprechen den Nummern in den Abbildungen:

1 Eingangswahl (Input Selection):
Mit diesem Dreh- oder Tastenschalter können die verschiedenen Signalquellen auf die Eingangseinheit aufgeschaltet werden.
  Mikrofoneingang (Mic), symmetrischer, erdfreier Eingang für Mikrofonpegel (Stereo umschaltbar zwischen XY- und MS-Signalen) und Leitungspegel mit einstellbarer Verstärkung (Mic Gain)
  Leitungseingang (Line), symmetrischer, erdfreier Eingang für Leitungspegel (Hochpegeleingang) mit einstellbarer Verstärkung (Line Gain)
  Maschineneingang (Tape), symmetrischer Hochpegeleingang für Abmischungen von Mehrspurmaschinen (Mix Down)
  Generatoreingang, Anschaltung des pulteigenen Generators für Kontroll- und Meßzwecke

1a Mikrofonverstärkung (Mic Gain): Einstellung der Verstärkung des Mikrofonpegels in 10- oder 15-dB-Stufen, zusätzlich stufenlose Feineinstellung

1b Leitungsverstärkung (Line Gain): Einstellung der Verstärkung des Leitungspegels in 10- oder 15-dB-Stufen, zusätzlich stufenlose Feineinstellung oder nur stufenlose Feineinstellung

2 Übersteuerungsanzeige (Overload): zeigt Übersteuerungen vor oder hinter dem Pegelsteller an

3 Phantomspeisung für den Mikrofonanschluß

4 Phasenwechsel: wechselt die Phase des Eingangsignals

5 Seitenwechsel: vertauscht L und R

6 Mono: Monoschaltung bei Stereo-Hochpegeleinheiten

7 Basisbreite (Stereo Spread): Einstellung der Abbildungsbreite in Stereo-Einheiten

8 Höhen- und Tiefenfilter (Filter): Höhen- bzw. Tiefensperre zuschaltbar (In)

9 Equalizer: Höhen- und Tiefenfilter sowie ein oder mehrere Präsenz/Absenzfilter zuschaltbar (In)

9a Höhenfilter: Anhebung oder Absenkung der Höhen oberhalb einer einstellbaren Grenzfrequenz um einen einstellbaren Pegelwert

9b Präsenz/Absenzfilter: Anhebung/Absenkung des Pegels um eine einstellbare Mittenfrequenz um einen einstellbaren Pegelwert

9c Tiefenfilter: Anhebung oder Absenkung der Tiefen unterhalb einer einstellbaren Grenzfrequenz um einen einstellbaren Pegelwert

10 Hilfsausgänge (Auxiliary): Das Signal kann auf zwei bis vier Hilfswege mono oder stereo (mit Panpot) abgezweigt werden, Auskopplung vor (PF, Pre Fader) oder nach (AF, After Fader) dem Pegelsteller

11 Panorama-Potentiometer (Panpot): Aufteilung des Signals auf L und R, zuschaltbar (In)
11a Balance: Richtungssteller bei Stereoeinheiten
12 Mute: Stummschaltung des Eingangskanals
13 Vorhören vor Pegelsteller (PFL, Pre Fader Listening)
14 Solo: Abhören nur des jeweiligen Kanals
15 Eingangspegelsteller (Fader)
16 Gruppen oder Summenanwahl
17 User-Tasten, vom Benutzer belegbare Schalter, z.B. für Signalisierung

Die schaltungstechnische Anordnung der einzelnen Funktionselemente muß nicht derjenigen bei der Modultechnik entsprechen. Das Schaltungskonzept der in *Abb. 8/58e* dargestellten Mono-Eingangseinheit zeigt *Abb. 8/59.*

Für Mehrspurproduktionen genügt die in den beispielhaft gezeigten Eingangseinheiten vorgesehene Anzahl von Gruppen- bzw. Summenausgängen nicht, hierfür werden 16, 24 oder mehr Ausgänge benötigt. Dieses Problem kann durch Direktausgänge der einzelnen Eingangseinheiten gelöst werden, wie sie vielfach vorhanden sind. Vielseitiger wird ein Pult allerdings dann, wenn die entsprechende Anzahl von Gruppen gebildet werden kann, da so eine Vormischung einzelner Instrumentengruppen, z.B. einer Posaunengruppe möglich ist. Da bei Mehrspuraufnahmen mit Playback unterschiedliche Zuspielmischungen für die Musiker herzustellen sind, sind die erweiterten Möglichkeiten für die Gruppenbildung sinnvoll erweitert durch zusätzliche Hilfswege, über die dann unterschiedliche Zuspielmischungen hergestellt werden können.

Die Ausstattung von Regieanlagen mit elektronischen Pegelstellern (VCA-Fader) anstelle der mechanischen Pegelsteller erweitert die Funktionen einer Anlage nochmals erheblich: Da die Einstellung des Pegelstellers von einer Gleichspannung bestimmt wird, können Abmischungen u.ä. durch externe Spannungen gesteuert werden. Diese Automatisierung kann sowohl nur statisch eine festgelegte Position der Pegelsteller speichern und reproduzieren als auch dynamisch Veränderungen der Einstellungen während einer Abmischung vornehmen. Die vom Stellglied erzeugte Gleichspannung kann auch zur Steuerung anderer Pegelsteller verwendet werden, z.B. für die Stereokopplung zweier Pegelsteller und die Funktionszuweisung an jeden beliebigen Pegelsteller als Gruppen- oder Summenpegelsteller. Im letztgenannten Fall wird durch den Pegelsteller nicht das abgemischte Signal der jeweiligen Gruppe gesteuert; schon vor der Mischung erhalten die Pegelsteller der einzelnen Kanäle durch den Gruppenpegelsteller eine zusätzliche Steuerspannung, so daß das Gruppensignal den eingestellten Pegel bereits auf der Sammelschiene besitzt. Die Spannungssteuerung der Verstärkung erlaubt auch ohne großen technischen Aufwand eine automatische Steuerung der Dynamik, also die Integration eines Regelverstärkers in den VCA-Pegelsteller.

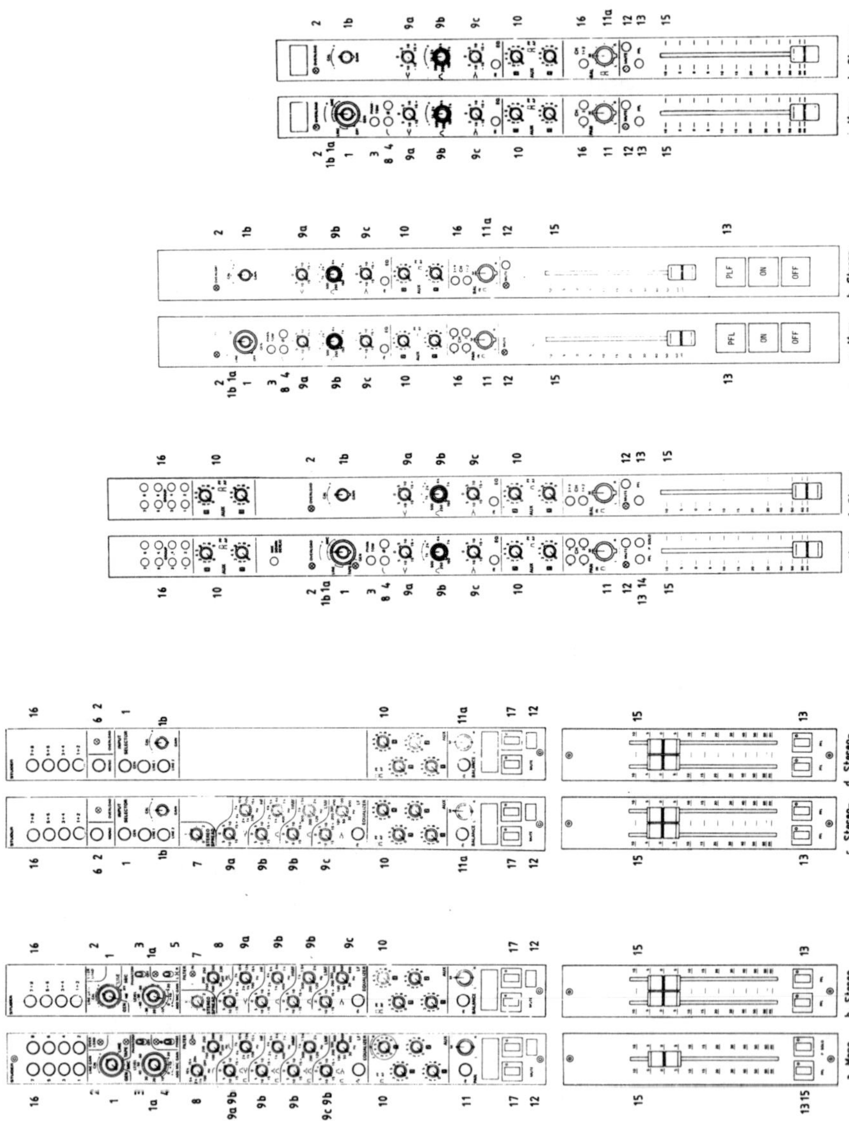

Abb. 8/58. Eingangseinheiten.

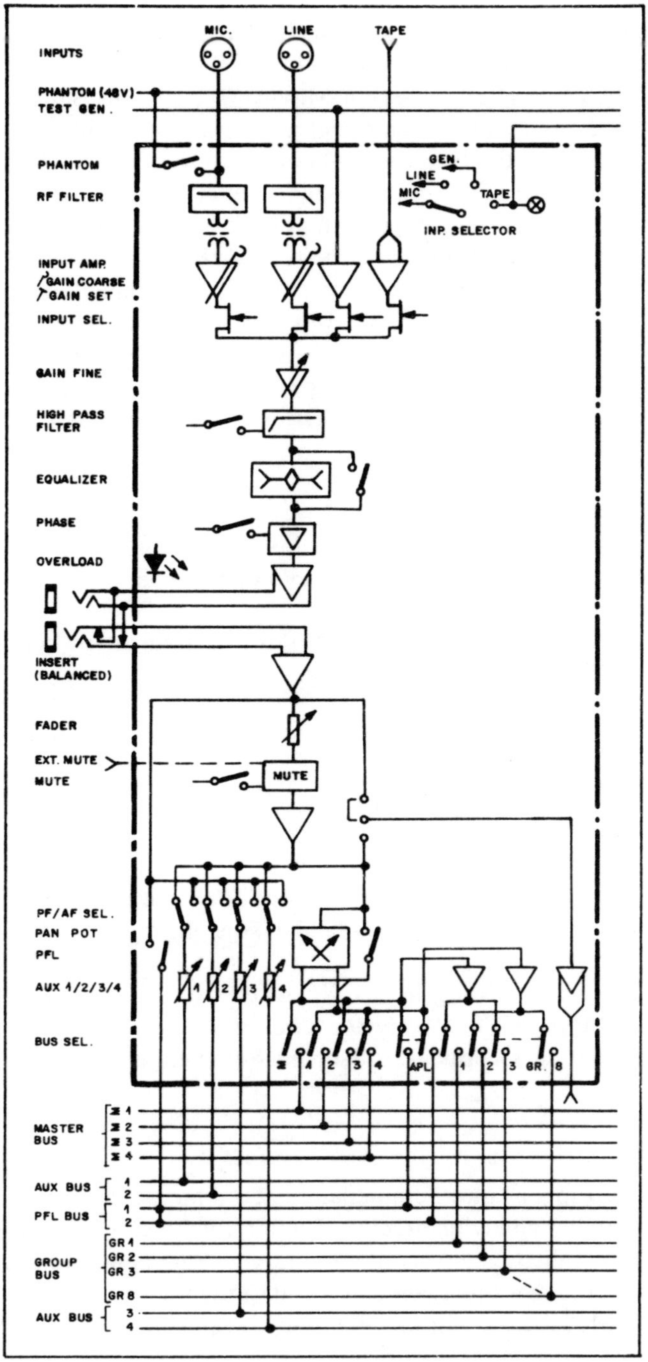

Abb. 8/59. Schaltungskonzept der Mono-Eingangseinheit nach Abb. 8/58e.

Gruppen- und Summeneinheiten

Da Einstellungen bei einer Produktion hauptsächlich in der Eingangseinheit vorgenommen werden, sind Gruppen- und Summeneinheiten vergleichsweise einfach gebaut. Im wesentlichen enthalten sie einen Mischverstärker mit Sammelschiene, einen Stereopegelsteller mit Vorhörtasten und meist Ausgangswahlmöglichkeiten. Sofern eine Gruppenbildung der Eingangseinheiten mit Gruppeneinheiten vorgesehen ist, verfügt diese über freie Zuordnungsmöglichkeiten der Gruppeneinheiten zu den Summeneinheiten; bei diesem Regietischaufbau gehören zur Gruppeneinheit auch Ausspielwege wie in den Eingangseinheiten. Vielfach sind in die Gruppen- bzw. Summeneinheit auch Regelverstärker integriert. Die Einheiten sind grundsätzlich zweikanalig (stereofon) aufgebaut. *Abb. 8/60* zeigt unterschiedliche Gruppen- bzw. Summeneinheiten als Beispiele; auf der Frontplatte erscheinen die Sammelschiene und der Sammelschienenverstärker nicht, da diese keiner äußeren Einstellung bedürfen. Im einzelnen enthalten die Gruppen- bzw. Summeneinheiten die folgenden Funktionen:

1 Gruppen- bzw. Summenpegelsteller
2 Vorhören vor Pegelsteller (PFL, Pre Fader Listening)
3 Mute: Stummschaltung des Gruppen- bzw. Summenkanals
4 Panorama-Potentiometer (Panpot)
5 Wahltasten: bei Gruppenkanälen Anwahl des Summenkanals, bei Summenkanälen Anwahl des Ausgangs
6 Hilfswege (Auxiliary)
7 zusätzlicher Hochpegeleingang (HL, High Level Input) mit Potentiometer für die Pegeleinstellung
7a Vorhören des Hochpegeleingangs (PFL)
8 Regelverstärker

Die schaltungstechnische Anordnung der in *Abb. 8/60c* dargestellten Gruppen- bzw. Summeneinheit zeigt *Abb. 8/61* in den beiden Ausführungen.

Den kompletten Übertragungsweg in der Regiekette für eine der dargestellten Regieeinrichtungen *(Abb. 8/58 e, 8/59, 8/60c, 8/61)* ist in *Abb. 8/62* dargestellt. Auf den Eingangskanal folgt ein Gruppen-, sodann ein Summenkanal.

Andere Einheiten

Zu den Eingangs-, Gruppen- und Summeneinheiten kommen weitere Einheiten, insbesondere eine Hilfssummeneinheit, eine Monitoreinheit, eine Instrumenteneinheit, eine Kommandoeinheit, gegebenenfalls auch eine Summen-Ausgangseinheit. Diese werden ergänzt durch weitere Einheiten und Einrichtungen, z.B. einen Generator für Test- und Meßzwecke, Stromversorgung, gegebenenfalls Fernsteuereinrichtungen u.a.

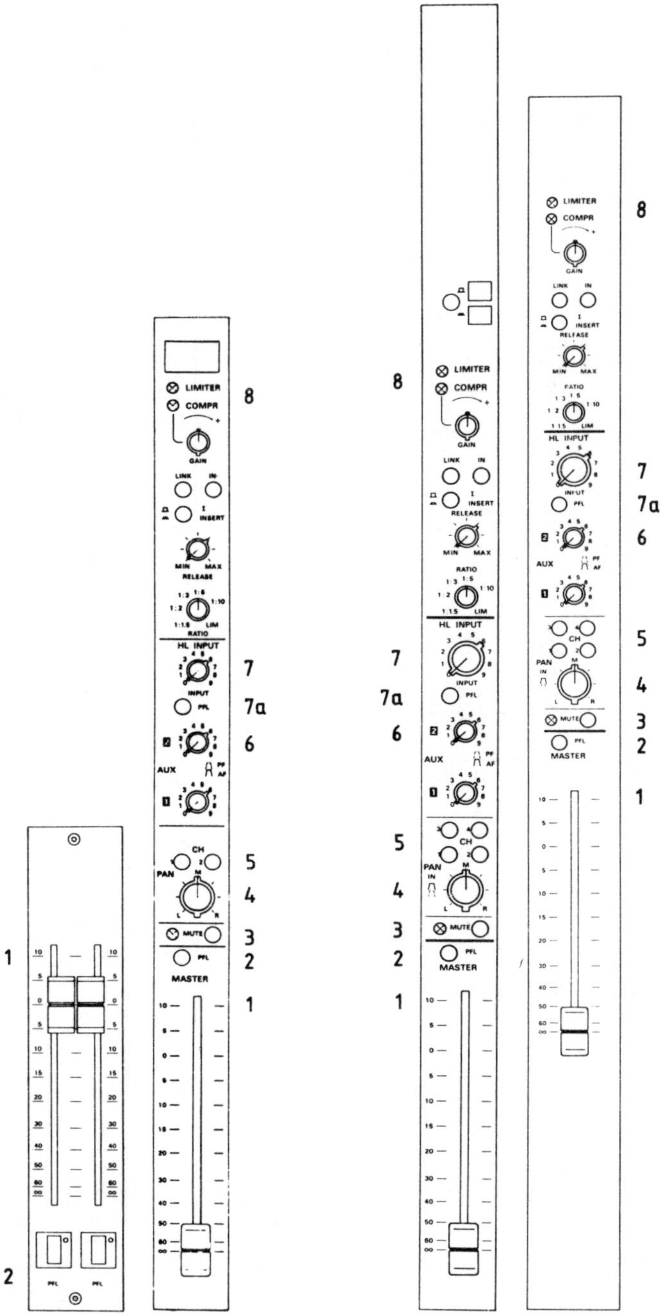

a. b. c. d.

Abb. 8/60. Gruppen bzw. Summeneinheiten.

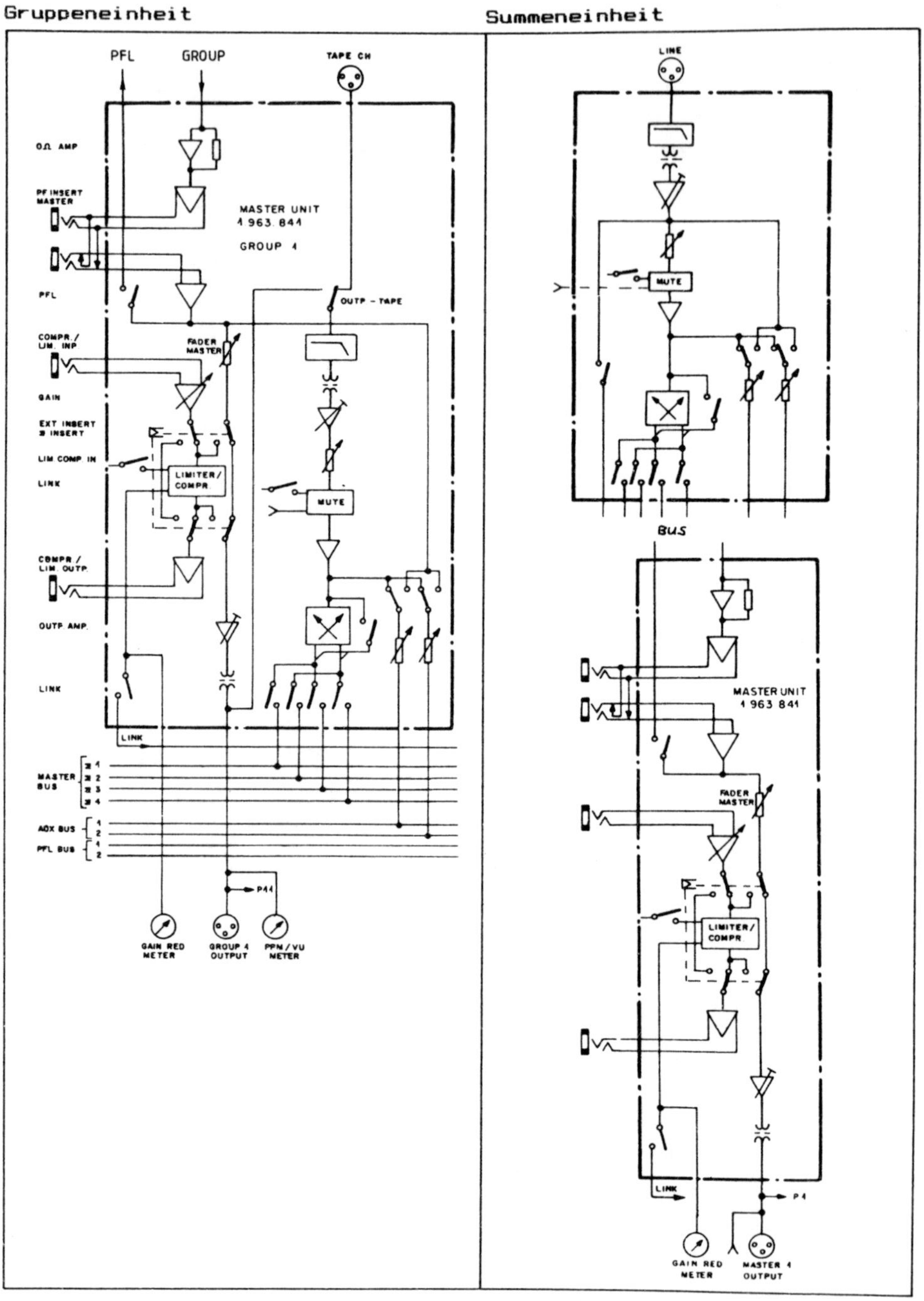

Abb. 8/61. Schaltungskonzept der Gruppen- und Summeneinheit nach Abb. 8/60c.

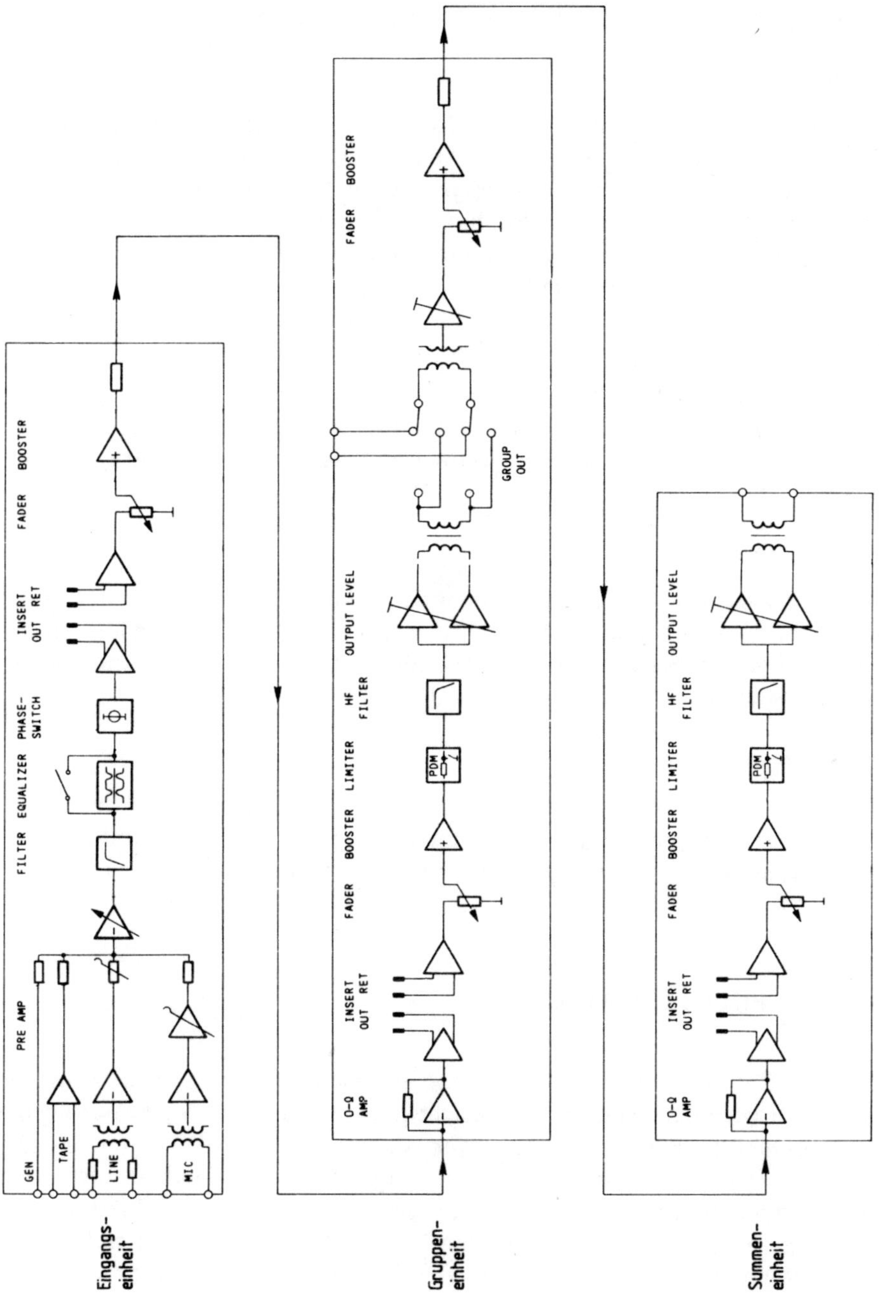

Abb. 8/62. Komplette Regiekette in Streifentechnik.

Hilfssummeneinheit

In der Hilfssummeneinheit werden die Signale der einzelnen Hilfssummen verstärkt und im Pegel eingestellt. Die Einheit sollte über einfach aufgebaute Filter, eine Mute-Taste, Vorhören und über Kommandoeingabe (Talk back) verfügen.

Monitoreinheit

Die Monitoreinheit entspricht im wesentlichen der in Kapitel 8.11 besprochenen Abhöreinheit, sie schließt die Anwahl der Abhörquellen ein. Weiter ist im allgemeinen ein Kopfhöreranschluß mit verschiedenen Abhörmöglichkeiten vorgesehen, so daß neben der Abhörkontrolle über Studiolautsprecher z.B. gleichzeitig über Kopfhörer vorgehört werden kann. Weiter gehört zur Monitoreinheit u.U. auch die Studiosignalisation (Rot- und Grünlicht).

Instrumenteneinheit

Die Instrumenteneinheit vereint die optischen Kontrollinstrumente (Aussteuerungsmesser, Korrelationsgradmesser, Stereosichtgerät) für Summe und Hilfssummen, weiter die Anzeige des Signalisationszustandes im Studio und einen Vorhörlautsprecher.

Kommandoeinheit

Die Kommandoeinheit – als eigene Einheit oder in die Hilfssummen- oder Monitoreinheit integriert – enthält den Mikrofonverstärker für das Kommandomikrofon mit dem zugehörigen Pegeleinsteller sowie Wahlmöglichkeiten für die Kommandoabgabe ins Studio und auf den Summen- und die Hilfssummenwege.

Summen-Ausgangseinheit

Diese Einheit ermöglicht es, an jede Summe beliebige Hauptausgänge anzuschalten, bzw. bei einer Regieanlage mit getrennter Gruppen- und Summenbildung den Summeneingängen beliebige Gruppenausgänge zuzuordnen.

8.13 Die weitere Entwicklung

Aus der Sicht des Anwenders ist die bisherige und auch die weitere Entwicklung der analogen Tonregieanlagen unter drei Gesichtspunkten zu sehen: Verbesserung der technischen Qualität, Erweiterung kreativer Tongestaltungsmöglichkeiten und Optimierung der Ergonomie. Die Verbesserung der technischen Qualität folgt einerseits dem technologischen Fortschritt, sie wird besonders von Tonproduktionen gefördert und gefordert, die nicht nur für den Tag, sondern auch weitgehend für eine zukünftige Nutzung vorgesehen sind; hierzu gehören vor allem Aufnahmen im Bereich der E-Musik. Die Erweiterung der Gestaltungsmöglichkeiten geht hingegen mehr von Forderungen aus, die bei der Produktion von U-Musik gestellt werden, weil in diesem Bereich der Anteil der Klanggestaltung, der bei der Tonproduktion liegt, ungleich höher ist als z.B. im Bereich der E-Musik; die Vergrößerung der Anzahl der Kanäle, Erweiterungen bei Filtern und Regelverstärkern, Entwicklungen von Hall- und Effektgeräten sind Beispiele hierfür. Fragen der Ergonomie, also der bediengerechten Gestaltung der Geräteoberflächen mit ihren Bedienelementen und der Handhabung der Anlagen, stellen sich mit zunehmender Komplexität der Einstellmöglichkeiten immer dringender. Im einzelnen beinhaltet die Ergonomie eines Regiepultes die folgenden Anforderungen: Eine Anlage soll nach möglichst kurzer Einarbeitungszeit bei Nutzung der gebotenen technischen Möglichkeiten möglichst fehlerfrei ohne vermeidbare Ermüdung eingesetzt werden können. Dazu müssen die Bedienelemente logisch und übersichtlich angeordnet, der Status schnell erkennbar sein; wichtige Anzeigen müssen bei gerader Blickrichtung erfaßbar sein, da die akustische Kontrolle diese Haltung erfordert; die Stellelemente müssen handgerecht gestaltet, ohne Spiel, nicht zu leichtgängig, gegebenenfalls deutlich einrastend und gut lesbar beschriftet sein. Die Komplexität großer Anlagen kann eine zentrale Bedienung in einzelnen oder allen Funktionen notwendig machen, d.h., daß mit demselben Bedienelement z.B. die gleichen Funktionen in den einzelnen Kanälen gesteuert werden. Zunehmend wird auch von der Statusanzeige über Bildschirme Gebrauch gemacht.

Aus diesen Gesichtspunkten lassen sich etwas detailliertere Entwicklungstendenzen bzw. Entwicklungsziele ableiten; als zusätzlicher Gesichtspunkt kommt hier auch die Wirtschaftlichkeit einer Anlage hinzu [8.18]. Die einzelnen Ziele können nicht getrennt verfolgt werden, weil oftmals die Verbesserung in einem Punkt nur auf Kosten einer Verschlechterung in einem anderen Punkt möglich ist. So kann schon die Beibehaltung z.B. von Qualitätsstandards bei verbesserter Wirtschaftlichkeit auch einen beträchtlichen technischen Fortschritt erfordern.
Im einzelnen können die folgenden Ziele benannt werden:
- Verbesserung der technischen Daten,
- Erhöhung der Zuverlässigkeit, Wartungs- und Reparaturfreundlichkeit,
- zunehmende Standardisierung im mechanischen und elektrischen Bereich,
- Erhöhung der Flexibilität für eine breite Anwendungspalette,
- Reduzierung der äußeren Abmessungen und des Gewichts,
- Erweiterung der Gestaltungsmöglichkeiten des Frequenzganges, der Dynamik, Schaffung von Gestaltungsmöglichkeiten mit Signalverzögerung,
- Erhöhung der Anzahl der Ein- und Ausgänge,
- Vereinfachung der Bedienelemente und bediengerechte Anordnung,
- Verkürzung der erforderlichen Einarbeitungszeit,
- Verbesserung der Erfaßbarkeit der eingestellten Funktionen.

Von zukünftigen Anlagen wird grundsätzlich erwartet, daß sie Verbesserungen aufweisen, die nicht auf Kosten bereits erreichter Standards gehen.

Der Audiomarkt bietet heute eine breite Vielfalt an Anlagen, die sich an den unterschiedlichsten Anforderungen und wirtschaftlichen Rahmenbedingungen orientieren. Zunehmend ersetzen digitale Technologien sowohl bei der Signalbearbeitung als auch bei der Signalsteuerung analoge Technologien. Für den Anwender hat diese Frage aber vor allem dann Bedeutung, wenn z.B. mit dem Übergang auf digitale Technologien weitergehende Ziele erreicht werden können als bei analoger Technologie. Aus der Sicht des Anwenders dürfte die Frage, ob analog oder digital, zukünftig eine zunehmend untergeordnete Rolle spielen, weil sich die Anforderungen an technische Qualität, Gestaltungsmöglichkeiten, Wirtschaftlichkeit und Ergonomie in einem optimalen System nicht nach der Technologie, sondern nach den Erfordernissen des bedienenden Menschen richten, und die sind unabhängig von der Technologie der Signalverarbeitung und -steuerung.

Aus dem Gedanken, daß sich eine technische Realisierung zunehmend den Anforderungen kreativer Tonbearbeitung und der Ergonomie der Anlagen unterzuordnen habe, läßt sich als nächstes Entwicklungsziel der Tonregieanlagen die Trennung von Signalverarbeitung und Bedienelementen erkennen, die Trennung also von Hardware und Software, die in allen Technikbereichen zunehmend an Bedeutung gewinnt. Eine solche Trennung hat entscheidende Vorteile:

- Die Ergonomie einer Anlage kann unabhängig von technischen Gegebenheiten wie mechanischen Abmessungen und Anordnungen von Schaltern, Potentiometern u.a. an den Signalverarbeitungsgeräten erfolgen.
- Das Hardware-Softwarekonzept ermöglicht eine flexiblere Anwendung der Anlagen beim Benutzer; das Problem von Sonderfertigungen beim Hersteller kann teilweise oder ganz in den Bereich der Software verlagert und wirtschaftlicher gelöst werden.
- Einstellungen an den einzelnen Bedienelementen können als elektronische Daten aufgezeichnet und reproduziert werden; die Anlage ist automatisierbar. Die Automatisierung kann sich auf die einfache Wiederherstellung eines Schaltungs- und Einstellungszustandes (statische Automatisierung, Recall) oder auf eine zeitliche Erfassung aller Schalt- und Einstellvorgänge (dynamische Automatisierung, Dynamic Recall) beziehen.

Die Lösung der mechanischen Verbindung zwischen der Bedienoberfläche und dem signalverarbeitenden Gerät ist ein wesentlicher Schritt in der zukünftigen Entwicklung von Tonregieanlagen. Dabei gilt es, auch unter diesen neuen Bedingungen den hohen Entwicklungsstandard der derzeitigen professionellen analogen Tonstudiotechnik beizubehalten. Die nur über elektrische Signale ansprechbaren Geräte oder Gerätekomponenten können allgemein als programmierbare Audioprozessoren bezeichnet werden. Dabei spielt es keine Rolle, ob die Steuerung oder Programmierung und die Verarbeitung des Signals analog oder digital erfolgen, solange die gestellten Anforderungen erfüllt sind. Die Programmierbarkeit digital verarbeitender Audioprozessoren ist in dieser Technik involviert. Volldigital arbeitende Regieanlagen sind also grundsätzlich auch voll programmierbar.

Herkömmliche analog arbeitende Regieanlagen sind nicht programmierbar oder nur mit programmierbaren Pegelstellern und Schaltern ausgerüstet. Solche Anlagen haben gegenüber digitalen oder voll programmierbaren analogen Anlagen durchaus auch Vorteile: Sie sind preiswert, leicht zu warten, können unproblematisch geändert und repariert werden, verbrauchen wenig Strom; es handelt sich um eine ausgereifte, sehr zuverlässige Technik mit hohem Qualitätsstandard, deren Bedienung leicht zu erlernen ist. Dieser Technik sind die Ausführungen in diesem Handbuch gewidmet. Es ist keine Frage, daß diese Technik auch neben voll programmierbaren Pulten in weiten Anwendungsbereichen Standard bleiben wird.

Voll programmierbare analoge Regieanlagen sind heute erst in kleiner Zahl im Einsatz; aus den genannten Vorteilen wird sich ihr Anteil erhöhen, aber sicher das nichtprogrammierbare Regiepult nicht verdrängen. Die Programmierbarkeit des analogen Pults beruht im Prinzip auf zwei programmierbaren Bauelementen, dem programmierbaren Schalter und dem programmierbaren variablen Widerstand. Von der Lösung dieser beiden technischen Probleme hängt die Qualität programmierbarer analoger Regieanlagen ab. Während für den programmierbaren Schalter bewährte technische Lösungen zur Verfügung stehen (siehe 8.4.4), gibt es für den programmierbaren variablen Widerstand noch unterschiedliche, konkurrierende Lösungen. Der servomotorgetriebene Pegelsteller und der VCA-Pegelsteller sind zwei solcher Lösungen, die heute vielfach angewendet werden (siehe 8.7). Der Aufwand wächst allerdings ganz erheblich, will man alle Funktionen, die über regelbare Widerstände gesteuert werden, in einer Regieanlage durch Servomotoren und VCAs kontrollieren. Mit diesen Mitteln kann die Programmierbarkeit nur mit hohem wirtschaftlichen Aufwand, mit großem Platzbedarf und Gewicht, mit zusätzlichem Aufwand bei Wartung und Reparatur erkauft werden; zudem steht in Frage, ob die Zuverlässigkeit solch komplexer Anlagen den Ansprüchen entspricht. Deshalb muß die Suche nach Lösungen für programmierbare variable Widerstände weitergehen.

Die Steuerung der programmierbaren analogen Systeme kann entweder analog durch eine Gleichspannung wie z.B. beim spannungsgeregelten Verstärker (VCA) erfolgen oder digital, wobei ein digitales Steuersignal auch in eine analoge Steuerspannung umgewandelt werden kann und umgekehrt. Da die Datenverarbeitungs- und -speichertechnik heute allgemein digital erfolgt, wird die digitale Steuerung oder Programmierung fraglos die allgemeine Lösung sein. Bei dieser Technik kann die vorhandene Computertechnologie genutzt werden. [8.19 bis 8.21]

Die Programmierbarkeit von Komponenten des Tonstudios verlangt einen Datenaustausch zwischen der oder den Bedieneinheiten und den einzelnen Komponenten unter sich. Die Programmierintelligenz für die einzelnen Komponenten kann zentral zusammengefaßt oder dezentral verteilt sein; aus Gründen der Betriebssicherheit und Wirtschaftlichkeit haben sich heute weitgehend dezentrale Konzepte durchgesetzt. Bei einer zentralen Steuerung der Komponenten kann die Kommunikation sternförmig oder baumförmig verteilt werden; nachteilig ist, daß bei Störungen oder beim Ausfall des Zentralsystems die gesamte Anlage gestört oder unbrauchbar ist. Dezentrale Konfigurationen benötigen eine Datenleitung, die alle Geräte miteinander ringförmig oder geradlinig verbindet. Auf diesem sog. Datenbus kommunizieren alle Geräte miteinander. Eine ausgesandte Nachricht, die stets mit einem Adreßcode beginnen muß, wird also von allen Komponenten mitgehört, sie können somit notwendige Informationen entnehmen. Damit ausgesandte Nachrichten einer Komponente nicht eine von einem anderen Gerät kommende Nachricht stört, müssen besondere Maßnahmen getroffen werden. Bei einer Busvernetzung der Komponenten können fehlerhafte Komponenten überbrückt oder ersetzt werden. Die Datenübertragung kann wie allgemein in der Datentechnik parallel oder seriell erfolgen. Parallel kommunizierende Systeme sind schnell und leistungsfähig, benötigen aber eine aufwendigere Verdrahtung und ein exaktes Timing. Serielle Systeme eignen sich besonders für größere Distanzen und erfordern weniger Verdrahtungsaufwand. [8.22]

Die Programmierbarkeit ist Voraussetzung für die Automatisierung von Regieeinrichtungen. Die Automatisierung wird um so wichtiger, je umfangreicher die Anlagen und je komplexer die Abläufe werden. Man unterscheidet zwischen statischer und dynamischer Automatisierung: bei der statischen Automatisierung wird nur ein Einstellzustand einer Anlage gespeichert und bei Bedarf automatisch eingestellt. Die Einstellungen beziehen sich im einfachsten Fall auf die Stellung der Pegelsteller und die Durchschaltung der Wege; bei einer umfangreicheren Automatisierung kommt die Einstellung der Mikrofonverstärker, der Filter und Nebenwege hinzu. Für komplexere Abmischungen bei Musikaufnahmen und beim Film- oder Videoton und bei Beschallungen werden einige dieser Einstellungen, vor allem die Einstellungen der Pegelsteller, immer wieder geändert. Die dynamische Automatisierung speichert und steuert auch solche Einstellungen, die sich wieder auf die wichtigsten oder alle Funktionen beziehen können.

Pflichtenhefte und Richtlinien

Technische Pflichtenhefte der öffentlich-rechtlichen Rundfunkanstalten in der Bundesrepublik Deutschland:

3/1 Allgemeine Richtlinien für Entwicklung, Fertigung und Lieferung von Studiogeräten und -anlagen der Tonfrequenz- und Videofrequenztechnik

3/2 NF-Koppelfelder

3/3 Modulationskabel

3/5 Tonregieanlagen

3/6 Aussteuerungsmesser

Literatur

8.1 J. Webers: Tonstudiotechnik, 4. Aufl. München 1985, Franzis

8.2 G. Bosse: „Leitgedanken zur Planung und Durchführung technischer Investitionen in gemeinnützigen öffentlich-rechtlichen Rundfunkanstalten“, in: Rundfunktechnische Mitteilungen 1970, S. 34 ff. und 257 ff.

8.3 H. Schuhmacher „Grundzüge der Ergonomie“, in: Fernmeldepraxis 1983, S. 573 ff. und 1984, S. 1 ff.

8.4 D. Kramer und A. Ziemer: „Auswirkungen des Technologiewandels auf Instandhaltung beim Rundfunk“, in: Rundfunktechnische Mitteilungen 1987, S. 40 ff.

8.5 P. Geeringer et al.: „Der neue Hörfunk-Studiokomplex des Hessischen Rundfunks in Frankfurt“, in: Rundfunktechnische Mitteilungen 1980, S. 79 ff.

8.6 P. Geeringer: „Neugestaltung des Musikstudios 2 des Hessischen Rundfunks“, in: Rundfunktechnische Mitteilungen 1987, S. 1 ff.

8.7 H. Kersten: „Tendenzen in der Auslegung von Tonregieanlagen“, in: Rundfunktechnische Mitteilungen 1968, S. 226 ff.

8.8 H. Rindfleisch: Technik im Rundfunk, Norderstedt 1985, Mensing

8.9 G. Jüngling: „Erdung, Leitungsführung und Anschlußtechnik im Studio“, in: Studio-Magazin 1983, S. 30 ff.

8.10 M. Schneider und H. Wurm: „Rechnergesteuerte Schaltraumanlage im Hörfunk des Südwestfunks“, in: Rundfunktechnische Mitteilungen 1980, S. 241 ff.

8.11 P. Wurll: „Ein vollelektronischer Analogschalter mit Studioqualitätsdaten in MOS-Technik für dynamische und statische Ansteuersignale“, in: Rundfunktechnische Mitteilungen 1976, S. 247 ff.

8.12 P. Wurll: „Modular aufgebaute Durchschalteinrichtungen für fernsteuerbare Verteiler“, in: Fernseh- und Kino-Technik 1976, S. 193 ff.

8.13 H. Frömert: „Leitgedanken zur Planung von Kreuzschienenverteilern in Rundfunk- und Fernsehanstalten“, in: Fernseh- und Kino-Technik 1973, S. 396 ff. und 435 ff.

8.14 F. Senf: „Mehrstufige Kreuzschaltfelder sowie PCM-Kommandovermittlungen für Rundfunkanstalten“, in: Fernseh- und Kino-Technik 1978, S. 383 ff. und 431 ff.

8.15 F. Senf: „Neue Gesichtspunkte bei der Gestaltung von Tonstudioeinrichtungen“, in: Fernseh- und Kino-Technik 1976, S. 275 ff.

8.16 L. Danilenko: „Wie spart man Koppelpunkte?“, in: Rundfunktechnische Mitteilungen 1972, S. 278 ff.

8.17 W. Gerber: „Knotenpunktschaltungen in Ton-Studiomischpulten“, in: Radio Mentor 1969, H. 2, S. 87 ff.

8.18 C. Sanders, D. Dickey und C. Jenkins: „Planung und Entwicklung von Tonmischpulten“, in: dB 1987, H. 7/8 S. 55 ff., H. 9/10 S. 60 ff., H. 11/12 S. 70 ff.

8.19 D. Berger: „Mikroprozessorgesteuerte Systeme für Tonregieeinrichtungen“, in: Bericht über die 13. Tonmeistertagung, München 1984, Saur, S. 451 ff.

8.20 „Analoge und digitale Mischpulte mit digitaler Steuerung“, in: Studio Magazin 1985, H. 19, S. 18 ff.

8.21 G. Steinke: „Technologisch-technische Grundanforderungen an eine neue Generation tonstudiotechnischer Einrichtungen für Rundfunk und Fernsehen“, in: Technische Mitteilungen des RFZ 1984, H. 3, S. 60 ff.

8.22 B. Wacker: „Nervensysteme künftiger Tonstudios“, in: Fernseh- und Kino-Technik 1984, H. 3, S. 110 ff.

9. Hörfunk-Betriebstechnik

9.1 Betriebsablauforganisation im Hörfunk

Für die Produktion und Sendung der Hörfunkprogramme sind jeweils eigens für diese speziellen Aufgaben konzipierte Produktions- und Sendekomplexe vorhanden, die mit unterschiedlich aufgebauten Übertragungs- und Bearbeitungsanlagen ausgestattet sind. Für die reibungslose technische Hörfunk-Betriebsabwicklung müssen alle regietechnischen Räume zusammenschaltbar sein. *Abb. 9/1* zeigt, wie die Leitungen für Sendeabwicklungen, Programmproduktionen, Überspielungen und Übernahmen von Programmen anderer Rundfunkanstalten geschaltet werden können.

Schaltungstechnischer Mittelpunkt der rundfunktechnischen Einrichtungen ist der Schaltraum (9.2). Um den Schaltraum gruppieren sich vor allem Sendekomplexe (9.3), Bearbeitungstonträgerräume, auch Schallaufnahmen-, Tonträger- oder Cuträume genannt (9.3) und Studiokomplexe zur Produktion von Wort-, Musik- und Geräuschaufnahmen (8).

Alle für Produktionen, Sendeabwicklung, Überspielungen und Mitschnitte benötigten Leitungsverbindungen von oder zu den Regieräumen werden im Schaltraum hergestellt. Zu den zahlreichen Leitungsverbindungen gehören nicht nur Modulationsleitungen, sondern auch Meldeleitungen, Leitungen für die Signalisierung und Fernsteuerung, Kommandowege sowie Telefonleitungen von OB-Vermittlungseinrichtungen.

Heutzutage haben die öffentlich-rechtlichen Hörfunkanstalten meist mehrere Hörfunkprogramme. Jedem dieser Programme ist eine eigene Senderegie zugeordnet. Über die Hauptbetriebsleitungen, in einigen Funkhäusern auch als Sendeleitungen bezeichnet, werden die Hörfunkprogramme aus den Senderegien vom Schaltraum aufgenommen. Die Weiterschaltung über die Ortssendeleitungen (OSL) zum örtlichen Rundfunkverstärkeramt, auch Tonübertragungsstelle (TnÜSt) oder Tonschaltstelle genannt, erfolgt am Sendeverteiler im Schaltraum. Alle abgehenden und ankommenden Programmbeiträge werden dem Rundfunkverstärkeramt der Deutschen Bundespost in der Postübergabestelle des Funkhauses, auch Kabelendraum genannt, übergeben bzw. von ihm angenommen. Das Rundfunkverstärkeramt der Deutschen Bundespost ist für die Programmweiterleitung und Programmverteilung über Leitungen oder Hochfrequenzstrecken außerhalb des Funkhauses zuständig.

Die hochfrequente Programmausstrahlung erfolgt durch HF-Sender, die als amplitudenmodulierte Sender im LW-, MW- und KW-Bereich, vor allem aber als frequenzmodulierte Sender im UKW-Bereich arbeiten. Jede Rundfunkanstalt betreibt in ihrem Sendegebiet mehrere Sender, die über das gesamte Sendegebiet verteilt sind. Diese Sender sind in der Regel Eigentum der Rundfunkanstalten. Ihre Programmsteuerung erfolgt durch das Rundfunkfernleitungsnetz der Deutschen Bundespost.

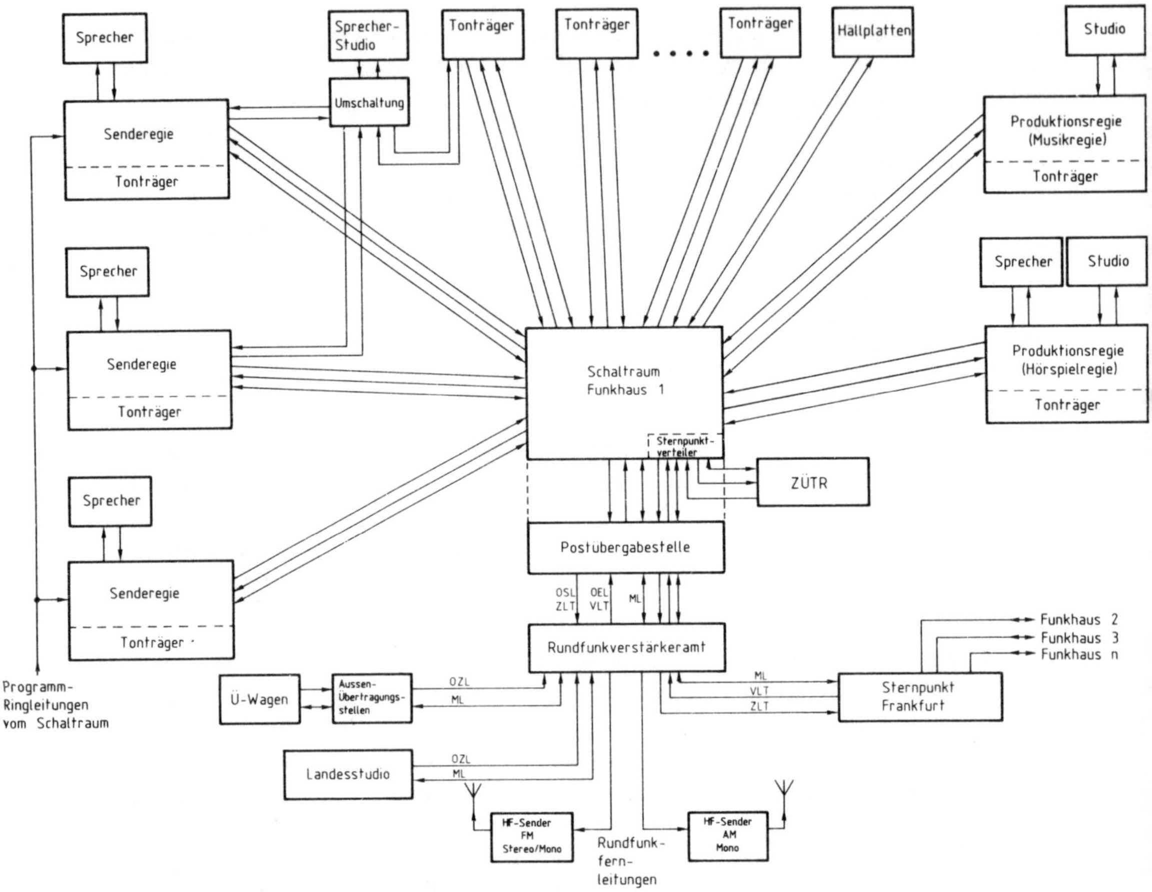

Abb. 9/1. Zusammenschaltung der technischen Räume einer Rundfunkanstalt (Beispiel).

Da ein Programm gleichzeitig über mehrere Sender ausgestrahlt wird, sind die Sender, die dasselbe Programm ausstrahlen, zu Senderketten zusammengefaßt. Die Programme werden den einzelnen Senderketten bereits durch die Beschaltung der Ortssendeleitungen am Sendeverteiler im Schaltraum zugeordnet. Einige Rundfunkanstalten verfügen über direkte Sendeleitungsverbindungen zum Sender, die nicht über das Rundfunkverstärkeramt führen. Die Senderketten wurden überwiegend über die Rundfunkfernleitungen – entweder Leitungsverbindungen oder HF-Strecken zwischen den Rundfunkverstärkerämtern und HF-Sendern – bzw. durch Ballempfang vom Muttersender versorgt. Teilweise werden bei Nachrichtensendungen die Senderketten zusammengeschaltet. Das wird meist über einen zweiten Weg in der Senderegie selbst abgewickelt. Oft werden die Nachrichten auch in einem speziellen Nachrichtenstudio gesprochen; dieses ist mit allen Senderegien fest verbunden.

Aus *Abb. 9/1* geht weiter hervor, daß im Stadtgebiet einer jeden Rundfunkanstalt an wichtigen Außenübertragungsstellen wie Sportstadien, Rathaus, Stadthallen, Kirchen, Theater usw. Ü-Anschlußkästen für den Anschluß eines Ü-Wagens fest installiert sind. Von hier führen, zum Teil beim Rundfunkverstärkeramt fest durchgeschaltete Ortszubringerleitungen (OZL) und Meldeleitungen (ML) zum Funkhaus.

In den letzten Jahren wurden immer mehr Hochfrequenz-Ü-Wagen eingesetzt, die ihre Reportagen drahtlos zum Schaltraum des Funkhauses übertragen. Die Übertragungen finden beispielsweise auf einer freien Frequenz im UKW-Bereich statt. Der im HF-Ü-Wagen eingebaute kleine UKW-Sender steuert eine zum Funkhaus hin ausgerichtete Richtantenne an. Eine beim Funkhaus angebrachte fernsteuerbare UKW-Empfangsantenne, ausgerichtet auf den Standort des Ü-Wagens, liefert das Empfangssignal an einen hochwertigen UKW-Empfänger. Das im Empfänger gewonnene NF-Signal gelangt über eine Tonfrequenzleitung zum Schaltraum und von da zu den Regieräumen bzw. Aktualitätenstudios. HF-Übertragungswagen werden in erster Linie für aktuelle Reportagen eingesetzt, dienen aber mehr und mehr als Leitungsersatz für zeitlich begrenzte Verbindungen, z. B. bei öffentlichen Veranstaltungen.

Überspielungen zwischen den Rundfunkanstalten führen über den zentralen Sternpunkt in Frankfurt. Für diese Betriebsabwicklung ist in den Funkhäusern der „Zentrale Überspieltonträgerraum" (ZÜ, ZÜTR) eingerichtet (siehe Kapitel 9.9).

Für spezielle Umschnitte, z.B. Aufnahmen von Reportagegeräten, Kassettenrecordern, Kopierarbeiten mit kleineren Bandgeschwindigkeiten u.ä. steht ein Umspielraum mit entsprechenden Geräten zur Verfügung. In den Funkhäusern, in denen ein solcher Raum nicht vorhanden ist, werden diese Arbeiten in der Schallaufnahme erledigt.

Mitschnitte von bestimmten Sendungen, die Nachbearbeitungen von Musik- und Wortproduktionen und die Cutarbeiten von aktuellen Beiträgen werden in den Schallaufnahmen oder Cuträumen durchgeführt. Für größere Musik- oder Hörspielproduktionen können Schallaufnahmen über den Schaltraum zusätzlich als Zuspiel- oder Tonträgerräume zugeschaltet werden; in diesem Fall werden Modulations-, Kommando- und Signalwege geschaltet.

In *Abb. 9/1* sind nur zwei von mehreren, in ihren Aufgaben unterschiedlichen Produktionskomplexen angegeben. Sie unterscheiden sich in erster Linie durch ihre akustische und regietechnische Konzeption und entsprechen damit den Forderungen an Wort-, Musik- und Geräuschaufnahmen.

9.2 Schaltraum

Der Schaltraum, auch Hauptschaltraum (HSR) oder Tonschaltraum (TSR) genannt, bildet die Zentralstelle für die Verteilung aller Leitungswege zwischen den technischen Räumen eines Funkhauses sowie aller von außen ankommenden und nach außen abgehenden Leitungen.

In Schalträumen älterer Bauart wurden die Leitungswege über mechanische Kreuzschienenverteiler per Hand vom Schaltmeister durchgeschaltet. In modernen Schalträumen obliegt die Durchschaltung der Leitungen nicht mehr allein dem Schaltmeister, sondern er wird von einem oder mehreren Rechnern unterstützt. In diesem Fall werden die Quellen und Verbraucher über Relais oder elektronische Koppelpunkte miteinander verbunden. Daher spricht man nicht mehr von Kreuzschienenverteilern, sondern von Koppelfeldern.

9.2.1 Betriebsabwicklung

In der täglichen Betriebsabwicklung hat der Schaltraum bzw. der Schaltmeister die Aufgabe, die miteinander zu verbindenden technischen Räume und Geräte den Anforderungen der Programm- und Betriebsabwicklung entsprechend rückwirkungsfrei zusammenzuschalten. Die dazu erforderlichen Leitungen – Modulations-, Melde-, Signal- und Fernsteuerleitungen – führen zentral zum Schaltraum und werden hier von Kreuzschienenverteilern, Koppelfeldern oder anderen Schalteinrichtungen aufgenommen und wieder abgegeben (*Abb. 9/1*). Die Schaltungen für die unterschiedlichen Programmabwicklungen werden zunächst vorbereitet, dann hergestellt, überwacht und nach Beendigung der Übertragung wieder aufgelöst.

Im Schaltraum kommen grundsätzlich fertig bearbeitete Programme an, die von hier aus weitergeschaltet oder mehrfach verteilt werden. Zu den wichtigsten und immer wiederkehrenden Schaltverbindungen im Schaltraum gehören:

1. Durchschaltung der Sendewege aus den Senderegien auf die Ortssendeleitungen (OSL),
2. Überwachung der Sendewege und Ortssendeleitungen,
3. Überprüfung der vom Sternpunkt automatisch durchgeschalteten Verteilerleitungen (VLT) und Zubringerleitungen (ZLT) für Überspielungen und Übernahmen von Programmen anderer Funkhäuser,

4. Zusammenschaltung von Regieräumen für Produktionen,
5. Durchschaltung und Ansteuerung der drahtlosen HF-Übertragungswagen in die Aktualitätenstudios bzw. Senderegien,
6. Überprüfung der Übertragungsleitungen auf Pegel, Störspannung und Frequenzgang zusammen mit der Bundespost.

Die zu jeder Betriebsabwicklung gehörenden telefonischen Absprachen mit der Bundespost über die Bereitstellung der Übertragungsleitungen werden im Schaltraum abgewickelt. Bei Übertragungen von einem Außenübertragungsort erfolgen die Absprachen über deren Abwicklung im Schaltraum oder in dem Regieraum, der die Übertragung der Außenstelle annimmt. Diese telefonischen Absprachen gehen größtenteils über Meldeleitungen, die auch als Dauerleitungen zur Verfügung stehen können (siehe 9. 6. 2 ff.).

9.2.2 Programmführung im Kreuzschienenverteiler

In älteren Schalträumen wird die Programmverteilung über mehrere, von Hand zu bedienende Kreuzschienenverteiler vorgenommen. Diese Verteiler bezeichnet man als B-, C- und D-Verteiler. Durch Trennverstärker in allen Ausgangsleitungen der Kreuzschienenverteiler ist gewährleistet, daß die Verteilung der Modulationen rückwirkungsfrei arbeitet. Die Bezeichnungen B-, C- und D-Verteiler trifft man nicht in allen Funkhäusern an; *Tab. 9/1* nennt andere in den Funkhäusern eingeführte Bezeichnungen.

Tab. 9/1. Bezeichnungen der einzelnen Kreuzschienenverteiler.

B-Verteiler	C-Verteiler	D-Verteiler
Eingangsverteiler	Zwischenverteiler	Sendeverteiler
Ü-Leitungsverteiler	Internverteiler	Endverteiler
	Hausverteiler	
	Produktionsverteiler	

Abb. 9/2 zeigt an einem Beispiel den komplexen Aufbau eines Kreuzschienenverteilers in einem Schaltraum.

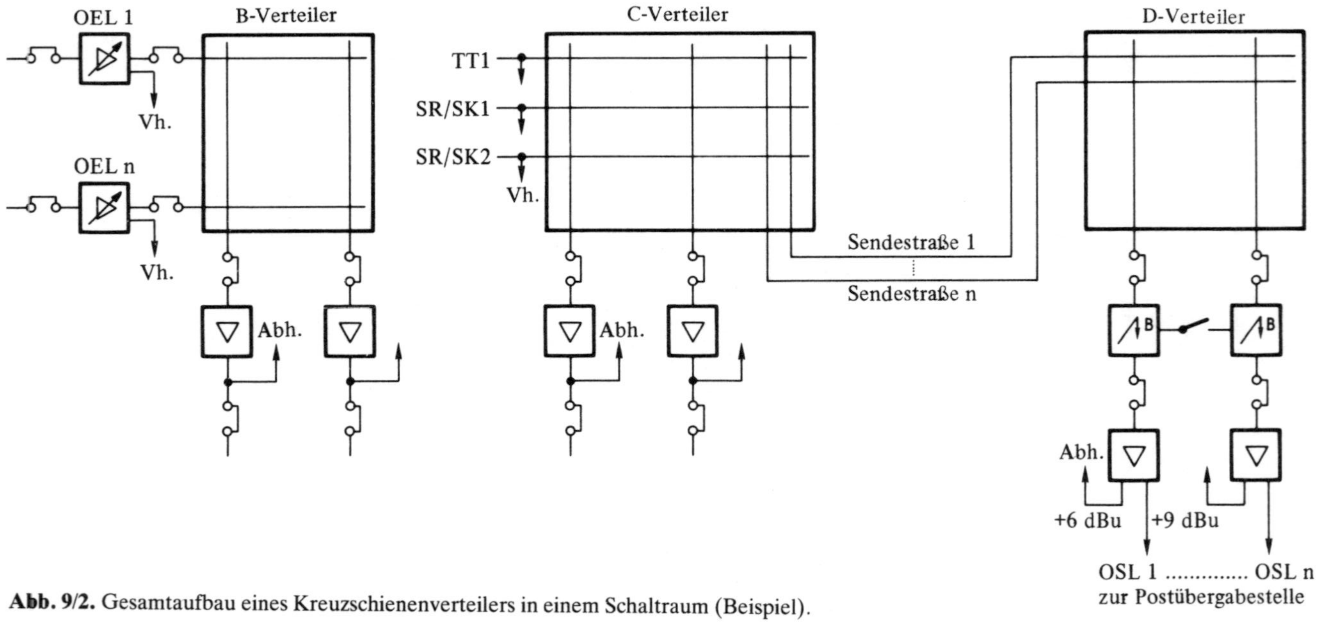

Abb. 9/2. Gesamtaufbau eines Kreuzschienenverteilers in einem Schaltraum (Beispiel).

Ortsempfangsleitungen

Der früher vorhandene A-Verteiler mit einer einstellbaren Kilometer-Entzerrungseinrichtung ist überflüssig geworden, weil die Leitungen der Post bereits in der Postübergabestelle des Funkhauses fest entzerrt und mit einem Pegel von bisher 250 mV entsprechend etwa – 10dBu, künftig + 9dBu, dem Postübergabepegel, angenommen werden. Bevor diese Leitungen in den B-Verteiler oder das Koppelfeld gelangen, wird der Pegel durch einen vorgeschalteten Leitungsverstärker auf den Funkhauspegel von +6 dBu = 0 dB verstärkt bzw. bedämpft. Die Ortsempfangsleitungen (OEL) werden für Übertragungen vom Ü-Wagen zum Funkhaus und für Übertragungen von den fest installierten Ü-Anschlußstellen im Stadtgebiet zum Funkhaus (siehe 9.6.3) benutzt. Für Übertragungen von Funkhaus zu Funkhaus steht heute das Hörfunk-Dauerleitungsnetz mit dem ARD-Sternpunkt zur Verfügung (siehe 9.7). Die ankommenden Ortsempfangsleitungen werden über den B-Verteiler zu den technischen Räumen, wie Regieräumen oder Tonträger, von Hand mit Kreuzschienensteckern durchgeschaltet. Mit den Kontrolleinrichtungen Vorhören, Abhören und Messen sind die Pegel am Ausgang der Leitungsverstärker und des B-Verteilers kontrollierbar.

Verteilung zwischen den Technikräumen

Über den C-Verteiler bzw. ein entsprechendes Koppelfeld werden die technischen Räume miteinander verbunden, z.B. eine Regie mit einer anderen Regie oder eine Regie mit einem Tonträger. Auch hier wird durch Trennverstärker eine rückwirkungsfreie Programmverteilung vorgenommen. Leitungen, die aus den technischen Räumen zum Schaltraum gehen, werden als Sendewege bezeichnet; sie kommen vom Sendeschalter oder Ausgangskreuzschienenverteiler einer Tonregieanlage in Stereo, für amplitudenmodulierte Sender auch in Mono. Einige Ausgänge des C-Verteilers gehen über die Sendestraßen zum D-Verteiler, wenn der D-Verteiler nicht direkt von der entsprechenden Senderegie angesteuert wird. Die Sendewege einer Produktionsregie oder eines Tonträgers führen jedoch im allgemeinen zum Eingang des C-Verteilers.

Ortssendeleitungen

Der D-Verteiler dient der Verteilung der anliegenden Programme auf die Sendeleitungen. Diese zum Rundfunkverstärkeramt abgehenden Leitungen bezeichnet man als Ortssendeleitungen (OSL). Der Programmpegel der OSL, der Funkhausübergabepegel, beträgt +9 dBu. Die notwendige Verstärkung gegenüber dem Funkhauspegel um 3 dB übernimmt ein Trennverstärker, der ohnehin in jede OSL eingefügt wird.

Ortssendeleitungen sind fest installierte Leitungswege zwischen Funkhaus und Rundfunkverstärkeramt. Für jedes Stereoprogramm sind zwei Ortssendeleitungen vorgesehen. Um diese Leitungen vor möglichen Übersteuerungen wirksam zu schützen, verlangt die Bundespost den Einsatz von Sendeschutzbegrenzern (siehe

Bd. 1, Kap. 6.5). Diese Regelverstärker können auch direkt am Ausgang einer Senderegie angeordnet sein. Die Begrenzer in den Zuleitungen zu UKW-Sendern werden mit einer Preemphasis (Vorentzerrung) betrieben, deren Kennlinie umgekehrt zu der Preemphasis der UKW-Sender verläuft; bei Stereobetrieb sind die Begrenzer miteinander verkoppelt.

Ortssendeleitungen, die der Versorgung von Lang-, Mittel- und Kurzwellensendern dienen, sind zur besseren Durchsteuerung dieser amplitudenmodulierten Sender mit Kompressoren ausgestattet, die einen Hub von meist 10 bis 15 dB bewirken. Die Kompressionswirkung – Erhöhung der kleineren und mittleren Pegel – verbessert vor allem in den Randzonen der Versorgungsgebiete den Empfang der Sender. Im allgemeinen sind diese Kompressoren mit Begrenzern kombiniert, die die Leitung vor Übersteuerungen schützen.

Weitere Einrichtungen

Neben den hier aufgeführten Verteilern gibt es u. a. noch den Informationsverteiler, den Programmverteiler oder die Programmwählanlage (PWA). Mit diesen zusätzlichen Verteilern können bestimmte Quellen im ganzen Funkhaus angewählt und abgehört werden.

Die Kreuzschienenverteiler im Schaltraum sind untereinander durch Leitungswege verbunden. Ferner gibt es neben den fest bestehenden Leitungswegen zwischen Regie und Schaltraum auch noch frei verfügbare Leitungen, sog. Querverbindungen. Querverbindungen können in beide Richtungen oder auch nur in einer Richtung beschaltbar sein. Diese Leitungen sind überwiegend auf Klinken gelegt und werden bei Bedarf für die Betriebsabwicklung herangezogen.

Alle bei den Verteilern ankommenden und abgehenden Leitungen sind über Klinken geführt. Diese Klinken sind in einem gesonderten Gestell, dem Havariefeld, eingebaut. Als Klinkensysteme werden Einfach- und Doppeltrennklinken, heute überwiegend Anschaltklinken mit Brückenstecker verwendet. Diese haben den Vorteil, daß ihre mechanischen Abmessungen bei guter Bedienbarkeit relativ klein sind; sie erfordern zudem nur eine Ausführung von Einschleifkabeln.

Kontrolleinrichtungen und Überprüfungen

Die Kontrolleinrichtungen zur akustischen und meßtechnischen Überwachung der Leitungswege sind zentral im Überwachungspult zusammengefaßt. Hierzu gehören Vorhören mit oder ohne Aussteuerungsanzeige sowie Abhören und Messen.

Alle Leitungswege müssen in bestimmten zeitlichen Abständen meßtechnisch mit der Frequenz 1 kHz überprüft werden; der Meßpegel beträgt entweder −9 dB oder −21 dB unter Vollaussteuerung. Der Meßpegel mit −21 dB soll bevorzugt bei der Leitungsprüfung der Postwege eingesetzt werden, damit das Übersprechen des Sinusdauertons auf die Nachbarwege in den Postleitungen gering gehalten wird. Wird mit einem Kennsignalgeber gearbeitet, so können folgende Pegel zum Einsatz kommen: 2 s ein Pegel mit −21 dB, dann 2 s ein Pegel mit −9 dB, anschließend 2 s ein Pegel mit 0 dB und einer nachfolgenden Pause von 3 s. Nach dieser Pause erfolgt die Kennung, also die Ansage der sendenden Rundfunkanstalt. Diese Reihenfolge gilt für eine Monoleitung. Bei einer Stereoleitung wird der dritte Pegelton mit 0 dB zuerst nur auf dem linken, dann auf dem rechten Kanal abgegeben; damit bleibt nur noch eine Pause von 1 s.

Programmführung in rechnergesteuerten Schalträumen

Die Programmführung in Schalträumen, deren Verteiler von einem Prozeßrechner durchgeschaltet werden, ist mit derjenigen in herkömmlichen Schalträumen identisch. Der Aufbau eines Koppelfeldes wie in der konventionellen L-Schaltung unterscheidet sich nur in der Durchschaltung der Leitungswege. In Koppelfeldern mit L-Schaltung, die mit einem Prozeßrechner gesteuert werden, sind die Quellen und Verbraucher meistens mit Relais zusammengeschaltet. Dadurch wird der Aufbau in einem solchen Schaltraum gegenüber einem Kreuzschienenverteiler mit gleichen Durchschaltmöglichkeiten erheblich geringer.
Bedingt durch die Miniaturisierung der Bauteile ist es daher möglich, von der üblichen Aufteilung auf B-, C- und D-Verteiler abzugehen und statt dessen nur noch einen Verteiler einzusetzen. Der Schaltmeister hat also an seinem Bedienplatz das Eingabegerät und ein Kontrollgerät zur Übersicht der durchgeschalteten Leitungen. Selbst die Anwahl der Abhörpunkte kann über das Eingabegerät in Zusammenhang mit dem Rechner erfolgen. Die Anlage kann so weit ausgebaut sein, daß auch von einer Senderegie aus eine Durchschaltung der Sendewege auf die entsprechende Ortssendeleitung erfolgen kann. Dies wird z.B. dann angewandt, wenn der Schaltraum nicht durchgehend besetzt ist, wie z.B. in einigen Landesstudios.

9.2.3 Rechnergesteuerter Schaltraum

Auf Grund der ständig steigenden Anzahl von Schaltvorgängen im Schaltraum müssen diese Vorgänge so weit wie möglich vereinfacht und von einem zentralen Platz aus vorgenommen werden können. Das ermöglicht eine rechnergesteuerte Anlage, die folgende Forderungen erfüllt:

- Regelmäßig wiederkehrende Schaltungen soll der Rechner übernehmen (Zeitschaltung),
- Schaltungen, die eine sofortige Durchschaltung der Leitungswege erfordern, müssen jederzeit möglich sein (Sofortschaltung),
- Schaltungen, die vorhersehbar sind, müssen vorprogrammierbar sein und zum gegebenen Zeitpunkt direkt durchgeschaltet werden (Initialschaltung),
- Änderungen eines bestehenden Schaltungsaufbaus müssen möglich sein,
- alle Kontrolleinrichtungen müssen zentral bedienbar sein, hierbei kann eine Verknüpfung mit dem Rechner vorgenommen werden (Kontrolleinrichtungen),

- im Notfall, z.B. bei Stromausfall, muß gewährleistet sein, daß der Betrieb nur sehr kurzzeitig unterbrochen ist (Notbetrieb).

Zeitschaltung:
Der Begriff Zeitschaltung steht für eine Schaltungsart, die – einmal eingegeben – immer wieder vom Rechner ausgeführt wird. Diese Schaltung beinhaltet die automatische Verbindung von Leitungswegen sowie deren Trennung. Eine derartige Schaltung, die im Minutenraster erfolgt, wird z.B. für die Aufschaltung der Nachrichtenstudios verwendet.

Sofortschaltung:
Unter Sofortschaltung versteht man einen Schaltungsaufbau, der sofort nach der Eingabe im Bediengerät vom Rechner ausgeführt wird. Eine einmal aufgebaute Sofortschaltung bleibt solange bestehen, bis im Rechner der Befehl zum Löschen dieser Verbindung eingegeben wird. Komplexe Sofortschaltungen benötigen jedoch relativ viel Zeit für die Eingabe in den Rechner.

Initialschaltung:
Wegen der unverhältnismäßig langen Eingabezeit bei der Sofortschaltung wird eine weitere Schaltungsart praktiziert: Die Initialschaltung ist eine vorprogrammierte Sofortschaltung, die durch Drücken einer einzigen Taste (Initialtaste) zu einem beliebigen Zeitpunkt aufgebaut werden kann. Sofortschaltungen, die häufig wiederkehren, können als Initialschaltung im Rechner gespeichert und im Eingabegerät durch eine bestimmte Tastenkombination schnell wieder auf die Initialtaste gelegt werden.

Änderungen:
Die Anforderungen an einen rechnergesteuerten Schaltraum beschränken sich nicht nur auf das Herstellen und Trennen von Leitungswegen, es muß auch möglich sein, eine bestehende Verbindung zu ändern. Hierzu gehört eine Änderung der Verbraucher, d.h., es können noch weitere Verbraucher hinzugeschaltet oder abgetrennt werden. Bei der Änderung von Quellen muß gewährleistet sein, daß diese getauscht werden können. Dabei ist es wichtig, daß zuerst die Trennung der ersten Quelle und dann erst die Aufschaltung der zweiten Quelle erfolgt; d.h., der Rechner muß sicherstellen, daß eine Doppelmodulation vermieden wird.

Kontrolleinrichtungen:
Bei der Ansteuerung der Kontrolleinrichtungen gibt es verschiedene Möglichkeiten:

- Alle Kontrollfunktionen werden über das Eingabegerät eingegeben und dann vom Rechner ausgeführt. Dies kann dann zu Kollisionen führen, wenn eine Eingabe erfolgen und gleichzeitig ein neuer Kontrollpunkt sofort gesetzt werden soll. Der Dialog mit dem Rechner dauert in diesem Fall zu lange.

- Alle Kontrollfunktionen werden unabhängig vom Rechner in gewohnter Weise angewählt. Dies ist die sicherste Methode, denn hier können auch bei einem Rechnerausfall im Notbetrieb die Leitungswege weiterhin kontrolliert werden.
- Beim Durchschalten eines Leitungsweges wird automatisch vom Rechner ein Kontrollpunkt am Ausgang des Koppelfeldes mitgesetzt. Diese Zwangsaufschaltung bleibt eine gewisse Zeit bestehen und schaltet sich dann auch wieder automatisch ab. Die weiteren Kontrollpunkte können anschließend wieder in der herkömmlichen Weise angewählt werden.

Zu den Kontrolleinrichtungen Vorhören, Abhören und Messen gehört auch eine Anzeige, die dem Schaltmeister Auskunft über die folgenden Betriebszustände gibt:

- Kennziffer der Kostenstelle,
- Anfangszeit in Stunden und Minuten,
- Endzeit in Stunden und Minuten,
- Quellenname bzw. -nummer,
- Betriebsart Quelle Mono oder Stereo,
- Verbrauchername bzw. -nummer,
- Betriebsart Verbraucher Mono oder Stereo,
- weitere hausinterne Kommentare.

Diese Anzeige besteht in heutigen Schalträumen aus Bildschirmen, auf denen dann noch entsprechende Untergliederungen durch verschiedene Farbunterlagen vorgenommen werden können, z.B. eine farbliche Hervorhebung des jeweiligen Betriebszustands.

Notbetrieb:
Der Schaltraum ist 24 Stunden in Betrieb, für ihn gibt es keinen Ersatzraum. Es muß somit gewährleistet sein, daß auch im Störfall der Betrieb aufrechterhalten bleibt oder zumindest nur sehr kurzzeitig unterbrochen wird; da die Programmausstrahlung ohne Schaltraum nicht möglich ist, ist die Stromversorgung entsprechend konzipiert (siehe 9.8).

Bei Störungen erhält der Schaltmeister entweder über den Bildschirm oder – wie heute üblich – über einen Blattschreiber Auskunft über den Fehler. Kann der Fehler nicht behoben werden, so werden die Verbindungen über das Havariefeld durchgeschaltet. Im Störfall kann gegebenenfalls auch über das Notbediengerät eingegriffen werden.

Aufbau

Die Anzahl der in einem Funkhaus zu schaltenden Wege ist groß. Die Aufgaben, die es im Schaltraum bei der Herstellung, Lösung und Überwachung von Leitungsverbindungen zu bewältigen gilt, sind entsprechend komplex. Die Geräte und Einrichtungen für diese Aufgaben sollen dabei möglichst wenig Raum beanspruchen. Während bei kleineren Anlagen für Leitungsverbindungen, z.B. in technischen Räumen oder bei Tonregieanlagen, die Verbindungen von Hand gesetzt und gelöst werden, muß in einem zentralen Schaltraum eines Funkhauses auf Grund der Komplexität der Aufgaben und der hohen Anforderungen an die Fehlerfreiheit der Schaltvorgänge mit Rechnerunterstützung gearbeitet werden. Für Hard- und Software gelten dabei die folgenden Gesichtspunkte:

Das System soll sowohl im Bereich der Geräte (Hardware) als auch der Programme (Software) modular aufgebaut sein, um es den jeweiligen Anforderungen anpassen zu können. Projektierungs- und Fertigungskosten werden damit niedrig gehalten. Bei den Schalteinrichtungen und den dazugehörigen Peripheriegeräten kann diese Forderung problemlos erfüllt werden. Bei der Ablaufsteuerung reicht oftmals ein Rechner nicht aus: Es müssen mehrere miteinander kommunizierende Ebenen geschaffen werden; ein Zentralrechner hat z.B. die Aufgabe, Dauerschaltungen auszuführen, die Datensicherung vorzunehmen, Hilfestellung bei den Servicearbeiten zu leisten und noch vieles mehr. Die Subrechner haben z.B. die Aufgaben, das Koppelfeld, die Bandmaschinen im ZÜTR und die Anzeigen in den Tableaus anzusteuern. Weitere Aufgaben sind die zeitsynchrone Steuerung aller Funktionen, das Herstellen des Dialogs mit den Eingabegeräten, die Protokollierung sowie die Überwachung des Dialogs mit Initialtasten, Endetasten und Soforttasten.

Die Eingabe der Daten für die Ablaufsteuerung im Schaltraum muß von mehreren Stellen aus möglich sein, zusätzlich z.B. von der Disposition und gegebenenfalls auch von einer Senderegie aus. Bei Ausfall der Stromversorgung muß dabei gewährleistet sein, daß der Schaltraum entweder über gepufferte Batterien oder über eine unterbrechungsfreie Notstromanlage weiter versorgt wird (siehe 9.8). Für den äußersten Notfall ist das „Havariefeld" vorhanden, in dem wichtige Verbindungen von Hand mit Klinkenkabel durchgeschaltet werden können.

Alle Leitungsausgänge müssen so verriegelt sein, daß nicht mehrere Quellen auf einen Verbraucher geschaltet werden können (Doppelmodulation); eine Mehrfachverteilung einer Quelle auf mehrere Verbraucher muß dagegen gewährleistet sein; diese Forderungen sind in erster Linie durch die Software zu lösen. [9.1]

L-Schaltung

Müssen m ankommende Leitungen mit n abgehenden Leitungen verbunden werden können, so kann das im einfachsten Fall durch Klinkenschnüre geschehen. Weitaus aufwendiger, aber ungleich übersichtlicher ist ein Kreuzschienenfeld, bei dem die Ein- und Ausgänge wie die Koordinaten eines Koordinatensystems angeordnet sind; die Verbindungen werden hier durch die Verbindung der senkrechten und waagrechten Schienen hergestellt (siehe auch 8.4). Da die Signalführung im Kreuzschienenfeld L-förmig ist, werden solche Durchschaltsysteme auch als L-Schaltung bezeichnet (*Abb. 9/3*). Kreuzschienenverteiler in L-Schaltung können als Handschaltfelder, wie z.B. in älteren Schaltraumkonzeptionen oder in Tonregieanlagen, oder als rechnergesteuerte Systeme arbeiten. Hierbei werden im Schaltraum vielfach die bislang üblichen Bezeichnungen der einzelnen Verteiler beibehalten: der

B-Verteiler nimmt die Ortsempfangsleitungen auf und verteilt sie weiter, der C-Verteiler verbindet die technischen Räume des Funkhauses miteinander, der D-Verteiler ist der Sendeverteiler.

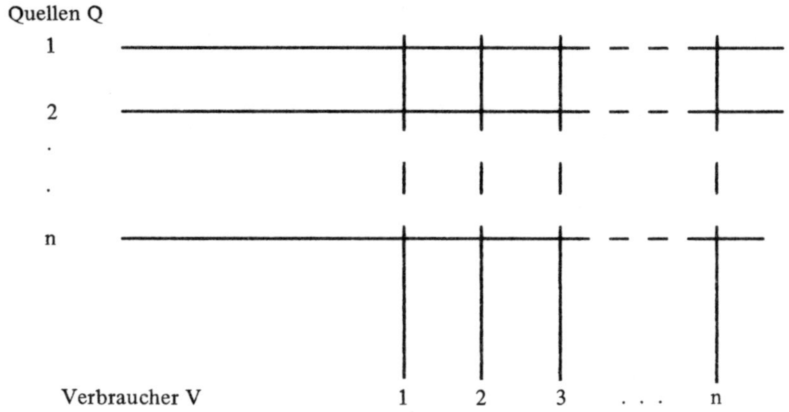

Abb. 9/3. Verteiler in L-Schaltung.

In rechnergesteuerten Schalträumen können diese drei Verteiler in einem einzigen Verteiler zusammengefaßt werden. Das hat aber zur Folge, daß dieses Koppelfeld mehr Koppelpunkte enthält, als zum Betrieb notwendig sind, es ist überdimensioniert. Ein Kreuzschienenfeld mit z.B. 100 Quellen und 100 Verbrauchern benötigt in L-Schaltung 100 x 100 = 10 000 Koppelpunkte; gleichzeitig wird aber eine solch hohe Anzahl von Verbindungen nicht benötigt; d.h., es müßte eine Schaltung geschaffen werden, deren Anzahl an Koppelpunkten dem tatsächlichen Bedarf angepaßt ist. Zur Erfassung dieser Zusammenhänge wurde der Gleichzeitigkeitsfaktor g definiert. Er gibt an, wieviele Quellen und Verbraucher gleichzeitig miteinander verbunden werden können, wobei die kleinere Anzahl von beiden als 100% gesetzt wird. Uneingeschränkt bleibt dabei die Forderung, daß jede Quelle mit jedem Verbraucher verbindbar sein muß. Für die Auslegung eines Koppelfeldes ist die Betrachtung des Gleichzeitigkeitsfaktors eine wichtige Vorüberlegung. Es ist nicht unbedingt notwendig, den Faktor g grundsätzlich bei 100% anzusetzen; er kann auch kleiner sein. Eine Reduzierung der Anzahl der Koppelpunkte ist möglich, wenn man eine Aufteilung der Koppelpunkte auf mehrere Koppelfelder mit unterschiedlichen Gleichzeitigkeitsfaktoren vornimmt.

Doppel-L-Schaltung

Eine zweite Möglichkeit des Schaltraumaufbaus ist die Doppel-L-Schaltung, auch U-Schaltung genannt (*Abb. 9/4*). Hier werden zwei Kreuzschienenverteiler in

L-Schaltung hintereinander geschaltet. Unter Beibehaltung der Anzahl der Koppelpunkte wie in einer L-Schaltung sinkt der Gleichzeitigkeitsfaktor mindestens aber auf 50%. Sollen gleichzeitig mehr Durchschaltemöglichkeiten bestehen, übersteigt die Anzahl der Koppelpunkte in einer Doppel-L-Schaltung weit die Anzahl in einfacher L-Schaltung. Auf Grund des größeren Schaltaufwands und der damit verbundenen höheren Fehlerquote wurde diese Art von Kreuzschienenverteiler auch nur bedingt eingesetzt.

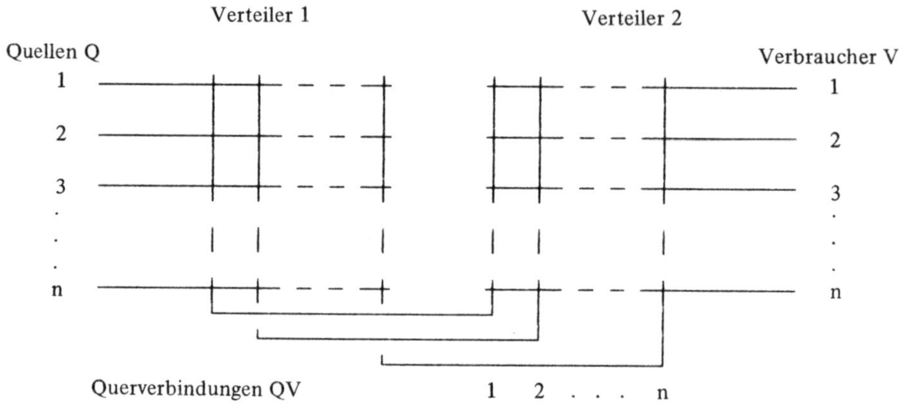

Abb. 9/4. Verteiler in Doppel-L-Schaltung.

Dreistufige Koppelfelder

Die dritte Möglichkeit, Verteiler in einem Schaltraum aufzubauen, ist die des dreistufigen Koppelfeldes. Diese Technik wird heute allgemein in großen Schalträumen angewandt. Die Durchschaltung der Modulation kann entweder auf mechanischem Weg (Relais) oder auf elektronischem Weg (Schalttransistoren) erfolgen. Das Koppelfeld besteht aus drei Verteilern, dem Eingangs-, Zwischen- und Ausgangsverteiler. Jeder dieser Verteiler besteht seinerseits wieder aus einer gewissen Anzahl kleiner Verteiler in L-Schaltung. Die Quellen Q werden über die Eingangsverteiler auf die Zwischenverteiler verteilt und von da auf die Ausgangsverteiler weitergeführt und mit den Verbrauchern verbunden. Diese Verteilung ist so berechnet, daß jede Quelle mit jedem Verbraucher verbunden werden kann. Wichtig ist, daß hierbei bis zu etwa 60% Koppelpunkte gegenüber der herkömmlichen L-Schaltung eingespart werden können. Platzeinsparung und geringere Kosten sind also die wesentlichen Vorteile des dreistufigen Koppelfeldes. *Abb. 9/5* und *9/6* zeigen solche Konzeptionen. [9.1 bis 9.5]

Ein dreistufiges Koppelfeld kann man sich als einen Verteiler vorstellen, der in drei kleine L-Verteiler geteilt und in einer bestimmten Art wieder zusammengesetzt ist;

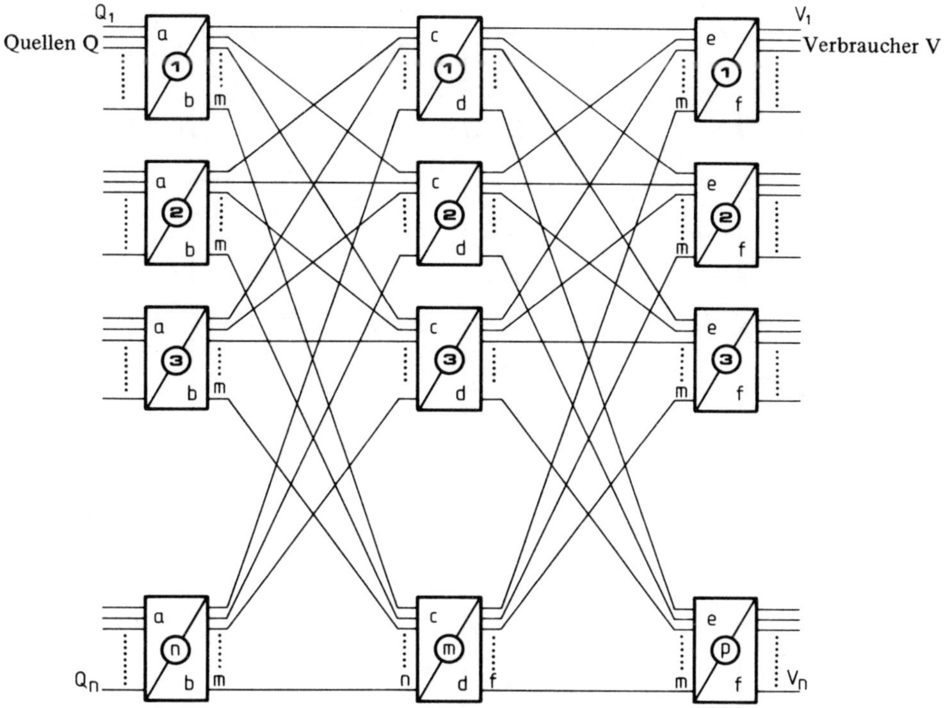

Abb. 9/5. Dreistufiges Koppelfeld (TELKOS von ANT).

d.h. aber, daß der Modulationsweg nun über drei Koppelpunkte läuft, ohne daß die technischen Werte sich verschlechtern dürfen. Diese „kleinen" Verteiler sind so aufgebaut, daß sich effektiv eine große Einsparung an Koppelpunkten ergibt. Es mußte nun ein Baustein gefunden werden, mit dem man Koppelfelder jeder beliebiger Größe kosten- und platzsparend aufbauen kann. Dieser Baustein, die kleinste Einheit eines Koppelfeldes, ist der Koppelbaustein (KB). Es gibt drei KB-Prinzipien, wovon sich jedoch nur zwei in der Praxis einsetzen lassen, nämlich die sog. blockweise Anordnung und die verbraucherbezogene Anordnung (*Abb. 9/7* und *9/8*).

Verbraucherbezogene Anordnung:

Bei der verbraucherbezogenen Anordnung werden die Koppelbausteine wieder zu Blöcken zusammengefaßt: Die Quellen Q werden auf n Eingangsblöcke mit der Größe a · b und die Verbraucher (Senken) V werden analog auf p Ausgangsblöcke mit der Größe e · f verteilt. Zur Durchschaltung von den Eingangs- zu den Ausgangsverteilern werden m Zwischenverteiler mit der Größe c · d benötigt. Jeder Eingangsverteiler ist ausgangsseitig über m Leitungen mit m Zwischenverteilern ein-

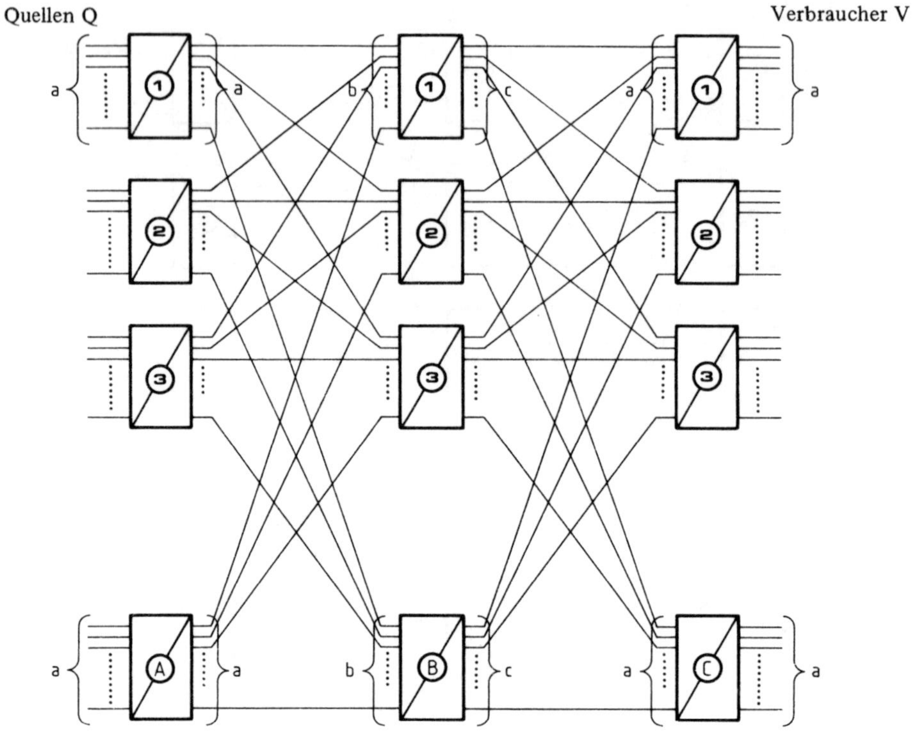

Abb. 9/6. Dreistufiges Koppelfeld (Siemens).

gangsseitig verbunden; jeder Zwischenverteiler ist ausgangsseitig über p Leitungen mit p Ausgangsverteilern eingangsseitig verbunden (*Abb 9/7*).

Verbraucherbezogene Anordnung:

Der Baustein verteilt n Quellen auf einen Verbraucher.

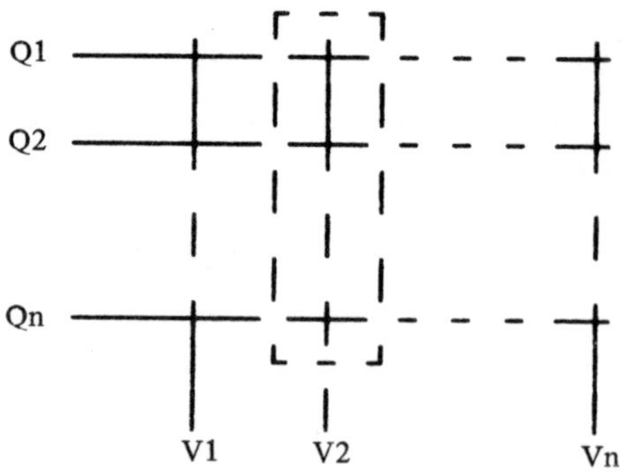

Abb. 9/7. Verbraucherbezogene Anordnung der Koppelpunkte.

Daraus erhält man die Anzahl der Koppelpunkte K_3 eines dreistufigen Koppelfeldes:

$$K_3 = a \cdot b \cdot n + c \cdot d \cdot m + e \cdot f \cdot p$$

$$= m x (Q + V + \frac{Q \cdot V}{a \cdot f})$$

K_3 = Anzahl der Koppelpunkte
a = Anzahl der Eingänge der Eingangsblöcke
b = Anzahl der Ausgänge der Eingangsblöcke
n = Anzahl der Eingangsblöcke
c = Anzahl der Eingänge der Zwischenblöcke
d = Anzahl der Ausgänge der Zwischenblöcke
m = Anzahl der Zwischenblöcke
e = Anzahl der Eingänge der Ausgangsblöcke
f = Anzahl der Ausgänge der Ausgangsblöcke
p = Anzahl der Ausgangsblöcke
Q = Anzahl der Quellen
V = Anzahl der Verbraucher

Aus dieser Gleichung läßt sich näherungsweise eine Beziehung für a ableiten, aus der die Größe des Koppelbausteins resultiert:

$$a \approx \frac{Q}{n}$$

In der Praxis ist nicht jeder errechnete Wert als sinnvoll anzusehen, es kann z.B. eine Überdimensionierung vorgenommen werden. Die Größe a des zu verwendenden Koppelbausteines liegt bei a = 6, 10, 15, 20 oder 35. Der gewählte Wert ist wiederum abhängig von der Gesamtgröße des Koppelfeldes, d.h. von der Anzahl der Quellen Q und der Verbraucher V.

Blockweise Anordnung:

Bei einem Koppelfeld mit Verteilern, die aus Koppelbausteinen mit blockweiser Anordnung bestehen, ist der Gesamtaufbau im Prinzip der gleiche wie bei Koppelfeldern mit verbraucherbezogenen Bausteinen (*Abb. 9/8*).

Hier errechnet sich die Anzahl der Koppelpunkte folgendermaßen:

$$K_3 = (Q + V) \cdot a + \frac{Q \cdot V}{a}$$

Blockweise Zusammenfassung:

Der Baustein verteilt n Quellen auf n Verbraucher.

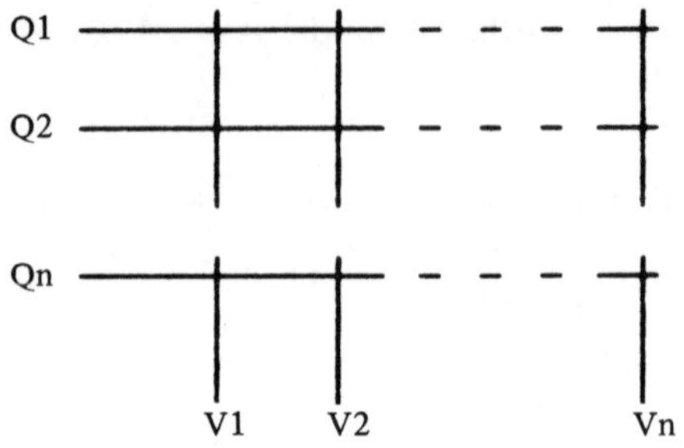

Abb. 9/8. Blockweise Zusammenfassung der Koppelpunkte.

Ferner ergeben sich die weiteren Beziehungen:

$$a = \frac{Q \cdot V}{Q + V}$$

Die Anzahl der Koppelbausteine im Eingangsverteiler A bzw. im Zwischenverteiler B ist:

$$A = \frac{Q}{a} \text{ und } B = a$$

Weiter gilt:

$$b = \frac{Q}{a} = A \text{ und } c = \frac{V}{a} = C$$

Hierbei ist zu beachten, daß alle errechneten Werte auf eine durch vier teilbare Zahl erhöht bzw. erniedrigt werden müssen. In dem o.g. Fall handelt es sich um quadratische Blöcke. Eine Variante der quadratischen blockweisen Zusammenfassung ist der rechteckige Block, z.B. 32 x 4.

Dreistufige Koppelfelder sind erst ab einer bestimmten Größe kostengünstig einzusetzen: Koppelfelder mit verbraucherbezogenen Koppelbausteinen ab 100 Quellen auf 100 Verbraucher, Koppelfelder mit blockweise angeordneten Koppelbausteinen ab 200 Quellen auf 200 Verbraucher.

Die quellenbezogene Anordnung ist der Vollständigkeit halber abgebildet (*Abb. 9/9*).

Quellenbezogene Anordnung:

Der Baustein verteilt eine Quelle auf n Verbraucher.

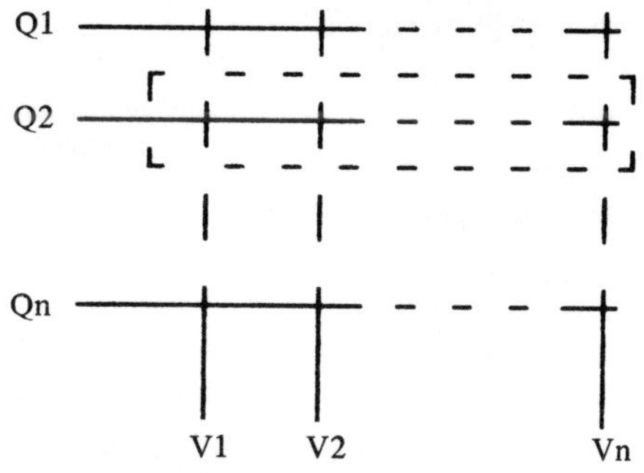

Abb. 9/9. Quellenbezogene Anordnung der Koppelpunkte.

9.2.4 Postübergabestelle im Funkhaus

Für die Programmzuführung zu den Sendern, zum Sternpunkt sowie für den Programmempfang im Funkhaus stellt die Post die Leitungsverbindungen zur Verfügung. Die Post hat deshalb in den Funkhäusern Postübergabestellen eingerichtet. Von hier führen fest entzerrte Erdkabel mit Modulations- und Meldeleitungen zum Rundfunkverstärkeramt, von wo die weitere Verteilung stattfindet. Die vom Funkhaus abgehenden Leitungen heißen Ortssendeleitungen (OSL), die beim Funkhaus ankommenden Leitungen Ortsempfangsleitungen (OEL). Die Meldeleitungen können in Ausnahmefällen als Übertragungs- oder Mithörleitungen genutzt werden (siehe auch 9.6.3). In *Tab. 9/2* sind die Meß- und Programmpegel nochmals zusammengefaßt.

Tab. 9/2. Meß- und Programmpegel bei 1 kHz sowie Übertragungsbereich von Tonleitungen.

	absoluter Pegel	relativer Pegel	Spannung	Prozent
Meßpegel				
Mikrofonwege	– 54 dBu	– 60 dB	1,55 mV	0,1%
Leitungsprüfung der Postwege	– 15 dBu	– 21 dB	140 mV	9%
Leitungsprüfung (im Funkhaus, kurzzeitig auf Postwegen.)	– 3 dBu	– 9 dB	550 mV	35%
Bandmaschinen	– 14 dBu	– 20 dB	150 mV	10%
Funktionsprüfung	+ 6 dBu	0 dB	1,55 V	100%
Übersteuerungsreserve	+ 11 dBu	+ 5 dB	2,75 V	180%
	+ 22 dBu	+ 16 dB	9,75 V	630%

Tab. 9/2. (Fortsetzung)

	absoluter Pegel	relativer Pegel	Spannung	Prozent
Programmpegel				
im Funkhaus				
oberste Pegelgrenze	+ 6 dBu	0 dB	1,55 V	100%
unterste Pegelgrenze	− 34 dBu	− 40 dB	15,5 mV	1%
	− 54 dBu	− 60 dB	1,55 mV	0,1%
ank. Tonleitung (OEL)	− 11 dBu	− 17 dB	220 mV	30%
	+ 9dBn	+ 3dB	2,2V	140%
abgeh. Tonleitung (OSL)	+ 9 dBu	+ 3 dB	2,2 V	140%
abgeh. Tonleitung (Ü-Leitung)	+ 15 dBu	+ 9 dB	4,4 V	280%

Übertragungsbereich

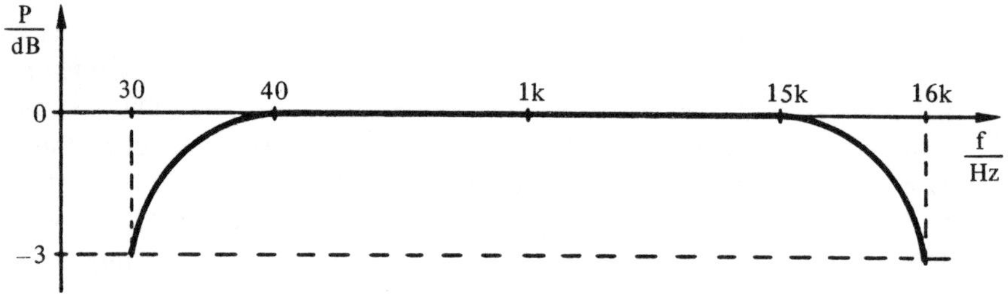

9.3 Sendekomplex und Schallaufnahme

Die in der täglichen Betriebsabwicklung zur Sendung kommenden Hörfunkprogramme werden manuell, manchmal auch automatisiert abgewickelt („gefahren"). In der manuellen Sendeabwicklung ist für jedes Hörfunkprogramm eine eigene Senderegie vorhanden. Bei einer automatisierten Sendeabwicklung, in der auch mehrere Hörfunkprogramme zusammengefaßt werden können, wird ein größerer Sendekomplex benutzt. Über die Leitungen von den Senderegien zum Schaltraum, die durch den Sendeschalter oder den Sendestecker geschaltet werden, wird das Programm zur Postübergabestelle geführt (*Abb. 9/1*).

Da sich das Programm im Verlauf eines Tages aus inhaltlich unterschiedlichen Einzelblöcken zusammensetzt, ergeben sich für den Sendebetrieb vor allem folgende Abwicklungsvorgänge:

- Ansagen und Nachrichten aus dem Sprecherstudio,
- Abspielen von Programmbeiträgen, die auf Magnetband, Schallplatte, Compact Disc, Cartridge o.ä. vorliegen,
- Übernahmen von Fremdprogrammen anderer in- und ausländischer Rundfunkanstalten,
- Übernahmen von hauseigenen Programmen, wie z.B. die Zusammenschaltung von Hörfunkprogrammen,
- Übernahmen von Direktübertragungen aktueller, kultureller oder sportlicher Veranstaltungen von einem Übertragungswagen,
- Übernahmen von Telefonreportagen und -gesprächen in die aktuelle Sendung,
- Livebeiträge aus den Produktionsstudios.

Aufgabe des Betriebspersonals in der Senderegie ist es, für die richtige zeitliche Aneinanderreihung der zu sendenden Programmbeiträge und für angemessene Programmübergänge zu sorgen. Die einzelnen Beiträge sind dabei übertragungstechnisch richtig und mit einem natürlichen Lautheitsablauf auszusteuern. Einem eventuell vorhandenen Sendeablaufplan kann das entsprechende Tagesprogramm entnommen werden.

Die für den manuellen Betrieb vorgesehenen Senderegien können für den Einmann- oder Zweimannbetrieb ausgelegt sein. Zweimannbetrieb macht eine Trennung von Regieraum (Sendekontrollraum) und Tonträgerraum möglich. Beim Einmannbetrieb, der sich zunehmend durchsetzt, bilden Regie- und Tonträgerraum eine räumliche Einheit; die Tonträgergeräte werden über Fernstart betrieben.

Eine weitere Rationalisierung im Sendungsbetrieb bietet die Automatisierung der Sendebetriebsabwicklung von Hörfunkprogrammen. Da aber diese prozeßrechnergesteuerte Sendeabwicklung sowohl künstlerische wie auch technische Schwierigkeiten mit sich bringt und auch der personelle wie der zeitliche Aufwand für eine Sendung nicht immer reduziert werden konnte, bleibt diese Automatisierung auf wenige Ausnahmen beschränkt.

Ebenso ist der sogenannte Discjockeybetrieb, bei dem eine Person die Aufgaben von Sprecher, Techniker und Redakteur wahrnimmt, ein Spezialfall, auf den an dieser Stelle nicht näher eingegangen werden soll.

9.3.1 Prinzipieller Aufbau einer Senderegie

Zu einem Sendekomplex gehören Regieraum, Tonträgerraum bzw. in den Regieraum integrierte Tonträger und Sprecherstudios. Meist sind zwei Sprecherstudios vorhanden, damit ein störungsfreier Sprecherwechsel während des Sendeablaufs gewährleistet ist. Die Senderegie bildet dabei den Mittelpunkt der Zusammenschaltung (*Abb. 9/10*). Sichtverbindung zwischen diesen Räumen erleichtert die Zusammenarbeit.

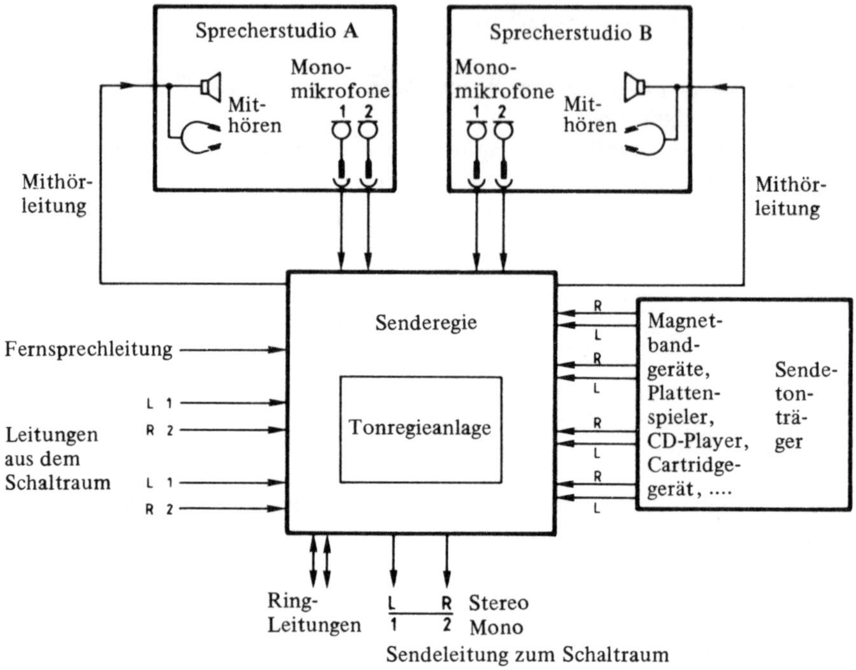

Abb. 9/10. Prinzipieller Aufbau eines Sendekomplexes.

Im Sprecherstudio befinden sich für einen Sprecher mindestens zwei Monomikrofone mit nierenförmiger Richtcharakteristik, ein Hauptmikrofon und ein Reservemikrofon. Der Einsatz von Stereomikrofonen ist für einen Einzelsprecher nicht sinnvoll, es sei denn, die zweite Kapsel dient als Reserve. Bei zwei und mehr Sprechern in einem Studio können Einzel- oder Stereomikrofone verwendet werden. Bei mehr als zwei Sprechern wird gelegentlich bei Monoabbildung die Schaltung eines Stereo-Koinzidenzmikrofons in torusförmiger Richtcharakteristik verwendet. Dabei wird das Koinzidenzmikrofon auf zwei Achtercharakteristiken unter ± 45° eingestellt. Nach Zwischenschaltung eines 90°-Filters werden die Signale der beiden Mikrofone zu einem Monosignal addiert. Die so gewonnene Richtcharakteristik dieser Anordnung entspricht einer rotierten Achtercharakteristik (Torus); sie hat also in horizontaler Richtung die Eigenschaften einer Kugelcharakteristik – allseitig gleiche Empfindlichkeit – und in vertikaler Richtung die Eigenschaften einer liegenden Acht – herabgesetzte Empfindlichkeit für von oben und unten einfallenden Schall.

Die Mithöreinrichtung im Sprecherstudio erlaubt eine rückkopplungsfreie Kontrolle der ablaufenden Sendungen über Lautsprecher oder Kopfhörer (siehe 8.11.3). Wird der Mikrofonregler aufgezogen, so werden die Lautsprecher automatisch abgeschaltet, um Rückkopplungen und eine Klangfärbung zu vermeiden. Eine Lichtsignalisation wird von den Mikrofonreglern im Regieraum gesteuert: sie gibt dem Sprecher einen rechtzeitigen Hinweis auf den Beginn seiner Ansage.

Im Tonträger, der mit entsprechenden Wiedergabegeräten bestückt ist, werden die zur Sendung kommenden Magnetband- und Plattenaufnahmen abgespielt. Von den Stereoausgängen dieser Zuspielgeräte führen die Wiedergabeleitungen zum Mischpult. Manchmal findet auch im Tonträgerraum über ein Zusatzmischpult mit Abhör- und Aussteuerungskontrolle, auf das die Ausgänge der wiedergebenden Maschinen führen, eine Vormischung statt. Dieses Signal wird dann über eine einzige Wiedergabeleitung zum Regierraum geführt. Da in den Tonträgerräumen von Senderegien im allgemeinen reiner Wiedergabebetrieb durchgeführt wird, sind nur selten Aufnahmeleitungen vom Regie- zum Tonträgerraum vorhanden, die Aufsprechverstärker in den Magnetbandgeräten können fehlen. Teilweise sind für gelegentliche Sendemitschnitte die Eingänge der aufnehmenden Maschinen über Klinken an den Ausgang des Sendekomplexes gelegt. Für die Übernahme von Fremdprogrammen stehen Leitungen aus dem Schaltraum zur Verfügung, die jeweils entsprechend beschaltet werden.

Alle Tonquellen müssen zur Programmaussteuerung, zur Ein-, Aus- oder Überblendung dem Mischpult in der Senderegie zugeführt werden. Dazu wird entweder jede einzelne Tonquelle über ein Klinkensystem auf einen Pegelsteller im Mischpult geführt oder alle erforderlichen Tonquellen führen auf einen Eingangsverteiler und können hier den Pegelstellern nach Bedarf zugeordnet werden. Der Einsatz von Entzerrern in den Kanälen einer Senderegieanlage ist im allgemeinen nicht üblich, da die zur Sendung kommenden Beiträge fertig produzierte Programmabschnitte darstellen, deren Klangbilder während der Sendung nicht verändert werden sollen. Anders verhält es sich bei Sendungen mit aktuellen Telefonreportagen u.ä., bei denen das Einschleifen eines Entzerrers zweckmäßig ist. *Abb. 9/11* zeigt an einem Beispiel den Aufbau einer Senderegie mit Sendetonträger.

Die zur Sendeabwicklung benötigte Pausenzeichen- und Kennmodulation sowie die Meßfrequenz 1000 Hz können zur Beschaltung der Sendeleitungen am Ausgangsverteiler abgenommen werden. Der Ausgangsverteiler und die zugehörigen Kreuzschienenstecker sind meistens so beschaltet, daß bei Anwahl der Pausenzeichen- und Kennmodulation eine Fernstarteinrichtung die im Schaltraum untergebrachten Geräte einschaltet.

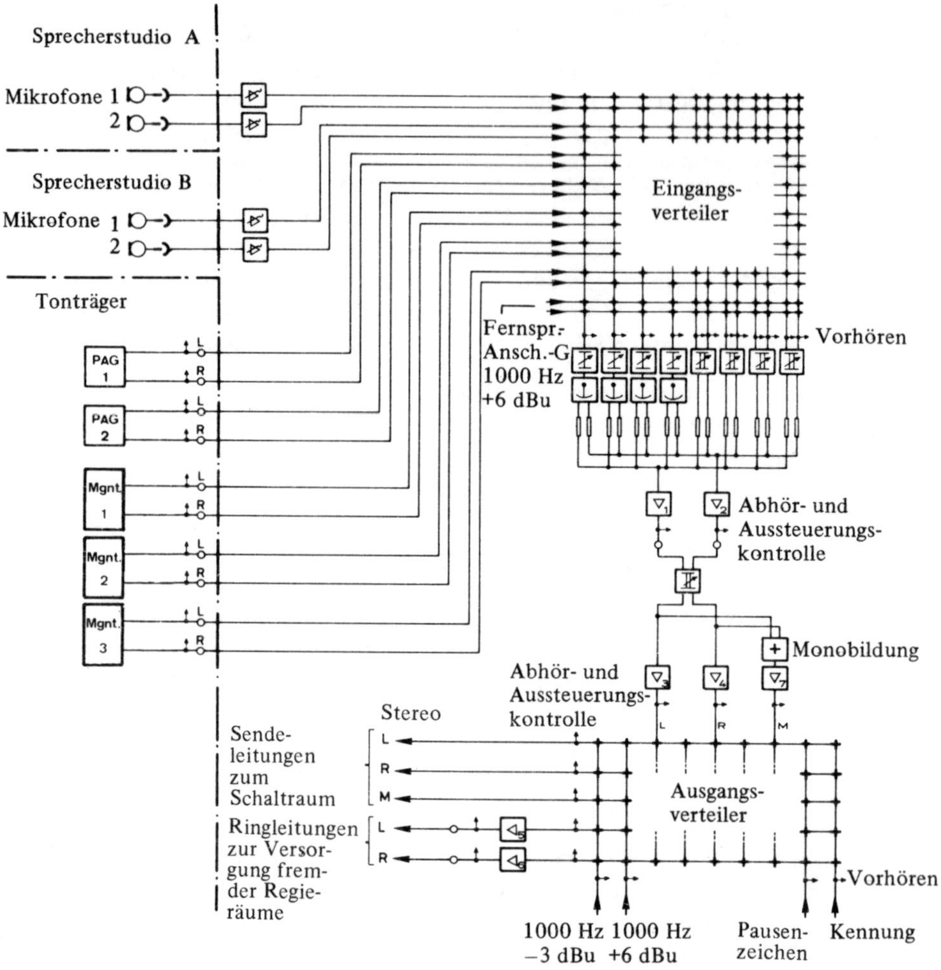

Abb. 9/11. Schaltungsbeispiel einer Senderegie mit Sendetonträger.

Anstelle eines Sendeausgangsverteilers ist bei Senderegiepulten oft der herkömmliche Sendeschalter in Benutzung. Der Sendeschalter ist z.B. als Drehschalter mit mehreren Schalterstellungen aufgebaut; er verbindet die Sendeleitungen (*Abb. 9/12*) wahlweise mit dem Hauptverteiler, dem Pausenzeichengeber – auch über Regler –, der Kennung oder teilweise auch mit einem 1-kHz-Ton.

Die Sendetonträger sind in ihrer Schaltung und in ihrem mechanischen Aufbau unterschiedlich ausgeführt. So sind z.B. die Ausgänge der Zuspielgeräte, bevor sie zum Eingangsverteiler des Mischpultes der Senderegie führen, über einen Pegelstel-

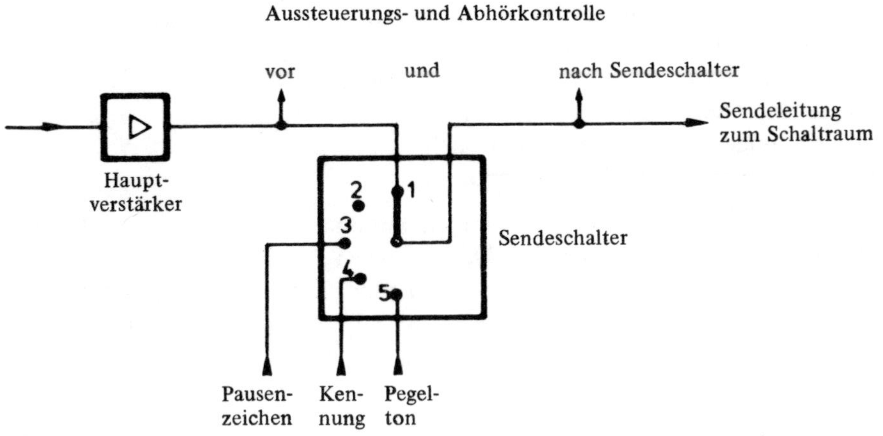

Abb. 9/12. Sendeschalter.

ler, den sog. Maschinenregler, geführt, der in jeder Gerätetruhe untergebracht ist. Der betreffende Regler im Regiepult bleibt bei Benutzung des Maschinenreglers in Arbeitsstellung geöffnet. Bei Laufbandsendungen kann die Sendeabwicklung im Tonträger im Einmannbetrieb ausgeführt werden. Bandübergänge und die Aussteuerung erfolgen mit den in den Laufwerktruhen eingebauten Pegelstellern. Bei diesem Sendebetrieb werden also Aussteuerungsinstrumente bei den Zuspielgeräten benötigt. Die Abspielgeräte können auch über einen Knotenpunkt auf einen gemeinsamen Pegelsteller geführt sein.

Nicht in *Abb. 9/10* bis *9/12* enthalten sind u.a. die Schaltungen zum Einschleifen der Expander von Rauschverminderungssystemen. Hierbei gibt es – wie allgemein für Details der Schaltungskonzepte – unterschiedliche Ausführungen. So kann z.B. jeder Maschine ein bei Bedarf einschaltbarer Expander, auch automatisch über das Vorspannband geschaltet, zugeordnet werden; oder es steht nur ein Expander zur Verfügung, der in den Weg der jeweils zu expandierenden Maschine gelegt wird.

9.3.2 Schallaufnahme

Die Schallaufnahmen, auch Cuträume oder Bearbeitungstonträger genannt, können in der Betriebsabwicklung für folgende Arbeitsvorgänge eingesetzt werden:

- Sendefertige Herstellung von vorproduzierten Programmbeiträgen durch Schneiden und Zusammenfügen mehrerer einzelner Takes, gegebenenfalls auch durch Mischen (siehe 7.1.4),

- Aufnahmen von Telefonreportagen, Interviews u. ä.,
- Mitschnitte bestimmter Sendungen,
- Umspielungen von Schallplatte, Compact Disc, Kassette,
- Umspielungen von Magnettonbändern,
- Aufzeichnungen von Studioproduktionen,
- Einspielungen in Studioproduktionen.

Die einfachste Betriebsabwicklung in der Schallaufnahme ist der direkte Mitschnitt einer Sendung. Soll eine Sendung zu einem späteren Zeitpunkt wiederholt werden, oder ist eine aus mehreren einzelnen Bändern oder Platten zusammengesetzte Sendung zu archivieren, erfordert das den Mitschnitt des kompletten Sendeblocks. Das aufzuzeichnende Sendeprogramm wird vom Schaltraum zur Schallaufnahme durchgeschaltet und hier mitgeschnitten.

Der gleiche Arbeitsvorgang ist die Aufzeichnung von Studioproduktionen in einer Schallaufnahme. In diesem Fall ist die Schallaufnahme mit der Produktionsregie zusammengeschaltet und bekommt von dort ein fertiges Programm zur Aufzeichnung. Da größere Produktionen von Wort- und Musikaufnahmen immer in mehreren Takes aufgenommen werden, beginnt nachfolgend das Cutten des Bandes (sendefertige Herstellung). Die fertigen Bänder werden beschriftet sowie mit einem Vor- und Nachspannband versehen (siehe 7.1.4).

Schallaufnahmen sind in der Geräteausstattung nicht einheitlich. Eine gut bestückte Schallaufnahme ist z.B. mit drei Magnetbandlaufwerken und zwei Studioplattenspielern ausgerüstet; diese Ausstattung kann z.B. durch einen CD-Player, einen Kassettenrecorder, DAT-Recorder u.a. ergänzt sein, weiter sollte das benutzte Kompandersystem und ein HiFi-Anpaßmodul zur Verfügung stehen. Dazu kommt ein kleineres Mischpult, das die Ausgänge der Geräte und die zuschaltbaren Leitungswege vom Schaltraum aufnimmt. *Abb. 9/13* zeigt die Schaltung einer kleineren Schallaufnahme. Diese Schaltung ermöglicht den beliebigen nachgesteuerten Überspielbetrieb zwischen den Geräten bzw. zwischen den Geräten und dem Schaltraum. Die in dieser Schaltung aus dem Schaltraum kommenden und auf Anschaltklinke liegenden Leitungswege werden bei Bedarf mit einer Klinkenschnur auf die Eingänge der Pegelsteller (bei nachgesteuerter Überspielung) oder direkt auf die Eingänge gesteckt. Eine Telefonüberleiteinrichtung gestattet gegebenenfalls die Aufzeichnung von Fernsprechbeiträgen.

9.3.3 Sendungsablauf und Vorproduktion

Die Gestaltung des Sendungsablaufs und seiner Vorproduktion beinhaltet im wesentlichen die folgenden Aufgaben:

- zeitlich richtige, dem Sendungsplan entsprechende Aneinanderreihung einzelner Beiträge z.B. von Band, Platte, CD, DAT, Cartridges oder von Außenübertra-

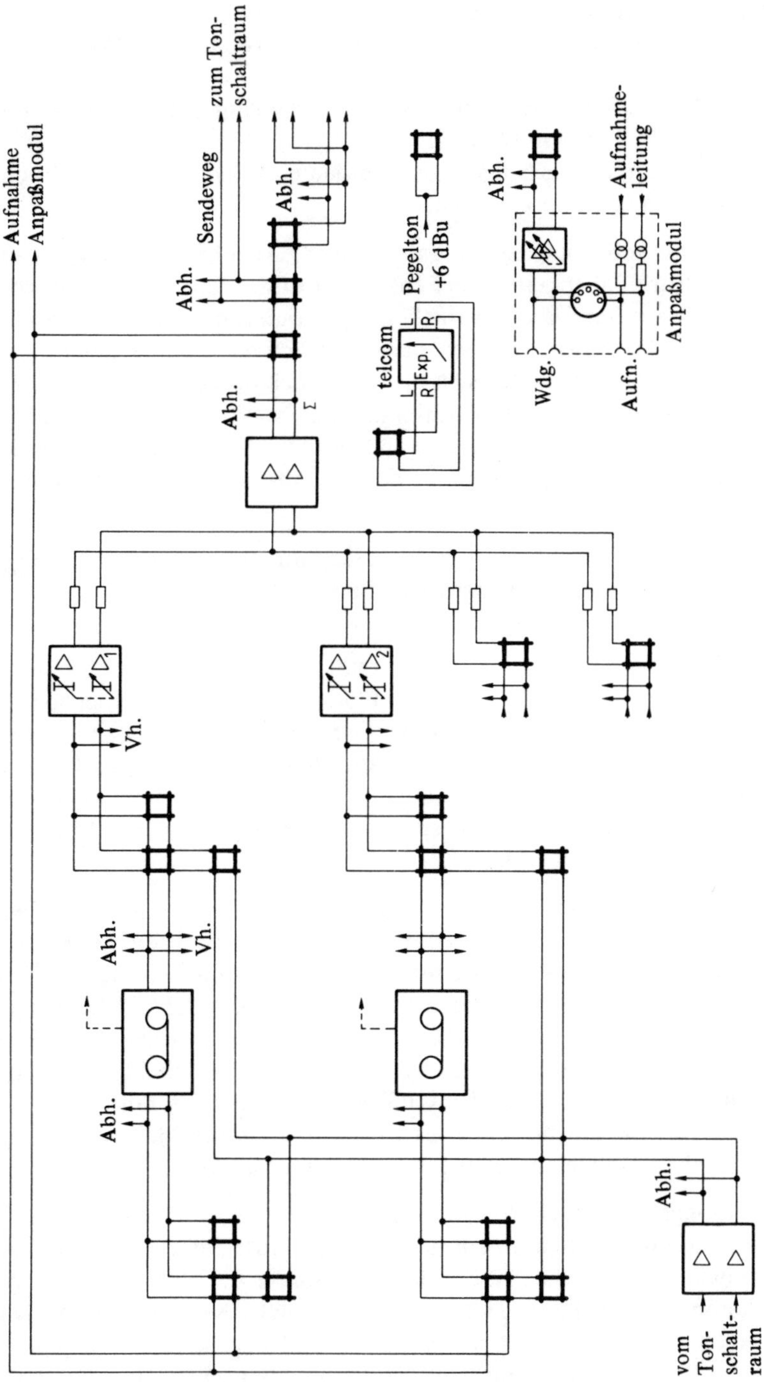

Abb. 9/13. Schaltungsbeispiel einer einfachen Schallaufnahme.

gungen unter Einhaltung der vorgegebenen Sendezeiten,
- Einfügen von An- und Absagen, von Nachrichten, Durchsagen, Wortbeiträgen o.ä.,
- Übertragungstechnisch richtiges und im Lautheitsablauf gefälliges Aussteuern der Einzelbeiträge (siehe Band I, 5.2),
- Schaffung angenehmer Übergänge zwischen den einzelnen Beiträgen durch angemessene Blenden und Pausen (s.u.).

Beim Sendungsablauf müssen diese Aufgaben „live", also ohne oder nur mit eingeschränkten Korrekturmöglichkeiten bei Fehlern gelöst werden, bei der Vorproduktion von Sendungen auf Band können alle Fehler korrigiert werden. Bei komplizierten Abläufen kann eine Vorproduktion unumgänglich sein; außer der Frage der Qualität des Sendungsablaufs stellen sich hier aber auch Fragen des Programmkonzepts, der Aktualität, Spontaneität, Terminplanung und Wirtschaftlichkeit. Zu der zusätzlichen Verantwortung und notwendigen Konzentration bei der Sendung kommen hier noch technische Absprachen mit dem Schaltraum und mit Außenstellen hinzu.

Die Qualität eines Sendungsablaufs wird ganz wesentlich von der Ausführung der Übergänge zwischen den einzelnen Beiträgen bestimmt.

Blenden

E-Musik als solche wird grundsätzlich nicht ein- oder ausgeblendet, es sei denn, daß Ausschnitte, z.B. eine Szene aus einer Oper, gesendet werden sollen; geblendet wird bei Live-Aufnahmen der zugehörige Beifall, sofern er nicht weggeschnitten ist. Die Titel der U-Musik und besonders im engeren Sinne Titel der Popmusik werden heute vor allem bei Übergängen zum gesprochenen Wort überwiegend geblendet, um einen dichten Sendungsablauf herzustellen.

Bei Blenden von Musiktiteln ist zwischen Vokal- und Instrumentalmusik zu unterscheiden: Vokalmusik soll möglichst nicht geblendet werden, wenn nötig nur zum Ende einer Strophe oder Phrase; der Blendvorgang beginnt kurz vor dem Ende und ist vor dem nächsten musikalisch-textlichen Abschnitt beendet. Er kann jedoch auch durch den Beginn z.B. des gesprochenen Worts beendet werden, wenn die Musik mit reduziertem Pegel unter der Sprache liegen bleibt. Auch bei Instrumentaltiteln ist bei Blenden auf musikalische Einschnitte zu achten. Bleibt die Musik unter dem Wort, so muß Vokalmusik leiser als Instrumentalmusik bleiben. Eine gute Blende erfordert also im allgemeinen die Kenntnis des Musiktitels.

Wenn es nicht möglich ist, sich in Musiktitel ausreichend einzuhören, um nach Gefühl technisch richtig und ästhetisch gut blenden zu können, gibt es die sog. „Industrieblende", ein kontinuierlicher, aber relativ langsamer Ausblendvorgang, wie er oft am Ende kommerzieller Titel zu hören ist. Bei Unsicherheit über die Musikstelle, an der geblendet werden sollte, kann man den Blendvorgang notfalls an jeder beliebigen Stelle, dafür aber etwas langsamer als gewohnt ansetzen. Je schneller und rhythmischer Musik ist, desto zügiger kann auch die Blende an der geeigneten Stelle sein. Trotzdem sollte eine Blende immer noch weich klingen und nicht „reißen".

Ein Problem im Abwicklungsprozeß einer Sendung liegt in der Aussteuerung der Sprecher. Während zum Beispiel der erfahrene Nachrichtensprecher fast immer einen konstantenPegel hält, ist der Pegel von Laien und oft auch Programmsprechern wechselnd. Am Satzanfang wird laut gesprochen, zum Satzende hin leiser. Aus diesem Grund ist es notwendig, daß der Tontechniker den Sprecher ansprechen läßt, und zwar einen zur Sendung gehörenden Text.

Im folgenden werden einige typische Blendvorgänge dargestellt, hier mit „Wort" und „Musik" bezeichnet. Natürlich können auch Geräusche oder zum Beispiel bei Hörspielen sogar Sprache geblendet werden (*Abb. 9/14*).

Ausblendung:
Die Modulation wird durch kontinuierliche Pegelverringerung ausgeblendet. Dabei ist wichtig, daß die Ausblendung nicht zu schnell erfolgt, d.h., die Musik nicht abreißt. Deshalb muß im Ausblendbereich langsamer geblendet werden.

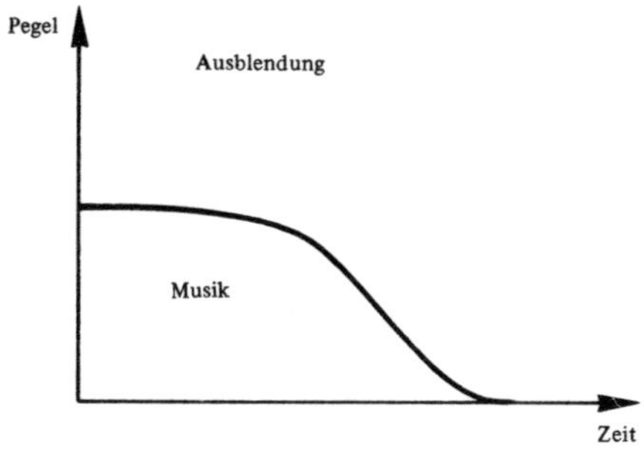

Abb. 9/14a.

Einblendung:
Der Pegel der Musik wird an einer geeigneten Stelle soweit verringert, daß der Sprecher daraufgelegt werden kann. Wie weit die Musik zurückzunehmen ist, hängt von der Musikart und von ihrer subjektiven Lautheit ab, aber auch davon, ob der Sprecher eine kräftige oder relativ leise Stimme hat. Pegelangaben können deshalb hierzu nicht gemacht werden. Der Aufblendvorgang nach Beendigung der Ansage sollte ein bis zwei Worte vor dem Schluß des letzten Satzes beginnen, darf aber die Sprechverständlichkeit nicht gefährden. Eine solche Blende ist nur möglich, wenn die Schlußstichworte bekannt sind.

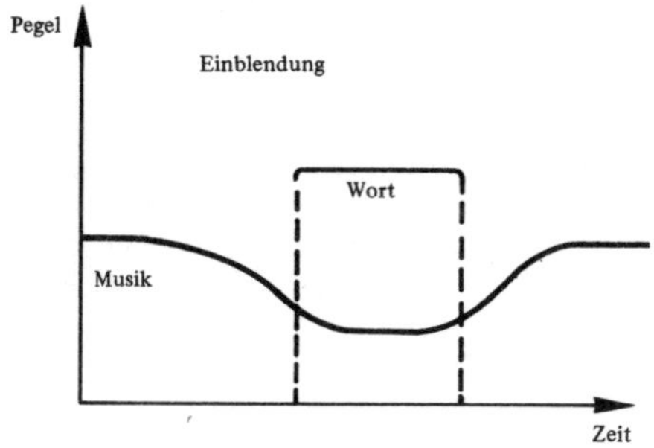

Abb. 9/14b.

Einblendung in einem Ausklang:
Die Musik wird ganz ausgeblendet, kurz davor wird das Wort darübergelegt.

Bei vielen sogenannten Laufbandsendungen folgen Musiktitel direkt aufeinander. Hier fährt man bei Beendigung eines Musikstückes den neuen Titel in dieser Art über den Ausklang des letzten Musiktitels.

Im Auto z.B. herrschen hohe Umweltgeräusche, das bedeutet, daß etwa Musik bei einer Blende früher unhörbar wird als bei ruhiger Umgebung. Ist eine Sendung also vorwiegend für Autofahrer bestimmt, ist es sinnvoll, solche Übergänge etwas „dichter“ zu gestalten. Das heißt, daß der Modulationsbeginn schon etwas früher in den Ausklang gesetzt wird als z.B. bei Sendungen mit gehobener Unterhaltungsmusik.

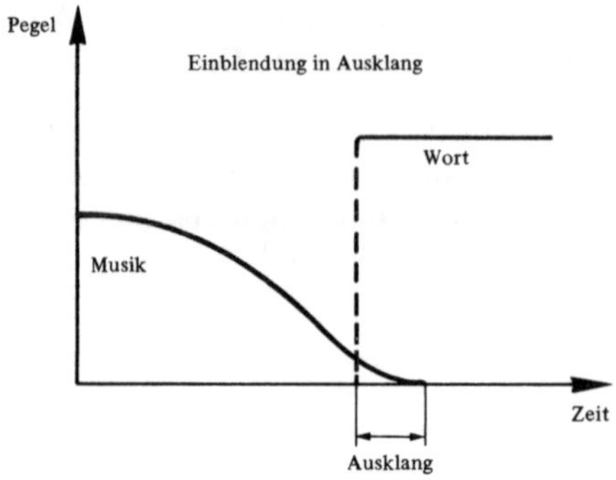

Abb. 9/14c.

Übergang mit Zwischenpause:
Wenn Musik endet oder ausgeblendet wird, beginnt nach einer zeitlich nicht genau festzulegenden Pause z.B. eine Zwischenansage oder der nächste Musiktitel.

Diese Art von Übergängen findet vor allem bei Sendungen mit E-Musik Anwendung. Für die Länge der Pause kann gelten: je „schwerer“ die Musik, je umfangreicher die Besetzung und je länger das Stück, desto länger sollte die Pause sein.

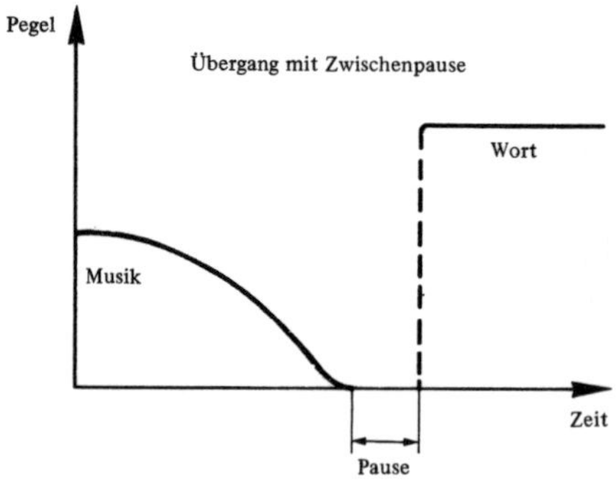

Abb. 9/14d.

Kreuzblende:
Man blendet die laufende Musik etwas herunter und setzt einen Wortbeitrag drüber. Während diese Musik jetzt immer noch deutlich hörbar unter dem Wort liegt, erhöht man den Pegel einer neu gestarteten Musik so lange, bis man die Modulationen beider Musikbänder hört.

Jetzt sollte man zügig die erste Musik ausblenden und den dabei entstehenden Pegelverlust eventuell mit dem zweiten Musiktitel aufheben. Nach Beendigung des Wortbeitrages wird dieser zweite Titel dann wie bei einer Einblendung hochgezogen.

Kreuzblenden werden beispielsweise gefahren, wenn der „Musikteppich" unter einem längeren Wortbeitrag, z.B. unter einem Reisewetterbericht, mit der zweiten Musik verlängert werden soll; ein neuer und damit harter Musikbeginn würde einen unpassenden Einschnitt darstellen. Eine Kreuzblende findet oft auch unter einer Sendungsabsage statt. Der letzte Musiktitel wurde vorher schon „auf Zeit" gestartet. Somit endet die Sendung zum genau vorberechneten Zeitpunkt.

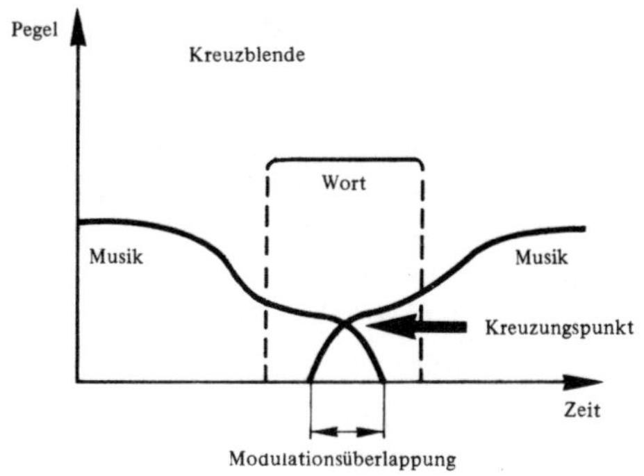

Abb. 9/14e.

Discjockeyblende:
Die Musik wird heruntergeblendet, der Sprecher macht seine Ansage darüber; die Musik bleibt bis zur Beendigung des Sprechertextes unter der Ansage liegen. Auf das letzte Wort des Textes folgt sofort der Beginn der neuen Musik, die erste Musik wird weggeblendet.

Diese Blendenart ist für moderne Unterhaltungsmusik (Pop und Rock) gedacht und nur in besonderen Fällen sinnvoll. Denkbar ist zum Beispiel eine Titelmusik, über die eine Ansage gelegt wird; innerhalb dieser Ansage wird der erste Musikbeitrag der Sendung angekündigt, der auf Stichwort dann sofort einsetzt. Wenn aber die zweite Musik nicht nahtlos an das letzte Sprecherwort anknüpft, hört man in der entstehenden Pause für kurze Zeit noch die erste Musik. Dieser Effekt wäre unschön; um ihn zu vermeiden, ist das Handzeichen des Sprechers nötig. Noch besser ist es natürlich, wenn ein Manuskript der Ansage zur Verfügung steht. Optimal läßt sich diese Blende aber realisieren, wenn der Sprecher die Blende selber ausführt, wie dies beim Discjockey vielfach üblich ist.

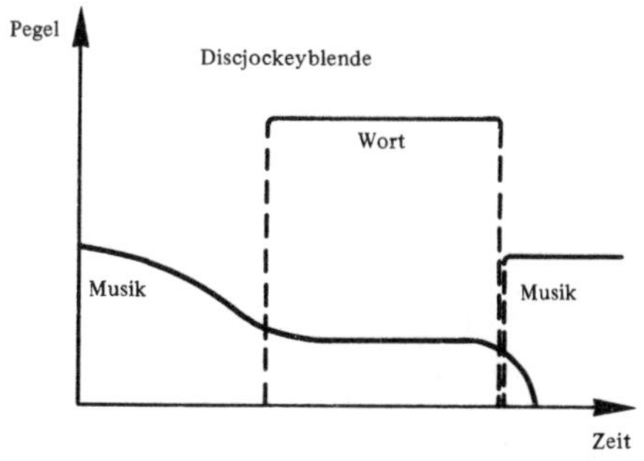

Abb. 9/14f.

9.4 Kommunikationseinrichtungen

Zur Verständigung bei der Betriebsabwicklung stehen unterschiedliche Kommunikationseinrichtungen zur Verfügung. Am häufigsten werden Kommandoanlagen, Gegensprechanlagen und Konferenzanlagen benutzt. Diese Einrichtungen können als Einzel-, Sammel- oder Gemeinschaftsanlagen in NF- oder HF-Technik betrieben sein. Die einzelnen Räume einer Rundfunkanstalt sind – soweit es für den Betriebsablauf notwendig ist – durch ein Leitungsnetz in NF-Technik (Konferenzleitungen, Kommandoleitungen, Meldeleitungen, Mithörleitungen usw.) verbunden. Durch Drucktastenanwahl können die notwendigen Zusammenschaltungen hergestellt werden.

Mit diesen Anlagen können auch Verbindungen zu Außenübertragungsstellen und zu anderen Funkhäusern hergestellt werden. In der Betriebsabwicklung zwischen den Übertragungsstellen und dem Funkhaus sowie von Funkhaus zu Funkhaus sind durchweg von der Post bereitgestellte Meldeleitungen in Betrieb, an die OB-Apparate (Ortsbatterie) über eine OB-Vermittlung angeschlossen sind. Weiterhin kommen auch ZB-Telefonverbindungen (Zentralbatterie) für die Kommunikation zum Einsatz.

9.4.1 Kommandoanlagen

Kommandoanlagen stellen Sprechverbindungen her, die nur in einer Richtung wirken, z.B. von den Regieräumen zu den Studios. Solche drahtgebundenen Kommandoanlagen sind in fast allen regietechnischen Räumen vorhanden und können dort als Einzel- oder Sammelanlagen erstellt sein; durch Tastendruck sind über ein Kommandonetz die angeschlossenen Räume einzeln oder gemeinsam anwählbar. *Abb. 9/15* zeigt den Aufbau einer einfachen Anlage.

Kommando-Mikrofone sind Mikrofone, die ausschließlich für Sprachaufnahme vorgesehen sind. Sie haben einen sehr engen Aufnahmebereich und blenden damit Störschall weitgehend aus und reduzieren die Rückkopplungsgefahr. Der nachfolgende Kommandoverstärker mit einer Verstärkung, die bis etwa 70 dB einstellbar ist und tiefe Frequenzen leicht bedämpft, enthält auch einen Begrenzer, der den Kommandopegel auf einen festen Wert, z.B. 3 dBu, begrenzt. Der Ausgangspegel des Kommandoverstärkers wird über Kommandoleitungen an die Leistungsverstärker verteilt. Die Kommandolautstärke ist an den Kommando-Leistungsverstärkern einstellbar.

Die Rückmeldungen aus den angesprochenen Räumen können ebenfalls über Kommandoanlagen gehen oder über Aufnahmemikrofone in den Studios.

Ein Prinzipschaltbild einer Kommandoanlage mit abgehender und ankommender Kommandoführung zeigt *Abb. 9/16*. Beim Betätigen einer Kommandotaste werden

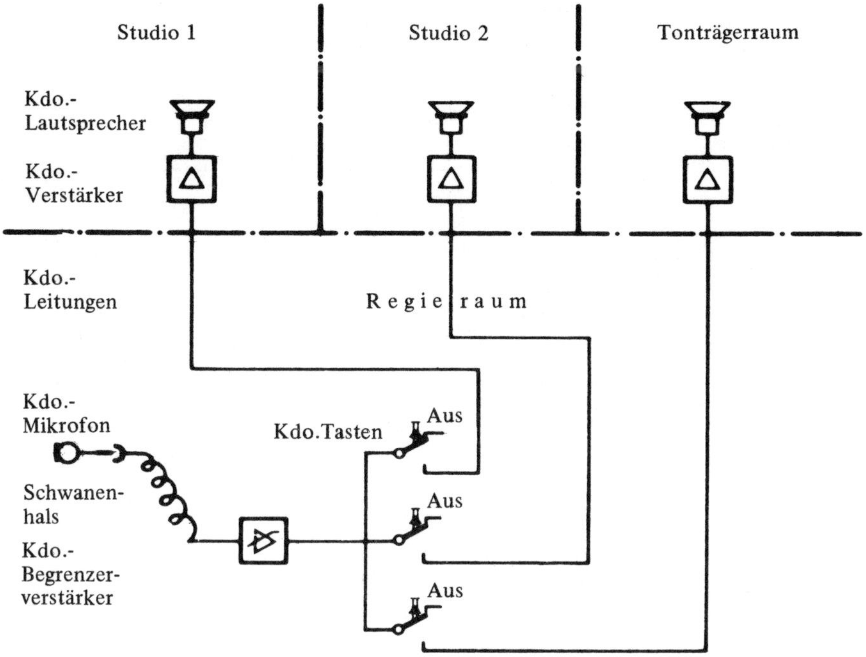

Abb. 9/15. Prinzip einer Kommandoanlage.

hier durch die 24-V-Gleichstromführung zwei Relais in Betrieb gesetzt. Das eine verbindet die Mikrofonleitung zum Teilnehmer durch, z.B. vom Regieraum zum Tonträgerraum, das andere schaltet eine Dämpfung des Kommandolautsprechers in der Regie ein; so werden akustische Rückkopplungen bei gleichzeitiger Kommandogabe in der anderen Richtung vermieden. Die auf dem Tastenfeld angegebene Taste „Fremd“ stellt eine Verbindung zum Schaltraum her; dort kann die Verbindung zu einer beliebigen anderen Sprechstelle weitergeführt werden.

In einigen Tonregieanlagen, besonders in Studios für aktuelle Sendungen, können Kommandos auch in Sende- und Einspielwege eingekoppelt werden. Die Kommandoabgabe auf die Sendewege führt über eine Blockierungsschaltung, die bei Sendung die Kommandoabgabe sperrt.

Neben den drahtgebundenen Kommadoanlagen sind auch drahtlose Regiekommandoanlagen in Verwendung. Auch sie dienen nur der einseitigen Sprechverbindung von den Regieräumen zu den Mitwirkenden. Die Anlage besteht aus einem Sender mit mehreren anwählbaren Festfrequenzen sowie aus mehreren tragbaren Taschenempfängern. Die gezielte Ansprechbarkeit einzelner Empfänger wird durch die Benutzung verschiedener Kanäle erreicht. Teilweise werden solche Anlagen auch „drahtlose Personenrufanlage“ oder „drahtlose Personenführungsanlage“ genannt.

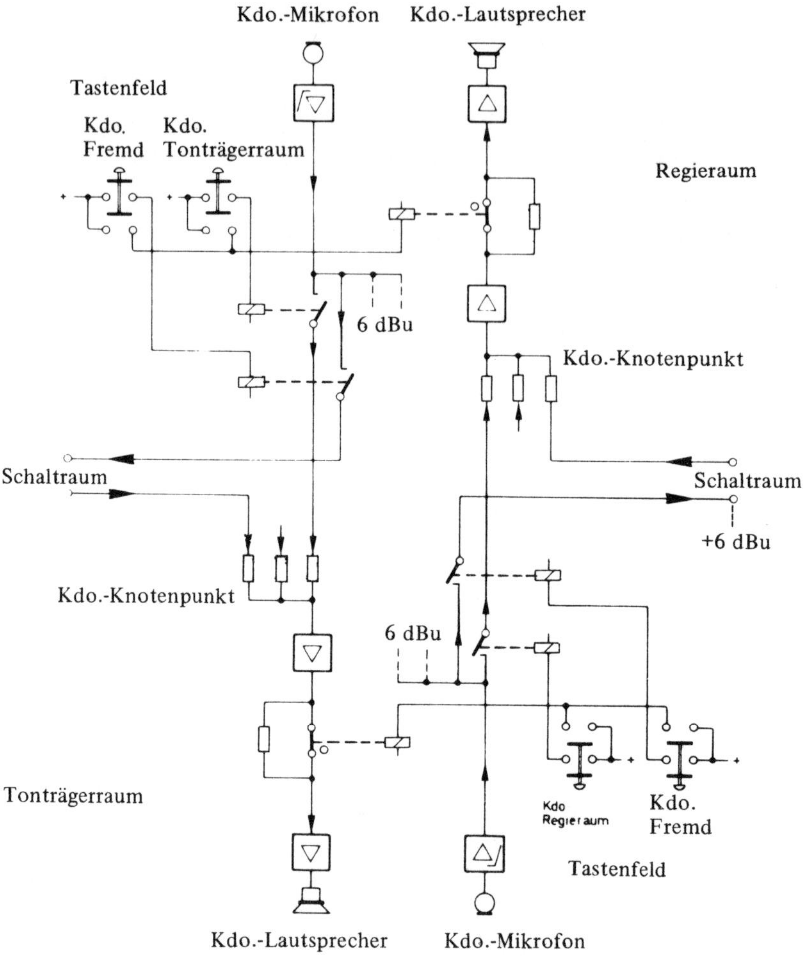

Abb. 9/16. Prinzip einer Kommandoanlage mit abgehender und ankommender Kommandomöglichkeit.

9.4.2 Wechsel- und Gegensprechanlagen

Im Gegensatz zu Kommandoanlagen können bei Wechsel- und Gegensprechanlagen Gespräche geführt werden. Bei Wechselsprechanlagen kann wahlweise in einer Richtung, bei Gegensprechanlagen gleichzeitig in beiden Richtungen gesprochen werden. Die Anlagen sind überwiegend drahtgebunden. Ein Apparat nimmt den ankommenden Lautsprecherweg und den abgehenden Mikrofonweg auf; er enthält Wähltasten, mit denen die einzelnen Apparate bzw. Teilnehmer angewählt werden können. Ist ein Teilnehmer angewählt und die Verbindung hergestellt, erhält der

Gesprächspartner ein optisches oder akustisches Signal. Diese Anlagen können mehrkanalig ausgelegt sein. Sind alle Gesprächskanäle besetzt, zeigt das ebenfalls ein optisches oder akustisches Signal an.

Größere Anlagen dieser Art sind noch mit einem Hauptapparat (Chefapparat) ausgerüstet, der in der Gesamtschaltung Einsprechpriorität hat. Einige Anlagen sind mit einer Taste „Mikrofonsperre" ausgerüstet, um ein Mithören zu unterbinden. Eine Konferenztaste erlaubt die Zusammenschaltung von mehreren Teilnehmern. Alle für eine Gegensprechanlage erforderlichen Zusatzgeräte sind in der Regel an einem zentralen Ort untergebracht.

9.4.3 Konferenzanlagen

Konferenzanlagen sind Verbindungen, die zwischen mehreren Teilnehmern so hergestellt werden, daß jeder Teilnehmer stets alle anderen hören kann, daß aber seine eigenen Beiträge ihm selbst nur stark bedämpft zugespielt werden; letzteres ist erforderlich, um Rückkopplungen zu vermeiden. Konferenzschaltungen werden beim Hörfunk z.B. bei mehreren gleichzeitigen Live-Übertragungen, z.B. Berichten von verschiedenen Sportstätten, nötig. Die an der Konferenzschaltung beteiligten Reporter werden von einer zentralen Stelle der Reihe nach aufgerufen. Wenn z.B. sechs beliebig voneinander entfernte Reportageplätze an der Konferenzschaltung teilnehmen, und ein Reporter ist beispielsweise auf Sendung, dann können die anderen Reporter, die nicht auf Sendung sind, sich untereinander verständigen und gleichzeitig die laufende Sendung mithören.

Auch sogenannte Schaltkonferenzen von Rundfunk-Mitarbeitern mehrerer Anstalten sind beim Hörfunk und Fernsehen an der Tagesordnung. Sie werden über das Dauerleitungsnetz abgewickelt. Beim Frankfurter Sternpunkt werden die Teilnehmer in der sogenannten „n-1-Technik" eigentonfrei zusammengeschaltet. Die Schaltung eines solchen Konferenznetzes ist in der 4-Draht-Leitungstechnik überwiegend mit Meldeleitungen aufgebaut.

Als Konferenzmischverstärker für 12 und mehr Teilnehmer gibt es fertig konfektionierte, auch transportable Anlagen. Je nach Gerätetyp können hier alle ankommenden und abgehenden Teilnehmerleitungen über Bügelstecker oder Klinkenschnüre mit dem Konferenz-Koppelfeld verbunden werden. Eine Regelung der einzelnen Eingangspegel ist möglich. Eine Sprechstelle kann je nach Bedarf mit allen oder einzelnen anderen Sprechstellen verbunden werden. Der Schaltzustand der rastenden Tasten für die Koppelfeldbedienung wird durch Lampen angezeigt. Die Hör- und Sprechwege können unabhängig voneinander geschaltet werden. Je ein Tastensatz zum Abhören der ankommenden und abgehenden Leitungen ist im Blindschaltbild auf dem Bedienfeld an der optisch richtigen Stelle eingebaut. Für Sendekonferenzen gibt es Anlagen mit Studioqualität (*Abb. 9/17*). Die Endstellen der Teilnehmer, die Sprechstellen, sind mit einem Fernsprechapparat oder Mikrofon mit Verstärker und Lautsprecher bestückt (*Abb. 9/18*).

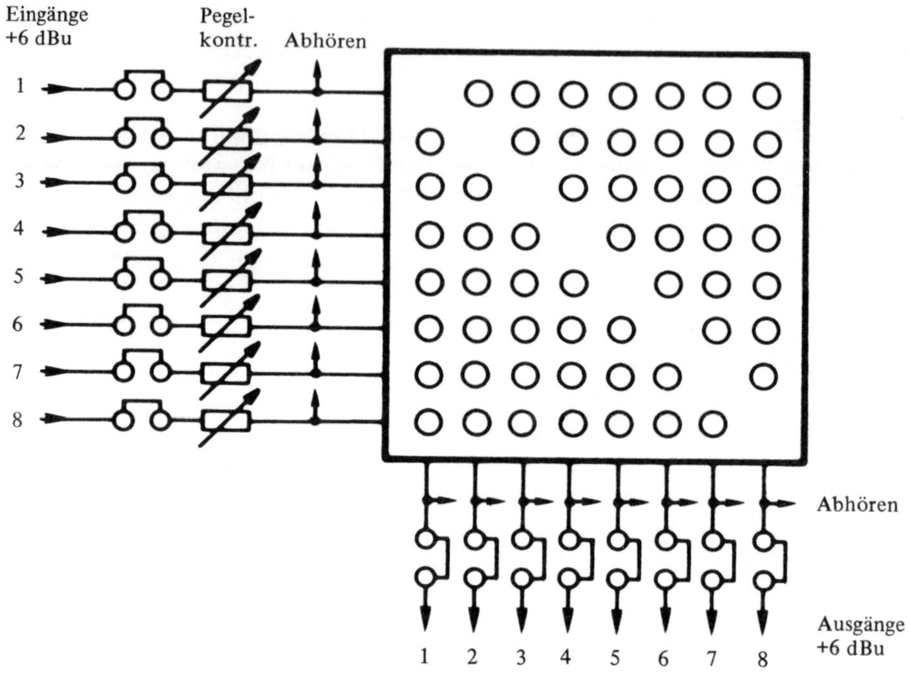

Abb. 9/17. Konferenzanlage mit 8 ankommenden und abgehenden Leitungen.

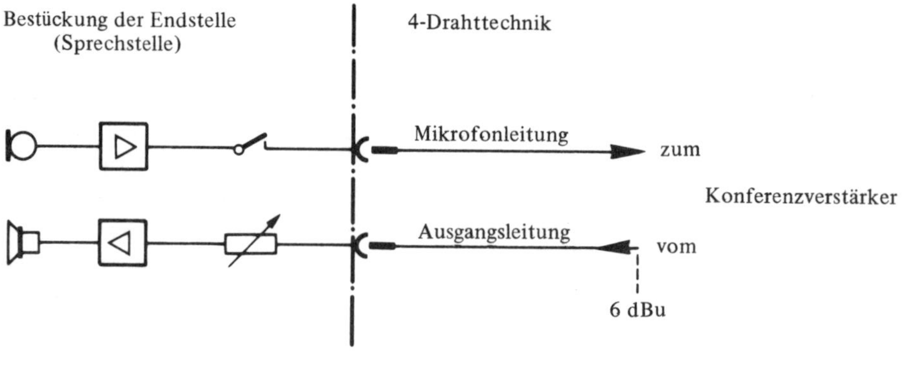

Abb. 9/18. Aufbau einer Sprechstelle bei einer Konferenzschaltung.

Für Konferenzschaltungen, die mit Postleitungen über das 4-Drahtnetz ausgeführt werden, darf eine bestimmte „statistische Sprachdichte“ nicht überschritten werden; bei einem Einzelsprecher ist das nie der Fall, bei der Konferenzanlage können aber gelegentlich alle Teilnehmer gleichzeitig sprechen. Für diese Fälle sind im Gerät Filter- und Begrenzerschaltungen zur Herabsetzung der Sprachdichte vorgesehen.

Die Schaltung eines Konferenznetzes erfordert immer die Verwendung reiner Vierdrahttechnik (siehe 9.4.4). Der Mikrofonverstärker in der Sprechstelle steuert mit 6 dBu die Konferenzleitung, die zum Konferenzmischverstärker führt, an. Die Schaltung der geräteinternen Widerstandsmatrix, in *Abb. 9/19* gezeigt, ist so ausgeführt, daß der Mikrofonweg des Konferenzteilnehmers nicht auf seinen eigenen Lautsprecher gelangt. Diese Widerstandsmatrix verknüpft die Eingänge der einzelnen Kanäle in der Art, daß an jedem Ausgang ein Mischprodukt aus den restlichen anderen Kanälen entsteht, während der eigene Anteil am eigenen Ausgang um mindestens 70 dB bedämpft wird. Der durch die hohe Entkopplung bedingte Pegelverlust wird durch die Ausgangsverstärker ausgeglichen.

Die externe Zusammenschaltung der Leitungen ist beliebig; so können mit dem Konferenzmischverstärker auch mehrere, voneinander getrennte Konferenznetze aufgebaut werden.

9.4.4 Telefonverbindungen in 2- und 4-Drahttechnik

Telefonverbindungen können in 2- oder 4-Drahttechnik aufgebaut sein. In der 2-Drahttechnik steht nur eine Leitung mit zwei Tonadern gemeinsam für den Sprech- und Hörweg zur Verfügung. In der 4-Drahttechnik sind es dagegen zwei Leitungen mit je zwei Tonadern, also 4 Drähte, die einen getrennten Sprech- und Hörweg bilden (*Abb. 9/20*). 2-Draht-Verbindungen werden im Nahbereich – von den Knotenpunkt-Vermittlungsstellen abwärts – eingesetzt, 4-Draht-Verbindungen im Fernbereich. Auch die nicht drahtgebundenen Übertragungsstrecken sind analog der 4-Drahttechnik aufgebaut.

Normalerweise werden 2-Draht-Verbindungen ins Funkhaus geführt. Auf Anforderung können ohne weiteres auch 4-Draht-Verbindungen geschaltet werden. Sie werden in der Fernsprech-Vermittlung der Funkhäuser in die 2-Drahttechnik umgesetzt. Die Umsetzung ist erforderlich, da funkhausintern meist nur eine 2-Draht-Installation vorhanden ist.

9.4.5 OB-Einrichtungen

Eine OB-Einrichtung (OB = Ortsbatterie) ist eine spezielle Telefonanlage, die sich von der öffentlichen Fernsprechanlage der Bundespost dadurch unterscheidet, daß

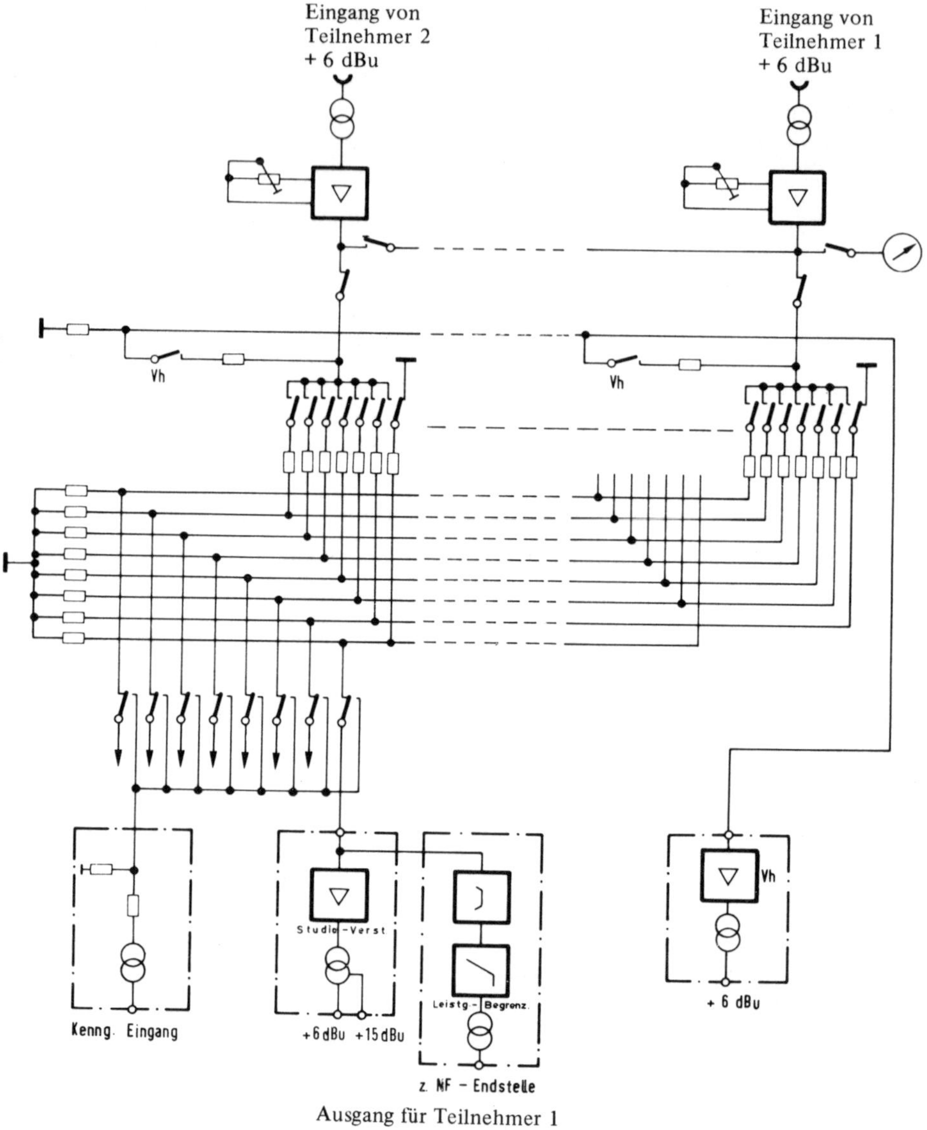

Abb. 9/19. Schaltung einer achtkanaligen Konferenzanlage.

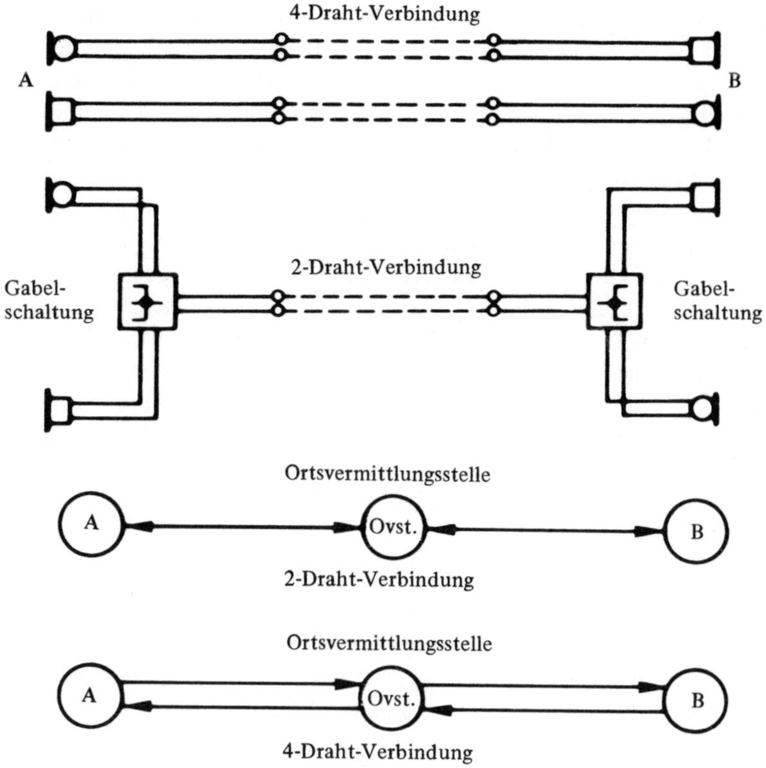

Abb. 9/20. 2- und 4-Drahttechnik.

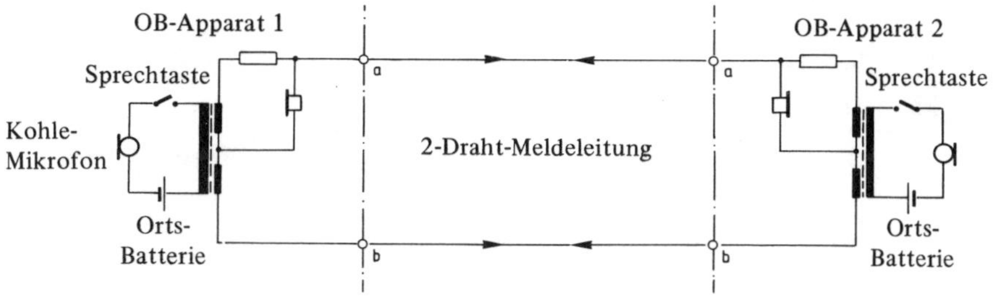

Abb. 9/21. OB-Einrichtung.

sich im OB-Apparat eine eigene Batterie (Ortsbatterie) zur Speisung der Mikrofonkapsel befindet (*Abb. 9/21*). Bei den üblichen öffentlichen Fernsprechanlagen ist diese Batterie in einer Zentrale untergebracht (Zentralbatterie, ZB): daher werden diese als ZB-Einrichtung bezeichnet. Für die Verständigung bei Außenübertragungen werden OB-Apparate (Feldfernsprecher) und OB-Vermittlungsanlagen sehr oft eingesetzt. Mit einer einfachen Leitungsverbindung bietet sie eine schnell aufgebaute netzunabhängige Verständigungsmöglichkeit. Der Ausgang eines OB-Apparates einer Ü-Stelle läuft im Funkhaus auf eine handbedienbare OB-Betriebsvermittlung auf. Von hier können die weiteren Verbindungen hergestellt werden. Die Leitung kann als Dauerverbindung, etwa während der gesamten Zeit der Übertragung, geschaltet sein. In diesem Falle können die Gesprächspartner jederzeit miteinander sprechen, ohne daß die Vermittlung eingreifen muß. Verbindungen dieser Art können auch über gemietete Dauerleitungen, meist Meldeleitungen, von der Bundespost zwischen den Funkhäusern bestehen. Die Verbindungsstrecken zwischen den einzelnen Teilnehmern können in der 2-Draht- oder 4-Draht-Leitungstechnik aufgebaut sein. In den Funkhäusern selbst wird überwiegend noch in der 2-Drahttechnik vermittelt.

Eine einfache OB-Verbindung in 2-Drahttechnik zeigt *Abb. 9/22*. Auf der Verbindungsleitung fließt kein Gleichstrom, sondern nur der induktiv übertragene Sprechwechselstrom. Eine Übertragung ist erst möglich, wenn die Sprechtaste gedrückt und der Gleichstromkreis, in dem die Sprechkapsel (Kohlekörnermikrofon) liegt, geschlossen ist. Die Zusammenschaltung zweier OB-Apparate ergibt eine Brückenschaltung. In der Mitte dieser Brückenschaltung liegt die Hörkapsel, so daß über die eigene Mikrofon-Hörkapsel keine Rückkopplung entsteht. Mit einer Ruftaste (Kurbelinduktor) kann ein Ruf (ca. 25 Hz) abgesetzt werden, der im zweiten OB-Apparat einen Wechselstromwecker betreibt.

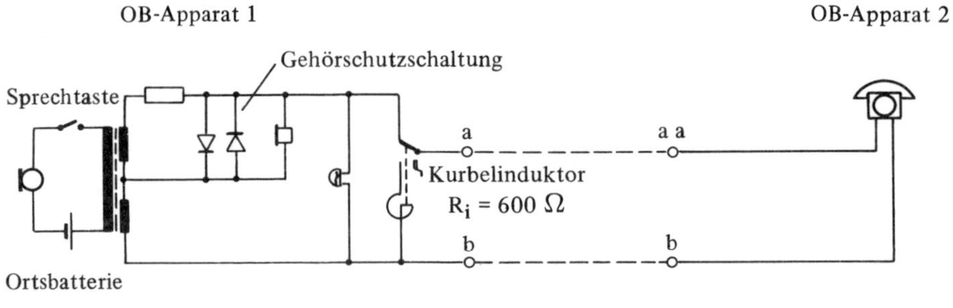

Abb. 9/22. OB-Verbindung in 2-Drahttechnik.

Über eine entsprechend aufgebaute OB-Vermittlungsanlage lassen sich mehrere Teilnehmer zusammenschalten. Dabei kann die Vermittlungsstelle noch als sogenannte Schnurvermittlung („Natovermittlung") oder prozeßrechnergestützt aufgebaut sein.

Eine OB-Verbindung zwischen zwei Funkhäusern führt immer über das Rundfunkverstärkeramt der Post. Dort sind in der 2-Draht-Verbindung sogenannte Gabel-Leitungsverstärker eingebaut. Das sind Zweiwegverstärker, die den Pegel in beiden Richtungen getrennt auf einem bestimmten Wert halten. Die Zwischenschaltung eines Gabel-Leitungsverstärkers zeigt *Abb. 9/23*. Eine Gabelschaltung trennt zunächst den Sprechweg in beiden Richtungen auf. Dann wird jeder Weg separat verstärkt.

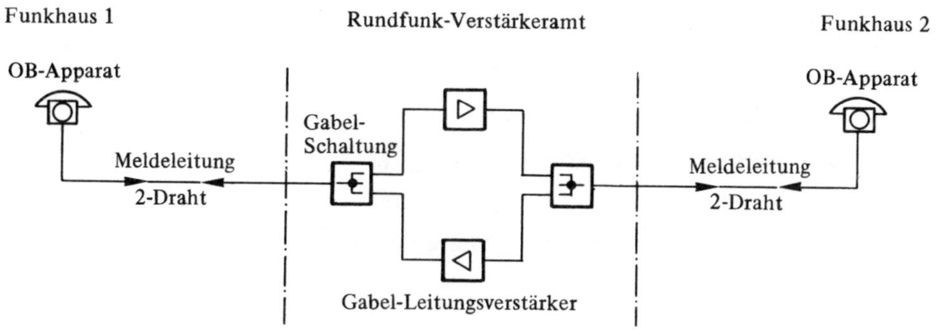

Abb. 9/23. Gabel-Leitungsverstärker.

9.4.6 ZB-Einrichtungen

Die fernmeldetechnischen Einrichtungen des öffentlichen Fernsprechnetzes bzw. die hausinternen Nebenstellen eines Funkhauses (ZB-Einrichtungen, ZB = Zentralbatterie) sind in ihrer Größe und schaltungsmäßigen Funktion den Betriebsbedürfnissen der Funkhäuser angepaßt. Jedes Funkhaus besitzt eine eigene Telefonvermittlungseinrichtung. Die über mehrere Amtsleitungen ankommenden und abgehenden Gespräche werden hier weitervermittelt.

Für die Speisung sämtlicher Sprechstellen der ZB-Anlage wird eine gemeinsame zentrale Batterie bei der Post verwendet, die über Speisedrosseln mit der Teilnehmerleitung verbunden ist. Beim Sprechen fließt in der Leitung ein mit Sprechwechselstrom überlagerter Gleichstrom. Der Sprechwechselstrom wird induktiv auf den Hörerstromkreis übertragen. Das vereinfachte Prinzip dieser Anordnung zeigt *Abb. 9/24*.

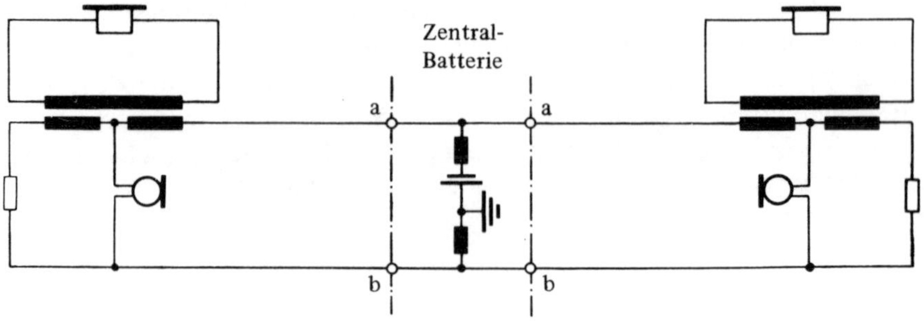

Abb. 9/24. ZB-Einrichtung.

9.5 Fernsprech-Überleiteinrichtungen

Bei aktuellen Berichterstattungen, in Magazinsendungen, in bestimmten Musik-Unterhaltungssendungen, Wunschkonzerten u.ä., aber auch in Fernsehbeiträgen werden Telefongespräche direkt gesendet bzw. für solche Sendungen auf Band aufgezeichnet. Die Abwicklung dieser Telefongespräche muß den technischen Vorschriften der Bundespost entsprechen. Das ist der Fall, wenn die Gesprächsteilnehmer ausschließlich über das öffentliche Fernsprechleitungsnetz miteinander telefonieren. Soll ein solches Gespräch aber direkt durch die tontechnischen Einrichtungen für eine Sendung oder Aufzeichnung abgenommen werden, ist eine spezielle, von der Bundespost zugelassene Fernsprech-Überleiteinrichtung *(Abb. 9/25)*, auch Fernsprech-Reportageeinrichtung genannt, notwendig. Einsatzorte solcher Geräte sind aktuelle Studios, Tonregien, Außenübertragungsorte, gelegentlich auch Schallaufnahmen. Aufgaben der Überleiteinrichtungen sind:

- den Pegelunterschied der beiden Gesprächspartner, der je nach Entfernung der Teilnehmer sehr groß sein kann, möglichst gut auszugleichen,
- die ankommende Telefonleitung elektrisch richtig abzuschließen,
- die symmetrische und niederohmige Auskopplung der Tonfrequenzspannung an die Tonregieanlage für beide Gesprächspartner zu ermöglichen.

Überleitgeräte nehmen die 2-Drahtleitung entgegen. Diese kann von der Telefonvermittlung im Funkhaus bzw. von der Post direkt kommen. Dabei kann der dazugehörige Telefonapparat entweder abgeschaltet werden oder weiterhin parallel dazu funktionieren. Die 2-Drahtleitung führt auf eine Gabelschaltung. Hier findet die Umwandlung der 2-Drahttechnik in zwei getrennte Wege statt; in einen Sendeweg vom Mischpultausgang und einen Empfangsweg zum Mischpulteingang (*Abb. 9/25*). Die Gabelschaltung sorgt gleichzeitig mit entsprechend dimensionierten Widerständen für einen guten Gabelabgleich. Telefonleitungen werden nämlich mit Lei-

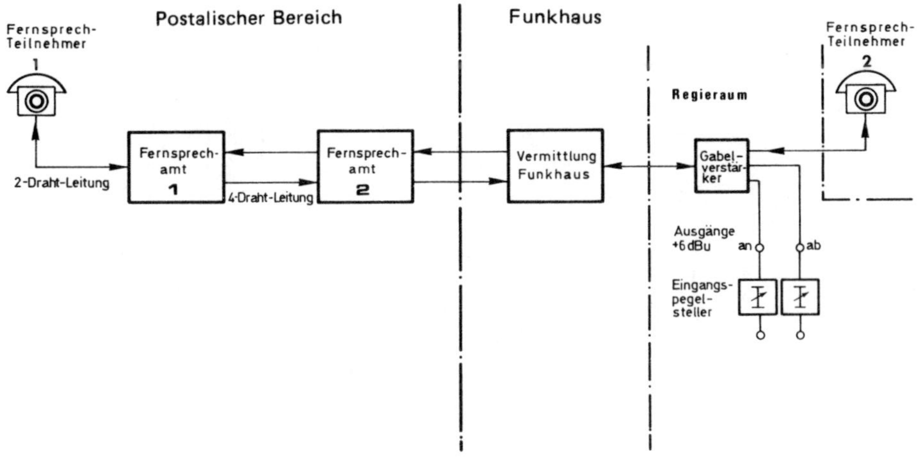

Abb. 9/25. Fernsprech-Überleiteinrichtung.

stungsanpassung betrieben, d.h. die Leitung muß mit ihrem Wellenwiderstand von 600 Ω abgeschlossen sein. Die Nachbildung des Leitungswiderstandes übernimmt die Überleiteinrichtung. Bei einigen Überleiteinrichtungen wird die Nachbildung auch während eines laufenden Gespräches elektronisch nachgeregelt, um eine optimale Rückhördämpfung zu erreichen, um also möglichst wenig Signalanteile des Sendeweges über die Gabel zurück auf den Empfangsweg kommen zu lassen. Da sich ein Übersprechen nicht ganz vermeiden läßt, besitzen manche Geräte eine sprachgesteuerte Regelung vom Sende- auf den Empfangsweg: Die Modulation im Sendeweg erzeugt eine Regelspannung, die die Verstärkung im Empfangsteil zurückregelt, wodurch ein eventuelles Übersprechen auf den Empfangsweg weniger einwirkt; sollte der Studiosprecher dem Telefonpartner allerdings ins Wort fallen, wird zwangsweise der Pegel des Telefonteilnehmers deutlich hörbar abgeschwächt.

Innerhalb der Fernsprech-Überleiteinrichtungen befinden sich verschiedene Funktionseinheiten, die teilweise von der Post verlangt werden: Im Empfangsweg befindet sich z.B. ein Schwellwertschalter oder ein Rauschgenerator, um unerwünschtes Nebensprechen auf den Telefonleitungen von den Tonregieeinrichtungen abzuhalten, bzw. unkenntlich zu machen. Ein Bandpaß sorgt dafür, daß der von der Post vorgeschriebene Frequenzbereich (0,3 bis 3,4 kHz) eingehalten wird. Auch im Sendeweg liegt ein Bandpaß, um auf die Telefonleitung nur den typischen Frequenzbereich eines Telefonmikrofons zu geben. Ein Regelverstärkerteil verhindert Übersteuerungen. (*Abb. 9/26*)

Einige Fernsprech-Überleiteinrichtungen sind in einer transportablen Ausführung auch für Außenübertragungen geeignet. Das heißt, daß sämtliche Ein- und Ausgänge über Stecker beschaltbar sind und das Gerät teilweise sogar seine Versorgungs-

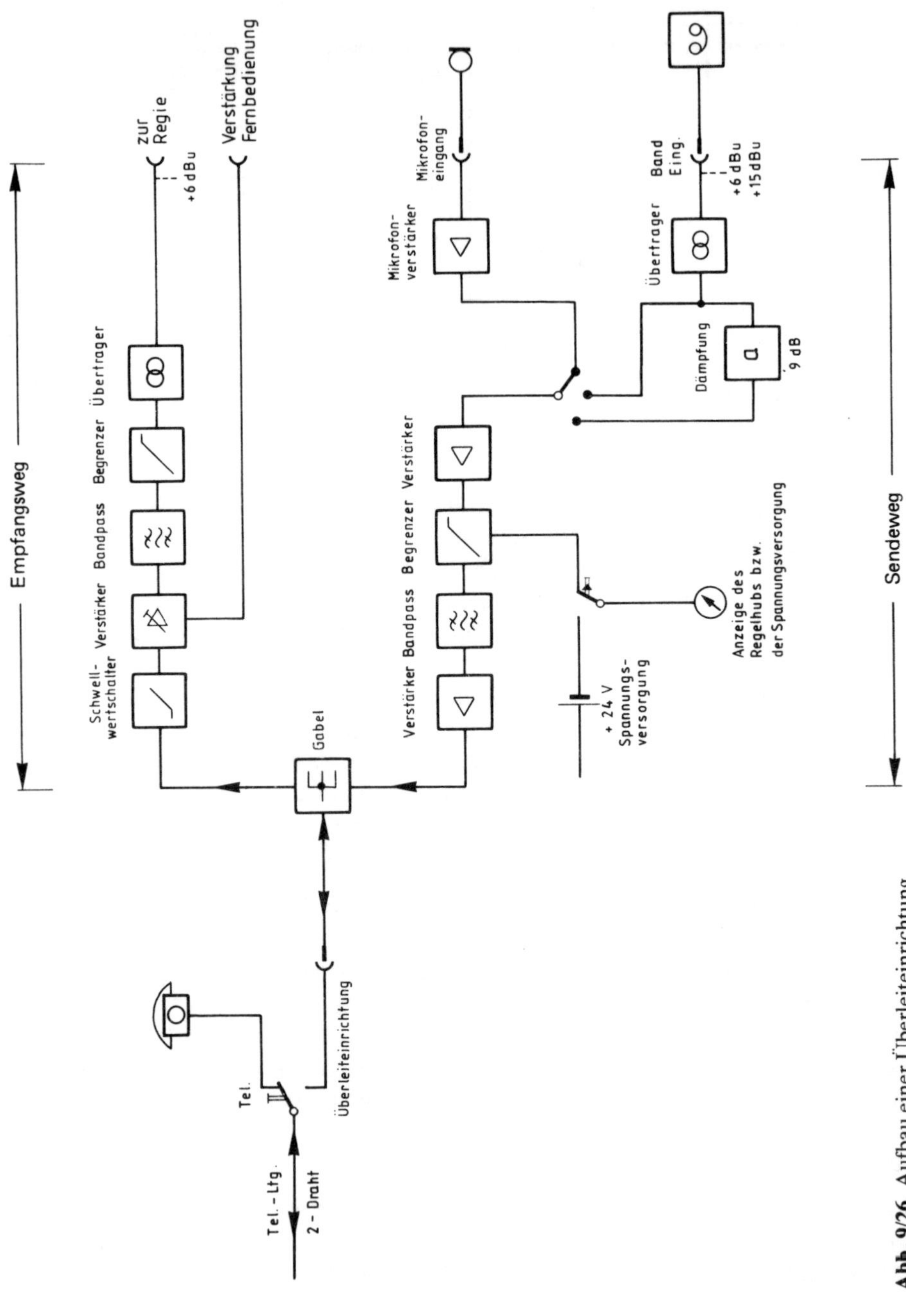

Abb. 9/26. Aufbau einer Überleiteinrichtung.

spannung über Batterien erhält. So kann man z.B. in Verbindung mit einem tragbaren Reportagegerät Aufnahmen über eine zum Funkhaus angewählte Fernsprechleitung abspielen. Dabei wird die Überleiteinrichtung einfach an eine Anschlußdose des Fernsprechnetzes angeschlossen.

9.6 Außenübertragungstechnik

Außenübertragungen sind Aufnahmen und Übertragungen mit Übertragungswagen (Ü-Wagen) oder beweglichen Aufnahme- und Sendeeinrichtungen. Betriebsablauf und Geräteeinsatz sind ebenso unterschiedlich wie die Aufgaben für Aufnahmen und Übertragungen von außerhalb einer Rundfunkanstalt bzw. von festeingerichteten Studios; Berichte von sportlichen Großveranstaltungen mit mehreren Übertragungswagen, Konzertübertragungen, Produktionen u.ä. gehören ebenso zu den Aufgaben der Ü-Technik wie eine Passantenbefragung mit einem tragbaren Magnetbandgerät, die von einem Reporter durchgeführt wird.

Für technisch aufwendigere Außenübertragungen stehen Übertragungswagen verschiedener Größen und Ausstattungen zur Verfügung. Wo Übertragungswagen z.B. wegen ihrer Größe nicht eingesetzt werden können oder wo nur geringer technischer Aufwand nötig ist, werden kleine transportable Regieeinrichtungen (Schnellreportagewagen) eingesetzt. Übertragungswagen sind mit Studio-Magnetbandlaufwerken ausgerüstet, die transportablen Aufnahmeeinrichtungen bedingen auch transportable Magnetbandlaufwerke, nämlich Reportage-Magnetbandgeräte oder Kassettentonbandgeräte.

Außenübertragungen können entweder aufgezeichnet oder über Postleitungen oder drahtlos direkt zum Funkhaus für eine Sendung oder Aufzeichnung weitergeleitet werden. Die drahtlose Programmübermittlung über HF-Strecken vom Übertragungswagen zum Funkhaus gewinnt gegenüber der Leitungsübertragung immer mehr Bedeutung. Außenübertragungsorte, von denen oft übertragen wird, haben teilweise feste Leitungsverbindungen zum Rundfunkverstärkeramt oder direkt zum Funkhaus (siehe 9.5.2).

Die Programmabwicklungen bei Großveranstaltungen, besonders bei internationalen Ereignissen, verlangen viele einzelne Sprecherplätze, auch Kommentatorplätze genannt, die mit sogenannten Kommentatoreinheiten bestückt sind. Kommentatoreinheiten werden häufig in der Außenübertragungstechnik, oft auch gleichzeitig an verschiedenen Orten eingesetzt und im Ü-Wagen zentral zusammengefaßt und überwacht.

9.6.1 Übertragungswagen

Die tontechnischen Einrichtungen der Übertragungswagen (Ü-Wagen) entsprechen zunächst einmal im wesentlichen den entsprechenden Einrichtungen eines Funkhauses oder Tonstudios; das ergibt sich daraus, daß dieselben Qualitätsanforderungen gestellt werden. Ü-Wagen enthalten eine Tonregieanlage mit entsprechendem Zubehör, Magnetbandlaufwerke und Kommunikationseinrichtungen; während die Stromversorgung bei fester Installation im Betrieb kaum in Erscheinung tritt, spielt sie beim Ü-Betrieb eine größere Rolle. Anders als im Studio müssen Mikrofonleitungen oft über größere Entfernungen verlegt werden; sie sind deshalb auf ein-, meist aber auf mehrpaarige Kabeltrommeln im Ü-Wagen gewickelt; sie befinden sich vielfach in einem separaten Kabeltrommelraum.

Wie im Funkhaus gibt es auch bei den Ü-Wagen unterschiedlich aufwendige Konzeptionen, also kleine, mittlere und große Ü-Wagen. Kleine Ü-Wagen, oft als Schnellreportagewagen bezeichnet, dienen im allgemeinen der aktuellen Berichterstattung, während die größeren Wagen für Mitschnitte von Veranstaltungen und die damit verbundenen Aufgaben (Einspielung, Beschallung) oder für auswärtige Produktionen ausgerüstet sind. Ein besonderes Problem bei Ü-Wagen und ihrer Geräteausstattung ist die Beschränkung von Platzbedarf und Gewicht der Anlagen; in diesem Bereich konnten durch technologische Weiterentwicklungen alle Probleme soweit gelöst werden, daß heute auch Ü-Wagen mit umfangreichen Einrichtungen für die Produktion zur Verfügung stehen, gegebenenfalls unterstützt durch einen Rüstwagen.

Schwerwiegender als im Bereich der Anlagen wirken sich vor allem die räumlichen Beschränkungen auf die Akustik der Ü-Wagen aus. Die Schalldämmung gegen Geräusche von außen und die Schalldämpfung im Inneren zur Realisierung einer möglichst guten Regieraumakustik erfordern einen erheblichen Aufwand (siehe unten). Besondere Anforderungen stellt aber auch die Klimatisierung und die Geräuschentwicklung der Geräte.

Die Hauptausgangsleitungen des Ü-Wagens können durch einen Sendeschalter oder einen Sendeverteiler angesteuert werden. Zwischen die Sendeleitungen des Ü-Wagens und die Ü-Leitungen der Bundespost ist ein spezieller Ausgangsübertrager (Postübertrager) geschaltet, der den Pegel 15 dBu ($\triangleq$ 4,4 V) an einem Quellwiderstand von 600 Ω liefert. Er trennt galvanisch die abgehende Ü-Leitung der Bundespost von der Regieeinrichtung des Ü-Wagens. Der Übertrager kann in Ü-Wagen fest eingebaut sein, oder er wird bei jeder Außenübertragung von der Bundespost gestellt und ist Eigentum der Bundespost. Mit dem im Ü-Wagen eingebauten Kennungsgeber wird die Kennung des Ü-Wagens auf die Leitung zum Funkhaus gegeben.

Alle wichtigen Ein- und Ausgänge liegen auf Klinken im Steckfeld, das im Kabeltrommelraum oder in der Regie untergebracht sein kann. Das Steckfeld bietet vielfache zusätzliche Schaltungsmöglichkeiten. Die häufig wiederkehrenden Steckverbindungen können auch über Trennklinken fest durchgeschaltet sein.

Jeder Ü-Wagen ist – entsprechend seiner Aufgabe – mit zum Teil umfangreichen Kommunikationseinrichtungen ausgestattet. Es können folgende Einrichtungen vorhanden sein: Kommando- und Gegensprechanlagen drahtgebunden und drahtlos, OB- und ZB-Vermittlungseinrichtungen, Konferenzeinrichtungen, NöbL-Einrichtungen und Einrichtungen für Videoverbindungen. Ferner besteht die Möglichkeit, Kommandos in die Mithörleitung, die Einspielwege und in die aufgebauten Funkwege abzugeben.

Der Anschluß des Ü-Wagens an das Stromnetz bedarf unter dem Gesichtspunkt der Arbeitssicherheit besonderer Maßnahmen, die teils beim Aufbau der elektrischen Netze (siehe unten), teils beim Anschluß (siehe 9.12 und 8.6) zu beachten sind.

Akustische Gestaltung

In jedem Raum mit reflektierenden Wänden entstehen durch die Überlagerung von hin- und rücklaufenden Schallwellen stehende Wellen; die Schalldruckverteilung, die sich in einer fortschreitenden Welle mit Schallgeschwindigkeit fortbewegt, ist bei der stehenden Welle ortsfest; in Druckknoten ist der Schalldruck sehr gering, in Druckbäuchen mehr oder weniger groß. Die Druckverteilung ist von der Frequenz abhändig: es treten immer dann stehende Wellen auf, wenn lineare Abmessungen eines Raums mit Vielfachen der halben Wellenlänge des Schalls übereinstimmen (siehe Band 1, 1.2). In großen Räumen liegen die Frequenzen der stehenden Wellen, die sog. Eigenresonanzen eines Raums oder Raummoden, so dicht, daß sie kaum oder nicht einzeln wahrnehmbar sind. In kleineren Räumen, wie in kleineren Regieräumen oder eben in Ü-Wagen mit typischen Raumabmessungen von wenigen Metern, treten die tiefen Eigenresonanzen in Frequenzabständen von 50 bis 100 Hz auf; sie können also deutlich voneinander unterschieden werden und verstärken einzelne Baßtöne mit einem unangenehmen Dröhnen. Unabhängig von der Qualität der verwendeten Lautsprecher ergibt sich also für tiefe Frequenzen ein sehr unregelmäßiger Abhörfrequenzgang, der sich zudem noch von Ort zu Ort verändert.

Diese ungünstige akustische Eigenschaft kleiner Räume kann nur dadurch beseitigt werden, daß man die Reflexionen weitgehend unterdrückt. Das hat nun allerdings den gravierenden Nachteil, daß damit der gesamte Diffusschall unterdrückt wird, also ein ungewohnter und für die Klangbeurteilung ungünstiger Höreindruck entsteht, wie er in einem reflexionsarmen Meßraum benötigt wird. Für den Ü-Wagen ist also ein Kompromiß zu suchen, der beide Übel möglichst gering hält. In der Praxis hat sich dabei gezeigt, daß ein etwas trockener Höreindruck noch besser beurteilt wird als störende Resonanzen. Für den Einsatz in Ü-Wagen wurde deshalb ein Wandabsorbersystem entwickelt, das aus mehreren Lagen verschiedener Fasermaterialien und Folien besteht und bei einer Einbaudicke von 6 cm Frequenzen bis etwa 150 Hz hinunter relativ gleichmäßig bedämpft. Der Bereich bis etwa 60 Hz kann durch die Gestaltung der Decke, die als Klimadecke ausgeführt wird, erfaßt werden.

Ein weiteres Problem stellt im Ü-Wagen der Körperschall dar, der von den Geräten ausgeht. Durch geeignete Zwischenlager kann bei sorgfältiger Ausführung auch hier eine Verbesserung erzielt werden. Die Schalldämmung der Außenwände kann niemals die Werte eines Gebäudes erreichen, da die wirkungsvollste Maßnahme der Schalldämmung, die Erhöhung des Flächengewichts, beim Ü-Wagen nur in engen Grenzen realisierbar ist; eine Verdopplung führt immerhin nur zu einer Verbesserung um 6 dB. Eine wichtige Rolle spielt hier das Raumkonzept, also auch die Anzahl von Türen und Fenstern und deren Ausführung.

Stromversorgung

Je nach dem vorgesehenen Einsatzbereich und der notwendigen Einsatzdauer werden Ü-Fahrzeuge aus mitgeführten Batterien oder aus dem öffentlichen Stromnetz mit elektrischer Energie versorgt. Ein ausschließlicher Batteriebetrieb ist nur bei sog. Schnellreportagewagen auf PKW- oder Kleinbusbasis sinnvoll, da die Kapazität der Batterien für umfangreichere Aufgaben nicht ausreicht. Im allgemeinen wird soweit wie möglich die Stromversorgung aus dem öffentlichen Netz mit 220 V Wechselstrom oder 380 V Drehstrom entnommen. Um einen unterbrechungsfreien Betrieb auch bei Stromausfall oder nicht ausreichender Spannung des öffentlichen Netzes sicherzustellen, ist die Stromversorgung in Ü-Wagen vielfach so ausgeführt, daß im Störungsfall eine Batterie die Versorgung der zum Betrieb notwendigen Anlagen übernimmt; während des Normalbetriebs wird diese Batterie automatisch auf voller Ladung gehalten, sie wird gepuffert. Die gesamte Stromversorgung eines Ü-Wagens muß die Anforderungen nach DIN VDE 0800 Teil 2 (1985) erfüllen.

Alle elektrischen Verbraucher im Ü-Wagen und alle Geräte außerhalb des Ü-Wagens, die am Ü-Wagennetz angeschlossen sind, werden an die Sekundärseite eines Zwischentransformators angeschlossen. Durch diese galvanische Trennung vom öffentlichen Netz entsteht im Ü-Wagen ein neues „Bordnetz“. Alle mit dem öffentlichen Stromnetz galvanisch verbundenen Teile – also das Netzkabel zum Ü-Wagen, dessen Kabeltrommel, der Hauptschalter und Zwischentransformator – müssen gegenüber dem Fahrzeugchassis und der technischen Einrichtung schutzisoliert sein.

Auf der Sekundärseite des Zwischentransformators wird beim Wechselstromnetz ein Anschlußpunkt, beim Drehstromnetz der Sternpunkt als Potentialausgleichsleiter auf das Wagenchassis aufgelegt; in diesen Potentialausgleich werden alle elektrisch leitenden Gehäuseteile der Einrichtung sowie die Schutzkontakte der Steckdosen im Ü-Wagen einbezogen. Der Potentialausgleichsleiter und damit auch das Ü-Wagenchassis darf geerdet werden. Die Stromverteilung im Wagen erfolgt sowohl über allpolig abschaltende Überstrom-Schutzeinrichtungen (Sicherungen) als auch über Fehlerstromschutzschalter (FI-Schalter) mit 30 mA Nennfehlerstromstärke (*Abb. 9/27*).

Eine so aufgebaute Stromversorgung eines Ü-Wagens erfüllt nicht die Bedingungen für die Schutzmaßnahme Schutztrennung (siehe 9.12), denn bei der Schutztrennung

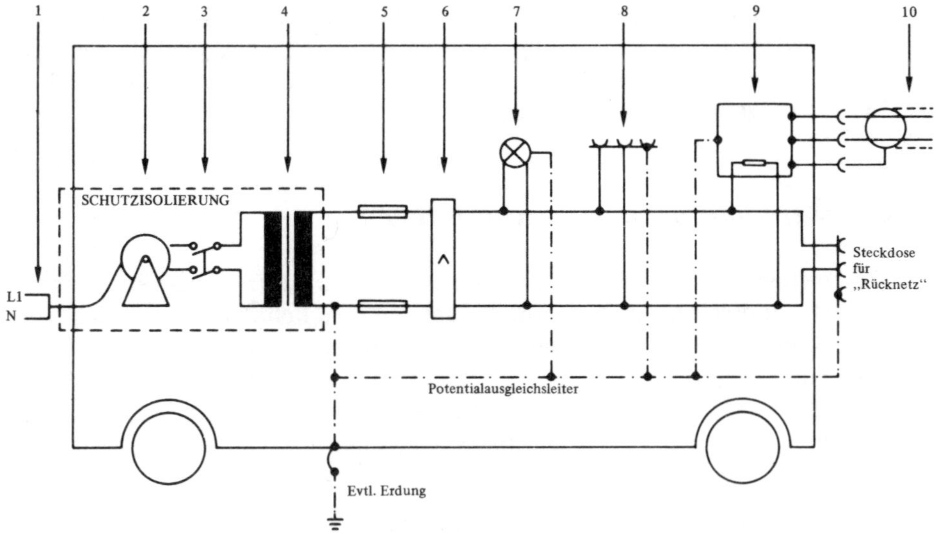

1 Netzkabel, verstärkte Isolierung, 2-adrig (Wechselstrom) / 4-adrig (Drehstrom) — *ohne* PE-Leiter

2 Kabeltrommel
3 Hauptschalter
4 Zwischentransformator
— schutzisoliert gegenüber Fahrzeugchassis aufgebaut, Zwischentrafo als Regeltrafo zulässig

5 Sicherung(en), allpolig abschaltend
6 FI.-Schalter, 30 mA Fehlerstrom
— Aufteilung auf mehrere Stromkreise sinnvoll

7 EL. elektrische Verbraucher
8 Schutzkontaktsteckdose im Fahrzeug
9 Festeingebautes Übertragungsgerät
10 Modulationsein-/ausgang

Abb. 9/27. Stromversorgung eines Übertragungswagens nach DIN VDE 0800.

darf sekundärseitig keine Stromverteilung und auch keine Erdung erfolgen. Die getroffenen Maßnahmen verhindern aber das Auftreten gefährlicher Berührungsspannungen gegen Erde durch die Schutzisolierung der Zuführung bis zum Zwischentransformator; sie verhindern auch Potentialunterschiede innerhalb des Ü-Wagens, gegenüber Außenstellen sowie Erde durch Potentialausgleichsleiter und FI-Schalter.

Es ist wichtig, daß netzbetriebene Geräte im und außerhalb des Ü-Wagens Schutzisolierung oder Schutzleiteranschluß besitzen (siehe 9.12). Außenliegende netzbetriebene Geräte, die über Modulationsleitungen eine galvanische Verbindung mit dem Ü-Wagen haben, müssen vom Ü-Wagennetz versorgt werden; hierfür verfügen diese über ein Rücknetz, an das die externen Geräte über eine Kabeltrommel angeschlossen werden. Ist die Versorgung aus dem Rücknetz nicht möglich, muß die Modulationsleitung durch einen Modulations-Trennübertrager, z.B. eine DI-Box (siehe 8.6.1), galvanisch getrennt werden.

9.6.2 Außenübertragungs-Anschlußstellen

Die Übertragungsorte, von denen aus öfter übertragen wird, so z.B. Stadthallen, Theater usw., sind durch eine Festverkabelung mit dem Funkhaus verbunden. Ein Ü-Anschlußkasten nimmt alle Tonleitungen auf, die von den Mikrofonanschlußdosen und von anderen kleinen Unteranschlußkästen abgehen. Vom Ü-Anschlußkasten führen Tonleitungen, früher Ortszubringerleitungen (OZL) genannt, als Dauerleitungen geschaltet zum Rundfunkverstärkeramt oder direkt zum Funkhaus (*Abb. 9/8*).

Außer den Modulationsleitungen sind noch Meldeleitungen (Telefonleitungen) und Netzanschlußleitungen in den Ü-Anschlußkasten geführt. Teils sind auch Videoleitungen installiert, um den Anschluß einer Fernsehkamera zu ermöglichen. Reporter, die selbständig oder mit einem Tontechniker innerhalb des Stadtgebietes Reportageaufnahmen durchgeführt haben, können zu einem dieser Ü-Anschlußkästen fahren, dort ihr Reportagegerät anschließen und die Aufnahmen zum Funkhaus überspielen.

In vielen Fällen stehen für Direktübertragungen keine festen Anschlußstellen zur Verfügung. Die Post richtet dann auf Bestellung eine Anschlußstelle ein. Vom Ü-Ort bis zum nächsten Fernamt wird dafür oft ein normales Ortsleitungstelefonkabel benutzt. Es enthält im Kern zwei Doppeladern (Kernvierer), die speziell für breitbandige Tonübertragungen ausgelegt sind. Im übrigen werden meist Trägerfrequenzstrecken benutzt. Die Bundespost stellt zu jeder Ü-Leitung eine Meldeleitung für den Anschluß von OB-Fernsprechapparaten. Diese Meldeleitung wird sehr oft auch als Mithörleitung benutzt. Der Programmpegel (Übergabepegel) beträgt an allen Außenübertragungsstellen 15 dBu ≙ 4,4 V.

9.6.3 Meldeleitungen

Für viele Betriebsabwicklungen, so z.B. Überspielungen, Sendeabwicklungen und ganz besonders bei Außenübertragungen, sind Meldeleitungen für Absprachen und damit für die reibungslose Programmübertragung unentbehrlich. Zu jeder Übertragungsleitung gehört deshalb auch eine Meldeleitung. Die Leitungen werden von Fall zu Fall bei der Post bestellt, wenn sie nicht schon als fest gemietete Dauerleitungen zur Verfügung stehen. In der Außenübertragungstechnik ist bei mehreren weiter auseinanderliegenden Mikrofonplätzen oft ein eigenes Meldeleitungsnetz zu

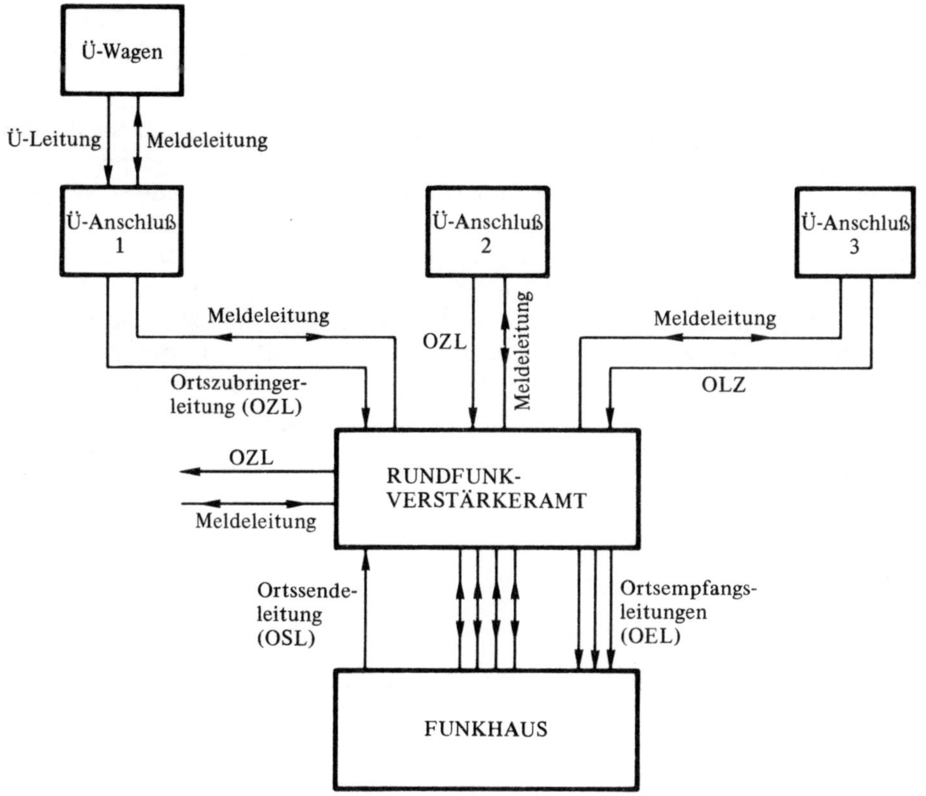

Abb. 9/28. Außenübertragungsanschlußstelle.

verlegen. Es handelt sich hier um ein 2-Draht-Leitungsnetz, das im Übertragungswagen von einer OB-Vermittlungseinrichtung aufgenommen wird. Über diese Einrichtungen kann vom Ü-Wagen aus jede Sprechstelle getrennt gerufen oder mehrere Sprechstellen miteinander zusammengeschaltet werden. Die Endstellen sind mit einem Fernsprechapparat bestückt.

Meldeleitungsverbindungen bestehen oder können hergestellt werden zwischen: Funkhaus – Funkhaus, Funkhaus – Rundfunkverstärkeramt, Funkhaus – Außenübertragungsstelle, Funkhaus – Sender, Sender – Sender. Meldeleitungsnetze können in der 2-Draht- und/oder 4-Drahttechnik aufgebaut sein. Angestrebt wird für die Zukunft die durchgehende 4-Draht-Verbindung. Die Leitungen können als Dauerleitungen geschaltet sein, oder sie werden von der Post jeweils zugeschaltet. Die OB-Verbindungen werden über eine eigens dafür vorgesehene und noch im Schaltraum oder in der Fernsprechvermittlung untergebrachte OB-Vermittlungseinrichtung geschaltet. Die Rufübertragung erfolgt durch einen Rufgenerator (Ruffrequenz etwa 25 Hz) oder durch eine Kurbeleinrichtung in den Feldfernsprechern (OB-Apparate).

Die Meldeleitungen dienen in erster Linie der Verständigung und sind von der Post technisch nur dafür vorgesehen (begrenzter Übertragungsbereich, geringerer Störabstand). Dennoch werden Meldeleitungen bei einigen Übertragungen zusätzlich für Mithörzwecke ausgenutzt. Es soll z.B. von einem Ü-Wagen ein Programmbeitrag in die aktuelle Sendung des Funkhauses eingespielt werden. Die erforderliche Modulations- und Meldeleitung ist für die Programmeinspielung vom Ü-Wagen zum Funkhaus geschaltet. Alle erforderlichen Absprachen sind über die Meldeleitung getroffen worden. Nach der Absprache wird im Funkhaus die Meldeleitung mit dem laufenden Sendeprogramm beschaltet, das im Ü-Wagen über eine Vorhör- oder Mithöreinrichtung mitgehört wird, damit die Einspielung zur richtigen Zeit vorgenommen werden kann (*Abb. 9/29*).

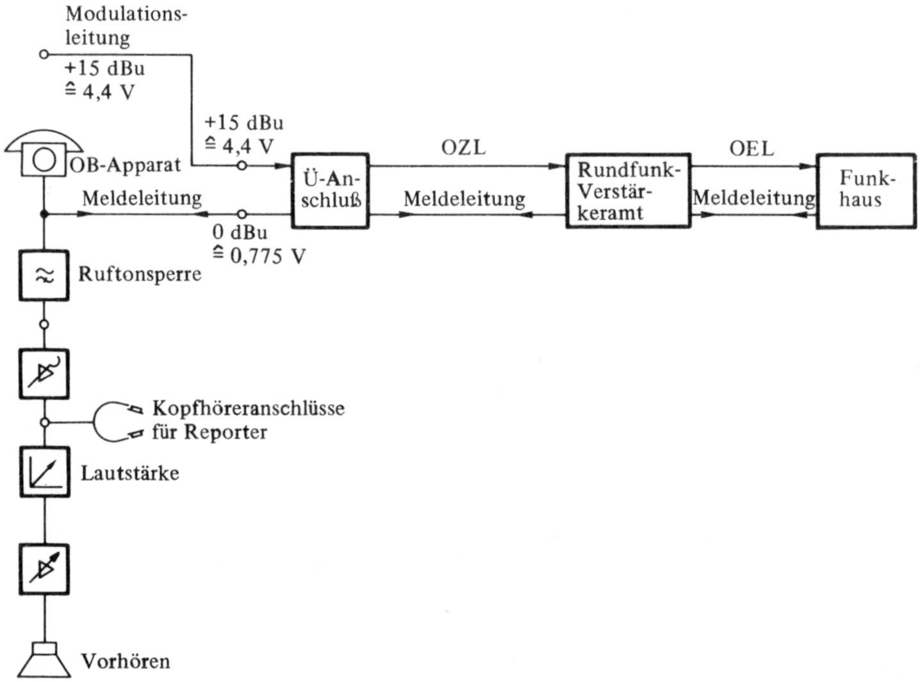

Abb. 9/29. Schaltung der Meldeleitung als Mithörleitung.

Wenn aber von der Senderegie oder vom Schaltraum aus ein neuer Ü-Wagenruf notwendig wird, darf die Ruftonspannung, die bis zu 80 V betragen kann, nicht in die Mithöreinrichtung im Ü-Wagen gelangen. Deshalb ist im Mithörkanal eine Ruftonsperre eingebaut, die die hohe Ruftonspannung auf weniger als 1,4 V begrenzt. Der Nennpegel auf den Meldeleitungen beträgt 0 dBu ≙ 775 mV. Dieser Pegel wird aber oft um bis zu 20 dB oder mehr unterschritten. Für die Pegelanpassung an den Vorhörweg und für den erforderlich werdenden Kopfhörerbetrieb für die Reporter ist deshalb oft ein entsprechender Verstärker notwendig, der den Pegel wieder auf 6 dBu anhebt.

9.6.4 Funkverbindungen bei Außenübertragungen

Zusätzlich zu ihrer Toneinrichtung werden Ü-Wagen mit Anlagen für die drahtlose Übertragung von Programmbeiträgen sowie für den betrieblichen Sprechverkehr ausgerüstet. Die HF-Ausrüstung ist meist fest installiert, sonst wird sie bei Bedarf bereitgestellt. Da keine längerfristigen Vorausbestellungen bei der Post nötig sind, eignet sich die drahtlose Übertragung besonders für die aktuelle Berichterstattung im Hörfunk. Speziell kleinere Ü-Wagen, sog. Schnellreportagewagen, sind häufig mit HF-Einrichtungen ausgerüstet.

Um innerhalb eines Versorgungsgebietes einer Rundfunkanstalt die drahtlose Ton- und Meldeleitung an möglichst vielen Orten einsetzen zu können, wurden an topografisch exponierten Stellen und in Regionalstudios zusätzliche Empfangsstellen eingerichtet. Damit kann dieses Übertragungsverfahren gerade für die aktuelle Live-Berichterstattung wesentlich effektiver genutzt werden. Durch die mögliche Einspeisung in das Fernleitungsnetz der Rundfunkanstalten ist es auch für den regionalen und bundesweiten Programmaustausch von großer Bedeutung, z.B. bei Sportveranstaltungen. Derartige Übertragungen werden also teils auf dem Funk-, teils auf dem Leitungsweg abgewickelt.

Die bei einer Leitungsübertragung zur Verständigung gleichzeitig geschaltete Meldeleitung wird bei HF-Außenübertragungen durch Betriebsfunkanlagen oder Funktelefon hergestellt.

Drahtlose Tonübertragungen aus dem Ü-Wagen

Für Ton-Zubringerübertragungen aus aktuellem Anlaß können mit Genehmigung der Post drahtlose Ton- und Meldeleitungen eingesetzt werden. Sie bestehen aus je einem Funkfeld zwischen zwei bewegbaren Funkanlagen oder einer bewegbaren und einer festen Funkanlage. Es sind folgende Übertragungsabschnitte zulässig: von einem Ü-Wagen zu einem Haupt- oder Nebenstudio bzw. zu einem Behelfsstudio (*Abb. 9/30*) oder einem Einspeisepunkt des Bezirks-Dauerleitungsnetzes (*Abb. 9/31*), ebenso in umgekehrter Richtung zu einem Übertragungswagen. In denjenigen Fällen, in denen aufgrund ungünstiger Geländeverhältnisse die Entfernung zwischen

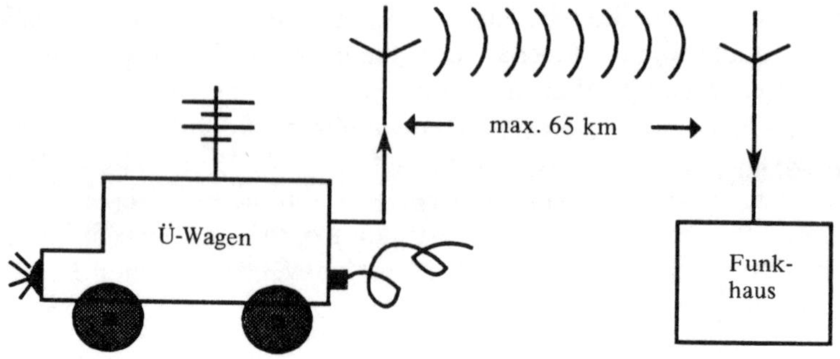

Abb. 9/30. Drahtlose Tonübertragung vom Ü-Wagen zum Funkhaus.

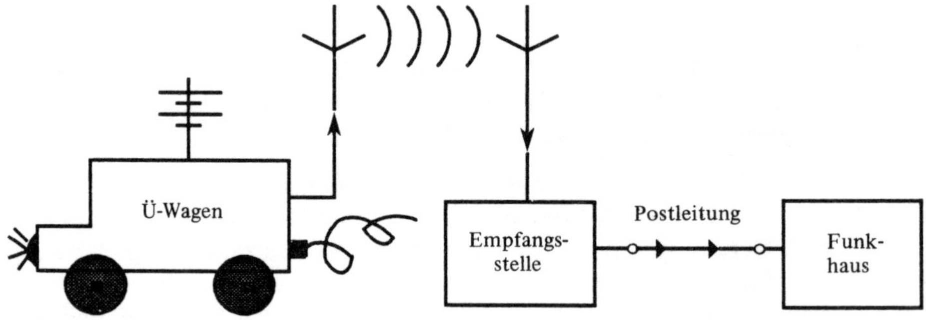

Abb. 9/31. Drahtlose Tonübertragung vom Ü-Wagen über das Bezirksdauerleitungsnetz zum Funkhaus.

Sende- und Empfangsort nicht mit nur einem Funkfeld überbrückt werden kann, dürfen unter Zwischenschaltung einer von Fall zu Fall ihren Standort wechselnden fahrbaren Relaisfunkstelle ausnahmsweise auch zwei Funkfelder hintereinandergeschaltet werden. Die zu überbrückende Entfernung sollte jedoch 65 km (Luftlinie) insgesamt nicht überschreiten.

Für die Funkübertragung werden mehrere Frequenzbereiche genutzt:

- Bereich um 77 MHz: für kurze Entfernungen mit Sendern geringer Leistung,
- UKW-Bereich 87,5 bis 108 MHz: für qualitativ hochwertige Übertragungen, auch in Stereo,
- Bereich um 160 MHz: für Kommandoabwicklungen,
- UHF-Bereich: 470–790 MHz als Ersatz für den UKW-Bereich.

Aufgrund der immer dichter werdenden Belegung des UKW-Bereiches durch Hörfunk-Sender erfolgte ein Ausweichen in die von der Post freigegebenen 1 MHz-Lükken der UHF-Fernsehkanäle. Drahtlose Ton-Zubringerübertragungen für aktuelle Programmbeiträge werden heute deshalb fast ausschließlich in diesem Frequenzbereich realisiert.

Als Sender für die drahtlose Tonleitung werden für größere Entfernungen Sender einstellbarer Ausgangsleistung von z.B. 25 W verwendet. Eine Richtantenne, die auf einem drehbaren, ausfahrbaren Antennenmast (bis ca. 10 m) montiert ist, wird auf die Empfangsstelle ausgerichtet. Die Polarisationsebene kann je nach den betriebstechnischen Gegebenheiten horizontal oder vertikal sein. Zur Verbesserung der Übertragungsqualität kann der Sender mit einem zuschaltbaren Kompandersystem ausgestattet sein.

Für kürzere Funkstrecken und für portablen Einsatz sind Reportagesender geeignet. Als kompakte, tragbare Geräte sind diese durch Batteriebetrieb unabhängig und bieten im UHF-Bereich eine Ausgangsleistung von z.B. 0,3 W oder 1 W. Die Gerätetechnik der Empfangsstelle ist dem Frequenzbereich entsprechend aufwendig. Drehbare Richtantenne, Konverter für die Umsetzung des UHF-Signals in den UKW-Bereich und hochwertiger Ballempfänger bilden die Grundausstattung. Je nach den betrieblichen Erfordernissen kann auch durch die Verwendung von Stereo-Coder und -Decoder eine Stereo-Übertragung durchgeführt werden, wenn dies die Qualität der Funkstrecke zuläßt.

Die Qualität der Funkstrecke, d.h. ihre Störsicherheit, die Art des Störgeräuschs und ihr Dynamikbereich, wird bei dem vorgegebenen Equipment im wesentlichen von den topografischen Verhältnissen der Übertragungsstrecke bestimmt. Ideale Verhältnisse, wie kurze Entfernung oder Sichtverbindung, sind nur selten gegeben. Abschattung durch hohe Gebäude im innerstädtischen Bereich, Dämpfung des Funkfeldes durch Hindernisse und begrenzte Senderleistung lassen meist nur wesentlich geringere Funkstreckenlängen als 65 km zu. Selbst im Nahbereich (5 bis 10 km) kann nicht grundsätzlich mit qualitativ guten Übertragungsergebnissen gerechnet werden.

Ist vom Aufnahmeort zum Funkhaus eine gesicherte Funkverbindung zunächst nicht herstellbar, bestehen noch folgende Möglichkeiten:

- Änderung des Standortes des Ü-Wagens unmittelbar am Aufnahmeort zu einem günstigeren Abstrahlungsort, manchmal genügen wenige Meter, evtl. bringt auch eine Veränderung der Antennenhöhe eine Verbesserung,
- Wechsel des Standortes des Ü-Wagens zu einem topografisch günstigeren Punkt und Einsatz eines drahtlosen Mikrofons,
- Aufbau der Antenne abgesetzt vom Ü-Wagen an einem geeigneten Standort, der Verlängerung des Antennenkabels sind jedoch Grenzen gesetzt, da die Kabeldämpfung im UHF-Bereich relativ groß ist,

- Aufbau von Antenne und Sender abgesetzt vom Ü-Wagen an einem geeigneten Standort, Versorgungsleitung und Tonkabel müssen dann allerdings zugeführt werden,
- Übertragung des aktuellen Beitrages über die drahtlose Kommandoeinrichtung, wenn z.B. die Aktualität des Programmbeitrages eine wesentlich verminderte Übertragungsqualität zuläßt,
- Aufzeichnen des Beitrages am Aufnahmeort auf Tonband, anschließende Überspielung von einem geeigneten Sendestandort.

Im allgemeinen ist es ratsam, für eine frühzeitig bekannte Direktsendung die Übertragungsstrecke vorher unter Live-Bedingungen zu überprüfen. Ebenso ist es sinnvoll, die Einsätze mit HF-Funkstrecken zu protokollieren, um im Wiederholungsfall auf die erarbeiteten Lösungen und Erfahrungen zurückgreifen zu können.

Zentraler Funkempfangsraum

Je nach betrieblichen Erfordernissen kann für den Empfang der Programmbeiträge vom Ü-Wagen im Funkhaus ein zentraler Funk-Empfangsraum, auch HF-Übertragungsraum genannt, vorhanden sein. Die technische Ausstattung kann aus mehreren hochwertigen Empfängern bestehen, die den Empfang mehrerer Signale gleichzeitig zulassen. Dazu gehören entsprechende ferngesteuerte Rotor-Richtantennen oder Antennen mit Rundumempfang. Eine Umschaltmöglichkeit ist denkbar. Die notwendige Kommunikation beim Aufbau der Funkstrecken erfolgt meist über Betriebsfunkanlagen oder Autotelefon. Für die Bearbeitung der empfangenen Tonsignale kann dieser Raum auch mit einer kleinen stereotüchtigen Mischpulteinrichtung für eventuelle Nachsteuerungen, Überblendungen oder auch Mischungen ausgestattet sein. Einfachere Empfangseinrichtungen können auch im zentralen Tonschaltraum des Funkhauses untergebracht sein und von hier aus bedient werden.

Empfangsstellen, die außerhalb des Funkhauses an topografisch exponierten Orten installiert sind und eine feste Übertragungsleitung zum Schaltraum haben, werden über Fernwirksysteme vom Funkhaus oder drahtlos über Betriebsfunk vom Ü-Wagen aus fernbedient.

Betriebsfunkanlagen

Für die betriebsinterne Übermittlung von Nachrichten werden Funkanlagen des nicht öffentlich mobilen Landfunkdienstes (nömL) eingesetzt. Funkverbindungen können zwischen ortsfesten und beweglichen Funkanlagen (Mobilfunkgeräte, Handfunkgeräte) oder zwischen beweglichen Funkanlagen bestehen. Die Geräte müssen von der Post zugelassen sein und eine entsprechende Prüfnummer besitzen. Sie sind für die Übertragung von Sprache, Musik oder Fernwirksignalen bestimmt. Es gibt die folgenden Arten von nömL-Funkanlagen:

- Funkanlagen der Rundfunkanstalten für die Übertragung von Sprache, Daten sowie Pilot- und Fernwirksignalen,
- Funkanlagen der Rundfunkanstalten für Regiezwecke für die Arbeit in Studios,

- Personenrufeinrichtungen (Induktionsfunkanlagen),
- drahtlose Personenführungsanlagen.

Die jeweils zugelassenen Frequenzbereiche liegen zwischen 77 MHz (VHF-Bereich) und 790 MHz (UHF-Bereich).

Funktelefon

Das Funktelefon (Autotelefon) ist dem öffentlich beweglichen Landfunkdienst (öbL) zugeordnet. Es ist ein öffentlicher Funk-Fernsprechanschluß, der Gespräche zwischen Teilnehmern des öffentlichen Fernsprechnetzes und beweglichen Sprechstellen ermöglicht. Die Geräte können portabel sein oder in Wasser- oder Landfahrzeugen installiert werden. Die Gesprächsverbindungen können durch Selbstwahl sowohl vom ortsfesten als auch vom beweglichen Teilnehmer ausgehen. Die Funkverbindungen von und zu den Autotelefonanschlüssen werden über feste Landfunkstellen der Post hergestellt. Das Versorgungsgebiet einer Landfunkstelle wird Funkverkehrsbereich genannt.

Die Post unterhält zur Zeit zwei Funktelefonnetze: das B2-Netz (bis 1992) und das 1985 neu eingeführte C-Netz. Während das B2-Netz im VHF-Bereich arbeitet, wurde das C-Netz in den UHF-Bereich gelegt.

Die Reichweite einer festen Landfunkstelle hängt von den örtlichen Geländeverhältnissen ab. Um Verbindungen herstellen zu können, müssen sich die mobilen Teilnehmer im Funkverkehrsbereich befinden. In Tälern, hinter hohen Gebäuden, in Unterführungen usw. können „Funkschatten" auftreten, die ggf. Gesprächsunterbrechungen verursachen. Beim Verlassen eines Funkverkehrsbereiches muß im B2-Netz das Gespräch beendet werden, während bei Anlagen im C-Netz automatisch auf die nächste „Funkzelle" umgeschaltet wird (*Abb. 9/32*). Störungen durch Funkschatten, die besonders im UHF-Gebiet aufgrund der Ausbreitungsbedingungen auftreten, versucht man durch eine große Anzahl sog. „Kleinzellen" vor allem in Ballungsgebieten möglichst gering zu halten. Auch der Einsatz tragbarer Geräte mit kleiner Sendeleistung wird damit möglich.

Neu an dem Funktelefonnetz C ist weiterhin, daß der Betrieb des Funktelefons nur durch Einstecken einer Berechtigungskarte möglich ist. Sie enthält ähnlich einer Scheckkarte auf einem Magnetstreifen bzw. einem Chip Informationen, die zum Betrieb und zur Gebührenerfassung nötig sind. Diese Berechtigungskarte kann nicht nur im eigenen, sondern auch in anderen Funktelefonen benützt werden. Ebenso bietet eine genormte Schnittstelle (IF33) die Möglichkeit, zugelassene und geeignete Zusatzgeräte für die Übermittlung von Daten oder Bildern zu betreiben.

Die besonderen Merkmale des Funktelefons bieten folgende Anwendungen im Bereich der Außenübertragungstechnik:

- Ein mit Funktelefon ausgerüsteter Ü-Wagen ist überall im Bundesgebiet erreichbar.

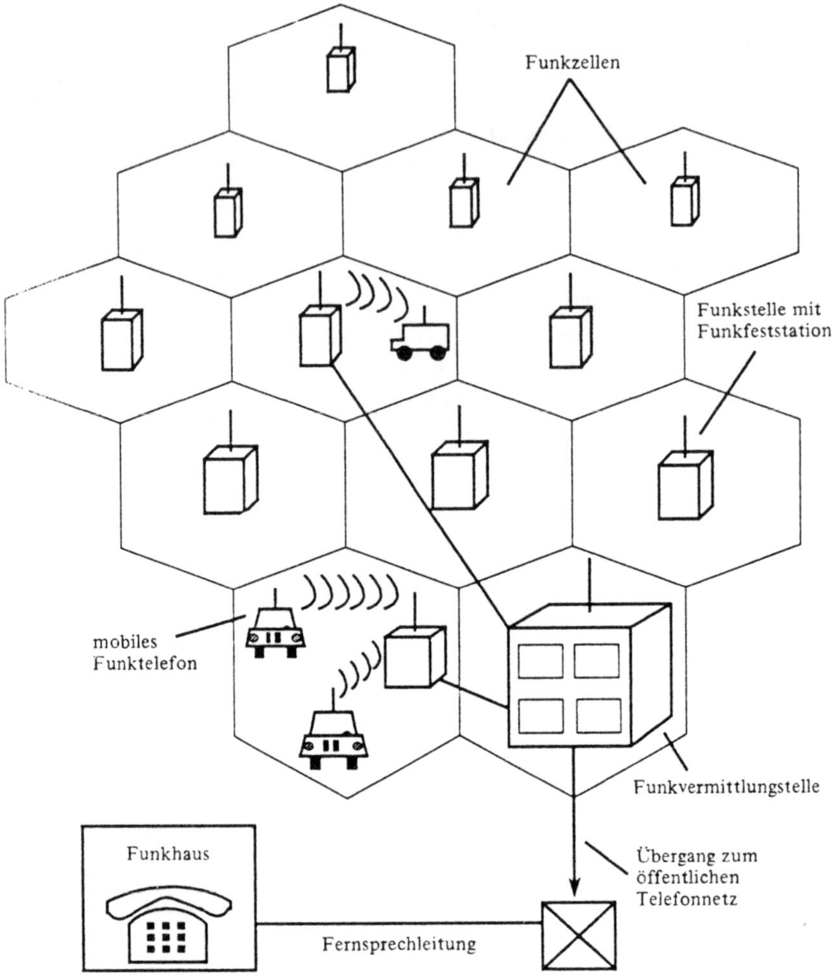

Abb. 9/32. Funktelefonverbindung im C-Netz.

- Die Funkverbindung kann als Meldeleitung oder Kommandoverbindung in Verbindung mit einer drahtgebundenen Ü-Leitung oder einer drahtlosen Programmübertragung benutzt werden.
- Für die aktuelle Berichterstattung ist es denkbar, Funktelefonreportagen direkt in die Sendung einzuspielen. Speziell zu diesem Zweck kann das mobile oder tragbare Funktelefon mit Kopfhörer und Handmikrofon ausgerüstet werden.

9.7 Tonleitungsstern der Rundfunkanstalten

Die öffentlich-rechtlichen Rundfunkanstalten der Bundesrepublik Deutschland unterhalten ein Leitungsverbundsystem, mit dessen Hilfe der Programmaustausch im Hörfunk zwischen den einzelnen Rundfunkanstalten koordiniert und abgewickelt wird. Das System ist sternförmig um den ARD-Sternpunkt in Frankfurt aufgebaut (*Abb. 9/33*).

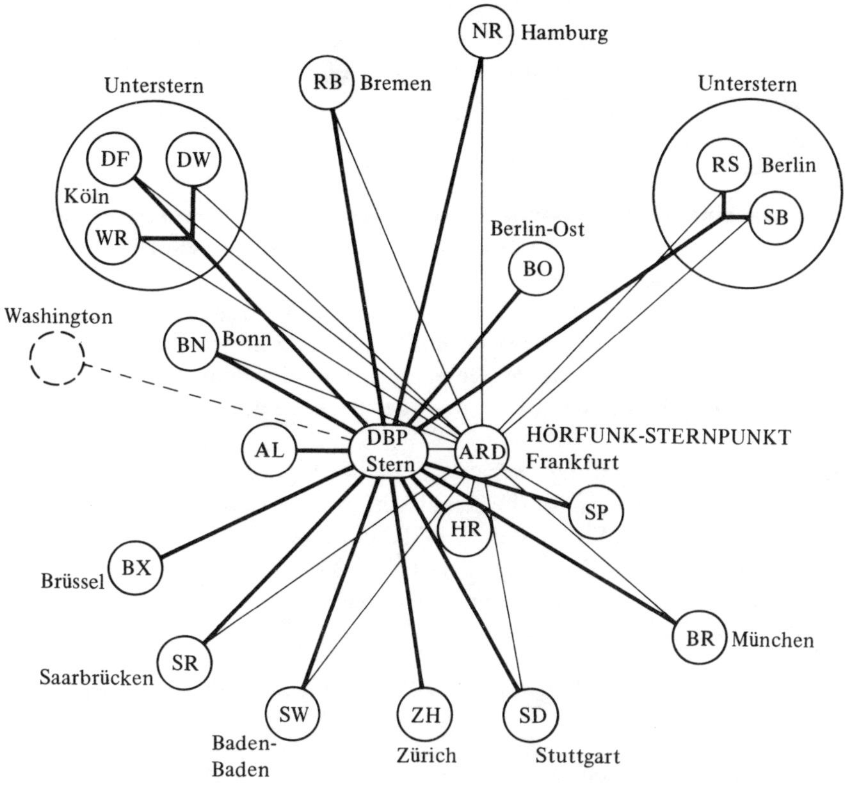

Abb. 9.33. ARD-Tonleitungsstern.

—— (dünn)	Datenleitungen
—— (dick)	Modulationsleitungen

ARD	Arbeitsgemeinschaft der Rundfunkanstalten Deutschlands	ZH	Radio Zürich
AL	Ausland	BX	Brüssel
BN	Bonn	BO	Berlin-Ost
DBP	Deutsche Bundespost	RB	Radio Bremen
DF	Deutschlandfunk	RS	RIAS-Berlin
DW	Deutsche Welle	SB	Sender Freies Berlin
HR	Hessischer Rundfunk	SD	Süddeutscher Rundfunk
NR	Norddeutscher Rundfunk	SR	Saarländischer Rundfunk
SP	Ersatz-Rundfunkanstalt (geplant)	SW	Südwestfunk
		WR	Westdeutscher Rundfunk

Die Konzeption dieses ARD-Sternleitungsnetzes wird einerseits den hohen Anforderungen an die Dialogfähigkeit und dem Wunsch nach leichter Erweiterbarkeit, andererseits den unterschiedlichen Anforderungen der einzelnen Rundfunkanstalten gerecht. Das System besteht aus einem Rechnersystem im Sternpunkt, in den Rundfunkanstalten und bei der Bundespost.

Der ARD-Hörfunksternpunkt in Frankfurt ist Mittelpunkt des Rechnerverbundes und übernimmt auf der Datenebene die Aufgaben, den Betriebsablauf zu koordinieren, zu steuern und zu kontrollieren sowie die Funktionstüchtigkeit des Netzes zu überwachen. Der Sternpunkt hat weiterhin die Aufgabe, die Tonübertragungsleitungen qualitativ zu überwachen und eine zentrale Konferenzanlage zur gemeinschaftlichen Nutzung zur Verfügung zu halten.

Die Aufgaben des Sternpunktrechners sind:

- Entgegennahme der Telegramme von den Rechnern der Rundfunkanstalten und der Bundespost einschließlich ihrer Analyse, Quittierung und Plausibilitätsprüfung,
- Ausführung der in den Telegrammen enthaltenen Aufträge,
- Versorgung der Rechner in den Rundfunkanstalten mit den Schaltbefehlen,
- Disposition und Optimierung der Belegungszeiten der Übertragungsleitungen,
- Information aller betroffenen Rechner über das Ergebnis der Buchungsbearbeitung,
- Überwachung des Schaltungsaufbaues der Übertragungswege,
- Abspeicherung von Daten für die statistische Auswertung,
- Ermittlung der Kosten für die einzelnen Rundfunkanstalten,
- qualitative und quantitative Überwachung des Leitungsnetzes,
- Eingabe von Bestellungen und Quittierungen im Auftrag der Rundfunkanstalten und der Bundespost.

Das Leitungsnetz des ARD-Sterns umfaßt Tonleitungen, Datenleitungen und Meldeleitungen.

Bei den Tonleitungen unterscheidet man zwischen Zubringerleitungen (ZLTG), das sind Leitungen, die von den Rundfunkanstalten zum Stern der Bundespost in Frankfurt führen, und Verteilleitungen (VLTG), das sind Leitungen, die vom Stern der Bundespost zu den Rundfunkanstalten führen. Der Datenaustausch zwischen den Rechnern der Rundfunkanstalten und dem ARD-Sternpunkt erfolgt über 4-Draht-Meldeleitungen, der Datenaustausch zwischen dem ARD-Sternpunkt und der Bundespost über zwei Datenleitungen.

Zwischen den Rundfunkanstalten und dem ARD-Sternpunkt steht zusätzlich ein Wahl-4-Draht-Meldenetz zur Verfügung. Es kann genutzt werden für Ferngespräche im Selbstwählbetrieb zwischen den Rundfunkanstalten und dem ARD-Sternpunkt, als Rückmodulationsleitung, für Schaltkonferenzen und als Zubringertonleitung und Verteilleitung zum Ton-Konferenzpult im Sternpunkt, wenn entsprechende Tonleitungen nicht zur Verfügung stehen. Diese Leitungen disponiert der Sternpunktrechner, die Schaltung selbst wird manuell abgewickelt. Falls erforderlich, können weitere Meldeleitungen zeitweise geschaltet werden. Die Anforderung dieser Leitungen entnimmt der Sternpunktrechner den Leitungsbestellungen und übermittelt sie der Bundespost, die auch die Disposition und Schaltung übernimmt.

Für die Übertragung von Tonbeiträgen können vom Rechner in der Rundfunkanstalt über Intern- und Steuerleitungen fernsteuerbare Magnetbandmaschinen angeschlossen werden, die zur Aufnahme und Wiedergabe benutzt werden können. Die Maschinen sind im zentralen Überspieltonträger (ZÜTR oder ZÜ) untergebracht. Bei einer Überspielung wird in der sendenden Rundfunkanstalt die Maschine entweder von Hand oder bei entsprechender Einstellung automatisch gestartet. Die Maschine in der empfangenen Rundfunkanstalt wird von der sendenden Rundfunkanstalt durch die „Dreitonfolge“, über einen Schwellwertschalter oder – bei entsprechender Einstellung – mit Erhalt des „Start-Frei-Signals“ gestartet. Die Auswahl der Maschine erfolgt entweder manuell durch die Eingabe der entsprechenden Internleitungsnummer oder automatisch durch eine Suchroutine.

9.8 Stromversorgung

9.8.1 Stromnetze

Die elektrische Energie für den Betrieb eines Funkhauses wird über Hochspannungsleitungen zugeführt und auf 380/220 V heruntertransformiert. Danach wird sie durch einen Hauptverteiler und eine größere Anzahl von Unterverteilern zu den einzelnen Verbrauchern weitergeleitet. Bei den Verteilern befinden sich die Leitungssicherungen. Um Spannungsschwankungen, die beim Schalten von Geräten mit großem Leistungsbedarf entstehen, von den technischen Geräten und der Beleuchtung fernzuhalten, ist das Verteilungsnetz in getrennte Einzelnetze aufgeteilt: Lichtnetz, Kraftnetz und technisches Netz. Jedes dieser Netze wird von eigenen Transformatoren aus der Hochspannungssammelschiene versorgt. Ein weiteres separates Netz versorgt alle für einen Notbetrieb unentbehrlichen Einrichtungen, vor allem die Sendestudios, den Schaltraum, Rechen- und Schaltanlagen für den automatischen Sendeablauf, Telefon und Notbeleuchtung.

9.8.2 Notstrombetrieb

Auch bei Stromausfall des öffentlichen Stromnetzes muß der Sendebetrieb einer Rundfunkanstalt aufrecht erhalten werden können. Hierfür sind umfangreiche Sicherstellungsvorrichtungen vorgesehen, die in den einzelnen Funkhäusern unterschiedlich ausgelegt sein können. Eine mögliche Konzeption könnte wie im folgenden beschrieben aussehen:

Das Notbetriebsstromnetz, das die Sendestudios, den Schaltraum, die Notbeleuchtung usw. versorgt, arbeitet bei Stromausfall unterbrechungslos weiter. Dieses Netz wird – auch im Normalbetrieb – aus Batterien mit einem nachgeschalteten Wechselrichter gespeist. Die Batterien werden ständig gepuffert, d.h. aus dem öffentlichen Stromnetz nachgeladen. Bei Stromausfall übernehmen die Batterien die Versorgung solange, bis die Diesel-Notstromanlage angelaufen ist und die Batterien wieder puffert. Die Dieselaggregate liefern bereits nach etwa 15 s bei Ausfall des öffentlichen Stromnetzes Strom. Die Batterien können jedoch das Stromnetz etwa 15 Minuten lang versorgen. Regelmäßige Probeläufe der Motoren dienen der Kontrolle der Funktionsfähigkeit der Notstromanlage.

Die Versorgung des technischen Netzes sowie Teile des Licht- und Kraftnetzes werden bei Stromausfall durch Dieselaggregate übernommen; die Stromversorgung wird dabei während einiger Sekunden unterbrochen. Je nach Auslastung der Aggregate können weitere Verbraucher zugeschaltet werden. Die Auswahl der mit Notstrom zu versorgenden Geräte wird vom Prozeßrechner der Datenzentrale getroffen; hierfür sind Steuerleitungen zu den einzelnen Schaltschränken der Verbraucher geführt. Eine manuelle Schaltung ist ebenfalls möglich.

Bei Notstrombetrieb werden die Aufzüge über eine „Evakuierungsschaltung“ betrieben. Hiermit wird erreicht, daß alle in Betrieb befindlichen Aufzüge nacheinander bis in das nächste Stockwerk fahren, damit die Fahrgäste aussteigen können. Aus einer Aufzugsgruppe bleibt bei Notstrombetrieb jeweils nur ein Aufzug in Betrieb.

9.8.3 Spannungsversorgung von Studiogeräten und -anlagen

Innerhalb von Regieeinrichtungen ist die Spannungsversorgung zentralisiert. Im allgemeinen wird eine Gleichspannung von 24 V benötigt. Sie wird von mehreren zentralen Netzgeräten an die einzelnen Verbraucher geliefert. Magnetbandgeräte und Leistungsverstärker für Lautsprecher sind wegen ihres relativ hohen Strombedarfs nicht an die zentrale Gleichspannungsversorgung angeschlossen, sondern werden direkt aus dem 220-V-Netz versorgt. Die kleinen Vorhör- oder Kommandolautsprecher sind im allgemeinen an die zentrale 24-V-Versorgung angehängt. Einige Geräte mit geringerer Leistungsaufnahme können wahlweise an 24 V Gleichspannung oder an 220 V Wechselspannung angeschlossen werden.

Da auch bei der Gleichspannungsversorgung ein sicherer Betrieb der Anlage gewährleistet sein muß, werden oft Netzgeräte in „aktiver Reserve“ betrieben. Sie übernehmen dann unterbrechungsfrei die Stromlieferung für die Regieanlage, wenn eines der Netzgeräte ausfallen sollte. Ein einfaches Beispiel dafür zeigt *Abb. 9/34.*

Setzt man bei dieser Anordnung voraus, daß im Normalbetrieb nur Netzgerät 1 die Stromversorgung übernehmen soll, so muß die Ausgangsspannung V_1 um ca. 1 V

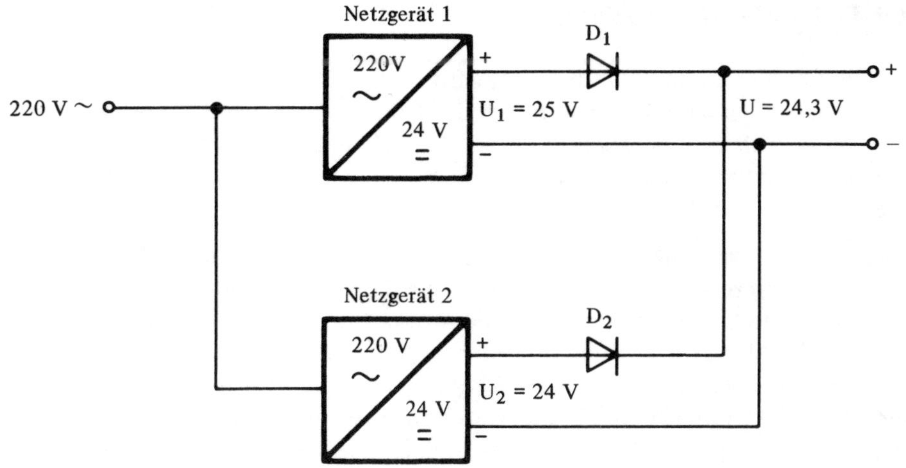

Abb. 9/34. Prinzip eines Netzgeräts.

höher eingestellt werden. Damit wird der Spannungsabfall über der Diode D_1 (ca. 0,7 V) berücksichtigt und die Diode D_2 in Sperrichtung betrieben, so daß Netzgerät 2 keinen Strom liefert. Sinkt im Störungsfall die Spannung V_1 auf weniger als 24 V, wird D_2 durchlässig und Netzgerät 2 übernimmt die Stromversorgung.

9.9 Programmausstrahlung

Das Rundfunkprogramm erreicht den Rundfunkhörer drahtlos über hochfrequente elektromagnetische Wellen. Hierbei wird eine Trägerwelle ausgestrahlt, die entsprechend dem niederfrequenten Schwingungsverlauf des Programms moduliert, d.h. verändert wird. Verändert werden können grundsätzlich alle Größen einer Schwingung: Amplitude, Frequenz oder Phase. Es genügt aber, nur eine dieser Größen entsprechend dem Schwingungsverlauf des Programms zu verändern. Dieser Vorgang wird als Modulation bezeichnet. Man unterscheidet deshalb Amplitudenmodulation, Frequenzmodulation und Phasenmodulation. Für die Programmausstrahlung terrestrischer Hörfunksender wird die Amplitudenmodulation (LW, MW und KW) sowie die Frequenzmodulation (UKW) verwendet.

9.9.1 Amplitudenmodulation

Bei der Amplitudenmodulation (AM) wird die Größe der Amplitude und damit die vom Sender abgestrahlte Leistung im Takt der übertragenen Schwingungen der Sprache oder Musik verändert. Dieses Modulationsverfahren ist das älteste im Rundfunk verwendete und wird noch heute im Lang-, Mittel- und Kurzwellenbereich benutzt (*Tab. 9/3*).

Eine amplitudenmodulierte Schwingung setzt sich im einfachsten Fall aus drei Einzelschwingungen zusammen, nämlich aus der Trägerschwingung selbst und zwei in der Amplitude kleineren Seitenschwingungen, deren Frequenzen jeweils mit dem Abstand der Modulationsfrequenz unter- und oberhalb der Trägerfrequenz liegen. Der Abstand der Seitenfrequenzen hängt also nur von der Modulationsfrequenz ab und wird nicht durch den Modulationsgrad, d.h. die Amplitude bestimmt. Die Durchlaßkurve eines AM-Empfängers muß demnach doppelt so breit wie die höchste noch zu übertragende Niederfrequenz gemacht werden. Da die Wellenbereiche heute bei weitem nicht allen in Betrieb befindlichen Sendern genügend Frequenzbandbreite belassen, wird im allgemeinen der Niederfrequenzbereich beim Sender auf 4,5 kHz begrenzt. Die Bandbreite des HF-Signals beträgt also 9 kHz. Allerdings erlauben die heutigen AM-Empfänger meist nicht einmal die Ausnutzung dieser Frequenzgrenze, da zur Verbesserung der Trennschärfe die Bandbreiten der Empfänger noch geringer gemacht werden. Der Modulationsgrad (a/A in *Abb. 9/35*) bei Vollaussteuerung beträgt 100%. [9.6, 9.7, 9.8]

Tab. 9/3. AM-Rundfunkbänder.

	Frequenz	Wellenlänge
Langwellen-Bereich	150 – 285 kHz	2000 – 1053 m
Mittelwellen-Bereich	525 – 1605 kHz	571,5 – 186,9 m
Kurzwellen-Rundfunkbereich (In diesem Bereich sind 8 Rundfunkbänder mit jeweils 200, 250 oder 300 kHz Bandbreite untergebracht.)	5,95 – 26,1 MHz	48,39 – 11,77 m

9.9.2 Frequenzmodulation

Bei der Frequenzmodulation (FM) bleibt die Amplitude und die Leistung des Senders konstant. Dagegen wird die Frequenz der Trägerwelle entsprechend dem Schwingungsverlauf des Programms verändert. Die Größe der Frequenzänderungen hängt nur vom Pegel des Programms ab (siehe *Abb. 9/36*). Die maximal zulässige Frequenzänderung (Frequenzhub) beträgt im VHF-Rundfunk (UKW) 75 kHz beidseitig zur unmodulierten Trägerfrequenz, insgesamt also 150 kHz. Die Geschwindigkeit, mit der die Frequenzänderung erfolgt, und das Maß der Frequenz-

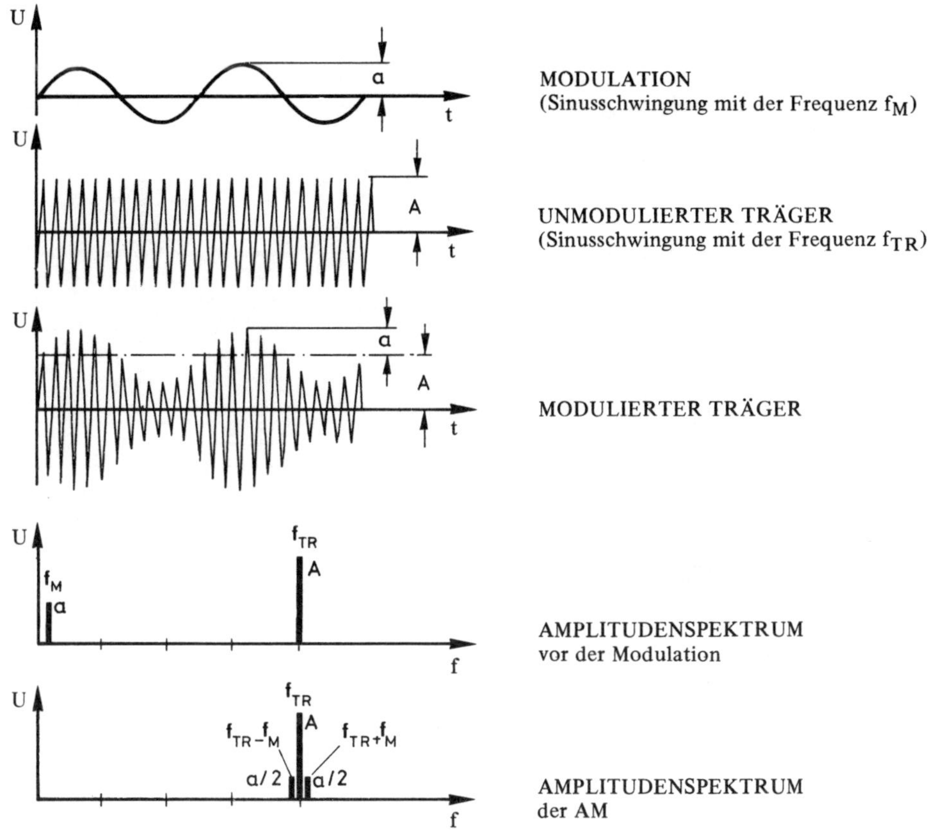

Abb. 9/35. Zeitbild und Frequenzspektrum der Amplitudenmodulation.

änderung wird durch den Schwingungsverlauf des Programms bestimmt. Der Bandbreitenbedarf bei Frequenzmodulation ist erheblich größer als bei Amplitudenmodulation. Hierdurch ist die Benutzung von Frequenzmodulation auf die VHF- bzw. UHF-Bereiche (87,5–1000 MHz bzw. 300–3000 MHz) beschränkt, wo ausreichend Bandbreite zur Verfügung steht. Der Gewinn gegenüber Amplitudenmodulation besteht in der sehr hohen Übertragungsqualität. Sender und Empfänger übertragen bei den festgelegten Normen ohne weiteres einen Frequenzbereich von 40 Hz bis 15 000 Hz. Eine weitere Qualitätsverbesserung wird durch eine Vorverzerrung (Preemphasis) von 50 μs des NF-Amplitudenganges beim Sender erreicht, die eine Anhebung der hohen Frequenzen vornimmt. Im Empfänger werden die hohen Frequenzen durch eine Nachentzerrung (Deemphasis) um den gleichen Betrag wieder abgesenkt; im gleichen Maß werden dadurch auch die auf dem Übertragungsweg hinzugekommenen Rauschanteile verringert. Dies bewirkt eine Verbesserung des Störspannungsabstands.

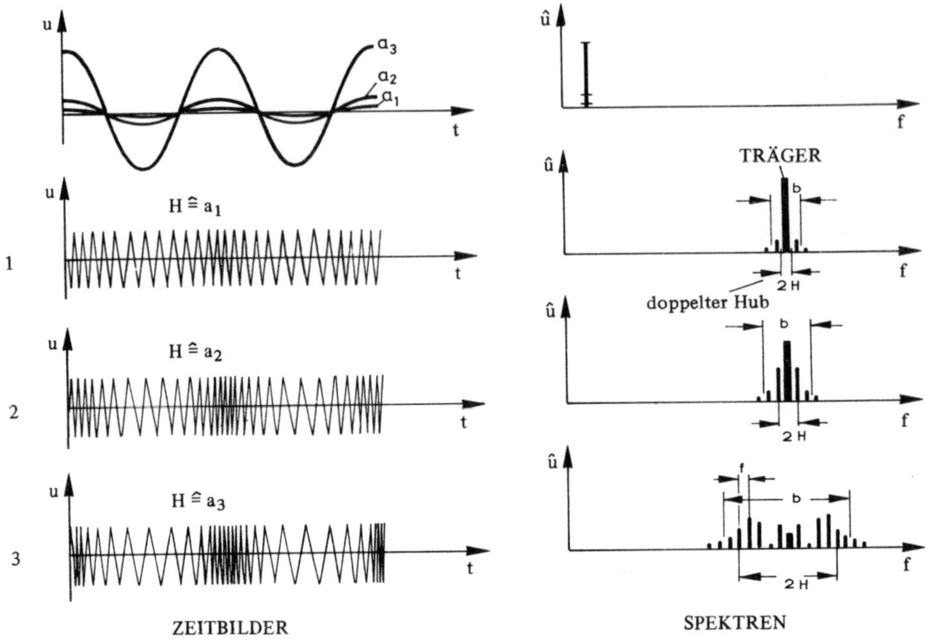

Abb. 9/36. Frequenzmodulation bei verschiedener Amplitude (Lautstärke), aber gleicher Frequenz der Modulation (b = erforderliche Übertragungsbandbreite, H = Hub).

Hochfrequente Rundfunkübertragung

Stereofone Programme werden heute nur mittels Frequenzmodulation übertragen. Sowohl bei uns als auch in den meisten anderen Ländern bedient man sich des Pilotton-Verfahrens. Hierbei wird aus den beiden NF-Signalen Links (L) und Rechts (R) die Summe M und die Differenz S gebildet. Um die technische Kompatibilität zu wahren, moduliert das Summensignal M den UKW-Sender in der üblichen Weise in der Frequenz. So wird sichergestellt, daß ein Monoempfänger ebenfalls den vollen Programminhalt, natürlich ohne Seiteninformation, empfangen kann. Das Differenzsignal S wird zunächst einem Hilfsträger mit 38 kHz nach einem AM-Verfahren aufmoduliert. Der Träger selbst wird dann fast völlig unterdrückt. Das dem Hilfsträger aufmodulierte Signal umfaßt ebenfalls einen Frequenzbereich von 40–15 000 Hz, so daß das gesamte Hilfsträgersignal einen Bereich von 23 000–53 000 Hz (38 ± 15 kHz) überstreicht. Da das geträgerte S-Signal im Empfänger wieder in ein NF-Signal zurückzuwandeln ist, muß der vorher unterdrückte Hilfsträger im Empfänger dem HF-Signal wieder zugesetzt werden. Dies geschieht mit Hilfe des ebenfalls vom Sender abgestrahlten Pilottons mit der halben Hilfsträgerfrequenz von 19 kHz, dessen Frequenz im Empfänger auf 38 kHz verdoppelt wird. Das Signal, das nun das Summen- und Differenzsignal sowie den Pilotton enthält, nennt man das Multiplexsignal.

Abb. 9/37 zeigt die Belegung des Frequenzbandes. Der maximal mögliche Frequenzhub beträgt ± 75 kHz, der Nennhub 40 kHz. An dieser Aussteuerung ist der Pilotton mit 6,72 kHz beteiligt, d.h. um diesen Betrag ist die Aussteuerung für die Nutzmodulation sowohl für den Mono- als auch für den Stereohörer geringer. Die Abbildung zeigt auch das Spektrum der Zusatzinformationen durch RDS (siehe dazu unten).

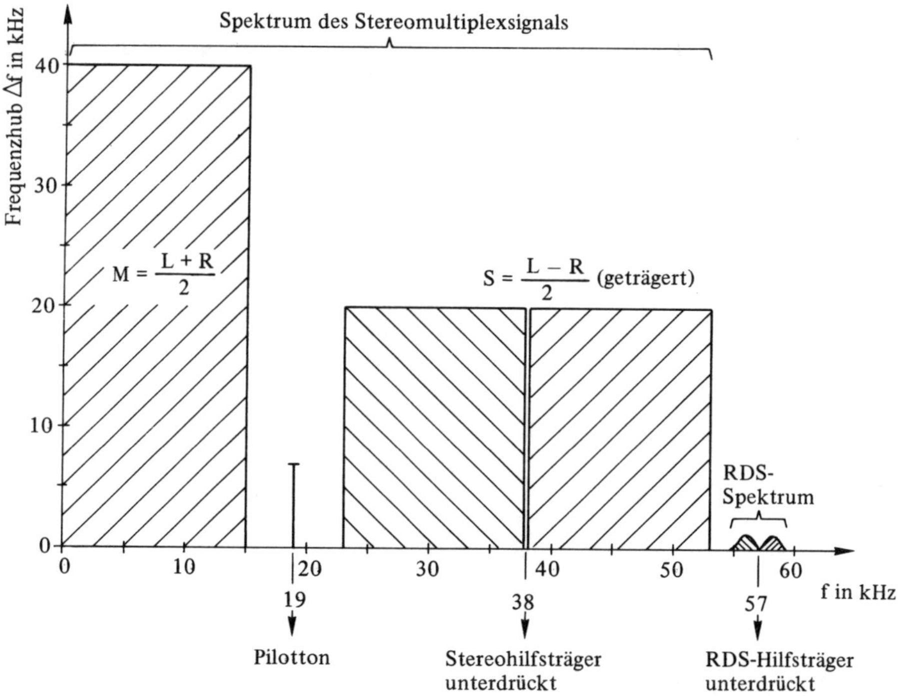

Abb. 9/37. Multiplexsignal der HF-Stereoübertragung.

Die Aufgabe des Stereocoders am UKW-Sender besteht u.a. in der Umwandlung der L- und R-Information in das kompatible Summen-(M-) und Differenz-(S-) Signal. Diese Codierung muß deshalb am Sender selbst vorgenommen werden, weil bei der Übertragung des M- und S-Signals als Multiplexsignal die Anforderungen an den Amplituden- und Phasengang der Übertragungsleitungen außerordentlich hoch wären. Es ist daher wirtschaftlicher, die Stereoinformation (L und R) auf zwei getrennte Leitungen dem Sender zuzuführen.

Der Stereocoder arbeitet folgendermaßen (*Abb. 9/38*): Nachdem die beiden Signale L und R die Vorverzerrung (Preemphasis) passiert haben, wird in der Matrix die Summe und Differenz des Rechts- und Linkssignals gebildet. Die Summe (L+R)/2 wird der Ausgangsstufe des Coders zugeleitet. Das Differenzsignal (L−R)/2 wird in dem Balancemodulator der Hilfsträgerfrequenz von 38 kHz in Amplitudenmodulation aufmoduliert; dabei wird der Träger unterdrückt. Die Hilfsträgerfrequenz wird aus einem 19-kHz-Quarzoszillator abgeleitet. Das so aufbereitete Differenzsignal wird ebenfalls der Ausgangsstufe zugeführt. Außerdem wird noch der Pilotton phasen- und amplitudenrichtig zugesetzt. Mit dem nunmehr kompletten Multiplexsignal wird der Sender frequenzmoduliert. Durch die größere Übertragungsbandbreite (40 Hz bis 53 000 Hz) des Empfängers bei Stereoempfang bedingt, ergibt sich bei geringeren Empfangsfeldstärken ein um maximal etwa 22 dB höherer Störpegel. Diese Verschlechterung muß gegebenenfalls durch verbesserte Antennenanordnungen beim Empfänger ausgeglichen werden.

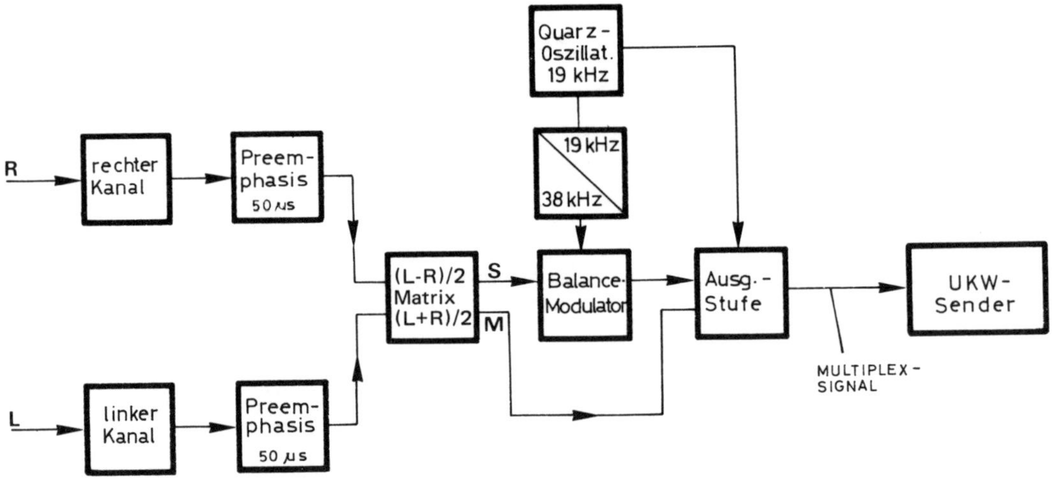

Abb. 9/38. Blockschaltbild des Stereocoders beim Sender.

Die Verschlechterung des monofonen Empfangs einer Stereosendung verglichen mit einem monofon gesendeten Programm ist auf den geringeren für das Summensignal zur Verfügung stehenden Hub zurückzuführen. Der Rückgang ist vom Korrelationsgrad der Stereosignale abhängig und liegt in der Praxis zwischen 2 und 5 dB.

Die Einschaltung der Stereocoder der Sender erfolgt nicht nach einem einheitlichen Verfahren.

Im Empfänger werden die beiden Niederfrequenzsignale L und R im Decoder rückgewonnen. Dieser wird unmittelbar hinter dem Demodulator angeschlossen. Die Schaltung des Empfängers bis zu diesem Teil ist konventionell, wenn auch wegen der Übertragung des breiteren Frequenzbandes besondere technische Anforderungen bezüglich des Amplituden- und Phasenganges an den ZF-Verstärker zu stellen sind.

Abb. 9/39 zeigt einen Decoder, der nach dem sogenannten Matrixverfahren arbeitet. Die Demodulation des Differenzsignals erfolgt mit Hilfe des aus dem 19-kHz-Pilotton durch Verdoppelung gewonnenen Hilfsträgers Der Phasenbeziehung zwischen dem Pilotton und dem wiedergewonnenen Hilfsträger kommt dabei besondere Bedeutung zu. Jede Abweichung gegenüber der bei der Codierung vorliegenden Beziehung macht sich durch eine geringere Übersprechdämpfung bemerkbar. Der Matrix wird einmal das Summensignal und zum anderen das demodulierte Differenzsignal zugeführt. Durch Summen- und Differenzbildung beider Signale ergeben sich auf einfache Weise die beiden usrprünglichen Signale L und R. [9.9, 9.10]

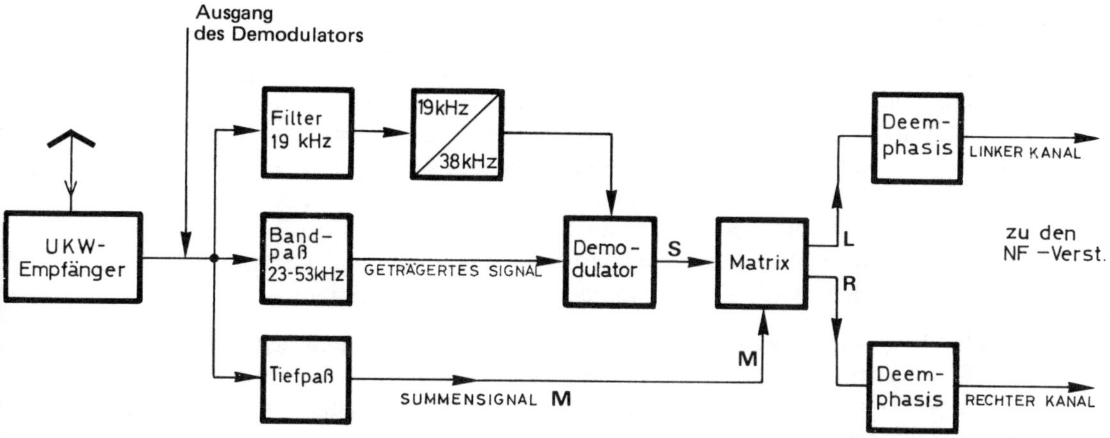

Abb. 9/39. Blockschaltbild des Stereocoders beim Empfänger.

Zusatzinformationen im Hörrundfunk

Verkehrsrundfunk VRF/ARI

Um für Autofahrer einen problemlosen Empfang von Verkehrsinformationen zu gewährleisten, wurde von den öffentlich-rechtlichen Rundfunkanstalten im Jahr 1974 ein Kennfrequenzsystem für Verkehrsdurchsagen unter den Bezeichnungen VRF (Verkehrs-Rund-Funk) oder ARI (Autofahrer-Rundfunk-Information) eingeführt. Es wird über die bestehenden UKW-Sendernetze, deren Programme für die Verkehrsdurchsage kurzzeitig unterbrochen werden, mit Kennsignalen für Senderkennung, Bereichskennung und Durchsagekennung abgestrahlt.

Die Senderkennung, die einen Sender als Verkehrsrundfunksender kennzeichnet, besteht aus einem 57-kHz-Hilfsträger. Die Frequenz des Hilfsträgers entspricht der 3. Harmonischen des Stereo-Pilottons. Sie wurde deshalb gewählt, weil sie im Amplitudenspektrum oberhalb des Stereo-Multiplexsignals liegt und weil keine störenden Intermodulationsprodukte zwischen dem Pilotton und dessen Harmonischen und dem VRF-Hilfsträger auftreten können. Bei der Aussendung von Stereosendungen wird der 57-kHz-Hilfsträger aus dem 19-kHz-Pilotton abgeleitet, um eine phasenstarre Verknüpfung zwischen beiden Frequenzen sicherzustellen. Diese Kennung wird ständig abgestrahlt.

Zur Bereichskennung wird der 57-kHz-Hilfsträger ständig in der Amplitude moduliert; die Modulationsfrequenz sagt aus, für welches geografische Gebiet der Sender zuständig ist. Es gibt für die Bereichskennung sechs unterschiedliche Kennfrequenzen, die mit den Buchstaben A bis F gekennzeichnet sind und z.B. an den Autobahnen zusammen mit der jeweils zuständigen Sendefrequenz des ARI-Senders angeschrieben sind. Da die Reichweite von UKW-Sendern begrenzt ist, kann die Bereichskennung in größeren geographischen Abständen für andere Bereiche wieder verwendet werden. Auch diese Kennung wird ständig ausgestrahlt.

Die Durchsagekennung zur Kennzeichnung einer Verkehrsdurchsage wird nur während der Durchsage abgestrahlt und ermöglicht es, daß der Autofahrer vom eingestellten Verkehrsrundfunksender auf Wunsch nur die Verkehrsinformationen und nicht das laufende Programm empfängt, sofern der Autoempfänger entsprechend ausgestattet ist. Zur Kennzeichnung einer Verkehrsdurchsage wird der 57-kHz-Hilfsträger zusätzlich zur Bereichskennung noch mit einer weiteren Kennfrequenz amplitudenmoduliert. Auch diese Modulationsfrequenz ist aus dem 57-kHz-Hilfsträger abgeleitet und beträgt 125 Hz. Die Durchsage wird außerdem teilweise von einem Kennton („Hinz-Triller") eingeleitet (1,2 s) und beendet (0,55 s), der als hörbares Signal mit einer Frequenz von 2350 Hz mit 123 Hz frequenzmoduliert ist. Mit diesem Kennton wird bei einigen Sendern über die Programmleitung vom Sendestudio aus die Durchsagekennung bei den Sendern geschaltet. Verkehrsdurchsagen über Mittelwelle werden ebenfalls so gekennzeichnet.

Radio-Daten-System RDS

Seit April 1988 haben die öffentlich-rechtlichen Rundfunkanstalten ein Verfahren zur unhörbaren Einfügung von Zusatzinformationen der Sender- und Programmkennung im UKW-Rundfunk eingeführt. Dieses sog. Radio-Daten-System (RDS) wird mit einheitlichen Spezifikationen bei den in der UER (Union der Europäischen Rundfunkanstalten) zusammengeschlossenen Rundfunkanstalten eingeführt (EBU Doc. Techn. 3244-E, 1984, Supplement 1987). [9.11]

Das RDS-System erleichtert bei der in den letzten Jahren erheblich gestiegenen Zahl an UKW-Sendern das Einstellen der Empfangsgeräte auf den gewünschten Sender, besonders im mobilen Empfang, indem RDS den eingestellten Sender mit dem Namen der Rundfunkanstalt und der Nummer der Programmkette kennzeichnet. Es enthält auch eine Verkehrsfunk- und Verkehrsdurchsagekennung, die derzeit noch neben der bisherigen Kennung (VRF/ARI) ausgestrahlt wird, zu einem späteren Zeitpunkt diese aber ersetzen soll. RDS bietet weiterhin Informationen über Sender, die dasselbe Programm abstrahlen; diese Information ist besonders für den mobilen Empfang in Kraftfahrzeugen nützlich, weil der Empfänger mit diesen Informationen automatisch z.B. den jeweils zuständigen Sender mit Verkehrsdurchsagen und gleichem Programm einstellen kann.

Zunächst werden in den öffentlich-rechtlichen Rundfunkanstalten die folgenden RDS-Informationen ausgestrahlt:

- PI (Programme Identification): Mit der Programmkettenkennung kann der Empfänger zwischen Ländern und Gebieten unterscheiden, in denen dasselbe Programm ausgestrahlt wird. Diese Kennung ist nicht für eine direkte Anzeige vorgesehen. Vielmehr liegt ihr Nutzen darin, daß der Empfänger auf einen entsprechenden anderen Sender automatisch umschalten kann, wenn der Empfang schlecht wird.
- PS (Programme Service): Diese RDS-Information enthält in maximal 8 alphanumerischen Zeichen das eingestellte Programm, also z.B. RIAS 2 oder NDR 1-SLH (Schleswig-Holstein) für eine direkte Anzeige beim Empfänger.
- TP (Traffic Programme): Diese RDS-Information signalisiert dem Empfänger wie das bisherige VRF-Signal (ARI), ob das eingestellte Programm Verkehrsdurchsagen bringt.
- TA (Traffic Announcement): Diese RDS-Information beinhaltet ein EIN/AUS-Signal, das dem Empfänger mitteilt, wenn eine Verkehrsdurchsage gesendet wird.
- AF (Alternative Frequencies): Diese RDS-Information besteht aus einer Liste mit bis zu 25 Angaben über Sender, die dasselbe Programm ausstrahlen.

RDS ermöglicht weitere Informationen, die nach Bedarf später eingeführt werden können. Einige dieser Informationen sind:

- PTY (Programme Type): Diese RDS-Information unterscheidet bis zu 31 verschiedene Programmarten, die auch direkt angezeigt werden sollen (z.B. E = Ernste Musik, U = Unterhaltungsmusik, P = Politik usw.)
- DI (Decoder Identification): Diese RDS-Information kann bis zu 16 verschiedene Schaltzustände des Decoders übermitteln, z.B. Mono, Stereo, Kompression, Kunstkopf u.a.
- MS (Music/Speach): Diese RDS-Information erlaubt bei entsprechend ausgestatteten Empfängern durch die Musik/Sprache-Kennung eine individuelle Einstellung des Lautstärkeverhältnisses von Musik zu Sprache.
- PIN (Programme Item Number): Ähnlich der Programmbeitragskennung VPS im Fernsehen erlaubt diese RDS-Information, z.B. eine Aufnahme des Beitrags auf einen Recorder zu programmieren.

Für die Ausstrahlung werden die RDS-Informationen in digitalisierter Form im RDS-Coder zu einem kontinuierlichen Datenstrom mit 1187,5 bit/s aufbereitet und einem 57-kHz-Träger aufmoduliert. Dieses Signal wird im UKW-Multiplexsignal also da eingefügt, wo bei den Sendern mit Verkehrsfunk schon bisher das Verkehrsfunksignal (VRF) war. Um das bisherige VRF-Signal nicht zu stören, wendet man die Zweiseitenbandmodulation mit unterdrücktem Träger an, wobei zwischen RDS-Träger und VRF-Träger eine feste Phasendifferenz von 90° eingehalten sein muß (Quadratur); diese Modulationsart wird deshalb Quadratur-Doppelseitenband-Modulation genannt.

9.10 Arbeitssicherheit

Das Vermeiden von Arbeitsunfällen und Gesundheitsschädigungen, von Sachbeschädigung und Zerstörung ist das Anliegen der Arbeitssicherheit. Sie hat Priorität im betrieblichen Ablauf. Zur Abwehr von Gefahren werden Mindestanforderungen in den verschiedensten Bereichen durch gesetzliche Bestimmungen, Vorschriften, Normen und Richtlinien festgelegt. Ihre Einhaltung ist oberstes Gebot bei der Arbeit. Für die öffentlich-rechtlichen Rundfunkanstalten sind die einschlägigen Bestimmungen und zusätzliche interne Bestimmungen in den „Unfallverhütungsvorschriften ARD/ZDF“ zusammengefaßt. Auf die umfangreichen Normen und Richtlinien u.a. wird im einzelnen nicht hingewiesen.

Bezüglich der Verantwortlichkeit für die Arbeitssicherheit obliegt es jedem einzelnen Mitarbeiter, die Vorschriften und Anweisungen einzuhalten, bereitgestellte Schutzvorrichtungen zu benutzen, erkennbare Mängel zu melden und defekte Geräte nicht zu benutzen. Aufgabe des betrieblichen Vorgesetzten ist es u.a., Maßnahmen zum Arbeitsschutz zu überwachen, Betriebseinrichtungen zu überprüfen, Gefahren zu beseitigen und Anweisungen zur Sicherheit zu erteilen.

Arbeitnehmer sind durch die gesetzliche Unfallversicherung versichert. Der Versicherungsschutz umfaßt Arbeitsunfälle, Berufskrankheiten und Wegeunfälle. Die

Beiträge entrichtet der Arbeitgeber. Träger der gesetzlichen Unfallversicherung sind öffentlich-rechtliche Körperschaften (Berufsgenossenschaften). Ihre Aufgaben sind Unfallverhütung und Vorbeugung gegen Berufskrankheiten durch Erlaß von Unfallverhütungsvorschriften, durch Vorsorgeuntersuchungen und Aufklärung sowie medizinische und soziale Rehabilitation und Entschädigung durch Renten und Haftpflichtleistungen.

9.10.1 Produktionsstätten beim Hörfunk

Die ARD/ZDF-Unfallverhütungsrichtlinien enthalten umfassende Bestimmungen für Produktionsstätten bei Hörfunk, Fernsehen und Film, aus denen im folgenden einige Punkte verkürzt genannt werden:

Starkstromanschlüsse:
Starkstromanschlüsse für Ü-Wagen, Richtfunkstrecken usw. dürfen nur von Fachleuten unter der Verantwortung eines Konzessionsträgers installiert werden.

Zusammenschaltung von Übertragungswagen:
Bei Übertragungswagen, die nach VDE 0800 (7.21.1.2) aufgebaut sind, treten bei der Zusammenschaltung keinerlei Sicherheitsprobleme auf. Zur zusätzlichen Sicherheit und bei der Zusammenschaltung mit unbekannten Übertragungswagen sollen die Fahrzeuge durch eine Potentialausgleichsleitung an eine gemeinsame Erde angeschlossen werden. Modulationsleitungen sollen galvanisch getrennt, also über einen Modulations-Trennübertrager zusammengeschaltet werden.

Steckdosen in fremden Häusern:
Steckdosen in fremden Häusern müssen vor dem Anschließen elektrischer Betriebsmittel auf ausreichende Absicherung und wirksamen Schutzkontakt geprüft werden; das kann mit speziellen Prüfgeräten, z.B. Steckozet, erfolgen. Sollte der Schutzkontakt an der Steckdose nicht angeschlossen sein, ist ein Anschlußkasten mit 30 mA-FI-Schutzschalter und eine Ersatzerde zu verwenden.

Kabelverlegung:
Kabel dürfen im Außendienst erst dann verlegt werden, wenn die erforderlichen behördlichen und/oder privaten Zustimmungen vorliegen. Die Zustimmung ist auch für andere Aufbauten oder Installationen erforderlich. Kabel müssen so verlegt werden, daß Beschädigungen vermieden werden. Senkrecht geführte Kabel sind mit Fangleinen zu halten und an Knickstellen besonders zu schützen. Über Verkehrswegen müssen Kabel in ausreichender Höhe gespannt und mit Abspannseilen entlastet werden. Eine Stolpergefahr durch auf den Verkehrsflächen verlegte Kabel ist durch geeignete Abdeckungen o.ä. auszuschließen; zusätzlich ist mit Schildern auf diese Gefahr hinzuweisen.

Netzkabel:
Netzkabel zu Geräten auf Stativen müssen im Bereich des Stativfußes eine ausreichende Zugentlastung haben. Beschädigte Kabel dürfen nicht verwendet werden.

Wenn die beschädigte Stelle durch Isolierband so geschützt werden kann, daß eine Verwendung offensichtlich gefahrlos ist, kann das Kabel solange verwendet werden, bis ein einwandfreies Ersatzkabel beschafft ist.

Abgehängte Mikrofone und Lautsprecher:
Mikrofone und Lautsprecher, die nicht mehr als 0,75 kg wiegen, können an Zuleitungskabeln mit Zugentlastung aufgehängt werden, wenn sie die 12fache Belastung aufnehmen können.

Anschluß elektrischer Geräte und Musikanlagen:
Elektrische Geräte sind über jeweils eigene Trenntransformatoren anzuschließen, wenn eine Schutzmaßnahme gegen zu hohe Berührungsspannung nicht erkennbar ist. Elektrische Musikanlagen müssen grundsätzlich über einen Trenntransformator angeschlossen werden (siehe 8.6); Ausnahmen sind nur erlaubt, wenn Sicherheitsfachkräfte bei der Installation mitwirken und die getroffenen Maßnahmen verantworten. Transportable elektrische Anlagen und Geräte sind vor jedem Einsatz auf Funktionsfähigkeit und mechanischen Zustand sowie auf einwandfreien Zustand der beweglichen Anschlußleitungen durch Sichtkontrolle zu prüfen.

9.10.2 Gefahren des elektrischen Stroms

Bei unsachgemäßer Handhabung der elektrischen Energie kann es durch direkte oder indirekte Einwirkungen des Stroms auf Menschen zu schwersten Unfällen kommen. Unfälle entstehen bei Durchströmung über das Herz, bei Lichtbogenunfällen durch Verbrennungen oder als Sekundärunfälle als Folge von Durchströmungs- oder Lichtbogenunfällen.

Der elektrische Durchströmungsunfall ist die Folge einer Durchströmung des Herzens. *Tab. 9/4* faßt die Folgeerscheinungen zusammen.

Tab. 9/4. Durchströmungsunfälle und ihre Folgen.

ab 2 mA	Wahrnehmung des Stromes
ab 15 mA ~	Muskelkrampf, Schwierigkeiten beim Loslassen
bis 80 mA –	Schweißbildung, Gefahr des Hautdurchschlags, dadurch Verringerung des Hautwiderstandes und höherer Körperstrom, bei längerer Stromeinwirkung Bewußtlosigkeit
25–80 mA ~ 80–300 mA –	Herzkammerflimmern, Herzstillstand bei einer Durchströmungsdauer von über 30 Sekunden, durch Sauerstoffmangel im Gehirn u. U. tödlich
80–5000 mA ~ über 3000 mA – über 5 A ≂	nach 0,3 Sek. Herzkammerflimmern, innere Verbrennungen tödlich sofortiger Herzstillstand, selbst bei schnellster Hilfe Tod durch innere Verbrennungen

Bei Lichtbogenunfällen treten äußere Verbrennungen, aber auch Vergiftungserscheinungen durch Verdampfung von Kabelmaterial auf.

Auch geringfügige Primärunfälle durch elektrischen Strom können schwere Sekundärunfälle verursachen, wenn der Betroffene z.B. auf einer Leiter arbeitet und durch die Stromeinwirkung auch nur erschreckt wird.

Beim Umgang mit netzbetriebenen elektrischen Anlagen und Betriebsmitteln besteht eine besondere Gefahr dadurch, daß – von wenigen Ausnahmen abgesehen – das Versorgungsnetz geerdet ist. Nicht nur das gleichzeitige Berühren von zwei elektrischen Leitern mit unterschiedlichem Potential (Außen- und Neutralleiter), sondern auch der direkte oder indirekte Kontakt mit nur einem der spannungsführenden Leiter ist lebensgefährlich. Auch in diesem Fall wird ein Potential überbrückt, denn durch die Erdung des Neutralleiters besteht zwischen Außenleiter und Erde eine Spannung von 220 V. Bei Berühren eines Außenleiters kann ein tödlicher Strom über den Menschen zur Erde fließen (*Abb. 9/40*).

Die Stromstärke I ist im wesentlichen abhängig von
- der Spannung gegen Erde (U),
- der Größe des Übergangswiderstandes am Standort zur Erde, abhängig vom Schuhwerk und von der Bodenbeschaffenheit, ($R_Ü$),
- dem „Innenwiderstand" des Menschen, u.a. abhängig von der Hautfeuchtigkeit (R_M).

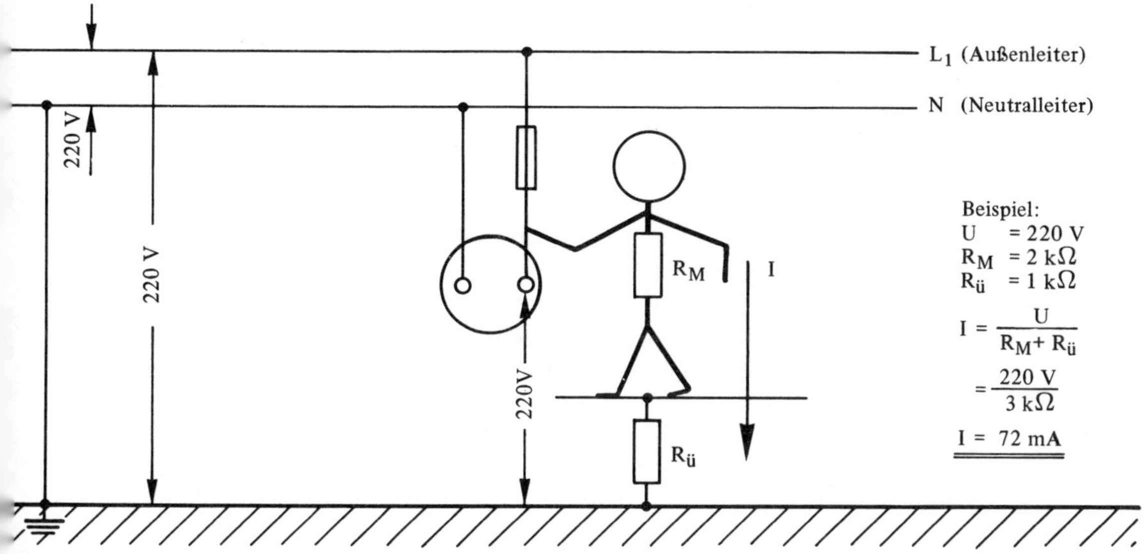

Abb. 9/40. Gefährdung durch das 220-V-Netz.

Tab. 9/5 zeigt die alte und die neue Leiterkennzeichnung des Stromnetzes.

Tab. 9/5. Leiterkennzeichnung.

alte Bezeichnung	neue Bezeichnung
R	L_1
S	L_2
T	L_3
Mp	N (Neutral)
SL	PE (Protection-Earth)
NL ≙ SL/Mp	PEN (Protection-Earth Neutral)

9.10.3 Schutz gegen direktes und indirektes Berühren spannungsführender Teile

Elektrische Anlagen und Geräte müssen so beschaffen sein, daß spannungsführende Teile gegen direktes Berühren geschützt sind. Das kann dadurch geschehen, daß die spannungsführenden Teile in ihrem ganzen Verlauf isoliert oder durch ihre Bauart, Anordnung bzw. durch besondere Vorrichtungen gegen direktes Berühren geschützt sind. Beispiele hierfür sind: Isolierung von Leitungen und Steckverbindungen, Einbau in geschlossene Gehäuse, bei Freileitungen Verlegung außerhalb des Handbereichs.

Weiterhin müssen elektrische Betriebsmittel gegen indirektes Berühren geschützt sein, d.h., berührbare Gehäuseteile dürfen auch im Störungsfall keine gefährliche Spannung führen. Dies wird in erster Linie durch eine zuverlässige Betriebsisolierung der aktiven (spannungsführenden) Teile und eine sorgfältige Errichtung der Anlage durch Fachleute erreicht.

Dennoch ist nicht auszuschließen, daß ein elektrisches Gerät fehlerhaft wird, z.B. durch Alterung, unsachgemäße Reparatur, Eindringen von Fremdkörpern oder Feuchtigkeit oder durch mechanische Beschädigung. Dabei können Isolationsfehler oder Körperschlüsse auftreten, die eine lebensgefährliche Spannung an Gehäuseteilen zur Folge haben. Um auch in diesem Fall einen größtmöglichen Schutz zu erreichen, sind zusätzliche Schutzmaßnahmen gegen Berührungsspannungen über 50 V erforderlich (VDE 0100), die im folgenden aufgeführt sind.

Schutzkleinspannung

Der Verbraucher wird mit einer ungefährlichen Kleinspannung (max. 42 V) aus einem Netzteil oder einer Batterie (Akku) betrieben. Das Netzteil muß eine galvanische Trennung vom Versorgungsnetz gewährleisten (*Abb. 9/41*). Auf der Trafosekundärseite müssen spezielle, unverwechselbare Steckverbindungen verwendet werden.

Kennzeichnung

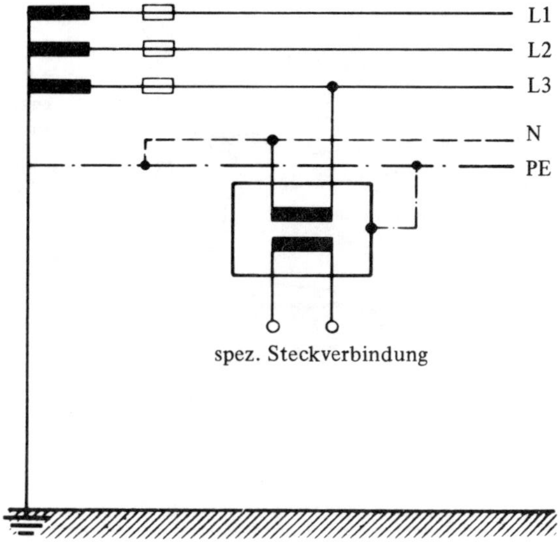

Abb. 9/41. Schutzkleinspannung.

Anwendungsbeispiel: Reportagegeräte, die alternativ zum Batteriebetrieb über ein externes Netzteil versorgt werden.

Schutzisolierung

Zusätzlich zur Betriebsisolierung wird durch eine zweite isolierende Abdeckung oder durch Verwendung von isolierendem Material dafür gesorgt, daß auch im Fehlerfall das Gehäuse keine Spannung annehmen kann (*Abb. 9/42*). Hierbei werden 2-adrige Zuleitungen ohne Schutzleiter verwendet. Der Anschlußstecker hat keinen Schutzkontakt.

Anwendungsbeispiele: Schutz-(Voll-)isolierte elektrische Werkzeuge, Haushaltsgeräte, Trenntransformatoren, Netzteile für Schutzkleinspannung, Radio- und Fernsehempfänger.

Nullung mit separatem Schutzleiter

Über einen (grün-gelben) separaten Schutzleiter (PE-Leiter), der im Hausanschlußkasten mit dem Null-(Neutral)-leiter verbunden ist, wird eine leitende Verbindung zwischen dem Gehäuse des Gerätes und Erde hergestellt. Dadurch kann niemals ein Potential zur Erde entstehen. Im Fehlerfall (Isolationsfehler, vollkommener Körperschluß) wird der Fehlerstrom über den (niederohmigen) Schutzleiter zur Erde abgeleitet. Bei Erreichen des Nennstromes der vorgeschalteten Sicherung wird der Stromkreis abgeschaltet. (*Abb. 9/43*)

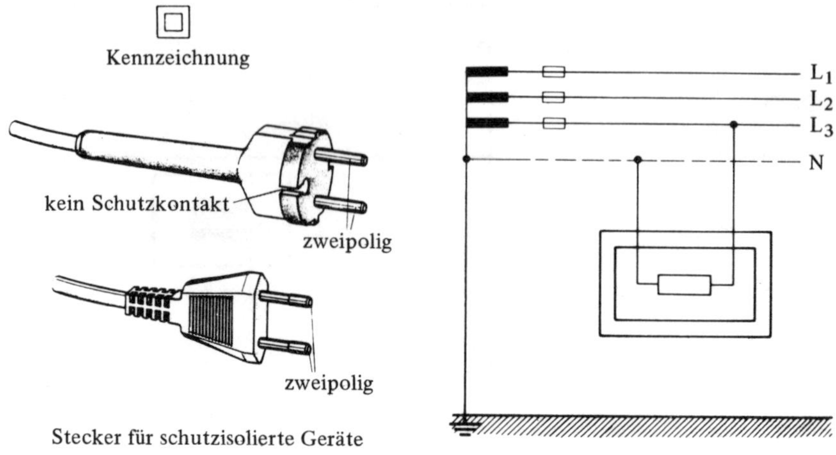

Abb. 9/42. Schutzisolierung.

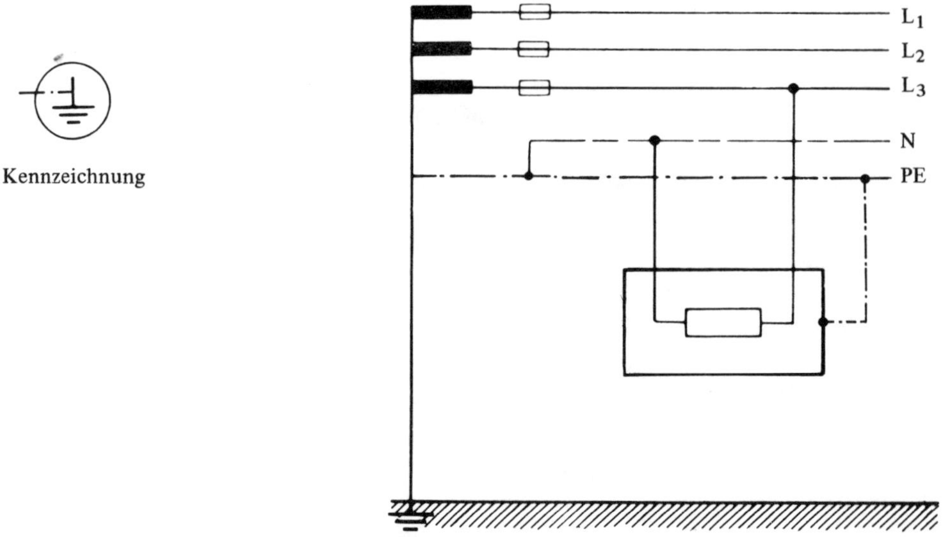

Abb. 9/43. Nullung mit separatem Schutzleiter.

Dies ist die am häufigsten angewendete Schutzmaßnahme. Alle ortsveränderlichen bzw. über Steckverbindungen anzuschließenden Geräte werden mit dieser Schutzmaßnahme ausgestattet, es sei denn, sie sind schutzisoliert.

Das Wichtigste an dieser Schutzmaßnahme ist der jederzeit vorschriftsmäßige Anschluß des Schutzleiters am Gerät und am Stecker sowie eine richtig installierte Schutzkontaktsteckdose.

Es muß besonders beachtet und in regelmäßigen Abständen überprüft werden, ob
- der Schutzleiter (PE) immer richtig an Stecker, Kupplung und Gehäuse des Verbrauchers angeschlossen ist,
- die Schutzkontakte an Steckdose, Stecker und Kupplung immer einen guten Kontakt zueinander haben und nicht – z.B. durch Farbe oder Schmutz – einen Übergangswiderstand aufweisen,
- der grün-gelbe Schutzleiter nach einer Auswechslung von Stecker oder Zuleitung immer so angeschlossen wird, daß er im Falle des Herausreißens der Leitung die größte Zugreserve hat und somit als letzter abreißt. Bei Versagen der Zugentlastung ist somit das Gehäuse des Gerätes auch dann noch über den PE-Leiter geerdet, wenn die stromführenden Leiter schon aus den Anschlußklemmen herausgerissen sind.

Fehlerstrom-Schutzschaltung

Die Fehlerstrom-Schutzschaltung bewirkt, daß der Stromkreis allpolig abgeschaltet wird, wenn ein Fehlerstrom gegen Erde fließt, der den Nenn-Fehlerstrom des Schalters übersteigt (*Abb. 9/44*).

Der Fehlerstrom- oder FI-Schutzschalter spricht also auch auf Fehler an, die auf den Zuleitungen zum Verbraucher auftreten können, z.B. beschädigte Leitungen, über die ein Fehlerstrom zur Erde fließt.

Die FI-Schutzschaltung nach VDE 0100 verlangt eine direkte Erdung der zu schützenden Verbrauchsmittel. Bei ortsveränderlichen Geräten, die über Steckverbindungen angeschlossen werden, ist eine derartige direkte Erdung aber in der Regel nicht möglich.

Es sind aber sog. „Sicherheitssteckdosenleisten" oder „Personenschutzautomaten" im Gebrauch, die nach dem Prinzip der FI-Schutzschaltung arbeiten. Allerdings wird bei diesem Verfahren die Erdung der Verbraucher indirekt über den Schutzleiter und den Schutzkontakt der Speisesteckdose vorgenommen. Die Speisesteckdose muß also einen wirksamen Schutzkontakt haben und das anzuschließende Gerät die Schutzmaßnahme Nullung mit seperatem Schutzleiter. Sollte dies nicht der Fall sein, kann mit einer Hilfserde die Steckdosenleiste und/oder der Verbraucher geerdet werden. Durch den sehr kleinen Nenn-Fehlerstrom der verwendeten FI-Schalter (30 mA, 15 mA) ist ein wesentlich besserer Schutz zu erwarten, als mit alleiniger Nullung möglich ist. Der FI-Schalter mit 15 mA Nennfehlerstrom schaltet ja

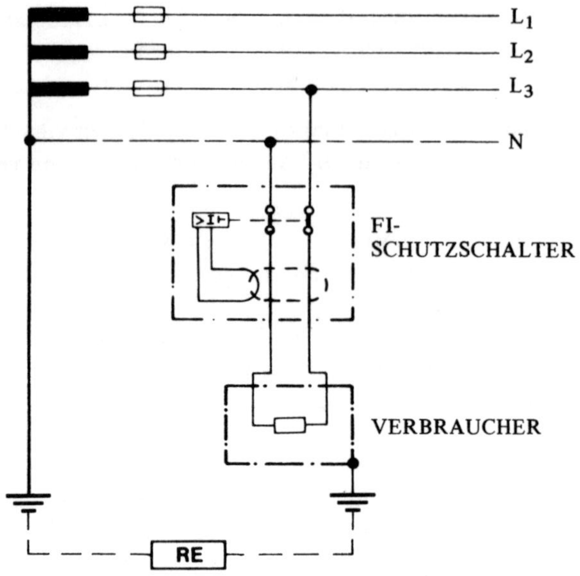

Abb. 9/44. Fehlerstrom-Schutzschaltung.

bereits bei einem Fehlerstrom ab, der normalerweise für den Menschen ungefährlich ist. Auch die Abschaltzeit ist wesentlich schneller als z.B. mit einer Schmelzsicherung. Aus diesem Grund bezeichnet man das Verfahren auch als „schnelle Nullung".

Schutztrennung

Die Schutztrennung ist die galvanische Trennung des Verbrauchers vom speisenden (geerdeten) Netz mit Hilfe eines Trenntransformators. Das Sekundärnetz darf nicht geerdet werden. Mit dieser Maßnahme wird erreicht, daß selbst bei einem fehlerhaften Verbraucher keine Spannung gegen Erde auftreten kann (*Abb. 9/45*). Bei der Schutztrennung darf jeweils nur ein Verbraucher über einen Trenntrafo betrieben werden. Diese Schutzmaßnahme ist im Zweifelsfall jeder anderen vorzuziehen.

Anwendungsbeispiel: Versorgung von elektrischen Musikanlagen über Trenntrafo, Inbetriebnahme von Fremdgeräten, bei denen eine wirksame Schutzmaßnahme nicht sichergestellt ist.

Schutzerdung

Bei der Schutzerdung werden Gehäuse, Gestelle, Eisenkonstruktionen unmittelbar mit Erdern oder geerdeten Teilen verbunden. Dadurch kann niemals ein gefährliches Potential zwischen leitenden Anlagenteilen und Erde auftreten. Bei einem Iso-

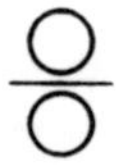

Kennzeichnung

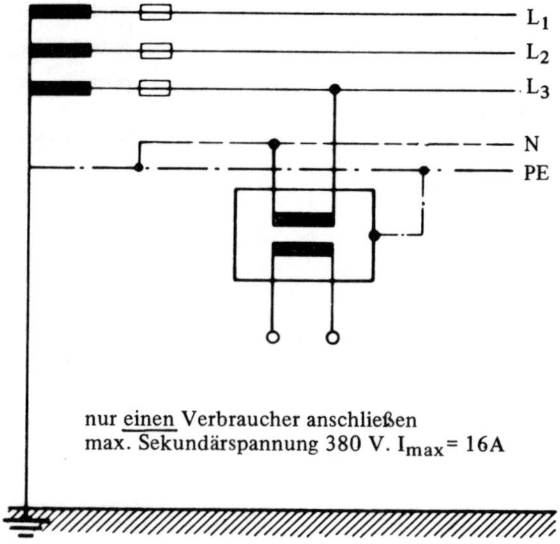

Abb. 9/45. Schutztrennung.

lationsfehler oder vollkommenen Körperschluß wird der Fehlerstrom zur Erde abgeleitet. Bei Erreichen des Nennstromes der vorgeschalteten Sicherung erfolgt eine Abschaltung des Stromkreises (*Abb. 9/46*).

Anwendungsbeispiele: Fest installierte Großanlagen, Motoren. Da die Verbindung mit Erde über einen großen Leiterquerschnitt erfolgen muß, die Verbindung sich auch nur mit Werkzeugen lösen läßt, ist diese Schutzmaßnahme für ortsveränderliche Verbraucher, die über Steckverbindungen angeschlossen werden, nicht anwendbar.

9.10.4 Inbetriebnahme von elektrischen Geräten und Anlagen

Vor dem Anschließen eines elektrischen Geräts an das Stromnetz ist durch Sichtprüfung der äußere Zustand zu kontrollieren. Das Gerät darf nicht angeschlossen werden, wenn Teile des Gehäuses fehlen oder beschädigt sind, wenn die Zuleitungen oder Steckverbindung defekt oder ein Fremdkörper oder Feuchtigkeit in das Gerät eingedrungen sind.

Bei Anlagen mit FI-Schalter ist vor Arbeitsbeginn der ordnungsgemäße Zustand des FI-Schalters durch Drücken der Prüftaste (T) sicherzustellen. Der Schalter muß auslösen. Andernfalls darf die Anlage nicht in Betrieb genommen werden. Bei Steck-

Kennzeichnung

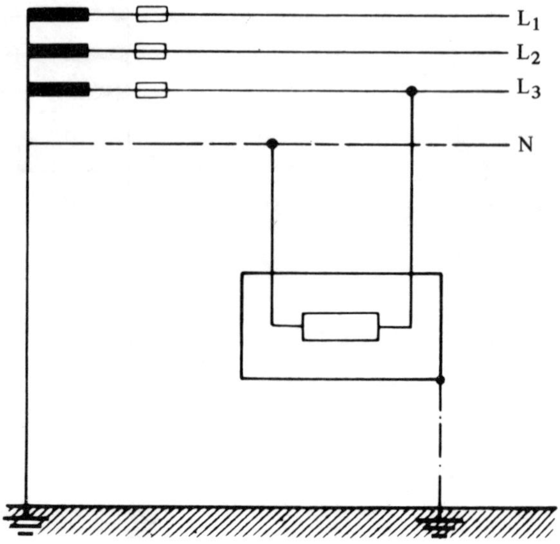

Abb. 9/46. Schutzerdung.

dosen in fremden Häusern ist vor der Benutzung mit dafür vorgesehenen Prüfeinrichtungen sicherzustellen, daß der Schutzkontakt wirksam ist. Beim Anschluß von schutzisolierten Geräten ist kein Schutzkontakt erforderlich, eine Überprüfung der Speisesteckdose erübrigt sich. Elektrische Musikanlagen dürfen nur über einen Trenntransformator angeschlossen werden.

Geräte, bei denen ein ordnungsgemäßer Zustand nicht mit letzter Sicherheit anzunehmen ist, z.B. Fremdgeräte, Geräte ohne VDE-Zeichen und Geräte mit „unzuverlässigem Äußeren", dürfen ebenfalls nur über einen Trenntransformator angeschlossen werden. Ausnahmen sind nur in Zusammenwirkung mit einer Sicherheitsfachkraft möglich. Im Zweifelsfall geht die Sicherheit für Menschen vor.

Bei der Verwendung von Trenntransformatoren ist unbedingt zu beachten, daß für jeden Verbraucher ein eigener Trenntrafo verwendet wird. Beim Anschluß von zwei oder mehreren Verbrauchern an den gleichen Trenntransformator wird die Schutzmaßnahme wirkungslos. In ungünstigen Fällen kann zwischen den Gehäusen der beiden Geräte volle Netzspannung liegen. Ein Überbrücken dieses Potentials durch den Menschen z.B. über die Abschirmung von Mikrofonkabeln und Tonabnehmern der Gitarre kann zu einem tödlichen Stromschlag führen.

9.10.5 Anschluß ortsveränderlicher Musikanlagen

Laut § 20 der Unfallverhütungsvorschrift „Bühnen und Studios“ (VBG 70) sind elektrische Musikanlagen (z.B. Verstärker und deren angeschlossene Musikgeräte, Mikrofone, Lautsprecher) gemäß Ziffer 17 der DIN VDE 0800 Teil 2 anzuschließen (siehe auch 8.6).

Im Übereinkommen mit der Verwaltungs-Berufsgenossenschaft ist beim Anschluß ortsveränderlicher Musikanlagen in der nachstehend beschriebenen Weise zu verfahren. Bei einer offensichtlichen Nichtbeachtung der angeführten Anordnungen und Maßnahmen dürfen die Anlagen nicht eingeschaltet werden.

Allgemeingültige Maßnahmen:

Elektrische Betriebsmittel von ortsveränderlichen elektrischen Musikanlagen, die den einschlägigen VDE-Bestimmungen entsprechen, z.B. VDE 0804 oder DIN VDE/0860, oder die als solche gekennzeichnet sind, wie z.B. durch VDE- oder GS-Zeichen, und keine äußerlich erkennbaren Mängel aufweisen, können unmittelbar an das Netz angeschlossen werden.

Ist eine VDE-gemäße Ausführung der ortsveränderlichen elektrischen Musikanlage – z.B. bei einer Fremdanlage – nicht eindeutig feststellbar, so muß jedes netzbetriebene elektrische Betriebsmittel der Anlage über je einen eigenen Trenntrafo an das Netz angeschlossen werden. Ersatzweise sind auch Trenntrafo-Kompakteinheiten einsetzbar, die mehrere sekundärseitige Ausgänge besitzen, sofern eine einwandfreie galvanische Trennung in jeder Hinsicht vorliegt. Es ist gestattet, die über Trenntrafos angeschlossenen Anlageteile über Gehäuse, Schirmungen bzw. Bezugsleiter von NF-Signalein- und -ausgängen mit einem gemeinsamen Bezugspotential mittelbar oder unmittelbar zu verbinden, wenn das ein brummfreier Betrieb erfordert.

Rundfunkspezifische Maßnahmen:

Die nachfolgend beschriebenen Maßnahmen müssen eingehalten werden, wenn eine Rundfunkanstalt als Betreiber der Produktionsstätte oder als Veranstalter auftritt, aber auch, wenn sie lediglich an der Produktion beteiligt ist.

Die Rundfunkanstalt ist Betreiber der Produktionsstätte und/oder Veranstalter der Produktion: Der Anschluß muß nach den oben genannten allgemeingültigen Maßnahmen erfolgen. Wenn ein Trenntrafo wegen zu hoher Leistungsaufnahme der Musikanlage nicht verwendet werden kann, muß eine Fehlerstrom-Schutzeinrichtung mit einem Nennfehlerstrom von 30 mA benutzt werden. Die Anwendung der FI-Schutzeinrichtung muß von Elektrofachkräften oder, bei Benutzung geeigneter Prüfgeräte, auch von besonders unterwiesenen und beauftragten Personen vor der Inbetriebnahme auf seine Wirksamkeit überprüft werden. Fremde Teilnehmer an der Produktion haben die von der Rundfunkanstalt galvanisch getrennten NF-Anschlüsse zu übernehmen, die Anschlüsse dürfen nicht geändert werden.

Die Rundfunkanstalt ist an Produktionen beteiligt, die von Dritten veranstaltet werden: Die Mitarbeiter der Rundfunkanstalten sind verpflichtet, Mikrofon, Übertrager usw. nur über Trennverstärker, z.B. Mikrofontrennverstärker, zu betreiben.

9.10.6 Erste Hilfe bei Stromunfällen

1. Strom sofort unterbrechen!

   Bei Niederspannung (gewöhnlicher Gebrauchsstrom):
   Ausschalten, Stecker ziehen, Sicherungen herausnehmen. Ist das nicht sofort möglich, Verunglückten durch nicht leitenden Gegenstand (z.B. trockene Holzlatte) von den unter Spannung stehenden Teilen trennen oder an seinen Kleidern wegziehen.

   Sich dabei selbst isoliert aufstellen (z.B. trockenes Brett, trockene Kleider, dicke Zeitung). Sonst nichts berühren (z.B. Wand, Gestell, anderen Helfer).

   Bei Hochspannung:
   Strom nur durch Fachmann unterbrechen lassen! Vorher Verunglückten nicht berühren, auch nicht mit isolierenden Hilfsmitteln. Sich ihm nicht nähern. Lebensgefahr!
2. Verunglückten vor Absturzgefahr sichern oder auffangen!
3. Feststellen, ob Atemstillstand vorliegt. Wenn ja, sofort mit Atemspende beginnen.
4. Feststellen, ob Kreislaufstillstand vorliegt (kein Pulsschlag an der Halsschlagader, Pupillen stark erweitert). Wenn ja, sofort neben Atemspende äußere Herzmassage (nur durch darin besonders ausgebildeten Helfer).
5. Liegt kein Atem- und Kreislaufstillstand vor, Verunglückten in Seitenlage bringen.
6. Bei Atemstillstand, Kreislaufstillstand, größeren Verbrennungen, Ohnmacht, schneller, aber schonender Transport ins Krankenhaus. Atemspende (und bei Kreislaufstillstand äußere Herzmassage) auch während des Transportes durchführen oder durchführen lassen.
7. Auch bei leichten Unfällen ist bei Anzeichen geringster Unregelmäßigkeiten (Herzstiche, Schwindelgefühl, Verbrennungen) der Arzt aufzusuchen.

Pflichtenhefte und Richtlinien

Technische Pflichtenhefte der öffentlich-rechtlichen Rundfunkanstalten der Bundesrepublik Deutschland:

3/1–8/2:	Allgemeine Richtlinien für Entwicklung, Fertigung und Lieferung von Geräten und -anlagen der Tonfrequenz- und Videofrequenztechnik

3/2	NF-Koppelfelder

Unfallverhütungsrichtlinien ARD/ZDF

Unfallverhütungsvorschriften der gewerblichen Berufsgenossenschaften (Auszug):

VBG 4	Elektrische Anlagen und Betriebsmittel
VBG 70	Bühnen und Studios
VBG 109	Erste Hilfe und Verhalten bei Unfällen

DIN/VDE-Bestimmungen (Auszug):

VDE 0100	Bestimmungen für das Errichten von Starkstromanlagen mit Nennspannungen unter 1000 V
DIN 57 804/VDE 0804	Fernmeldetechnik; Herstellung und Prüfung der Geräte
DIN 57 100/VDE 0100	Errichten von Starkstromanlagen mit Nennspannungen unter 1000 V

Spezifikation des Radio-Daten-Systems RDS für den UKW-FM-Hörrundfunk, deutsche Übersetzung des UER/EBU-Doc.-Tech. 3244 (1984), Supplement 1987, von H.-P. Hahn

Literatur

9.1 H. Frömert: „Leitgedanken zur Planung von Kreuzschienenverteilern in Rundfunk- und Fernsehanstalten“, in: Fernseh- und Kino-Technik 1973, S. 396 ff. und 435 ff.

9.2 L. Danilenko: „Wie spart man Koppelpunkte? Ein Verfahren zur Optimierung von Kreuzschienenverteilern ohne Einschränkung des Gleichzeitigkeitsfaktors“, in: Rundfunktechn. Mitteilungen 1972, S. 273 ff.

9.3 F. Senf: „Mehrstufige Kreuzschaltfelder sowie PCM-Kommandovermittlungen für Rundfunkanstalten“, in: Fernseh- und Kino-Technik 1978, S. 383 ff. und 431 ff.

9.4 F. Senf: „Neue Gesichtspunkte bei der Gestaltung von Tonstudioeinrichtungen, Teil I“, in: Fernseh- und Kino-Technik 1976, S. 275 ff.

9.5 G. Urbanek: „CROSSMATIC D – ein zeitgemäßes, betriebsorientiertes Tondurchschaltsystem“, in: Bericht 15. Tonmeistertagung 1988, München 1989, Verlag K.G. Saur, S. 486 ff.

9.6 H. Rindfleisch: Technik im Rundfunk, Norderstedt 1985, Verlag Mensing

9.7 G. Petke: „Zur Aufbereitung von Modulationssignalen im Lang- und Mittelwellenbereich“, in: Rundfunktechn. Mitteilungen 1979, S. 296 ff.

9.8 R. Mäusl: Modulationsverfahren in der Nachrichtentechnik mit Sinusträger, Heidelberg 1981, Hüthig-Verlag.

9.9. R. Netzband: „Multiplexverfahren im UKW-Hörrundfunk“, in: Rundfunktechn. Mitteilungen 1974, S. 256 ff.

9.10 J. J. Geluk: „Die hochfrequenten Systeme des Stereo-Rundfunks“, in: Rundfunktechn. Mitteilungen 1968, S. 129 ff.

9.11 H. Dernedde-Jessen und W. Hinz: „Neue Entwicklung auf Hörfunkwellen“, in: Funkschau 1/1986, S. 43 ff.

10. Digitale Tontechnik

Seit es Ende des 19. Jahrhunderts gelungen war, eine Nachricht nicht nur verschlüsselt zu übertragen, sondern auch das die Nachricht tragende Tonsignal – also Sprache und Musik selbst –, arbeitete man an der Qualitätsverbesserung der Übertragung. Eine Übertragung über größere Entfernungen und eine befriedigende Speicherung läßt sich nur mit Hilfe elektrischer Signale erreichen. Deshalb wandelt man die akustischen Tonsignale, genauer die Schalldrucksignale, in entsprechende, also analoge elektrische Spannungen und Ströme um. Dabei ist der zeitliche Verlauf der Spannung und des Stroms identisch mit dem zeitlichen Schalldruckverlauf. Diese elektrischen Signale kann man nun nach Belieben vergrößern (verstärken) oder verkleinern (dämpfen) und außerdem relativ einfach durch elektrische Leitungen über große Entfernungen transportieren. Darüber hinaus eröffnet die Benutzung elektrischer Signale anstelle der akustischen Signale interessante Speicherverfahren wie z.B. das Magnettonverfahren.

Allerdings erzeugen elektrische Übertragungswege an ihrem Ausgang bereits selbst kleine Signale, ohne daß am Eingang ein Signal vorliegt. Diese Signale sind rein zufälliger Natur; sie werden nach ihrem Höreindruck als Rauschen bezeichnet. Hinzu kommt, daß der Übertragungsweg nur eine eingeschränkte Linearität aufweist, vor allem, wenn eine Verstärkung des Signals erforderlich wird. Das äußert sich in einer Kurvenformveränderung des Signals zwischen Ausgang und Eingang der Übertragungsstrecke. Außerdem ist die Dämpfung bzw. die Verstärkung eines Übertragungsweges nie gänzlich unabhängig von der Frequenz des Signals. Solche nichtlinearen und linearen Verzerrungen (siehe 11.2) kann man als Klirrfaktor und als Frequenzgang messen. Weiterhin können in einem Übertragungsweg auch Signalanteile aus anderen Übertragungswegen auftreten, die durch Einstreuung bzw. ungewollte Verkopplung dorthin gelangen. Solche Einstreuungen müssen dabei nicht zwangsläufig von Tonsignalen herrühren, häufig streuen auch Steuersignale bzw. die Netzwechselspannung in Übertragungskanäle ein. Alle diese Störungen wirken unmittelbar auf das elektrische Signal ein und führen zu seiner bleibenden Veränderung.

Ein weiteres Problem ist die Dynamik: Wenn das Rauschen das Nutzsignal nicht hörbar beeinflussen soll, darf das Nutzsignal einen bestimmten minimalen Wert nicht unterschreiten; sollen die mit der Aussteuerung ansteigenden Verzerrungen unhörbar bleiben, darf das Nutzsignal einen bestimmten maximalen Wert nicht überschreiten. Damit gibt der Übertragungsweg die Dynamik des Nutzsignals vor.

Überträgt man allerdings nicht das elektrische Signal selbst, sondern lediglich ein Signal, welches das Tonsignal beschreibt, so wäre nur das „beschreibende Signal" diesen Störungen ausgesetzt. Das Tonsignal selbst würde fehlerfrei bleiben, wenn die Beschreibung durch die Störung nicht in ihrem Sinngehalt verändert wird. Die-

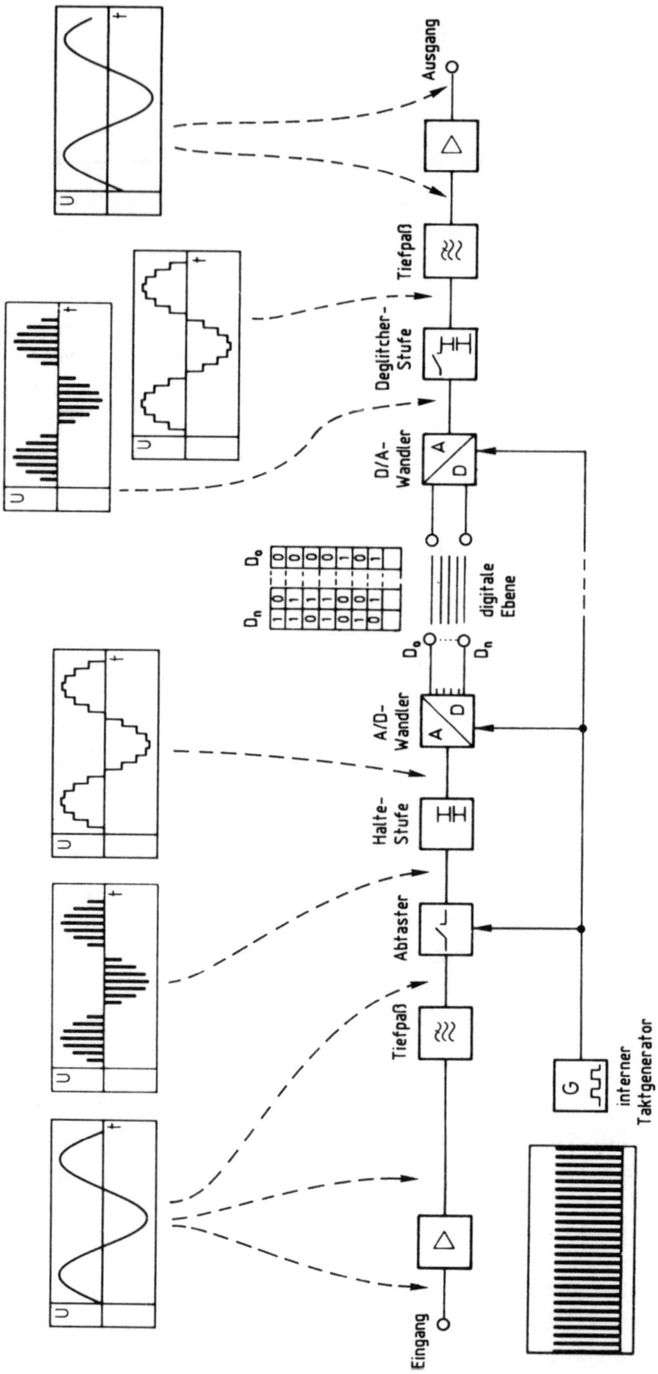

Abb. 10/1. Prinzip des digitalen Übertragungswegs.

sen Weg beschreitet man mit der digitalen Tonübertragung: Man überträgt als beschreibendes Signal ein pulscode-moduliertes Signal (PCM-Signal). [10.11, 10.17, 10.19, 10.20, 10.22]

Zur Beschreibung entnimmt man dem sich fortlaufend verändernden Tonsignal periodisch Momentanwerte und drückt diese durch Zahlenwerte aus. Das PCM-Signal ist also nichts anderes als eine Zahlentabelle, die mit der Zeit fortgeschrieben wird. Zahlen jedoch sind abstrakte Symbole, welche zu ihrer Darstellung einer physikalischen Größe bedürfen; zur Übertragung bzw. Speicherung werden diese Zahlen also wieder durch elektrische Spannungen oder Ströme repräsentiert. Da man zur Darstellung der Zahlen ein zweiwertiges (binäres) Zahlensystem verwendet, das nur die beiden Elemente ‹0› und ‹1› enthält, lassen sich die Elemente relativ einfach durch eine niedrige und eine hohe Spannung ausdrücken. Ein digitaler Übertragungsweg kann somit durch das in *Abb. 10/1* gezeigte Blockschaltbild dargestellt werden.

Das Tonsignal wird für die Umwandlung in ein digitales Signal einem Abtaster zugeführt. Die jeweils abgetasteten momentanen Spannungswerte werden an den Analog/Digital-Wandler (A/D-Wandler) weitergeleitet und dort in Zahlenwerte umgesetzt, wobei für jede Zahlenstelle ein gesonderter Anschluß vorhanden sein muß. Steht anschließend nur ein einziger Übertragungskanal zur Verfügung, müssen die Ziffern aller Stellen zeitlich nacheinander auf diesen Kanal geschaltet werden. Das erfordert einen zusätzlichen Parallel/Serien-Wandler. Um das Signal am Empfangsort wieder hörbar machen zu können, muß das Digitalsignal wieder über einen Serien/Parallel-Wandler und einen Digital/Analog-Wandler (D/A-Wandler) in ein analoges Signal zurückgewandelt werden. Ein Tiefpaß „verschleift" dabei die „scharfen" Kanten des treppenstufenförmigen Signals nach dem Digital/Analog-Wandler.

10.1 Analog/Digital-Umsetzung

10.1.1 Signaleigenschaften

Betrachtet man Analogsignale, wie beispielsweise in *Abb. 10/2* dargestellt, erkennt man zwei Eigenschaften:

- Das Signal A(t) ist „zeitkontinuierlich". Das bedeutet, daß zu jedem Zeitwert auf der Zeit-Achse (t-Achse) ein bestimmter Signalwert auf der A-Achse gehört. Das Analogsignal ist zu jedem Zeitpunkt – und deren gibt es unendlich viele – definiert.
- Das Signal A(t) ist „wertkontinuierlich". Unter diesem Begriff versteht man, daß das Signal innerhalb eines bestimmten Wertebereichs jeden beliebigen Wert annehmen kann (Wertepunkt auf der A-Achse). Daraus folgt, daß eine eindeutige

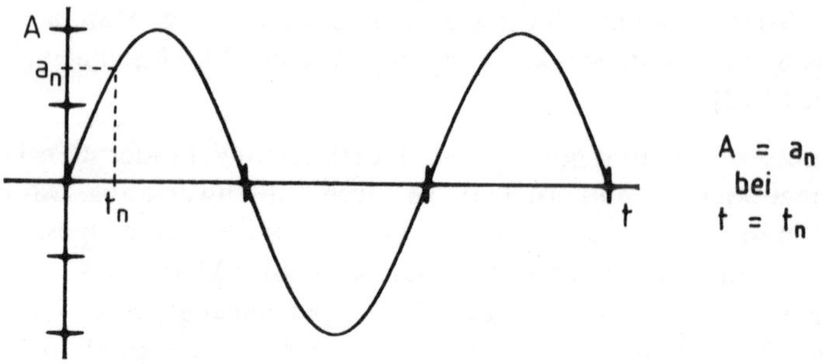

Abb. 10/2. Zeitkontinuierliches Signal.

Beschreibung aller Wertepunkte nur mit Zahlen möglich ist, die eine unendliche Stellenzahl besitzen.

Ist ein Signal nicht zu allen, sondern nur zu ganz bestimmten Zeitpunkten definiert, so spricht man von „zeitdiskreten" Signalen. Dabei kann das Signal zwischen den Bestimmungszeitpunkten wie in *Abb. 10/3* den Wert ‹0› annehmen oder aber wie in *Abb. 10/4* den letzten Wert beibehalten.

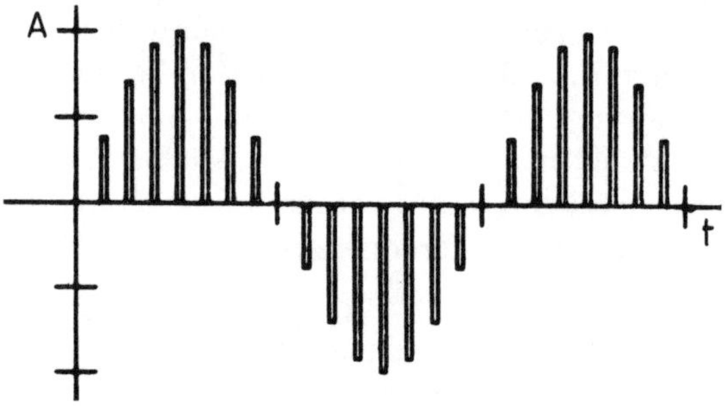

Abb. 10/3. Zeitdiskretes Signal.

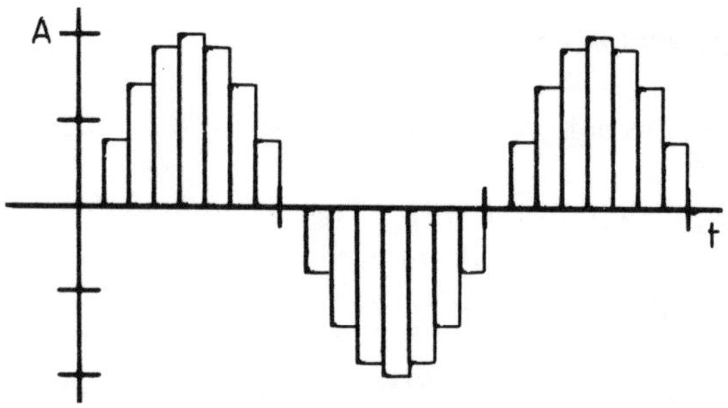

Abb. 10/4. Zeitdiskretes Signal mit gehaltenem Wert.

Kann ein Signal bei einer Veränderung nicht jeden beliebigen Wert annehmen, sondern nur ganz bestimmte Werte, so ist das Signal „wertdiskret“ *(Abb. 10/5)*. Benötigt man zur Beschreibung wertkontinuierlicher Signale Zahlen mit unendlicher Stellenzahl, so genügen zur Beschreibung wertdiskreter Signale Zahlen mit einer endlichen Stellenzahl. Der Übergang von wertkontinuierlichen auf wertdiskrete Signale stellt also eine Rundung der zugehörigen Zahlen dar.

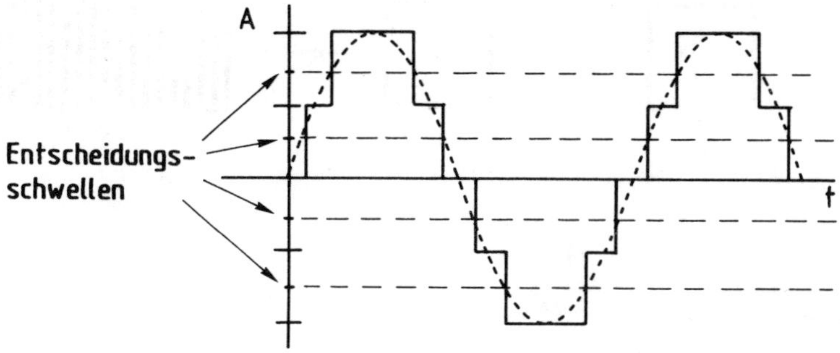

Abb. 10/5. Wertdiskretes Signal.

10.1.2 Abtastung der Signale

Darstellung im Zeitbereich

Möchte man den zeitlichen Verlauf einer Tonsignalspannung, wie es der Begriff „digital“ sagt, durch eine Folge von Zahlenwerten beschreiben, muß man aus dem zeitkontinuierlichen Analogsignal in relativ kurzen Zeitabständen Augenblickswerte herauslösen. Man überführt das zeitkontinuierliche in ein zeitdiskretes Signal. Anders ausgedrückt: Bei der Beschreibung des Signalverlaufs beschränkt man sich auf eine endliche Anzahl von Augenblickswerten, wohingegen man sich das zeitkontinuierliche Signal aus einer unendlichen Folge unendlich dicht beieinanderliegender Momentanwerte vorstellen kann. Diese Beschränkung ist technisch notwendig, da die anschließende Umwandlung in einen Zahlenwert jeweils auch eine gewisse Zeit benötigt.

Die Umwandlung des zeitkontinuierlichen Signals in ein zeitdiskretes Signal führt der sog. Abtaster aus *(Abb. 10/6)*. Man nennt deshalb zeitdiskrete Signale häufig auch „Abtastsignale“. Der Abtaster besteht im Prinzip aus einem elektronischen Schalter, der von einem Impulsgenerator angesteuert wird. Der Wert der Generatorspannung legt dabei fest, ob der Schalter geschlossen oder geöffnet ist. Damit besteht das Signal des Generatorausgangs aus einer Folge von Impulsen. Die Dauer dieser Impulse und die Zeit, in der sie sich wiederholen, entsprechen der Dauer und

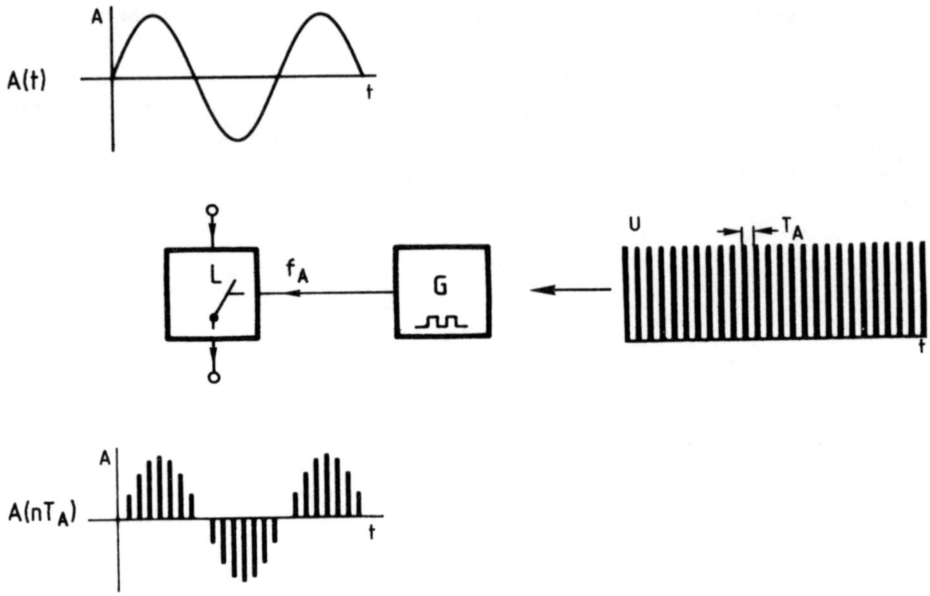

Abb. 10/6. Prinzip der Signalabtastung.

dem zeitlichen Abstand der späteren Momentanwerte. Man nennt ein Signal, das aus der gleichförmigen Wiederkehr eines Impulses besteht, einen „Puls". Der Generator liefert also einen Abtastpuls.

Da sich der Vorgang des Schließens bzw. des Öffnens periodisch wiederholt, nennt man die Zeit von einem zum nächsten Abtastvorgang „Abtastperiode", „Abtastperiodendauer" oder engl. „Sample period" und den dabei erhaltenen Augenblickswert „Abtastwert" oder engl. „Sample". Abgekürzt wird die Abtastperiode mit T_A. Der Kehrwert der Abtastperiode ergibt dann die „Abtastfrequenz" oder „Samplerate" mit der Kurzbezeichnung f_A. Das Analogsignal wird in gleichbleibenden Zeitintervallen abgetastet, d.h. T_A wird konstant gehalten. Man spricht dann von „äquidistanten Abtastzeitpunkten".

Das Ausgangssignal des Abtasters nimmt immer nur dann den Augenblick des Eingangssignals an, wenn der Abtastpuls den Wert ‹1› besitzt. Ansonsten ist der Wert des Ausgangssignals ‹0›. Im Grunde moduliert also das abgetastete Signal die Amplitude des Abtastpulses. Der Abtastvorgang wird deshalb auch mit dem Begriff „Puls-Amplituden-Modulation", kurz „PAM", bezeichnet.

Neben dieser eher allgemeinen Betrachtung läßt sich der Abtastvorgang aus mathematischer Sicht beschreiben als das Produkt aus dem analogen Signal und dem Abtastpuls *(Abb. 10/7)*. Weil Abtastsignale nur zu den (Abtast-)Zeiten $t = n \cdot T_a$ (n = 1, 2, 3 ...) definiert sind, bezeichnet man diese Signale kurz mit $A(n \cdot T_A)$ im Gegensatz zu zeitkontinuierlichen Signalen A(t), die zu allen Zeiten bestimmt sind.

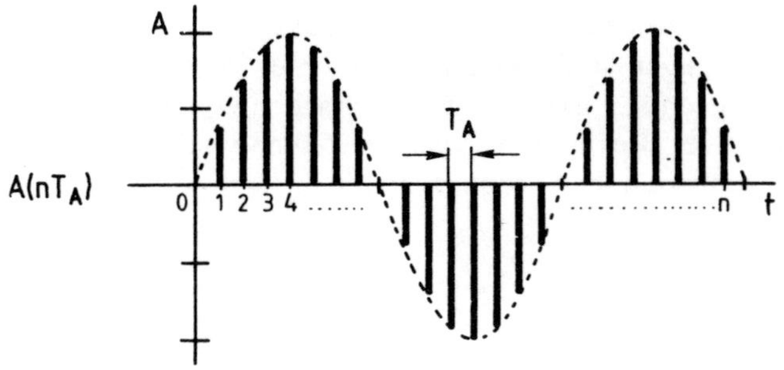

Abb. 10/7. Darstellung einer Puls-Amplituden-Modulation (PAM).

Darstellung im Frequenzbereich

Betrachtet man die Signale nicht im Zeitbereich als A(t) wie bisher, sondern transformiert sie nach Fourier in den Frequenzbereich, so erhält man ihre Frequenzfunktion oder ihr Spektrum A(f). *Abb. 10/8* stellt die Zeitfunktion und die Frequenzfunktion einander gegenüber.

Das abzutastende Signal *(Abb. 10/8a)* ist in diesem Beispiel ein sinusförmiger Meßton. Im Frequenzbereich entspricht diesem Signal eine einzige Komponente bei 1 kHz mit dem Amplitudenwert 1 (100%). Das abtastende Signal, der Abtastpuls *(Abb. 10/8b)*, besitzt demgegenüber ein vielfältiges Spektrum; es besteht aus Komponenten bei allen ganzzahligen Vielfachen der Abtastfrequenz f_A. Zusätzlich sind diese Komponenten noch mit dem positiven Ast einer (sinx)/x-Betragsfunktion gewichtet. *Abb. 10/9* zeigt die reine (sinx)/x-Funktion, auch kurz SI-Funktion genannt. Man erkennt zweierlei: Die Funktion beginnt und endet im Unendlichen; der Funktionswert y wird ‹0›, wenn das Argument x ein ganzzahliges Vielfaches von π ist: $y = 0$ bei $x = m \cdot \pi$ (m = 1, 2, 3, ...).

In *Abb. 10/10a* ist die zugehörige Betragsfunktion zu sehen. Im Unterschied zur SI-Funktion besitzt sie nur positive Funktionswerte. *Abb. 10/10b* stellt den Teil der Funktion dar, der bei technischer Anwendung als Gewichtungsfunktion auftritt. Dieser Teil der Funktion ist in der Magnettontechnik auch als „Spaltfunktion" bekannt: Verursacht durch die endliche Spaltbreite des Hörkopfs gewichtet sie dort zusätzlich zum „Omega"-Gang der induzierten Spannung den Frequenzgang des Hörkopfs.

$$TV = \frac{t}{T} = \frac{t}{T_A} = \frac{t}{m}$$

TV = Tastverhältnis
t = Impulsdauer [s]
T = Periodendauer [s]
m = Ordnungszahl

Dabei bestimmt das Tastverhältnis TV des Abtastpulses die Lage der Nullstellen in der Spektralfunktion des Pulses. Der Kehrwert des Tastverhältnisses ergibt die Ordnungszahl m derjenigen spektralen Komponente, deren Amplitudenwert zu ‹0› wird. Ebenso besitzen alle ganzzahligen Vielfachen von m ebenfalls den Amplitudenwert ‹0›. Je kürzer also die Impulsdauer t ist, um so weiter wandert die erste Nullstelle des Spektrums zu hohen Frequenzen hin.

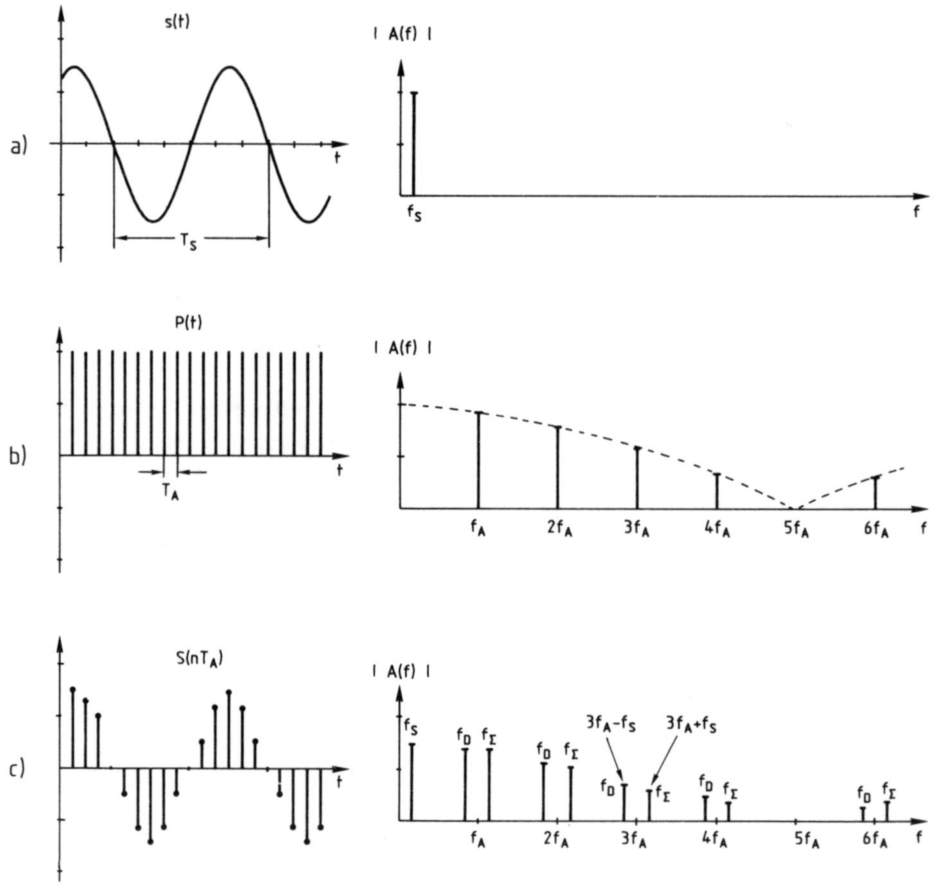

Abb. 10/8. Spektrum von a. Signal, b. Puls und c. PAM.

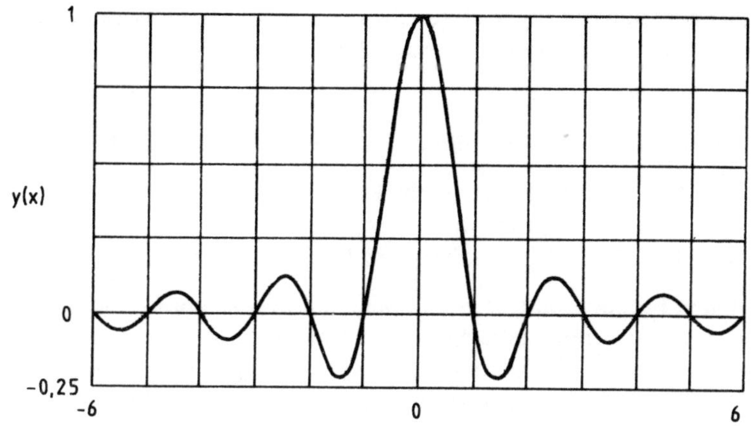

Abb. 10/9. (sin x)/x-Funktion.

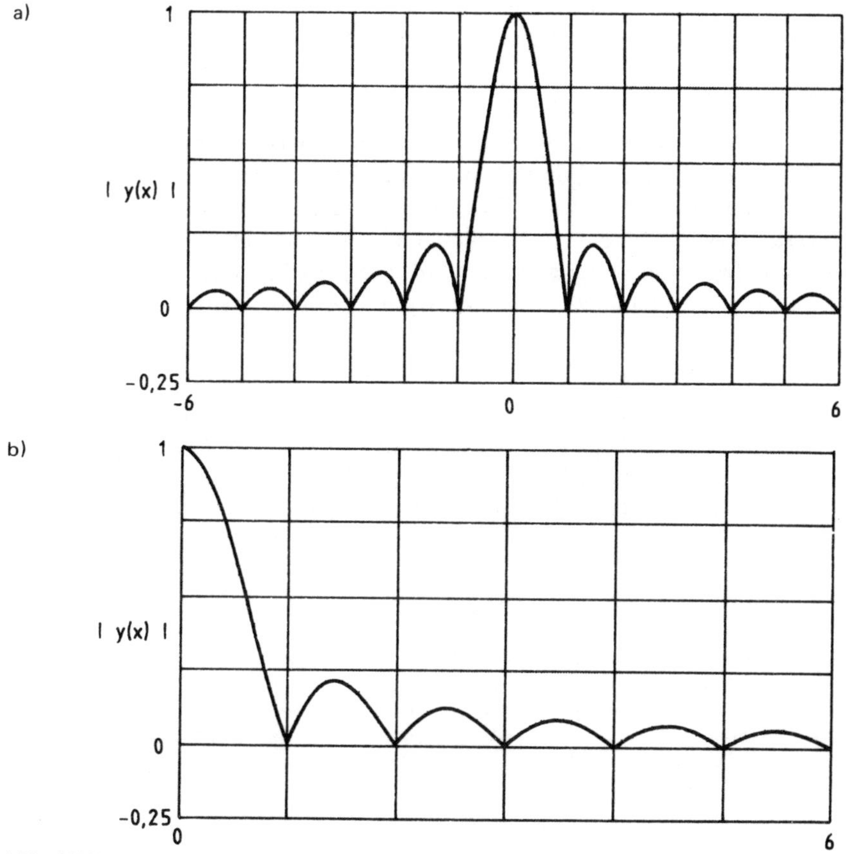

Abb. 10/10. a. SI-Betragsfunktion,
b. Gewichtungsfunktion.

Auch im Spektrum des abgetasteten Signals zeigen sich die Wirkungen einer Modulation. Anstelle einer Komponente aus dem Abtastpuls

$f_n = n \cdot f_A \qquad n = 1,2,3\ldots$

entstehen zwei neue Komponenten mit den Frequenzen f_Σ und f_D:

$f_\Sigma = n \cdot f_A + f_s \quad f_s$ = Signalfrequenz [Hz]
$\qquad\qquad\qquad\quad f_\Sigma$ = Summenfrequenz [Hz]
$f_D = n \cdot f_A - f_s; \quad F_D$ = Differenzfrequenz [Hz]

Diese neuen Frequenzen treten im Spektrum jeweils unter- und oberhalb der Abtastfrequenz und deren Vielfachen auf. Erstaunlich ist bei erster Betrachtung, daß die Abtastfrequenz und deren Vielfache selbst nicht mehr im Spektrum vertreten sind. Bei näherer Betrachtung kann man jedoch aus *Abb. 10/8* entnehmen, daß jeder Abtastwert der positiven Halbschwingung ein Äquivalent in der negativen Halbschwingung besitzt. Durch die fortlaufende Umpolung fallen die Frequenzen $f_n = n \cdot f_A$ aus dem Gesamtspektrum heraus. Sie tauchen im Spektrum erst wieder auf, wenn im abgetasteten Signal eine Gleichspannung enthalten ist.

Abtasttheorem

Setzt man in *Abb. 10/8a* für den Meßton ein Programmsignal ein, ergibt sich im zugehörigen Spektrum ein Frequenzband, dessen eines Ende durch die untere Grenzfrequenz f_U und dessen anderes Ende durch die obere Grenzfrequenz f_0 festgelegt ist *(Abb. 10/11a)*. Tastet man ein solches Signal ab, entstehen im Spektrum anstelle der Summen- und Differenzfrequenzen ebenfalls Frequenzbänder, die als Summenbänder bzw. als Differenzbänder bezeichnet werden *(Abb. 10/11b)*.

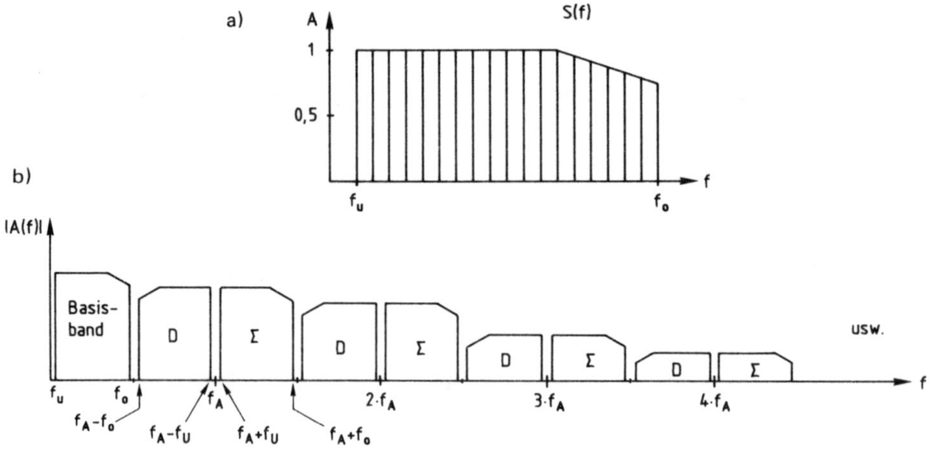

Abb. 10/11. Abtastung eines Frequenzbandes; a. Spektrum des Programmsignals, b. Spektrum des abgetasteten Signals.

Dabei liegt das Summenband in der Regellage, d.h.

$$(f_A + f_0) > (f_A + f_U)$$

das Differenzband dagegen liegt in der Kehrlage, deshalb ist

$$(f_A - f_0) < (f_A - f_U)$$

Erhöht man in *Abb. 10/11* f_0 fortlaufend, wird man feststellen, daß die beiden Komponenten f_0 des sog. Basisbandes und $f_A - f_0$ des ersten Differenzbandes bei der Frequenz $f = ½ \cdot f_A$ deckungsgleich übereinanderliegen. Bei einer weiteren Vergrößerung von f_0 überlappen sich das Basis- und das erste Differenzband. Das gilt entsprechend auch für die übrigen Summen- und Differenzbänder *(Abb. 10/12)*, jedoch sind deren Auswirkungen hier nicht mehr relevant.

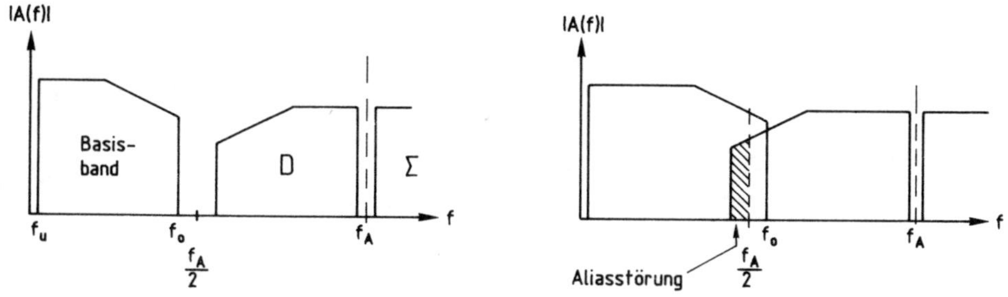

Abb. 10/12. Spektrum bei regelrechter und bei Unterabtastung.

Das bedeutet, daß im Basisband jetzt neue Komponenten enthalten sind, die im Originalsignal nicht vertreten waren. Man bezeichnet diese Komponenten als Aliasfrequenzen, die daraus resultierende Störung des Basisbandes als Aliasstörung. Eine derartige Abtastung nennt man auch Unterabtastung. Da sich also das Basisband nur dann unverfälscht aus dem gesamten Spektrum herausfiltern läßt, wenn keine Überlappung von Basisband und erstem Differenzband vorliegt, kann man für die obere Grenzfrequenz des Basisbandes folgende Begrenzung ableiten:

$$f_0 \leq ½ f_A$$

Diesen Zusammenhang zwischen Abtastfrequenz und oberer Grenzfrequenz beschreibt das Abtasttheorem, das erstmals von C. E. Shannon veröffentlicht wurde. Um bei der Abtastung das Abtasttheorem nicht zu verletzen, wird das abzutastende Signal vor der Abtastung durch ein Tiefpaßfilter bandbegrenzt. Dieser Tiefpaß heißt Antialiasing-Filter (AAF) und seine Grenzfrequenz muß wegen der endlichen Flankensteilheit realisierbarer Filter kleiner als $f_A/2$ sein.

Oversampling

Ein besonderes Abtastverfahren, das bisher nur bei der Wiedergabe der Compact Disc angewendet wird, ist das Oversampling. Siehe dazu 10.2.5.

Halteschaltung

Der Abtaster entnimmt dem analogen Signal zum Abtastzeitpunkt einen Momentanwert. Dabei muß die Tastimpulszeit möglichst klein sein, damit Signaländerungen während der Abtastzeit nicht zu einer Veränderung des Momentanwertes führen. Die Zeitdauer, für die jetzt der Momentanwert vorliegt, ist allerdings zu kurz für die Umsetzung in ein digitales Signal im Analog/Digitalwandler. Der Augenblickswert muß deshalb über einen analogen Speicher so lange gehalten werden, bis die Umwandlung beendet ist. Dieser Speicher wird technisch realisiert durch einen Kondensator *(Abb. 10/13)*, der von einer Quelle mit sehr niedrigem Innenwiderstand geladen werden muß, damit die Aufladezeitkonstante möglichst gegen 0 geht; ansonsten steht nicht der volle Augenblickswert für die Wandlung zur Verfügung.

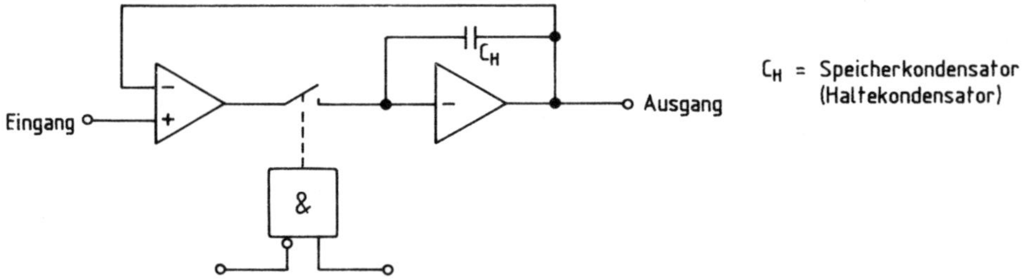

Abb. 10/13. Prinzip der (Abtast- und) Halteschaltung.

Auf der anderen Seite entlädt sich der Kondensator ungewollt, weil immer gewisse Leckwiderstände vorhanden sind, auch wenn der Wandlereingang einen sehr hohen Eingangswiderstand aufweist. Dies muß bei der Dimensionierung des Kondensators berücksichtigt werden, um die Änderung des gespeicherten Wertes während der Wandlungszeit möglichst gering zu halten.

10.1.3 Analog/Digital-Wandlung

Quantisierung und Dynamik

Nachdem das Analogsignal über die Abtastschaltung in ein zeitdiskretes Signal überführt und durch die Halteschaltung jeder der Abtastwerte bis zum Beginn des nächsten verlängert wurde, folgt nun der Analog/Digital-Wandler [10.10]. Seine Aufgabe ist es, jedem Abtastwert einen seiner Größe entsprechenden Zahlenwert zuzuordnen. In *Abb. 10/14* ist dies dargestellt am Beispiel eines Wandlers mit 4 Bit Auflösung.

Dabei wird nicht jedem Spannungswert eine Zahl zugeordnet; jede Zahl beschreibt vielmehr ein gewisses Spannungsintervall, weil sich mit vierstelligen Binärzahlen insgesamt nur 16 verschiedene Werte von 0000_2 bis 1111_2 bilden lassen, die auf den

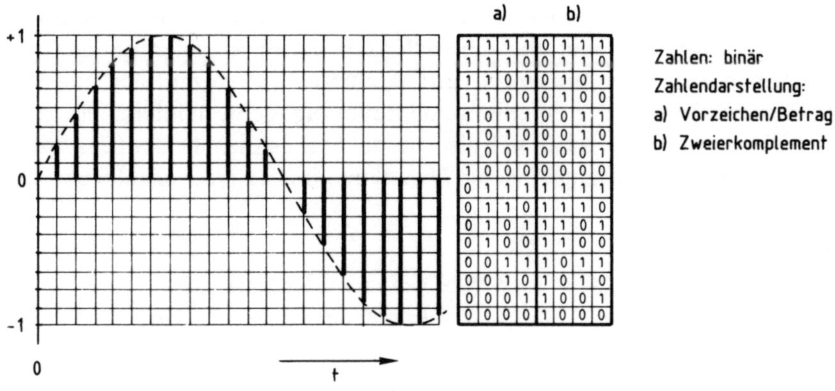

Abb. 10/14. A/D-Wandlung mit 4 Bit Auflösung.

Spitze/Spitze-Wert des analogen Signals gleichmäßig aufgeteilt werden. Der maximale Spitze/Spitze-Wert z.B. eines vollausgesteuerten Tonsignals im Studio mit einem Pegel von 6 dBu (Effektivwert) ist $U_{ss} = 1{,}55\ V \cdot 2 \cdot \sqrt{2} \approx 4{,}4\ V$. Die Intervallgröße wird dann bei einer Auflösung von 4 Bit $\Delta U = U_{ss}/16 = 275\ mV$.

Fallen zwei unterschiedlich große Abtastwerte in ein und dasselbe Intervall, so werden sie von nun an durch dieselbe Zahl repräsentiert. Das bedeutet, daß durch die A/D-Wandlung diese beiden Abtastwerte gleich groß werden. Der an dieser Stelle entstehende Fehler wird als „Quantisierungsfehler“ oder auch „Quantisierungsverzerrung“ bezeichnet und ist nicht mehr zu beheben. Besitzt das Tonsignal einen Zeitverlauf des Pegels, der nur mit den Mitteln der Statistik zu beschreiben ist, so ist auch der zeitliche Verlauf des Fehlers statistischer Natur, d.h., er äußert sich gehörmäßig als Rauschen. Dies trifft praktisch bei allen Programmsignalen („nichtdeterminierte Signale“) zu. Man spricht deshalb auch häufig vom „Quantisierungsrauschen“ oder „Quantisierungsgeräusch“. Da der Fehler nur in Verbindung mit einem Signal auftritt, besitzt er eine gewisse Ähnlichkeit mit dem Modulationsrauschen des Magnettonverfahrens (siehe 7.1.2). Während jedoch die spektrale Zusammensetzung des Modulationsrauschens unabhängig von der Aussteuerung bleibt, ändert sich beim Quantisierungsfehler das Spektrum mit der Aussteuerung: Mit abnehmender Aussteuerung erhält das Quantisierungsgeräusch zunehmend einen tonalen Klangcharakter. Im englischsprachigen Ausland bezeichnet man dieses Geräusch auch als „granular noise“. Um dem Geräusch bei kleiner Aussteuerung seinen tonalen Klang zu nehmen, setzt man dem Nutzsignal auf der analogen Seite eine kleine Rauschspannung zu, das sog. „Dither-Rauschen“. Damit bleibt der Klangcharakter des Fehlers weitgehend unabhängig von der Aussteuerung.

Quantisierungsfehler lassen sich – wie erwähnt – nicht mehr beseitigen. Diese Fehler müssen also so klein wie möglich – und wie nötig – gehalten werden. Der Fehler kann maximal ±½ Intervallgröße annehmen. Soll der Fehler kleiner werden, muß man die Anzahl der Intervalle vergrößern, weil damit automatisch die Intervallgröße geringer wird. D.h. aber, daß die Stellenzahl der Binärzahlen zunimmt. Mit jeder zusätzlichen Stelle der Binärzahl verdoppelt sich die Anzahl der Intervalle. Ändert sich der Bereich der gesamten Aussteuerung nicht, halbiert sich dadurch der Quantisierungsfehler. Es läßt sich also aus der Stellenanzahl n der Binärzahl der Abstand des Quantisierungsgeräusches N zum maximalen Nutzsignal S berechnen:

$$S/N = n \cdot 6 + 1{,}76$$

S/N = Systemdynamik [dB]
n = Länge der Binärzahl [Bit]

S/N wird als Systemdynamik bezeichnet. Ein größerer Dynamikwert ist bei der gegebenen Länge der Binärzahl nicht denkbar. Der Summand von 1,76 dB resultiert aus der Annahme, daß alle Fehlerwerte von ±0 bis ±½ Intervallgröße mit gleich hoher Wahrscheinlichkeit auftreten.

Bei den meisten Studiosystemen verwendet man heutzutage 16-stellige Zahlen, man spricht dann auch von einer „16-Bit-Auflösung". Die damit erreichte Systemdynamik D_s beträgt demnach aufgerundet:

$$D_s \approx 16 \cdot 6 + 2\,[\mathrm{dB}] = 98\ \mathrm{dB}$$

Dieser Wert ist jedoch für den direkten Vergleich mit Angaben über Störabstände bzw. Dynamikwerte aus der analogen Studiotechnik nicht geeignet, resultiert er doch aus dem Verhältnis zweier Effektivwerte. Die Angabe des Störgeräusches in der Studiotechnik erfolgt demgegenüber immer als Spitzenwert und wird nach CCIR 468 bzw. DIN 45 405 bewertet. Berücksichtigt man dieses Meßverfahren, ergibt sich die in *Abb. 10/15* dargestellte Anhebung des Störgeräusches um ca. 14 dB.

Die Angabe der Systemdynamik sagt nun allerdings wenig aus über die tatsächlich nutzbare Dynamik. Da die Aussteuerung von Programmsignalen immer eine gewisse Unsicherheit beim Festlegen des maximalen Pegels mit sich bringt, benötigt man eine Aussteuerungsreserve. Außerdem arbeiten die zur Aussteuerung verwendeten Quasi-Spitzenwertanzeiger mit einer Integrationszeit von 10 ms. Dies führt bei Pegelspitzen, deren Dauer kleiner oder gleich der Integrationszeit ist, bereits zu Übersteuerungen. Deshalb werden vielfach Aussteuerungsmesser mit einer Integrationszeit von 1 ms eingesetzt. Für diesen Sicherheitsabstand zur Clippgrenze (Headroom) setzt man heute generell 10 dB bis 12 dB an.

Auf der anderen Seite kann man kleine Pegel nicht beliebig klein werden lassen, da sich sonst während dieser Passagen das Quantisierungsgeräusch störend bemerkbar macht. Hierfür setzt man nochmals einen Sicherheitsabstand („Footroom") von 20 dB an.

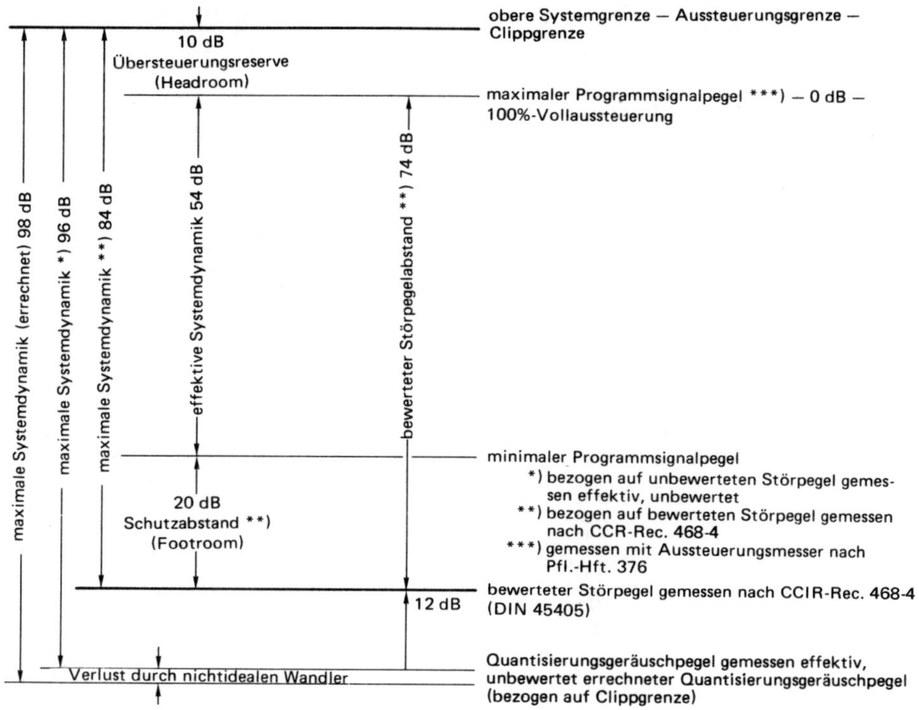

Abb. 10/15. Systemdynamik und nutzbare Dynamik.

Unter Berücksichtigung dieser Werte verbleibt für die tatsächlich nutzbare Dynamik noch ein Wert von

$$D = 98 - 14 - 10 - 20\ [\text{dB}] = 54\ \text{dB}$$

Dieser Wert entspricht bei einem etwas größeren Störabstand nur etwa der nutzbaren Dynamik bei analoger Technik.

Lineare und nichtlineare Wandlung

Eine Quantisierung ist „gleichförmig“ oder „linear“, wenn alle Intervalle gleich groß sind *(Abb. 10/16a)*. Sind die Intervalle verschieden groß – meist steigt die Größe mit der Aussteuerung an – sagt man, die Quantisierung ist „ungleichförmig“ oder „komprimiert“ (Abb. 10/12b); eine gebräuchliche nichtlineare Wandlerkennlinie ist die sog. „13-Segment-Kennlinie“ *(Abb. 10/16c)*.

Bei einer nichtlinearen Wandlerkennlinie werden kleine Nutzsignale mit einer hohen Auflösung quantisiert, daraus ergibt sich für diese kleinen Signale ein hoher Störabstand. Große Signale werden mit einer geringeren Auflösung quantisiert,

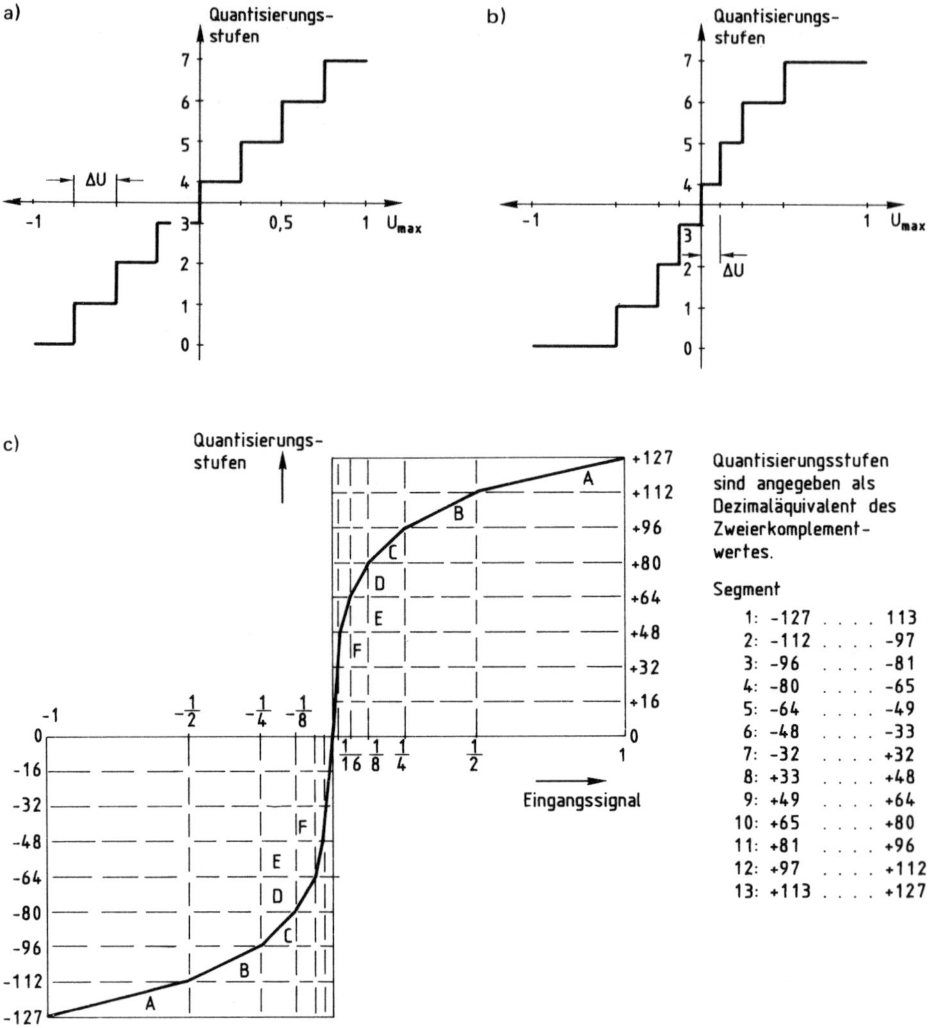

Abb. 10/16. a. lineare Wandlerkennlinie,
b. komprimierte Wandlerkennlinie,
c. 13-Segment-Kennlinie.

daraus ergibt sich zwar ein geringerer Störabstand; dieser tritt aber der höheren Verdeckung des Störsignals durch das Gehör wegen nicht störend in Erscheinung. Ein Vorteil der nichtlinearen Quantisierung ist, daß man gegenüber der linearen Wandlung einige Bits einspart; nachteilig ist, daß komprimierte Signale bei der nachfolgenden Signalverarbeitung nicht einfach mit linear gewandelten Signalen verrechnet werden können.

Betrachtet man die nichtlineare Wandlung aus mathematischer Sicht, führt sie zu Zahlen, deren einer Teil einer Mantisse und deren anderer Teil einem Exponenten gleichgesetzt werden kann. Solche Zahlen werden auch als „Gleitkomma-Zahlen" – im Gegensatz zu den „Festkomma-Zahlen" bei der linearen Wandlung – bezeichnet.

A/D-Wandler

Es gibt mehrere Wege, um aus einer Spannung einen Zahlenwert abzuleiten. Wandler mit hoher Auflösung und Genauigkeit sind relativ langsam, Wandler mit relativ niedriger Auflösung sind schneller. Wandlerprinzipien für die Audiotechnik liegen zwischen diesen Extremen.

Zählwandler

Ein mögliches Prinzip stellt der Zählwandler dar. Wie in *Abb. 10/17* gezeigt, wird ein D/A-Wandler von einem Binärzähler angesteuert. Der Zähler wiederum erhält seine Zählimpulse aus einem Generator über ein UND-Gatter. Ein Komparator, der die Eingangsspannung mit der vom D/A-Wandler abgegebenen Spannung vergleicht, gibt das UND-Gatter frei.

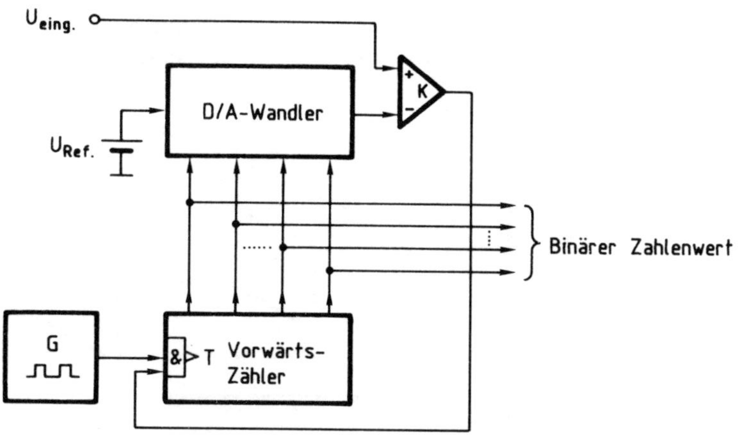

Abb. 10/17. Zählwandler.

Zu Beginn des Wandlungsvorganges wird der Zähler zurückgesetzt. Da der D/A-Wandler nun keine Spannung abgibt, schaltet der Komparator das UND-Gatter auf Durchgang, und der Zähler beginnt von Null an zu zählen. Dadurch erhöht sich die Ausgangsspannung des D/A-Wandlers stufenweise und nähert sich so der Eingangsspannung. Erreicht sie die Eingangsspannung, sperrt der Komparator das UND-Gatter und verbindet den Zähler mit dem Ausgang, denn der Zählerstand ist jetzt gleich dem Binärwert des Abtastwertes. Dieses Verhalten ist in *Abb. 10/18* dargestellt.

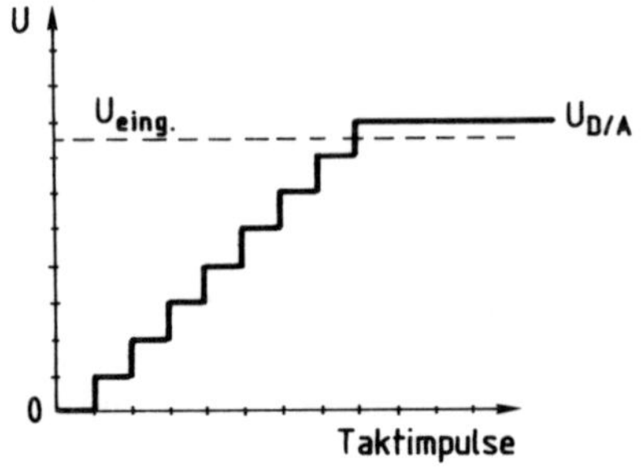

Abb. 10/18. Arbeitsweise des Zählwandlers.

Der Vorteil dieses Wandlers liegt in seinem einfachen Aufbau. Sein Nachteil besteht jedoch darin, daß die Wandlungszeit von der Größe des Eingangssignals abhängt. Außerdem benötigt er als Referenz einen D/A-Wandler, dessen Genauigkeit in die Genauigkeit der Umsetzung eingeht.

Dual-Slope- und Multi-Slope-Wandler

Ein Wandler nach dem Dual-Slope-Prinzip besteht aus einer Referenzspannungsquelle, einem Integrator, einem Komparator und einem Zähler *(Abb. 10/19)*.

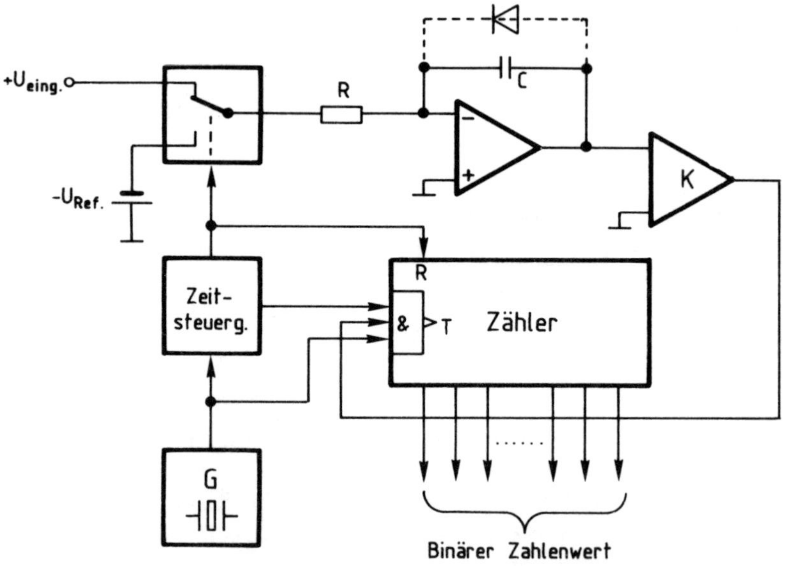

Abb. 10/19. Aufbau des Dual-Slope-Wandlers.

Wie aus *Abb. 10/19* zu sehen, lädt zunächst die Eingangsspannung über eine feste Zeit ($t_0 - t_1$) den Integrationskondensator auf. Damit ist die im Kondensator enthaltene Ladung ein Maß für die Eingangsspannung. Nach Ablauf der Ladezeit (t_1) wird der Eingang des Integrators auf die Referenzspannungsquelle (Konstantstromquelle), die eine entgegengesetzte Polarität aufweist, umgeschaltet; gleichzeitig wird der Zähler freigegeben. Damit kann sich der Integrationskondensator entladen; der Zähler kann solange die Impulse zählen, bis der Komparator feststellt, daß die Spannung am Kondensator auf Null abgesunken ist; nun sperrt er den Zähler wieder (t_2). Im Zähler steht jetzt die Information über die Entladezeit des Kondensators in Form von $t_2 - t_1 = n \cdot$Impulsperiodendauer, wobei n den Zählerstand darstellt. Die Steuerlogik legt nun den Zählerinhalt an den Ausgang des Wandlers. Anschließend beginnt der nächste Wandlungszyklus. Diese Wandlerart hat den Vorteil einer hohen Langzeitkonstanz und einer hohen Linearität. Toleranzen der Bauteile haben auf die Langzeitgenauigkeit keinen Einfluß. Nachteilig macht sich jedoch die hohe Wandlungszeit (typisch ca. 0,3s) bemerkbar.

Interessant ist jedoch die von SONY verwendete Variante dieses Wandlertyps, der Multi-Slope-Wandler *(Abb. 10/21)*. Hierbei wird der Integrationskondensator von zwei Referenz-Konstantstromquellen nacheinander mit unterschiedlich hoher Geschwindigkeit entladen *(Abb. 10/20)*.

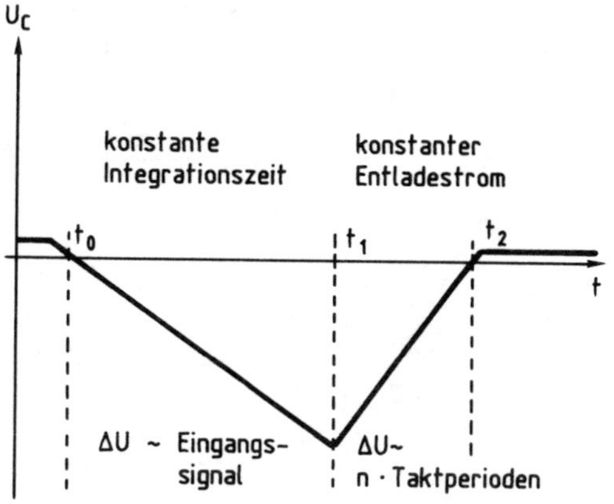

Abb. 10/20. Spannung am Integrationskondensator.

Damit kann man in den zwei Zeitabschnitten der Kondensatorentladung die Taktimpulse in zwei Zählern aufsummieren, die dann zusammen das 16-Bit-Wort ergeben.

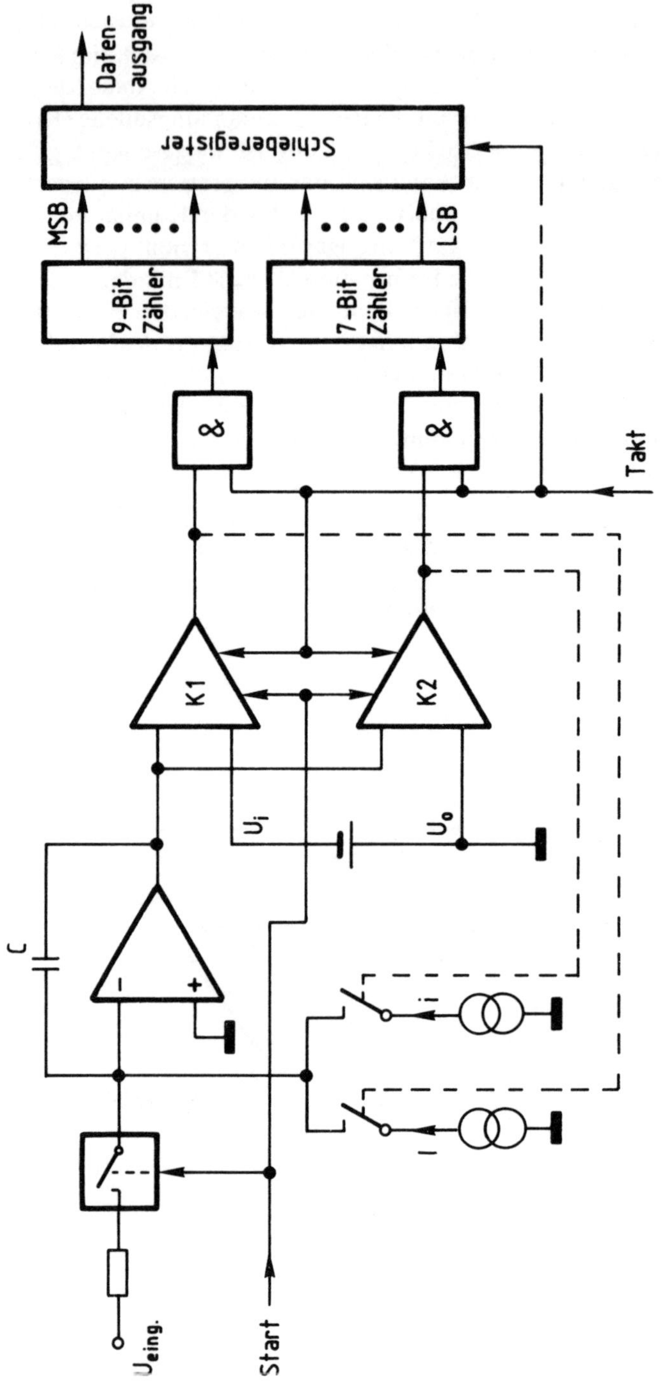

Abb. 10/21. Multi-Slope-Wandler.

Auch hier wird der Wandlungszyklus mit der Aufladung des Integrationskondensators eingeleitet ($t_0 - t_1$) *(Abb. 10/22)*. Nach beendeter Aufladung wird der Kondensator von zwei parallelgeschalteten Konstantstromquellen solange entladen, bis eine Spannungsschwelle U_1 erreicht ist (t_2). Während dieser Zeit summiert ein Zähler Z_1 die eintreffenden Taktimpulse. Der Überwachungs-Komparator K_1 für U_1 macht nun zwei Dinge: Er schaltet von Zähler Z_1 auf Zähler Z_2 um, und er schaltet die Konstantstromquelle mit dem höheren Strom ab.

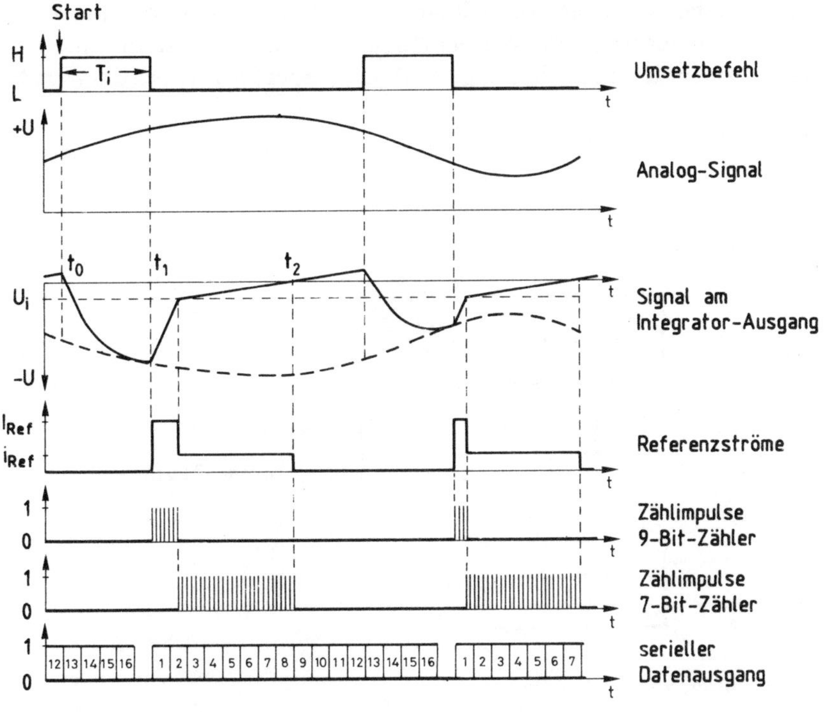

Abb. 10/22. Arbeitsweise des Multi-Slope-Wandlers.

Von nun an wird der Kondensator nur noch mit 1/128 des bisherigen Stroms entladen. Stellt Komparator K_2 fest, daß der Kondensator entladen ist (t_3), trennt er seinerseits Zähler Z_2 vom Taktimpulseingang ab. Durch die Wahl von U_1 und durch die Staffelung der Entladeströme befinden sich nun in Z_1 die 9 ersten Bits und in Z_2 die 7 letzten Bits des 16-Bitwertes. Diese 16 Bit werden während der nächsten Wandlungsperiode ausgegeben. Dieser Wandler vereint den Vorteil hoher Genauigkeit mit dem Vorteil einer relativ kurzen Wandlungszeit. Anders ausgedrückt: Ist die Wandlungszeit vorgegeben, so benötigt dieser Wandlertyp eine noch vertretbar hohe Taktfrequenz.

Hierfür ein Beispiel: Für maximale Zählerstände in den Zählern Z_1 und Z_2 werden $2^9 + 2^7 = 512 + 128 = 640$ Taktimpulse benötigt. Bei einer Abtastrate von 48 000/s führt dies zu einer Taktfrequenz von mindestens $48\,000 \cdot 640 \approx 31$ MHz. Bei dieser Abschätzung ist allerdings noch keine Zeit für die Abtastung des Eingangssignals in Rechnung gestellt worden, so daß bei der Realisierung des Wandlers dann eine etwas höhere Taktfrequenz angesetzt werden muß.

Wägewandler

Ein weiteres Wandlerprinzip mit relativ kurzer Umsetzzeit ist das der „schrittweisen Annäherung" (engl. successiv approximation). *Abb. 10/23* zeigt den prinzipiellen Aufbau. Der Wandler besteht in diesem Fall aus einem Komparator, einem D/A-Umsetzer und einem Register, dem sog. SAR (engl. **S**uccessiv **A**pproximation **R**egister).

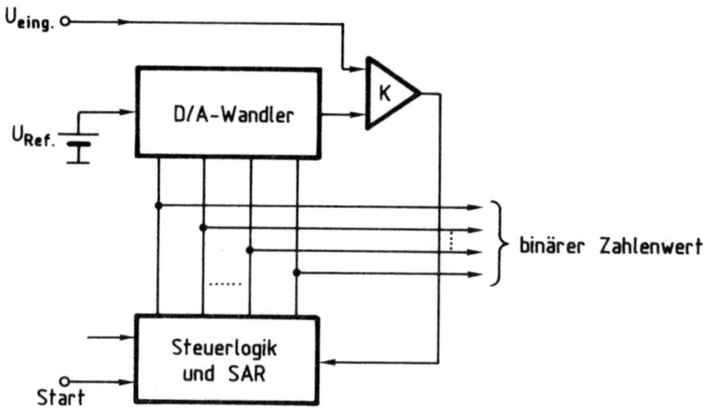

Abb. 10/23. Prinzip eines Wägewandlers.

Zu Beginn der Umsetzperiode wird zunächst das SAR gelöscht. Mit dem zweiten Taktimpuls wird dann Bit 1 (MSB) versuchsweise gesetzt. Die daraufhin vom D/A-Umsetzer abgegebene Spannung wird vom Komparator mit der Eingangsspannung verglichen. Ist dieser Wert kleiner als die Eingangsspannung, so bleibt dieses Bit im SAR gesetzt, andernfalls wird es wieder zurückgenommen. Anschließend wird mit dem nächsten Taktimpuls Bit 2 versuchsweise gesetzt, der beschriebene Vorgang wiederholt sich. Dies geschieht nun mit jedem Bit, bis am Ende einer solchen Umsetzperiode im SAR der Zahlenwert steht, der – durch einen D/A-Wandler zurückgewandelt – die bestmögliche Annäherung an die Eingangsspannung darstellt. Dieser Vorgang ist in *Abb. 10/24* gezeigt.

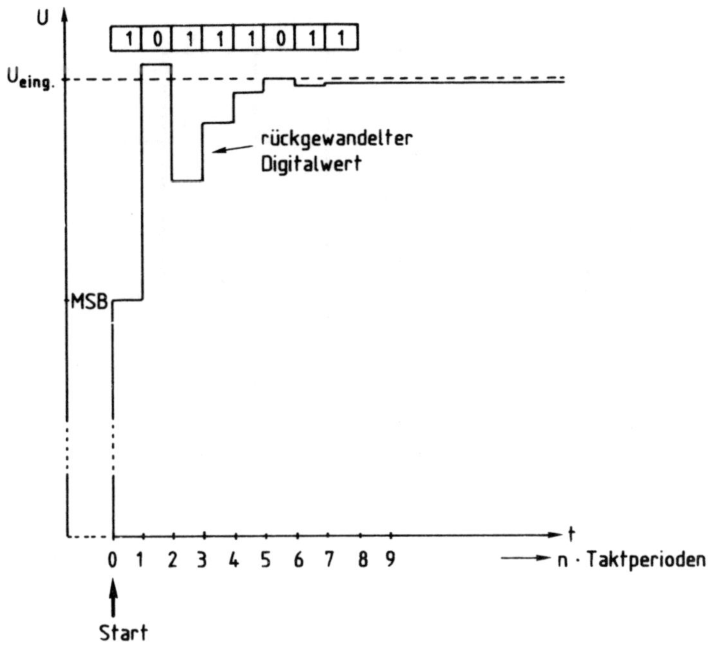

Abb. 10/24. Wägeverfahren.

Parallel- oder Flash-Wandler

Dieser Wandler hat wohl die geringste Umsetzzeit. Er besteht aus einer relativ großen Anzahl von Komparatoren, die alle parallel angeschlossen sind *(Abb. 10/25)*. Für n Bit Auflösung benötigt man 2^n-1 Komparatoren. Jeder der Komparatoren vergleicht das Eingangssignal mit einer Referenzspannung, die aus einer Referenzspannungsquelle über einen Spannungsteiler gewonnen wird. Der Spannungsteiler teilt dabei die Referenzspannung in 2^n-1 genau gleiche Teile auf. Alle Komparatoren, bei denen die Eingangsspannung größer ist als die Referenzspannung, werden am Ausgang einen H-Pegel abgeben, alle anderen behalten ihren L-Pegel. Damit erfolgt an dieser Stelle die Quantisierung. In einer folgenden Codierlogik werden die Ausgangszustände der Komparatoren logisch zu einer Binärzahl verknüpft und ausgegeben. Heutzutage kann man Parallelwandler mit bis zu 255 Komparatoren integriert aufbauen.

Der Parallelwandler wird überall dort eingesetzt, wo bei einer Auflösung von 6 bis 8 Bit Wandlungsraten zwischen 10 und 100 MHz gefordert sind, also beispielsweise im Videobereich oder bei Transientenrekordern. Für den Audiobereich hat er aufgrund seiner vergleichsweise niedrigen Auflösung keine Bedeutung.

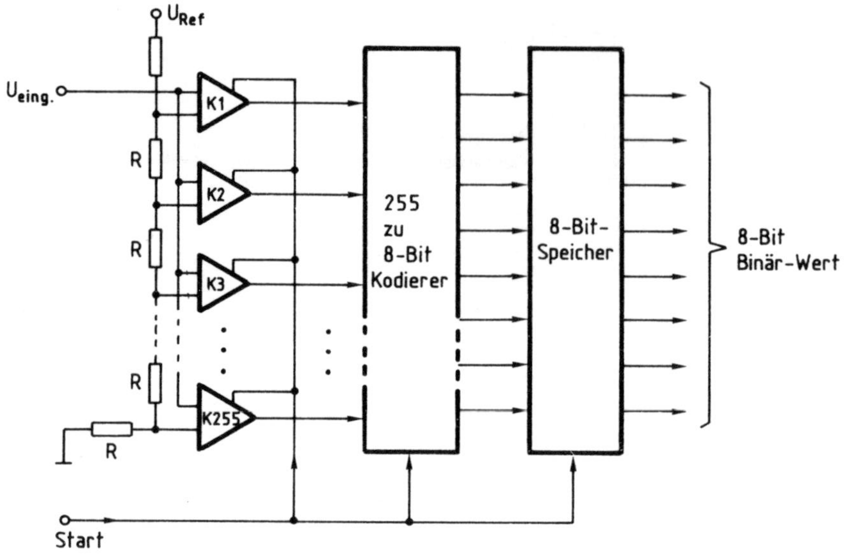

Abb. 10/25. Parallelwandler.

D/A-Wandler

Da einige der A/D-Wandler einen Vergleich des Eingangssignals mit einem bereits zurückgewandelten Signal durchführen, benötigen sie dazu einen D/A-Wandler. Die Aufgabe eines D/A-Wandlers ist es, eine anliegende Zahl in eine entsprechende Spannung umzusetzen. Dies realisiert man mittels einer Summierschaltung, über die – je nach verwendetem Zahlensystem – gewichtete Ströme aufsummiert und in eine entsprechende Spannung umgewandelt werden.

D/A-Wandler mit gewichteten Strömen

Abb. 10/26 zeigt eine solche Lösung. Jedes Bit ‹1› der Binärzahl schaltet einen dem Stellenwert dieses Bits entsprechend gewichteten Widerstand ein. Damit wird dem Eingang des Summierers eine Summe von gewichteten Einzelströmen eingeprägt; an seinem Ausgang entsteht eine der Binärzahl entsprechende Spannung.

Dieses Verfahren hat jedoch den Nachteil, daß für Binärzahlen mit großer Stellenzahl sehr große Widerstandswerte mit entsprechender Genauigkeit nötig werden. Beträgt der Widerstand für das MSB $1 \cdot R$, so benötigt man für das n-te Bit einen Gewichtungswiderstand der Größe $2^{n-1} \cdot R$. Man bevorzugt deshalb Wandler mit einem sog. „R/2R“-Leiternetzwerk.

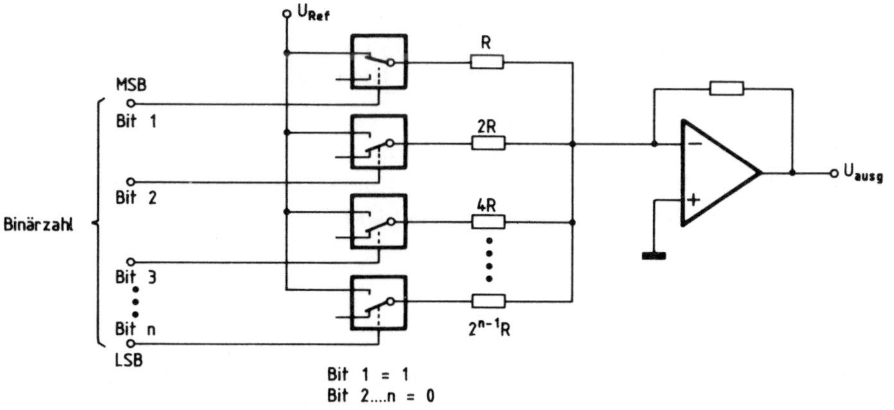

Abb. 10/26. D/A-Wandler mit gestuften Widerständen.

D/A-Wandler mit „R/2R"-Leiternetzwerk

Bei dieser in *Abb. 10/27* gezeigten Schaltung kommen nur die zwei Widerstandswerte R und 2R vor. Diese Widerstände lassen sich mit hoher Genauigkeit und geringen Toleranzen in integrierter Technik fertigen.

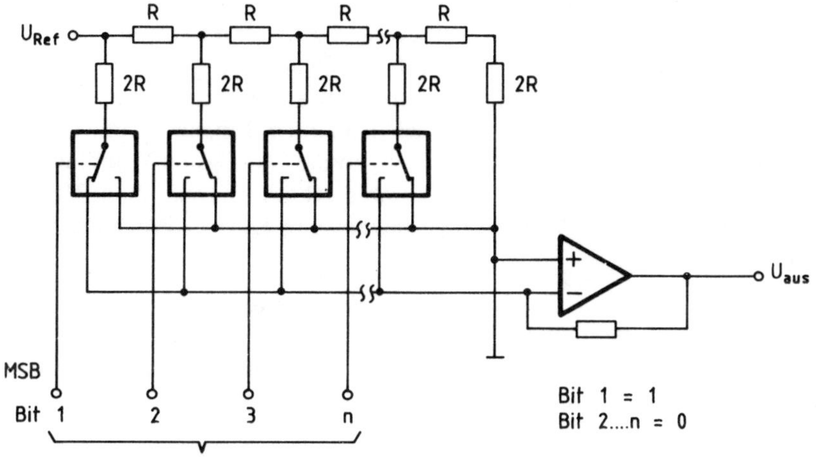

Abb. 10/27. R/2R-Leiternetzwerk.

Betreibt man das R/2R-Leiternetzwerk wie in Abb. *10/27* gezeigt, schaltet S_1 einen Strom $I_1 = U_{Ref}/(2 \cdot R)$ und S_2 einen Strom $I_2 = U_{Ref}/(4 \cdot R) = I_1/2$ und jeder weitere Schalter einen halb so großen Strom wie sein Vorgänger auf den invertierenden Eingang des Operationsverstärkers oder gegen Masse. Führt man die Schalter als elektronische, durch ein Bit eines Binärwortes betätigte Umschalter aus, erhält man am Ausgang des Operationsverstärkers eine dem Binärwert entsprechende Spannung.

1-Bit-Wandler

1-Bit-Wandler stellen derzeit die neueste Entwicklung bei D/A-Wandlern im Audiobereich dar. Sie werden bisher nur bei CD-Spielern verwendet. Siehe dazu 10.2.5.

Wandlungsfehler

Bei den vorhergehenden Betrachtungen wurde immer von Bauteilen mit idealen Eigenschaften ausgegangen. Damit ist jedoch in der Praxis nicht zu rechnen. Es ergeben sich so gewisse Wandlungsfehler, die in die folgenden Kategorien eingeteilt werden können:
- Nullpunktabweichung,
- Verstärkungsfehler,
- Linearitätsfehler,
- Stabilität.

Während Nullpunktabweichungen bzw. Verstärkungsfehler prinzipiell durch entsprechende äußere Maßnahmen beseitigt werden können, sind Linearitätsfehler außerhalb des Wandlers nicht mehr zu beeinflussen. Sie führen letztlich zu Verzerrungen im Analogsignal. In *10/28* sind diese Wandlerfehler dargestellt. *Abb. 10/28a* zeigt die typische Treppenkurve, die sich durch Quantisieren der analogen Spannung U ergibt. Mittelt man die Stufen aus, so ergibt sich die gestrichelte Kennlinie. Sie stellt den linearen Zusammenhang zwischen analoger Eingangsgröße und digitaler Ausgangsgröße dar. *Abb. 10/28b* bis *d* zeigen die wichtigsten Wandlungsfehler mit ihren Kennlinien, die natürlich auch kombiniert auftreten können: Nullpunktabweichung *(Abb. 10/28b)*, Verstärkungsabweichung *(Abb. 10/28c)* und Linearitätsfehler *(Abb. 10/28d)*.

Unter Stabilität versteht man die Unabhängigkeit von äußeren Einflüssen, wie z.B. von Schwankungen der Betriebsspannung oder der Umgebungstemperatur. Da sich auch hier eine völlige Unabhängigkeit nicht erreichen läßt, sollte der Einfluß dieser beiden Größen so klein wie möglich sein.

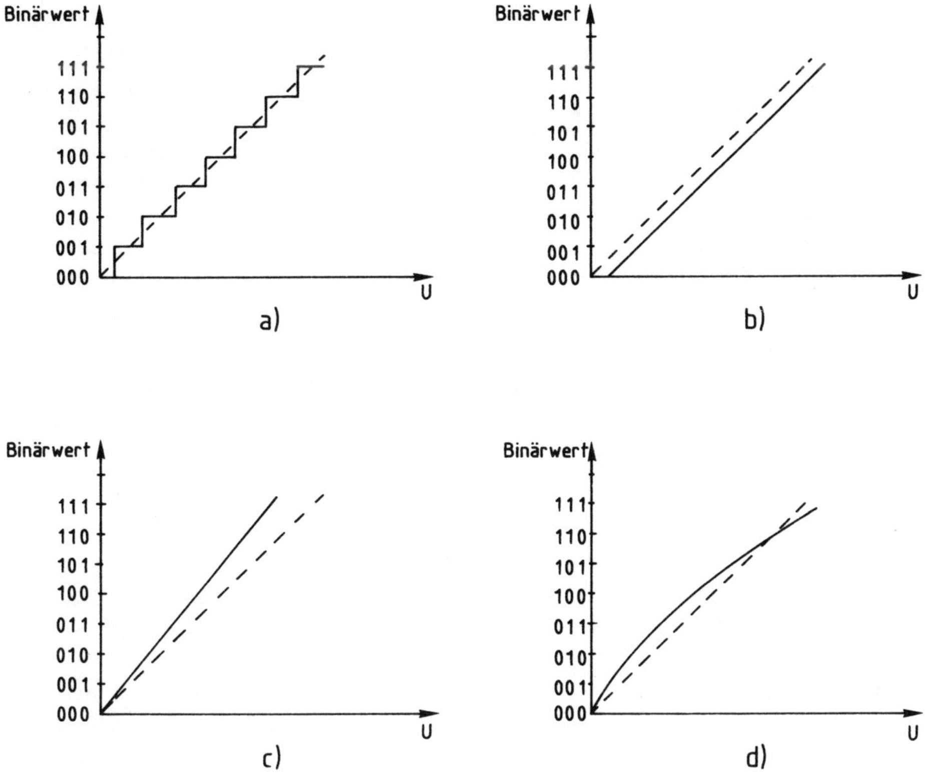

Abb. 10/28. Wandlerfehler;
a. fehlerfreie Kennlinie,
b. Nullpunktabweichung,
c. Verstärkungsfehler,
d. Liniaritätsfehler.

10.2 Digitale Signalübertragung und Speicherung

10.2.1 Quelldaten, Kanaldaten, Kanalmodulation

Unter dem Begriff der „Quelldaten“ versteht man die vom A/D-Wandler, also der Datenquelle, abgegebenen Daten. Diese Datenwörter verkörpern ausschließlich die einzelnen Abtastwerte (Momentanwerte) aus dem analogen Signal.

Da bei einer Übertragung bzw. Speicherung der digitalen Audiodaten immer Fehler auftreten können, muß man zusätzlich Daten hinzufügen, die später eine Fehlererkennung, ja sogar eine Fehlerkorrektur ermöglichen sollen. Diese zusätzlichen Datenwörter, die nichts über das Tonsignal aussagen, bezeichnet man mit dem Begriff Redundanz (lat. Weitschweifigkeit). Dazu ist es erforderlich, alle Datenwörter – digitale Audiodaten und redundante Bits – in einer bestimmten Reihenfolge anzuordnen. In den meisten Fällen faßt man eine bestimmte Anzahl von ihnen zu jeweils einem Block zusammen. Damit der Empfänger auch den Anfang eines Blockes erkennen kann, müssen am Beginn eines Blockes gewisse Synchronisierzeichen stehen. Dies alles vergrößert den Datenstrom, also die Anzahl der Datenbit pro Sekunde, ganz beträchtlich. Da diese Daten nun auf den Übertragungs- oder Speicherkanal gegeben werden, spricht man sie als „Kanaldaten" an. Die Anordnung der Datenwörter und die Zusammenstellung der Blöcke nennt man „Formatierung".

Bisher war immer nur die Rede von Zahlen oder Ziffern, nicht jedoch davon, wie sie physikalisch dargestellt werden. Zur Übertragung oder Speicherung muß jede Ziffer dieses Datenstroms durch ein elektrisches Signal symbolisiert werden, was auf verschiedene Arten realisiert werden kann, beispielsweise durch definierte Spannungspegel oder auch durch Spannungssprünge. Das daraus resultierende elektrische Signal bezeichnet man als „Kanalmodulation" oder „Schreibcode".

So unterschiedlich wie die Modulationsgesetze oder die Codierregeln der verschiedenen Kanalmodulationen sind, so unterschiedlich sind auch ihre Eigenschaften [10.5, 10.9, 10.13]. Man kann also über eine geeignete Kanalmodulation die Signaleigenschaften an die Übertragungseigenschaften des Kanals anpassen. Dies ist wichtig, damit es bei der Übertragung und Speicherung nicht zu einem Datenverlust kommt. An der Information selbst ändert sich nichts, sie wird lediglich durch andere Symbole dargestellt, wie z.B. 13 durch XIII; beide Zahlen beschreiben die gleiche Menge, nur wurde einmal die arabische und das andere Mal die römische Schreibweise verwendet.

Anforderungen an den Übertragungskanal

Geht man von einem Monosignal, einer Abtastfrequenz von f_A = 48 kHz und einer Auflösung von 16 Bit/Abtastwert aus, ergibt sich daraus eine Datenmenge von etwa 770 kBit/s. Für ein Stereosignal verdoppelt sich dieser Wert. Hinzu kommt dann noch die Redundanz mit einem Wert zwischen 30 und 60%. Für so hohe Datenmengen sind sehr hohe Übertragungsfrequenzen notwendig. Folglich wird eines der Kriterien für die Auswahl eines Schreibcodes seine höchste Übertragungsfrequenz sein. Für die Auswahl eines Schreibcodes muß weiterhin bedacht werden:
- Ist der Code gleichwertfrei?
- Ist der Code polaritätsgebunden?
- Ermöglicht der Code eine Fehlerfortpflanzung?
- Kann man aus dem schreibcodierten Signal das Taktsignal rekonstruieren?

Diese Fragen müssen an die zur Wahl stehenden Schreibcodes gestellt werden; von ihrer Beantwortung hängt es ab, ob sich der betreffende Schreibcode für die jeweilige Anwendung eignet oder nicht.

Höchste Übertragungsfrequenz

Für die höchste Übertragungsfrequenz des digitalisierten Signals ist es entscheidend, wie häufig die Spannung pro Zeiteinheit ihre Polarität ändert bzw. zwischen ‹L›- und ‹H›-Pegel wechselt. (‹L›/‹H› ist die Bezeichnung der Spannungspegel, die für niedrige bzw. hohe Spannung stehen.) Man muß nun ein Datenmuster suchen, das zu einer Wechselspannung mit der kürzest möglichen Periodendauer führt. Ein solches Muster ist ein Rechtecksignal. Nun kann man die Periodendauer dieses Rechtecksignals mit der Bit-Taktperiodendauer vergleichen und erhält daraus einen Faktor. Multipliziert man mit dem Kehrwert dieses Faktors die Bit-Flußrate (= Kehrwert der Bit-Taktperiodendauer), so erhält man die maximal auftretende Frequenz dieser Rechteckspannung. Eine Rechteckspannung besitzt ein Spektrum mit Komponenten, deren Frequenzen nur ungeradzahlige Vielfache der Grundfrequenz f_1 sind *(Abb. 10/29)*. Um eine einwandfreie Datenübertragung zu gewährleisten, genügt es jedoch, nur diese Grundschwingung zu übertragen. Somit führt das Datenmuster für die höchste Übertragungsfrequenz zu einem sinusförmigen Spannungsverlauf.

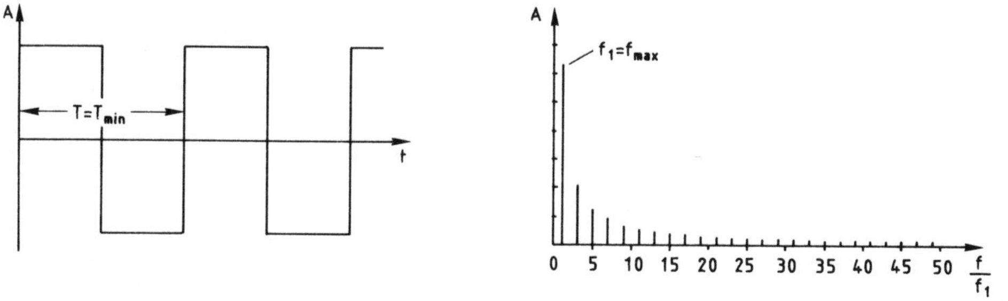

Abb. 10/29. Bestimmung der höchsten Übertragungsfrequenz.

Tiefste Übertragungsfrequenz

Prinzipiell kann man hierfür die gleichen Überlegungen wie zur Ermittlung der höchsten Übertragungsfrequenz anstellen, jedoch ist häufiger die Frage interessant, ob der Code gleichwertfrei, das Signal also ohne Gleichspannungsanteil ist. Dazu muß man prüfen, ob das Datenmuster zu einer Rechteckwechselspannung mit einem Tastverhältnis ungleich 0,5 führt. Wie aus *Abb. 10/30* zu ersehen ist, ergibt sich nur bei einem solchen Tastverhältnis ein Gleichspannungswert.

Rekonstruktion des Bit-Taktes

Besitzt man nur einen Kanal, so kann man ihn entweder zur Übertragung der Daten oder des Bit-Taktes nutzen. Verwendet man ihn zur Datenübertragung, wird eine einwandfreie zeitliche Zuordnung der Datenbits unmöglich, wenn man nicht eine Schreibcodierung wählt, aus der man den Takt zurückgewinnen kann. Die ge-

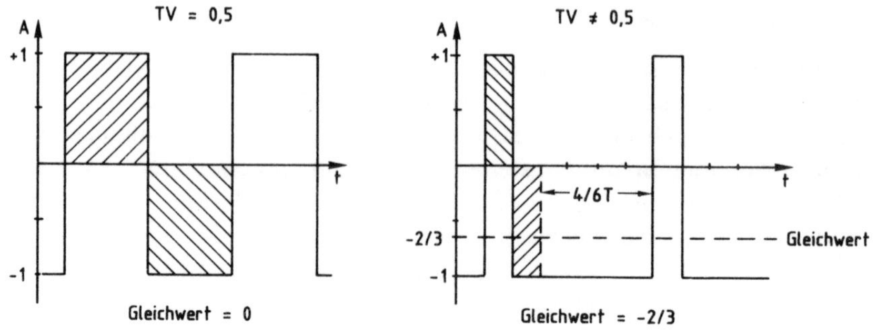

Abb. 10/30. Gleichwertermittlung.

bräuchlichste Methode der Taktrückgewinnung arbeitet mit einem Schwungrad-Generator, der bereits auf der zu erwartenden Taktfrequenz schwingt. Aus dem Datensignal werden die Flanken der Potentialwechsel heraus differenziert und zum Synchronisieren des Generators verwendet *(Abb. 10/31)*. Besitzt ein Schreibcode kaum oder zumindest über einen längeren Zeitraum keine Potentialwechsel, so ist eine zeitliche Zuordnung der Daten nicht mehr gewährleistet. Man spricht dann von einem „nichttaktenden" Code; „taktende" Codes sind alle Codes, die in regelmäßigen, nicht allzu langen Zeitabständen und unabhängig vom jeweiligen Datenmuster Potentialwechsel aufweisen.

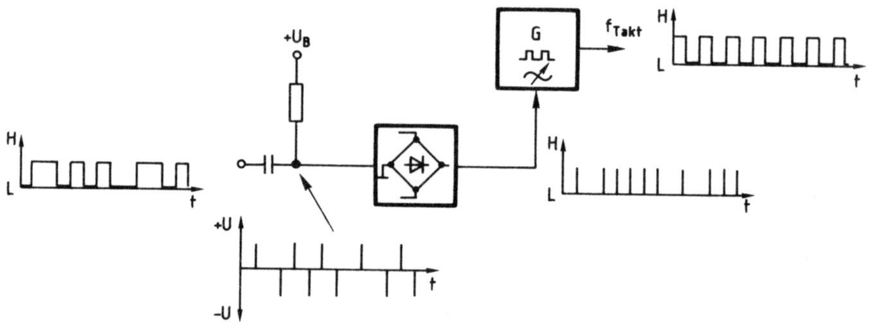

Abb. 10/31. Prinzip der Taktrückgewinnung.

Der erste Schritt zur Kanalcodierung wird meist schon getan mit der Umwandlung von parallel anfallenden Datenbits in einen seriell verlaufenden Datenstrom. Die meisten A/D-Wandler geben die Bits eines Datenwortes parallel, d.h. jedes Bit auf einer gesonderten Leitung aus. Besteht der Kanal aber nur aus einer Leitung, so müssen alle Datenbits nacheinander („zeitmultiplex") auf diese Leitung geschaltet werden. Diese Aufgabe erfüllt der Parallel/Serien-Wandler.

Technisch realisieren läßt sich ein solcher P/S-Wandler mit Hilfe eines Schieberegisters, in welches ein Datenwort in paralleler Form geladen wird. Mit einem Bit-Takt, dessen Frequenz dann um den Faktor der Bit-Anzahl eines Datenwortes höher sein muß als die Worttaktfrequenz (Abtastfrequenz), wird dann die Information aus dem Register „herausgeschoben". Wie *Abb. 10/32* zeigt, liegen damit alle Bits eines Datenwortes nacheinander an einem Ausgang vor, jedes Bit nur noch für einen Bruchteil der Datenwortdauer.

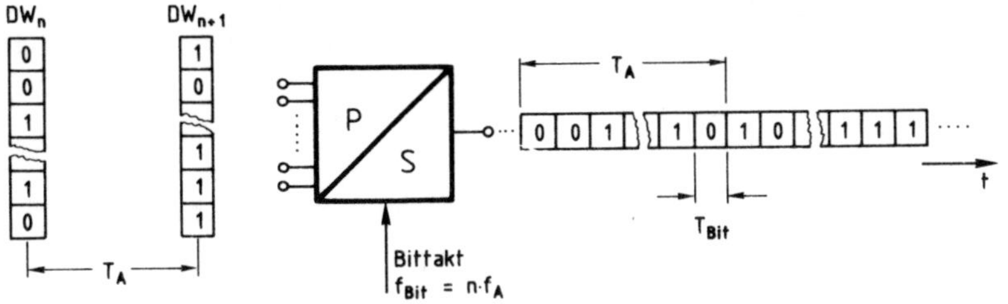

Abb. 10/32. Parallel/Serien-Wandlung.

10.2.2 Schreibcodes

RZ-Codes

Die Abkürzung RZ steht für „**R**eturn to **Z**ero" und besagt, daß die Spannung als Träger der Information nach jedem Bit wieder zum Wert 0 V zurückkehrt. Zu dieser Codegruppe gehört der ‹AMI›-Code.

AMI-Code

Beim ‹AMI›-Code (**A**lternate **M**ark **I**nversion) wird jede ‹1› durch einen Spannungssprung „markiert". Dies erfolgt abwechselnd durch einen invertierten Spannungswert. Es kann also nicht vorkommen, daß bei zwei aufeinanderfolgenden ‹1› der Spannungsimpuls dieselbe Polarität besitzt *(Abb. 10/33)*. Häufig bezeichnet man solche Codes auch als „pseudoternär", weil mit den Spannungswerten 0, +U und -U die Zahlenwerte ‹0›, ‹1› und ‹2› eines dreiwertigen Zahlensystems dargestellt werden könnten.

Diese Codierung hat den Vorteil,
- mit einer f_{max} = 1/2·Bit-Flußrate auszukommen, da eine AMI-Periode 2 Bit-Taktperioden entspricht,
- keine Gleichspannung zu erzeugen,
- an keine polaritätsgetreue Übertragung gebunden zu sein,
- daß eine Fehlerfortpflanzung nicht auftreten kann.

Nachteilig wirkt sich jedoch aus, daß bei längeren ‹0›-Passagen der Takt verlorengeht. Diese Schreibcodierung wird von der Deutschen Bundespost in einem Dia-

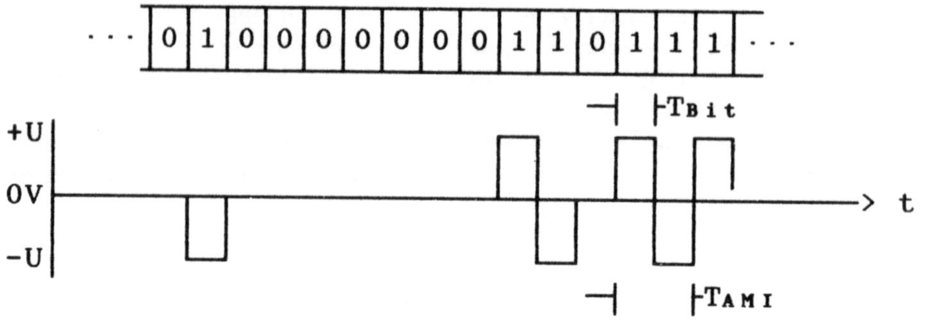

Abb. 10/33. AMI-Code.

lekt, dem sog. HDB3-Code, verwendet; dieser ist frei vom Nachteil des Taktverlustes, ist jedoch aufwendiger in der Erzeugung und in der Auswertung.

NRZ-Codes

Bei den NRZ-Codes (**N**on **R**eturn to **Z**ero) handelt es sich um eine Codegruppe, bei der das zuletzt anstehende Spannungspotential beibehalten wird. Hier kehrt also die Spannung nicht nach jedem Bit nach 0 V zurück.

NRZ(L)-Code

Am einfachsten ist der NRZ(L)-Code aufgebaut; hierbei steht das **L** für Level. Die ‹1› gehört zu einem ‹H›-Pegel, die ‹0› zu einem ‹L›-Pegel der darstellenden Spannung. Dies trug diesem Code auch den deutschen Namen Richtungsschrift ein *(Abb. 10/34)*.

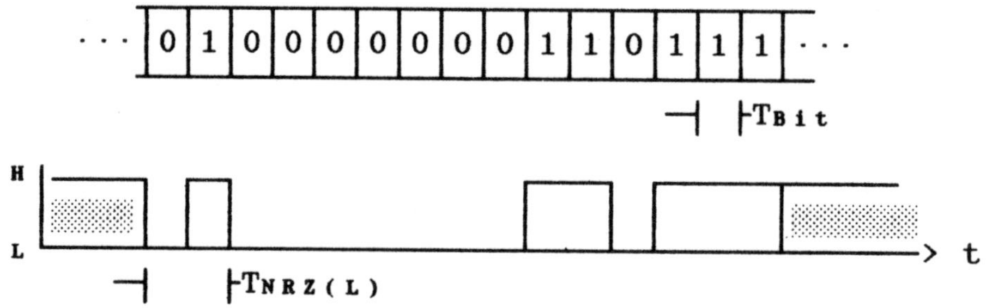

Abb. 10/34. NRZ(L)-Code.

Wie beim AMI-Code wird auch hier als höchste Übertragungsfrequenz nur der halbe Wert der Bitflußrate benötigt. Diese Schreibcodierung hat jedoch einige Eigenschaften, die sie für eine Übertragung bzw. Speicherung weniger geeignet erscheinen lassen: Sie erzeugt einen Gleichwert, ist polaritätsgebunden und nichttaktend. Wenn sie trotzdem bei der magnetischen Aufzeichnung im EIAJ- Standard (**E**lectronic **I**ndustries **A**ssociation of **J**apan) verwendet wird, dann nur deshalb, weil die Aufzeichnung der Daten als Pseudovideo-Signal auf Video-Kassetten erfolgt. Dabei wird das „Video"-Signal vor der Aufzeichnung frequenzmoduliert, so daß auch Gleichspannungen übertragen werden können. Das aufgezeichnete „Video"-Signal ist ohnehin schon periodisch durch Synchron-Impulse unterbrochen, die eine Taktregenerierung ermöglichen. Dieser Standard liegt der Geräte-Kombination PCM-F1 von SONY zugrunde.

NRZ(M)-Code

Bei diesem Code steht das **M** für „mark". Markiert wird jeweils eine ‹1› durch einen Potentialsprung zu Beginn der Bitzelle, daher auch seine deutsche Bezeichnung Wechselschrift, auch als Differenzcodierung angesprochen *(Abb. 10/35)*. Die Richtung des Potentialwechsels ist belanglos, wodurch der Code zwar unabhängig von einer polaritätsgetreuen Übertragung wird, im übrigen aber besitzt er die Eigenschaften des NRZ(L)-Codes.

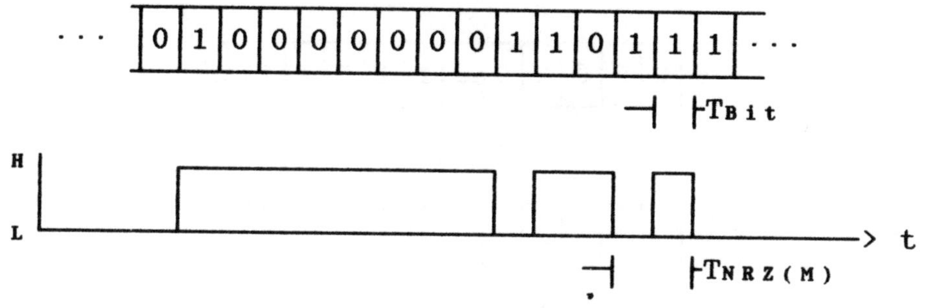

Abb. 10/35. NRZ(M)-Code.

Biphase(M)-Code

Im Gegensatz zu den bisherigen Codes besitzt der Biphase(M)-Code – das **M** steht auch hier für „mark" – nach jeder Bitzelle einen Potentialwechsel. Eine ‹1› wird durch einen zusätzlichen Potentialwechsel in der Mitte der Bitzelle markiert. Damit ergibt sich ein Spannungsverlauf für eine Datenfolge wie in *Abb. 10/36* gezeigt. Die höchste Übertragungsfrequenz liegt doppelt so hoch wie beim NRZ(L)- bzw. NRZ(M)-Code, dafür ist dieser Code gleichspannungsfrei und gut taktend, weshalb er auch unter dem deutschen Namen Wechseltaktschrift geführt wird. Verwendet wird dieser Schreibcode im Studiobereich zur Aufzeichnung des SMPTE-Timecodes auf Magnetband.

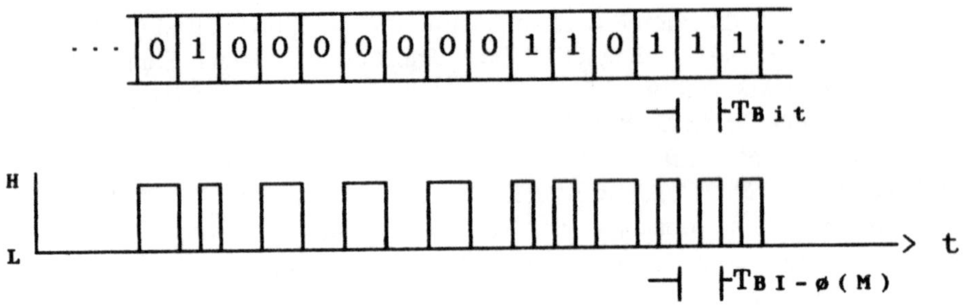

Abb. 10/36. Biphase(M)-Code.

Miller-Code

Diese auch als MFM-Code (**M**odified **F**requency **M**odulation) bekannte Codierung könnte als eine Entwicklung aus dem Biphase(M)-Code betrachtet werden, bei der nicht mehr unter allen Umständen ein Potentialwechsel am Ende einer Bitzelle erfolgt. Wie *Abb. 10/37* zeigt, wird wiederum eine ‹1› durch einen Potentialwechsel in Mitte der Bitzelle markiert. Folgt auf diese ‹1› eine zweite, so wechselt das Potential wieder in Mitte dieser zweiten ‹1›. Folgt jedoch auf die erste ‹1› eine ‹0›, so bleibt das

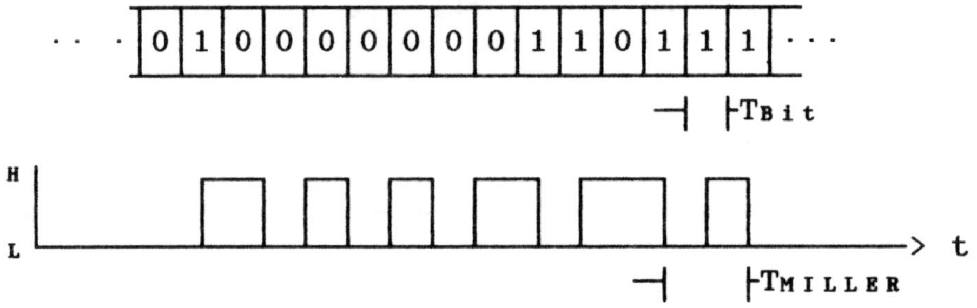

Abb. 10/37. Miller-Code.

Potential unverändert. Sollte auf diese ‹0› eine weitere ‹0› folgen, so kommt es zu einem Potentialwechsel zwischen den beiden ‹0›-Bitzellen. Dieser Schreibcode besitzt den Vorteil, neben einer relativ niederen höchsten Übertragungsfrequenz (½ · Bitflußrate) auch noch gut taktend zu sein; im ungünstigsten Fall wechselt das Potential nach zwei Bittaktperioden. Allerdings ist dieser Code nicht in allen Fällen gleichspannungsfrei. So führt beispielsweise ein Bitmuster von ‹101› periodisch aneinandergereiht zu einem Gleichwert, der aber höchstens 33% des maximalen Spannungswerts annehmen kann. Dieser Code wird bei der MX 80 von Mitsubishi/Telefunken verwendet.

RLL-Codes

RLL ist die Abkürzung von „**R**un **L**engh **L**imited" und bedeutet, daß festgelegte Minimal- als auch Maximalabstände zwischen zwei Potentialwechseln in der Kanalmodulation nicht unter- bzw. überschritten werden dürfen. Zu dieser Kategorie zählen beispielsweise die 8/14-Modulation (EFM) bei der CD und die 8/10-Modulation bei RDAT.

EFM-Code

Diese Schreibcodierung mit der Bezeichnung „**E**ight to **F**ourteen **M**odulation" besitzt in der digitalen Ebene einen Zwischenschritt. Das Ergebnis daraus wird dann noch NRZ(M) kodiert *(Abb. 10/38)*.

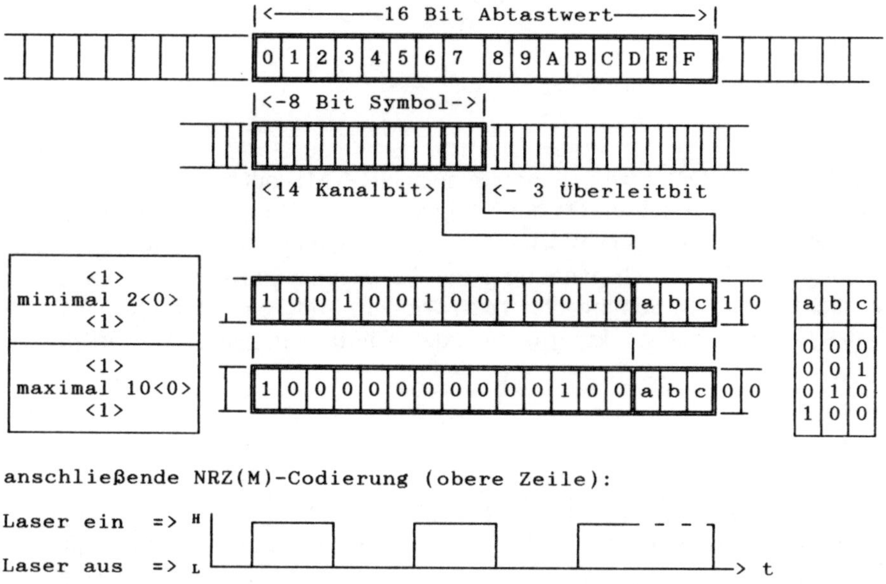

Abb. 10/38. EFM-Code

Jeder 16-Bit-Abtastwert wird in zwei Hälften unterteilt, die man als Symbol I und Symbol II bezeichnet. Jedes dieser Symbole wird anschließend in 14 sog. Kanalbits umgesetzt. Zu diesen 14 Kanalbits werden dann noch drei Überleitbits hinzugesetzt. Diese 17 Kanalbits benötigen die gleiche Zeit wie die 8 Datenbits eines Symbols. Da es insgesamt nur $2^8 = 256$ verschiedene Symbole gibt, können also aus der Menge aller „Kanalbit-Wörter" ($2^{14} = 16\,384$) nur 256 Verwendung finden. Dabei müssen zwischen zwei ‹1› in einem Kanalwort minimal zwei ‹0› stehen, maximal dürfen 10 ‹0› dazwischen liegen. Nach diesem Kriterium verbleiben von den 16384 noch ca. 270 mögliche Kanalbit-Wörter, aus denen letztlich die 256 verwendeten ausgewählt werden. Um die Gültigkeit dieses Kriteriums nicht nur auf das jeweilige Kanal-Wort zu beschränken, sondern sie auf den gesamten Datenstrom auszudehnen, setzt man zwischen alle Kanal-Wörter ein sog. Überleit-Wort (Merging-Wort) ein. Es gibt insgesamt 4 Merging-Wörter: ‹000›, ‹001›, ‹010›, ‹100›. Aus *Abb. 10/39* kann man die Wirkungsweise dieser Überleit-Wörter ersehen: Das Kanalwort n endet mit 6 ‹0› und das Wort (n+1) fängt mit 8 ‹0› an. Das bedeutet, daß zwischen zwei ‹1› sich jetzt 14 ‹0› befinden. Dies ist nach dem oben beschriebenen Kriterium unzulässig, und deshalb wird hier eines der Merging-Wörter ‹001›, ‹010› oder ‹100› eingesetzt.

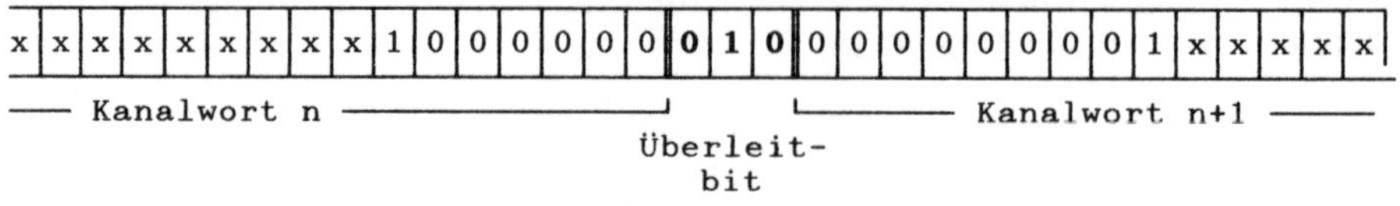

Abb. 10/39. Wirkung der Überleitwörter.

Der so gewonnene Datenstrom wird nun noch NRZ(M) codiert, d.h., jede ‹1› führt zu einem Spannungswechsel. Da der NRZ(M)-Code nicht gleichspannungsfrei ist, verwendet man die Merging-Wörter dazu, den „digitalen Summenwert" (DSW), der ein Maß für den Gleichspannungsgehalt ist, gegen Null zu bringen. Unter dem DSW versteht man die Summe aller Taktperioden, wobei eine ‹1› im Kanalwort jeweils das Vorzeichen der Taktperioden in der Addition umkehrt *(Abb. 10/40)*

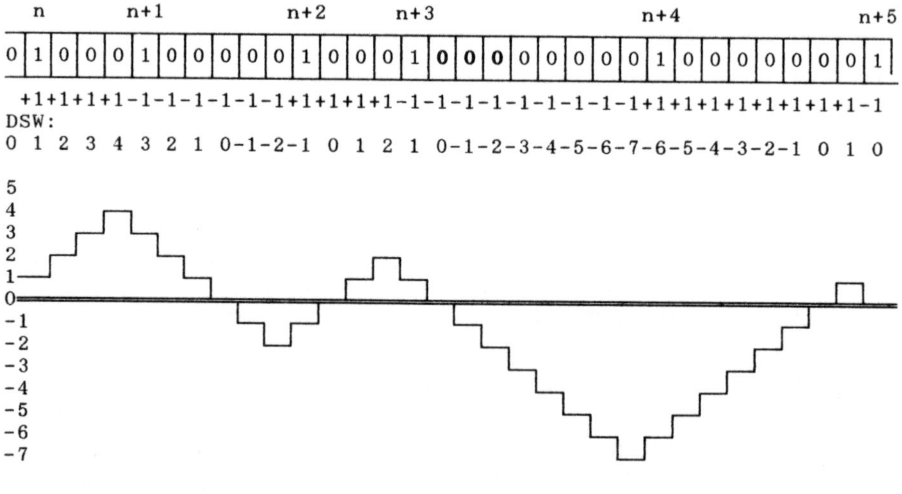

Abb. 10/40. Digitaler Summenwert.

Man hat also mit den Überleitwörtern die Möglichkeit, den DSW so um Null herum pendeln zu lassen, daß bei einer Integration kein Gleichwert entsteht. Die EFM wird bei der Compact Disc angewendet. Mit dieser Art „Wörterbuchtechnik" – eine direkte Zuordnung des Spannungsverlaufes zu den Datenbits gibt es hier nicht mehr – benötigt man für einen Datenstrom von ca. 4,33 MBit/s (Kanalbits) eine obere Übertragungsfrequenz von ca. 720 kHz.

Diese Technik der Schreibcodegewinnung findet ihre Anwendung mit einer gewissen Abwandlung auch beim RDAT-Format (**R**otary head **D**igital **A**udio **T**ape). Man überführt hier 8 Datenbits in 10 Kanalbits nach einer Codetabelle (engl. codebook), wobei für Kanalwörter mit einem von Null verschiedenen DSW jeweils alternative Codewörter – das sind Codewörter mit dem gleichen DSW, aber umgekehrtem Vorzeichen – existieren, mit welchen der DSW vorangegangener Wörter kompensiert werden kann.

10.2.3 Fehlererkennung und Fehlerkorrektur

Da es bei der Übertragung und Speicherung von Daten immer wieder zu Fehlern kommen kann – beispielsweise durch Störimpulse auf Leitungen oder Staubpartikel auf dem Magnetband oder auf der Compact Disc, muß man den reinen Signaldaten weitere Daten hinzufügen. Diese mit Redundanz bezeichneten Daten sollen dazu führen, daß möglichst alle auftretenden Fehler entdeckt und lokalisiert werden; weiß man nämlich, daß die Stelle n des Datenwortes m mit ‹0› falsch ist, kann an dieser Stelle nur die Ziffer ‹1› richtig sein. Dies ist einer der Vorteile des verwendeten binären Zahlensystems.

Da alle Maßnahmen jedoch nur eine begrenzte Kapazität besitzen, darf man weder eine hundertprozentige Fehlererkennung, noch eine hundertprozentige Fehlerkorrektur erwarten. Das bedeutet, daß alle Maßnahmen zur Fehlererkennung und zur Fehlerkorrektur eine „Restfehlerwahrscheinlichkeit" aufweisen. Diese gilt es so klein wie möglich zu halten.

Eine Fehlerkorrektur [10.6, 10.8, 10.14, 10.16] kann aber immer nur erfolgen, wenn ein Fehler bemerkt wird. Deshalb kann die Korrekturkapazität höchstens so groß wie die Fähigkeit zur Fehlererkennung sein. In aller Regel können nicht einmal alle erkannten Fehler korrigiert werden. An dieser Stelle setzt dann die „Fehlerverschleierung" (engl. error concealment) ein. Darunter versteht man das Einfügen eines geschätzten Wertes, wenn ein Abtastwert als falsch und als unkorrigierbar erkannt wird.

Addition modulo 2

Eine bei der Fehlererkennung und Fehlerkorrektur häufig verwendete Rechenoperation ist die „Addition modulo 2": $A + B = C_{mod \cdot 2}$ oder $A \oplus B = C$. Hierbei handelt es sich um eine binäre Addition, die sich durch die folgende Additionstabelle beschreiben läßt:

	A	B	C
$C = A \oplus B$	0	0	0
	1	0	1
	0	1	1
(kein Übertrag)	1	1	0

Im Gegensatz zur binären Addition gibt es hier keinen Übertrag in eine andere Stelle. Vergleicht man die Ergebnisse, wenn man die drei Größen A, B und C in den verschiedenen Variationen modulo 2 addiert, stellt man fest, daß es völlig gleichgültig ist, welche Größe mit welcher addiert wird; das Ergebnis ist immer die dritte Größe, wie aus den ‹0›/‹1›-Folgen der Spalten ersichtlich ist.

	A	C	B
	0	0	0
$B = C \oplus A$	1	0	1
	0	1	1
	1	1	0

	B	C	A
	0	0	0
$A = C \oplus B$	0	1	1
	1	1	0
	1	0	1

Stellt man diese Ergebnisse denen der gewöhnlichen Arithmetik gegenüber, erkennt man, daß die Rechenart Addition mod.2 sowohl Addition als auch Subtraktion verkörpert.

$$A + B = C \quad C = A + B$$
$$B = C - A$$
$$A = C - B$$

Der Grund dafür ist der fehlende Übertrag. Damit bleibt ein Ergebnis auf die Stelle der Berechnung beschränkt.

Prinzipiell kann das Modul jeden beliebigen Wert ‹n› annehmen. Der Wert ‹n› wird damit zur Grundlage eines Zahlensystems, in welchem dann die Ziffern Werte von ‹0› bis ‹n-1› annehmen können. Die Berechnung der Werte erfolgt nach dem Schema

$$m_{mod.n} = m - \text{Ganzzahl}\,(m/n)$$

Mit anderen Worten: eine Zahl mod.‹n› stellt den Rest dar, der bei einer Division der Zahl mit ‹n› übrigbleibt; deshalb heißt diese Disziplin in der Mathematik auch Restklassen-Rechnung.

Beispiel: $8_{mod.3} = 2$ und $11_{mod.3} = 2$. Wie aus dem Beispiel hervorgeht, ist das Ergebnis bezogen auf die Ausgangszahl mehrdeutig. Darin liegt letztlich auch ein Grund für eine Restfehlerwahrscheinlichkeit. Technisch realisieren läßt sich eine Addition mod.2 durch ein Exklusiv-ODER-Gatter.

Polynom

Ein weiterer Begriff, der bei Fehlerkorrekturen eine Rolle spielt, ist das Polynom. Zahlen lassen sich unterschiedlich darstellen. Die gebräuchlichste Darstellungsweise ist eine Folge von Ziffern. Man kann aber auch für jede Stelle das Produkt aus Wertigkeit und Stellenfaktor schreiben. Hierfür ein Beispiel:

$$129$$

$$1 \cdot 100 + 2 \cdot 10 + 9 \cdot 1$$

$$1 \cdot 10^2 + 2 \cdot 10^1 + 9 \cdot 10^0$$

Es entsteht ein vielgliedriger Ausdruck oder Polynom. Ein Polynom kann natürlich in allen Zahlensystemen gebildet werden, so auch für binäre Zahlen:

$$1101_2$$

$$1 \cdot 8 + 1 \cdot 4 + 0 \cdot 2 + 1 \cdot 1$$

$$1 \cdot 2^3 + 1 \cdot 2^2 + 0 \cdot 2^1 + 1 \cdot 2^0$$

Da aber bei Binärzahlen die Wertigkeit nur ‹1› oder ‹0› sein kann, gibt es auch folgende Schreibweise:

$$2^3 + 2^2 + 2^0 \qquad \text{oder} \qquad 2^3 + 2 + 1$$

Will man sich ganz von der Basis lösen, kann man die folgende Schreibweise anwenden:

$$x^3 + x + 1$$

Instrumente der Fehlererkennung und Fehlerkorrektur

Zur Erkennung und zur Korrektur von Fehlern werden hauptsächlich vier Mechanismen eingesetzt:
- die ungewichtete Summe,
- die gewichtete Summe,
- das CRCC-Wort (**C**yclic **R**edundancy **C**heck **C**ode),
- die Codespreizung (interleaving).

Die beiden letzten Maßnahmen bilden zusammen einen Fehlerzeiger, die eigentliche Korrektur erfolgt über die Summenwörter. Häufig werden in der englischsprachigen Literatur die Summenwörter auch mit dem Begriff parity-Wörter bezeichnet. Da sich diese hier eingesetzten Maßnahmen auf eine feste Datenlänge (= Anzahl von Bits) beziehen, werden zunächst einzelne Datenwörter zu einem Block zusammengefaßt. Zu diesem Block werden dann die Summenwörter berechnet und dem Block beigefügt. Nun folgt eine geordnete Verwürfelung der Datenwörter und eine neuerliche Blockbildung. Zu diesen wird nun ein Prüfwort, das sog. CRCC-Wort, berechnet und dem aktuellen Block beigefügt. Der daraus resultierende Datenstrom wird nun aufgezeichnet bzw. übertragen. *Abb. 10/41* zeigt diesen Vorgang am Beispiel des EIAJ-Formates.

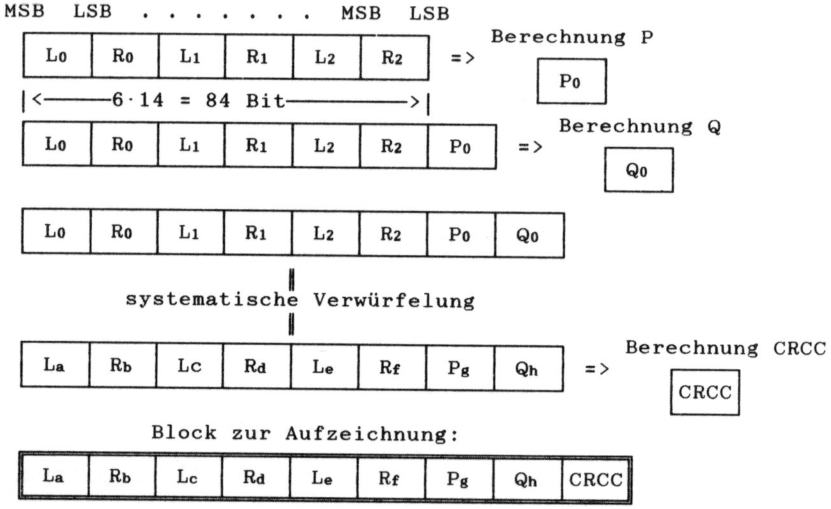

Abb. 10/41. Bildung eines Datenblocks.

Nach der Übertragung wird als erstes das CRCC-Wort ausgewertet, d.h., es wird neuerlich zu dem empfangenen Block, also Daten plus CRCC-Wort, eine CRCC-Berechnung durchgeführt. Ist das Ergebnis dieser Berechnung gleich Null, liegt mit hoher Wahrscheinlichkeit eine fehlerfreie Übertragung vor. Besitzt dieser neuberechnete Wert jedoch eine von Null abweichende Größe, so hat sich in der Übertragung ein Fehler eingeschlichen. Es ergeben sich nun zwei Verfahrensmöglichkeiten: Man kennzeichnet alle Datenwörter einschließlich der Summenwörter als „möglicherweise falsch“ und läßt sie einfach neu berechnen, oder man wertet das CRCC-Wort weiter aus, um den Fehlerort festzustellen.

Wendet man beispielsweise die erstgenannte Methode an, werden die Datenwörter zunächst wieder in ihre ursprüngliche Reihenfolge gebracht – deshalb wurden sie

„geordnet verwürfelt" –, anschließend werden die „möglicherweise falschen" Datenwörter über die Summen-Prüfwörter neu berechnet, also korrigiert.

Ungewichtete Summe, P-Wort

Unter einer ungewichteten oder gleichgewichteten Summe versteht man, daß alle Datenwörter eines Blockes – unabhängig von der Anordnung im Block – mit gleichem Gewicht (nämlich 1 x DW) addiert werden. Addiert man alle gleichen Stellen der Datenwörter eines Blocks „mod.2", entsteht ein sog. „Parity-Wort" oder kurz „P-Wort"; es besitzt die gleiche Stellenzahl wie alle anderen Datenwörter auch.

Beispiel:		
	DW_1	10000101011100
	DW_2	⊕ 00100001010100
	DW_3	⊕ 11110101001011
	DW_4	⊕ 00000000011111
	DW_5	⊕ 11100001011010
	DW_6	⊕ 00001010000001
	PW	10111010000111

Bildet man jetzt aus allen Wörtern dieses Blockes die Summe, also einschließlich des P-Wortes, so erhält man den Wert ‹0›. Diese Summe bezeichnet man auch als „Syndrom".

$$\text{Syndrom} = [\Sigma\,(DW_n, PW)\text{mod.}2 = 00000000000000]$$

$$DW_1 + DW_2 + DW_3 + DW_4 + DW_5 + DW_6 + PW_{\text{mod.}2} = 0 \text{ (Syndrom)}$$

Würde diese Rechnung nicht nach Addition mod.2 durchgeführt, müßte sie folgendermaßen lauten: $DW_1 + DW_2 + DW_3 + DW_4 + DW_5 + DW_6 - PW = 0$.

Solange also kein Fehler auftritt, behält das Syndrom den Wert ‹0›. Treten in einem Datenwort Fehler auf, führen diese an den betreffenden Stellen zu einer ‹1› im Syndrom. Bei Fehlern an derselben Stelle in mehreren Datenwörtern ist das Syndrom die Summe der Fehler „mod.2".

Gewichtete Summe, Q-Wort

Eine gewichtete Summe erhält man, wenn man die einzelnen Summanden mit einem unterschiedlich großen Faktor multipliziert und anschließend diese Produkte addiert. Als Gewichtsfaktor kann man beispielsweise die Datenwortnummer benutzen ($DW_n \rightarrow n \cdot DW_n$). Hierbei entsteht auch wieder ein Prüfwort, Q- Wort genannt, das die gleiche Länge wie ein Datenwort besitzt. Auch hier gilt wieder:

$$1 \cdot DW_1 + 2 \cdot DW_2 + 3 \cdot DW_3 + 4 \cdot DW_4 + 5 \cdot DW_5 + 6 \cdot DW_6 - QW = 0 \text{ (Syndrom)}$$

oder

$$1 \cdot DW_1 + 2 \cdot DW_2 + 3 \cdot DW_3 + 4 \cdot DW_4 + 5 \cdot DW_5 + 6 \cdot DW_6 + QW_{\text{mod.}2} = 0$$

Das Syndrom aus einer gewichteten Summe und dem Q-Wort ist bei fehlerfreier Übermittlung auch wieder ‹0›. Tritt jedoch ein Fehler auf, stellt hier das Syndrom den gewichteten Fehlerbetrag dar ($n \cdot F_n$).

Korrektur mit P-Wort

Bekommt nun die Fehlerkorrektur von der Fehlererkennung durch den Fehlerzeiger den Hinweis, daß in diesem Block DW_4 falsch ist, ergibt sich für das Syndrom S:

$$S = DW_1 \oplus DW_2 \oplus DW_3 \oplus (DW_4 \oplus F_4) \oplus DW_5 \oplus DW_6 \oplus PW$$
$$S = F_4 \oplus DW_1 \oplus DW_2 \oplus DW_3 \oplus DW_5 \oplus DW_6 \oplus PW$$
$$S = F_4$$

da die Summe der fehlerfreien Wörter 0 ergibt. Der Fehler kann dann folgendermaßen korrigiert werden:

	DW_1	10000101011100
	DW_2	⊕ 00100001010100
	DW_3	⊕ 11110101001011
Fehlerzeiger>	DW_4	⊕ 00000000000000
	DW_5	⊕ 11100001011010
	DW_6	⊕ 00001010000001
	PW	⊕ 10111010000111
Syndrom = DW_4		00000000011111

Das durch den Fehlerzeiger als falsch gemeldete Datenwort DW_4 wird ganz zu ‹0› gemacht. Das ergibt jetzt einen Fehler an denjenigen Stellen, an welchen im richtigen DW_4 eine ‹1› stand. Also muß das Syndrom genau an jenen Stellen, an welchen im richtigen DW_4 eine ‹1› stand, auch eine ‹1› aufweisen. Damit ist das Syndrom gleich dem DW_4. Diese Korrekturmethode wird des ersten Schritts wegen auch ERASURE-Methode genannt. Sollten zwei oder mehr Datenwörter als fehlerhaft gemeldet werden, kann nichts mehr korrigiert werden; die Korrekturkapazität dieser Methode ist mit einem fehlerhaften Wort pro Block erschöpft.

Korrektur mit P- und Q-Wort

Mit einem Fehlerzeiger und den beiden Prüfwörtern P und Q lassen sich zwei defekte Datenwörter in einem Block rekonstruieren. Das geschieht dann so:

$$S_1 = DW_1 \oplus DW_2 \oplus DW_3 \oplus DW_4 \oplus DW_5 \oplus DW_6 \oplus PW$$
$$S_2 = 1 \cdot DW_1 \oplus 2 \cdot DW_2 \oplus 3 \cdot DW_3 \oplus 4 \cdot DW_4 \oplus 5 \cdot DW_5 \oplus 6 \cdot DW_6 \oplus QW$$

Ohne Übertragungsfehler ist S_1 und $S_2 = 0$. Zeigt der Fehlerzeiger auf DW_2 und DW_3, kann man die beiden Datenwörter ersetzen durch ($DW_2 \oplus F_2$) und ($DW_3 \oplus F_3$). Daraus ergibt sich:

$S_1 \quad DW_1 \oplus (DW_2 \oplus F_2) \oplus (DW_3 \oplus F_3) \oplus DW_4 \oplus DW_5 \oplus DW_6 \oplus PW$
$S_2 = 1 \cdot DW_1 \oplus 2 \cdot (DW_2 \oplus F_2) \oplus 3 \cdot (DW_3 \oplus F_3) \oplus 4 \cdot DW_4 \oplus 5 \cdot DW_5 \oplus 6 \cdot DW_6 \oplus QW$
$S_1 = \quad F_2 \oplus F_3$
$S_2 = \quad 2 \cdot F_2 \oplus 3 \cdot F_3$

Daraus folgt: $F_2 = 3 \cdot S_1 \oplus S_2$ $\qquad DW_2 = (DW_2 \oplus F_2) \oplus F_2$
$F_3 = S_2 \oplus 2 \cdot S_1$ $\qquad DW_3 = (DW_3 \oplus F_3) \oplus F_3$

Fehlerzeiger

Der Fehlerzeiger setzt sich aus zwei verschiedenen Mechanismen zusammen, aus der Code-Spreizung und aus dem CRCC-Wort.

Code-Spreizung:

Durch die Code-Spreizung (engl. Interleaving) werden die einzelnen Datenwörter nicht mehr in der Reihenfolge ihrer Entstehung angeordnet, sondern nach einem bestimmten Schema umsortiert oder „verwürfelt". Aufeinanderfolgende Datenwörter werden damit weit verstreut auf dem Datenträger aufgezeichnet. Dieser Maßnahme liegt folgender Gedanke zugrunde: Bei der Aufzeichnung auf Magnetband ergeben sich hauptsächlich sog. „Bündel- oder Büschelfehler" – Fehler also, die sich „gebündelt" über den Datenträger erstrecken. Damit durch diese Fehlerstruktur nicht aufeinanderfolgende Datenwörter zerstört werden, verteilt man diese über eine größere Entfernung auf dem Band. Ein solches Schema, wie es unter anderem bei SONY angewendet wird, zeigt *Abb. 10/42*.

ursprünglicher Block:

L_0	R_0	L_1	R_1	L_2	R_2	P_0	Q_0

I => Interleave-Distanz = 48 Datenwörter;

0 · I L_0	1 · I R-48	2 · I L-96	3 · I R-144	4 · I L-192	5 · I R-240	6 · I P-288	7 · I Q-336

Datenwörter mit Versatzindex

Datenblock zur Aufzeichnung:

L_0	R-48	L-95	R-143	L-190	R-238	P-288	Q-336

Abb. 10/42. Interleaving.

Das Beispiel zeigt den ursprünglichen Datenblock, der aus drei Abtastwerten des Linkskanals, drei Abtastwerten des Rechtskanals und den zugehörigen Prüfwörtern P und Q besteht. Die Datenwörter sind noch in der Reihenfolge ihrer Entstehung geordnet; L_0 ist das aktuelle Wort des L-Kanals, L_1 das darauf folgende usw. Dann werden entsprechend der Interleave-Distanz die Datenwörter neu sortiert. Dies erfordert einen Datenspeicher, in welchen die Datenwörter in der Folge ihrer Entstehung eingeschrieben werden. Aus diesem Speicher werden sie anschließend mit den unten gezeigten Indizes ausgegeben und aufgezeichnet. Aufeinanderfolgende Datenwörter sind damit auf dem Tonträger weit auseinandergezogen. Dies reduziert erheblich die Wahrscheinlichkeit, daß mehrere Datenwörter durch denselben Bündelfehler zerstört werden.

CRCC-Wort:

Das CRCC-Wort (**C**yclic **R**edundancy **C**heck **C**ode) ist ein Prüfwort, das zur Gruppe der zyklischen Codes gehört und eine redundante Information darstellt. Zur Berechnung des CRCC-Wortes faßt man den bisherigen Datenblock, bestehend aus 6 Datenwörtern, dem P- und Q-Wort, als eine einzige lange Zahl (Datenpolynom) auf. Diese Zahl wird durch eine bekannte Zahl mit den Eigenschaften einer Primzahl (Generatorpolynom) geteilt. Da die Division „mod. Generatorpolynom" erfolgt, ist das Ergebnis ein Rest (Restpolynom). Zieht man dieses Restpolynom vom Datenpolynom ab, so verbleibt eine Zahl, die bei einer neuerlichen Division durch das Generatorpolynom restfrei teilbar sein muß *(Abb. 10/43)*.

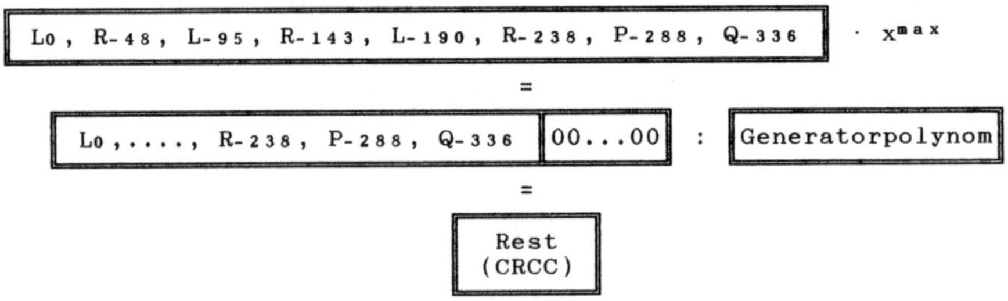

Abb. 10/43. Berechnung des CRCC-Worts.

Das CRCC-Wort stellt diesen Rest dar. Damit nun im endgültigen Block, also der Differenz aus ursprünglichem Datenblock und dem Rest (CRCC-Wort), beide Teile erkennbar bleiben, vergrößert man zunächst den Datenblock um die zu erwartende maximale Stellenzahl $_{x}$max des Restes. Durch die Art, wie das CRCC-Wort ermittelt wird – Division mod. Generatorpolynom –, kann dessen Stellenzahl höchstens die (Stellenzahl des Generatorpolynoms) – 1 annehmen. Anschließend wird der Rest, das CRCC-Wort, abgezogen oder gleichbedeutend „mod.2" hinzuaddiert. *Abb. 10/44* zeigt den endgültigen Datenblock vor der Aufzeichnung.

Bei der Wiedergabe eines Datenblocks wird als erstes das CRCC-Wort ausgewertet, d.h., der komplette Block wird neuerlich durch das Generatorpolynom dividiert. Sollte sich dabei ein Rest ungleich ‹0› ergeben, kann man auf einen Übertragungsfehler schließen. In diesem Fall wird ein sog. „Fehler-Flag-Bit" – der Fehlerzeiger –

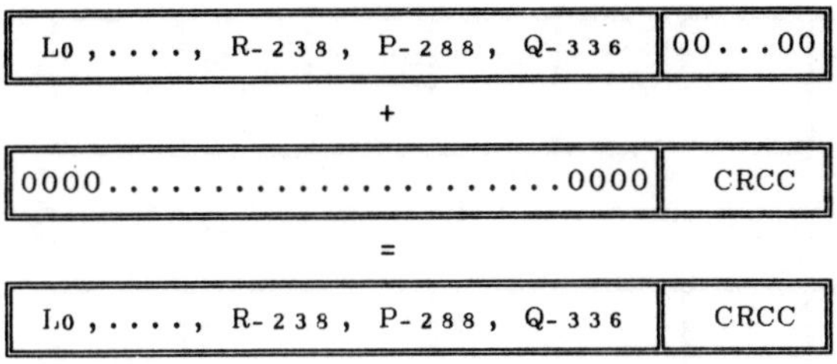

Abb. 10/44. Datenblock mit CRCC-Wort.

gesetzt, welches jedem im Block enthaltenen Wort zugeordnet ist. Damit ist nun jedes Wort des Blockes als „möglicherweise falsch" gekennzeichnet *(Abb. 10/45)*.

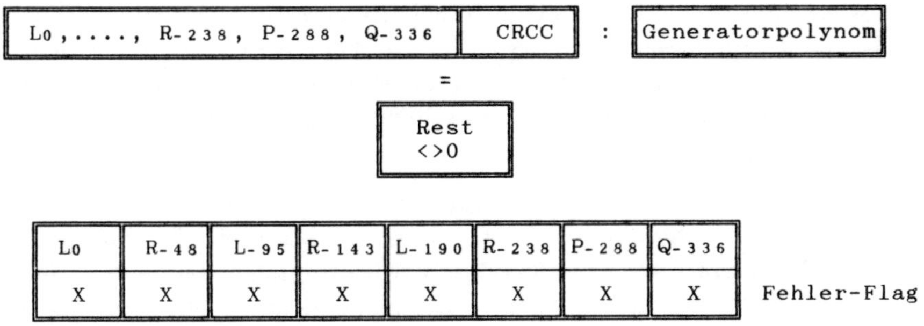

Abb. 10/45. Auswertung des CRCC-Worts.

Nach dieser Auswertung ist das CRCC-Wort überflüssig, es wird entfernt. Jetzt müssen die Daten- und Prüfwörter wieder in ihre ursprüngliche Reihenfolge gebracht werden. Dieser Vorgang wird als „ Deinterleave" bezeichnet. Damit wird jedes dieser Datenwörter in einen Block zurückverlagert, der von dem des jetzigen Nachbarwortes 16 Blöcke entfernt ist (16 Blöcke · 3 Datenworte = 48 Datenwortdistanz); *Abb. 10/46* zeigt ein Beispiel. Aus dem eventuellen Mehrfachfehler in einem Block ist eine Reihe von Einzelfehlerm in verschiedenen Blöcken geworden.

CIRC

Unter der Abkürzung CIRC verbirgt sich eine besondere Fehlerentdeckungs- und -korrekturmaßnahme: der **C**ross-**I**nterleave-**R**eed-Solomon-**C**ode. Diese Codierung wird bei der Compact Disc angewendet.

Im Gegensatz zu den bisherigen Methoden rechnet der Reed-Solomon-Code nicht mit dem einzelnen Bit, sondern er erstreckt sich auf eine ganze Bit-Gruppe, das sog. Symbol. Jedes Symbol stellt dabei ein Element aus einer endlichen Menge von Elementen dar, die mit dem Generatorpolynom als Modul gebildet werden können.

L-142	R-142	L-143	R-143	L-144	R-144	P-142	Q-142	
			X					Fehler-Flag

·
·
·

L -48	R -48	L -49	R -49	L -50	R -50	P -48	Q -48	
	X							Fehler-Flag

Abb. 10/46. Fehlerverteilung nach Deinterleave.

Dabei hat sich eine Symbollänge von 8 Bit (= 1 Byte) als günstig erwiesen. Denn einerseits ergeben zwei Symbole einen 16-Bit-Abtastwert und andererseits verarbeiten fast alle Rechnerbausteine (Chips) die Daten in Byte-Länge, so daß man für die ganzen Berechnungen auf bereits existierende Bausteine zurückgreifen kann. Mit dem Reed-Solomon-Code besitzt man also einen Code, der von sich aus Bündelfehler korrigiert.

Man trennt nun die Datenwörter des Eingangsdatenstroms in „Geradzahlige" und „Ungeradzahlige" und zieht diese weit auseinander, setzt sie in Symbole um und bildet in ähnlicher Form wie oben beschrieben Prüfsummen. Die nun vorliegenden Daten- und Prüfwortsymbole werden anschließend neu sortiert (Codespreizung durch Zeitverzögerung). In einem zweiten Coder werden erneut Prüfsummen dazu berechnet. Abschließend werden die jetzt vorliegenden Symbole nochmals neu zu den endgültigen Aufzeichnungsblöcken geordnet (siehe dazu auch CD-Aufzeichnungsformat 10.2.5). Dieses mehrmalige Umordnen der Symbole hat dieser Codierung die Bezeichnung „cross interleave" verliehen.

Fehlerverschleierung

Die Fehlerverschleierung (Error concealment), auch Fehlerverdeckung genannt, wird angewendet, wenn eine Korrektur von Fehlern nicht mehr möglich ist. Folglich ist es wichtig, auch dann noch eine Fehlererkennung durchzuführen, wenn die Korrekturkapazität überschritten ist. Die Fehlerverschleierung ersetzt prinzipiell das als möglicherweise fehlerhaft bezeichnete Datenwort durch einen Schätzwert. Ein solcher Schätzwert kann unterschiedlich gewonnen werden, man benötigt jedoch immer fehlerfreie Nachbarwerte. *Abb. 10/47* zeigt verschiedene Möglichkeiten der Schätzwertgewinnung.

Die erste vorgestellte Möglichkeit setzt einfach das fehlerbehaftete Wort $DW_n = 0$. Diese Methode hinterläßt einen relativ großen Restfehler *(Abb. 10/47a)*. Die zweite Methode verringert den Restfehler dadurch, daß das defekte Wort DW_n durch das vorhergehende Wort $DW_n = DW_{(n-1)}$ ersetzt wird. Man spricht hier auch von Extra-

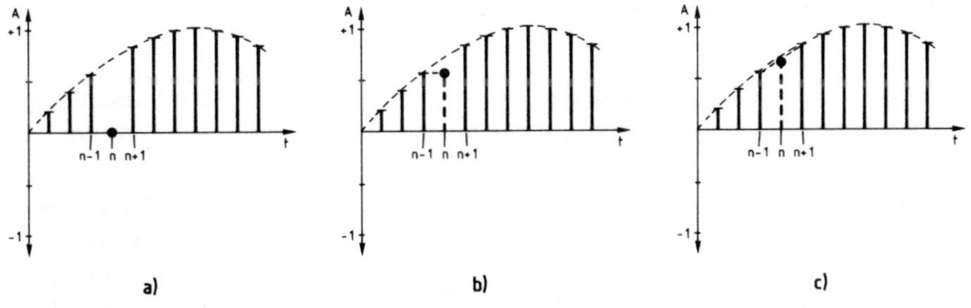

Abb. 10/47. Möglichkeiten der Schätzwertgewinnung.

polation *(Abb. 10/47b)*. Die dritte Methode benutzt die beiden Nachbarwerte des defekten Datenwortes DW_n und bildet aus ihnen einen Mittelwert $[DW_{(n-1)} + DW_{(n+1)}]/2$, der dann statt DW_n eingesetzt wird; es wird also zwischen den benachbarten Werten interpoliert *(Abb. 10/47c)*. Diese Interpolation [10.18] ist relativ einfach, weil sie sich nur auf die beiden unmittelbaren Nachbarwerte bezieht. Es ist aber auch möglich, weiter entfernte Datenwörter paarweise in eine solche Interpolation einzubeziehen, wobei die Nachbarwerte noch nach dem Grad der Nachbarschaft gewichtet werden können. Die Interpolationsmethode liefert die besten Schätzwerte, wenn sich das Signal langsam gegenüber der Abtastfrequenz ändert. Sie versagt jedoch zunehmend mit höher werdender Frequenz des abgetasteten Signals *(Abb. 10/48)*.

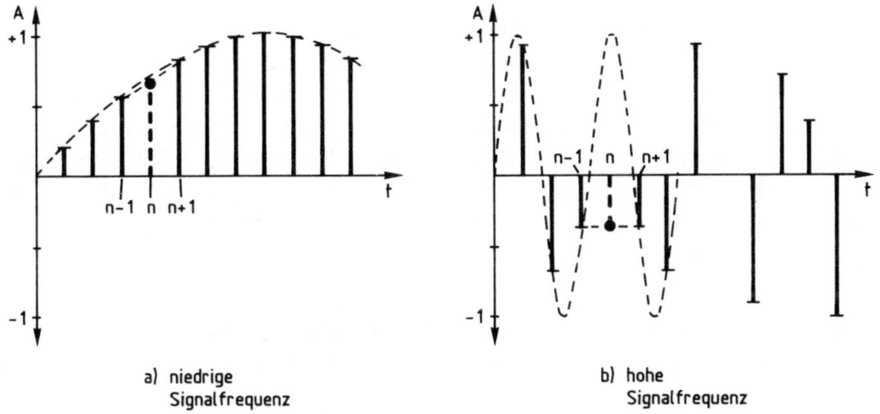

Abb. 10/48. Einfluß der Signalfrequenz auf die Interpolation.

10.2.4 Datenformatierung

Die Datenwörter sind in Abhängigkeit sowohl der datensichernden Maßnahmen als auch der Art der Konservierung in einer bestimmten Reihenfolge und blockweise angeordnet. Diese Anordnung nennt man, Datenformat, die Aufbereitung der Daten zu einem Datenformat heißt Formatierung. Für die verschiedenen Übertragungs- und Aufzeichnungsverfahren werden unterschiedliche Datenformate benutzt; so wird man beispielsweise bei der CD ein anderes Datenformat antreffen, als bei der Bandaufzeichnung durch ein Magnetbandgerät mit rotierenden Köpfen.

Magnetische Aufzeichnung mit rotierenden Köpfen

PCM-F1

Das Datenformat (EIAJ-Standard) des schon öfters genannten Prozessors PCM-F1 (SONY) findet auch beim Prozessor PCM-10 und PCM-100 Verwendung [10.15]. Hierbei werden die Daten als sog. Pseudo-Videosignal mit handelsüblichen Videorecordern auf Video-Kassettenband aufgezeichnet. Das Datenformat muß entsprechend dem genormten analogen Videosignal in einem Raster von Bild- und Zeilenimpulsen (V- und H-Impulse) untergebracht werden.

Da man bei diesem Standard auf Aufzeichnungsgeräte des Consumer-Marktes zurückgreifen wollte, mußte man den drei weltweit bestehenden Farbfernsehnormen NTSC, PAL und SECAM Rechnung tragen. Diese unterscheiden sich hauptsächlich in der Zeilenzahl pro Bild und in der Bildzahl pro Sekunde; deshalb ist der Prozessor entweder für ein Impulsraster von
525 Zeilen/Bild und 30 Bilder/Sekunde (NTSC)
oder 625 Zeilen/Bild und 25 Bilder/Sekunde (PAL/SECAM)
ausgelegt. Diese Unterschiede wirken sich zum einen auf die Takterzeugung aus, denn aus dem Takt werden die verschiedenen H- und V-Impulse abgeleitet, und zum anderen bestimmen sie die Anzahl der Datenblöcke, die pro Halbbild aufgezeichnet werden können. Ein weiterer Unterschied liegt in der Abtastfrequenz. Während sie beim NTSC-Standard 44,056 kHz beträgt, liegt sie beim PAL- und SECAM-Standard bei 44,1 kHz.

Ein kompletter Datenblock (bestehend aus je 3 Datenwörtern des L- bzw. R-Kanals $L_a \ldots R_f$ und den Prüfwörtern P_g, Q_h, CRCC) entspricht bei allen drei Normen dem Inhalt einer Zeile *(Abb. 10/49)*. Daraus resultiert bei NTSC für die 168 Bit einer Zeile die Zeit von 63,49 μs und bei PAL und SECAM die Zeit von 64 μs. Zwischen diesen Zeiten besteht also kaum ein Unterschied, so daß sich für die Bit-Periodendauer derselbe Wert von ca. 0,38 μs annehmen läßt. Eine ‹0› wird dabei durch den Pegel für „Schwarz“ repräsentiert, eine ‹1› durch etwa 60% des Pegels für „Weiß“.

Bei der Anzahl der Datenblöcke je Halbbild gibt es jedoch wieder Unterschiede: Bei NTSC können von den insgesamt 262,5 Zeilen eines Halbbildes 246 zur Daten-

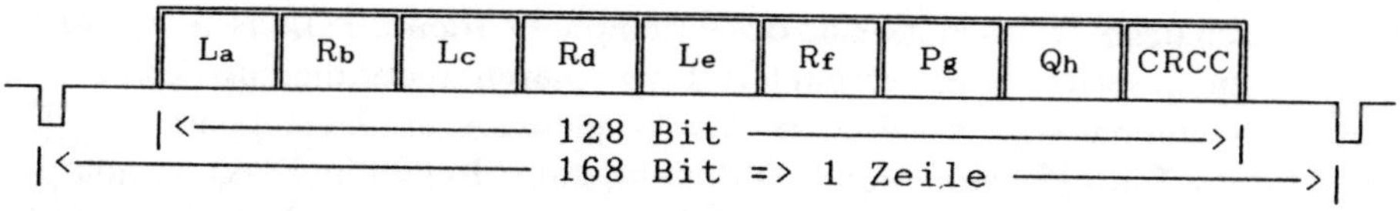

Abb. 10/49. Struktur einer Datenzeile.

speicherung genutzt werden, bei PAL und SECAM sind es dagegen 295 von 312,5 Zeilen *(Abb. 10/50)*. Von den genannten 246 bzw. 295 Zeilen werden 245 bzw. 294 mit Audio-Daten belegt. Die erste Zeile jedes Halbbildes belegt ein sog. Steuerblock.

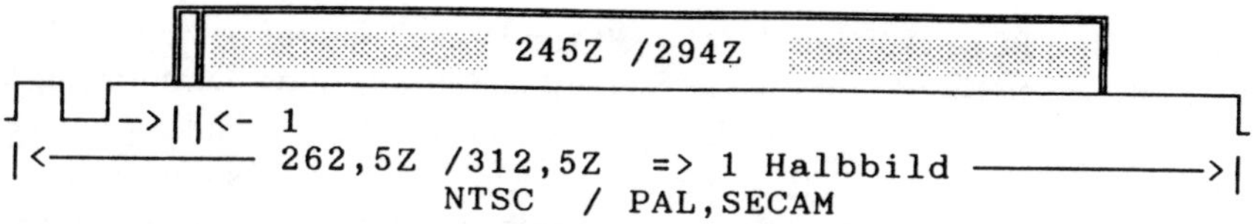

Abb. 10/50. Aufbau des Pseudovideosignals.

Dieser Steuerblock beginnt mit einem 56 Bit langen Synchronmuster, bestehend aus 14 Wiederholungen der Kombination „1100". Darauf folgt ein 14-Bit-Wort, das als Inhaltsverzeichnis gedacht ist, derzeit aber noch nicht benutzt wird; alle 14 Bit stehen deshalb auf „0". Von dem folgenden Adreßwort mit einer Länge von 28 Bit wird zur Zeit ebenfalls noch kein Gebrauch gemacht, vorstellbar wäre z.B. eine Nutzung für ein Schnittsystem. Vom anschließenden 14-Bit-Steuerwort sind derzeit nur die letzten 4 Bit belegt:

- K Kopierschutz-Bit
- P P-Wort Identifikations-Bit
- Q Q-Wort Identifikations-Bit
- E Preemphasis-Identifikations-Bit.

Der gesamte Block wird dann wieder durch ein CRCC-Wort abgesichert *(Abb. 10/51)*.

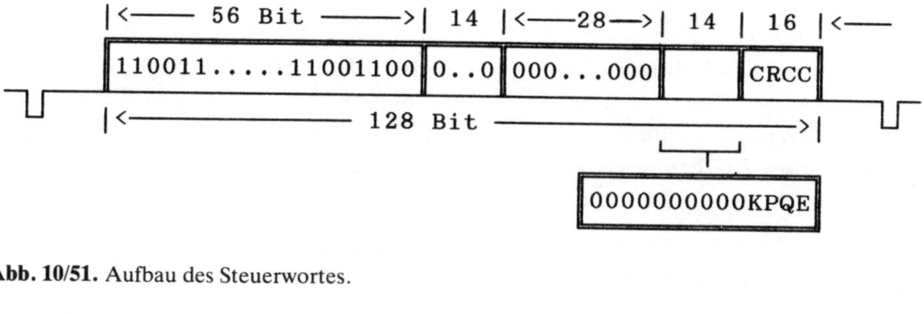

Abb. 10/51. Aufbau des Steuerwortes.

Die Funktion des Kopierschutz- und des Preemphasis-Identifikations-Bits ist offensichtlich: Ein gesetztes K-Bit verhindert das Kopieren in der digitalen Ebene, das gesetzte Preemphasis-Bit schaltet bei der Wiedergabe die Deemphasis ein. Der Grund für das Einfügen von P- und Q-Identifikations-Bits ist im EIAJ-Standard zu suchen. Dieser sieht generell nur eine 14-Bit Aufzeichnung vor. Um auch eine 16-Bit Aufzeichnung zu ermöglichen, änderte SONY das Format dahingehend ab, daß statt eines Q-Wortes ein sog. S-Wort aufgezeichnet wird. In diesem S-Wort befinden sich Bit 15 und 16 der vorangegangenen 6 Datenwörter einschließlich des P-Wortes. Durch das Q-Identifikations-Bit wird der Wiedergabeschaltung die Verwendung des achten Wortes eines Blocks als Q- oder als S-Wort mitgeteilt.

PCM-1610/1630

Die Prozessoren PCM-1610 und PCM-1630 von SONY sind für professionelle Anwendungen, beispielsweise für digitale Schnittbearbeitung und CD-Mastering konzipiert. Sie erzeugen ebenfalls wie der Prozessor PCM-F1 ein Pseudo-Videosignal, das mit U-matic-Videorecordern aufgezeichnet wird. Da die CD einen international einheitlichen Standard besitzt, wünschte man sich auch für die zum Mastern benutzten Aufzeichnungsgeräte ein einheitliches Format. Da bei den Prozessoren PCM-1610/1630 von Anfang an nicht an eine Massenproduktion gedacht war, wurden sie nur nach der NTSC-Fernsehnorm entwickelt.

Eine Zeile umfaßt insgesamt 12 Wörter zu je 16 Bit und ein zusätzliches Skew-Bit *(Abb. 10/52)*. Jeweils 35 Zeilen bilden einen Datenblock, in welchem 105 Abtastwerte aus beiden Stereokanälen und die entsprechenden Prüfwörter enthalten sind.

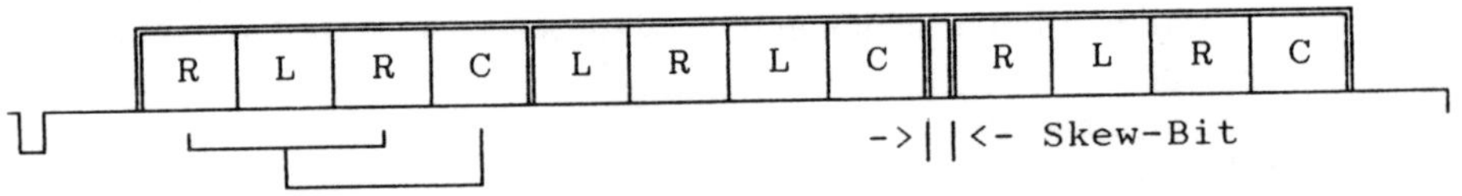

Abb. 10/52. Zeilenaufbau beim Format PCM-1610/1630.

Das Prüfwortschema ist relativ einfach: Je ein Abtastwertepaar (L und R) wird mod.2 addiert und ergibt ein P-Wort. Je drei aufeinanderfolgende Wörter in der Zeile werden über ein CRCC-Wort gesichert.

Über die ersten 11²/₃ Zeilen wird diejenige Hälfte der Abtastwerte aufgezeichnet, die aus den ungeradzahligen Werten des rechten Kanals und den geradzahligen Werten des linken Kanals besteht. In den anschließenden 11²/₃ Zeilen folgen die zugehörigen P-Wörter und in den verbleibenden 11²/₃ Zeilen ist die andere Hälfte mit den geradzahligen Werten des Rechtskanals und den ungeradzahligen Werten des Linkskanals untergebracht *(Abb. 10/53)*.

Pro Halbbild gibt es 7 solcher Blöcke. Damit werden 245 Zeilen eines Halbbildes zur Datenspeicherung genutzt. Die Korrekturkapazität beträgt ein Datenwort aus einer

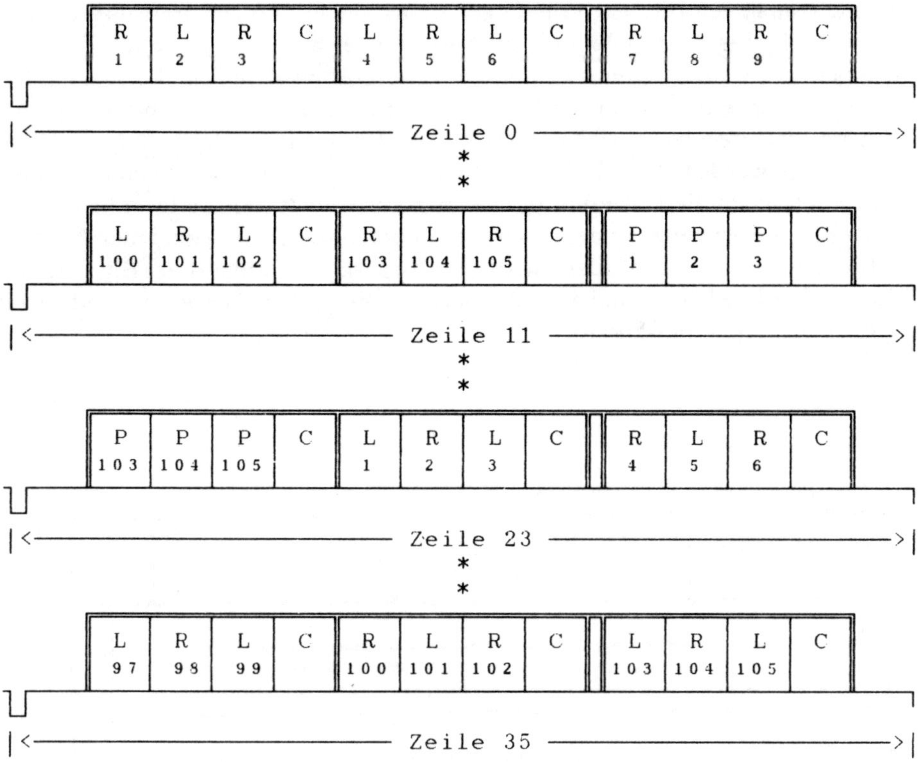

Abb. 10/53. Aufbau eines Blocks bei PCM-1610/1630.

dieser Dreierkombinationen, - RLR - oder - LRL -, wobei das CRCC-Wort bei einem festgestellten Fehler alle drei Wörter als möglicherweise falsch kennzeichnet. Die Korrektur erfolgt dann mit Hilfe des P-Wortes. Die Interleavedistanz dieses Formats beträgt $11^2/_3$ Zeilen; damit ist für Dropouts mit einer maximalen Länge von $11^2/_3$ Zeilen noch eine Korrektur gewährleistet.

Eine besondere Bedeutung hat das Skew-Bit: Da es in jeder Zeile als 192-tes Bit einmal auftritt, besitzt jeder Block 35 solcher Bits. Sie geben Auskunft über die eventuell benutzte Preemphasis und die verwendete Abtastfrequenz *(Tab. 10/1)*.

Tab. 10/1. Funktionen des Skew-Bits.

Bit 1 L	Preemphasis	ein
H	Preemphasis	aus
Bit 2 L	Abtastfrequenz	44,1 kHz
H	Abtastfrequenz	44,056 kHz
Bit 3	nicht definiert	
...	...	
Bit 35	nicht definiert	

Neben den analogen Ein- und Ausgängen besitzen diese Prozessoren auch digitale Ein- und Ausgänge. An jedem dieser Ausgänge (L bzw. R) stehen die Daten in einem dem AES/EBU-Format konformen Datenformat seriell zur Verfügung. Parallel dazu führt eine gesonderte Leitung das Taktsignal mit der Abtastfrequenz. Die Abtastperiodendauer wird unterteilt in 32 Bit-Taktperioden, die auch Time-Slots genannt werden. Von den ersten 20 Slots, die für Übertragung eines Abtastwertes vorgesehen sind, werden bislang nur 16 benützt. Bit 21 bis 28 sind sog. „User"-Bits, deren Nutzung dem Anwender überlassen bleibt – mit einer Ausnahme: Im ersten Wort eines jeden Blocks verkörpern sie 8 Steuerbits. Bit 29 kennzeichnet den Blockbeginn und weist damit Bit 21 bis 28 als Steuerbits aus. Bit 30 mit 32 dienen der Synchronisation.

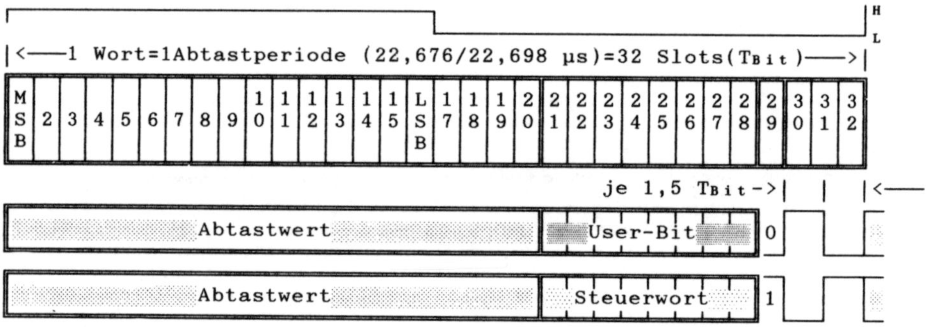

Abb. 10/54. Aufbau eines Datenworts.

Zur Synchronisation verwendet man nicht, wie sonst üblich, reservierte Bitfolgen, sondern man verstößt bewußt gegen die Codierregel und erzeugt damit ein Erkennungszeichen. Da die Daten noch NRZ(L) moduliert werden, ist nach der Codierregel ein Potentialwechsel immer nur an der Grenze der Bit-Taktperioden möglich. Hier wird durch einen Wechsel innerhalb einer Bit-Taktperiode eine klare Codeverletzung herbeigeführt, die das Ende eines Datenwortes anzeigt. Zusätzlich wird in Abhängigkeit von Bit 29 die Polarität dieses „Synchron"-Impulses geändert. *Abb. 10/54* zeigt den Aufbau des gesamten Datenworts, den Aufbau des Steuerworts am Anfang jedes Blocks zeigt *Abb. 10/55*.

Ein kompletter Datenblock *(Abb. 10/56)* setzt sich aus 256 Datenwörtern zusammen. Er dauert je nach Abtastfrequenz 5,805 ms bzw. 5,81 ms.

RDAT

Die Abkürzung RDAT steht für **R**otary Head **D**igital **A**udio **T**ape (-Recording). Weshalb wird in der Kurzbezeichnung für dieses neue Format ausdrücklich auf die

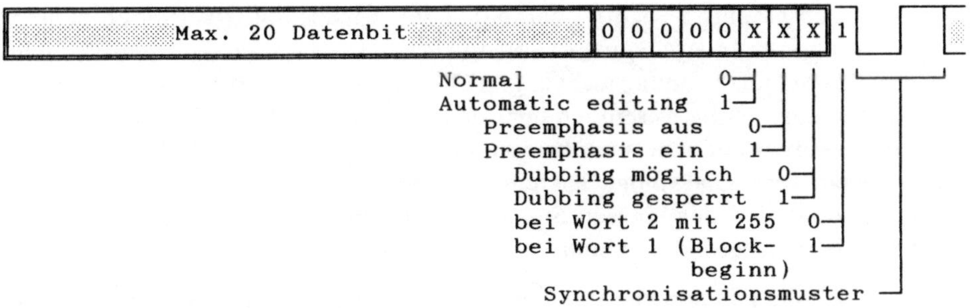

Abb. 10/55. Aufbau des Steuerworts.

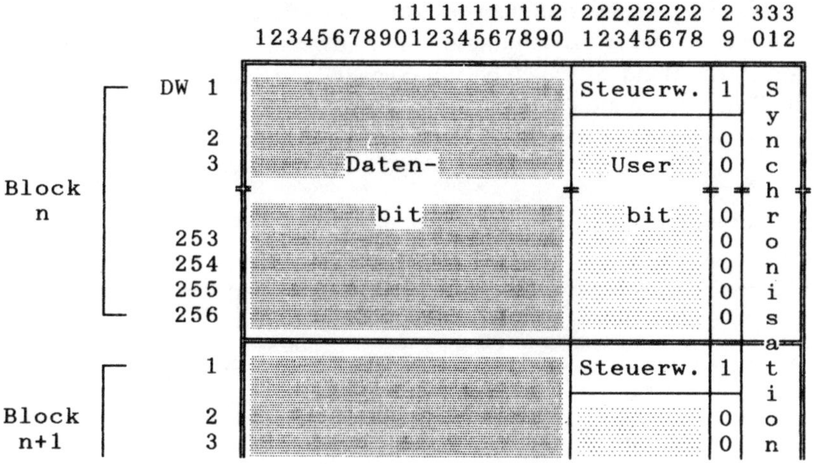

Abb. 10/56. Blockstruktur der digitalen Aus- und Eingänge des Prozessors PCM-1610/1630.

Aufzeichnung durch rotierende Köpfe hingewiesen, benützen die bisher beschriebenen Formate zur Aufzeichnung doch ebenfalls Maschinen mit rotierenden Köpfen, nämlich handelsübliche VTRs (**V**ideo **T**ape **R**ecorder)?

Zunächst baute man PCM-Prozessoren, die ein Audiosignal in ein PCM-Signal umwandelten. Da ein solches PCM-Signal gegenüber dem Audiosignal eine relativ hohe Bandbreite besitzt, suchte man nach bereits bestehenden Geräten, die eine hohe Frequenzbandbreite aufzeichnen konnten und fand sie in den Video-Recordern. Dies wiederum machte es nötig, daß die Daten zeitkomprimiert in einem Raster von Video-Synchronimpulsen eingelagert wurden (Pseudovideo-Signal). Damit hatte man professionellen Anwendern digitale Aufzeichnung in ihrem Bereich ermöglicht.

Es war zunächst weniger wichtig, daß dabei ein Aufzeichnungsverfahren benutzt wurde, das für eine andere Signalart konzipiert und deshalb den Anforderungen an eine reine Audioaufzeichnung nicht angepaßt war: Die Frequenzbandbreite der Videorecorder liegt häufig wesentlich über den für reine Audiozwecke notwendigen Werten. Außerdem braucht man keinen Störabstand von $\geq$ 40 dB, um eine Aufzeichnung binärer Signale möglichst fehlerlos wiederzugeben. Schließlich ergibt die Frequenzmodulation der binären Signale vor der eigentlichen Aufzeichnung auf Band auch keinen besonderen Sinn.

Nachdem sich die Digitaltechnik erfolgversprechend anließ, man also einen Markt für digitale Speichergeräte sah, führten die oben beschriebenen Überlegungen zu einem kompromißlos auf Audiozwecke ausgelegten neuen Konzept. Dazu mußte natürlich auch ein neues Datenformat entwickelt werden. Der Gewinn liegt in einer wesentlich verbesserten Ausnutzung des Tonträgers. Dies schlägt sich in einer höheren Speicherdichte des Aufzeichnungsmediums nieder, oder anders ausgedrückt, in einem geringeren Bandverbrauch bei einer gegebenen Spielzeit. *Tab. 10/2* und *10/3* fassen die Daten zusammen.

Tab. 10/2. Betriebsarten bei Aufnahme/Wiedergabe im RDAT-Format.

	Grundversion	Option 1	Option 2	Option 3	
Kanäle	2	2	2	2	
Abtastrate	48	32	32	32	kHz
Quantisierung	16	16	12*	12*	Bit
Subcode-Kapazität	273,1	273,1	136,5	273,1	kBit/s
Bandgeschwindigkeit	8,15	8,15	4,075	8,15	mm/s
Bandspielzeit	120	120	240	120	Min

*nichtlineare Quantisierung

Tab. 10/3. Betriebsarten bei Wiedergabe bespielter Bänder im RDAT- Format.

Kanäle	2	2	
Abtastrate	44,1	44,1	kHz
Quantisierung	16	16	Bit
Subcode-Kapazität	273,1	273,1	kBit/s
Bandgeschwindigkeit	8,15	12,225	mm/s
Bandspielzeit	120	80	Min

Aufzeichnung:

Für die Aufzeichnung wird einheitlich ein Kassettenband mit 60 m Länge verwendet; die Bandbreite beträgt 3/20″ oder 3,81 mm, sie entspricht damit dem Compact-Cassette-Standard. Der überaus geringe Bandverbrauch ist nur möglich, weil die Spuren auf dem Band sehr schmal sind und ohne Abstand nebeneinander liegen. *Tab. 10/4* zeigt die wichtigsten Abmessungen der Aufzeichnung.

Tab. 10/4. Abmessungen der Aufzeichnung im RDAT-Format.

Spurlänge	23,501 mm
Spurbreite	13,59 μm
Spurwinkel	6° 22′ 59,5″
Kopfbreite	20,4 μm
Azimutwinkel der Köpfe	±20°

Die Tatsache, daß die Breite der Köpfe größer ist als die Breite der Spuren auf dem Band, mag zunächst verwirren. Der Grund ist einfach: Die Spuren werden überlappend aufgezeichnet. Dies ist ein Verfahren, das bei der Aufzeichnung von analogen Tonsignalen niemals angewendet werden könnte, da ein nicht mehr akzeptables Übersprechen die Folge wäre. Dem Übersprechen begegnet man bei der digitalen Aufzeichnung im RDAT-Format dadurch, daß nebeneinanderliegende Spuren abwechselnd mit unterschiedlicher Schrägstellung des Kopfspalts (Azimutwinkel) von ±20° gegenüber der Senkrechten aufgezeichnet werden; der Kopf für Spur A hat einen Azimutwinkel von +20°, Spur B zeichnet ein anderer Kopf mit einem Azimutwinkel von −20° auf. Wird eine Spur A vom Kopf A abgetastet, ergibt sich eine ungedämpfte Wiedergabe, da Aufzeichnung und Kopf die gleiche Schrägstellung haben. Für die Spur B aber, deren Aufzeichnung gegenüber dem Kopfspalt A einen Winkel von 40° einnimmt, ergibt sich eine starke Dämpfung höherer Frequenzen durch die sich zu niedrigeren Frequenzen verlagernde Spaltfunktion.

Auf der sogenannten Kopftrommel befinden sich also mindestens zwei um 180° versetzte Köpfe, es können jedoch auch vier Köpfe in der Reihenfolge A–B–A–B, jeweils um 90° versetzt, angeordnet sein. Da die Achse der Kopftrommel nicht senkrecht zur Bandlaufrichtung, sondern leicht geneigt dazu steht, ergeben sich zusammen mit dem vorbeilaufenden Band schräge Spuren. Da man die Spuren ohne Abstand nebeneinander schreibt, erreicht man hiermit die höchstmögliche Bandausnutzung.

Durch diese Aufzeichnungsweise stellt sich aber ein anderes Problem ein, nämlich das der präzisen Spurhaltung. Bei der Abtastung des Bandes muß die Zuordnung der Köpfe zu den Spuren genau der Zuordnung bei der Aufnahme entsprechen. Ein präziser Spurlauf läßt sich nur erreichen, wenn eine der Größen – Bandgeschwindigkeit oder Kopftrommel-Drehzahl – nach der jeweils anderen geregelt wird (**A**utomatic **T**rack **F**indung, ATF). Beim RDAT-Format bleibt die Kopftrommel-Drehzahl konstant und die Bandgeschwindigkeit wird über die Capstan-Drehzahl nachgeregelt. Die dazu benötigte Information wird in Form von Pilotfrequenzblöcken (f_1 = 130,67 kHz) in den Spuren selbst mit aufgezeichnet.

Der Aufzeichnungsort dieser Blöcke in den Spuren wird dabei so gewählt, daß sie in den drei gleichzeitig überstrichenen Spuren, nämlich in der aktuellen Spur und in den beiden Nachbarspuren, bei der Wiedergabe der aktuellen Spur zeitlich nacheinander auftreten. Bewegt sich der Abtastkopf genau in der Mitte auf seiner Spur, tastet er außer dieser auch noch die beiden benachbarten Spuren teilweise mit ab. Das Ergebnis ist, daß die nacheinander auf den Nachbarspuren erscheinenden Pilotfrequenzabschnitte gleich große Pegel in diesem Kopf erzeugen *(Abb. 10/57a)*. Weicht nun der Kopf von der aktuellen Spur ab, erscheint der Pilotfrequenzblock der in der Abweichung liegenden Nachbarspur mit höherem Pegel als der der anderen Nachbarspur. Aus dem Verhältnis der Spannungen wird eine Stellgröße gewonnen, die den Bandvorschub über den Capstan nachregelt und damit den Kopf auf seiner Spur hält *(Abb. 10/57b)*.

Um zu erkennen, zu welcher Spur ein Pilotsignal gehört, zeichnet man zusätzlich in den Spuren Kennfrequenz-Impulse auf, in den A-Spuren mit einer Frequenz von f_2

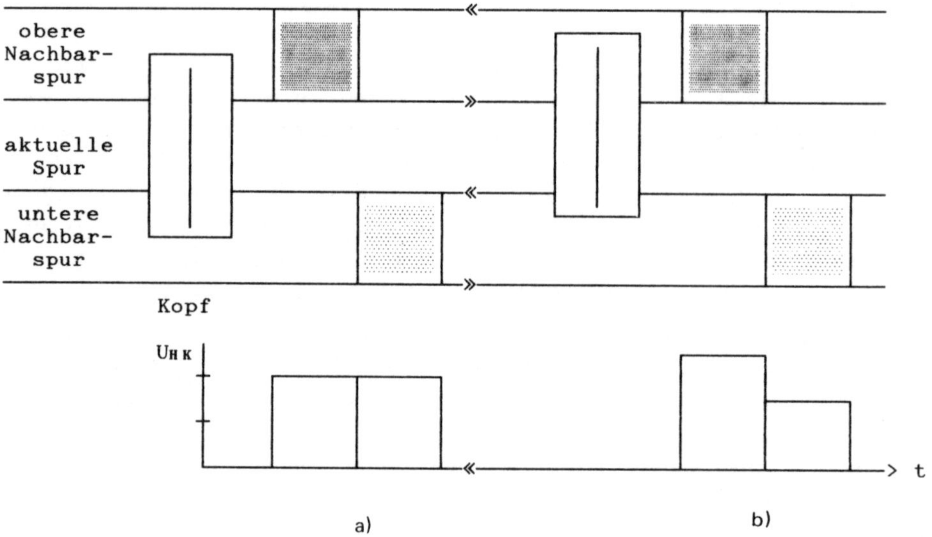

Abb. 10/57. Prinzip der Spurhaltung im RDAT-Format.
a. Kopf in Spurmitte,
b. Kopf weicht ab

= 522,67 kHz, in den B-Spuren von f_3 = 784,00 kHz *(Abb. 10/58)*. Diese Kennfrequenz-Impulse werden zu Schaltspannungen verarbeitet, die entsprechende elektronische Schalter so steuern, daß die Spannungen aus den Pilotfrequenzblöcken einer Vergleicherschaltung zum richtigen Zeitpunkt zugeführt werden (Prinzip der Klemmung).

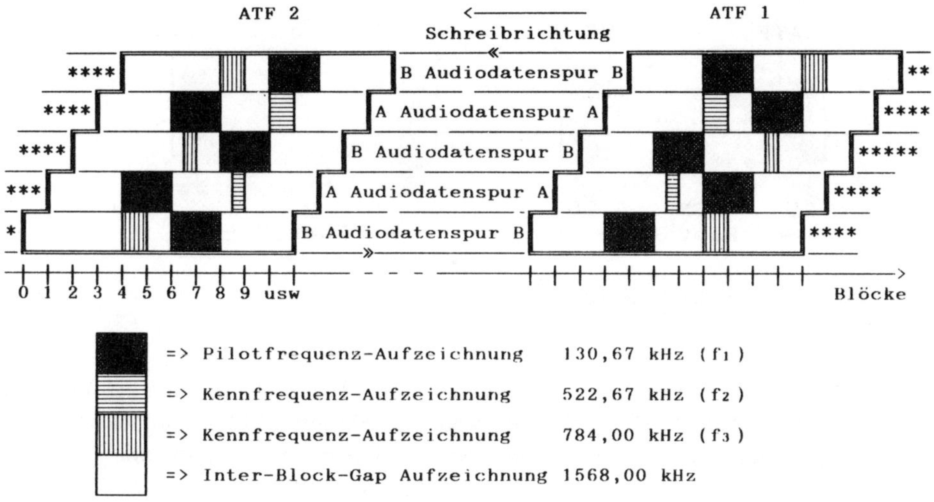

Abb. 10/58. Anordnung der ATF-Frequenzmuster.

Das Problem der Kopf/Spur-Zuordnung (Spur A – Kopf A, Spur B – Kopf B) wird durch die Wahl der Frequenzen für f_1, f_2 und f_3 gelöst. Während die Pilotfrequenzblöcke aufgrund der „relativ" niedrigen Frequenz von ca. 130 kHz von der Dämpfung durch die Spaltfunktion verschont bleiben und von beiden Köpfen gelesen werden können, unterliegen die Kennfrequenzen f_2 und f_3 schon einer starken Dämpfung durch den Azimutwinkel des Kopfspaltes, so daß nur der zur Spur gehörende Kopf die Steuersignale abtasten kann.

Weiterhin muß sichergestellt sein, daß auch bei einem bereits benutzten Band die alte Aufzeichnung gelöscht wird. Gelöscht wird jedoch nicht wie in der Analogtechnik mit einem stationären Löschkopf, der das Band über die gesamte Breite löscht, vielmehr wird nur die alte Aufzeichnung überschrieben. Dazu zeichnet man in den Lükken zwischen den Blöcken (**I**nter**b**lock **g**ap) eine Frequenz von f_4 = 1,57 MHz auf.

Alle diese Frequenzen werden der Einfachheit halber durch Frequenzteilung aus der Bit-Taktfrequenz (channel frequency, f_{ch}) von 9, 408 MHz abgeleitet ($f_1 = 1/72 \cdot f_{ch}$, $f_2 = 1/18\ f_{ch}$, $f_3 = 1/12 \cdot f_{ch}$, $f_4 = 1/6 \cdot f_{ch}$).

Um das RDAT-System möglichst universell und zukunftssicher zu gestalten, ist auch eine Aufzeichnung von Zusatzinformationen (Subcodes) vorgesehen. Insgesamt können 273,1 kBit/s aufgezeichnet werden, das ist 4,5 mal soviel wie bei der CD. Die Zusatzinformationen liegen vor und hinter den Audiodaten und besitzen jeweils eine Länge von 8 Blöcken *(Abb. 10/59)*. Die Aufzeichnung der Zusatzdaten kann dabei auch zeitlich getrennt von der Aufzeichnung der Audiodaten vorgenommen werden.

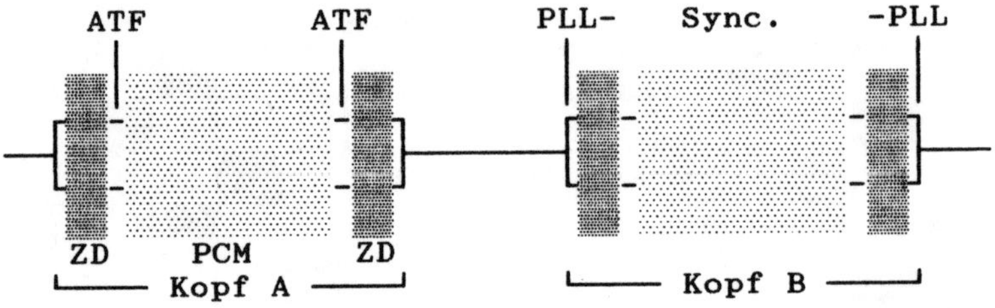

Abb. 10/59. Anordnung der Zusatzdaten (Subcodes).

Die Grundeinheit, in welcher alle Längenangaben beim Spurschema erfolgen, ist der Datenblock. Ein PCM-Block einer Spur besteht aus 128 Datenblöcken, jeder Zusatzdatenblock (ZD) besitzt 8 solcher Blöcke. Die dazwischenliegende ATF-Zone nimmt jeweils 5 dieser Blocklängen ein. Daraus resultiert das in *Abb. 10/60* dargestellte Spurschema für die RDAT-Aufzeichnung.

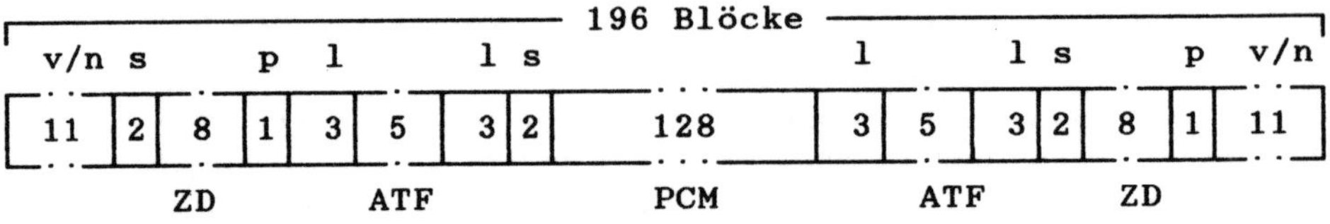

v/n	Vor- bzw. Nachspann	(Margin	$1/2 \cdot f_{ch}$)
s	Bittakt-Synchronisation	(PLL	$1/2 \cdot f_{ch}$)
p	Abschluß-Kennung	(postamble	$1/2 \cdot f_{ch}$)
l	Blocklücke	(Interblock gap	$1/6 \cdot f_{ch}$)

Abb. 10/60. Spurschema des RDAT-Formats.

Die Aufzeichnung spezieller Blocklücken (IGB) wird nötig, um eine getrennte Aufnahme und Bearbeitung von Audiodaten und Zusatzdaten zu ermöglichen. Diese IGB-Aufzeichnungen dienen dabei als Trennung zwischen den benachbarten Datengruppen.

Datenformat:

Abb. 10/61 zeigt den Aufbau eines Datenblocks. Er besteht aus 288 Datenbits, die wie gezeigt zugeordnet sind. Da bei RDAT ein ‹8/10› Gruppencode (Wörterbuchphilosophie ähnlich EFM) aufgezeichnet wird, bei welchem 8 Datenbits durch 10 Kanalbits dargestellt werden, führen die 288 Datenbits zu 360 Kanalbits.

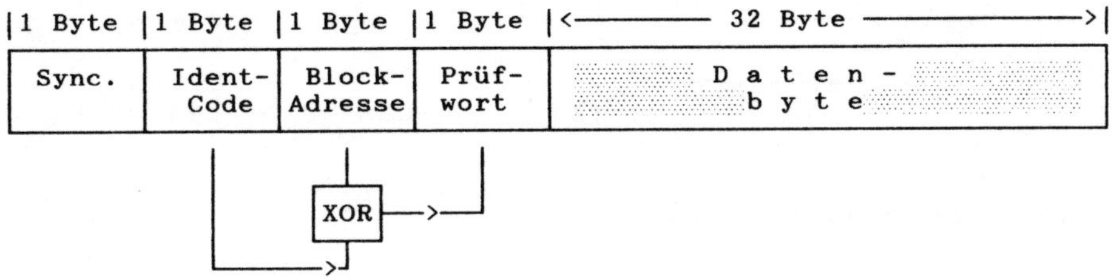

Abb. 10/61. Blockstruktur des RDAT-Formats.

Das Synchronisationsbyte dient zur Erkennung des Blockanfangs (Block- oder Rahmensynchronisation); die Bit-Taktsynchronisation ist bereits durch eigens dafür vorgesehene Abschnitte vor den Zusatzdatenblöcken bzw. den PCM-Blöcken erfolgt. Die Synchronisationsmuster des Synchronisationsbytes sind nur in der Kanalbit-Ebene definiert *(Abb. 10/62)*, ihnen stehen keine zugehörigen Muster in der Datenebene gegenüber.

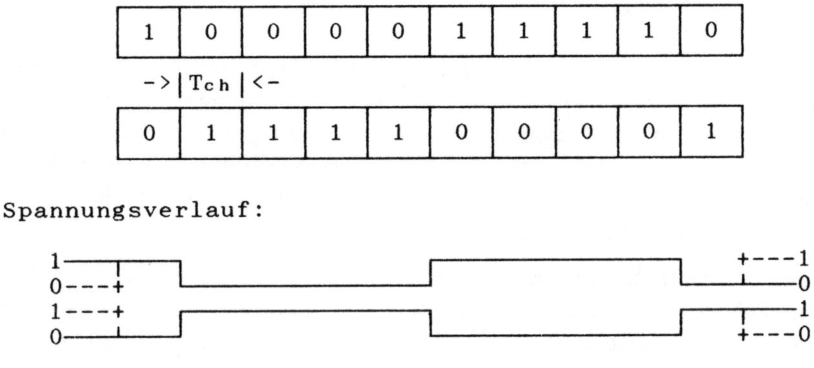

Abb. 10/62. Synchronisationsmuster.

Das Byte der Blockadresse definiert mit seinem ersten Bit (MSB) die Art des Blokkes. Bit 1 = 0 heißt, dieser Block ist ein Audiodatenblock. In diesem Fall sind die restlichen 7 Bit als Adreßnummer für den folgenden Block zu interpretieren; mit 7 Bit können 128 verschiedene Blöcke benannt werden. Bit 1 = 1 dagegen bedeutet, daß es sich um einen Zusatzdatenblock handelt. In diesem Fall geben die letzten 4 Bit die Blocknummer an *(Abb. 10/63)*.

0	Ad1	Ad2	Ad3	Ad4	Ad5	Ad6	Ad7	Audiodatenblock 0...127
1				Ad1	Ad2	Ad3	Ad4	Zusatzdatenblock 0...16

Abb. 10/63. Aufbau des Blockadressen-Byte.

Die PCM-Daten stellen die Abtastwerte aus dem Audiosignal dar, einschließlich der Prüfwörter zur Datensicherung. Die Anordnung der Daten ist, verglichen mit anderen Formaten, nicht mehr ganz so einfach. Die Maßnahmen zur Datensicherung sind jedoch denen anderer Formate vergleichbar:

Die vom Wandler ausgegebenen Datenwörter werden einem Speicher von insgesamt 8 kByte zugeführt, 4 kByte für jede Spur. Dieser Speicherplatz von 4 kByte ist verteilt auf 128 Spalten mit je 32 Zeilen. Eine Speicherzelle, das ist der Kreuzungspunkt einer Spalte mit einer Zeile, besitzt die Größe von 1 Byte. Da die Datenwörter 16 Bit umfassen, belegt jeder Abtastwert im Speicher zwei Plätze. Man bezeichnet die beiden Hälften des Abtastwertes als Symbole oder, ähnlich wie in der Rechnertechnik, auch als Low-(LSB, B2, B3,...,B7) und High-Byte (B8,B9,...MSB) *(Abb. 10/64)*.

Durch entsprechendes Einschreiben der Daten in den Speicher erhält man beim Auslesen der Information aus dem Speicher eine Anordnung von Daten, bei der auf dem Band in der Spur A (Azimut +20°) die geradzahligen Datenwörter des linken Kanals mit den ungeradzahligen des rechten Kanals kombiniert sind, in der Spur B (Azimut −20°) dagegen die geradzahligen Datenwörter des rechten Kanals mit den ungeradzahligen des linken Kanals *(Abb. 10/65)*.

Zwischen den Datenwörtern des linken und rechten Kanals befinden sich dann jeweils die Prüfwörter. Diese Verteilung der Daten läßt selbst im Fall unkorrigierbarer Fehler, den ein verschmutzter Kopf oder ein Dropout in einer Hälfte des Bandes verursacht, noch eine Fehlerverschleierung zu *(Abb. 10/66)*.

In *Abb. 10/66a* werden durch den verschmutzten Kopf die Datenwörter [R_{gerade} und $L_{ungerade}$] zerstört. Diese können aber durch eine Interpolation aus den richtigen Datenwörtern [L_{gerade} und $R_{ungerade}$] ersetzt werden. Bei *Abb. 10/66b* zerstört der Dropout abwechselnd die geradzahligen Datenwörter aus dem linken und rechten Kanal, so daß hier eine Interpolation aus [R_{gerade}, L_{gerade} ...] möglich ist.

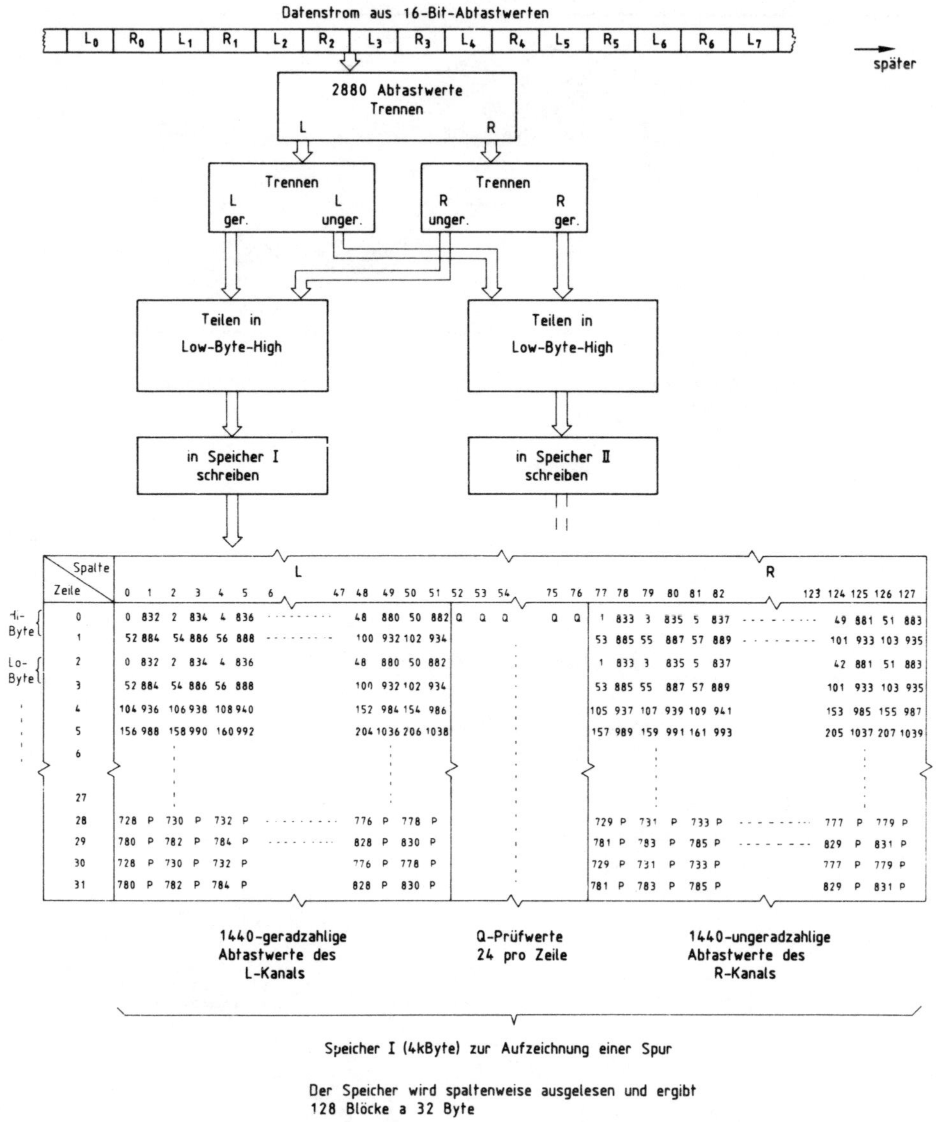

Abb. 10/64. Datenverteilung im Speicher.

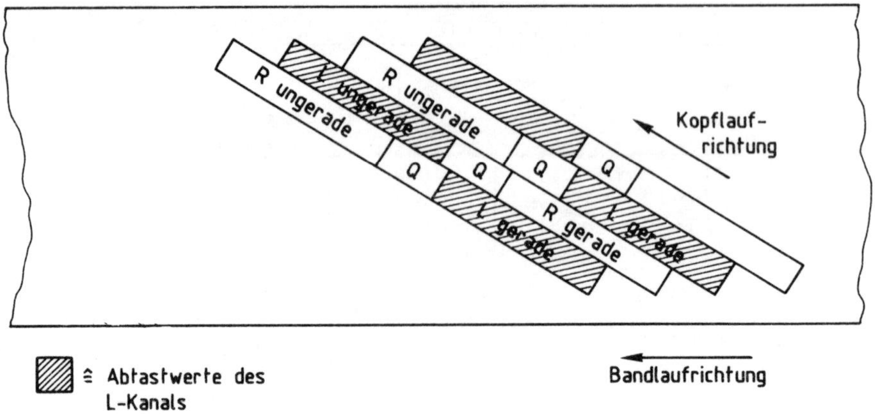

Abb. 10/65. Datenaufteilung in den Spuren A und B.

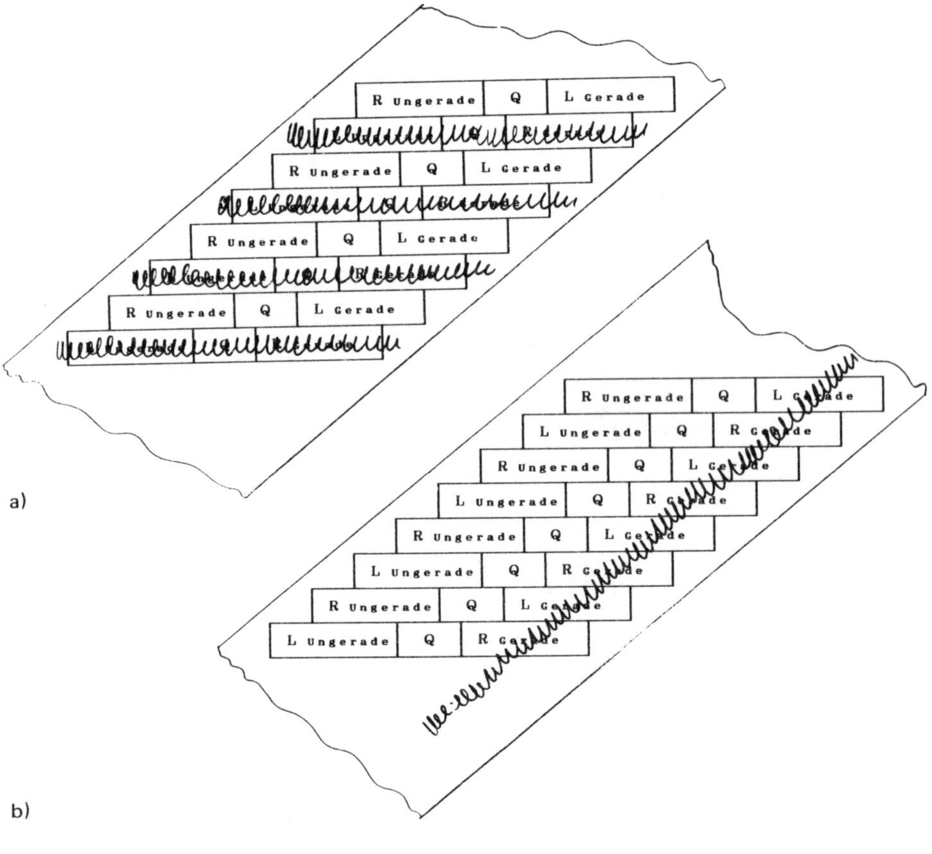

Abb. 10/66. Datenausfall durch a. verschmutzten Kopf, b. Dropout des Bandes.

Magnetische Aufzeichnung mit feststehenden Köpfen

DASH

Die Abkürzung DASH steht für **D**igital **A**udio(tape recorder with) **S**tationary **H**ead, bezeichnet also eine digitale Magnetbandaufzeichnung mit feststehenden Köpfen. Unter der Bezeichnung DASH ist eine ganze Familie ähnlicher Aufzeichnungsformate zusammengefaßt, die sich in der Spurenzahl und Breite des Bandes, in der Bandgeschwindigkeit und in der Abtastfrequenz unterscheiden.

DASH-Versionen:

Zunächst etablierte sich ein Aufzeichnungsformat, das auf 1/4″ breitem Band nur 8 Datenspuren und insgesamt 4 analoge Hilfsspuren bzw. auf 1/2″ breitem Band nur 24 Datenspuren und ebenfalls 4 analoge Hilfsspuren aufwies. Dies war bedingt durch den konventionellen Aufbau der Köpfe. Erst mit dem Einsatz von Dünnschichtköpfen wurden auch größere Spurdichten möglich; man benannte daher das Format mit einfacher Spurdichte DASH I, das Format mit doppelter Spurdichte DASH II. Der Zusatz Q danach steht für 1/4″-Band (Quaterinch) mit 16 Datenspuren. Der Zusatz H steht für 1/2″-Band (Halfinch) mit 48 Datenspuren. Die Spurgeometrie ist bei DASH II so gewählt, daß auch im Standard DASH I bespielte Bänder wiedergegeben werden können.

Nach der verwendeten Bandgeschwindigkeit unterscheidet man die DASH-Versionen F, M und S für die Bandgeschwindigkeiten Fast, Medium und Slow. Dabei beträgt Slow 1/4 und Medium 1/2 der Geschwindigkeit von Fast. Die Bandgeschwindigkeit kann erniedrigt werden, wenn die Daten nicht nur in einer Spur aufgezeichnet, sondern auf mehrere Spuren über die Bandbreite verteilt werden; eine Halbierung der Geschwindigkeit macht eine Verdopplung der Datenspurzahl notwendig.

Eine weitere Variante ist Twin-DASH: Hier werden die Datenspuren doppelt aufgezeichnet. Schließlich kann DASH mit den drei Abtastfrequenzen 32 kHz, 44,1 kHz und 48 kHz arbeiten. Ursprünglich war anstelle von 48 kHz eine Abtastfrequenz von 50,4 kHz vorgesehen, man gab aber dann der niedrigeren Frequenz wegen des einfacheren Teilungsverhältnisses mit 32 kHz den Vorzug. *Tab. 10/5* zeigt die verschiedenen Betriebszustände.

Das bespielte Band stellt bei der Wiedergabe aus diesen DASH-Versionen automatisch den richtigen Betriebsmodus an der Maschine ein; dafür wird eine entsprechende Steuerspur mitaufgezeichnet. Die Steuerspur ist in eine Blockstruktur gegliedert, bei der ein Steuerblock – hier Sektor genannt – die vierfache Länge eines Datenblocks besitzt. Innerhalb eines Sektors befindet sich ein Statuswort, das die Angaben über Abtastfrequenz, Bandgeschwindigkeit und Bandbreite trägt *(Abb. 10/67)*. Außerdem enthält das Statuswort noch eine Sektoradresse von 28 Bit, die, binär codiert, sich fortlaufend erhöht. Sie kann für einen Autolocator oder zur Synchronisation anderer Laufwerke benutzt werden. Wenn sich die Adresse

Tab. 10/5. DASH-Versionen.

Bandbreite	Q	(Quaterinch)	1/4″
	H	(Halfinch)	1/2″
Bandge-schwindigkeit	F	(Fast)	38,1 cm/s
	M	(Medium)	19,05 cm/s
	S	(Slow)	9,5 cm/s
Dichte	I		einfache Spurdichte
	II		doppelte Spurdichte
Abtastrate			32 kHz
			44,1 kHz
			48 kHz
Normal	einfache Aufzeichnung der Datenspuren		
Twin	doppelte Aufzeichnung der Datenspuren		

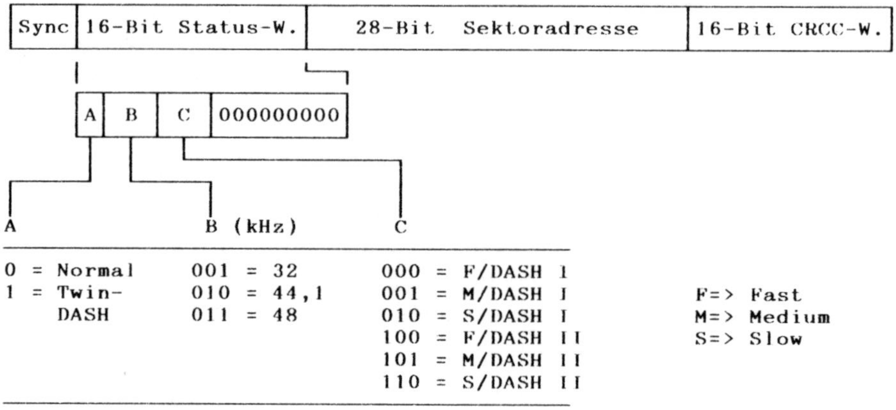

Abb. 10/67. Statuswort.

sprunghaft ändert, deutet dies auf einen mechanischen Bandschnitt hin. Damit der Inhalt der Steuerspur in einem weiten Bandgeschwindigkeitsbereich gelesen werden kann, wird sie Bi-ø(M) codiert. Die Datenspuren hingegen werden der größeren Datendichte wegen mit einem HDM 1-Kanalcode aufgezeichnet.

Datenformat:

Auch im DASH-Datenformat werden die Daten blockweise aufgezeichnet. Ein Block umfaßt 12 Abtastwerte mit 4 Prüfwörtern P und Q (P_{gerade}, $P_{ungerade}$, Q_{gerade} und $Q_{ungerade}$). Eingeleitet wird ein Block durch ein Synchron- und Control(Steuer-) Wort, abgeschlossen durch ein CRCC-Wort (Generatorpolynom: $x^{16} + x^{12} + x^5 + 1$).

Das Interleaving erfolgt in mehreren Schritten (Crossinterleave): Zunächst werden die geradzahligen und die ungeradzahligen Abtastwerte voneinander getrennt und die geradzahligen generell um 2448 Abtastwerte verzögert. Zu dieser Spreizung kommt dann noch eine zweite von n · 204 Datenwörtern hinzu, wobei n = 0, 1, 2, … ist. Schließlich werden die Datenwörter innerhalb eines Blocks neu geordnet, so daß aufeinanderfolgende Abtastwerte so weit wie möglich voneinander getrennt liegen. Beispielsweise ergibt die Folge DW_1, DW_3, DW_5, DW_7, DW_9 und DW_{11} – das sind die sechs ungeradzahligen Abtastwerte eines Blocks – die Folge DW_1, DW_5, DW_9, DW_3, DW_7 und DW_{11}. *Abb. 10/68* zeigt die endgültige Anordnung in einem Block.

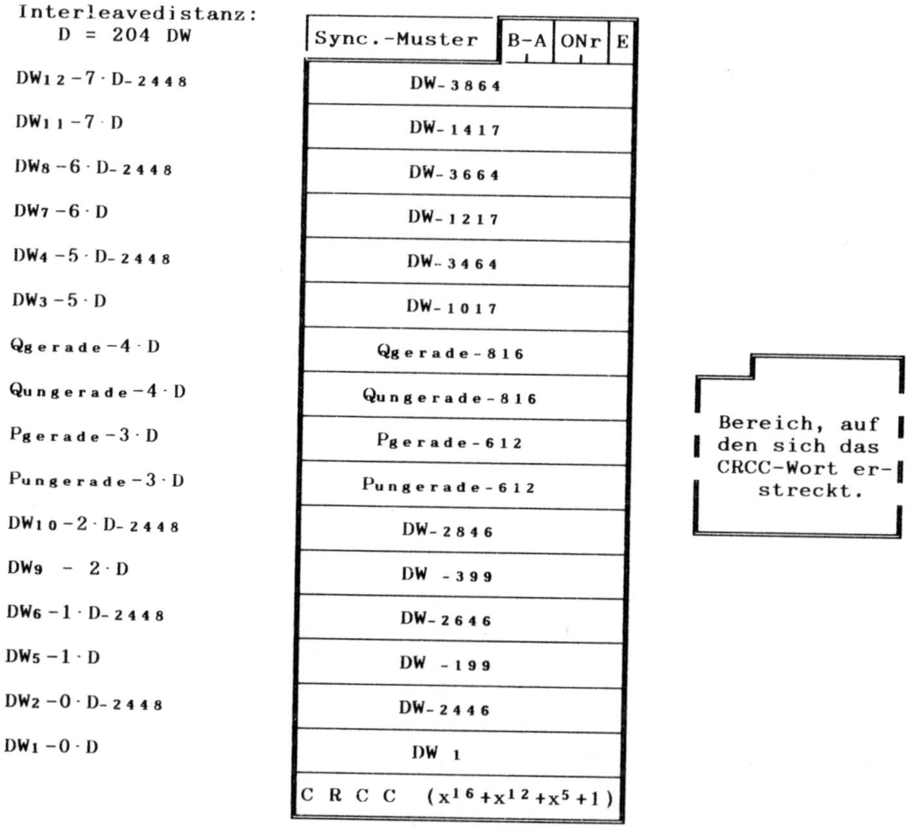

Abb. 10/68. Blockstruktur des DASH-Formats.

In *Abb. 10/68* stellen B–A die zwei Bit der sog. Blockadresse innerhalb eines Sektors dar, der vier Datenblöcke zusammenfaßt. Die nächsten beiden Bits ONr sind die

Overwrite-Number-Bits. Das letzte Bit, das **E**-Bit, gibt an, ob bei der Aufzeichnung eine Preemphasis eingeschaltet wurde. Das CRCC-Wort erstreckt sich dabei auf alle in *Abb. 10/68* von der Doppellinie umschlossenen Daten.

Während das $P_{ungerade(gerade)}$-Wort aus den Datenwörtern $DW_{1(2)}$, $DW_{5(6)}$ $DW_{9(10)}$, $DW_{3(4)}$, $DW_{7(8)}$ und $DW_{11(12)}$ gebildet wird, ergibt sich das $Q_{ungerade(gerade)}$-Wort nach einem Interleave-Prozeß aus den Wörtern $DW_{1(2)-0\cdot 24}$, $DW_{5(6)-1\cdot 24}$, $DW_{9(10)-2\cdot 24}$, $P_{ungerade(gerade)-3\cdot 24}$, $DW_{3(4)-5\cdot 24}$, $DW_{7(8)-6\cdot 24}$ und $DW_{11(12)-7\cdot 24}$. Das Q-Wort selbst wird an der Position $Q_{ungerade(gerade)-4\cdot 24}$ untergebracht. Erst nach einem weiteren Interleave-Vorgang, der die in *Abb. 10/68* gezeigte endgültige Datenwortzusammenstellung erzeugt, wird dann das CRCC-Wort gebildet.

10.2.5 Compact Disc

Die Compact Disc oder CD war ursprünglich nur als digitaler Nachfolger der Schallplatte gedacht. Da der Fertigungsprozeß kostenintensiv und schwierig war, kam zunächst nur eine Fertigung in größeren Stückzahlen in Betracht. Durch Weiterentwicklung des Herstellungsverfahrens ist die CD in zunehmendem Maße auch für kleinere Serien interessant, zumal sie nicht mehr nur als Träger von Audiodaten genutzt wird. Weitere Anwendungen sind:
- CD-Rom als Massenspeicher für PCs,
- CDI als interaktives Medium,
- CD-Video mit Bild- und Toninformation.

Lesevorgang

Die Compact Disc stellt einen einmal beschriebenen, immer wieder auslesbaren Speicher sehr hoher Speicherkapazität dar (WORM, **W**rite **O**nce **R**ead **M**ostly). Das besondere an diesem Speichermedium ist die Abtastung durch einen Lichtstrahl. Das Verfahren arbeitet also im Gegensatz zur herkömmlichen Schallplatte ohne mechanische Berührung, weshalb auch von „berührungsfreier“ Abtastung gesprochen wird. Die informationstragenden „Pits“ liegen auf einer „Spur“, nicht in einer Rille wie bei der „schwarzen“ Schallplatte. Die Pits sind mikroskopisch kleine Vertiefungen in der verspiegelten Plattenoberfläche mit einer Tiefe von etwa 110 bis 130 nm, das entspricht einer Viertelwellenlänge des grünen Lichts. Die Vertiefungen erscheinen beim Auslesen als Erhöhungen, da die CD von der Unterseite abgetastet wird. Die Spur verläuft von innen in einer ununterbrochenen Spirale nach außen und die Information wird im Gegensatz zur Schallplatte mit konstanter Spurgeschwindigkeit aufgezeichnet. Dabei können bis zu 74 Minuten stereofones Programm gespeichert werden. *Tab. 10/6* faßt die mechnischen Daten der CD zusammen [10.12].

Tab. 10/6. Mechanische Abmessungen der CD.

Lochdurchmesser	15 mm +0, 1/−0 mm
Außendurchmesser	120 ± 0,3 mm
Dicke der CD	1,2 mm +0,3/−0,1 mm
Programmbereich-Innendurchmesser	50 mm
Programmbereich-Außendurchmesser	116 mm
Breite der Spur	0,6 μm
Abstand von Spurmitte zu Spurmitte	1,6 μm
Länge der Spirale	ca. 5,7 km
Abtastgeschwindigkeit	1,2 bis 1,4 m/s
Drehzahl	200 bis 500 Upm
zulässige Exzentrizität der Spur	140 μm
zulässiger Höhenschlag	± 0,5 mm
Breite eines Pits	0,4 μm
Tiefe eines Pits	0,12 μm
Länge eines Pits	0,9 bis 3,3 μm
Länge eines Stegs zwischen 2 Pits	0,9 bis 3,3 μm

Bei der „schwarzen" Schallplatte trägt die Rille einerseits das Tonsignal, andererseits führt sie aber auch die Abtastnadel. Da die CD keine Rille besitzt, muß die Abtastung ohne mechanische Führung auskommen; die Spurhaltung kann bei der CD nur aus der Informationsspur selbst abgeleitet werden. Das Nachführen des abtastenden Lichtstrahls übernehmen dabei Servo-Schaltungen. *Abb. 10/69* zeigt den prinzipiellen Aufbau einer solchen Abtasteinrichtung.

Optisches Abtastsystem

Ein Halbleiter-Laser mit monochromem Licht einer Wellenlänge von 780 nm erzeugt einen Strahl mit kohärentem Licht, d.h. alle Teillichtstrahlen schwingen in derselben Schwingungsebene und mit derselben Schwingungsphase. Dieser Lichtstrahl wird über ein Beugungsgitter aufgefächert in einen Hauptstrahl, der später Träger der Audio-Information sein wird, und zwei Randstrahlen, die lediglich die Aufgabe haben, den Hauptstrahl bestmöglich auf der Spur zu halten. Die drei Lichtstrahlen werden nun durch ein sog. Polarisationsprisma geleitet; es besitzt die Fähigkeit, den Lichtstrahl in der Polarisationsebene ungehindert durchzulassen, während der Lichtstrahl abgelenkt wird, wenn die Polarisationsebene zur Durchlaßebene senkrecht steht. Auf dieses Prisma folgt nun ein kleines optisches System mit zwei Sammellinsen, das in der Optik unter der Bezeichnung „Keplersches Fernrohr" bekannt ist und das die Aufgabe hat, die auseinanderstrebenden Lichtstrahlen des Laserlichtes parallel auszurichten bei einer gleichzeitigen Vergrößerung des sehr geringen Strahldurchmessers. Danach durchläuft das Licht eine sog. $\lambda/4$-Platte, die die Polarisationsebene des Lichts um 45° dreht. Linear polarisiertes Licht (Licht mit nur einer Schwingungsebene) verläßt diese Platte zirkularpolarisiert, d.h., die Schwingungsebene rotiert mit der Frequenz des Lichts; die Polarisationsebene dreht sich innerhalb einer Lichtwellenlänge einmal.

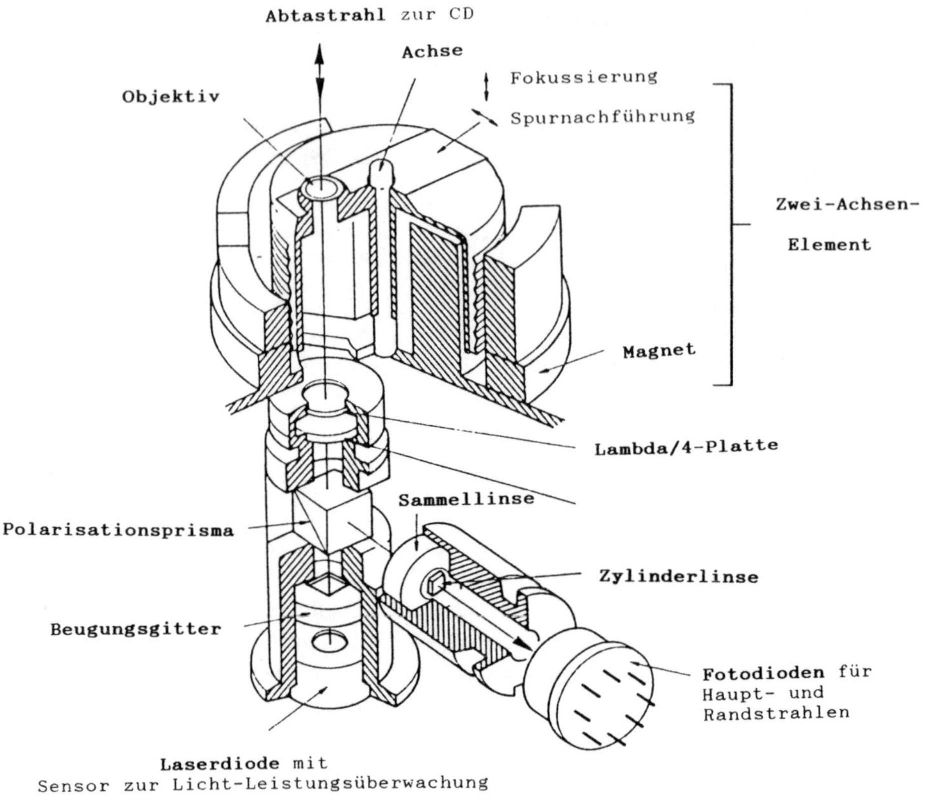

Abb. 10/69. Ausleseeinrichtung der CD (System SONY).

Dieses Licht gelangt nun zur Fokussieroptik, die einen ca. 1,6 μm großen Lichtpunkt auf der informationstragenden Oberfläche der CD erzeugt. Die Fokussieroptik ist in einem sog. „Zweiachsen-Element" untergebracht, einem Objektivträger, mit dem man die Optik in zwei Richtungen bewegen kann: axial, also senkrecht zur Plattenebene, zum Fokussieren des Lichtstrahls, und radial zu seiner Spurnachführung.

Der fokussierte Lichtstrahl erfährt durch die gegenüber Luft höhere Dichte des Plattenträgermaterials eine zusätzliche Brechung, so daß sowohl die Dicke des transparenten Trägers als auch der Brechungsindex des Materials genau eingehalten werden müssen. Trotzdem können diese beiden Faktoren ebenso wie der Abstand zur Informationsebene (Höhenschlag der CD) variieren. Dies macht eine fortlaufende Überprüfung der Fokussierung und eine Nachsteuerung notwendig, da das optische System nur über eine Schärfentiefe von ca. 2 μm verfügt. Trifft der Lichtstrahl auf die Spiegelfläche der CD, werden alle Teilstrahlen des Lichtflecks mit der gleichen Phasenlage reflektiert. Es wird also ein Maximum an Licht von der beleuchteten

Oberfläche der CD reflektiert. Befindet sich jedoch ein Pit, also eine Erhebung von der Höhe $1/4 \cdot \lambda$, unter dem Lichtfleck, sind die an der Erhebung reflektierten Anteile gegenüber jenen an der Spiegelfläche reflektierten aufgrund des Wegstreckenunterschiedes von $1/2\ \lambda$ gegenphasig (die Pits erscheinen nun als Erhebungen, weil die CD im Gegensatz zum „Schneiden" von unten abgetastet wird). Wenn die Intensitäten der Anteile gleich groß wären, löschten sie sich aus, und es käme kein Licht zurück. In der Praxis ist hier nur eine Schwächung des reflektierten Lichtes zu erreichen. Das rücklaufende Licht wird also durch die vorhandenen Pits in seiner Stärke moduliert und trägt somit die in die CD gepreßte digitale Information.

Dieses Licht durchläuft nun rückwärts wieder die $\lambda/4$-Scheibe. Da es zirkularpolarisiert ankommt, wird es die Platte linearpolarisiert und um weitere 45° in der Polarisationsebene gedreht verlassen. Gegenüber dem von der Lichtquelle ausgehenden Licht hat das reflektierte Licht jetzt also eine um 90° gedrehte Polarisationsebene. Damit ist für das Polarisationsprisma ein Kriterium vorhanden, das hinlaufende Licht vom reflektierten Licht zu unterscheiden. Der reflektierte und in seiner Intensität modulierte Strahl wird durch das Prisma über eine Zylinderlinse auf einen lichtempfindlichen Empfänger ausgespiegelt und durch diesen in ein elektrisches Signal umgewandelt. Betrachtet man in *Abb. 10/70* das Abbild des Leuchtflecks nach der Zylinderlinse auf dem Photoempfänger, so erkennt man, daß der Leuchtfleck nur bei einer bestimmten Lage des Fokusflecks auf der CD eine Kreisgestalt annimmt. Liegt der Fokuspunkt vor oder hinter der Informationsebene der CD, verändert sich der projizierte Kreis entweder in eine nach links oder nach rechts geneigte Elipse. Baut man nun den Empfänger aus Einzelphotodioden in den vier Quadranten auf und schaltet diese paarweise diagonal zusammen, kann man diese Veränderung des Projektionsbildes zur Nachsteuerung der Fokussierung ausnützen. Denn nur im Fall einer Fokussierung des Laserstrahls auf der Informationsebene werden alle Photosensoren des Empfängers ein gleich großes Signal abgeben, in allen anderen Fällen ist jeweils die Signalsumme eines diagonalliegenden Diodenpaares größer als die des anderen. Aus der Differenz der Summensignale kann man ein Stellsignal für das Zweiachsen-Element ableiten, das die Fokussierung des Laserstrahls über der Informationsebene der CD hält *(Abb. 10/70)*. Bildet man dagegen die Summe aus allen Diodensignalen, erhält man das digitale Signal der Aufzeichnung.

Für die Spurhaltung des Lichtstrahls werden die beiden Randstrahlen benötigt, die durch das Beugungsgitter erzeugt werden. *Abb. 10/69* zeigt, daß bei richtiger Spurlage des Hauptstrahls die Randstrahlen die beiden Nachbarspuren gleichweit überdecken. Das führt zu einer gleich starken Intensitätsmodulation der Randstrahlen. Weicht der Hauptstrahl aber von seiner Spur ab, wird derjenige Randstrahl, in dessen Richtung die Abweichung verläuft, stärker, der andere Randstrahl weniger oder gar nicht moduliert. Daraus läßt sich die Steuerinformation für die Spurnachführung gewinnen, wenn man neben dem 4-Quadranten-Empfänger an den Stellen, wo die Lichtflecke der Randstrahlen projiziert werden, ebenfalls Photoempfänger anbringt. Die Differenz aus den sich dort ergebenden Signalen ist ein Maß für die

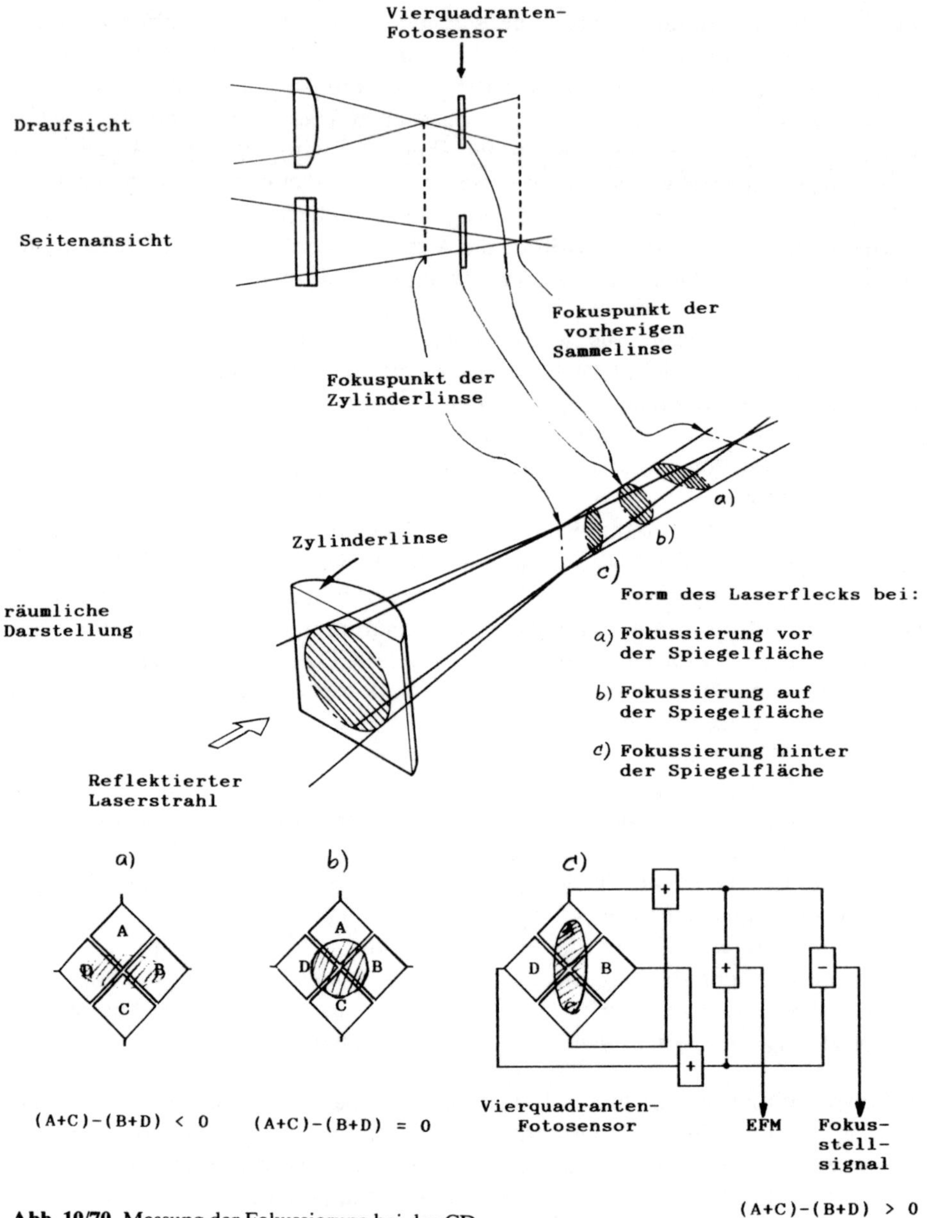

Abb. 10/70. Messung der Fokussierung bei der CD.

Spurabweichung. Man führt das Differenzsignal nun ebenfalls dem Zweiachsen-Element zu und bewegt damit die Fokuslinse in radialer Richtung; damit wird der Hauptstrahl in seiner Spur gehalten *(Abb. 10/71)*.

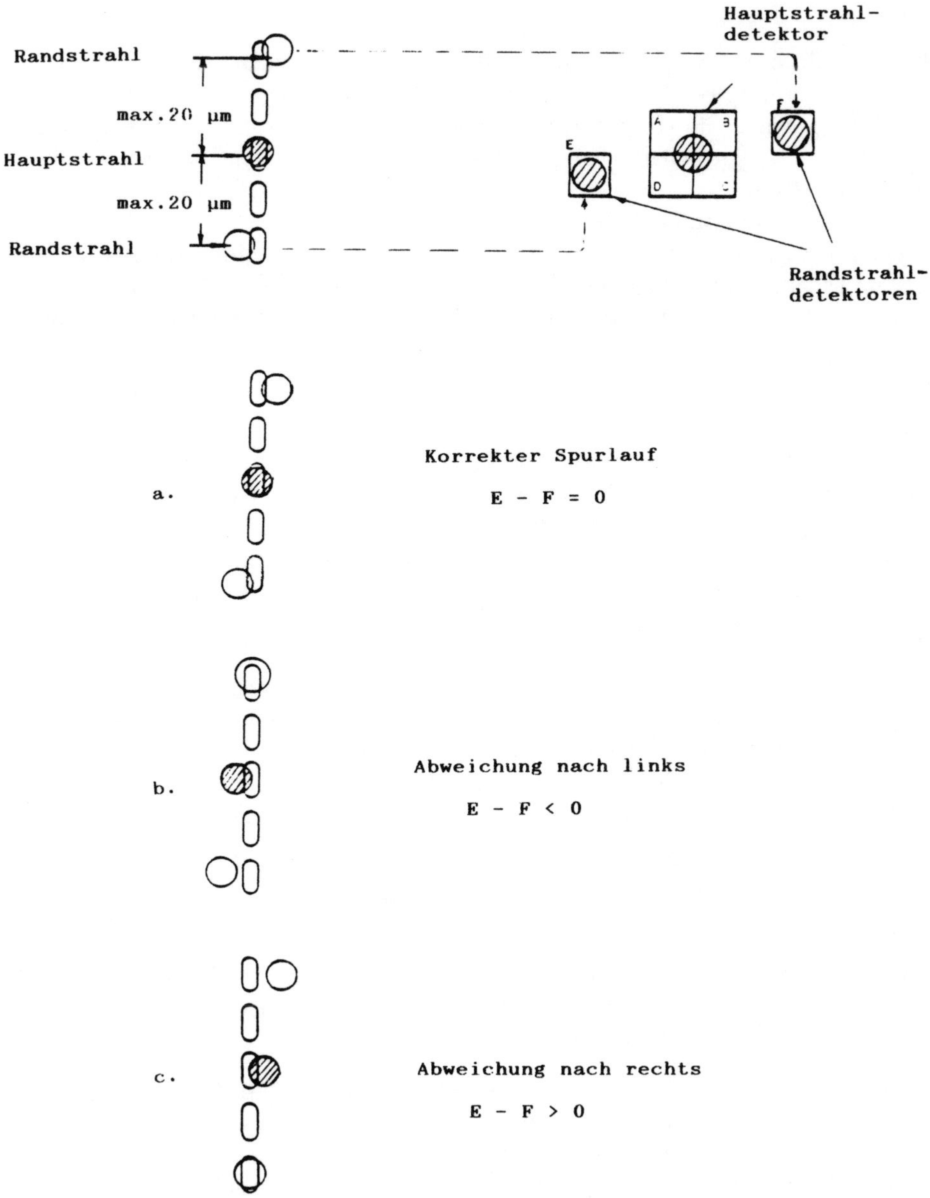

Abb. 10/71. Spurnachführung bei der CD.

Servos

Steuerschaltungen, welche die mechanischen Nachführungen u.ä. ausführen, bezeichnet man mit dem Begriff Servo. Eines der notwendigen Servosysteme eines CD-Spielers wurde im vorigen Abschnitt genauer beschrieben, nämlich das Zweiachsen-Element zur Nachführung des optischen Abtastsystems. Insgesamt gibt es drei Servosysteme:

- Servo für den Plattentellerantrieb:
  Die Information wird in die CD mit konstanter Spurgeschwindigkeit (CLV, Constant Linear Velocity) geschrieben. D.h., die Antriebsdrehzahl muß sich mit größer werdendem Spurradius verkleinern, damit sich ein gleichbleibender Bittakt ergibt,
- Servo für die Fokussierung,
- Servo für die Spurnachführung.

Da sich die CD zwischen 500 und 200 mal pro Minute dreht, müssen diese Servos mit hohen Geschwindigkeiten arbeiten, um ein einwandfreies Auslesen der Daten zu gewährleisten. Immerhin beträgt die zugelassene Exzentrizität fast das 100-fache eines Spurabstandes, der zulässige Höhenschlag übersteigt mit 1 mm die Pit-Tiefe um das ca. 10000-fache.

Oversampling

Oversampling oder Überabtastung ist eine Technik, die vornehmlich bei der Wiedergabe der CD zur weiteren Verbesserung des Störabstandes angewendet wird. Ursprünglich dazu eingesetzt, um D/A-Wandler mit geringerer Auflösung (14 Bit statt 16 Bit) verwenden zu können, hat sich das Verfahren weiterentwickelt und ist heute auch bei hochwertigen Geräten nicht mehr wegzudenken.

Betrachtet man das Spektrum der PCM-Aufzeichnung *(Abb. 10/72a)*, erkennt man außer dem Basisband auch noch die periodisch um $n \cdot f_A$ (n = 1,2,3...) gruppierten Summen- und Differenzfrequenzbänder.

Das Oversampling macht sich nun die Tatsache zunutze, daß im Zeitbereich doppelt soviele Abtastwerte auftreten, wenn man im Frequenzbereich die Summen- und Differenzbänder bei $n \cdot f_A$ (n = 1,3,5,7...) entfernt.

Diese neuen Abtastwerte, die im Zeitbereich hinzukommen, besitzen dabei den exakt an dieser Stelle herrschenden Momentanwert; d.h., die Auflösung dieser Werte liegt durchaus höher als bei (nur) 16 Bit. Das bedeutet letztlich, daß dem D/A-Wandler eines Kanals jetzt 88200 Abtastwerte je Sekunde zugeführt werden, die zudem noch eine höhere Stellenzahl als 16 aufweisen können, obwohl auf der CD nur 44100 Abtastwerte je Kanal und Sekunde aufgezeichnet sind. Dieses Verfahren nennt man „Zweifach-Oversampling“ *(Abb. 10/72b)*.

Von „Vierfach-Oversampling“ spricht man, wenn nach der obigen Überlegung die Summen- und Differenzbänder bei $n \cdot f_A$ (n = 1,2,3, 5,6,7, 9,10,11,...) entfernt werden. Jetzt hat man im Zeitbereich viermal soviele Abtastwerte.

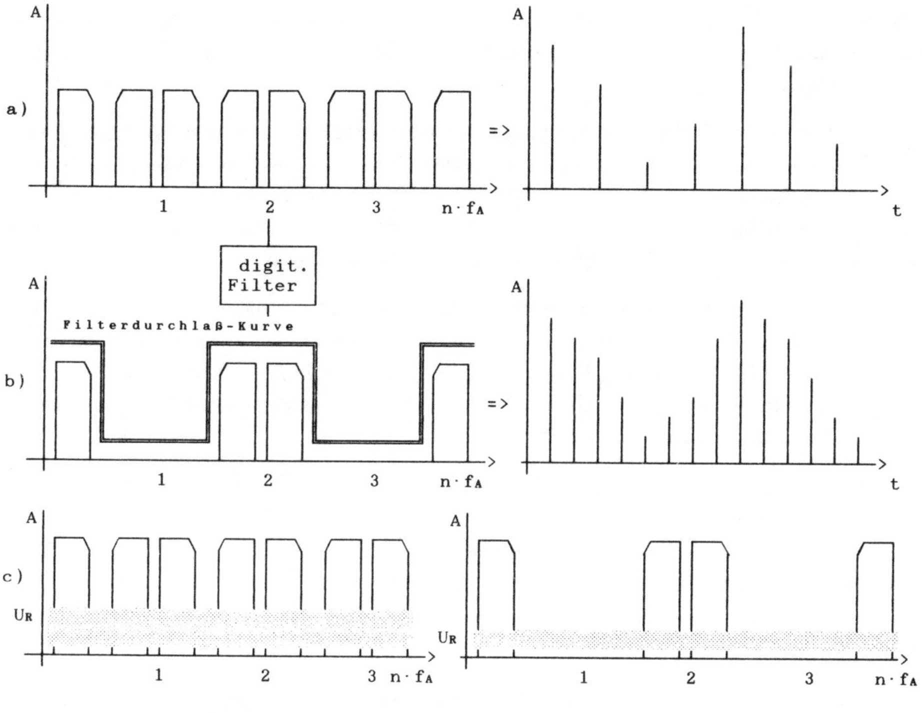

Abb.10/72 a. Zeit- und Frequenzfunktion für Realsampling,
b. für Zweifachoversampling,
c. Rauschleistung bei Real- und Oversampling.

Daraus geht hervor, daß es sich bei der Oversamplingtechnik um nichts anderes handeln kann als um eine Filterung in der digitalen Ebene, da nur digitale Filter von sich aus den benötigten periodischen Frequenzgang aufweisen.

Die Genauigkeit, mit der die neuen Abtastwerte produziert werden, hängt in erster Linie davon ab, wie gut die entsprechenden Frequenzbänder unterdrückt werden können. Da es auch bei den digitalen Filtern keine idealen Filter gibt, wird die Genauigkeit der neuen Werte nicht beliebig groß werden können. Dies ist vielleicht der Grund, warum diese Werte häufig als Ergebnis einer Interpolation angesprochen werden.

Die erwähnte Verbesserung im Störabstand beruht dabei auf folgender Tatsache: In *Abb. 10/72c* erkennt man – schraffiert eingezeichnet – die Spannung, die sich aus dem Quantisierungsfehler ergibt. Bei nichtdeterminierten Signalen wird der Fehler statistisch gleichmäßig verteilt sein, so daß diese Spannung einem Weißen Rauschen sehr nahe kommt. Die Rauschleistung ist in ihrer Größe ausschließlich durch die 16 Bit Quantisierung festgelegt und erstreckt sich gleichmäßig auf das Frequenzintervall von 0 Hz bis f_A. Durch eine Abtastung mit der (scheinbar) doppelten Frequenz verteilt sich auch die Rauschleistung gleichmäßig auf ein doppelt so großes Frequenzintervall.

Da sich aber dadurch der Übertragungsbereich des Rekonstruktionsfilters nicht verändert, ist bei einer Verdopplung der Abbtastfrequenz im Ausgangssignal nur die halbe Rauschleistung enthalten. Erhöht man die Abtastfrequenz auf das Vierfache, sinkt die Rauschleistung im Ausgang auf ein Viertel ab, die Rauschspannung U_R auf die Hälfte. Dies entspricht einem zusätzlichen Bit bei linearer Quantisierung.

Eine weitere Verbesserung erzielt man durch eine Filterfunktion des digitalen Filters, welche die Rauschleistung ungleichförmig von 0 Hz bis f_A verteilt, dergestalt, daß die Rauschleistung um f_A herum möglichst hohe Werte annimmt, dafür aber im unteren Frequenzbereich niedriger ist. Dieses Verfahren ist unter dem Namen „Noise shaping“ bekannt.

Und noch etwas spricht für die Oversamplingtechnik: Das Rekonstruktionsfilter muß keine so hohe Flankensteilheit aufweisen, wenn das erste Differenzband einen relativ großen Frequenzabstand zum Basisband aufweist. Daraus resultiert ein etwas linearerer Phasengang.

1-Bit-Wandler

Im vorhergehenden Abschnitt wurde die Überabtastung als diejenige Methode beschrieben, durch welche die Leistung des Quantisierungsfehlers mittels digitaler Filterung des CD-Datenmaterials auf einen größeren Frequenzbereich verteilt wird. Für den Audiobereich ergibt sich daraus eine Verringerung der Rauschleistung und der zugehörigen Rauschspannung. Im Prinzip kann man ein Bit bei der D/A-Wandlung einsparen, wenn man die Abtastfrequenz vervierfacht. Ein zweites Bit ergibt sich durch das „Noise shaping“, das einer Verrechnung der bei der Wandlung entfallenen Bits mit den verbleibenden Daten gleichkommt. Verfolgt man diesen Weg konsequent weiter, bleibt bei einer entsprechend hohen Überabtastung nur noch ein Bit, das zurückgewandelt werden muß.

Dies ist der Grundgedanke des von Valvo entwickelten „Bit-Strom“-Wandlers. Da sich bei diesem Wandlungsprinzip alle oben beschriebenen Manipulationen in der digitalen Ebene abspielen, gibt es keine Probleme des Abgleichs. Somit besitzen diese Wandler gerade bei kleinen Pegeln eine hervorragende Linearität und sind damit häufig den konventionellen 16-Bit-Wandlern überlegen. Bezüglich Quantisierungsrauschen stehen sie jenen in nichts nach. *Abb. 10/73* zeigt den Aufbau eines solchen Wandlers.
Zunächst wird in einem ersten Schritt ein ganz „normales“ vierfaches Oversampling bei 16 Bit durchgeführt. Damit liegt die Abtastfrequenz bereits bei 176.4 kHz. In einem zweiten Schritt folgt ein 64-fach Oversampling. Dies wird in zwei Stufen erreicht. In Stufe 1 setzt man 32 Abtastwerte, die jedoch nur durch lineare Interpolation gewonnen werden, zwischen jeweils zwei der bisherigen Werte ein. Damit liegt

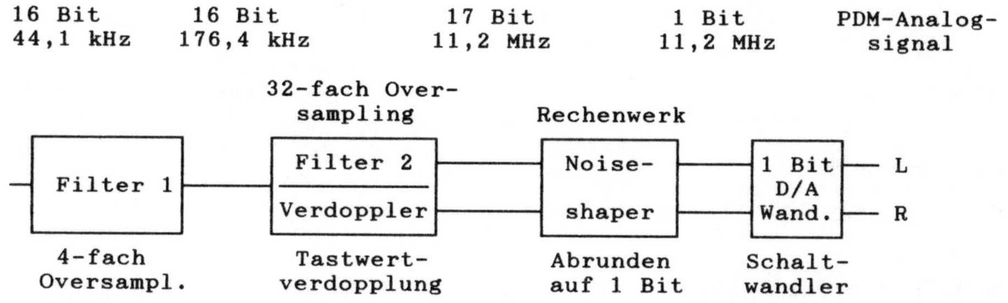

Abb.10/73. 1-Bit-Wandler nach dem „Bit-Strom"-Prinzip.

die scheinbare Abtastrate bereits bei 5.644 MHz. Zwischen zwei Abtastwerten dieser 128-fachen Überabtastung liegt jetzt eine Zeit von 0.177 μs. In Stufe 2 wiederholt man jeden Abtastwert und ordnet ihn um eine halbe Abtastperiode des 128-fach überabgetasteten Signals verzögert ein (Extrapolation durch eine Sample & Hold-Schaltung). Aus einem Abtastwert der CD werden also 256 neue Abtastwerte gewonnen. Die Abtastfrequenz liegt nun bei ca. 11.29 MHz; jeder Abtastwert besteht aus 17 Bit.

Jetzt folgt eine Rechenstufe, die Bit 2 bis 17 jedes Abtastwertes zum nächsten Abtastwert hinzuaddiert (Noise shaping). Damit gewichtet man das Spektrum des Quantisierungsfehlers in der Art, daß der größte Teil der Leistung außerhalb des Übertragungsbereiches liegt. Der eigentliche D/A-Wandler ist letztlich nur noch ein Schalter, der durch das MSB betätigt wird. Er liefert ein pulsbreites, moduliertes Ausgangssignal.

Datenformat

Audiodaten und Zusatzinformationsdaten werden auch bei der CD blockweise aufgezeichnet. Ein Block wird hier Frame genannt; *Abb. 10/74* zeigt den Aufbau.

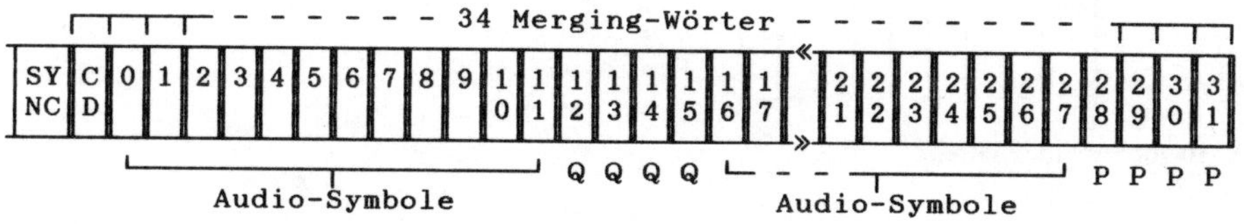

Abb. 10/74. Rahmen im CD-Format.

Das Syncmuster zur Frame-Erkennung ist ein sonst nicht belegtes EFM-Wort *(Abb. 10/75)*. Jedes Wort des Frames ist vom Nachbarwort durch drei Überleit- oder Merging-(Kanal)Bits getrennt.

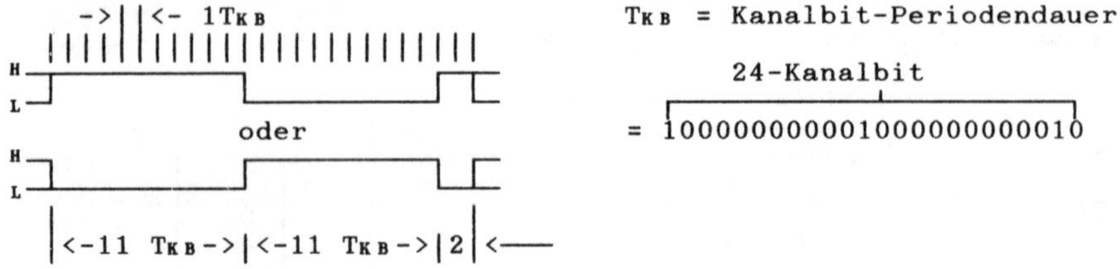

Abb. 10/75. Frame-Erkennung.

Auf das Syncwort folgt ein sog. Control & Display-Wort (C&D-Wort), in welchem die Zusatzinformationen übertragen werden. Die acht in ihm vereinten Datenbits ergeben je einen eigenen Datenkanal. Diese acht Kanäle sind mit den Buchstaben P, Q,...,W bezeichnet und bilden zusammen wieder eine Blockstruktur. Nach jeweils 98 Frames ist ein solcher „Subblock" komplett. Das bedeutet, daß 75 solcher Subblocks je Sekunde anfallen *(Abb. 10/76)*, was eine Netto- Kapazität von 7200 Bit/s in jedem Kanal ergibt.

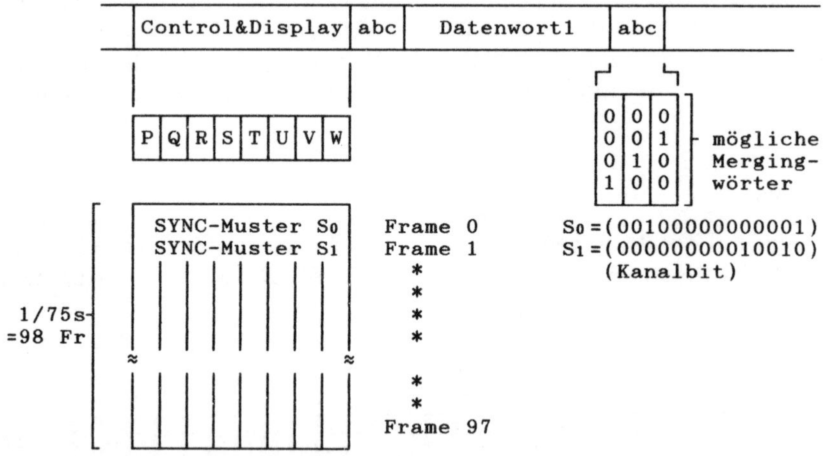

Abb. 10/76. Subblockaufbau.

Während das P-Bit ein einfaches Flag darstellt (z.B. Musik an/Musik aus), ist der Q-Kanal für Steuerzwecke vorgesehen (z.B. Tracknummer/Programmzeit). Die anderen Kanäle sind zur Zeit noch nicht belegt und werden mit ‹0› aufgefüllt. Es folgen 32 Symbole (= je ½ Abtastwert), von welchen 24 Audiodaten-Symbole sind und jeweils 4 P- und 4 Q-Symbole darstellen. Die P- und Q-Symbole sind jeweils die Ergebnisse einer Reed-Solomon-Codierung mit dem Generatorpolynom

$$G(x) = x^8 + x^4 + x^3 + x^2 + 1,$$

wobei vor, zwischen und nach den beiden Codiervorgängen entsprechende Codespreizungen angeordnet sind. Dieser Aufbau eines endgültigen Codeworts oder Frames wird kurz mit CIRC (**C**ross-**I**nterleave-**R**eed Solomon-**C**ode) bezeichnet; es setzt sich wie in *Abb. 10/77* gezeigt zusammen. Durch diese CIRC-Strategie erreicht man eine sehr hohe Sicherheit gegen Zufalls- und Büschelfehler.

S Y N C - MUSTER C&D - Symbol Dn - 36 AL Dn - 72 BL Dn - 128 AL Dn - 164 BL Dn - 220 AL Dn - 256 BL Dn - 323 AL Dn - 359 BR Dn - 415 AR Dn - 451 BR Dn - 507 AR Dn - 543 BR Qn - 588 Qn - 623 Qn - 682 Qn - 717 Dn - 778 AL Dn - 814 BL Dn - 870 AL Dn - 906 BL Dn - 962 AL Dn - 998 BL Dn - 1065 AR Dn - 1101 BR Dn - 1157 AR Dn - 1193 BR Dn - 1249 AR Dn - 1285 BR Pn - 12 Pn + 1 Pn - 10 Pn + 3	Der Zusatz A/B gibt an, ob das Symbol die erste oder die zweite Hälfte des 16-Bit Abtastwertes darstellt. Der Zusatz L/R gibt an, ob das Symbol zu einem Abtastwert des L- oder des R-Kanals gehört. n = 1,2,3,...

Abb. 10/77. CD-Frame zur Aufzeichnung.

Steuerdaten im Q-Kanal

Im Q-Kanal sind alle Daten untergebracht, die direkt die Steuerung des Systems und den Inhalt der CD betreffen. Ein Q-Datenblock hat den in *Abb. 10/78* gezeigten Aufbau.

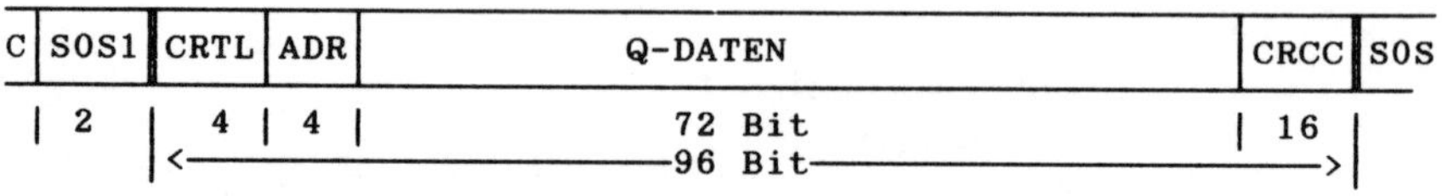

Abb. 10/78. Aufbau des Q-Datenblocks.

Nachfolgend wird der Begriff Track in zweierlei Bedeutung angewendet: einerseits im Sinne von Spur (z.B. Lead-in-Track = Einlaufspur), andererseits werden auch die einzelnen Programmteile auf der CD mit Track-Nummern gekennzeichnet. In diesem Fall ist Track gleichbedeutend mit Titel. *Tab. 10/7* nennt die Bedeutung der einzelnen Abschnitte des Q-Blocks.

Tab. 10/7. Subblocks des Q-Datenblocks.

CRTL	4 Flags	Sie geben die Anzahl der Kanäle und eine eventuelle Preemphasis an. 0xxx 2 Audiokanäle 1xxx 4 Audiokanäle x0xx noch undefiniert x1xx noch undefiniert xx0x Kopieren nicht möglich xx1x Kopieren möglich xxx0 Preemphasis aus xxx1 Preemphasis ein
ADR	4 Steuerbit	Sie legen die Aussage der Q-Daten fest. 0001 (Modus 1) Inhaltsverzeichnis/Laufzeit 0010 (Modus 2) EAN-CD-Katalognummer 0011 (Modus 3) ISRC jedes Tracks
Q-DATEN	72 Bit	Für diese Daten sind die drei verschiedenen ADR-Modi vorgesehen.
CRCC	16 Bit	Mit ihnen werden die CRTL-, ADR- und Q-Daten abgesichert. Das Generatorpolynom ist: $x^{16} + x^{12} + x^5 + 1$. Das CRCC-Wort wird invertiert aufgezeichnet.

Modus 1

Diese Betriebsart (ADR = 0001) sollte in wenigstens 9 von 10 aufeinanderfolgenden Subblocks ausgesendet werden. Sie deklariert die Q-Daten entweder als Inhaltsverzeichnis der CD unter Angabe der Track-Nummer und der zugehörigen Startzeit oder als reine Laufzeitangaben zu den einzelnen Tracks. In der Betriebsart 1 gibt es daher zwei mögliche Bedeutungen für die 9 Bytes (= 72 Bits) der Q-Daten.

Einlaufspur (Lead-in) *(Abb. 10/79)*:
- Ein Frame kann nur einen Eintrag ins Inhaltsverzeichnis übertragen.
- Jeder Eintrag wird dreimal wiederholt, da bei den Q-Daten nur Fehlerentdekkung, aber keine Korrektur erfolgt.
- Jedes Inhaltsverzeichnis schließt mit A0, A1 und A2 als Wert von POINT ab, um den Bereich der Track-Nummern anzugeben. Das ist wichtig, wenn bei einer Folge von mehreren CDs die Titel (Tracks) fortlaufend numeriert sind, also nicht jede CD mit Track-Nr. 1 beginnt.

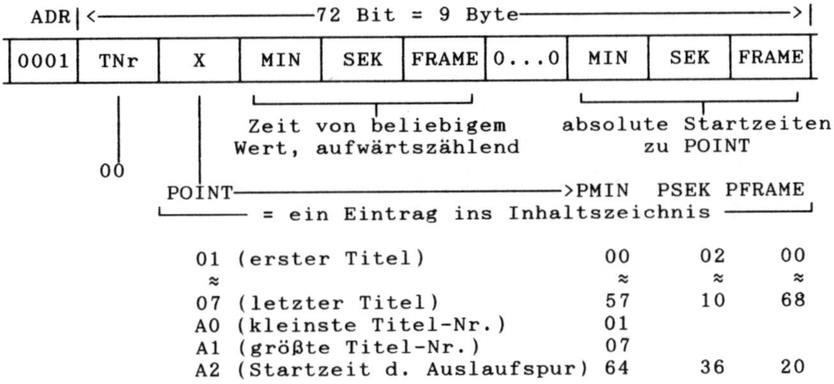

Abb. 10/79. Einlaufspur.

Programmteil und Auslaufspur (Lead-out) *(Abb. 10/80)*:

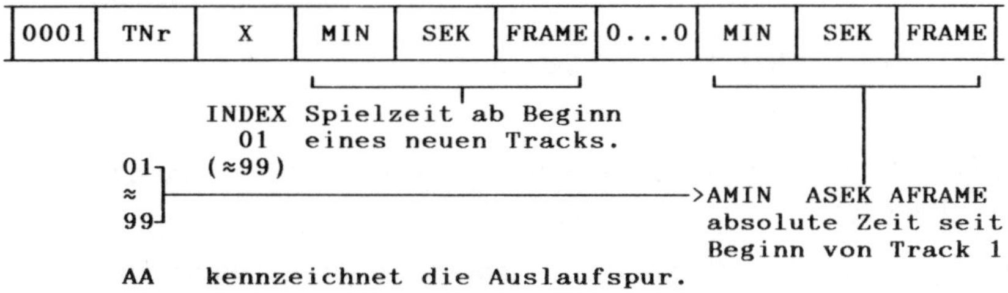

Abb. 10/80. Datenformat des Q-Kanals im Modus 1.

Modus 2

In dieser Betriebsart (ADR = 0010) überträgt der Q-Daten-Block mit seinen 9 Byte mit wenigstens 1 aus 100 Blocks die CD-Katalognummer. Diese Nummer wird entsprechend den Codierregeln des EAN-Code (EAN = Europäische Artikel-Nummer) in 13 Digits BCD nach *Abb. 10/81* übertragen.

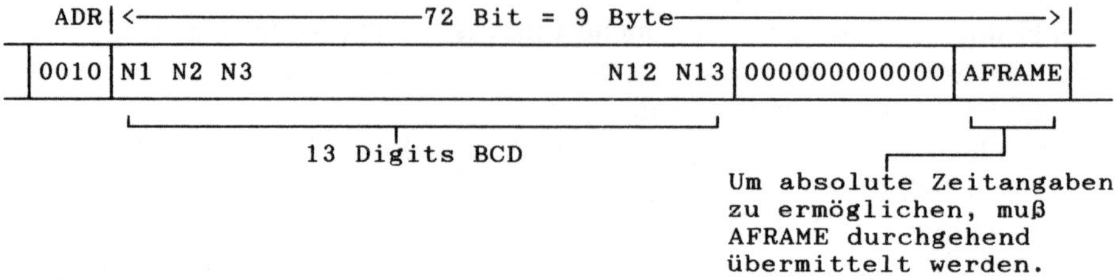

Abb. 10/81. Datenformat des Q-Kanals im Modus 2.

Modus 3

Ein Datenblock dieser Betriebsart (ADR = 0011) sollte, wenn überhaupt, auch wieder wenigstens mit einem Block aus 100 aufeinanderfolgenden Blöcken übertragen werden. Sein Inhalt ist die Angabe des ISRC (**I**nternational **S**tandard **R**ecoding **C**ode) für jeden Titel oder jede Track- Nummer *(Abb. 10/82)*.

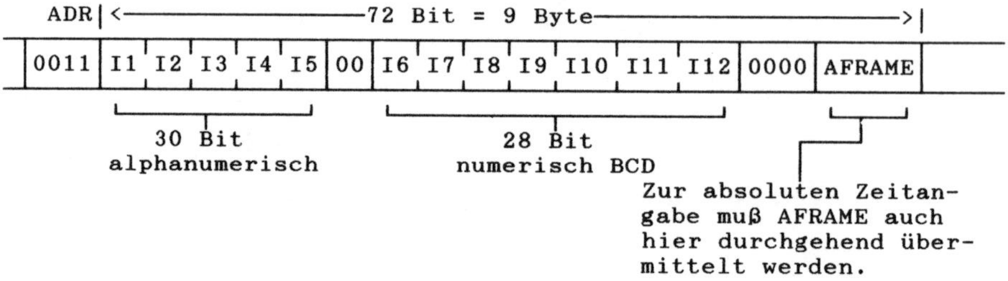

Abb. 10/82. Datenformat des Q-Kanals im Modus 3.

Dieser Q-Datenblock kann nur während eines Titels auftreten und muß innerhalb eines Titels immer der gleiche bleiben.

Abschließend soll *Abb. 10/83* verdeutlichen, wie die Darstellung der Zeiten, der Tracks und des Index erfolgt. In diesem Diagramm ist auch die Änderung des P-Flags aufgenommen.

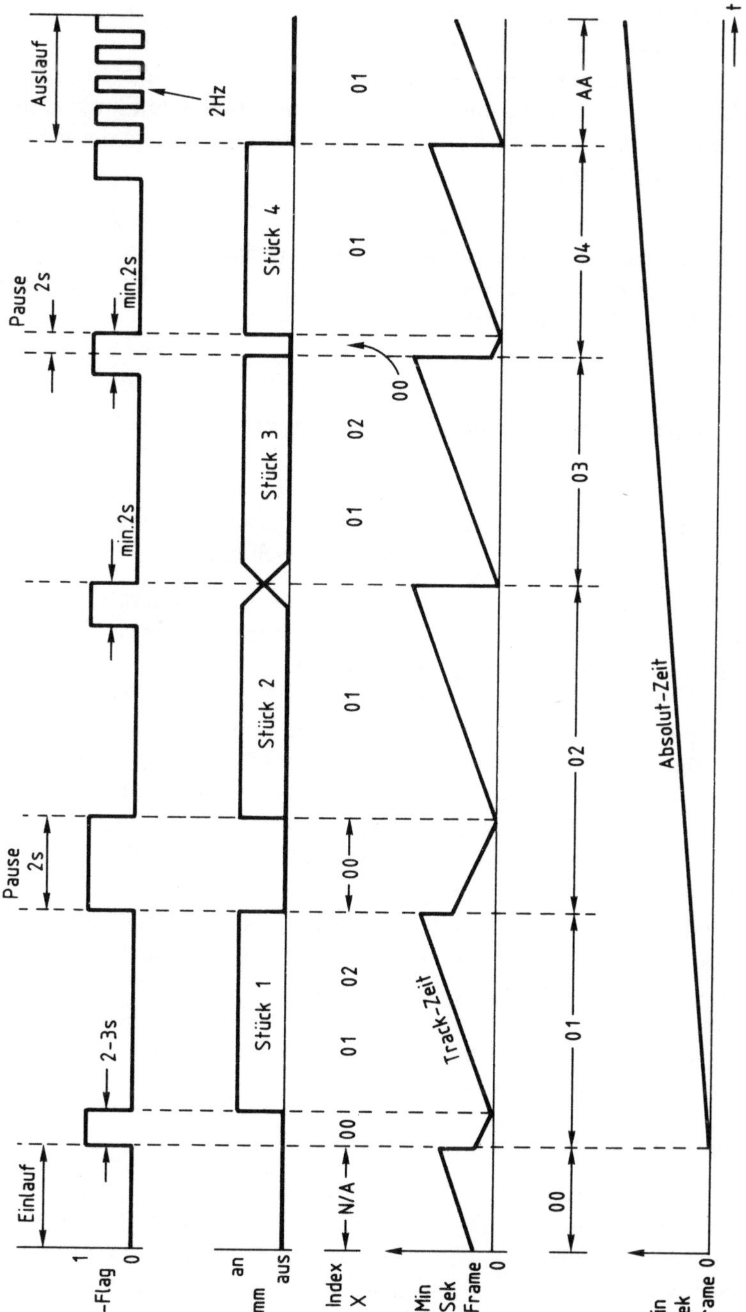

Abb. 10/83. Zeitangaben, Track/Index-Nr. und P-Flag.

Das P-Flag ist mit Ausnahme der Pausen immer ‹0›. Sein Übergang von ‹1› auf ‹0› stellt den Anfang eines Tracks dar, ab hier beginnt auch die Trackzeit von Null an zu zählen. Eine Pause sollte mindestens 2 s lang sein. Nur im letzten Track springt das P-Flag bereits vor dem Ende auf ‹1›, damit seine abfallende Flanke den Beginn der Auslaufspur markieren kann. In der Auslaufspur selbst springt das P-Flag mit einem Rhythmus von 2 Hz hin und her.

In den Pausen, wenn also P = ‹1› und INDEX = ‹00›, läuft die Zeitanzeige rückwärts (Countdown) bis zum Anfang des eigentlichen Programmteils. Die relative Zeit kann in der Einlaufspur mit einem beliebigen Zeitwert beginnen, sie muß nicht zwangsläufig von Null aus starten.

10.2.6 Signalübertragung über Leitungen

Bei der Signalübertragung über Leitungen ist zunächst prinzipiell zu unterscheiden zwischen dem Signaltransport innerhalb eines Funkhauses und dem Signaltransport über Postleitungen unter Benutzung der DS 1-Schnittstelle.

Da innerhalb eines Funkhauses bereits ein gut funktionierendes, oft mehrere hundert Kilometer Leitungen umfassendes Leitungsnetz verlegt ist, liegt es nahe, dieses Netz auch zur Übertragung digitaler Signale zu benutzen; diese symmetrischen, erdfreien Leitungen können bei einer entsprechenden Entzerrung durchaus bis in einen Frequenzbereich um 10 MHz bei Leitungslängen bis zu etwa 300 m verwendet werden. Eine Benutzung solcher Audioleitungen für digitale Signale stellt an ein Digitalsignal einige leicht zu erfüllende Forderungen: Das Signal muß wegen der Übertragerkopplung gleichspannungsfrei sein. Außerdem muß es selbsttaktend sein, da hier eine getrennte Bittakt- und Worttaktzuführung – wie z.B. bei der direkten Verbindung zweier Maschinen im Regieraum über ein Mehrfachkabel – nicht möglich ist. Schließlich soll eine Verpolung des Signals keinen Einfluß auf seinen Informationsgehalt haben. Durch die Verwendung der Bi-ø(M)-Kanalmodulation sind diese Forderungen erfüllt. Das Synchronisationsproblem wird über eine Codeverletzung gelöst. Um nun das digitale Signal unabhängig von Quelle und Empfänger verteilen zu können, wurde ein einheitliches Studio-Interface entwickelt, das als AES/EBU-Interface bekannt ist.

AES/EBU-Studio-Interface

Das bei diesem Interface [10.7] verwendete Datenformat gliedert sich in Blöcke, Frames und Subframes. Ein Block enthält 192 Frames, jeder Frame besteht aus zwei Subframes. *Abb. 10/84* zeigt den Aufbau eines Subframes. Prinzipiell sind die beiden Subframes 32 Bit lang und gleich aufgebaut, jedoch trägt Subframe A die Information des Kanals I bzw. L und Subframe B die Information des Kanals II bzw. R, je nachdem, ob es sich um eine Zweikanal- oder um eine Stereo-Übertragung handelt.

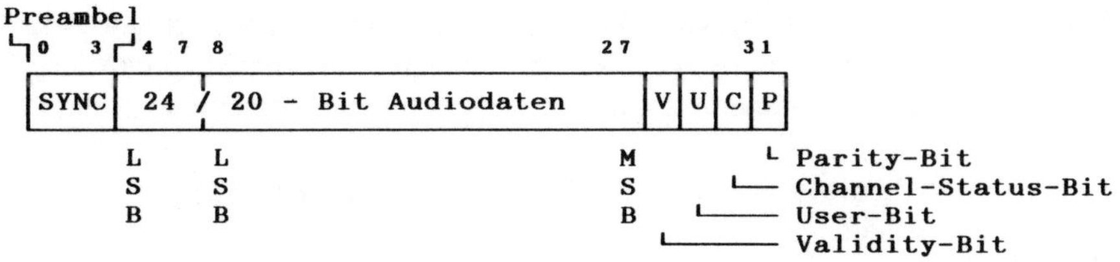

Abb. 10/84. Aufbau eines Subframes im AES/EBU-Format.

Durch diesen Aufbau des Formats ist die Zeitdauer eines Blocks direkt von der Abtastfrequenz abhängig. So dauert ein Block 4 ms bei f_A = 48 kHz.

Jeder Subframe beginnt mit einem Synchronisationsmuster, hier Preambel genannt. Diese Preambel kennzeichnet gleichzeitig auch die Form A oder B des Subframes. Damit diese vier SYNC-Bits nicht mit anderen Datenbits verwechselt werden, sind sie codeverletzend ausgebildet *(Abb. 10/85)*.

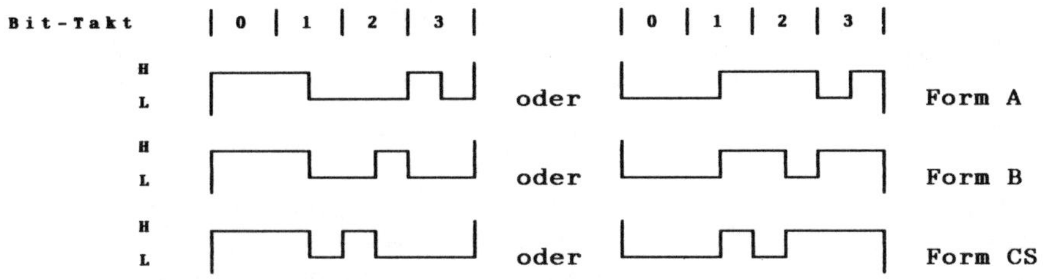

Abb. 10/85. Die verschiedenen SYNC-Muster.

Da die Daten hier Bi-ø(M) moduliert sind, wäre an jeder Bit-Taktgrenze ein Potentialwechsel fällig. Die Codeverletzung besteht nun darin, daß bei allen Formen zwischen Bit 0 und Bit 1, bei Form A und B zwischen Bit 1 und Bit 2, bei Form CS zwischen Bit 2 und Bit 3 kein Wechsel des logischen Pegels erfolgt.

Ein Subframe kann Datenwörter mit maximal 24 Bit Länge aufnehmen. Dann beginnt das Datenwort mit dem LSB bei Bit 4 des Rahmens und endet mit dem MSB bei Bit 27. Werden dem Interface jedoch Datenwörter zugeführt, die nur 20 oder weniger Bit besitzen, so werden zur Audio-Datenübertragung Bit 8 mit 27 verwendet; die verbleibenden vier Bit in jedem Subframe stehen für andere Zwecke zur Verfügung (auxilliary sample bits). Die Bit am Ende des Subframes haben folgende Aufgaben:

P: Das Parity-Bit ergänzt die Anzahl der ‹1› im Subframe auf eine gerade Anzahl. Damit ergibt sich automatisch auch immer eine gerade Anzahl von ‹0›. Das hat zur Folge, daß am Anfang und am Ende des Subframe derselbe logische Pegel herrscht.

V: Das Validity-Bit gibt an, daß der Audiodatenbereich ein gültiges, auswertbares Datenwort enthält.

C: Das Channel-Status-Bit ist Teil eines Datenkanals *(Abb. 10/86)*, der insgesamt 24 Byte in Blockstruktur enthält.

U: Mit dem User-Bit steht dem Benutzer ein frei belegbarer Datenkanal zur Verfügung, den er ohne ein bestimmtes Datenformat verwenden kann. Dabei erweist sich eine dem CS-Kanal ähnliche Blockstruktur als vorteilhaft.

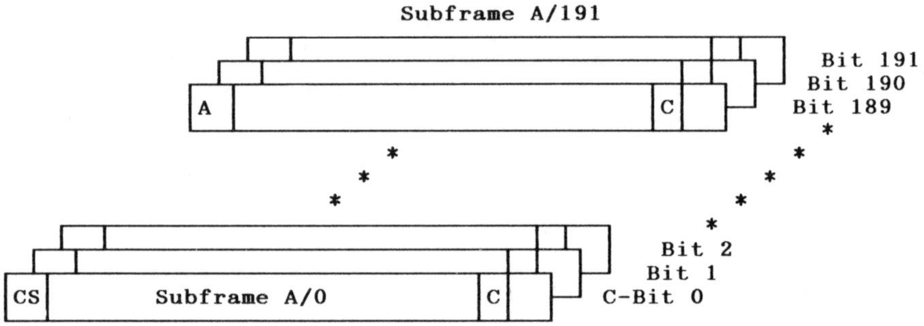

Abb. 10/86. Channel-Status-Kanal.

Ein Channel-Status-Block erstreckt sich über 192 Frames. Damit gehört zu jedem Kanal (Subframe) ein eigener CS-Block. Zur Kennzeichnung des CS-Blockanfangs wird als Preambel das Sync-Wort der Form CS gesendet *(Abb. 10/87)*, bei allen darauffolgenden Subframes wieder die Formen B, A, B usw.

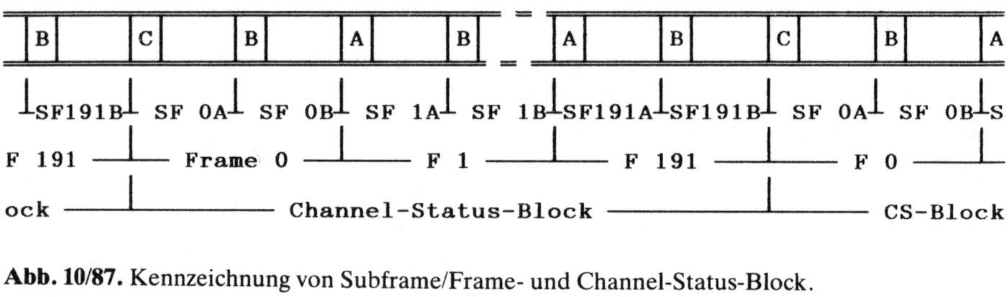

Abb. 10/87. Kennzeichnung von Subframe/Frame- und Channel-Status-Block.

Die 192 Bit eines CS-Blocks stellen, wie schon erwähnt, 24 Byte dar, deren Bedeutung *Abb. 10/88* zeigt.

Byte	Bit 0 1 2 3 4 5 6 7	
00	a b c c c d e e	
01	f f f f g g g g	
02	h h h i i i i i	
03	j j j j j j j j	
04	**************	
05	**************	
06–09	(1. Zeichen) 4 ASCII-Zeichen 7 Bit + 1 Paritybit (ungerade)	alphanumerische Angabe über die Herkunft der Daten auf dem Kanal
10–13	4 ASCII-Zeichen 7 Bit + 1 Paritybit (ungerade)	alphanumerische Angabe über Ziel/ Bestimmung der Daten auf dem Kanal
14–17	32-Bit-Binärcode	CS-Blockadresse (Nummer des ersten Abtastwerts im CS-Block - fortlaufende Blocknummerierung)
18–21	32-Bit-Binärcode	CS-Blocknummer seit Mitternacht (zur Umrechnung in beliebige Time-Codes. Jedes Inkrement entspricht 4 ms bei 48 kHz-Abtastfrequenz.
22	******* w x y z	*=>für zukünftige Anwendungen reserviert, z.Zt. noch nicht definiert. w=>Byte 0....5 sind auswertbar x=>Byte 6...13 sind auswertbar y=>Byte 14..17 sind auswertbar z=>Byte 18..21 sind auswertbar
23	C R C C	CRCC-Wort zum gesamten CS-Block $G(x) = x^8 + x^3 + x^2 + 1$

a=>Anwendung des CS-Blocks
b=>Ton/kein Ton-Betrieb
c=>verwendete Preemphasis
d=>Abtastfrequenzverkopplung
e=>Abtastfrequenz
f=>Betriebsart (Mono/Stereo/...)
g=>User-Bit-Formatbeschreibung
h=>Benutzung Bit 4..7 als Hilfsbit
i=>Quellen-Wortlänge/Codierlegende
j=>zukünftige Mehrkanal-Funktionsbeschreibung
*=>für zukünftige Anwendungen reserviert, z.Zt. noch nicht definiert.

Abb. 10/88. Informationen im Channel-Status-Block.

Die User-Daten können verschiedene Informationen enthalten *(Tab. 10/8)*.

Tab. 10/8. Nutzung der User-Daten im AES/EBU-Format.

Programminformationen	Zusatzinformationen über das Verbreitungsmedium
Produktionszeit/-datum Programmbezeichnung/ Identifikations-Nr. Programmdauer Take-Bezeichnung/-Nr. Schnitt-Information Satz-/Szenenbezeichnung Nummer der Kopie Urheberrechtsvermerke	Radio-Daten-Informationen (RDS) Sendernetz-Informationen Signal-Quellen-Informationen Timecode-bezogene Informationen

DS 1-Schnittstelle

Die DS 1-Schnittstelle [10.1, 10.2] dient der Übergabe digitaler stereofoner Audiosignale an die Deutsche Bundespost. Sie entstand, als im Zusammenhang mit dem Projekt „Digitaler Satelliten-Rundfunk" (DSR) Digitalsignale von den Rundfunkanstalten in postalische Zubringerleitungen zur Erdefunkstelle Usingen eingespeist werden sollten. Für den Studiobereich hatte sich eine Abtastfrequenz von 48 kHz bei 16 Bit je Abtastwert herauskristallisiert, wohingegen das bereits bestehende Leitungsnetz der DBP mit 32 kHz und 14 Bit entsprechend dem weltweiten CCITT-Standard arbeitet.

Rahmenstruktur

Das System mußte sich also in die Hierarchie des digitalen Übertragungsnetzes der Deutschen Bundespost einfügen. Daraus entstand die in *Abb. 10/89* dargestellte Datenstruktur. Insgesamt acht solcher Doppelcodewörter werden in einem DS 1-Rahmen eingesetzt *(Abb. 10/90)*.

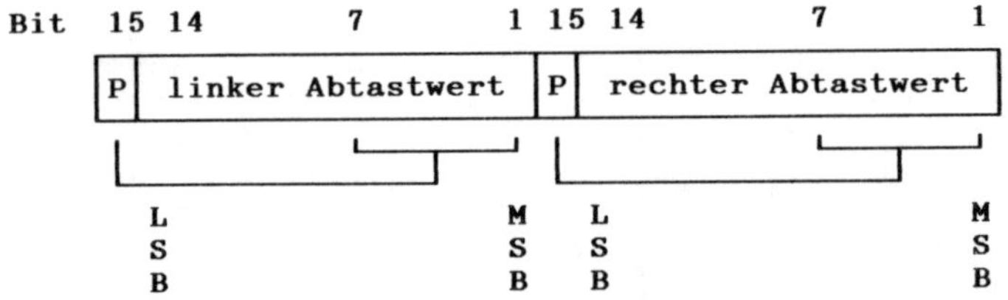

Abb. 10/89. Aufbau eines Doppelcodeworts im DS 1-Format.

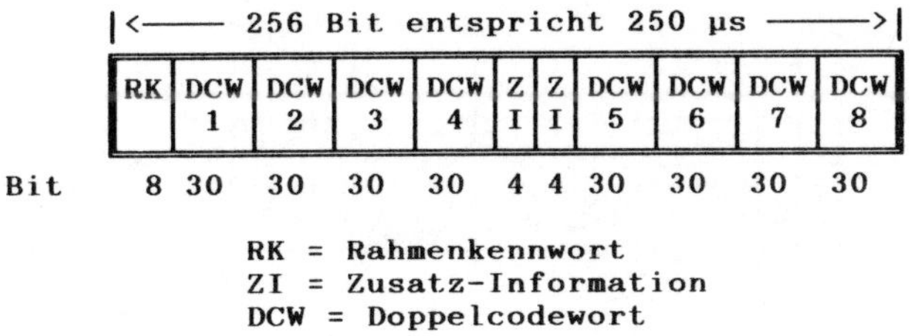

Abb. 10/90. DS 1-Rahmen.

Damit ergibt sich eine Rahmenwiederholfrequenz von 4 kHz. Der daraus abzuleitende Datenstrom beträgt 4000 · 256 Bit/s = 1024 kBit/s, das ist genau die halbe Bitflußrate der Hierarchiestufe 2,048 MBit/s. Der Datenstrom wird dann noch HDB 3 moduliert. Der Kanalcode HDB 3 stellt eine Weiterentwicklung des AMI-Code dar. Er gleicht dem AMI-Code, solange nicht vier oder mehr ‹0› aufeinanderfolgen. Diese Struktur ist durch die Hierarchie des postalischen digitalen Übertragungsnetzes vorgegeben. Das Bestreben war nun, mit diesen Vorgaben weitestmöglich die Signalqualität des Studiosignals zu übertragen.

Format

Als erstes wird an der „Digitalen Studio-Schnittstelle“ (DS) eine Abtastratenwandlung von 48 auf 32 kHz notwendig. Da mit einer Abtastrate von 32 kHz eine NF-Bandbreite von 15 kHz erreichbar ist, bedeutet dieser Schritt zunächst keinen Verlust an hörbarer Qualität [10.21]. Anschließend müssen die 16 Bit eines Abtastwertes aus dem Studio in die 14 Bit eines Übertragungs-Codewortes überführt werden. Dies geschieht durch eine 16/14-Bit-Gleitkomma-Umsetzung, *Abb. 10/91* zeigt dazu die Codiervorschrift.

Die Datenwortfolge wird zunächst in Blöcke zu je 64 Abtastwerten unterteilt, jeder Block ist damit 2 ms lang. Aus einem solchen Block wird jeweils der größte Abtastwert des Digitalsignals als Maß für die Spitzenaussteuerung in diesem Block genommen. Aus diesem Wert läßt sich nun ein Skalenfaktor ermitteln, der im Prinzip aussagt, an welcher Stelle im Datenwort die erste ‹1› liegt; anders ausgedrückt: Der Skalenfaktor gibt an, wieviele führende (redundante) ‹0› oder ‹1› – je nach Vorzeichen der Abtastwerte – der Maximalwert enthält. Durch die Angabe des Skalenfaktors wird die Übertragung dieser ‹0› bzw. ‹1› entbehrlich, man hat für 64 Abtastwerte eine Reihe von Bit eingespart, so daß man mit den zur Verfügung stehenden 14 Bit auskommt. Da bei den 16 Bit im Studio die ersten beiden Bit ohne Vorzeichen-Bit im Bereich der Übersteuerungsreserve liegen, überträgt man mit diesem Verfahren bei Pegeln bis +6dBu ein Signal mit einer Auflösung von 16 Bit. Nur wenn der Pegel über +6dBu ansteigt, verringert sich die Auflösung auf 15 bzw. 14 Bit. Bei

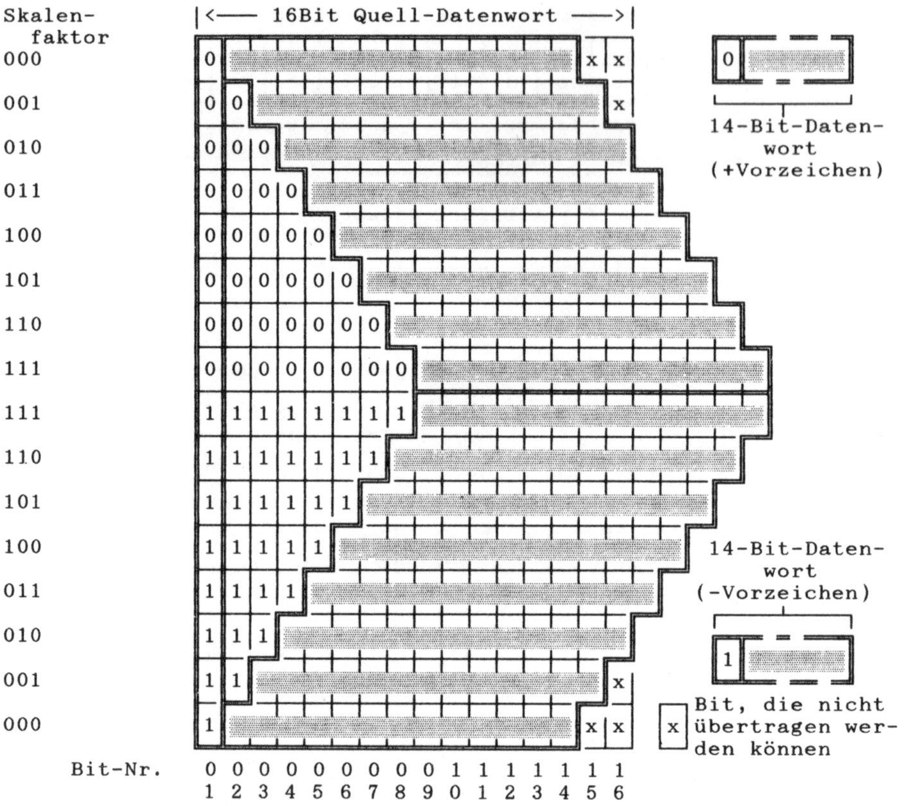

Abb. 10/91. Codiervorschrift für den 14/16-Bit-Gleitkomma-Wandler.

Aussteuerungen, die den Skalenfaktor ‹000› bzw. ‹001› für einen Block von 64 Abtastwerten bewirken, erfolgt eine Verringerung der übertragenen Datenbit von 16 auf 15 bzw. 14.

Betrachtet man die nach der Codierregel neu entstandenen 14-Bit-Codewörter in Abhängigkeit des Skalenfaktors *(Abb. 10/92)*, so entdeckt man noch ungenutzten Platz. Diese nichtgenutzten Bit (Z1...Z5) stehen also noch für Zusatzinformationen oder auch für eine zukünftige Erweiterung der Datenwörter auf 21 Bit zur Verfügung. Man kann sich diese Darstellung aus *Abb. 10/91* entstanden denken, wenn man die schraffierten Bit aus den 16-Bit-Wörtern ohne die „Vornullen/-einsen" direkt an das Vorzeichenbit „heranschiebt".

Nun besteht noch das Problem, den Skalenfaktor zu übertragen, ohne dafür zusätzlich Übertragungskapazität aufzuwenden. Hierbei wird folgendermaßen vorgegangen: Man „moduliert" den ersten 63 Parity-Bit in diesem Block die Skalenfaktor-Information auf, das 64. Parity-Bit bleibt unverändert. Wie in *Abb. 10/93* dargestellt,

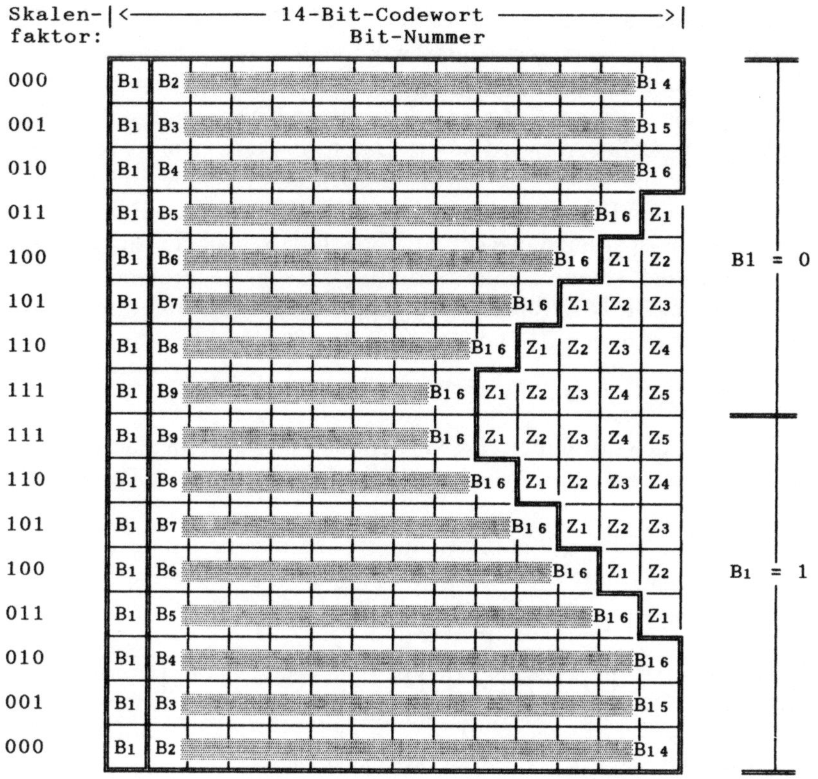

Abb. 10/92. In den Codewörtern enthaltene Bit der Abtastwerte.

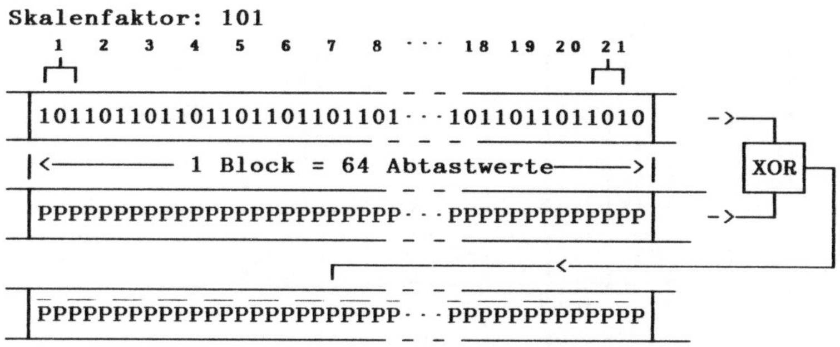

Abb. 10/93. „Modulation" des Parity-Bits durch den Skalenfaktor.

wird der 3-Bit-Skalenfaktor 21 mal wiederholt. Die daraus resultierende Folge von 63 Bit wird zusammen mit den ersten 63 Parity-Bit eines Blocks einem XOR-Gatter (‹mod.2›-Addierer) zugeführt. Das Ergebnis ist, daß immer dort, wo durch den sich wiederholenden Skalenfaktor eine ‹1› erscheint, das Parity-Bit (P) negiert auftritt. Der Empfänger der Daten muß nun aus der Veränderung der P-Bit den Skalenfaktor wieder „herauslesen“. Dies läßt sich jetzt nur über eine Mehrheitsentscheidung realisieren, da ja ein einzelnes P-Bit auch durch einen Übertragungsfehler invertiert auftreten kann. Anschließend wird jedem Datenwort eine dem Skalenfaktor entsprechende Anzahl von ‹0› bzw. ‹1› zwischen Bit 1 und Bit 2 eingeschoben. Damit sind die ursprünglichen Datenwörter wiederhergestellt. Um beim Empfang der Daten genau erkennen zu können, welche 64 Abtastwerte zu einem Block zusammengefaßt sind, muß eine weitere Rahmenstruktur, ein sog. Überrahmen, dem Signal beigegeben werden. Die Überrahmenkennung, also das Synchronisationsmuster für den 2 ms- Block, wird in den ZI-Daten untergebracht.

ZI-Daten

In jedem Doppelcodewortrahmen (DCW) befinden sich 8 Bit für Zusatzinformationen, sog. ZI-Daten. Diese 8 Bit wurden in 2 · 4 Bit aufgeteilt, weil es möglich sein

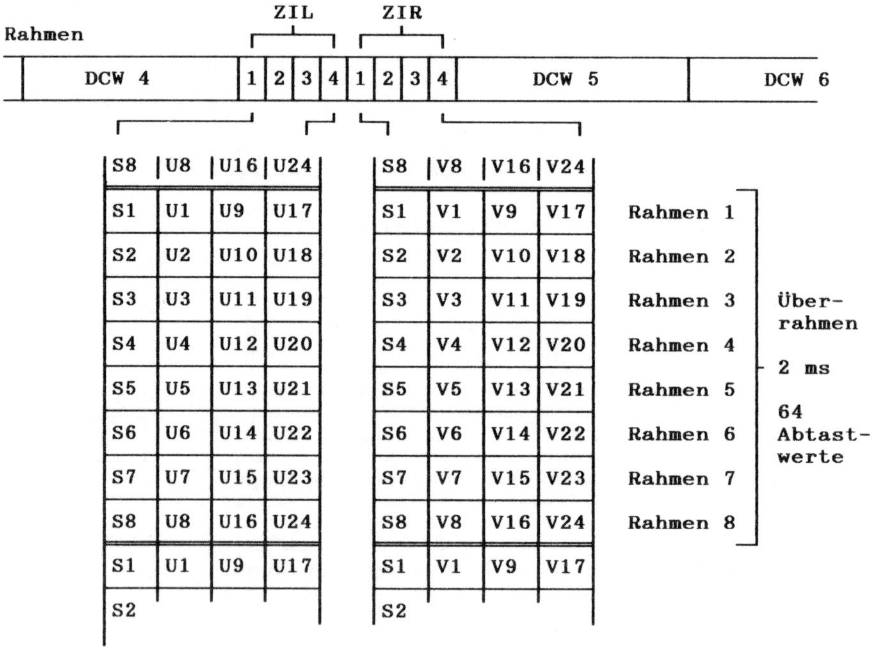

S1..8 = Überrahmen-Kennung (S1..8 = dto., jedoch invertiert)
U1..24 = 24-Bit ZI-Wort im L-Kanal
V1..24 = 24-Bit ZI-Wert im R-Kanal

Abb. 10/94. ZI-Blockstruktur im Stereokanal.

muß, anstelle eines Stereosignals ein oder zwei Monosignale über eine DS 1-Verbindung zu übertragen. Diese 4-Bit-Rahmen ergeben jeweils einen ZI-Block von 32 Bit/Überrahmen. *Abb. 10/94* zeigt die Bit- Aufteilung in einem ZI-Block.

Die Überrahmen-Synchronisation erfolgt mit den 8 S-Bit, die ein sog. „Williard"-Wort ergeben. Um eine Verwechslung zwischen L- und R-Kanal auszuschließen, wird das S-Wort des rechten Kanals invertiert gesendet. Die S-Wörter definieren damit die mit ihnen gesendeten Bit zum Kanal ‹U› und ‹V› gehörig. Die ZI-Kanäle ‹U› und ‹V› werden auch im Monokanal ausgesendet, dann aber abwechselnd *(Abb. 10/95)*. Daraus könnte man beispielsweise eine automatische Mono/Stereo-Erkennung ableiten.

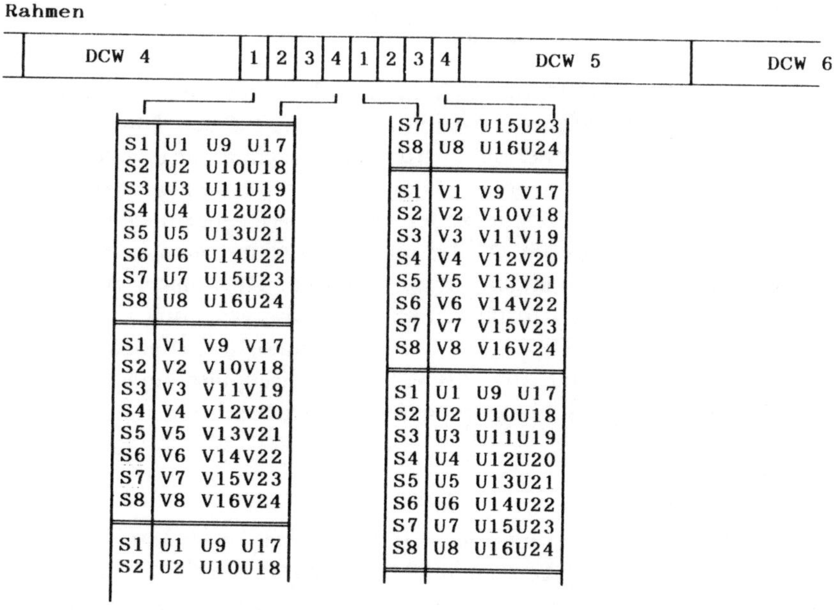

Abb. 10/95. U/V-Kanäle in zwei Monokanälen.

Wenn in Zukunft auf internationaler Ebene die ISDN-Netze der Post-Organisationen als alleinige Leitungsverbindung zur Verfügung stehen werden, wird allerdings eine Anpassung der DS 1-Schnittstelle unumgänglich werden, da hier andere „Einstiegsebenen" in die Hierarchiestufen vorliegen.

10.3 Prinzipien des digitalen Mischpults

Eine sinnvolle Anwendung der digitalen Tonsignalübertragung darf sich nicht auf „Insel“-Lösungen beschränken, sondern wird sich auf den gesamten Weg von der Signalquelle bis zum Zuhörer erstrecken müssen. Nur so wird das Maximum an Signalqualität, die diese Technik zu bieten vermag, auch zum Zuhörer gelangen und nicht durch zahlreiche A/D- und D/A-Wandlungen auf dem Weg dorthin zum Teil aufgezehrt werden. Dazu gehört in erster Linie die Möglichkeit, Signale unmittelbar nach der Quelle – also im allgemeinen nach dem Mikrofon – zu digitalisieren und bereits in der Tonregie alle Manipulationen am Signal wie Aussteuerung, automatische Pegelveränderungen, Mischung, Richtungszuordnung, Verhallung, Filterung usw., in der digitalen Ebene durchzuführen. Da mit dem digitalen Tonsignal ein Signal vorliegt, das im Prinzip eine mit der Zeit fortlaufende Zahlentabelle darstellt, werden die genannten Eingriffe in das Signal durch spezielle Rechenvorschriften, die sog. Rechen-Algorithmen, bewirkt.

An der „Benutzeroberfläche“ muß sich die digitale Verarbeitung nicht unbedingt bemerkbar machen. Da sich an der Aufgabenstellung für den Tontechniker bzw. den Toningenieur nichts geändert hat, wird man versuchen, die ihm bekannten Bedienungsorgane in die Hand zu geben. Lediglich dort, wo sich durch diese Technik neue, bisher nicht gekannte Möglichkeiten ergeben, wird man auch mit neuen Bedienhilfsmitteln rechnen müssen. Als Beispiel dafür könnte man die Programmierbarkeit dieser neuen Mischpultgeneration anführen. Dies macht Abspeicherung und Darstellung von Betriebszuständen bzw. Signalwegen nötig. Daher gehören Farbmonitor (Display) und Disketten-Laufwerk, Dinge, die in der Rechnertechnik schon lange Standard sind, zur Ausstattung solcher Mischpulte. Im folgenden sollen einige der oben aufgeführten Funktionen etwas näher beschrieben werden.

10.3.1 Aussteuerung

Unter Aussteuerung versteht man das Einstellen einer bestimmten Verstärkung oder Dämpfung, also eines bestimmten Übertragungsfaktors, in einem Kanal. Genau das wird auch im digitalen Fall getan: Man multipliziert die Audiodaten mit dem Übertragungsfaktor. Bewegt sich der Faktor zwischen 0 und < 1, wird das Signal gedämpft, ist er > 1, wird das Signal verstärkt. Verändert man den Faktor k(t) mit der Zeit, wird das Signal über der Zeit entsprechend beeinflußt. Der Algorithmus lautet also:

$$y(n \cdot T_A) = x(n \cdot T_A) \cdot k(t)$$

Wie gewinnt man diesen Faktor?

Prinzipiell gibt es dafür mehrere Möglichkeiten:

- Man benutzt einen „normalen“ Pegelsteller, speist diesen mit einer Gleichspannung und digitalisiert die Ausgangsspannung. Nach dem A/D-Wandler liegt dann der Übertragungsfaktor k vor.

– Man baut einem Pegelsteller statt einer Widerstandsschichtbahn eine Codierplatte mit entsprechend vielen Schleifern ein, die die Ausgänge bilden. Damit steht an diesen Ausgängen der Faktor k in digitaler Form zur Verfügung. Allerdings sollte man aus Gründen der Betriebssicherheit die Codierplatte mit einem „einschrittigen" Code versehen, d.h., daß sich von einer Stellung zur nächsten immer nur ein Bit ändert. Damit werden Unsicherheiten ausgeschlossen, wie sie beispielsweise beim Übergang von ‹00001111› auf ‹00010000› auftreten können, wenn Bit 4 gerade noch nicht ‹1› ist, Bit 5/6/7/8 aber schon ‹0›. Für diesen kurzen Augenblick ergäbe sich für den Faktor k ein Wert von ‹00000000›.

10.3.2 Mischung

In der Tontechnik versteht man unter Mischen von Signalen, daß zwei oder mehr Signale einander überlagert werden. Dies entspricht einer einfachen Addition. Der Algorithmus lautet hierfür also:

$$y(n\cdot T_A) = x_1(n\cdot T_A) + x_2(n\cdot T_A) + \ldots + x_n(n\cdot T_A)$$

$x_1, x_2, x_3 \ldots$ = Einzelsignale

Der bei einer Addition von Signalen auftretenden Vergrößerung des Gesamtsignals muß durch eine entsprechende Aussteuerung der Einzelsignale entgegengewirkt werden.

10.3.3 Panoramasteller

Bei der Panoramaeinstellung wird ein Signal zwei Kanälen (L und R) mit unterschiedlichen Pegeln zugemischt. Die Pegeldifferenz bestimmt, an welcher Stelle auf der Lautsprecherbasis die Phantomschallquelle abgebildet wird. Allerdings besteht zwischen der empfundenen Richtung der Schallquelle und der Pegeldifferenz kein linearer Zusammenhang. Außerdem sollen Schallquellen, die in der Mitte abgebildet werden, nicht zu sehr in den Vordergrund treten, deshalb besitzt ein Panpot in der Mitteneinstellung eine Dämpfung von 3 dB zwischen Eingang und jedem der Ausgänge. Die Angabe eines Algorithmus ist aus diesen Gründen nicht so einfach wie bei Aussteuerung und Mischung. Vereinfacht kann man ansetzen:

$$y_L(n\cdot T_A) = x(n\cdot T_A)\cdot k_{pL} \qquad k_{pL} = \begin{array}{c} \mathrm{L} \\ \\ \mathrm{M} \\ \\ \\ \mathrm{R} \\ \mathrm{ÜB} \end{array}\begin{bmatrix} 1 \\ : \\ 0{,}707 \\ . \\ . \\ 0 \\ 0{,}5 \end{bmatrix} \quad k_{pR} = \begin{array}{c} \mathrm{L} \\ \\ \mathrm{M} \\ \\ \\ \mathrm{R} \\ \mathrm{ÜB} \end{array}\begin{bmatrix} 0 \\ : \\ 0{,}707 \\ . \\ . \\ 1 \\ -0{,}5 \end{bmatrix}$$

$$y_R(n\cdot T_A) = x(n\cdot T_A)\cdot k_{pR}$$

L, M, R, ÜB bedeutet: Abbildung im linken Basiseckpunkt, in der Mitte, im rechten Basiseckpunkt und Überbasiseinstellung.

Technisch realisieren könnte man ein solches Panpot mittels eines ROMs (Nur-Lese-Speicher), in welchem die einzelnen Faktoren k_{pL} und k_{pR} fest abgelegt sind und einem zu bedienenden Wahlschalter, mit dessen Hilfe die entsprechenden Adressen der benötigten Faktoren angewählt werden.

10.3.4 Signalverzögerung

Eine Signalverzögerung ist relativ einfach zu realisieren: Man legt die zu verzögernden Abtastwerte in einem Speicher ab und ruft sie nach der Verzögerungszeit wieder auf. Dabei wird die Verzögerungszeit immer ein ganzzahliges Vielfaches n der Abtast-Periodendauer T_A sein:

$$t_v = n \cdot T_A \ (n = 1, 2, 3, \ldots)$$

Zeitverzögerung von Signalen benötigt man beispielsweise beim Zumischen von Stützmikrofonsignalen zu Hauptmikrofonsignalen. Sinnvoll wären auch Laufzeit-Richtungssteller für Aufnahmen, bei denen mit reinen Laufzeit- oder mit gemischten Intensitäts-/Laufzeit-Stereoaufnahmeverfahren gearbeitet wird. Auch bei der künstlichen Verhallung werden Signale verzögert. Ein weiteres Anwendungsgebiet ist die Beschallung. Dort werden häufig sogar mehrfache Zeitverzögerungen nötig.

10.3.5 Nachhall

Durch Reflexionen der Schallwellen an den Wänden fügt ein Raum dem Schallfeld einer Schallquelle Anteile hinzu, die gegenüber dem Direktschall verzögert sind und deren Amplituden durch Verluste bei der Reflexion mit jeder Reflexion kleiner werden. Absorption (Verluste) und Raumgröße (Laufzeit) bestimmen die Länge des Abklingvorgangs (Nachhallzeit). Dabei wird die Klangneutralität durch eine mit der Zeit zunehmende Reflexionsdichte erreicht. Je mehr sich aber die Reflexionen um äquidistante Zeitpunkte ausbilden, um so gefärbter wird der Klang des abklingenden Signals (Flatterecho). Daraus kann man für eine Nachbildung auf digitaler Ebene eine Schaltung nach *Abb. 10/96* ableiten.

Abb. 10/96 zeigt zunächst eine variable Zeitverzögerung t_0, mit der der Nachhall vom Direktsignal zeitlich abgesetzt werden kann. Es folgt eine Reihe von Verzögerungen $t_1 \ldots t_n$, welche die frühen Reflexionen erzeugen, wobei die einzelnen Reflexionen im Pegel beeinflußbar sind. Danach folgt die eigentliche Hallerzeugung. Sie ist heutzutage in mehrere Frequenzbänder unterteilt, die eine frequenzabhängige Gestaltung des Abklingens ermöglichen. Jeder dieser Wege enthält eine Reihe der dargestellten Allpaßschleifen. Je größer die Zahl dieser Schleifen ist, um so mehr

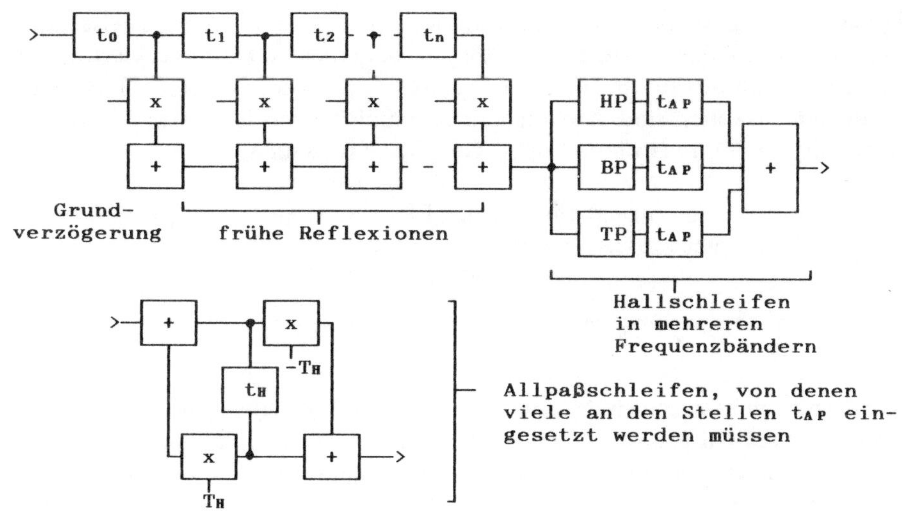

Abb. 10/96. Nachhallerzeugung.

nimmt die Reflexionsdichte mit der Zeit zu. Mit dem Faktor T_H kann man die Abklingzeit einstellen. Den Ausgang bildet eine Additionsstufe, die alle Schleifenausgänge zusammenfaßt.

Ein Vorteil digitaler Hallgeräte ist darin zu sehen, daß praktisch alle Hallparameter getrennt einstellbar sind. Damit ist es möglich, Räume sehr realistisch nachzubilden oder frei zu gestalten. Ebenso können aber auch Raumillusionen von Phantasieräumen erzeugt werden (Space-Programme). Darüber hinaus können alle diese Parameter in einem Schreib-Lese-Speicher (RAM) abgespeichert werden, so daß mit einem Tastendruck ein einmal erstellter Nachhall oder Raumklang wieder vom Gerät erzeugt wird.

10.3.6 Filterung

Digitale Filter [10.3,10.4] können nach zwei unterschiedlichen Prinzipien arbeiten, als nichtrekursive oder als rekursive Filter:

Nichtrekursive Filter leiten die Ausgangsfolge $y(n \cdot T_A)$ ausschließlich aus der Eingangsfolge $x(n \cdot T_A)$ ab. Sie haben zwei Eigenschaften, die sie vom anderen Filtertypus unterscheidet: Sie besitzen eine endliche Impulsantwort und neigen nicht zu Instabilitäten. Man bezeichnet diese Filterart auch als FIR-Filter (**F**inite **I**mpuls **R**esponse).

Rekursive Filter gewinnen die Ausgangsfolge $y(n \cdot T_A)$ ganz oder teilweise durch Rückführung der Abtastwerte aus der Ausgangsfolge selbst. Daraus erklärt sich die unendliche Impulsantwort und die Neigung zu Instabilitäten, wenn diese Filter nicht sorgfältig dimensioniert sind. Die unendliche Impulsantwort hat dieser Filterart zur Bezeichnung IIR-Filter (**I**nfinite **I**mpuls **R**esponse) verholfen.

Ein Filter-Algorithmus für ein fünfstufiges FIR-Filter, auch Transversalfilter genannt, könnte beispielsweise so lauten:

$$y_n = x_n \cdot a_0 + x_{n-1} \cdot a_1 + x_{n-2} \cdot a_2 + x_{n-3} \cdot a_3 + x_{n-4} \cdot a_4 + x_{n-5} \cdot a_5;$$

Dieser Algorithmus wie auch das Schaltbild *(Abb. 10/97)* läßt erkennen, daß der n-te Abtastwert der Ausgangsfolge y sich aus der Summe von 6 aufeinanderfolgenden, unterschiedlich gewichteten Abtastwerten x zusammensetzt; die Summanden sind mehrmals zu sich selbst zeitlich verschoben. Eine entscheidende Rolle für den Frequenzgang des Filters spielt dabei die Gewichtungsfunktion, die den Faktoren $a_0 \ldots a_n$ zugrunde liegt. Diese Funktion, die die Impulsantwort des Filters darstellt, ist die Fourier-Transformierte der Übertragungsfunktion.

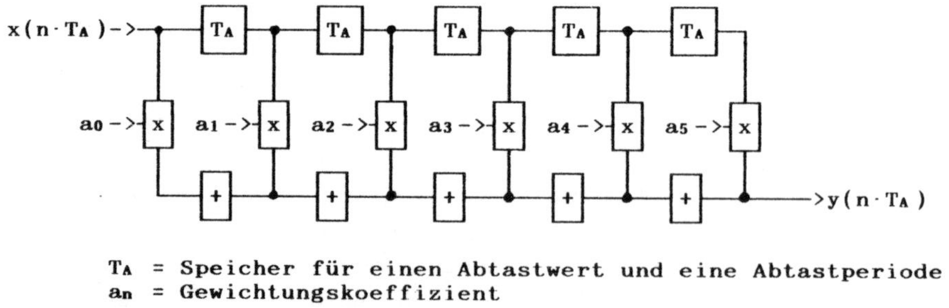

Abb. 10/97. Prinzip eines FIR-Filters.

Demgegenüber ist die Schaltung für ein rekursives Filter erster Ordnung einfach *(Abb. 10/98)*. Auch bei dieser Struktur kann man einen Ausgangswert y_n als eine Summe aus unendlich vielen vorangegangenen Abtastwerten x, die alle mit einer fortlaufenden Potenz von b_0 gewichtet sind, auffassen.

$$y_n = x_n b_0^0 + x_{n-1} \cdot b_0^1 + x_{n-2} \cdot b_0^2 + x_{n-3} \cdot b_0^3 + \ldots + x_{n-k} \cdot b_0^k;$$

Dieses Filter entspricht einem analogen RC-Tiefpaß. Die Größe von b_0 bestimmt die Grenzfrequenz. Ist b_0 negativ, erhält man einen Hochpaß.

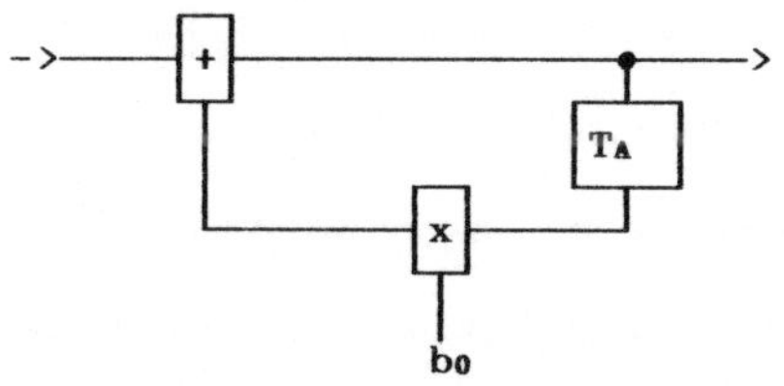


```
TA = Speicher für einen Abtastwert
     und eine Abtastperiode
bo = Gewichtungskoeffizient
```

Abb. 10/98. Prinzip eines IIR-Filters.

Der Frequenzbereich der Filter erstreckt sich von 0 Hz bis $f_A/2$. Dies resultiert aus einer allgemeinen Eigenschaft digitaler Filter: Sie besitzen einen Frequenzgang, der sich periodisch wiederholt um $n \cdot f_A \pm f_A/2$ für n = 0, 1, 2,...

Wichtig ist dabei, daß der Faktor $b_0 \leq 1$ ist, andernfalls strebt der Wert für y gegen unendlich. Auch hier können die Koeffizienten, die zum Einstellen eines bestimmten Frequenzgangs benötigt werden, in einem ROM gespeichert werden. Mit den Einstellern, die festlegen, wieviel dB das Signal in welchem Frequenzbereich verändert werden soll, gibt man nun die Adressen an, unter welchen die entsprechenden Koeffizienten im ROM abgelegt sind.

Literatur, Normen, Richtlinien

10.1 Richtlinie 154 R 4: Schnittstellenkennwerte für digitale Stereosignale der Bitrate 1024 kbit/s (DS 1), hg. von der Deutschen Bundespost

10.2 Anforderungen an ein Tonübertragungssystem für digitale Stereosignale der Bitrate 1.024 MBit/s DS 1, vorläufige Spezifikation (1985), Deutsche Bundespost

10.3 S. A. Azizi: Entwurf und Realisierung digitaler Filter, 3. Aufl., München 1987, Oldenbourg

10.4 R. Best: Handbuch der analogen und digitalen Filterungstechnik, Aarau 1982, AT-Verlag

10.5 T. T. Doi: „Channel codings for digital audio recordings", in: Journal of Audio Engineering Society 4/1983, S. 224ff.

10.6 T. T. Doi: Error Correction for Digital Audio Recordings", AES- Digital Audio, 1983

10.7 Specification of the Digital Audio Interface, EBU Tech. Doc. 3250 E, hrsg. v. Technical Centre of the EBU, Brussels 1985

10.8 F. J. Furrer: Fehlerkorrigierende Block-Codierung für die Datenübertragung, Heidelberg 1981, Birkhäuser

10.9 W. Habermann: Kanalkodierung und Kanalmodulation für die magnetische Aufzeichnung digitalisierter Videosignale, Technischer Bericht des IRT 39/82, München 1982

10.10 E. Heilmayr: AD-DA-Wandler-Bausteine der Datenerfassung, Haar 1982, Markt & Technik

10.11 N. Hesselmann: Digitale Signalverarbeitung, Würzburg 1982, Vogel

10.12 DIN IEC 908 International Standard Compact Disc Audio System, 1. Ausgabe 1987

10.13 R. Mäusl: Digitale Modulationsverfahren, Heidelberg 1985, Hüthig

10.14 W. W. Petersen, W.J. Weldon: Error Correcting Codes, Cambridge/Mass. 1972, M.I.T.-Press
10.15 Digital Audio Processor PCM-F1, Principle of Operation, SONY Corporation Audio & Video Group
10.16 J. Swoboda: Codierung zur Fehlerkorrektur und Fehlererkennung, München 1973, Oldenbourg
10.17 D. Thomson: Digitale Audiotechnik, München 1983, Franzis
10.18 H. Twietmeyer: Untersuchungen eines Interpolationsverfahrens zur Verschleierung von Bitfehlerstörungen bei digitalen Tonsignalen: Wirksamkeit und Grenzen des Verfahrens, Technischer Bericht des IRT Nr. 37/81, München 1981
10.19 J. Watkinson: The Art of Digital Audio, London 1988, Focal Press
10.20 H. Zander: Die Digitale Audiotechnik, Berlin 1987, Drei-R-Verlag
10.21 P. Schöne, G. Plenge, H. Jakubowsky: „Genügt eine Bandbreite von 15 kHz für elektroakustische Übertragungssysteme?“ in: Rundfunktechn. Mitt. 1979, S. 51ff.
10.22 B. Krieg: Praxis der digitalen Audiotechnik, München 1989, Franzis

11. Tonmeßtechnik

Aufgabe der Tonstudiomeßtechnik ist die Qualitätskontrolle und -sicherung, teilweise auch die Wiederherstellung der Geräte und Anlagen der Tonstudiotechnik. Sie umfaßt Kontroll- und Wartungsmessungen sowie – in unterschiedlichem Umfang – auch Reparaturen. Wartungsmessungen und die damit verbundenen Neueinstellungen werden teils turnusmäßig, teils bei Bedarf vorgenommen, um eine konstante Qualität der Geräte und Anlage zu gewährleisten und rechtzeitig Fehler zu erkennen. Reparaturen und die Behebung von Betriebsstörungen sind gegebenenfalls auch während laufender Produktionen und Sendungen notwendig. Sie beschränken sich hier aber meist auf ein Auswechseln oder Umgehen des defekten Teils. [11.5]

Grundlegende Definitionen und Meßanweisungen geben DIN 1319, die umfangreiche Fachliteratur [11.1], [11.2], [11.3], [11.4] sowie für den Bereich des öffentlich-rechtlichen Rundfunks die „Technischen Pflichtenhefte der öffentlich-rechtlichen Rundfunkanstalten in der Bundesrepublik Deutschland"; hier ist vor allem auf das Pflichtenheft 3/5 zu verweisen, dessen Ausgabe von 1989 im Gegensatz zu früheren Ausgaben nur noch Schnittstellen definiert und auch für digitale Anlagen gilt. Weiterhin sind die Meßgeräte-Einweisungen der einzelnen Hersteller zu beachten. Messungen im Rahmen von Typprüfungen führt das Institut für Rundfunktechnik (IRT) durch. Die Prüfung und Abnahmemessungen neuer Geräte übernimmt die Rundfunk-Betriebstechnik (RBT) für ihre Gesellschafter.

Im folgenden Kapitel werden Grundlagen, ausgewählte Begriffe und Meßbedingungen der Tonstudiomeßtechnik erläutert, nicht jedoch die dazu benötigten Meßgeräte; Meßvorschriften und -verfahren werden nicht immer im Detail behandelt.

11.1 Verstärkung und Dämpfung elektrischer Geräte

Nach DIN 40 148 ist der Verstärkungsfaktor – dieser Begriff wird vor allem bei Verstärkern [11.6] verwendet – oder allgemein der Übertragungsfaktor eines Übertragungsgliedes definiert als das Verhältnis von Ausgangs- zu Eingangsgröße von Spannung oder Strom *(Abb. 11/1)*. Der Spannungsverstärkungsfaktor ist also z.B.

$$T = \frac{U_2}{U_1}$$

T = Spannungsverstärkungsfaktor [dimensionslos]
U_2 = Ausgangsspannung [V]
U_1 = Eingangsspannung [V]

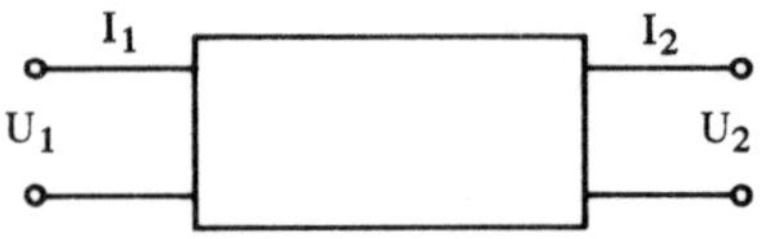

Abb. 11/1. Elektrisches Übertragungsglied (Vierpol).

Es ist auch zulässig, ungleiche Eingangs- und Ausgangsgrößen zu verwenden, in diesem Fall wird der Begriff Übertragungskoeffizient empfohlen; ist die Ausgangsgröße z.B. eine Spannung und die Eingangsgröße ein Strom, so stellt ihr Quotient den Übertragungswiderstand (Übertragungsimpedanz) dar. Soll die Frequenzabhängigkeit des Übertragungsfaktors hervorgehoben werden, so wird dieser Übertragungsfunktion genannt.

In der Praxis ist es vielfach vorteilhafter, anstelle der Faktoren Maße zu verwenden; damit können die Vorteile des Pegelmaßes genutzt werden. Das Übertragungsmaß bzw. Verstärkungsmaß ist in der Tonstudiotechnik definiert als der zwanzigfache Zehnerlogarithmus des Übertragungsfaktors; er wird bei gleichen Eingangs- und Ausgangsgrößen in dB angegeben. Die Definition des Spannungsverstärkungsmaßes z.B. ist:

$$a_T = 20 \lg T$$

$$= 20 \lg \frac{U_2}{U_1}$$

a_T = Übertragungsmaß, Verstärkungsmaß [dB]
T = Übertragungsfaktor, Verstärkungsfaktor [dimensionslos]
U_2 = Ausgangsspannung [V]
U_1 = Eingangsspannung [V]

Der Dämpfungsfaktor ist definiert als das Verhältnis von Eingangs- zu Ausgangsgröße; sind die Größen ungleich, so soll das Verhältnis als Dämpfungskoeffizient bezeichnet werden. Die Bezeichnung Dämpfungsfunktion weist auf eine Frequenzabhängigkeit hin. Der Dämpfungsfaktor ist also definiert:

$$D = \frac{U_1}{U_2}$$

D = Dämpfungsfaktor [dimensionslos]
U_1 = Eingangsspannung [V]
U_2 = Ausgangsspannung [V]

Das Dämpfungsmaß ist definiert:

$$a_D = 20 \lg \frac{U_1}{U_2}$$

a_D = Dämpfungsmaß [dB]

Zwischen Verstärkungs- und Dämpfungsmaß besteht die Beziehung

$$a_D = - a_T$$

11.1.1 Betriebsgrößen

Ein Gerät oder allgemein ein Übertragungsglied liegt stets zwischen einer Quelle und einem Verbraucher. Daraus ergeben sich die Betriebsbedingungen, unter denen das Gerät arbeitet und unter denen sein Verhalten betrachtet werden muß *(Abb. 11/2)*.

Abb. 11/2. Elektrisches Übertragungsglied mit Quelle und Abschluß.

Die im Betriebsfall und für Messungen geltenden Größen sind die sog. Betriebsgrößen. DIN 40 148 definiert die Betriebsgrößen für Leistungsanpassung. In der Tonstudiotechnik wird aber mit Spannungsanpassung gearbeitet. Demnach ist der Betriebs-Spannungsübertragungsfaktor bzw. für Verstärker der Betriebsverstärkungsfaktor definiert als

$$T_u = \frac{U_2}{U_0}$$

T_u = Betriebsverstärkungsfaktor [dimensionslos]
U_2 = Ausgangsspannung [V]
U_0 = Leerlaufspannung der Quelle [V]

Entsprechend ist die Definition des Betriebsverstärkungsmaßes:

$a_{Tu} = 20 \lg T_u$ a_{Tu} = Betriebsverstärkungsmaß [dB]
T_u = Betriebsverstärkungsfaktor [dimensionslos]

Für den Betriebsdämpfungsfaktor und das Betriebsdämpfungsmaß gelten:

$$D_u = \frac{U_0}{U_2}$$

D_u = Betriebsdämpfungsfaktor [dimensionslos]

$$a_{Du} = 20 \lg \frac{U_0}{U_2} = 20 \lg D_u$$

a_{Du} = Betriebsdämpfungsmaß [dB]

Nach DIN 40 148 ist also nicht die Eingangsspannung, sondern die Leerlaufspannung einer Messung zugrunde zu legen. Für die Messung soll der Quellwiderstand so groß und der Lastwiderstand so klein wie gerade noch zulässig sein. Es wird demnach unter den ungünstigsten Betriebsbedingungen gemessen. Der Lastwiderstand Z_2 beträgt im allgemeinen 300 Ω, der Quellwiderstand Z_0 200 Ω. Die Meßfrequenz ist gewöhnlich 1 kHz.

11.1.2 Ein- und Ausgangsscheinwiderstände

Der Eingangsscheinwiderstand von Normalpegeleingängen beträgt nach dem neuen Pflichtenheft 3/5 (1989) der öffentlich-rechtlichen Rundfunkanstalten innerhalb des gesamten Frequenzbereichs (40 bis 15 000 Hz) mindestens 5 kΩ, bei Mikrofoneingängen mindestens 1 kΩ. Bezogen auf 1 kHz sollen die Abweichungen im gesamten Frequenzbereich unter 20% bleiben. Die Eingänge müssen symmetrisch sein und auch von unsymmetrischen Quellen gespeist werden können. In der davor gültigen Fassung des Pflichtenheftes war ein Wert von 600 Ω festgelegt.

Der Ausgangswiderstand von Normalpegelausgängen beträgt innerhalb des gesamten Frequenzbereichs höchstens 40 Ω. Die Ausgänge sind symmetrisch und erdfrei; sie sind bei Einhaltung der geforderten Eigenschaften mit 300 Ω belastbar. Abgesehen von Einschleifpunkten müssen die Ausgänge auch kapazitiv mit einer RC-Parallelschaltung mit R = 10 kΩ und C = 22 nF belastbar sein. Die Ausgänge können kurzgeschlossen werden, ohne daß es zur Beschädigung der Anlage kommt; auch das Anlegen eines Pegels von + 12 dBu darf zu keiner Beschädigung führen. Für den Post-Übergabeverstärker gilt ein Eingangsscheinwiderstand von 10 kΩ, ein Ausgangsscheinwiderstand von 35 Ω.

Unzulässige Ein- und Ausgangsscheinwiderstände beeinflussen den Frequenzgang und Klirrfaktor. Die genaue Kenntnis der Widerstände ermöglicht es festzustellen, mit wieviel Geräten eines bestimmten Eingangsscheinwiderstands eine Quelle belastet werden kann und wie sich der Abschluß mit einem anderen als dem vorgesehenen Belastungswiderstand auswirkt. Die Messung der Eingangs- und Ausgangsscheinwiderstände erfolgt nach den im Technischen Pflichtenheft Nr. 3/5 angegebenen Verfahren.

11.1.3 Symmetrie

Eine elektrische Leitung zwischen zwei elektroakustischen Geräten kann immer magnetischen und elektrischen Feldern ausgesetzt sein, die zu Störspannungen am Eingang der Geräte führen können. Die Störspannungen bleiben dann unwirksam, wenn Ein- und Ausgänge der Geräte weitgehend symmetrisch gegen Erde sind; in diesem Fall heben sich die Spannungen gegenseitig auf. Symmetrisch gegen Erde heißt, daß die Widerstände, die zwischen jeder der Eingangsklemmen und Erde liegen, gleich sind. Auch am Ausgang muß Symmetrie herrschen, damit die Leitungsführung symmetrisch ist. Nicht symmetrische Leitungen – also asymmetrische Leitungen, bei diesen ist eine Ader direkt mit Erde verbunden, und symmetrische Leitungen, die an Geräten mit ungleichen Widerständen liegen – liefern in der Regel um so mehr Störungen, je länger sie sind.

Die Symmetrie oder Erdsymmetrie der Eingangs- und Ausgangsscheinwiderstände wird mit dem Symmetriegrad eines Gerätes erfaßt. Der Symmetriegrad des Eingangsscheinwiderstandes ist *(Abb. 11/3)*:

$$G_u = \left| \frac{U_E}{U_0} \right|$$

Das Symmetriemaß a_u ist entsprechend definiert:

$$a_u = 20 \lg \frac{U_E}{U_0} \quad [\text{dB}]$$

$$a_u = P_0 - P_E$$

Die Meßvorschriften sind in DIN 45 404 und im Pflichtenheft der öffentlich-rechtlichen Rundfunkanstalten Nr. 3/5 enthalten; das Pflichtenheft fordert ein Scheinwiderstands-Symmetriemaß von mindestens 60 dB sowohl für den Eingangs- als auch für den Ausgangsscheinwiderstand. Die Definition der Ausgangssymmetrie ist analog zu derjenigen der Eingangssymmetrie.

Die Spannungssymmetrie beschreibt die Folgen einer unsymmetrischen Spannung am Ausgang einer Tonregieanlage, die durch die Anlage selbst hervorgerufen wird.

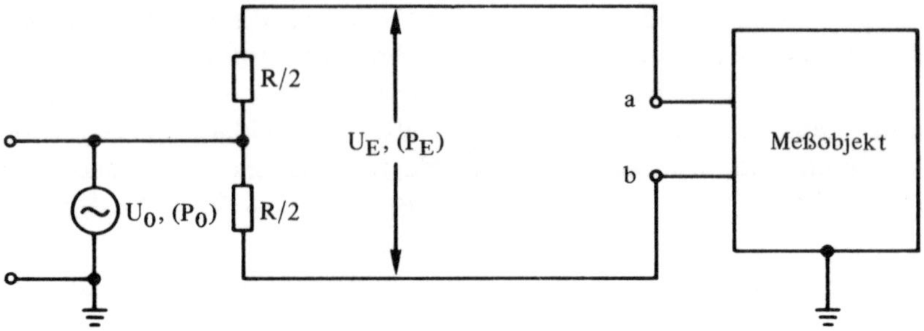

Abb. 11/3. Symmetrie des Eingangsscheinwiderstandes von elektroakustischen Geräten.

Die Unsymmetrie der Ausgangsspannung kann zu Übersprechen führen und wird deshalb zur Beurteilung der Störungen des betreffenden Ausgangs auf benachbarte Wege benutzt. Meßvorschriften erhält das Pflichtenheft 3/5 sowie IEC 268-3.

11.2 Verzerrungen

Verzerrungen sind allgemein Veränderungen im Zeitverlauf eines Signals [11.7], [11.8]. Ein unverzerrtes Ausgangssignal eines Übertragungsgliedes ist mit dem Eingangssignal identisch oder gegenüber dem Eingangssignal lediglich in der Amplitude proportional geändert, nämlich verstärkt oder gedämpft, und eventuell zeitlich verzögert; es ist geometrisch ähnlich. *Abb. 11/4* zeigt an Beispielen unverzerrte und verzerrte Signale.

Ursache für Verzerrungen sind frequenz- und amplitudenabhängige Eigenschaften von Übertragungsgliedern. Man unterscheidet lineare und nichtlineare Verzerrungen. Lineare Verzerrungen entstehen bei sich mit der Frequenz ändernder Verstärkung oder Dämpfung, nichtlineare Verzerrungen werden durch amplitudenabhängige Verstärkung oder Dämpfung verursacht. Bei der Betrachtung von Verzerrungen ist die Unterscheidung von Sinussignalen und komplexen, zusammengesetzten Signalen sehr wichtig. So gibt es bei Sinussignalen keine linearen Verzerrungen; bei nichtlinearen Verzerrungen gibt es prinzipielle Unterschiede zwischen diesen beiden Signalarten. Verzerrungen sind grundsätzlich Störungen einer Übertragung und sollen so niedrig wie möglich, zumindest aber unter der Hörbarkeitsschwelle liegen.

11.2.1 Lineare Verzerrungen

Die frequenzabhängige Verstärkung oder Dämpfung führt bei Sinussignalen zu keiner linearen Verzerrung, jedoch bei komplex zusammengesetzten Signalen; hier

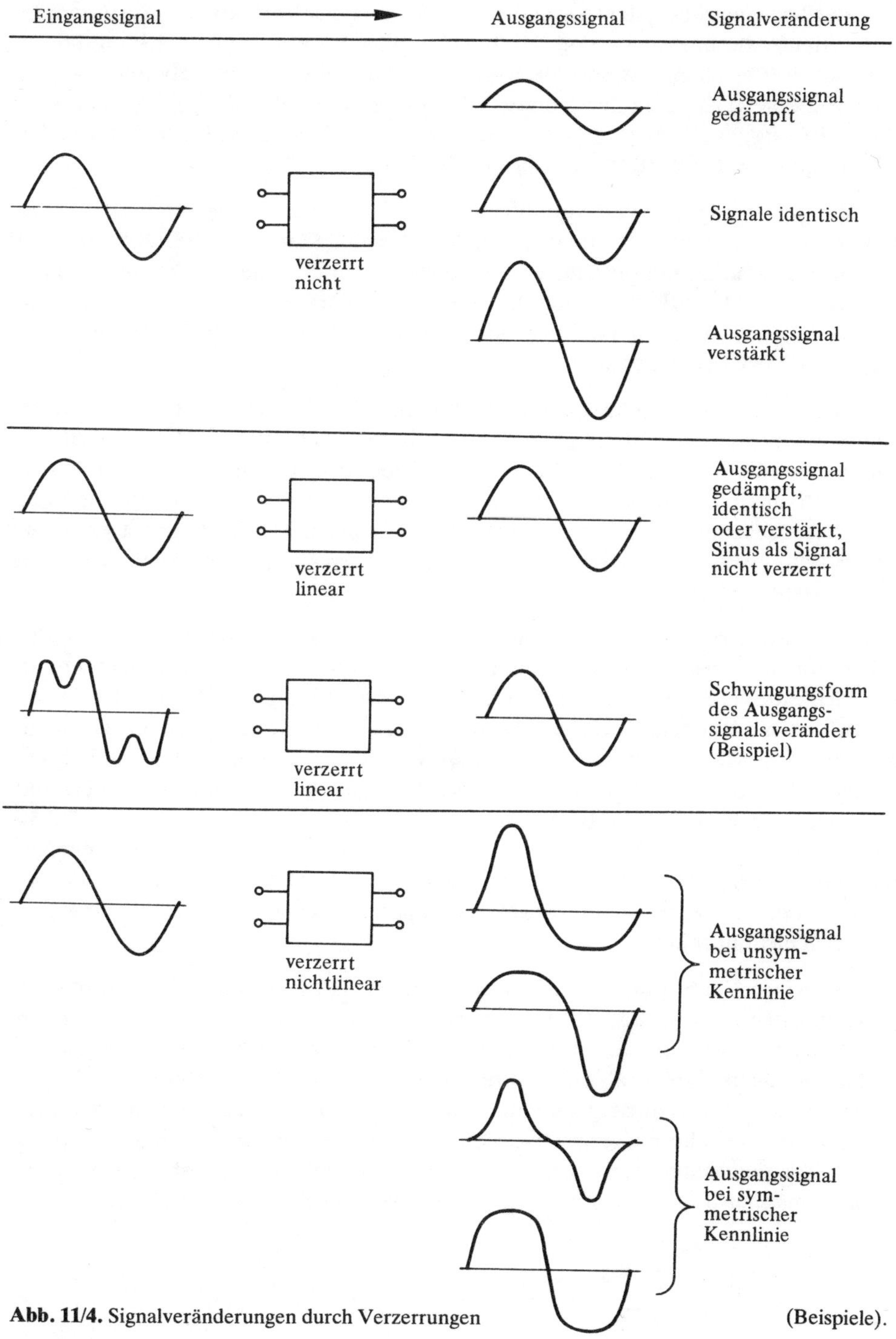

Abb. 11/4. Signalveränderungen durch Verzerrungen (Beispiele).

wird der Schwingungsverlauf verändert. Meist zeigt das Verhältnis von Ausgangs- zu Leerlaufspannung U_2/U_0 (vgl. *Abb. 11/2*), also der Betriebsverstärkungsfaktor oder der Betriebsdämpfungsfaktor, wenn in einem breiten Frequenzbereich gemessen wird, eine geringere oder größere Abhängigkeit von der Frequenz, einen sog. Frequenzgang, auch „lineare Verzerrung“ genannt. Er wird meßtechnisch wie das Übertragungsmaß ermittelt (vgl. oben).

Die Messung erfolgt in einem vereinfachten Verfahren nur bei einigen Festfrequenzen (vorzugsweise 40, 120, 1000, 5000, 10000 und 15000 Hz). Die Differenz des Übertragungsmaßes bei diesen Festfrequenzen gegenüber dem Übertragungsmaß bei 1000 Hz wird in dB angegeben. Um einen möglichen Einfluß nichtlinearer Verzerrungen auszuschließen, muß man gegebenenfalls 10 oder 20 dB (Magnettontechnik) unter Normpegel messen.

Frequenzgangmessungen lassen sich vorteilhafter als mit einzelnen Festfrequenzen automatisch über den gesamten Übertragungsbereich vornehmen. Man erhält dabei eine Kurve, die für jede Frequenz das Verhältnis von Ausgangs- zu Leerlaufspannung in dB angibt. Dazu benötigt man außer einem Tongenerator einen Pegelschreiber. Dieser zeichnet den gemessenen Wert auf einem eingelegten Papierstreifen mit einem Schreibstift, der entsprechend dem Verlauf des Frequenzgangs quer zur Papierlaufrichtung bewegt wird.

Die im Tonstudiobereich im gesamten Übertragungsbereich von 40–15000 Hz einzuhaltenden Toleranzen des Frequenzgangs gibt das „Technische Pflichtenheft“ Nr. 3/5 für die verschiedenen Geräte und Anlagen an. Sie lagen bisher bei ± 0,5 oder ± 1 dB, an den Rändern des Übertragungsbereiches sind sie etwas größer. Die neue Ausgabe des Pflichtenheftes sieht für alle Wege einer Tonregieanlage einheitlich folgende Toleranzen vor: 63 Hz bis 12,5 kHz + 0,5/− 0,5 dB, 40 Hz bis 63 Hz und 12,5 kHz bis 15 kHz + 1/− 1 dB. Sie müssen in einem Dynamikbereich von + 22 dBu (Normalpegeleingänge) bzw. + 18 dBu (Mikrofoneingänge) bis − 54 dBu eingehalten werden. Bei 15 Hz muß das Übertragungsmaß − 6 dB, bei 100 kHz − 20 dB betragen. Frequenzgänge, die innerhalb der vorgeschriebenen Toleranz bleiben, sind praktisch nicht hörbar.

Starke lineare Verzerrungen verändern das Klangbild einer Aufnahme: Sinkt die Ausgangsspannung bei hohen Frequenzen ab, wird es dumpf, sinkt sie bei tiefen Frequenzen ab, wird es flach. Eine Anhebung (Präsenz) ist im mittleren Frequenzbereich deutlicher hörbar als ein Einbruch (Absenz). Im direkten Vergleich können Abweichungen im Frequenzgang von wenigen dB bei kritischen Signalen wie Sprache einerseits noch hörbar sein, ohne Vergleich kann andererseits eine Abweichung vom Sollfrequenzgang um 6 dB schwer zu erkennen sein. Da das Gehör für Sprache die umfangreichsten Hörerfahrungen besitzt, urteilt es hier am kritischsten.

11.2.2 Nichtlineare Verzerrungen

Nichtlineare Verzerrungen sind Veränderungen der Kurvenform eines Signals, verursacht durch amplitudenabhängige Verstärkung oder Dämpfung eines Übertragungsgliedes (Begriffe in DIN 45 403, Tl. 1). Die Kennlinie eines solchen Übertragungsgliedes, die die Beziehung zwischen Eingangs- und Ausgangssignal in Abhängigkeit von der Amplitude definiert, ist keine Gerade, sie ist nichtlinear. Man unterscheidet vor allem zwischen quadratischen und kubischen Kennlinien (*Abb. 11/5*).

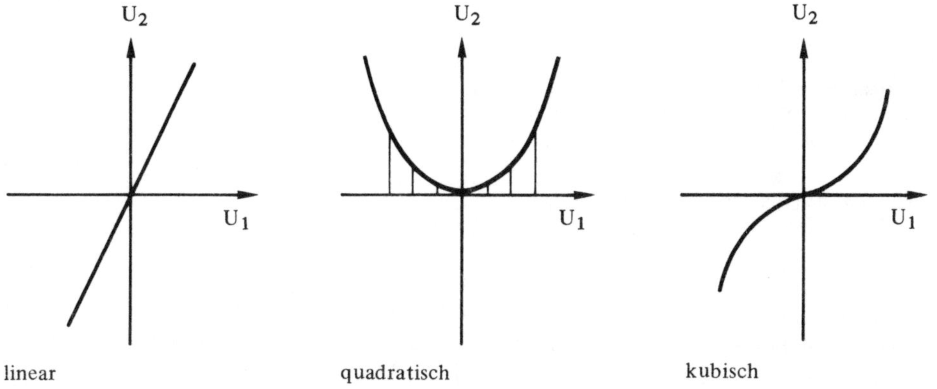

Abb. 11/5. Kennlinienformen eines Übertragungssystems, U_1 = Eingangsspannung, U_2 = Ausgangsspannung.

Oft sind Kennlinien in unterschiedlichem Maße aus Anteilen der linearen, quadratischen und der kubischen Kennlinie zusammengesetzt. Lineare Kennlinien verursachen keine Verzerrungen (*Abb. 11/6a*). *Abb. 11/6b, c* zeigen die Veränderung der Kurvenform bei quadratischer und kubischer Kennlinienform. Der quadratischen Kennlinie ist praktisch immer eine lineare überlagert.

Bei der Verzerrung einer Sinusschwingung mit der Frequenz f_1 entstehen neue, zusätzliche Schwingungen, deren Frequenzen jeweils ein ganzzahliges Vielfaches der verzerrten Sinusschwingung f_1 sind. Es entstehen also die Frequenzen $2f_1$, $3f_1$, $4f_1$ usw. Diese Schwingungen heißen Harmonische oder auch Obertöne. Quadratische Kennlinien erzeugen nur geradzahlige Harmonische oder sog. unsymmetrische Verzerrungen ($2f_1$, $4f_1$, $6f_1$ usw.), kubische Kennlinien nur ungeradzahlige Harmonische ($3f_1$, $5f_1$, $7f_1$ usw.) bzw. symmetrische Verzerrungen (*Abb. 11/6*). Die Amplitude der einzelnen Harmonischen nimmt mit steigender Ordnungszahl bzw. Frequenz ab. Symmetrisch heißen Verzerrungen, wenn das verzerrte Signal symmetrisch zur Zeitachse liegt, ansonsten werden sie unsymmetrisch genannt.

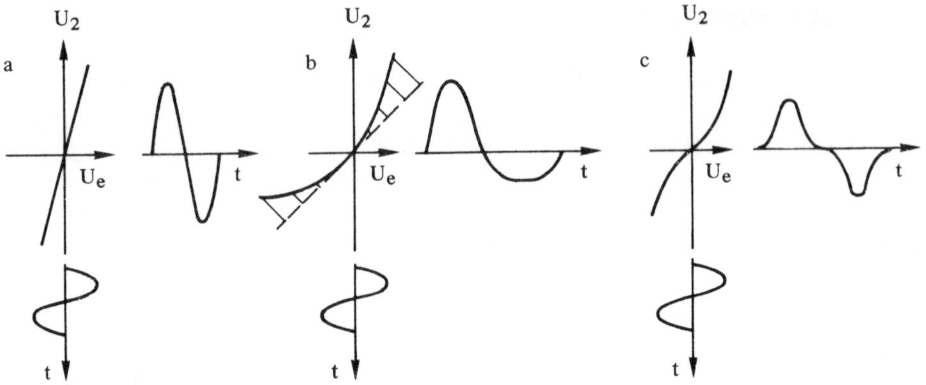

a. lineare Kennlinie
b. quadratische Kennlinie, einer linearen Kennlinie überlagert
c. kubische Kennlinie

Abb. 11/6. Kurvenformen verzerrter Signale.

Die subjektive Störwirkung nichtlinearer Verzerrungen hängt von verschiedenen Faktoren ab [11.9], [11.10], [11.11], [11.12], 11.13]. Zunächst produziert das Gehör beim Abhören selbst Verzerrungen, die mit der Lautstärke zunehmen und schon bei mittlerer Abhörlautstärke vorhanden sind. Diese Gehörverzerrungen verdecken teilweise die durch die elektroakustische Übertragung erzeugten Verzerrungen. Weiterhin können Verzerrungen grundsätzlich nur hörbar sein, wenn sie über der Hörschwelle liegen, die ihrerseits stark von der Frequenz abhängt. Der wichtigste Faktor für die subjektive Bewertung von Verzerrungen ist aber der Verdeckungseffekt; das unverzerrte Signal überdeckt teilweise die Verzerrungsprodukte. Die Wahrnehmbarkeit und schließlich die Störwirkung nimmt mit der Abhörlautstärke zu. Das Vorhandensein nichtlinearer Verzerrungen sollte deshalb bei mittlerer Lautstärke beurteilt werden.

Von erheblichem Einfluß ist dabei auch die Art des Tonsignals: Obertonreiche und stark geräuschhafte Schallstrukturen lassen Verzerrungen weit weniger hörbar werden als einfache sinusähnliche Strukturen. So ist bei einem Sinuston 1% Klirrfaktor gut hörbar, während bei einem komplexen Klangbild u.U. auch 10% unhörbar bleiben können.

Aufgrund der komplexen Zusammenhänge bei der Wahrnehmung sind allgemeingültige Aussagen über die Störwirkung nichtlinearer Verzerrungen nicht möglich. Die Meßwerte lassen deshalb nur einen ungefähren Rückschluß auf die Störwirkung der Verzerrungen im Einzelfall zu. Die nichtlinearen Verzerrungen der Studiogeräte müssen sehr niedrige Werte haben, da meist in jedem Übertragungsglied neue Verzerrungen hinzukommen.

Die Verzerrungen eines einzelnen musikalischen Tons stören relativ wenig, da ein solcher Ton in der Regel selbst bereits Harmonische enthält, mit denen dann die Verzerrungsprodukte zusammenfallen (*Abb. 11/7*). Dies trifft um so mehr zu, wenn es sich um ein obertonreiches Instrument wie z. B. eine Geige oder Trompete handelt. In diesem Fall wirken Verzerrungen in erster Linie subjektiv als Erhöhung der Lautstärke. Am empfindlichsten ist das Gehör für kubische Verzerrungen.

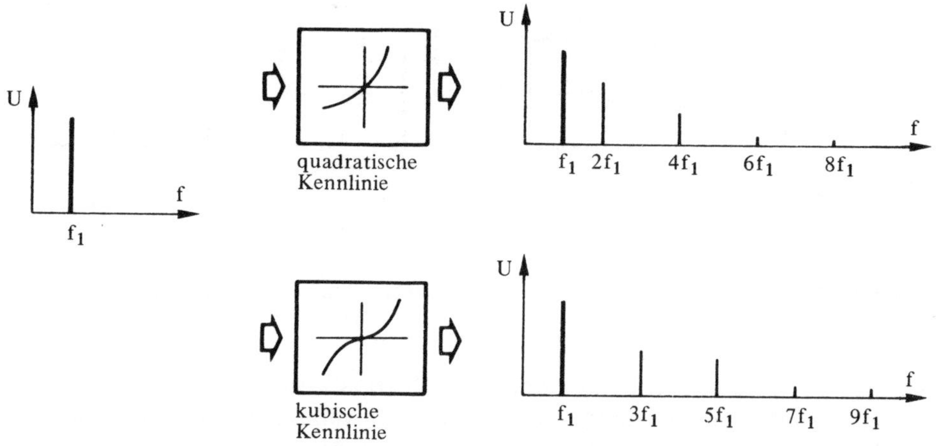

Abb. 11/7. Durch Verzerrung einer Sinusschwingung erzeugte Teiltöne.

Weit störender als Verzerrungen eines Einzeltones sind die Verzerrungen, die bei der gleichzeitigen Übertragung mehrerer Töne entstehen. Werden auf ein nichtlineares Übertragungsglied gleichzeitig zwei oder mehr Sinusschwingungen gegeben, was im Betriebsablauf praktisch immer zutrifft, so entstehen nämlich nicht nur die Harmonischen jeder einzelnen Schwingung, sondern zusätzlich sog. „Summen-" und „Differenztöne". Ihre Frequenz berechnet sich als Summe und Differenz der Frequenzen der verzerrten Schwingungen und ihrer Harmonischen. Die wichtigsten dieser neu entstehenden Summen- und Differenztöne bei zwei Sinustönen mit f_1 bzw. f_2 zeigt *Abb. 11/8*. Es entstehen hierbei also neue Sinustöne mit den Frequenzen $f = m \cdot f_1 \pm n \cdot f_2$ mit m, n = 1, 2, 3 ...

Meßverfahren

Nichtlineare Verzerrungen können meßtechnisch durch drei verschiedene Meßgrößen erfaßt werden: durch den Klirrfaktor, den Intermodulationsfaktor und den Differenztonfaktor bzw. durch die entsprechenden logarithmierten Größen (Maße).

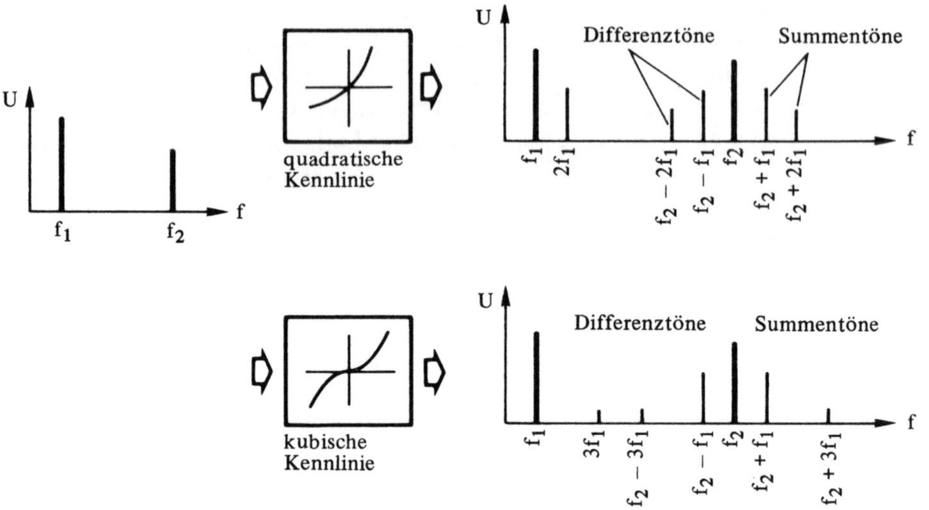

Abb. 11/8. Durch Verzerrung zweier Sinusschwingungen erzeugte Summen- und Differenztöne.

Am häufigsten wird der Klirrfaktor bzw. das Klirrmaß gemessen, da diese in einem einfachen Meßverfahren ermittelt werden können. Aufschlußreicher für die subjektive Bewertung von Verzerrungen sind meist aber der Intermodulations- und Differenztonfaktor und deren Maße, da sie die besonders störenden Summen- und Differenztöne eines Frequenzgemisches erfassen.

Entscheidend für die Größe nichtlinearer Verzerrungen ist die Festlegung des Ein- und Ausgangspegels des Meßobjekts für die Messung. Ist im Einzelfall keine Meßbedingung für diese Pegel angegeben, so wird bei Normpegel (6 dBu) gemessen. Oberhalb dieses Pegels steigen bei einigen Geräten die nichtlinearen Verzerrungen stark an. Der Bereich zwischen Normpegel und dem Pegel, bei dem das maximal zulässige Maß an Verzerrungen erreicht ist (Übersteuerungsgrenze), heißt Übersteuerungsreserve. Die Anforderungen sind je nach Funktion eines Gerätes in einer Anlage unterschiedlich; bei überwachten Ausgängen fordert das Pflichtenheft mindestens 6 dB, bei nicht überwachten Verstärkern (z.B. in Mikrofonkanälen) 15 dB und mehr.

Die neue Ausgabe des Pflichtenhefts fordert für die Gesamtanlage eine Klirrdämpfung von mindestens 52 dB bzw. einen Klirrfaktor von maximal 0,25% bei + 6 dBu in einem Frequenzbereich zwischen 40 Hz und 5 kHz, dies gilt auch für Pegel bis 30 dB unter + 6 dBu, darunter reduziert sich die Forderung auf 36 dB oder rund 1,5%. Bei + 22 dBu sind die noch zulässigen Werte 40 dB bzw. 1%.

Fällt eine bestimmt Harmonische, die in der Messung bewertet werden soll, außerhalb des Übertragungsbereiches, also z.B. über 15 kHz, so wird sie nicht in das Meßergebnis eingehen, womit ein günstigerer Meßwert vorgetäuscht wird. Deshalb werden für die verschiedenen Frequenzbereiche verschiedene Meßverfahren angewendet (*Tab. 11/1*).

Tab. 11/1. Meßbereiche der verschiedenen Meßverfahren für Verzerrungen.

	tiefer	mittlerer	hoher Frequenzbereich
Klirrfaktor	•	•	
Intermodulationsfaktor		•	
Differenztonfaktor		•	•

Tab. 11/2. Zusammenhang zwischen Klirrkoeffizienten k, Differenztonfaktoren d und Intermodulationsfaktoren m nach [11.14].

	k_2		k_3		d_2		d_3		m_2		m_3	
	mit kub. Verzerrungen	ohne kub. Verzerrungen	große kub. Verzerrungen	kleine kub. Verzerrungen	mit kub. Verzerrungen	ohne kub. Verzerrungen	große kub. Verzerrungen	kleine kub. Verzerrungen	mit kub. Verzerrungen	ohne kub. Verzerrungen	große kub. Verzerrungen	kleine kub. Verzerrungen
k_2	–	–			$\frac{2\,d_2}{1+d_3}$	$2\,d_2$			$\frac{m_2}{2(2-m_3)}$	$\frac{1}{4}m_2$		
k_3			–	–			$\frac{4\,d_3}{3(1+d_3)}$	$\frac{4}{3}d_3$			$\frac{m_3}{3(2-m_3)}$	$\frac{1}{6}m_3$
d_2	$\frac{2\,k_2}{4-3\,k_3}$	$\frac{1}{2}k_2$			–	–			$\frac{m_2}{8-5\,m_3}$	$\frac{1}{8}m_2$		
d_3			$\frac{3\,k_3}{4-3\,k_3}$	$\frac{3}{4}k_3$			–	–			$\frac{m_3}{8-5\,m_3}$	$\frac{1}{8}m_3$
m_2	$\frac{4\,k_2}{1+3\,k_3}$	$4\,k_2$			$\frac{8\,d_2}{1+5\,d_3}$	$8\,d_2$			–	–		
m_3			$\frac{6\,k_3}{1+3\,k_3}$	$6\,k_3$			$\frac{8\,d_3}{1+5\,d_3}$	$8\,d_3$			–	–

Unter der Annahme, daß ein Übertragungsglied keine linearen Verzerrungen verursacht – was in der Praxis wegen des eingeschränkten Übertragungsbereichs

(40–15000 Hz) nur bedingt zutrifft – können die verschiedenen Meßgrößen ineinander umgerechnet werden. *Tab. 11/2* gibt die Zusammenhänge mit geringfügigen Vereinfachungen an.

Klirrfaktor

Der Klirrfaktor (DIN 45 403, Tl. 2) ist die am häufigsten verwendete Meßgröße für nichtlineare Verzerrungen. Er gibt an, wie stark die Oberschwingungen (Harmonischen), die bei der Verzerrung eines sinusförmigen Signals entstehen, im Vergleich zum Gesamtsignal sind (*Abb. 11/6*). Man unterscheidet zwischen Klirrfaktor k, auch als Gesamtklirrfaktor bezeichnet, und Klirrfaktoren n-ter Ordnung k_n, die auch Teilklirrfaktoren oder Klirrkoeffizienten genannt werden.

Der Klirrfaktor oder Gesamtklirrfaktor k ist definiert als das Verhältnis des Effektivwertes aller Verzerrungsprodukte, also aller entstehenden Harmonischen, zum Effektivwert des verzerrten Gesamtsignals.

$$k = \frac{\sqrt{U_{2f}^2 + U_{3f}^2 + U_{4f}^2 + \ldots}}{U_{ges}}$$

k = Klirrfaktor [dimensionslos]
$U_{2f}, U_{3f}, U_{4f} \ldots$ = Spannung der neu entstandenen Harmonischen in Effektivwerten [V]
f = Frequenz des Meßtons [Hz]
U_{ges} = Spannung des verzerrten Gesamtsignals als Effektivwert [V]

Der Klirrfaktor n-ter Ordnung, der Klirrkoeffizient oder Teilklirrfaktor k_n ist definiert als das Verhältnis der Spannung einer einzelnen Harmonischen zum verzerrten Gesamtsignal.

$$k_n = \frac{U_n}{U_{ges}}$$

k_b = Klirrfaktor n-ter Ordnung, Klirrkoeffizient oder Teilklirrfaktor [dimensionslos]
U_n = Spannung der n-ten Harmonischen als Effektivwert [V]
U_{ges} = Spannung des verzerrten Gesamtsignals als Effektivwert [V]

Man mißt nur die Klirrfaktoren zweiter und dritter Ordnung k_2 und k_3, also die Spannung der 2. bzw. 3. Harmonischen mit den Frequenzen $2f_1$ und $3f_1$ im Verhältnis zur

Gesamtspannung. Da auch beim Gesamtklirrfaktor k meist nur die zweite und dritte Harmonische berücksichtigt wird – noch höhere Harmonische beeinflussen das Meßergebnis in der Regel praktisch nicht mehr –, gilt die folgende Beziehung zwischen Gesamt- und Teilklirrfaktoren:

$$k = \sqrt{k_2^2 + k_3^2}$$

k = Klirrfaktor [dimensionslos]

k_2, k_3 = Klirrfaktoren 2. und 3. Ordnung [dimensionslos]

k_2 wird auch als quadratischer und k_3 als kubischer Klirrfaktor bezeichnet, weil sie die Verzerrungen einer quadratischen bzw. kubischen Kennlinie erfassen. Der Klirrfaktor wird in % angegeben. Hierfür muß k bzw. k_n mit dem Faktor 100 multipliziert werden. Häufig wird anstelle des Klirrfaktors k in % das Klirrdämpfungsmaß a_k in dB angegeben:

$$a_k = 20 \lg \frac{1}{k}$$

a_k = Klirrdämpfungsmaß [dB]
k = Klirrfaktor [dimensionslos]

Entsprechend ist das Klirrdämpfungsmaß n-ter Ordnung definiert:

$$a_{k_n} = 20 \lg \frac{1}{k_n}$$

a_{kn} = Klirrdämpfungsmaß n-ter Ordnung [dB]
k_n = Klirrfaktor n-ter Ordnung [dimensionslos]

Einem Klirrfaktor von 1% entspricht ein Klirrdämpfungsmaß von 40 dB, 2% entsprechen 34 dB, 0,5% 46 dB und 0,1% 60 dB.

Zur Messung des Klirrfaktors können handelsübliche Klirrfaktormesser verwendet werden, die k_2 und k_3 oder den Gesamtklirrfaktor bei verschiedenen Festfrequenzen messen (1000 Hz oder 40, 1000 und 5000 Hz). Der Quellwiderstand bei der Messung ist der größtzulässige – im allgemeinen also 40 Ω, der Abschlußwiderstand der kleinstzulässige – im allgemeinen also 300 Ω. Meßpegel ist der Normpegel (6 dBu) bzw. bei Geräten mit Übersteuerungsreserve der Pegel der Übersteuerungsgrenze (Normpegel + Aussteuerungsreserve). An der Übersteuerungsreserve darf das gesamte Klirrdämpfungsmaß auf 40 dB ansteigen.

Intermodulationsfaktor

Da ein Übertragungsglied üblicherweise ein Gemisch vieler Schwingungen überträgt, entstehen nicht nur die Harmonischen dieser Sinusschwingungen, sondern auch eine Vielzahl von Summen- und Differenztönen, die besonders störend sind (vgl. *Abb. 11/7*). Der Anteil an zusätzlichen Schwingungen, der bei der Verzerrung von Tonsignalen erzeugt wird, ist also wesentlich höher, als der Klirrfaktor angibt. Der Intermodulationsfaktor berücksichtigt dies. Er wird im mittleren Frequenzbereich angewandt und geht von den Verzerrungsprodukten zweier Schwingungen mit den Frequenzen f_1 und f_2 aus (f_2 = 4000 oder 5000 Hz, f_1 ist frei wählbar; in der Regel ist $f_1 < 500$ Hz) (vgl. *Tab. 11/1*). Der Intermodulationsfaktor erfaßt nun die neu entstehenden Summen- und Differenztöne; er wird auch als Modulationsfaktor bezeichnet.

Der Intermodulationsfaktor m ist definiert nach DIN 45 403, Tl. 4 als das Verhältnis der Summe der Effektivwerte der Spannungen der am Ausgang des Meßobjekts neu auftretenden Summen- und Differenztöne zweier Sinus-Meßtöne mit der Frequenz f_1 und f_2 zum Effektivwert des höheren Meßtons f_2 am Ausgang des Meßobjekts. Die Spannungen der Meßtöne U_1 und U_2 sollen sich wie 4 : 1 verhalten.

$$M = \frac{1}{U_{f_2}} \sqrt{(U_{f_2 - f_1} + U_{f_2 + f_1})^2 + (U_{f_2 - 2f_1} + U_{f_2 + 2f_1}) \qquad \ldots (U_{f_2 - nf_1} + U_{f_2 + nf_1})^2}$$

m = Intermodulationsfaktor [dimensionslos]
f_1 = frei wählbare untere Meßfrequenz [Hz]
f_2 = obere Meßfrequenz [4000 Hz oder 5000 Hz]
U = Spannungen in Effektivwerten [V]

Der Intermodulationsfaktor m wird nach der Multiplikation mit dem Faktor 100 in % angegeben. In der Meßpraxis beschränkt man sich auf die ersten beiden Frequenzpaare $f_2 \pm f_1$ (quadratischer Intermodulationsfaktor m_2) und $f_2 \pm 2\,f_1$ (kubischer Intermodulationsfaktor m_3). Das Intermodulationsdämpfungsmaß ist definiert:

$$a_m = 20 \lg \frac{1}{m}$$

a_m = Intermodulationsdämpfungsmaß [dB]
m = Intermodulationsfaktor [dimensionslos]

Die Meßverfahren sind aufwendig, weshalb sie relativ selten zur Anwendung kommen. Meßvorschriften enthält DIN 45 403, Tl. 4.

In der Schallplattentechnik wird mit Frequenz-Intermodulation ein völlig anderer Sachverhalt bezeichnet (siehe 7.2.3).

Differenztonfaktor

Auch hierbei handelt es sich um ein Zweitonmeßverfahren. Es ist speziell für den oberen Übertragungsbereich geeignet, in dem Klirrfaktor- und Intermodulationsfaktormessungen nicht mehr möglich sind (*Tab. 11/1*). Der Differenztonfaktor gibt das Verhältnis der Effektivwerte der Differenztöne zweier Sinusschwingungen mit dem Frequenzabstand $\Delta f = 70$ Hz zum Effektivwert des gesamten Gemisches am Ausgang an. So wie man sich beim Klirrfaktor und Intermodulationsfaktor auf die Messung einzelner Verzerrungsprodukte beschränkt, mißt man auch beim Differenztonfaktor nur einzelne Verzerrungsprodukte, nämlich die Differenztonfaktoren 2. und 3. Ordnung d_2 und d_3:

$$d_2 = \frac{U_{f_2-f_1}}{\sqrt{2} \cdot U_{ges}}$$

$$d_3 = \frac{U_{2f_2-f_1} + U_{2f_1-f_2}}{\sqrt{2} \cdot U_{ges}}$$

d_2 = Differenztonfaktor 2. Ordnung [dimensionslos]
d_3 = Differenztonfaktor 3. Ordnung [dimensionslos]
f_1, f_2 = obere und untere Meßfrequenz [Hz], $f_2 - f_1 = 70$ Hz
U = Effektivwerte der Spannungen [V]
U_{ges} = Gesamtspannung am Ausgang [V]

Die Differenztonfaktoren werden in % angegeben. Wie beim Klirr- und Intermodulationsfaktor ist auch hier ein Maß definiert:

$$a_{d_n} = 20 \lg \frac{1}{d_n}$$

a_{d_n} = Differenztondämpfungsmaß n-ter Ordnung [dB]
d_n = Differenztonfaktor n-ter Ordnung [dimensionslos]

Die Messung erfolgt nach DIN 45 403 Tl. 3. Das Pflichtenheft 3/5 legt die zulässigen Werte fest; bei Pegeln der beiden Quellsignale von 0 dBu darf die Differenztondämpfung 60 dB nicht überschreiten.

Entstehen aus dem Zusammenwirken zweier Signale neue Signale, die durch den Intermodulations- oder Differenztonfaktor nicht erfaßt werden – dazu gehören Faltprodukte in der digitalen Tontechnik –, so dürfen dabei die zulässigen Klirrdämpfungswerte nicht unterschritten werden.

11.3 Störspannungen

Bei der Übertragung eines Signals treten zusätzliche, unabhängig vom Nutzsignal durch die Übertragungslieder erzeugte Spannungen auf. Die Gesamtheit dieser zusätzlichen Spannungen heißt Störspannung. In der Regel handelt es sich dabei um Rauschen; aber auch Netzbrummen, Knacken, HF-Einstreuungen usw. werden zu den Störspannungen gezählt. Das Rauschen wird von Ohmschen Widerständen und Transistoren sowie durch Magnetton- und Nadeltonaufzeichnung hervorgerufen. Bei der digitalen Tonübertragung und -speicherung entsteht Rauschen beim Wandlungsprozeß. Netzbrummen entsteht durch ungenügende Siebung, Erdschleifen, magnetische Einstreuungen, u. a.. Meßtechnisch werden Störspannungen unbewertet oder bewertet erfaßt. Für Tief- und Hochfrequenzeinstreuungen sowie Knackstörungen gibt es besondere Meßverfahren. Übersprechen gehört meßtechnisch nicht zu den Störspannungen.

11.3.1 Unbewertete Störspannungen

Die unbewertete Störspannung nach DIN 45 405 bzw. CCIR 468 erfaßt Störspannungen in einem für die professionelle Tonstudiotechnik relevanten Bereich ohne Frequenzbewertung. Der Meßbereich liegt zwischen 31,5 und 16000 Hz mit einer Filterdämpfung von 12 dB/Oktave am unteren Ende dieses Bereichs und 18 dB am oberen Ende. Die Störspannung wird im allgemeinen als absoluter Spannungspegel, bezogen auf 0,775 V, in dBqs angegeben. Der Zusatz q weist auf die Messung als Quasi-Spitzenspannung hin, s auf die Messung im Tonfrequenzbereich (son = Ton). Der unbewertete Störpegelabstand verwendet als Bezugswert den am Meßpunkt geltenden Betriebswert des Nutzpegels, also im allgemeinen 6 dBu bzw. 1,55 V.

Die Messung erfolgt mit einem Störspannungsmesser in Stellung „linear" mit Quasi-Spitzenwertmessung. Angezeigt wird also ein Pegel, der 3 dB unterhalb des tatsächlichen Spitzenwerts liegt. Bei sinusförmigen Spannungen ist dies zugleich der Effektivwert. Die Impulsbewertung der Anzeige ist durch die angegebene Norm festgelegt; danach wird ein 5-kHz-Impuls mit einer Dauer von z.B. 1 ms mit $-15,4$ dB angezeigt, bei einer Dauer von 10 ms mit $-6,4$ dB. Die Impulsbewertung ist demnach deutlich träger, als beim Aussteuerungsmesser, nach DIN 45 406. Der ausgangsseitige Lastwiderstand ist $\geq 10\ k\Omega$.

DIN 45 405 von 1983 hat den bis dahin geltenden Begriff „Fremdspannung" durch „unbewertete Störspannung" ersetzt.

11.3.2 Bewertete Störspannungen

Um die subjektive Störwirkung von Störspannungen zu berücksichtigen, ist eine frequenzabhängige Bewertung des Störspektrums notwendig, die die frequenzabhängige Empfindlichkeit des Gehörs berücksichtigt. Die Bewertungskurve muß also einen Verlauf haben, der spiegelbildlich zu den Kurven gleicher Lautstärkepegel im Bereich kleiner Pegel liegt. *Abb. 11/9* zeigt die Bewertungskurve für den Störpegel, *Tab. 11/3* gibt die Pegelwerte bei den wichtigsten Frequenzen an. Wie beim unbewerteten Störpegel wird der Quasi-Spitzenwert mit der dort genannten Impulsbewertung gemessen. Der bewertete Störpegel soll mit dBqps gekennzeichnet werden; q steht für Quasi-Spitzenspannung, p für pondéré (bewertet) und s für son (Ton). DIN 45 405 (1983) hat den Begriff „Geräuschspannung" durch den Begriff „bewertete Störspannung" ersetzt.

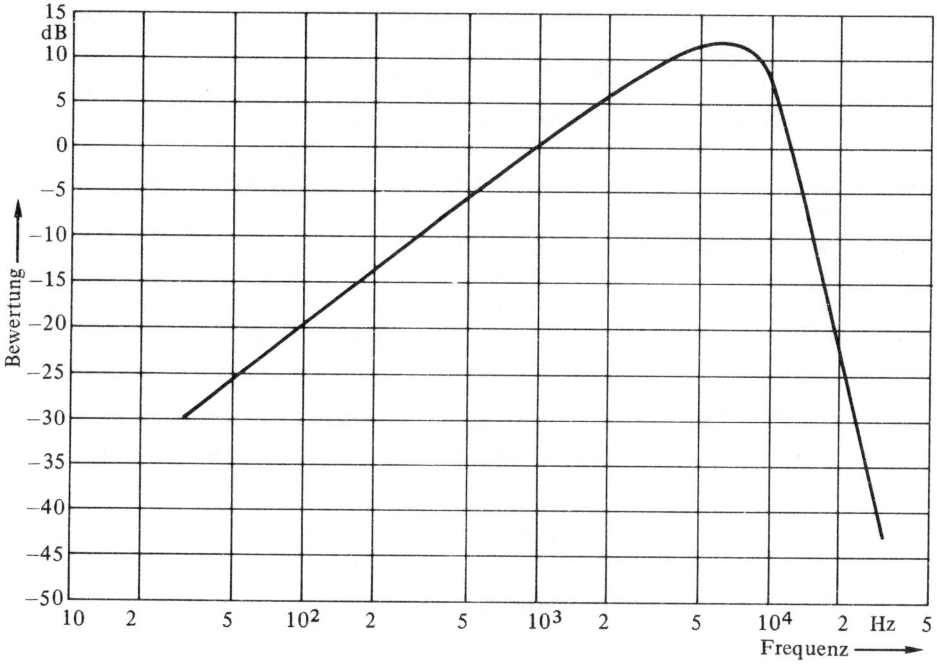

Abb. 11/9. Bewertungskurve für den Störpegel nach DIN 45 405.

Tab. 11/3. Bewertung des Störpegels nach DIN 45 405.

Hz	31,5	100	200	200	1000	2000	4000	8000	10 000	12 500	16 000	20 000
dB	−29,9	−19,8	−13,8	−7,8	0	+5,6	+10,5	+11,4	+8,1	0	−11,7	−22,2

Obwohl DIN 45 405 in der Fassung von 1983 im Bereich der professionellen Tonstudiotechnik klare Meßvorschriften setzt, sind gelegentlich teils ältere Normen, teils nicht anzuwendende Normen als Meßgrundlage anzutreffen. Im allgemeinen führt das zu günstigeren Störspannungswerten. Auf solche Verfahren soll hier kurz hingewiesen werden. Im Einzelfall muß genau geprüft werden, aufgrund welcher Vorschriften gemessen wurde. Da die Störsignalzusammensetzung sich bei unterschiedlichen Bewertungen bei der Messung auch unterschiedlich auswirkt, kann ein exakter Zusammenhang zwischen den verschiedenen Meßmethoden nicht oder nur ungefähr angegeben werden.

Die 1967 herausgegebene DIN 45 405 ergibt bei weißem Rauschen im Tonfrequenzbereich einen um etwa 5 dB größeren Störpegelabstand. Diese Norm hatte bis zum Erscheinen der neuen DIN 45 405 im Jahre 1983 Gültigkeit. 1978 ist der Entwurf zur neuen Norm erschienen, so daß in dem Zeitraum von 1978 bis 1983 Messungen nach alter und neuer Norm durchgeführt wurden. Die neue DIN 45 405 beruht auf einer Empfehlung des CCIR von 1974. Vielfach wurden deshalb schon seit 1974 Messungen entsprechend der DIN 45 405 von 1983 durchgeführt. Davor war seit 1972 noch ein Vorschlag des CCIR mit einer etwas anderen Bewertungskurve und anderen Toleranzen in Gebrauch; Meßergebnisse nach diesem Vorschlag unterscheiden sich praktisch nicht von den Ergebnissen der CCIR-Empfehlung 468 von 1974. Gelegentlich wird zwar auf die Messung nach CCIR hingewiesen, jedoch wurde diese – und das vor allem im Ausland – nicht mit Quasi-Spitzenwert, sondern mit dem Effektivwert gemessen. Das ergibt einen um ca. 4 dB größeren Störpegelabstand. Die CCIR-Empfehlung 468 gibt es in verschiedenen verbesserten Ausgaben, die sich nur wenig voneinander unterscheiden. Die Bewertungskurven zeigt *Abb. 7/15.*

„Geschönte" Meßergebnisse ergeben auch Messungen nach der Norm für den HiFi-Bereich (DIN 45 500), die deshalb für die professionelle Studiotechnik nicht angewendet werden darf; im HiFi-Bereich wird nach der Bewertungskurve A (dBA) gemessen und effektiv bewertet. Störpegelabstände werden auf den Pegel + 6 dBu bezogen.

11.3.3 Systemrauschen und Betriebskennlinie

Das Systemrauschen und die Betriebskennlinie von Tonstudioanlagen erfassen die Störspannungen einer Tonregieanlage und geben Auskunft über die im Betriebsfall zu erwartenden Störungen. Die Angaben gelten nur für analoge Anlagen.

Das Systemrauschen ist der nach der DIN 45 405 bewertete Störpegel oder Störpegelabstand, der gemessen wird, wenn alle Eingangskanäle bei größtmöglicher Dämpfungsstellung (Stellung vor der Endabschaltung) auf einen Ausgangskanal geschaltet sind; die übrigen Pegelsteller stehen dabei in Betriebsstellung. Der bewertete Störpegelabstand soll nach Pflichtenheft 3/5 bei zwei Pegelstellern mindestens 83 dB betragen; der zugehörige unbewertete Störpegel soll in jedem Fall mindestens 2 dB darunter liegen.

Die Betriebskennlinie nach Pflichtenheft 3/5 erfaßt den Störpegel eines einzelnen Kanals, der bei Normalstellung der Pegelsteller auf den Ausgang geführt wird. Wenn die Verstärkung des Mikrofonverstärkers zwischen minimaler und maximaler

Verstärkung variiert wird, sollen die in *Abb. 11/10* angegebenen Werte des Störpegels nicht überschritten werden. Der Kennlinie ist zu entnehmen, daß der nach DIN 45 405 bewertete Störpegelabstand bei Verstärkungen von 0 bis 25 dB 86 dB nicht überschreiten darf, in dem für die Praxis wichtigen Verstärkungsbereich von 25 bis 42,5 dB darf sich der Störpegelabstand von 86 auf 77,5 dB verringern; darüber nimmt der Störpegelabstand analog der zunehmenden Verstärkung ab.

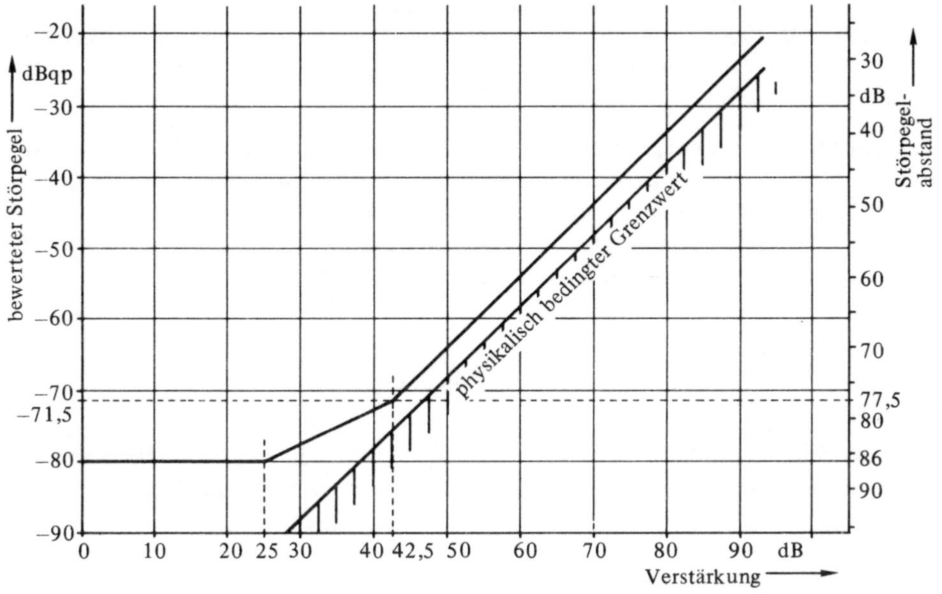

Abb. 11/10. Betriebskennlinie einer Tonregieanlage nach Pflichtenheft 3/5.

Bei der Messung der Betriebskennlinie wird der Eingang mit 200 Ω abgeschlossen. Ein solcher Widerstand liefert bei 21°C und einer Übertragungsbandbreite von 15 kHz ein thermisches Rauschen, das eine physikalische Grenze darstellt, die nicht unterschritten werden kann. Dieses Rauschen liegt bei −118 dBqp, es steigt analog mit der Verstärkung der Mikrofonverstärkers an; bei einer Mikrofonverstärkung von z.B. 40 dB kann der bewertete Störpegelabstand physikalisch bedingt unter Meßbedingungen bestenfalls 78 dBqp betragen; der zulässige Störpegelabstand ist bei diesem Beispiel 5 dB geringer. Für Mikrofonverstärkungen über 42,5 dB liegt das zulässige Rauschen 4 dB über der physikalischen Grenze.

Für digitale Tonregieanlagen geben diese Meßmethoden kein aussagekräftiges Ergebnis, hier fehlen zur Zeit noch entsprechende Festlegungen.

11.3.4 Tief- und Hochfrequenzfestigkeit, Knackstörungen

Durch Türschließen, Windstöße, Bewegung von Personen usw. entstehen Druckwellen vorzugsweise im Bereich um 5 Hz. Beim Auftreten solcher tieffrequenter Störspannungen, die sehr große Amplituden haben können, dürfen Mikrofonverstärker nicht übersteuert werden, d.h., es darf keine hörbare Verzerrung der übrigen Modulation auftreten.

Tonregieanlagen, insbesondere Mikrofoneingänge, sollen auch weitgehend unempfindlich sein gegen Hochfrequenzbeeinflussungen, da sie dort betrieben werden können, wo HF-Felder und HF-Spannungen auftreten. Eine gute HF-Festigkeit gewährleistet auch eine geringe Empfindlichkeit gegen Störungen aus Leuchtstofflampen.

Knackstörungen sind kurzzeitig auftretende Spannungen, die durch Kontaktbetätigung oder statische Aufladungen entstehen. Ihre Störwirkung kann nur unter definierten Abhörbedingungen subjektiv beurteilt werden. Begriffe und Meßverfahren, die die Störfestigkeit von elektro-akustischen Geräten erfassen, legt DIN 45 410 fest. Meßvorschriften enthält auch das Technische Pflichtenheft 3/5.

11.4 Stereoparameter

Pegelabweichungen, Phasendifferenzen und Übersprechen zwischen zwei Kanälen stellen ein besonderes Problem der Stereotechnik bzw. der Stereo/Mono-Kompatibilität dar. [11.15], [11.16], [11.17]

11.4.1 Pegeldifferenzen

Pegeldifferenzen sind unbeabsichtigte Pegelunterschiede zwischen zwei zusammengehörigen Stereokanälen. Sie ergeben sich aus der Differenz der Übertragungsmaße und werden also in dB angegeben. Dabei werden in erster Linie Pegeldifferenzen bei 1 kHz erfaßt, in vielen Fällen, insbesondere bei der Signalkodierung in der MS-Technik ist es erforderlich, den Unterschied der Übertragungsmaße über den gesamten Frequenzbereich zu messen. Die Messung der Pegeldifferenz ergibt sich aus der Meßanordnung für das Übertragungsmaß; die Eingänge der beiden Stereokanäle liegen dabei parallel am Generator, die Ausgangspegel der beiden Ausgänge werden miteinander verglichen.

Pegelunterschiede zwischen zwei zusammengehörigen Stereokanälen wirken sich beim LR-Verfahren weniger oder stärker in einer Verschiebung der fiktiven Schallquellen aus, je nachdem, ob vornehmlich mit Laufzeit- oder Intensitätsunterschieden gearbeitet wird. Schon ein Pegelunterschied von 1,5 dB kann bei Intensitätsstereofonie eine fiktive Schallquelle hörbar seitlich verschieben, 6 dB bewirken bei einer Mittenschallquelle eine Verschiebung nach „halbrechts“ oder „halblinks“. In der MS-Technik erscheinen Pegeldifferenzen zwischen M- und S-Signal nach der Umsetzung in L und R als Übersprechen. Bei einem Pegelunterschied von nur 1 dB ergibt sich hier eine Übersprechdämpfung von nur 25 dB, bei 3 dB Pegelunterschied beträgt diese nur noch etwa 15 dB (*Abb. 11/11*).

11.4.2 Phasendifferenzen

Phasendifferenzen zwischen verschiedenen Frequenzkomponenten eines Signals, hervorgerufen durch Phasenverzerrungen eines Übertragungsgliedes, haben keinen sehr großen Einfluß auf das Hörereignis. Treten allerdings Phasendifferenzen zwischen zwei zusammengehörigen Stereokanälen auf, so beeinflussen sie den Hörort von Phantomschallquellen. Bei einem 1-kHz-Ton z. B. entspricht einer Phasenverschiebung um 36° eine Zeitverschiebung um 100 μs, ein Wert, der zu einer hörbaren Delokalisierung einer Phantomschallquelle führen kann. Läßt man eine Phasenverschiebung von 10° zu, so resultiert daraus bei 1 kHz eine Auswanderung um etwa 3°; ein akzeptabler Wert. Bei 100 Hz würde eine solche Phasenverschiebung allerdings wieder eine zehnmal größere Delokalisierung verursachen, wenn das Gehör im tiefen Frequenzbereich nicht unfähig wäre, solche Töne zu lokalisieren. Eine konstante Phasenverschiebung entspricht einer mit der Frequenz abnehmenden Zeitverschiebung, eine konstante Zeitverschiebung entspricht einer mit der Frequenz zunehmenden Phasenverschiebung.

Bei der Zusammenschaltung phasenungleicher Stereokanäle zu einem Mono-Summensignal ergibt sich durch teilweise Auslöschung ein Pegelverlust, der bei einer Phasendifferenz von 90° 3 dB ausmacht, bei 30° etwa 0,3 dB (*Abb. 11/11*). Ungleich kritischer sind Phasendifferenzen zwischen dem M- und S-Kanal. Nach der Rückgewinnung des L- und R-Signals erscheinen sie wie Pegeldifferenzen als Übersprechen, dabei jedoch mit einer Phasenverschiebung. Hier gibt eine Phasendifferenz von 90° totales Übersprechen (Übersprechdämpfung 0 dB), eine Phasendifferenz von 10° ergibt eine Übersprechdämpfung von nur etwa 21 dB. Da sich eine hohe Phasensymmetrie zwischen aus vielen Einzelgeräten zusammengesetzten Kanälen nur schwer realisieren läßt, muß die niederfrequente Übertragung von Stereosignalen in MS-Form so weit wie möglich eingeschränkt werden. Aus diesem und anderen Gründen hat sich auch die MS-Regietischtechnik nicht bewährt.

Die Messung der Phasendifferenzen kann auf verschiedene Weise erfolgen. Der Phasenunterschied läßt sich u. a. mit einem Oszillographen ermitteln. Gibt man die zu vergleichenden Sinusspannungen mit dem gleichen Wert auf den X- und Y-Eingang eines Oszillographen, so kann die Phasendifferenz aus dem Seitenverhältnis der Ellipse errechnet werden (*Abb. 11/12*):

$$\tan \frac{\varphi}{2} = \frac{b}{a}$$

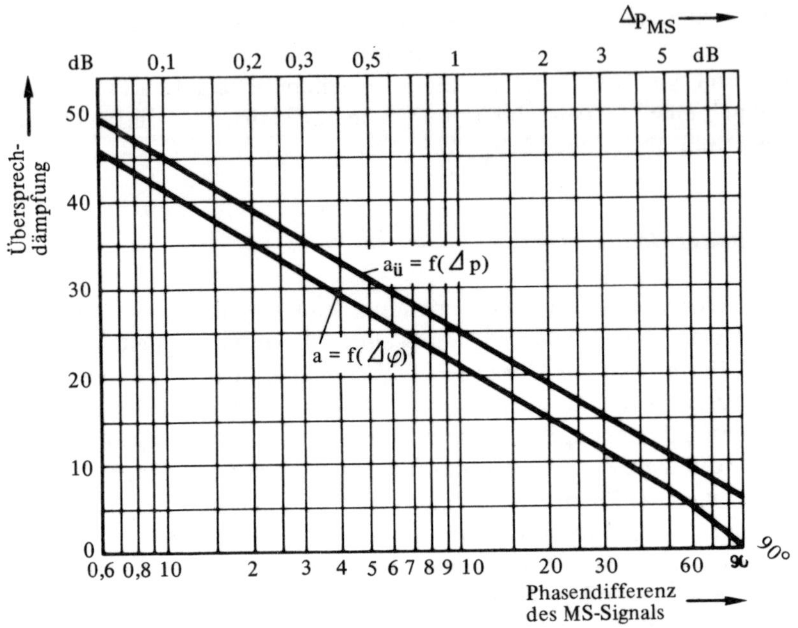

Abb. 11/11. Resultierende Übersprechdämpfung $a_ü$ zwischen den Stereo-Signalen L und R in Abhängigkeit von der Pegeldifferenz $\Delta_{P_{MS}}$, bzw. der Phasendifferenz $\Delta\varphi_{MS}$.

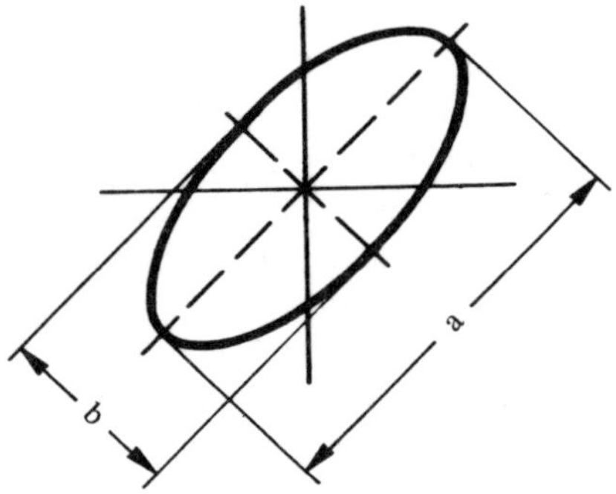

Abb. 11/12. Ermittelung der Phasendifferenz zwischen zwei Stereo-Kanälen mit einem Oszillographen.

Außer mit diesem Meßverfahren kann die Phasendifferenz auch mit einem Korrelationsgradmesser, wie er im Tonstudiobetrieb verwendet wird, gemessen werden. Der Korrelationsgrad r zweier sinusförmiger Spannungen ist nämlich $r = \cos\varphi$. Allerdings zeigen die in der Tonstudiotechnik gebräuchlichen Korrelationsgradmesser nicht den Cosinus an, sondern eine lineare Funktion von r und φ: $\varphi = 0°$ entspricht r = 1, φ = 90° entspricht r = 0; eine Phasendifferenz von 10° ergibt demnach eine Anzeige von 0,9. Vereinfacht wird dieses einfache und genaue Meßverfahren durch eine zusätzliche Gradangabe auf dem Korrelationsgradmesser. Am genauesten sind Messungen mit speziellen Phasenmeßgeräten.

Die Phasendifferenz zwischen zwei beliebigen, gleichartigen Modulationswegen, soweit diese Wege zu Stereopaaren zusammengeschaltet werden können, soll nach bisheriger Pflichtenheftforderung bei Wegen ohne Entzerrer zwischen 60 und 10 000 Hz kleiner 10°, bei Wegen mit Entzerrer im Frequenzbereich zwischen $1{,}5 \cdot f_u$ und $1/1{,}5 \cdot f_o$ kleiner 30° sein (f_u untere und f_o obere Grenzfrequenz des Übertragungsbereiches). Für die Neuausgabe des Pflichtenhefts ist für gleichfigurierte Wege im gesamten Frequenzbereich einschließlich Entzerrer eine maximale Phasendifferenz von 15° vorgesehen.

11.4.3 Übersprechen

Mit Übersprechen bezeichnet man die Erscheinung, daß Signale eines Übertragungskanals unbeabsichtigt in einen anderen Kanal gelangen. Die Größe des Übersprechens, das meist einen frequenzabhängigen Verlauf zeigt, wird durch die Übersprechdämpfung $a_ü$ in dB angegeben. Sie ist gleich der Differenz zwischen Nutzpegel am Meßpunkt und dem Pegel des übersprochenen Signals, das ebenfalls mit Nutzpegel in den übersprechenden Kanal gegeben wird.

Ein Übersprechen zwischen dem L- und R-Kanal bewirkt eine Basisverkleinerung des stereofonen Klangbildes; sie wird jedoch erst hörbar, wenn die Übersprechdämpfung kleiner als 15 bis 20 dB wird. Dennoch fordert das Pflichtenheft für Tonregieanlagen wesentlich höhere Werte. Bei Kanälen, die nicht zusammengehörige Modulationen führen, z. B. Modulations- und Kommando- oder Steuerleitungen, müssen die Anforderungen besonders hoch sein.

Die Meßverfahren für die Übersprechdämpfung sind je nach der Art und dem Ort ihres Zustandekommens verschieden. Sie werden im Technischen Pflichtenheft Nr. 3/5 erläutert. Das bisher gültige Pflichtenheft unterscheidet bei den Anforderungen an das Übersprechen zwischen unterschiedlichen Konfigurationen; sie liegen zwischen 60 und 100 dB, für den Richtungsmischer mindestens bei 40 dB. Die neue Ausgabe stellt teilweise höhere Anforderungen.

11.5 Schallpegel

Der absolute Schalldruckpegel L, kurz Schallpegel genannt, ist der zwanzigfache Zehnerlogarithmus des Verhältnisses der Effektivwerte des in einem anzugehenden Frequenzbereich gemessenen Schalldrucks und des Bezugsschalldrucks (DIN 45 630). Er wird in dB angegeben.

$$L = 20 \lg \frac{P}{P_0}$$

L = Schallpegel oder absoluter Schalldruckpegel [dB]
p = gemessener Schalldruck [Pa]
p_0 = Bezugsschalldruck = $2 \cdot 10^{-5}$ Pa

Der Frequenzbereich der Messung wird durch den Übertragungsbereich des Präzisionsschallpegelmessers nach DIN IEC 651 bestimmt. Er kann aber auch frei gewählt werden, z.B. durch Vorschaltung eines Oktav- oder Terzfilters. Bei der Messung des unbewerteten Pegels wird in der Stellung „linear" gearbeitet.

Die Messung des Schallpegels kann durch verschiedene Zeitbewertungen, auch dynamische Eigenschaften oder Anzeigearten genannt, bewertet werden. Ähnlich wie die Effektivwertmessung und die Bewertung durch Filter beim bewerteten Schalldruckpegel stellen auch die Zeitbewertungen eine Annäherung an die Eigenschaften des Gehörs dar. Folgende Zeitbewertungen stehen zur Verfügung: Die dynamische Gesamteigenschaft „schnell" (F, Fast) ist die übliche Einstellung: hierbei wird ein 1 kHz-Sinuston nach 0,2 s 1 dB unter dem Pegel des Dauersignals mit derselben Amplitude angezeigt. Bei der Einstellung „langsam" (S, Slow) wird derselbe Ton nach 0,5 s 4 dB unter dem Wert des Dauersignals angezeigt. Die Zeitbewertung „Impuls" beinhaltet eine Höchstwertspeicherung mit langsamen Abfall der Anzeige. Während kleinere Pegelschwankungen bei den Einstellungen „schnell" oder „langsam" gemittelt werden, sind für die Mittelung längerer Zeiträume mit sich ändernden Schallpegeln und auch Pausen Mittelungspegel definiert worden, z.B. der „energieäquivalente Dauerschallpegel", der „Impuls-Mittelungspegel" oder der „Takt-Maximalpegel". Für mittelnde Lärmmessungen stehen spezielle Meßgeräte zur Verfügung, sog. integrierende Schallpegelmesser, sowie Lärm- oder Schalldosimeter. [11.18], [11.19], [11.20]

11.5.1 Bewertete Schallpegel

Im allgemeinen wird der Schallpegel bewertet gemessen, und zwar ebenfalls mit dem Präzisionsschallpegelmesser, aber in Stellung „bewertet" nach Bewertungskurve A, B oder C. Angegeben wird dann der „A-(B-, C-)Schallpegel", der „A-(B-, C-) bewertete Schallpegel" in dB oder einfach der „Schallpegel" in dBA (bzw. dBB oder dBC).

$$L_{A,B,C} = 20 \lg \frac{P_{A,B,C}}{P_0}$$

$L_{A,B,C}$ = A-(B-, C-) bewerteter Schallpegel [dB]
$p_{A,B,C}$ = nach Bewertungskurve A, B oder C bewerteter Schalldruck [Pa]
p_0 = Bezugsschalldruck = $2 \cdot 10^{-5}$ Pa

Die Bewertungskurven sind in *Abb. 11/13* dargestellt. Der Verlauf der Kurven beruht auf Vereinbarung, trägt aber Eigenschaften des Gehörs Rechnung, indem er insbesondere die tiefen Frequenzen entsprechend der geringen Gehörempfindlichkeit weniger berücksichtigt. Kurve A ist für geringere, B für mittlere und C für hohe Schallpegel vorgesehen. Meist wird mit der A-Bewertung gemessen; bei höheren Pegeln führt das zu einem niedrigeren Meßwert als mit der Bewertung B oder C. Das Ergebnis bewerteter Schallpegelmessung entspricht in vielen Fällen grob der phon-Angabe des Lautstärkepegels (siehe 11.5.2).

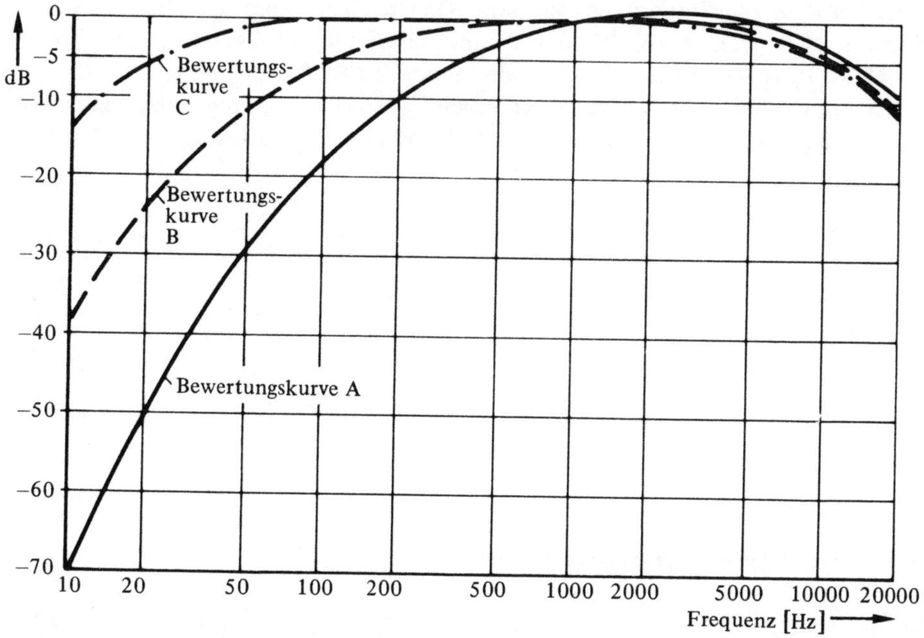

Abb. 11/13. Bewertungskurven A, B und C zur Messung des bewerteten Schallpegels (IEC 651).

11.5.2 Subjektive Bewertung des Schallpegels

Der bewertete Schalldruckpegel und die dynamischen Eigenschaften des Präzisionsschallpegelmessers stellen eine gewisse Annäherung an die subjektiv wahrgenommene Schallstärke dar. Genauer werden diese Zusammenhänge jedoch als Lautstärkepegel in phon und als Lautheit in sone erfaßt.

Der Lautstärkepegel L_s eines Schalls wird ermittelt, indem der als gleich laut beurteilte Sinuston mit 1000 Hz gesucht wird. Der Schalldruckpegel dieses 1000 Hz-Tons ist dann zugleich zahlenmäßig gleich dem Lautstärkepegel L_s in phon des zu beurteilenden Schalls. Beim Vergleich der Lautstärken soll der Schall als ebene Welle von vorne auf das Gehör treffen, abgehört wird zweiohrig. Für Sinustöne ergibt die Lautstärkemessung die sog. Kurven gleicher Lautstärke (DIN 1318, siehe Band 1,3.3). Von Zwicker wurde auch ein Verfahren zur Berechnung des Lautstärkepegels komplexer Geräusche entwickelt; es ist in DIN 45 631 genormt.

Während mit dem Lautstärkepegel gleich laute Schalle erfaßt werden, gibt die Lautheit S darüberhinaus Auskunft, wie die Stärke unterschiedlich lauter Schalle im Vergleich empfunden wird; sie beantwortet die Frage: Unter welchen Bedingungen ist ein Schallereignis doppelt oder halb so laut wie ein anderes? Die Einheit 1 sone entspricht dem Lautstärkepegel 40 phon. Da die Ermittlung der Lautheit relativ schwierig ist, wird sie, wenn erforderlich, meist nach DIN 45 630 berechnet oder der ebenfalls dort abgedruckten Tabelle entnommen; einen Auszug daraus enthält *Tab. 11/4.* Sie zeigt, daß einer Lautheitsverdoppelung eine Lautstärkepegelzunahme von 10 dB entspricht, einer Halbierung entsprechend eine Pegelabnahme von 10 dB.

Tab. 11/4. Zusammenhang von Lautstärkepegel in phon und Lautheit in sone.

phon	20	30	40	45	50	55	60	65	70	80	90	100
sone	0,25	0,50	1,00	1,41	2,00	2,83	4,00	5,66	8,0	16,0	32,0	64,0

11.6 Messungen an Mikrofonen

Für die objektive Beurteilung von Mikrofonen müssen die elektroakustischen Eigenschaften meßtechnisch erfaßt werden. Da die Ergebnisse der Untersuchungen unter Umständen von der Art des Meßverfahrens abhängen, werden in DIN 45 591 „Mikrofonprüfverfahren" die Meßbedingungen und Meßverfahren festgelegt. Begriffe, Formelzeichen und Einheiten sind in DIN 45 590 definiert. Als Meßsignale dienen im allgemeinen Sinustöne. Bei bestimmten Messungen, z.B. im diffusen Schallfeld, müssen stehende Wellen vermieden werden; in diesen Fällen sind die Meßsignale gewobbelte Sinustöne oder Terzbandrauschen. Bildet der Mikrofonverstärker mit der Mikrofonkapsel eine Einheit, wie z.B. bei Kondensatormikrofonen, wird er als zum Mikrofon gehörig betrachtet. Für einige Messungen ist ein geeichtes Meßmikrofon erforderlich. Grundsätzlich ist bei allen Messungen darauf zu achten, daß der Störpegel, der z.B. durch Geräusche, Erschütterungen, magnetische oder elektrostatische Fremdfelder einschließlich der Eigenstörspannung der Meßapparatur hervorgerufen sein kann, mindestens 10 dB unter dem Pegel des Nutzsignals liegt. Siehe zu den Begriffen auch Band 1, 4.2.1.

11.6.1 Feld-Übertragungsfaktor und Feld-Übertragungsmaß

Der Feld-Übertragungsfaktor ist der Quotient aus der vom Mikrofon abgegebenen Spannung und dem am Ort des Mikrofons vorhandenen Schalldruck; er wird angegeben in V/Pa. Er kann mit dem Meßmikrofon, das in Verbindung mit dem Pegelmesser einen geeichten Schalldruckpegelmesser bildet, sowohl im direkten als auch im diffusen Schallfeld ermittelt werden.

Man unterscheidet demnach den Direktfeld- und den Diffusfeld-Übertragungsfaktor. Er wird für einen Schalldruck von 1 N/m^2 = 1 Pa = 10 μbar angegeben. Aus dem Feld-Übertragungsfaktor kann das Feld-Übertragungsmaß berechnet werden. Dabei ist der 20-fache Zehnerlogarithmus des Verhältnisses Feld-Übertragungsfaktor zu einem Bezugs-Übertragungsfaktor von 1 V/Pa zu bilden. Je nachdem, ob ein Mikrofon im Leerlauf oder mit betriebsmäßigem Abschlußwiderstand, vorzugsweise 1 kΩ, gemessen wird, unterscheidet man den Feld-Leerlauf- und den Feld-Betriebsübertragungsfaktor. Da Mikrofone in den seltensten Fällen unter Leerlaufbedingungen betrieben werden, ist für den Anwender nur die Messung des Feld-Betriebsübertragungsfaktors von Interesse.

11.6.2 Frequenzgang

Der Frequenzgang gibt die Abweichungen des Feld-Übertragungsmaßes von dem Wert für 1 kHz im gesamten Frequenzbereich in dB an. Er ist für das freie und für das diffuse Schallfeld unterschiedlich.

Messung im Freifeld

Die Messung des Frequenzganges für das direkte oder freie Schallfeld (Freifeld-Übertragungsmaß) erfolgt im reflexionsarmen Raum. Es wird durch den Vergleich der Ausgangsspannung des Prüflings mit der eines geeichten Meßmikrofons ermittelt. Je nachdem, ob die Mikrofone gleichzeitig oder nacheinander ins Schallfeld gebracht werden, unterscheidet man die einfach und schnell durchführbare Komparations- und die etwas umständlichere, aber genauere Substitutionsmethode.

Die Meßanordnung der Komparationsmethode zeigt *Abb. 11/14.* Der Prüfling und das Meßmikrofon werden gleichzeitig nebeneinander, symmetrisch zur Lautsprechermittelachse, vorzugsweise im 1 m Entfernung vor dem Meßlautsprecher angeordnet. Der Abstand der Mikrofone voneinander muß so groß gewählt werden, daß sich an beiden Mikrofonen der gleiche Schalldruckverlauf ergibt und Reflexionen an den Mikrofonen die gemessenen Schalldruckpegel nicht unzulässig verfälschen. Um das zu prüfen, werden beide Mikrofone ins Schallfeld gebracht, der dann von ihnen abgegebene Spannungspegel darf sich bei Entfernen jeweils eines Mikrofons um nicht mehr als ± 1 dB ändern. Dem Lautsprecher wird vom Tonfrequenzgenerator über den Leistungsverstärker eine Sinusspannung zugeführt. Die von den Mikrofonen bei Beschallung abgegebenen Spannungen werden in Abhängigkeit von der Frequenz an den beiden Pegelmessern abgelesen und miteinander verglichen. Bei Relativmessungen ist es auch möglich, den Prüfling und das Meßmikrofon auf der Lautsprechermittelachse hintereinander aufzustellen, was den Vorteil hat, daß Meßfehler durch Schallfeldstörungen und Reflexionen, die vor allem bei großen Prüflingen auftreten, klein gehalten werden. Das größere Mikrofon muß hinter dem kleineren angeordnet werden. Der Abstand der Mikrofone voneinander sollte immer wesentlich kleiner als der Meßabstand sein.

Nach der Komparationsmethode sind Frequenzgangmessungen in Verbindung mit automatischen Aufzeichnungsgeräten relativ einfach durchzuführen. Die Meßanordnung entspricht der Schalterstellung B in *Abb. 11/14.* Man steuert mit der vom Meßmikrofon abgegebenen und verstärkten Spannung einen Regelverstärker, der den Schalldruck am Meßmikrofon und Prüfling konstant hält.

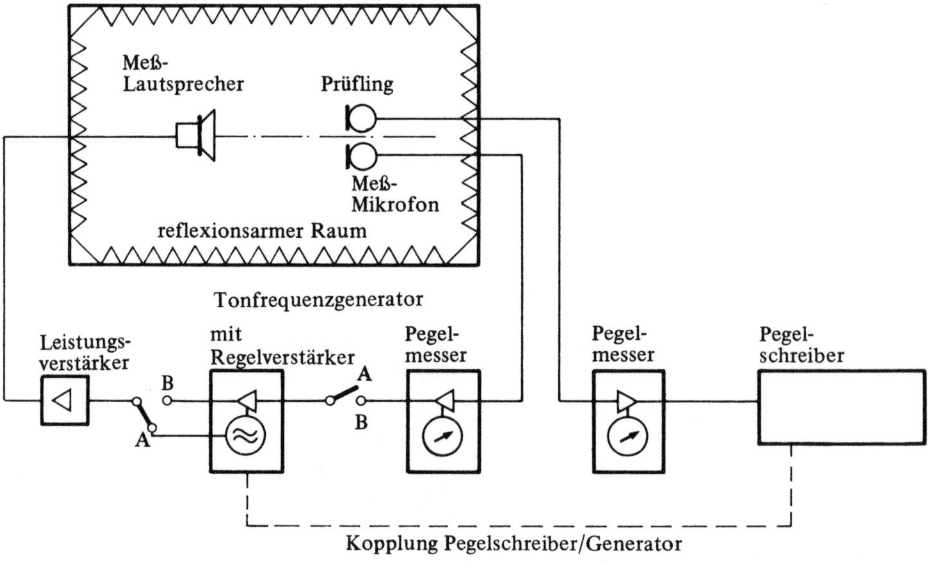

Abb. 11/14. Messung zur Bestimmung des Übertragungsmaßes und des Übertragungsfaktors von Mikrofonen im direkten Schallfeld (Komparationsmethode).

Der Unterschied der Substitutionsmethode zur Komparationsmethode besteht darin, daß der Prüfling und das Meßmikrofon zeitlich nacheinander räumlich an genau denselben Punkt des Schallfeldes gebracht werden. Da sich jeweils nur ein Mikrofon im Schallfeld befindet, gibt es keine Schallfeldstörungen durch das zweite Mikrofon, so daß mit diesem Verfahren hohe Genauigkeiten erzielt werden können.

Messung im Diffusfeld

Das Diffusfeld-Übertragungsmaß wird in einem Hallraum durchgeführt, dessen Größe die untere Grenze der Meßfrequenz bestimmt. Folgende Bedingung sollte eingehalten werden:

$$f_u \geq 500 \frac{1}{\sqrt[3]{V}}$$

f_u = unterste Meßfrequenz [Hz]
V = Volumen des Hallraums [m^3]

Außerdem muß die Nachhallzeit des Hallraumes im Frequenzbereich bis 4000 Hz mehr als 2 s betragen. *Abb. 11/15* zeigt den Aufbau der Meßordnung. Als Schallquelle ist ein Lautsprecher mit geringer Richtwirkung zu verwenden und in einer Raumecke so aufzustellen, daß möglichst wenig Schall auf direktem Weg oder über erste Reflexionen zu den Mikrofonen gelangt. Diese werden im Abstand von mindestens einer halben Wellenlänge der tiefsten Meßfrequenz f_u vor den Raumbegrenzungsflächen angeordnet, wobei eine Aufstellung in der halben Höhe, Breite oder Länge des Raumes zu vermeiden ist. Die Entfernung zwischen Lautsprecher und Mikrofon sollte mindestens dem sechsfachen Hallradius r_H eines Kugelstrahlers entsprechen. Zur Vermeidung stehender Wellen wird als Meßsignal Rauschen in Terzbandbreite oder ein gewobbelter Sinuston benutzt.

Im Hallraum kann sowohl nach der Substitutions- als auch nach der Komparationsmethode gemessen werden. Eine Regelung des Schalldrucks ist jedoch nicht möglich. Zweckmäßigerweise ordnet man Prüf- und Meßmikrofon in einem Abstand von etwa 10 bis 20 cm nebeneinander an und bestimmt nacheinander die Ausgangspegel, indem das jeweilige Mikrofon an den Pegelmesser angeschaltet wird. Um eine hinreichende Meßgenauigkeit zu erzielen, sollte der Pegel an mindestens vier verschiedenen Punkten im Raum gemessen und anschließend arithmetisch gemittelt werden.

11.6.3 Richtwirkung

Richtungsfaktor, Richtungsmaß und Richtcharakteristik

Der Richtungsfaktor ist das Verhältnis des Schalldrucks, der unter einem bestimmten Winkel zur Bezugsrichtung einfällt, zum Schalldruck in der Bezugsrichtung.

Die Bestimmung des Richtungsfaktors von Mikrofonen erfolgt im reflexionsarmen Raum mit einer Meßordnung nach *Abb. 11/16*. Dabei muß das zu prüfende Mikrofon um eine Achse, die senkrecht zur Hauptbeschallungsrichtung (Bezugsrichtung) steht und durch die Mikrofonkapsel verläuft, drehbar sein. Das Meßsignal und der Meßabstand sind entsprechend der Meßanordnung des Übertragungsfaktors im direkten Feld zu wählen. Zur Ermittlung des Richtungsfaktors wird der Ausgangspe-

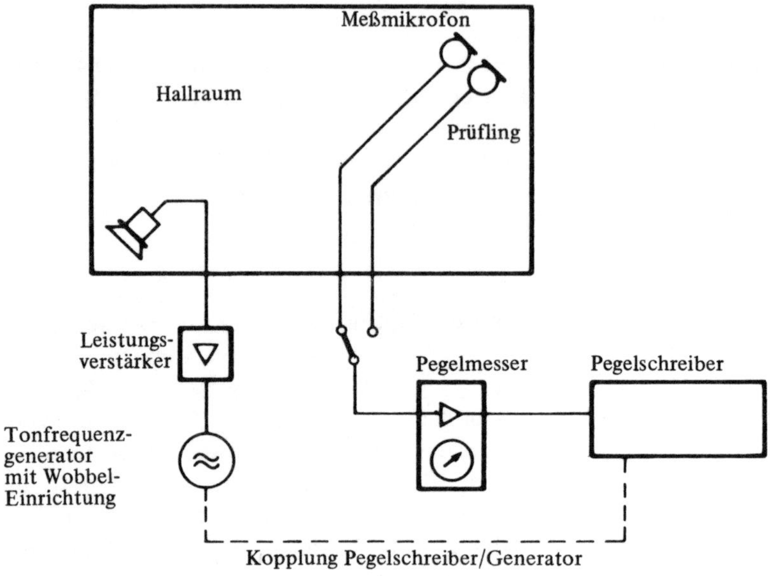

Abb. 11/15. Messung zur Bestimmung des Übertragsungsmaßes und des Übertragungsfaktors von Mikrofonen im diffusen Schallfeld.

gel des Mikrofons bei konstantem Schalldruck unter dem jeweiligen Winkel gemessen und zum Ausgangspegel unter 0° (Bezugsrichtung) ins Verhältnis gesetzt.

Das Richtungsmaß ist der 20-fache Zehnerlogarithmus des Richtungsfaktors. Besteht die Möglichkeit, die Mikrofondrehung mit einem Polarkoordinatenschreiber zu synchronisieren, kann das Richtungsmaß in Abhängigkeit vom Winkel kontinuierlich registriert werden. Das so erhaltene Richtdiagramm zeigt die Richtcharakteristik des Mikrofons.

Bündelungsgrad und Bündelungsmaß

Der Bündelungsgrad ist eine Kenngröße, die angibt, in welchem Verhältnis freier oder direkter und diffuser Schall eines bestimmten Mikrofons im Vergleich zu einem Mikrofon mit gleichem Freifeld-Übertragungsmaß und kugelförmiger Richtcharakteristik (Bündelungsgrad 1) aufgenommen werden. Sind die Übertragungsfaktoren im freien (B_F) und im diffusen Schallfeld (B_D) gemessen worden, kann der Bündelungsgrad auch rechnerisch ermittelt werden:

$$\gamma = \frac{B_F^2}{B_D^2}$$

γ = Bündelungsgrad [dimensionslos]
B_F = Übertragungsfaktor im freien Feld [V/Pa]
B_D = Übertragungsfaktor im diffusen Feld [V/Pa]

Das Bündelungsmaß ist der 10-fache Zehnerlogarithmus des Bündelungsgrades. Wenn das absolute Übertragungsmaß sowohl im direkten als auch im diffusen

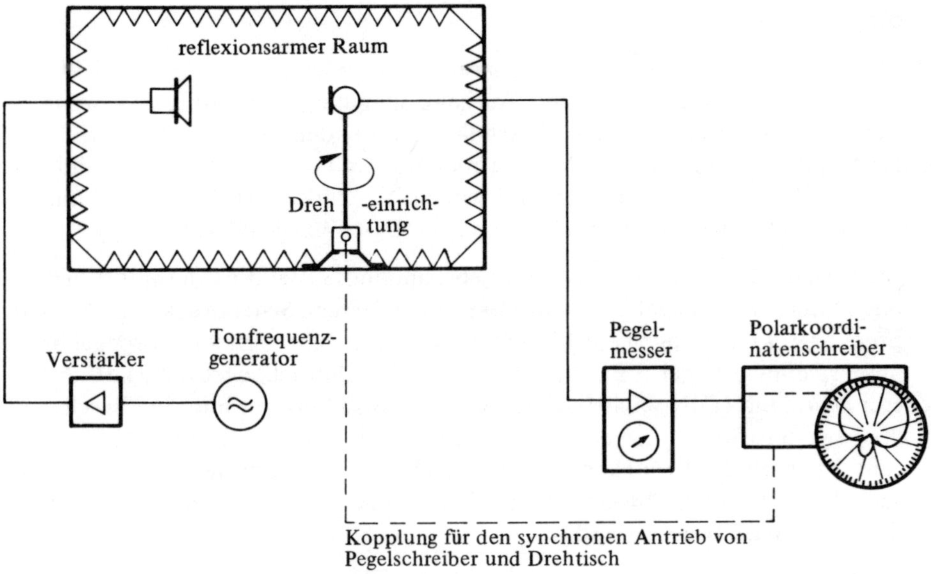

Abb. 11/16. Meßanordnung zur Bestimmung des Richtungsmaßes und der Richtcharakteristik von Mikrofonen.

Schallfeld in Abhängigkeit von der Frequenz bekannt ist, erhält man das Bündelungsmaß als Differenz beider Übertragungsmaße.

11.6.4 Klirrfaktor und Grenzschalldruck

Bei Mikrofonen ist es nicht üblich, den Klirrfaktor anzugeben, sondern den sogenannten Grenzschalldruck, bei dem die Ausgangsspannung des Mikrofons einen bestimmten Klirrfaktor – im allgemeinen 0,5%, gelegentlich auch 1% – erreicht. Der Grenzschalldruck ist der Quotient aus der Ausgangsspannung des Mikrofons bei dem jeweiligen Klirrfaktor und dem Direktfeld-Übertragungsfaktor bei gleicher Frequenz.

$$P_{grenz} = \frac{U}{B_F}$$

P_{grenz} = Grenzschalldruck [Pa], [N/m²]
U = Ausgangsspannung [V] bei einem Klirrfaktor von 0,5 bzw. 1%
B_F = Freifeld-Übertragungsfaktor [V/Pa]

Da es Schwierigkeiten bereitet, den zum Messen des Grenzschalldrucks erforderlichen hohen, verzerrungsarmen Schalldruck zu erzeugen, wird der Grenzschalldruck bei dynamischen Mikrofonen fast nie angegeben und bei Kondensatormikrofonen nur für den Mikrofonverstärker gemessen und nach der oben angeführten Beziehung errechnet.

11.6.5 Störpegel

Als Störspannung, früher Geräuschspannung, bezeichnet man die nach DIN 45 405 bzw. CCIR 468 (*Abb. 11/9*) bewertete Ausgangsspannung eines Mikrofons, wenn es keinem Schall ausgesetzt ist. Zur Ausschaltung störenden Luft- und Körperschalls wird es für die Messung in eine kleine Prüfkammer mit entsprechender Schalldämmung gebracht. Die Störspannung wird wie bei Verstärkern (vgl. 11.3) mit einem Meßgerät mit Quasi-Spitzenwertanzeige nach DIN 45 405 gemessen.

Der bewertete Störabstand oder Geräuschspannungsabstand ist die in dB ausgedrückte Differenz des Pegels, den das Mikrofon bei einem Schalldruck von 1 Pa und der Frequenz 1 kHz bezogen auf 1 V abgibt, und seinem bewerteten Störpegel bzw. Geräuschspannungspegel. 1 Pa entspricht einem Schalldruckpegel von 94 dB. Nach neuerer Normung (DIN 45 405) sollen die Begriffsbildungen mit „Geräusch ...“ durch „bewertete Stör ...“ ersetzt werden. Der Bezug auf 1 V, den DIN 45 590 hier vorsieht, ist unerheblich und kann durch einen beliebigen Bezugswert, z.B. 0,775 V ersetzt werden, wenn der Mikrofonpegel bei 1 Pa gemessen und die Störspannung auf denselben Wert bezogen sind.

Neben dem unbewerteten und bewerteten Störpegel nach DIN 45 405 bzw. CCIR 468 trifft man bei den Mikrofondaten der Hersteller auf eine Reihe weiterer Meßgrößen zur Erfassung von Störgeräuschen. Dabei handelt es sich um Begriffe aus zurückgezogener, im professionellen Bereich nicht anzuwendender oder ausländischer Normung; es sind auch unzulässige Kombinationen von Bewertungskurven und dynamischen Bewertungen anzutreffen. So muß bei Herstellerangaben genau geprüft werden, welche Meßgrößen angegeben sind. In Band 1, 4.2.1, insbesondere *Tab. 4/1*, sind diese Verfahren genannt.

11.7 Messungen an Lautsprechern und Lautsprechersystemen

Die Meßbedingungen und die elektrischen und akustischen Prüfverfahren sind in DIN 45 573, Benennungen und Definition in DIN 45 570 festgelegt. Unter Lautsprecher werden in diesem Zusammenhang sowohl Systeme verstanden, die zum Membranantrieb einen separaten Leistungsverstärker benötigen, als auch Lautsprecher mit eingebautem Verstärker. Elektroakustische Messungen an Lautsprechersystemen ohne Einbau in Gehäuse, Schallwand oder Trichter sind nicht sinnvoll. Für den Paarvergleich von Lautsprechern des HiFi-Bereiches im Hörtest gibt DIN 45 573, Tl. 4 das Verfahren an.

11.7.1 Übertragungsmaß und Frequenzgang

Das Übertragungsmaß in dB bei einer bestimmten Frequenz oder in einem Frequenzband ist definiert als

$$G = 20 \lg \frac{T}{T_0}$$

G = Übertragungsmaß [dB]
T = Übertragungsfaktor [Pa/V]
T_0 = Bezugs-Übertragungsfaktor [Pa/V] = 1 Pa/V

Ist nichts anderes angegeben, wird im freien Schallfeld in 1 m Entfernung auf der Bezugsachse des Lautsprechers gemessen. Die Messung des Übertragungsmaßes im freien Schallfeld (Freifeld-Übertragungsmaß) erfolgt mit der in *Abb. 11/17* dargestellten Anordnung.

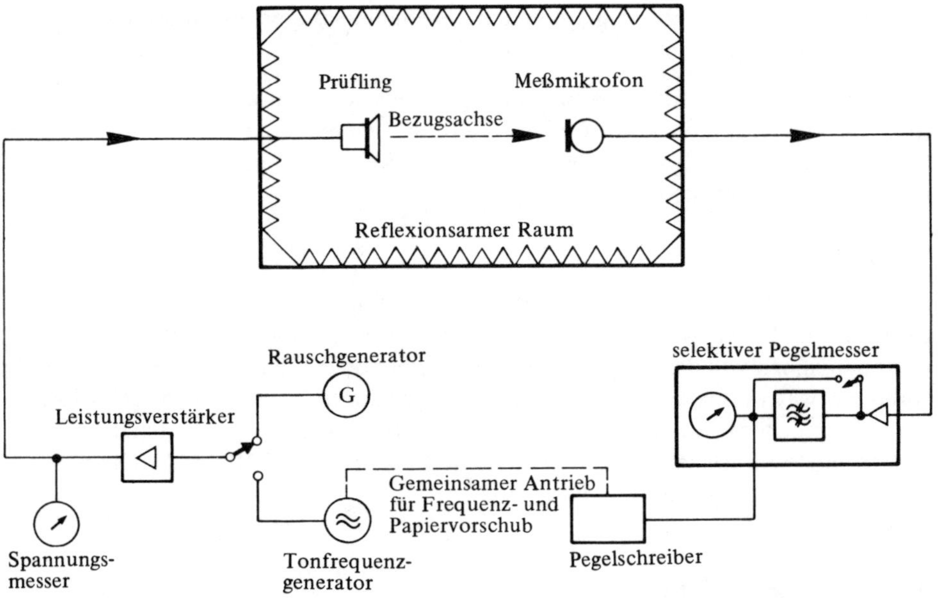

Abb. 11/17. Anordnung zur Messung des Übertragungsmaßes von Lautsprechern im freien Schallfeld.

Der zu prüfende Lautsprecher wird in einem reflexionsarmen Meßraum installiert. Vor dem Lautsprecher, in Hauptabstrahlrichtung auf der Bezugsachse, befindet sich in der Entfernung E das für das freie Schallfeld geeichte Meßmikrofon. Diese Entfernung soll vorzugsweise 1 m sein. Für räumlich stark ausgedehnte Strahlergruppen mit großer Richtwirkung (Schallzeilen) muß der Meßabstand zur Vermeidung interferenzbedingter Meßfehler ein Vielfaches der größten Abmessung des Strahlers sein.

Die Messung des Übertragungsmaßes in Abhängigkeit von der Frequenz (Frequenzgang) erfolgt im allgemeinen mit Rauschen in Terzbreite (gezeichnete Schalterposition). Dem zu prüfenden Lautsprecher wird als Anregungssignal ein im Rauschgenerator erzeugtes und im Leistungsverstärker verstärktes rosa Rauschen zugeführt, dessen spektrale Intensitätsdichte umgekehrt proportional der Frequenz ist. Dabei ist in jeder Terz die gleiche Intensität vorhanden. Mit dem Spannungsmesser wird die Klemmenspannung am Prüfling gemessen. Bei Lautsprechern mit integrierten Verstärkern entfällt der Verstärker und es wird die Eingangsspannung gemessen bzw. konstant gehalten. Der im Abstand E herrschende Schalldruck wird mit dem Meßmikrofon und dem selektiven Pegelmesser, bestehend aus einem geeichten Mikrofonverstärker, dem durchstimmbaren Terzfiltersatz und einem Pegelanzeigegerät, terzweise ermittelt und mit dem Pegelschreiber registriert und zur Klemmenspannung ins Verhältnis gesetzt. Zur Ermittlung der Feinstruktur des Übergangsmaßes in Abhängigkeit von der Frequenz können als Meßsignal Sinustöne verwendet werden.

Zur Messung des Diffusfeld-Übertragungsmaßes wird der zu prüfende Lautsprecher und das Meßmikrofon in einen Hallraum geeigneter Größe installiert. Die Messung des Übertragungsmaßes in Abhängigkeit von der Frequenz erfolgt mit Rauschen in Terzbreite wie beschrieben.

Scheinwiderstand

Der Scheinwiderstand eines Lautsprechers hängt außer von der Frequenz von der zugeführten elektrischen Leistung und der akustischen Belastung ab. Die Messung in Abhängigkeit von der Frequenz erfolgt einschließlich der zugehörigen Netzwerke (Frequenzweichen usw.). Ein besonderer Meßraum ist hierbei nicht erforderlich, der Lautsprecher soll jedoch frei in den Raum strahlen können. Die bei der Scheinwiderstandsmessung zugeführte elektrische Leistung soll 1/10 der Nennbelastbarkeit nicht überschreiten.

11.7.2 Richtwirkung

Richtungsfaktor, Richtungsmaß und Richtcharakteristik

Der Richtungsfaktor für eine anzugebende Richtung im freien Schallfeld bei einer Frequenz (Frequenzband) ist das Verhältnis des Schalldrucks in einem bestimmten Winkel zur Bezugsachse zum Schalldruck auf der Bezugsachse in der gleichen Entfernung. Das Richtungsmaß ist der 20-fache Zehnerlogarithmus des Richtungsfaktors. Der Richtungsfaktor bzw. das Richtungsmaß eines Lautsprechers wird im freien Schallfeld, also im reflexionsarmen Raum, ermittelt. Der Meßaufbau erfolgt gemäß *Abb. 11/17.*

Zur Bestimmung des Richtungsfaktors wird der Schalldruck in Abhängigkeit des Winkels gegen die in Hauptabstrahlrichtung verlaufende Achse (Bezugsachse) in konstanter Entfernung gemessen und auf den in der Hauptabstrahlrichtung herrschenden Schalldruck bezogen.

Unter Richtcharakteristik versteht man die Darstellung des Richtungsmaßes bzw. Richtungsfaktors als Funktion des Winkels in Polarkoordinaten. Die Registrierung erfolgt unmittelbar durch einen mit einem Polarkoordinatenschreiber gekoppelten Schalldruckmesser. Der Prüfling wird drehbar um eine Achse, die senkrecht zur Bezugsachse steht, installiert und winkelsynchron mit dem Polarkoordinatenschreiber angetrieben. Als Meßsignal dienen vorzugsweise Sinustöne.

Bündelungsgrad und Bündelungsmaß

Der Bündelungsgrad eines Lautsprechers ist die Kenngröße für die abgestrahlte Gesamtleistung. Er ist definiert als Verhältnis der akustischen Leistungen eines ungerichteten, nach allen Seiten gleichmäßig strahlenden Lautsprechers zur akustischen Leistung eines gerichtet abstrahlenden Lautsprechers, dessen Übertragungsmaß auf der Bezugsachse gleich dem Übertragungsmaß des ungerichteten Strahlers in konstanter Entfernung ist. Das Bündelungsmaß ist der 10-fache Zehnerlogarithmus des Bündelungsgrads. Es läßt sich berechnen als Differenz von Freifeld- und Diffusfeld-Übertragungsmaß, wenn beide für denselben Bezugsabstand ermittelt wurden.

Kennschalldruckpegel

Der Kennschalldruckpegel ist derjenige mittlere Schalldruckpegel, der vom Lautsprecher im freien Schallfeld in 1 m Entfernung auf der Bezugsachse bei einer elektrischen Nennleistung von 1 W erzeugt wird.

Zur Bestimmung des mittleren Schalldruckpegels wird die mit Sinuston gemessene Übertragungskurve in einem festgelegten Frequenzbereich, vorzugsweise 150 Hz bis 4 kHz, durch eine bestapproximierende Gerade, die nicht unbedingt parallel zur Abszissenachse zu verlaufen braucht, ersetzt. Die Ordinate der Geraden bei der geometrischen Mittenfrequenz des Bereiches ergibt dann den mittleren Schalldruckpegel.

Für Regielautsprecher mit integrierten Verstärkern wird der mittlere Schalldruckpegel in 1 bzw. 2 m Entfernung für einen bestimmten Eingangspegel, vorzugsweise 6 dBu (1,55 V), angegeben.

11.8 Messungen an Magnettonanlagen

Für den Bereich der öffentlich-rechtlichen Rundfunkanstalten wurden vom Institut für Rundfunktechnik Empfehlungen für die Prüfung und Einmessung von analogen Magnettonanlagen herausgegeben („Grundsätzliche Anforderungen an Magnettonanlagen und Richtlinien zu deren Einstellung“). Die folgenden Ausführungen fassen diese Empfehlungen (Ausgabe Mai 1988) zusammen; für Einzelheiten wird darauf verwiesen. (Vgl. auch Kapitel 7.1, dort auch Literaturangaben.) Für die Beurteilung der Betriebstauglichkeit von Bandlieferungen bereits bekannter Bandtypen gibt das Pflichtenheft 3/4 Auskunft.

11.8.1 Einstellungen und Prüfungen

Mechanische Einstellungen

Bandzug

Da bei Aufnahme und Wiedergabe einerseits durch ausreichenden Bandzug ein guter Kontakt zwischen Band und Kopf erzielt, andererseits ein übermäßiger Verschleiß der Köpfe vermieden werden soll, muß der Bandzug innerhalb bestimmter Toleranzen bleiben. Sie hängen vom Laufwerk und von dem verwendeten Bandtyp ab und werden vom Hersteller angegeben. Bei Studiolaufwerken beträgt der Bandzug im allgemeinen etwa 1 N, entsprechend 100 p. Beim Anfahren, Bremsen und Rangieren treten höhere Bandzüge auf. Der Maximalwert soll bei Studiolaufwerken 5 N, bei Reportagelaufwerken und Langspielband 4 N, bei 1'- und 2'-Anlagen 8 N nicht überschreiten.

Die Messung des Bandzuges erfolgt mit handelsüblichen Bandzugwaagen.

Bandgeschwindigkeit

Die Bandgeschwindigkeit muß bei Aufnahme und Wiedergabe in engen Grenzen eingehalten werden, um Tonhöhenverschiebungen und Laufzeitänderungen zu vermeiden. Für die Messung gibt es verschiedene Verfahren: Eine schnelle Kontrolle ermöglicht die Frequenzzählung des 1-kHz-Tons des Bezugsbands; hierbei können aber nur größere Abweichungen ermittelt werden, da die Genauigkeit der Frequenz des Pegeltonteils mit 0,3% für exakte Messungen nicht ausreichend ist. Genauere Ergebnisse ergibt z.B. das Laufzeit-Meßverfahren; hierbei wird die Zeit ermittelt, die eine abgemessene Bandlänge zum Durchlauf erfordert. Meßanweisungen enthält auch DIN 45 524. Die von einer Studioanlage zu erwartenden Abweichungen liegen bei 0,1%, bei einer Bandspieldauer von 40 Minuten entspricht das einer Laufzeit von ± 2,4 s. Tonhöhenschwankungen werden bei diesen Messungen nicht erfaßt.

Schlupf

Zur Messung des Schlupfes wird auf den Anfang eines vollen Wickels ein Meßton aufgezeichnet. Der dabei entstehende kleine Wickel wird dann auf den abwickelnden, der größere auf den aufwickelnden Teller gelegt. Bei der Wiedergabe unter diesen Bedingungen ergibt sich beim Auftreten von Schlupf ein von der aufgezeichneten Frequenz abweichender Wert. Der mit dem Tonhöhenschwankungsmesser ermittelte relative Frequenzunterschied wird mit Schlupf bezeichnet. Die zu erwartenden Werte liegen bei Studio- und Reportagegeräten bei 0,1%.

Tonhöhenschwankungen

Die Tonhöhenschwankungen werden mit Tonhöhenschwankungs-Meßgeräten nach DIN 45 507 mit Frequenzbewertung gemessen. Bei Studiogeräten sollten die

Tonhöhenschwankungen, die bei der Wiedergabe einer Eigenaufnahme gemessen werden, bei 0,05% liegen, bei Reportagegeräten bei 0,1%.

Hochlaufzeit

Als Hochlaufzeit wird die Zeit vom Einschalten des normalen Vorlaufs bis zum Erreichen der nach DIN 45 507 zulässigen Tonhöhenschwankungen von 0,1% bei 38 cm/s und 0,15% bei 19 cm/s bezeichnet. Bei Studiogeräten sind etwa 0,5 s, bei Reportagegeräten 1,5 s zu erwarten.

Elektrische Messungen am Wiedergabekanal

Über die im folgenden genannten Messungen geben die genannten Richtlinien Auskunft u. a. zur Prüfung der Polung, Spurzuordnung, Kopfhöhe, Symmetrie, Scheinwiderstände. Sie enthalten auch Angaben zur Messung von Rauschunterdrückungssystemen, bei Taktspurbetrieb und zu Messungen im Synchronkanal (Pilot- und Timecodebetrieb).

Bezugspegel

Der Pegelton des Bezugsbandes wird abgespielt, hierbei werden die Wiedergabeverstärker auf Ausgangspegel von + 6 dBu eingestellt (Abschlußwiderstand $\geqq 2\ k\Omega$). Weicht der erforderliche Bandfluß von dem des verwendeten Bezugsbandes ab, so ist entsprechend zu korrigieren.

Spaltlage (Azimut) und Phase

Die Spalteinstellung wird mit dem 10-kHz-Ton des Spalteinstellungsteils des Bezugsbandes kontrolliert. Bei Monoanlagen wird der Wiedergabekopf auf maximalen Ausgangspegel eingetaumelt. Bei Stereo-, Zwei- und Mehrspuranlagen sind verschiedene Verfahren möglich: Darstellung mit einem Oszilloskop oder Stereosichtgerät, Minimumeinstellung an zwei invers-reihengeschalteten Ausgängen, Messung mit einem Phasenmesser oder Korrelationsgradmesser oder gleichzeitige Zeitdarstellung zweier Kanäle auf einem Oszilloskop (siehe auch 11.4). Bei Stereoanlagen darf der Phasenversatz bei 10 kHz maximal 30° betragen.

Frequenzgang

Der Frequenzgangteil des jeweiligen Bezugsbands wird abgespielt. Abweichungen vom linearen Verlauf werden durch Einstellen für die hohen und gegebenenfalls für die tiefen Frequenzen korrigiert. Die zulässigen Abweichungen sind in *Abb. 11/18* dargestellt.

Übersprechen

Bei Magnetbandanlagen tritt ein Übersprechen auf, das im allgemeinen durch induktive und kapazitive Kopplung im Kopf verursacht wird. Bei den größeren Wel-

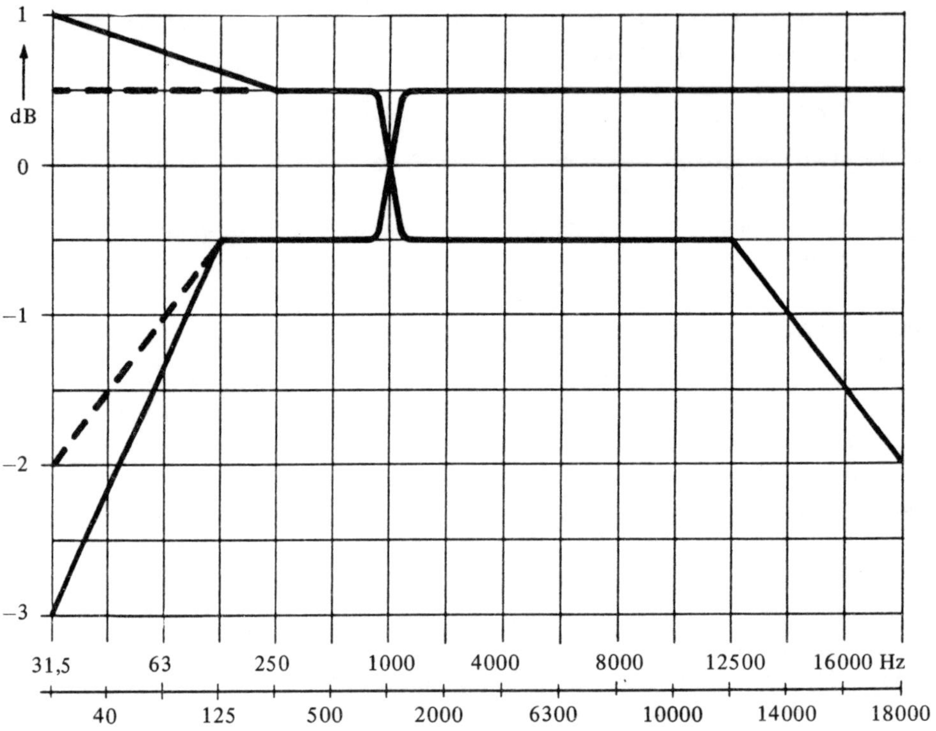

Abb. 11/18. Wiedergabe – Frequenzgang (- - - Eigenaufnahme „über alles").

lenlängen macht sich verstärkt ein magnetischer Streueffekt auf dem Band störend bemerkbar. Bei Stereoanlagen sind mindestens die folgenden Werte zu erwarten: 35 dB bei 63 Hz, 50 dB bei 1 kHz und 40 dB bei 10 kHz.

Störpegelabstand

Die Messung des bewerteten und unbewerteten Störpegels erfolgt quasi-spitzenbewertet mit einem Gerät nach DIN 45 405. Der Störpegelabstand ist die rechnerische Differenz des gemessenen Störpegels zum Ausgangspegel bei Normbandfluß.

Der bewertete Störpegel wird über ein Bewertungsfilter nach DIN 45 405 (1983) gemessen. Die Messung des unbewerteten Störpegels erfolgt mit frequenzunabhängigem Übertragungsmaß zwischen 31,5 und 20 000 Hz. Die Anlage muß für Wiedergabe eingemessen sein; es ist darauf zu achten, daß die Köpfe und Bandführungsteile entmagnetisiert sind. Das Gerät ist ohne Band in den betriebsmäßigen Wiedergabezustand zu versetzen. Bei Studioanlagen ist ein Störpegelabstand bewertet in der Größenordnung von 68 dB, unbewertet von 65 dB zu erwarten, die genauen Werte hängen vom Bandtyp ab.

Klirrdämpfung

Die Klirrdämpfung ist die Differenz zwischen dem Ausgangspegel der Grundschwingung bei Normbandfluß und dem Pegel der jeweils betrachteten Verzerrungskomponente. Bei der Messung werden a_{k_2} und a_{k_3} mit NF-Meßgeräten selektiv ermittelt. In den Wiedergabekopf der eingemessenen Maschine wird mittels einer Luftspule der Meßton der Grundschwingung eingespeist, so daß am Ausgang des Wiedergabeverstärkers der Bezugspegel ansteht. Studiogeräte erreichen bei 1 kHz eine Klirrdämpfung von 60 dB bei der 2. und 57 dB bei der 3. Harmonischen.

Elektrische Messungen am Aufnahmekanal

Arbeitspunkt

Das elektroakustische Verhalten eines Magnetbandes ist abhängig vom eingestellten Vormagnetisierungsstrom, d. h. seinem Arbeitspunkt. Ein günstiger Kompromiß für alle elektroakustischen Parameter von Studiobändern ergibt sich für einen Vormagnetisierungsstrom, bei dem der Referenzband-Leerteil die höchste Klirrdämpfung a_{k_3} aufweist. Da das Auffinden dieser Einstellung mit Hilfe der Klirrdämpfungsmessung wegen des nachzustellenden Aufsprechpegels aufwendig ist, wird diese nicht für die betriebsmäßige Einstellung angewendet. Der bestehende Zusammenhang zwischen dem Verlauf der Empfindlichkeit bei 10 kHz und der Klirrdämpfung in Abhängigkeit von der Vormagnetisierung gestattet es, den Empfindlichkeitsabfall für den Abgleich anzuwenden. Der richtige Arbeitspunkt für Studiobänder wird daher nach folgendem Verfahren mit dem Referenzband-Leerteil eingestellt:

Es werden 10 kHz etwa 20 dB unter Bezugspegel aufgezeichnet und der Vormagnetisierungsstrom auf maximalen Wiedergabepegel eingestellt. Sodann wird der Vormagnetisierungsstrom soweit erhöht, daß ein entsprechender Empfindlichkeitsabfall auftritt. Bei einer Bandgeschwindigkeit von 38,1 cm/s werden folgende Einstellungen gewählt: bei einer Spaltbreite des Sprechkopfes um 18 μm 2 dB und bei einer Spaltbreite von etwa 7 bis 10 μm 4 dB.

Bei der betrieblichen Einmessung ist es auch üblich, für den jeweils verwendeten Bandtyp bzw. die Bandcharge einen empirisch ermittelten Empfindlichkeitsabfall einzustellen.

Spaltlage (Azimut) und Phase

Die Einstellung erfolgt mit einem 10-kHz-Signal 10 dB unter Bezugspegel. Die Prüfverfahren sind dieselben wie bei der Einstellung des Wiedergabekopfes (siehe oben). Bei Studioanlagen liegen die zu erwartenden Phasendifferenzen zwischen den beiden Stereokanälen bei der Wiedergabe einer Eigenaufnahme für 10 kHz bei maximal 10°.

Bezugspegel

Es wird ein 1-kHz-Signal mit 6 dBu aufgenommen. Die Aufsprechverstärker sind so einzustellen, daß am Ausgang der Wiedergabeverstärker ebenfalls + 6 dBu anliegen.

Frequenzgang

Mit einem um 20 dB reduzierten Bezugspegel werden auf das Magnetband Frequenzen aus dem Übertragungsbereich aufgezeichnet. Abweichungen von der Linearität werden durch Einstellen der Aufsprechentzerrer korrigiert, zulässige Toleranzen zeigt *Abb. 11/18*.

Bei der Abtastung von Vollspurbändern mit Stereo-, Zwei- und Mehrspurköpfen tritt bei großen Wellenlängen der Randeffekt auf, d. h. ein Teil des Flusses der Trennspuren durchsetzt den Hörkopf und ergibt eine Überhöhung der Ausgangsspannung. Aus diesem Grunde wird die Tiefenentzerrung der Wiedergabeverstärker bei der Aufnahme nachgestellt.

Übersprechen

Die Messung erfolgt, indem alle Kanäle in „Aufnahme“ betrieben werden. Ein Kanal erhält die Meßfrequenz 10 dB unter Bezugspegel, die übrigen Kanäle werden eingangsseitig kurzgeschlossen. Am Ausgang der Wiedergabeverstärker wird die Übersprechdämpfung selektiv für 3 Frequenzen im Nachbarkanal ermittelt. Die Werte sind dieselben wie beim Wiedergabekanal.

Störpegelabstand

Die Anlage muß für Wiedergabe und Aufnahme eingemessen sein. Die Messung erfolgt wie oben für den Wiedergabekanal beschrieben, jedoch mit dem Referenzband-Leerteil in Stellung „Aufnahme“ mit eingangsseitig kurzgeschlossenem Aufsprechverstärker. Für Studiogeräte ist ein Störpegelabstand bewertet von 56 dB, unbewertet von 60 dB zu erwarten.

Klirrdämpfung

Die Klirrdämpfung wird wie für den Wiedergabekanal beschrieben ermittelt; die Messung erfolgt in Stellung „Wiedergabe“. Bei der Messung müssen die Köpfe und Bandführungsteile entmagnetisiert und gegebenenfalls der Vormagnetisierungsstrom symmetriert sein, da andernfalls auch das Band quadratische Verzerrungsprodukte liefert. Bei einwandfreien Anlagen ist die Klirrdämpfung praktisch durch die Eigenschaft des Bandes bedingt. Bei Studioanlagen sind Dämpfungen von 60 dB (2. Harmonische) bzw. 40 dB (3.Harmonische) zu erwarten.

Die Differenztondämpfung erfaßt Verzerrungen im oberen Übertragungsbereich; sie kann z.B. nach DIN 45 403 gemessen werden.

Löschdämpfung

Die Löschdämpfung wird selektiv mit einem 1-kHz-Signal mit Normbandfluß ermittelt. Die Löschung erfolgt nach einer Lagerung von 24 Stunden bei Raumtemperatur in Stellung „Aufnahme" und bei kurzgeschlossenem Eingang. Die Löschdämpfung soll mindestens 78 dB erreichen.

Meßhilfsmittel

Für Messungen an Magnettonanlagen stehen DIN-Bezugsbänder nach DIN 45 513 zur Verfügung, weiterhin spezielle Geräte zur Messung des Bandzugs (Bandzugwaagen, Präzisionskraftmesser, Federwaagen, Tentelometer), des Schlupfs, der Tonhöhenschwankungen und der Hochlaufzeit.

11.8.2 Messungen an Heimton- und Kassettengeräten

Die Meßbedingungen der Heimton- und Kassettengeräteklassen zeigt *Tab. 7/2*.

Tab. 7/2. Meßbedingungen bei Heimton- und Kassettengeräten.

Meßbedingungen für die Messung von Magnetbändern		Studiogeräteklasse 38/19 s	Heimgeräteklasse 19h/9,5/4,75	Kassettengeräteklasse 4,75	HiFi-Kassettengeräteklase 4,75	
Vormagnetisierungs-strombedarf	Frequenz Pegelabfall	10 2	6,3 3,5	6,3 2,5	6,3 3,5	kHz dB
Empfindlichkeit	Frequenz	1000	19/1000 333	333	333	Hz
	Bandfluß	320	19/320 250	250	250	pWb/mm
Frequenzgang	Frequenz	14	10	8	10	kHz
Bandfluß bei Vollaussteuerung	Klirrfaktor	3	5 HiFi 3	5	3	%
Nichtlineare Verzerrungen	Frequenz	1000	333	333	333	Hz
Aussteuerbarkeit bei kleinen Wellenlängen	Frequenz	14	10	8	10	kHz
Kopierdämpfung	Frequenz	1000	500	500	500	Hz

11.9 Messungen an Plattenspielern

DIN 45 538, DIN 45 539, DIN 45 546, DIN 45 547 bzw. DIN IEC 98; siehe auch Kapitel 7.2, dort auch Literaturangaben.

Umdrehungsgeschwindigkeit

Zur Einstellung der Sollgeschwindigkeit bedient man sich entweder des Stroboskoprands des Plattentellers oder einer Stroboskopscheibe, die auf den Plattenteller gelegt wird. Das Stroboskop wird mit einem 50-Hz-Wechsellicht, besser noch mit einer Glimmlampe beleuchtet. Ein Mitlaufen der Stroboskopteilung in Richtung des drehenden Plattentellers zeigt eine zu schnelle Umdrehungsgeschwindigkeit, entgegen eine zu langsame. Bei Sollgeschwindigkeit wandert die Teilung nicht aus. Abweichungen von der Sollgeschwindigkeit lassen sich meistens leicht nachstellen. Die Einstellung wird bei aufliegendem Abtastsystem durchgeführt.

Gleichlauf

Mit der Meßschallplatte nach DIN 45 545, die eine Aufzeichnung von 3150 Hz in Seitenschrift trägt, lassen sich Tonhöhenschwankungen des Plattenlaufwerkes ermitteln. Zur Messung wird ein Tonhöhenschwankungsmesser nach DIN 45 507 verwendet, der eine Bewertung der Schwankungsfrequenz vornimmt. Der zu erwartende Wert für Gleichlaufschwankungen liegt unter ± 0,075%.

Rumpel-Störspannung

Rumpelstörungen werden in erster Linie durch Vibrationen oder Unwucht am Antriebsmechanismus verursacht, die eine Relativbewegung zwischen Tonabnehmer und Platte verursachen. Aber auch magnetische Einstreuungen und Störungen bei der Schallplattenaufzeichnung können ein Rumpeln bewirken. Rumpelgeräusche treten bevorzugt im unteren Frequenzbereich auf. Gemessen wird der unbewertete und bewertete Störabstand bzw. der Rumpel-Fremd- und Rumpel-Geräuschspannungsabstand bezogen auf den Nutzpegel. Zur Messung benötigt man eine Rumpel-Meßschallplatte nach DIN 45 544 und ein Rumpel-Störspannungsmeßgerät. In diesem Meßgerät sind alle notwendigen Bewertungsfilter nach DIN 45 539 bzw. DIN IEC 98 eingebaut (*Abb. 11/19*). Bei der Rumpel-Fremdspannung ist der Frequenzgang von 15 Hz bis 315 Hz linear, darunter fällt die Bewertung mit 6 dB/Oktave. Um Plattenknistern nicht in die Messung eingehen zu lassen, erfolgt bei höheren Frequenzen ein Abfall von 12 dB/Oktave. Bei der Rumpel-Geräuschspannung werden die tieffrequenten Anteile des Rumpelns annähernd gehörrichtig bewertet: Da das Ohr für tiefe Frequenzen relativ unempfindlich ist, läßt man den Frequenzgang unter 315 Hz mit 12 dB/Oktave abfallen.

Der zu erwartende Wert des Rumpel-Geräuschspannungsabstandes liegt etwa bei 70 dB.

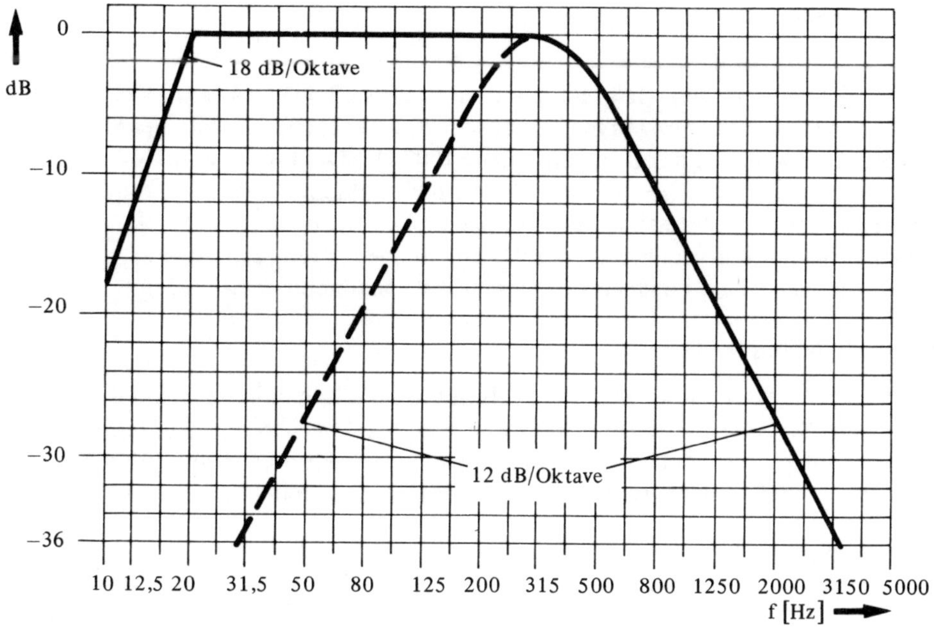

Abb. 11/19. Bewertungskurven für die Rumpel-Fremdspannung und Rumpel-Geräuschspannung nach DIN 45 539 bzw. DIN IEC 98.

Auflagekraft

Tonabnehmer und Tonarm bestimmen die Auflagekraft, die benötigt wird, um Schallplatten einwandfrei abtasten zu können. Die erforderliche Auflagekraft wird einmal durch die Nadelnachgiebigkeit des Tonabnehmersystems, zum anderen durch die Lagerreibung des Tonarms bestimmt. Die Meßschallplatte nach DIN 45 549 ermöglicht ein Verfahren, um die erforderliche Kraft des Tonabnehmers einzustellen.

Moderne Tonarme sind in allen Richtungen statisch und dynamisch ausbalanciert; das macht die Auflagekraft nahezu unabhängig von der Einbaulage des Plattenspielers. Die Auflagekraft wird nur durch eine Feder erzeugt, deren Kraft an einer Skala eingestellt werden kann. Im Studiobereich werden höhere Kräfte als im HiFi-Bereich verwendet, nämlich 20 bis 30 mN bzw. 2 bis 3 p. Dies ermöglicht eine saubere Abtastung auch von Schallplatten, die durch ungenaue Mittellochzentrierung eine Exzentrizität aufweisen. Bei älteren Schallplatten mit Monoaufzeichnung empfiehlt sich eine noch größere Auflagekraft von 50 bis 90 mN. Studioabtastsysteme sind für diese höheren Kräfte optimiert.

Frequenzgang

Der Frequenzgang des Abtastsystems einschließlich des Entzerrer-Verstärkers wird für 33 1/3 U/min mit der Meßschallplatte nach DIN 45 543 bestimmt. Sie trägt Stereo-Frequenzaufzeichnungen in Flankenschrift, getrennt für den linken und rechten Kanal, beginnend mit der Bezugsfrequenz 1000 Hz. Darauf folgt ein Teil mit Festfrequenzen zwischen 20 Hz und 20 kHz mit abgesenktem Pegel. Der Frequenzgang entspricht der Entzerrung nach DIN 45 546 und 45 547 bzw. DIN IEC 98. Am Ausgang des Schneidkurvenentzerrers soll sich ein ebener Frequenzgang ergeben. Bei Abweichungen ist die Ursache vor allem beim Tonabnehmer zu suchen.

Übersprechdämpfung

Die Übersprechdämpfung wird ebenfalls mit der Meßschallplatte nach DIN 45 543 gemessen. Schlechte Übersprechwerte haben ihre Ursache meist in fehlerhaften Tonabnehmern oder deren Justierung. Ist die wechselseitige Kanaltrennung verschieden, so stehen die beiden Abnehmersysteme nicht senkrecht aufeinander.

Verzerrungen

Mit der Verzerrungs-Meßschallplatte nach DIN 45 542 werden die Verzerrungen gemessen, die aufgrund des vertikalen Spurfehlerwinkels und der Frequenz-Intermodulation entstehen.

Normen

DIN 1318	9.70	Lautstärkepegel; Begriffe, Meßverfahren
DIN 1319	6.85	Tl. 1 -; Grundbegriffe der Meßtechnik; allgemeine Grundbegriffe
	1.80	Tl. 2 -; Begriffe für die Anwendung von Meßgeräten
	8.83	Tl 3 -; Begriffe für die Meßunsicherheit und für die Beurteilung von Meßgeräten und Meßeinrichtungen
DIN 40 148	11.78	Tl. 1 Übertragungssysteme und Zweitore; Begriffe und Größen
	1.84	Tl. 2 Übertragungssysteme und Zweitore; Symmetrieeigenschaften von linearen Zweitoren
	11.71	Tl. 3 Übertragungssysteme und Vierpole; spezielle Dämpfungsmaße
DIN 45 401	2.85	Akustik, Elektroakustik, Normfrequenzen für akustische Messungen

DIN 45 403	6.63	Tl. 1 Messungen von nichtlinearen Verzerrungen in der Elektroakustik; Begriffe, Meßverfahren, Anwendung und Bewertung
	6.63	Tl. 2 -; Klirrfaktorverfahren
	1.75	Tl. 3 -; Differenztonverfahren
	1.75	Tl. 4 -; Intermodulationsverfahren
DIN 45 404	8.74	Messung der Unsymmetrie elektroakustischer Geräte; Erdsymmetrie
DIN 45 405	11.83	Störspannungsmessung in der Tontechnik
DIN 45 407	9.80	Vollaussteuerung elektroakustischer Übertragungsglieder
DIN 45 410	5.76	Störfestigkeit von elektroakustischen Geräten; Meßverfahren und Meßgrößen
DIN 45 411	5.76	Frequenzintermodulation bei Schallplatten; Meßverfahren
DIN 45 507	10.66	Meßgerät für Frequenzschwankungen bei Schallspeichergeräten
DIN 45 524	5.71	Bestimmung der Bandgeschwindigkeit bei Magnetbandgeräten
DIN 45 538	2.69	Begriffe für Schallplatten-Abspielgeräte
DIN 45 539	7.81	Schallplatten-Abspielgeräte; Regeln für Messungen, Tonfrequenzanschlüsse, Maße austauschbarer Abtastsysteme, Anforderungen an Wiedergabeverstärker
DIN 45 541	3.71	Frequenz-Meß-Schallplatte St 33 und M 33
DIN 45 542	2.69	Verzerrungs-Meß-Schallplatte St 33 und St 45
DIN 45 543	7.84	Meßschallplatte zur Messung des Frequenzganges und der Kanaltrennung
DIN 45 544	3.71	Rumpel-Meß-Schallplatte St 33 und M 33
DIN 45 545	2.66	Gleichlauf-Meß-Schallplatten für 33 1/3 und 45 U/min
DIN 45 546	6.81	Schallplatte St 45
DIN 45 547	6.81	Schallplatte St 33
DIN 45 549	12.80	Abtastfähigkeits-Meß-Schallplatte
DIN 45 570	11.79	Tl. 1 Lautsprecher; Begriffe, Formelzeichen, Einheiten
	6.62	Tl. 2 -; systematische Einteilungen, Benennungen
DIN 45 573	7.80	Tl. 1 Lautsprecher-Prüfverfahren; Meßbedingungen und Meßverfahren für Typenprüfungen, Messungen unter Freifeld-Bedingungen
	12.83	Tl. 2 -; Prüfung der Nennbelastung
	11.79	Tl. 3 -; Meßbedingungen und Meßverfahren für Typprüfungen, Messungen im diffusen Schallfeld

DIN 45 580	6.75	Kopfhörer; Begriffe, Formelzeichen, Einheiten
DIN 45 581	6.75	-; Meßbedingungen und Meßverfahren für Typprüfungen
DIN 45 582	6.75	-; Prüfung der Nennbelastbarkeit
DIN 45 590	3.74	Mikrophon; Begriffe, Formelzeichen, Einheiten
DIN 45 591	2.74	Mikrophon-Prüfverfahren; Meßbedingungen und Meßverfahren für Typprüfungen
DIN 45 630	12.71	Tl. 1 Grundlagen der Schallmessung; physikalische und subjektive Größen von Schall
	9.67	Tl. 2 -; Normalkurven gleicher Lautstärkepegel
DIN E 45 655	11.84	Entwurf integrierende mittelwertbildende Schallpegelmesser
DIN IEC 651	12.81	Schallpegelmesser

Pflichtenhefte und Richtlinien

Technische Pflichtenhefte der öffentlich-rechtlichen Rundfunkanstalten der Bundesrepublik Deutschland (hg. vom Institut für Rundfunktechnik):

3/1–8/2 Allgemeine Richtlinien für Entwicklung, Fertigung und Lieferung von Geräten und Anlagen der Tonfrequenz- und Videofrequenztechnik
3/4 Studio-Magnettonbänder
3/5 Tonregieanlagen

Grundsätzliche Anforderungen an Magnettonanlagen und Richtlinien zu deren Einstellung (4. Ausgabe 1988).

Literatur

11.2 K. Bergmann: Elektrische Meßtechnik, 3. Aufl., Wiesbaden 1986, Vieweg
11.2 B.E. Jones: Meßgeräte, Meßverfahren, Meßsysteme, 2 Tle., München 1980, Oldenbourg
11.3 E. Schrüfer: Elektrische Meßtechnik, München 1983, Hanser
11.4 J. Osinga und J.W. Masakant: Handbuch der elektronischen Meßgeräte, München 1984, Franzis
11.5 D. Kramer und A. Ziemer: „Auswirkungen des Technologiewandels auf Instandhaltung beim Rundfunk“, in: Rundfunktechn. Mitt. 1987, H. 1, S. 40 ff
11.6 H.-D. Kirschbaun: Transistorverstärker, 3 Bde., 3. Aufl., München 1983 ff., Teubner
11.7 R. Feldtkeller und G. Bosse: Einführung in die Technik der Nachrichtenübertragung, 4. Aufl., Stuttgart 1976, Wittwer
11.8 K. Küpfmüller: Die Systemtheorie der elektrischen Nachrichtenübertragung, 11. Aufl., Stuttgart 1983, Hirzel
11.9 R. Bücklein: Die Hörbarkeit von Unregelmäßigkeiten in Frequenzgängen bei elektrischer Übertragung, Diss. TH München 1964

11.10 E. Zwicker und R. Feldtkeller: Das Ohr als Nachrichtenempfänger, 2. Aufl., Stuttgart 1967, Hirzel
11.11 G. Slot: Die Wiedergabequalität elektroakustischer Anlagen, Eindhoven 1965
11.12 G. Gässler: „Die Grenzen der Hörbarkeit nichtlinearer Verzerrungen bei der Übertragung von Instrumentenklängen", in: Frequenz 1955, S. 15 ff
11.13 G. Haar: „Die Störfähigkeit quadratischer und kubischer Verzerrungen bei der Übertragung von Musik", in: Frequenz 1952, S. 199 ff
11.14 J. Webers: Tonstudiotechnik, 4. Aufl., München 1985, Franzis
11.15 W. Hoeg und G. Steinke: Stereofonie – Grundlagen, Berlin-Ost 1972, VEB Technik
11.16 H. Schiesser und H. Jakubowski: „Der Einfluß von Phasen- und Laufzeitunterschieden bei der Übertragung von Stereosignalen", in: Rundfunktechnische Mitteilungen 1963, S. 195 ff.
11.17 W. Hoeg und P. Arnold: „Zur Frage der Auswirkung von Pegel- und Phasendifferenzen zwischen zwei Stereo-Kanälen", in: Technische Mitteilungen des Rundfunk- und Fernsehtechnischen Zentralamts 1963, S. 171 ff.
11.18 W. Kraak und H. Weißing: Schallpegelmeßtechnik, Berlin 1970
11.19 R. Martin: Schallmessung, Düsseldorf 1972
11.20 Henn, Sinambari, Faller: Ingenieurakustik, Wiesbaden 1984, Vieweg

Fachausdrücke Englisch-Deutsch

ac (alternating current)	Wechselstrom
acoustic baffle	Schallwand
ad, advertising	Werbung
ADC (analog – to – digital converter)	Analog/Digital-Wandler
adjust	einstellen, justieren
ADR (automatic dialog replacement)	automatischer Dialogersatz bei Fremdproduktionen
ADSR (attack-decay-sustain-release)	Hüllkurvengenerator
ADT (automatic double tracking)	automatische Stimmverdopplung
aerial	Antenne
AFC (automatic frequency control)	automatische Frequenzsteuerung (-regelung)
AFL (after-fader-listening)	Abhören nach Regler
AGC (automatic gain control)	automatische Verstärkungssteuerung (-regelung)
aligned	abgeglichen
alternate	abwechseln
ambient noise	Umgebungsgeräusch
amplifier	Verstärker
antenna	Antenne
AND	logische Funktion UND
attack	Ansprechzeit (Regelverstärker), Einschwingen eines Tones
attack time	Anstiegszeit, Ansprechzeit
attenuation	Dämpfung
attenuator	Abschwächer, Dämpfungsglied
audio	Niederfrequenz, NF
automation system	Automatisierungseinheit
auxiliary	Hilfs-
baffle	Schallwand
balanced	symmetrisch (Schaltung)
band-pass	Bandpaß
band-stop	Bandsperre
bandwidth	Bandbreite
bargraph display	Balkenanzeige
bass boost	Baßanhebung
bass control	Tiefenfilter
bass cut	Trittschallfilter
batch number	Chargennummer
beat	Schlag, Schwebung

bell	Glocke, bei Filtern: Glockenkurve
bias, bias setting	Vormagnetisierungsstrom, Arbeitspunkt
bias frequency	Vormagnetisierungsfrequenz
bidirectional	beidseitig gerichtet
binary	binär
bit (binary digit)	binäre Zahlenstelle, Binärelement
bobbin	Bobby, Bandkern
boom	Galgen
boom arm	Tonangel
boost	Anhebung
boundary surface microphone (= PZM)	Grenzflächenmikrofon
BP (band pass)	Bandpaß
buffer amplifier	Trennverstärker
bulk eraser	Bandlöschgerät
bush	Buchse
button	Taste
bypass	Umgehungsweg, Umgehungsschaltung
cable	Kabel
calibration	Pegel-Feineinstellung
cans (umgangsspr.)	Kopfhörer
capstan	Bandantriebsrolle
cartridge	Kassette
CCIR (Consultative Committee International Radio	Ausschuß für zwischenstaatlichen Funkdienst
centre frequency	Mittenfrequenz
channel	Kanal
characteristic	Kennlinie, Richtcharakteristik
check	Test
chorus	Stimmvervielfachung
clear	löschen, auf Null setzen
click track	Tempospur
clipping	Amplitudenbegrenzung
clock	Zeit nehmen, Taktgeber
clock frequency, -rate	Taktfrequenz
CMOS (complementary Mos.)	MOS-Technologie mit Transistoren gegensätzlicher Leitfähigkeit
code word	Codewort
coding	Codierung
coil	Spule
combfilter	Kammfilter
companding	Kompandierung
compatibility meter	Korrelationsgradmesser
condenser microphone	Kondensatormikrofon

connector	Stecker
console (USA)	Pult
control unit	Steuereinheit, Steuergerät
control voltage	Steuerspannung
controller	Eingabegerät, Bediengerät
copying	kopieren
cord	Kabel, Schnur
core	Bobby, Filmkern
correlation coefficient	Korrelationsgrad
cough key	Räuspertaste
count-down	Startvorlaufzeit
counter	Zähler
crossfade	Überblendung
crosstalk	Übersprechen
crosstalk attenuation	Übersprechdämpfung
cue (cue-Spur)	Zeichen, Markierung (Markierungsspur), Kopfhörereinspielung (foldback)
cueing	Aufnahme mit fliegendem Start, Anschluß
current	Strom
cut	schneiden, montieren
cutoff-frequency	Übergangsfrequenz
CV (control voltage)	Steuerspannung
DAC (digital-to-analog converter)	Digital/Analog-Wandler
damping	Dämpfung
dc (direct current)	Gleichstrom
DCA (digitally controlled amplifier)	digital gesteuerter Verstärker
dc-offset	Gleichstromüberlagerung
DDL (digital delay line)	digitales Verzögerungsgerät
dead room	reflexionsarmer Raum
decay	Abklingen
decoder	Decoder, Decodierer
decoding	Decodierung
delay	Verzögerung
delay line	Verzögerungsleitung, Verzögerungsgerät
density	Dichte
desk (British)	Pult
deviation	Abweichung
device	Baustein, Einheit, Gerät
DIAC (diode-ac-switch)	Dioden-Wechselstromschalter
dial	Skala, auch: mehrstufiges Potentiometer
DIB (direct injection box)	Direktanschluß für elektr. Musikinstrumente
digit	Zahlenstellen, Codeelement

digital error	Digitalfehler
direct current (dc)	Gleichstrom
directivity	Richtwirkung
directivity index (DI)	Bündelungsmaß
directivitiy factor	Bündelungsgrad
disc	Schallplatte
display	Anzeige
distortion	Verzerrung
DMA (direct memory access)	direkter RAM-Zugriff
drop-out	Aussetzer
DTL	Dioden-Transistor-Logik
dubbing	Synchronisierung, Kopie, Abmischung
dummy head stereo technique	Kunstkopfstereofonie
dynamic recall	dynamische Automatisierung
EAROM (electrically erasable PROM)	elektrisch löschbarer und neuprogrammierbarer Lese-Speicher
earphones	Kopfhörer
earth, earthing	Erdung
echo	Echo
echo chamber	Nachhallraum
echo return	Hallrückführung
edit	bearbeiten, montieren, schneiden (Band)
eigentone	Resonanz aufgrund stehender Wellen
encoder	Verschlüßler, Coder
encoding	Codierung
envelope-generator	Hüllkurvengenerator (siehe ADSR)
EOR (exclusiv or)	logische Funktion ENTWEDER/ODER
equalizer	Entzerrer
equipment	Ausrüstung
EPROM (erasable programmable read only memory)	UV-löschbarer und neu programmierbarer Lese-Speicher
erase frequency	Löschfrequenz
fader	Pegelsteller, Regler
feedback	Rückkopplung
FET (field effect transistor)	Feld-Effekt-Transistor
FFT (fast Fourier transformer)	Umsetzer zur Echtzeit-Fourieranalyse
final decay	Ausklingen nach Loslassen der Taste (auch release)
floating	erdfrei
flutter	schnelle Tonhöhenschwankung
foldback	Kopfhörereinspielung (cue), Mithörkontrolle
freeze	einfrieren, speichern, „unendlicher Nachhall“

frequency	Frequenz
frequency response	Frequenzgang
FSK (frequency shift keying)	Datencodierung durch Frequenzversatz
fundamental	Grundton
gain	Verstärkung
gain control	Verstärkungsregelung
gape	Kopfspalt
gate	Tor, Gatter, Torimpuls
gating	Auftastung, Austastung
gobo	akustische Trennwand
gradient microphone	Druckgradientenmikrofon
ground	Masse, Erde
hand boom	Mikrofonangel
harmonic distortion	Klirrfaktor
harmonic ratio	Klirrdämpfung
head gap	Kopfspalt
headphone	Kopfhörer
headroom	Übersteuerungsreserve
heterodyne	Überlagerung
high pass	Hochpass
HP (high pass)	Hochpass
hub	Spulenkern
hum, humming noise	Brummen, Summen
IC (integrated circuit)	Integrierte Schaltung
ident, identification	Kennung
impact sound	Trittschall
inch	Zoll
initial reverberation time	Anfangsnachhallzeit
initial transient	Einschwingvorgang
inlay	Eintastung, Überblendung
input	Eingang
insert	Einschaltung, Einblendung
insertion point	Einschleifpunkt
insulation	Isolierung
intensity	Intensität
intercarrier	Differenzträger
interface	Schnittstelle zwischen verschiedenen Systemen
isolation	Entkopplung
jack	Buchse, Klinke
jingle	Kennung
jitter	Flackern, Jitter
key	Taste

key input	Triggereingang
keyboard	Tastatur, Manual
knob	Knopf, Drehknopf
label	Etikett, Marke, Kennzeichnung
lapel microphone, lavalier-microphone	Lavalier-Mikrofon
lead	Vorlauf (VU-Meter)
leader	Pegel
level	Vorspannband
level control	Aussteuerung
LFO (low frequency oscillator)	Tieffrequenzoszillator (unter 30 Hz)
limiter	Begrenzer
line (-input, -output)	Leitungs(eingang, -ausgang)
line-matching transformer	Impedanzwandler
live room	halliger Raum
load, loading	Belastung, Last
local battery, LB	Ortsbatterie, OB
lock	Verriegelung
lockable	einrastend, synchronisierbar
locking	Verriegelung
loudness	Lautheit
loudness level	Lautstärkepegel
loudspeaker	Lautsprecher
low-noise	geräuscharm
low-pass	Tiefpaß
LP (low-pass)	Tiefpaß
LSB (least significant bit)	niederwertigste Stelle eines Digitalworts
main	Haupt-
main stereopair	Hauptstereomikrofon
mains	Hauptleitung, Netzleitung
mains switch	Netzschalter
mains voltage	Netzspannung
maintenance	Wartung
manual	von Hand (einstellbar), Handbuch
master	Haupt...
master copy	Mutterband
mastertape	Originalband
matching	Anpassung
meter	Meßinstrument, Aussteuerungsinstrument
microphone, MIC	Mikrofon
MIDI (musical instrument interface)	MIDI, einheitliche Steuerung Elektronischer Musikinstrumente
mix	Abmischung
mixdown	Abmischung

mixer	Mischpult, Toningenieur
mixing console (USA)	Mischpult
mixing desk (British)	Mischpult
mode	Betriebsart
mode selector	Betriebsartenschalter
MODEM (modulator/demodulator)	Geräte zur Datenübertragung bzw. -speicherung nach dem FSK-Prinzip
module	Modul, Funktionseinheit
monitor	Abhörkontrolle, Bühnenbeschallung
monitor unit	Abhöreinheit
monitoring	Abhörkontrolle
MOS (metal oxid silicon)	MOS-Halbleitertechnologie
moving-coil microphone	Tauchspulenmikrofon
MSB (most significant bit)	höchstwertige Stelle eines Digitalworts
multi-channel	Mehrkanal ...
multiplay	mehrfaches Playback
multiplex	ineinander verschachtelt, Konferenzschaltung
multi-track	Mehrspur...
mute	stumm, Tonabschaltung, -unterdrückung
NAND (not and)	logische Funktion UND NICHT
narrow	schmal
noise	Geräusch
noise gate	Geräuschtor, Schwellwertverstärker, Rauschsperre
noise generator	Rauschgenerator
noise reduction system	Rauschverminderungssystem
noise weighted	Störspannung
NOR (not or)	logische Funktion ODER NICHT
null drift	Nullpunktverschiebung
null point, nulling point	Nullpunkt
OB (outside broadcast)	Außenaufnahme
off	aus, ausgeschaltet
omnidirectional	ungerichtet
on	an, eingeschaltet
on-line	mit einer Anlage verbundener, synchronisierter Betrieb
operation status	Betriebsart
operator	Bediener, Toningenieur, -techniker
OR	logische Funktion ODER
oscillator	Oszillator, Generator
output	Ausgang
outside broadcast (OB)	Außenaufnahme

overdrive	übersteuern
overdubb	Nachsynchronisierung, Playback
overload	Übersteuerung
PA (public address)	Beschallung, Saalbeschallung
PAM	Puls-Amplituden-Modulation
patch bay	Steckfeld
patchrow	Steckreihe
pause	Pausenfüller
PC (printed circuit)	gedruckte Schaltung
PCB (printed circuit board)	Printplatte
PCM	Puls-Code-Modulation
PDM	Puls-Dauer-Modulation
peak meter	Spitzenwertmesser
peak limiting	Spitzenbegrenzung
peak program(programme)meter, PPM	Spitzenwertmesser, Aussteuerungsmesser
peak value	Spitzenwert
PFL (pre-fader-listening)	Vorhören
phantom supply	Versorgung für Phantomspeisung
phase meter	Korrelationsgradmesser
phones	Kopfhörer
pink noise	Rosa Rauschen
pick up	Tonabnehmer
pitch	Tonhöhe
pitch changer (shifter, transposer)	Tonhöhenversatzgerät
plate	Platte, Hallplatte
play	Wiedergabe
plug	Stecker
polar diagram	Richtcharakteristik
post production	Nachbearbeitung
power on/off	Netz ein/aus
power supply	Netzgerät, Netzteil
powering	Speisung
ppm (parts per million)	10^{-6}, Millionstel
PPM (peak program meter)	Spitzenwertmesser, Aussteuerungsmesser
pre-mixing	Vormischung
pre-production	Vorproduktion
presence filter	Präsenzfilter
pressure	Druck (Schall-)
pressure microphone	Druckmikrofon
print through ratio	Kopierdämpfung
PROM (programmable read only memory)	programmierbarer Lese-Speicher

proximity microphone	Nachbesprechungsmikrofon
psophometric weighting curve	Ohrkurve
public address (PA)	Beschallung
PZM (pressure zone microphone)	Grenzflächenmikrofon
quality factor	Güte
quantizing	Quantisierung
quantizing distortion	Quantisierungsverzerrungen
rack	Gestell, Rahmengestell
rack mountable unit	Einschubeinheit
radio link	Richtfunkstrecke
radio microphone	drahtloses Mikrofon
RAM (random access memory)	Speicher mit wahlfreiem Zugriff zu den einzelnen Speicherzellen, Schreib/Lese-Speicher
random noise	Zufallsrauschen, Weißes Rauschen
range	Bereich
rate	Rate (z. B. Abtastrate), Takt
ratio	Verhältnis
real-time	Echtzeit ...
recall	Aufrufen einer Einstellung oder eines Schaltzustandes
receiver	Empfänger
recording	Aufnahme
recorder	Aufzeichnungsgerät
recovery time	Erholungszeit, Rücklaufzeit
rectifier	Gleichrichter
reduction	Verminderung
reference	Bezug
regulator	Stabilisator
release	Ausklingen nach Loslassen der Taste
release time	Rücklaufzeit
remote control	Fernsteuerung
response	Kennlinie, Abhängigkeit
reverb, reverberation	Hall, Nachhall, Verhallung
reverb output	Hallausgang
reverb plate, reverberation plate	Hallplatte
reverberator	Hallgerät
reverse	in Gegenrichtung
reversal	Umkehrung
rewind	rückspulen
ribbon microphone	Bändchenmikrofon
rise time	Anstiegszeit
rms (rootmeansquare)	quadratischer Mittelwert – Effektivwert

ROM (read only memory)	Festwertspeicher, Nur-Lese-Speicher
rough mix	Vormischung
routing	Zuordnung der Kanäle bei Mehrspuraufnahmen
routing switch	Verteiler-Anwahltaste
RTL	Widerstands-Transistor-Logik
sample	Muster, Probe, Abtastprobe
sample and hold	Momentanwertbildung und Werterhaltung bis zum nächsten Zyklus
sampling	Abtastung
sampling rate	Abtastfrequenz
sawtooth-voltage	Sägezahnspannung
scale	Skala
selector switch	Anwahlschalter
sensitivity	Empfindlichkeit
shelf, shelving	bei Filtern: Fächerentzerrer, Kuhschwanzentzerrer
shot gun microphone	Rohrmikrofon
signal	Signal
signal-to-noise ratio	Störspannungsabstand
–unweighted	– unbewertet
–weighted	– bewertet, Störspannungsabstand
size	Format, Größe (bei Hallgeräten: Raumgröße)
slave	von einem master gesteuertes Gerät
slew	verschleifen, verschmieren
slew rate	Anstiegsgeschwindigkeit
slip	Schlupf
slope	Steilheit, Flanke
solid-state	transistorisiert
sonic	Schall-, Klang-
sound	Klang, Schall
sound pressure level (SPL)	Schalldruckpegel
source	Quelle
square wave	Rechteckimpuls
speaker	Lautsprecher
SPL (sound pressure level)	Schalldruckpegel
splice	Klebestelle
splicing tape	Klebeband
stage	Bühne
status	Betriebsart
stereo indicator	Stereo-Sichtgerät
storage	Speicherung

store	speichern
straight-line-fader	Flachbahnsteller
subgroup	Gruppe
supply	Versorgung
support microphone	Stützmikrofon
sustain	Andauern eines Tones
sustain-level	Pegel, auf welchen der Ton bei längerem Drücken der Taste gehalten wird
sweep	Ablenkung, Durchlauf
switch	Schalter
synchronous	synchron
tail	Nachlaufband
talkback	Kommando, Gegensprechanlage
tape	Band, Tonband
tape deck, tape transport	Bandlaufwerk
THD (total harmonic distortion)	Gesamtklirrfaktor
threshold	Schwelle, Schwellwert, Grenze
tie line	Rangierleitung, Querverbindung
timbre	Klangfarbe
timer	Zeitgeber
timing	Takt
track	Spur
track bouncing	Zusammenfassen von Spuren
transducer	Wandler
transformer	Übertrager
transient	Einschwingvorgang
treble filter	Höhenfilter
trigger pulse	Auslöseimpuls (z.B. kurzer Impuls beim Drücken einer Taste)
TTL (transistor-transistor-logic)	Abkürzung für den Aufbau von integrierten Bausteinen
tube	Röhre
tune	abstimmen, stimmen
turntable	Plattenspieler
unbalanced	unsymmetrisch
unidirectional	einseitig gerichtet
unit	Einheit, Gerät
unvoiced	stimmlos
VCA (voltage controlled amplifier)	spannungsgesteuerter Verstärker
VCF (voltage controlled filter)	spannungsgesteuerter Filter
VCO (voltage controlled oscillator)	spannungsgesteuerter Oszillator
velocity	Schnelle
VMOS (vertical MOS)	spezieller Aufbau von Transistoren

vocoder	Sprachverschlüsseler
voice	Stimme
voice doubling	Stimmverdopplung
voltage	Spannung
volume	Lautstärke
volume control	Lautstärkeregler
VU-meter (volume-unit meter)	VU-Meter
wave	Welle
weighted	bewertet
white noise	Weißes Rauschen
wind	umspulen
wire	verdrahten, Leitung
wireless	drahtlos
wire wrap	lötfreie elektr. Verbindungstechnik
woofer	Baßlautsprecher
wow	Jaulen

Blockschaltsymbole

(DIN 40100, 40700, 40703, 40704, 40711, 40712, 40713, 40714, 40716)

Elektrische Verbindungen

 Leitung

 verdrillte Leitung

 Koaxialleitung

 geschirmte Leitung

 Leitung mit 3 Leitern

 Verbindungsstelle zwischen Leitungen

 Lösbare Verbindung zwischen Leitungen, z.B. Klemme

 Schalter (Schließer)

 Schalter (Öffner)

 Schalter (Wechsler)

 Steckerbuchse

 Steckerstift

 Steckverbindung wahlweise

 Erde

 Masse

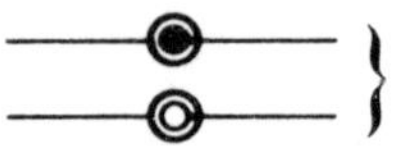 Einfachtrennklinken

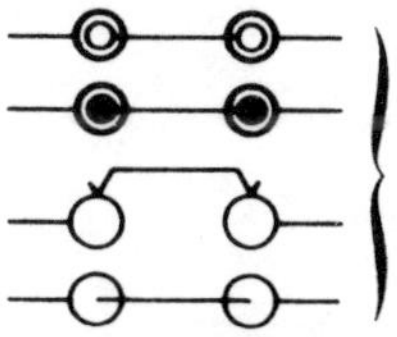

Doppeltrennklinken

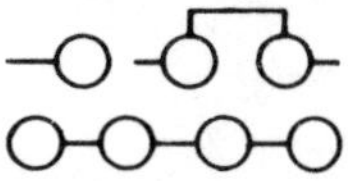

Anschaltklinke, Anschaltklinken mit Brückenstecker
Parallelklinken

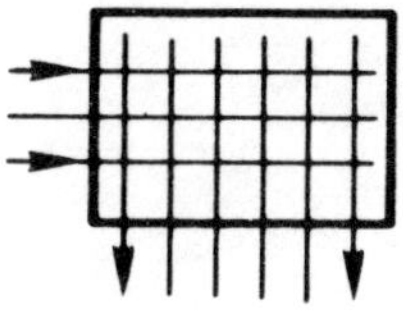

Kreuzschienenverteiler

Meßinstrumente

Meßinstrument allgemein

Meßinstrument mit beidseitigem Ausschlag

Meßinstrument mit digitaler Anzeige

Amperemeter

Spannungsmesser
für Gleich- und Wechselspannung

Tonstudiotechnische Geräte

stetige Verstellbarkeit
stufige Verstellbarkeit
Einstellbarkeit

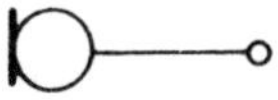

Mikrofon

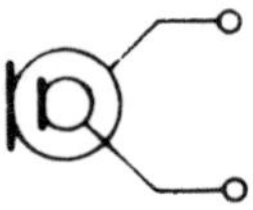

Stereo-Mikrofon

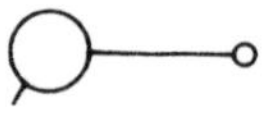 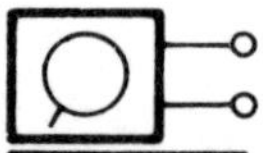

Tonabnehmer

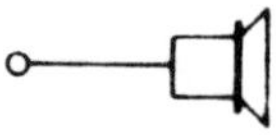 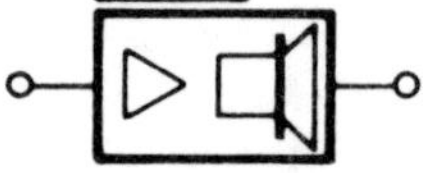

Lautsprecher

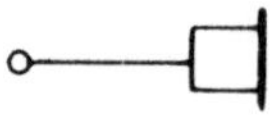

Hörer

Lautstärkesteller

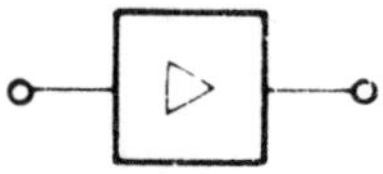 

Verstärker
allgemein

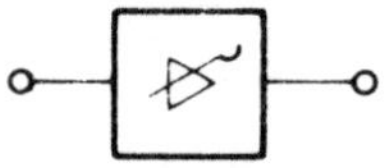 

Verstärker, stufig
einstellbar

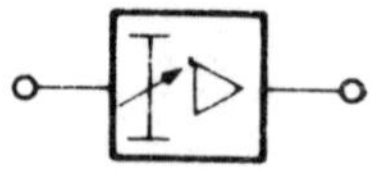 

aktiver Pegelsteller
mono

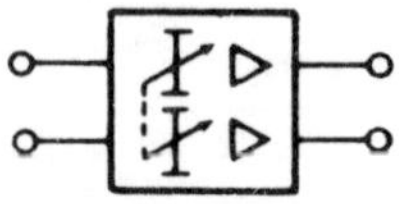  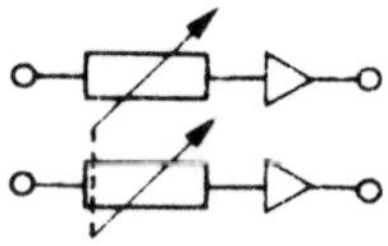

aktiver Pegelsteller
stereo

Dämpfungsglied mit fester Dämpfung

passiver Pegelsteller

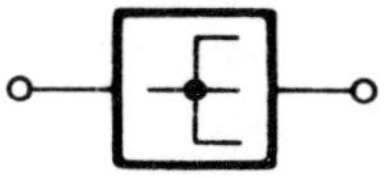

Gabel

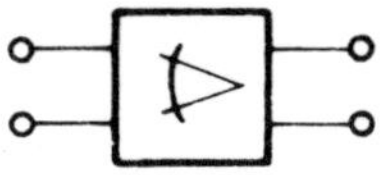

Richtungsmischer

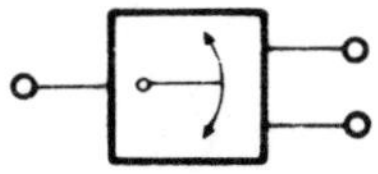

Panoramapotentiometer (Panpot)

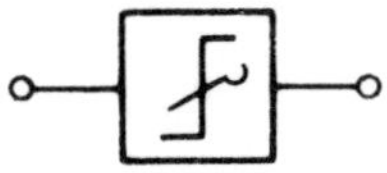

Entzerrer, stufig verstellbar

Filter allgemein

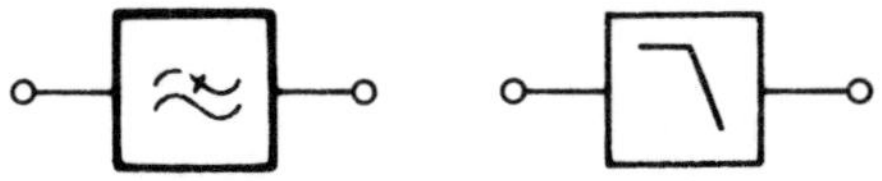

Tiefpaß

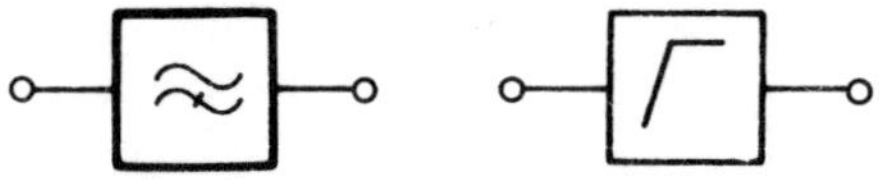

Hochpaß

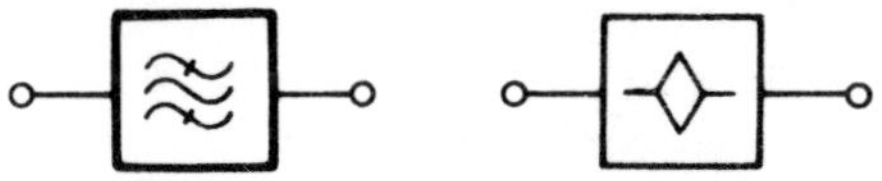

Bandpaß

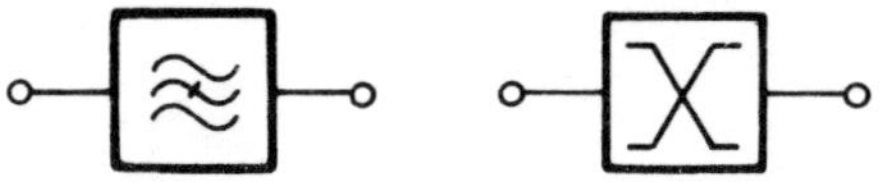

Bandsperre

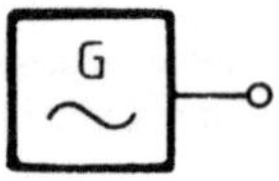

Generator

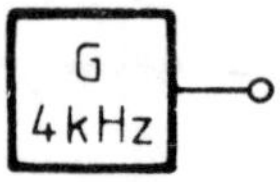

Generator mit Frequenzangabe

Frequenzumsetzer

Netzgerät

Magnetbandgerät

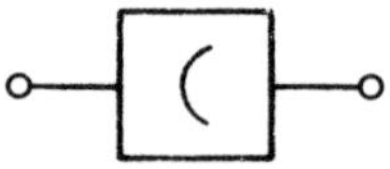

Verzögerungsgerät

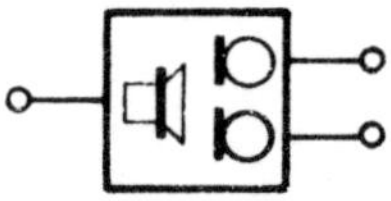

Hallgerät

Regelverstärker allgemein

Expander

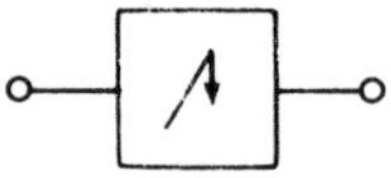

Kompressor

Begrenzer

Fernsprecheinrichtungen

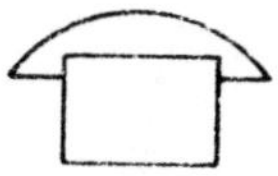
Fernsprecher

OB-Fernsprecher

OB-Vermittlung

Antenne allgemein

Empfangsantenne

Sendeantenne

Funkstelle allgemein

Bauelemente

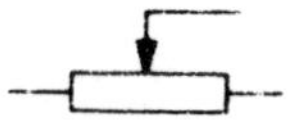
Widerstand mit Schleifkontakt

veränderbarer Widerstand

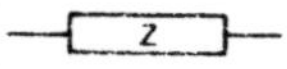

Scheinwiderstand

Induktivität

Wicklung mit Kern

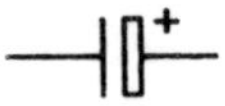
gepolter Elektrolytkondensator

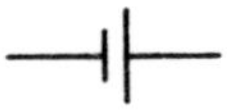
Element, Batterie (langer Strich + Pol)

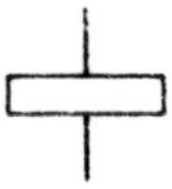
Relais

Sicherung

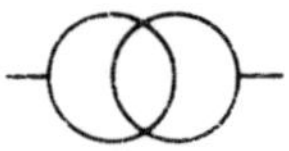

Transformator

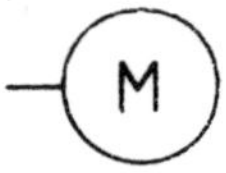

Motor

Glühlampe

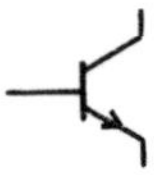

npn-Transistor

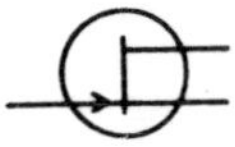
FET

Halbleiterdiode-Gleichrichter

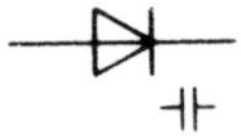
Kapazitätsdiode

Zenerdiode

 Photodiode

 LED (Lichtemissionsdiode)

  Magnetkopf

Aufnahme- Wiedergabe- Lösch-Kopf

Sachregister Band I und II